U0280582

高等院校 CAD/CAM/CAE 规划教材

SolidWorks 2017 中文版基础应用教程

第 3 版

赵 罘 杨晓晋 赵 楠 等编著

机 械 工 业 出 版 社

本书以 SolidWorks 2017 中文版为平台，系统地介绍了其在草图建立、特征建模、曲线与曲面建模、焊件设计、钣金设计、装配体设计和工程图设计等方面的功能。本书章节的安排次序采用由浅入深、循序渐进的原则。在具体写作上，每章的前半部分介绍软件的基础知识，后半部分利用一个内容较全面的范例来使读者了解具体的操作步骤，该操作步骤详实、图文并茂，引领读者一步一步完成模型的创建，使读者既快又深入地理解 SolidWorks 软件中的一些抽象的概念和功能。

本书可作为广大工程技术人员的 SolidWorks 自学教程和参考书籍，也可作为大专院校计算机辅助设计课程的指导教材。本书附光盘一张，包含本书的实例文件、各章的 PPT 演示文件和操作视频文件。

图书在版编目(CIP)数据

SolidWorks 2017 中文版基础应用教程/赵罘等编著. —3 版. —北京:机械工业出版社,2017.1(2024.8 重印)
高等院校 CAD/CAM/CAE 规划教材
ISBN 978-7-111-55888-0

Ⅰ. ①S… Ⅱ. ①赵… Ⅲ. ①计算机辅助设计—应用软件—高等学校—教材 Ⅳ. ①TP391.72

中国版本图书馆 CIP 数据核字(2016)第 326672 号

机械工业出版社(北京市百万庄大街 22 号 邮政编码 100037)
责任编辑：李馨馨 责任校对：张艳霞
责任印制：张 博
北京雁林吉兆印刷有限公司印刷

2024 年 8 月第 3 版 · 第 9 次印刷
184mm×260mm · 20.25 印张 · 490 千字
标准书号：ISBN 978-7-111-55888-0
ISBN 978-7-89386-117-8(光盘)
定价：59.80 元 (含 1DVD)

电话服务
客服电话：010-88361066
010-88379833
010-68326294

网络服务
机 工 官 网：www.cmpbook.com
机 工 官 博：weibo.com/cmp1952
金 书 网：www.golden-book.com
机工教育服务网：www.cmpedu.com

前　言

SolidWorks 以参数化特征造型为基础，具有功能强大、易学、易用等特点，极大地提高了机械设计工程师的设计效率和设计质量，并成为主流三维 CAD 软件，是目前较为优秀的中档三维 CAD 软件之一。其目前较新版本中文版 SolidWorks 2017 针对设计中的多项功能进行了大量补充和更新，使设计过程更加便捷。

本书笔者长期从事 SolidWorks 专业设计和教学工作，对 SolidWorks 有较深入的了解，并积累了大量的实际工作经验。为了使读者能够更好地学习和掌握软件，同时尽快熟悉中文版 SolidWorks 2017 的各项功能，笔者在多年设计经验的基础上编写了本书。本书主要内容包括：

1）软件基础知识，包括 SolidWorks 基本功能、操作方法和常用模块的功能。

2）草图建立，讲解草图的绘制和修改方法。

3）特征建模，讲解 SolidWorks 软件大部分的特征建模命令。

4）曲线与曲面建模，讲解曲线和曲面模型的建立过程。

5）钣金设计，讲解钣金的建模过程。

6）焊件设计，讲解焊件的建模过程。

7）装配体设计，讲解装配体的具体设计方法和步骤。

8）工程图制作，讲解工程图的制作过程。

9）图片制作，讲解图片渲染的制作过程。

10）综合实例，讲解常用功能的实例操作过程。

本书配备了交互式多媒体教学光盘，将案例制作过程制作成多媒体进行讲解，方便读者学习使用。同时光盘中还提供了各章的 PPT 演示文件和所有实例的源文件，按章节放置，以便读者练习使用。

本书主要由赵罘、杨晓晋、赵楠编著，参加编写工作的还有于鹏程、龚堰珏、刘玥、张艳婷、刘玢、刘良宝、于勇、肖科峰、孙士超、王荃、张世龙、邓琨、薛美容、李娜和林建邦。

本书适用于 SolidWorks 的初、中级用户，可以作为理工科高等院校相关专业的学生用书和 CAD 专业课程实训教材、技术培训教材，还适于工业企业的产品开发和技术部门人员学习参考。

由于编者水平有限，书中难免会有疏漏和不足之处，恳请广大读者提出宝贵意见，联系电邮 zhaoffu@ 163. com。

编者

目　录

第1章　SolidWorks 基础

SolidWorks 是一个在 Windows 环境下进行机械设计的软件，是一个以设计功能为主的 CAD/CAE/CAM 软件，其界面操作完全使用 Windows 风格，具有人性化的操作界面，从而具备使用简单、操作方便的特点。

1.1　SolidWorks 简介

SolidWorks 是一个基于特征、参数化的实体造型系统，具有强大的实体建模功能；同时也提供了二次开发的环境和开放的数据结构。SolidWorks 操作界面如图 1-1 所示。

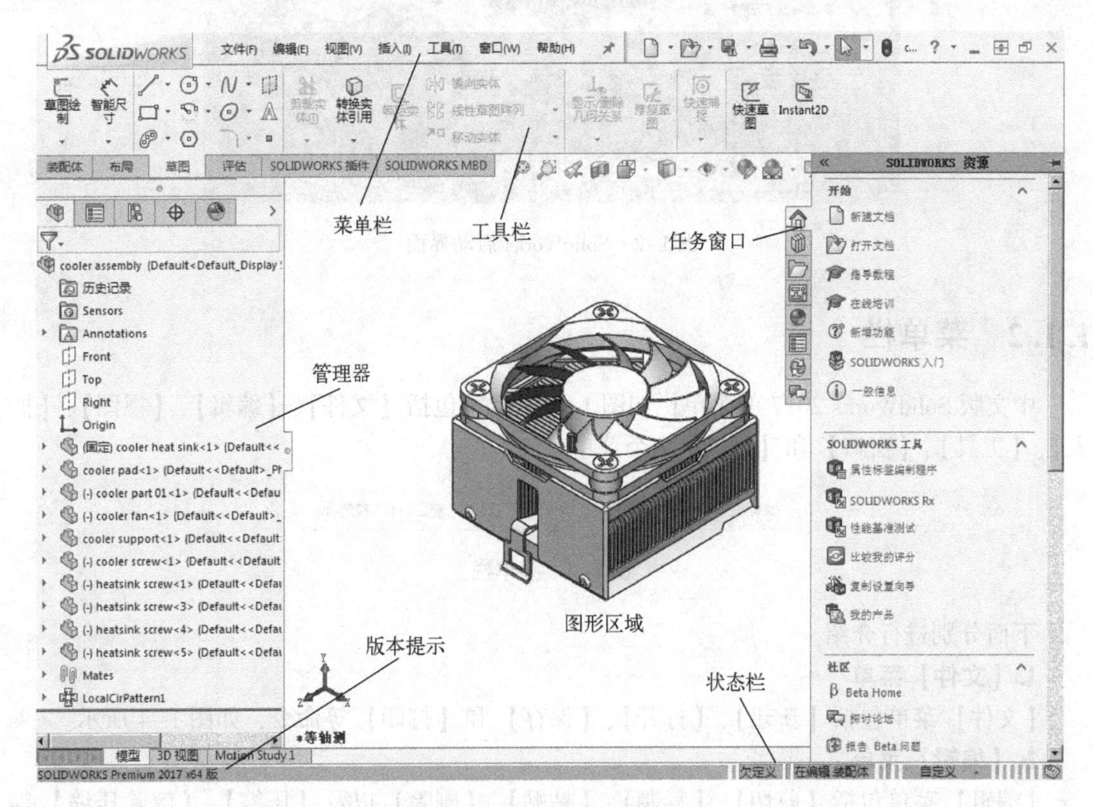

图 1-1　SolidWorks 操作界面

SolidWorks 是实行数字化设计的造型软件，在国际上得到广泛的应用。同时具有开放的系统，添加各种插件后，可实现产品的三维建模、装配校验、运动仿真、有限元分析、加工仿真、数控加工及加工工艺的制定，以保证产品在设计、工程分析、工艺分析、加工模拟、产品制造过程中数据的一致性，从而真正实现产品的数字化设计和制造，并大幅度提高产品的设计效率和质量。

1.1.1　工作环境简介

安装 SolidWorks 后，在 Windows 的操作环境下，选择【开始】|【程序】|【SolidWorks 2017】|【SolidWorks 2017】命令，或者在桌面双击 SolidWorks 2017 的快捷方式图标，就可以启动 SolidWorks 2017，也可以直接双击打开已经做好的 SolidWorks 文件，启动 SolidWorks 2017，如图 1-2 所示。

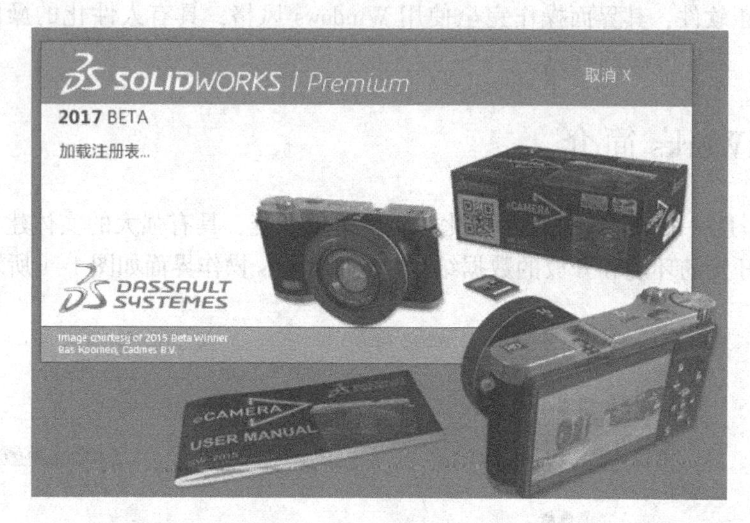

图 1-2　SolidWorks 启动界面

1.1.2　菜单栏

中文版 SolidWorks 2017 的菜单栏如图 1-3 所示，包括【文件】、【编辑】、【视图】、【插入】、【工具】、【窗口】和【帮助】7 个菜单。

文件(F)　编辑(E)　视图(V)　插入(I)　工具(T)　窗口(W)　帮助(H)

图 1-3　菜单栏

下面分别进行介绍。

1.【文件】菜单

【文件】菜单包括【新建】、【打开】、【保存】和【打印】等命令，如图 1-4 所示。

2.【编辑】菜单

【编辑】菜单包括【剪切】、【复制】、【粘贴】、【删除】以及【压缩】、【解除压缩】等命令，如图 1-5 所示。

3.【视图】菜单

【视图】菜单包括显示控制的相关命令，如图 1-6 所示。

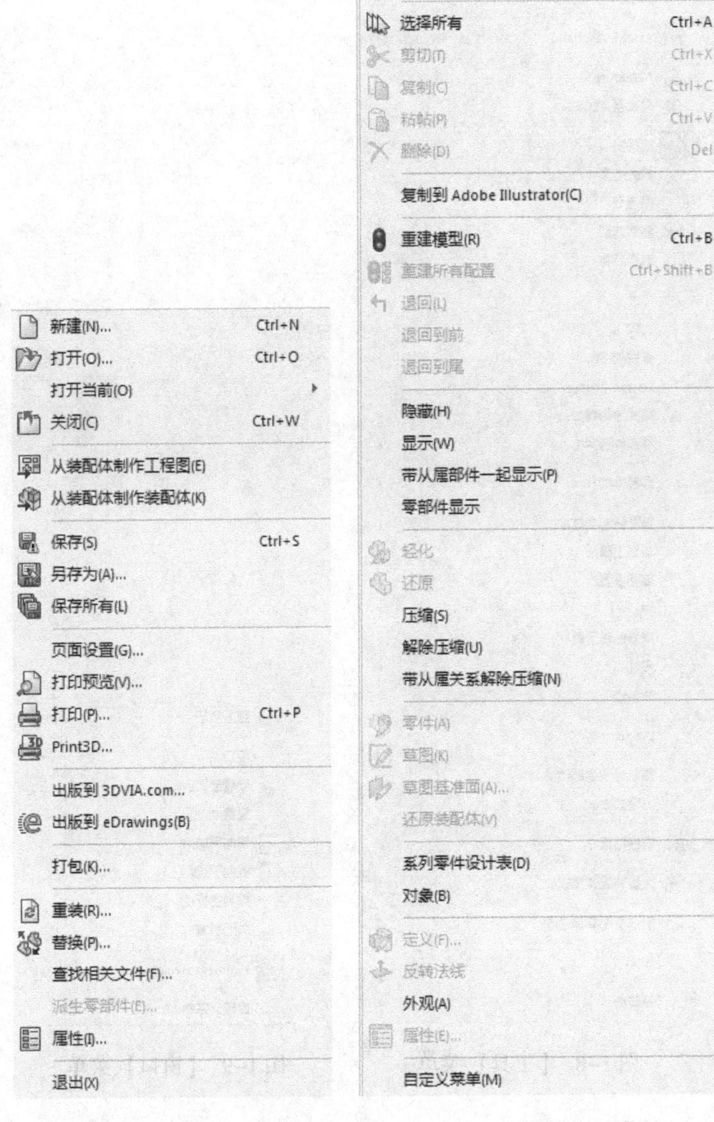

图 1-4 【文件】菜单

图 1-5 【编辑】菜单

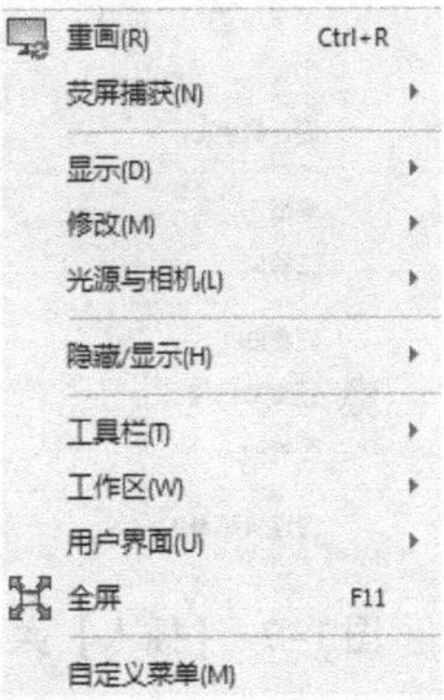

重画(R) Ctrl+R
荧屏捕获(N)
显示(D)
修改(M)
光源与相机(L)
隐藏/显示(H)
工具栏(T)
工作区(W)
用户界面(U)
全屏 F11
自定义菜单(M)

图 1-6 【视图】菜单

4.【插入】菜单

【插入】菜单包括【零部件】、【配合】、【配合控制器】、【零部件阵列】和【镜像零部件】等命令，如图 1-7 所示。

5.【工具】菜单

【工具】菜单包括多种工具命令，如【草图绘制实体】、【草图工具】、【草图设置】、【块】和【样条曲线工具】等，如图 1-8 所示。

6.【窗口】菜单

【窗口】菜单包括【视口】、【新建窗口】和【层叠】等命令，如图 1-9 所示。

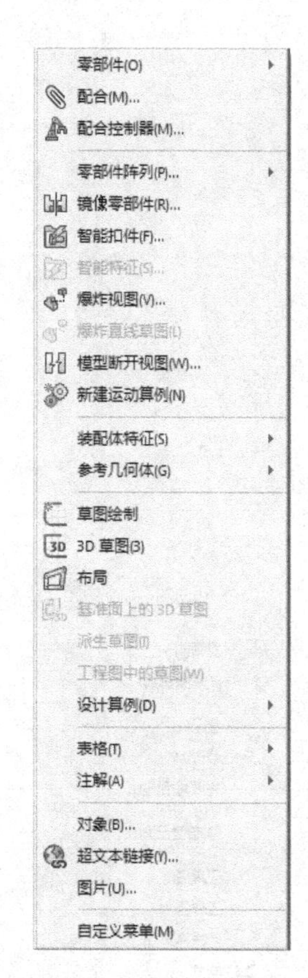

图 1-7　【插入】菜单

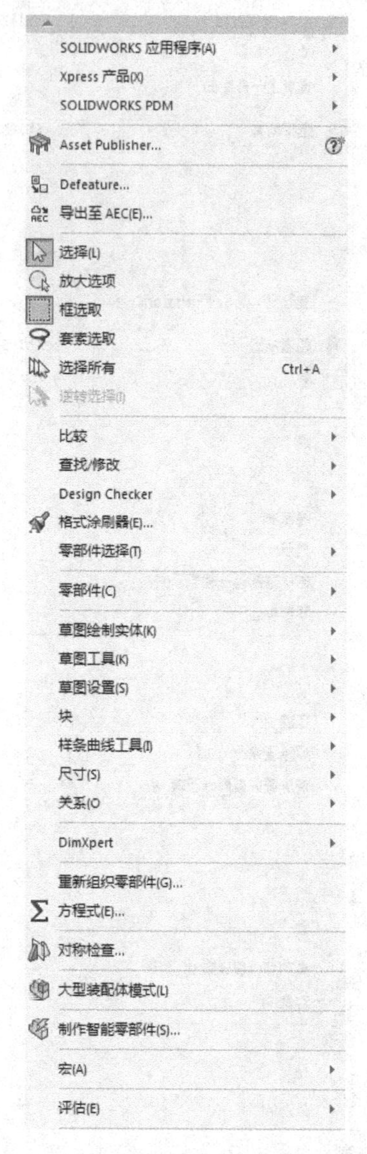

图 1-8　【工具】菜单

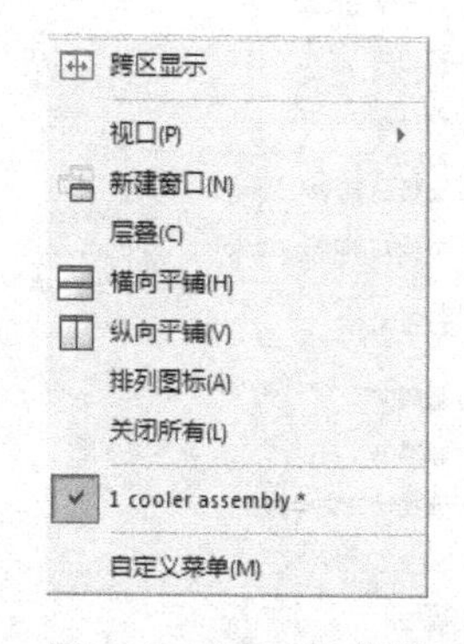

图 1-9　【窗口】菜单

7.【帮助】菜单

【帮助】菜单命令（见图 1-10）可以提供各种信息查询，例如，【SolidWorks 帮助】命令可以展开 SolidWorks 软件提供的在线帮助文件，【API 帮助】命令可以展开 SolidWorks 软件提供的 API（应用程序界面）在线帮助文件，这些均可作为用户学习中文版 SolidWorks 2017 的参考。

此外，用户还可以通过快捷键访问菜单命令或者自定义菜单命令。在 SolidWorks 绘图区中单击鼠标右键，可以激活与上下文相关的快捷菜单，如图 1-11 所示。快捷菜单可以在图形区域、【FeatureManager（特征管理器）设计树】中使用。

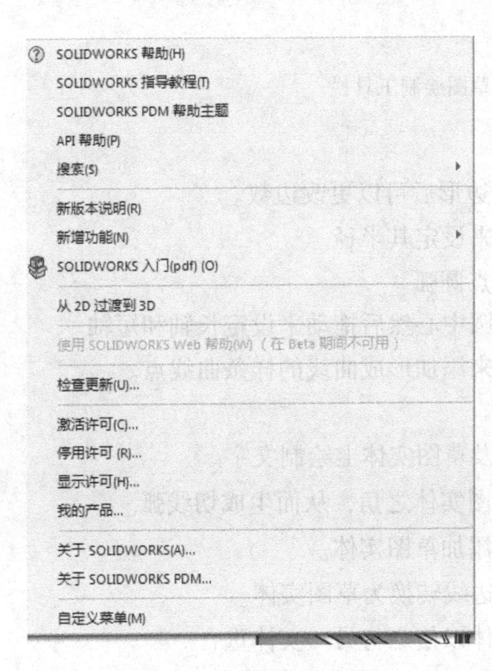

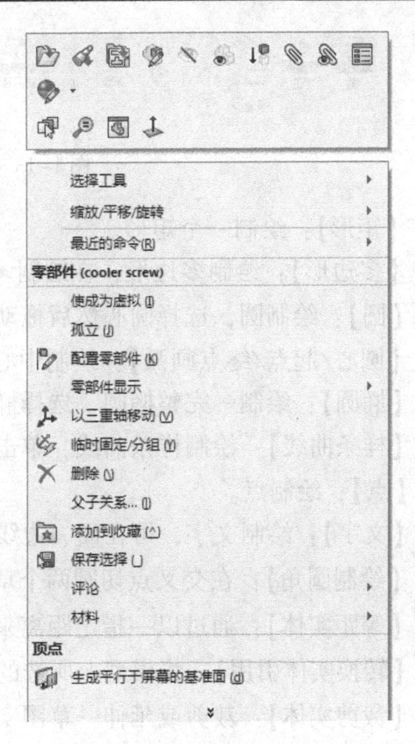

图 1-10 【帮助】菜单　　图 1-11 快捷菜单

1.1.3 工具栏

工具栏位于菜单栏的下方，一般分为两排，用户可以根据需要自定义工具栏的位置和显示内容。

（1）标准工具栏

标准工具栏如图 1-12 所示，这是一个简化后的工具栏，只是说明其中一部分。也就是把鼠标放在工具按钮上面将出现的说明，其他和 Windows 的使用方法是一样的。这里不再说明，读者可以在操作的过程中熟悉。

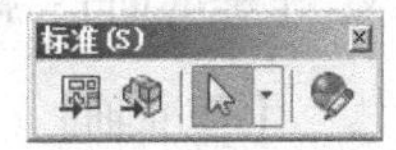

图 1-12 标准工具栏

【从零件/装配体制作工程图】：生成当前零件或装配体的新工程图。

【从零件/装配体制作装配体】：生成当前零件或装配体的新装配体。

【选择按钮】：用来选择草图实体、边线、顶点、零部件等。

【打开颜色的属性】：将颜色应用到模型中的实体。

（2）草图绘制工具栏

草图绘制工具栏几乎包含了与草图绘制有关的大部分功能，里面的工具按钮很多，在这里只是介绍一部分比较常用的功能，如图 1-13 所示。

【草图绘制】：绘制新草图，或者编辑现有草图。

【智能尺寸】：为一个或多个实体生成尺寸。

【直线】：绘制直线。

图 1-13　草图绘制工具栏

【矩形】：绘制一个矩形。

【多边形】：绘制多边形，在绘制多边形后可以更改边数。

【圆】：绘制圆，选择圆心然后拖动来设定其半径。

【圆心/起点/终点画弧】：绘制中心点圆弧。

【椭圆】：绘制一完整椭圆，选择椭圆中心然后拖动来设定长轴和短轴。

【样条曲线】：绘制样条曲线，单击来添加形成曲线的样条曲线点。

【点】：绘制点。

【文字】：绘制文字，可在面、边线及草图实体上绘制文字。

【绘制圆角】：在交叉点切圆两个草图实体之角，从而生成切线弧。

【等距实体】：通过以一指定距离来添加草图实体。

【转换实体引用】：将模型上所选的边线转换为草图实体。

【裁剪实体】：裁剪或延伸一草图实体以使之与另一实体重合。

【移动实体】：移动草图实体和注解。

【镜像实体】：沿中心线镜像所选的实体。

【线性草图阵列】：添加草图实体的线性阵列。

（3）参考几何体工具栏简介

参考几何体工具栏用于提供生成与使用参考几何体的工具，如图 1-14 所示。

参考几何体 (G)

图 1-14　参考几何体工具栏

【基准面】：添加一参考基准面。

【基准轴】：添加一参考轴。

【坐标系】：为零件或装配体定义一坐标系。

【点】：添加一参考点。

【配合参考】：为使用 SmartMate 的自动配合指定用为参考的实体。

1.1.4　状态栏

状态栏显示了正在操作中的对象所处的状态，如图 1-15 所示。

-17.57mm　83.39mm　0m 欠定义　在编辑 草图2

图 1-15　状态栏

状态栏中提供的信息如下：

1）当用户将鼠标指针拖动到工具按钮上或者单击菜单命令时进行简要说明。

2）如果用户对要求重建的草图或者零件进行更改，显示【重建模型】图标。

3）当用户进行草图相关操作时，显示草图状态及鼠标指针的坐标。

4）为所选实体进行常规测量，如边线长度等。

1.1.5 管理器窗口

管理器窗口包括【特征管理器设计树】、【属性管理器】、【配置管理器】、【公差分析管理器】和【显示管理】5个选项卡，其中【特征管理器设计树】和【属性管理器】使用比较普遍，下面进行详细介绍。

1.【特征管理器设计树】

【特征管理器设计树】可以提供激活零件、装配体或者工程图的大纲视图，使观察零件或者装配体的生成以及检查工程图图样和视图变得更加容易，如图1-16所示。

2.【属性管理器】

当用户选择在【属性管理器】（见图1-17）中所定义的实体或者命令时，弹出相应的属性设置。【属性管理器】可以显示草图、零件或者特征的属性。

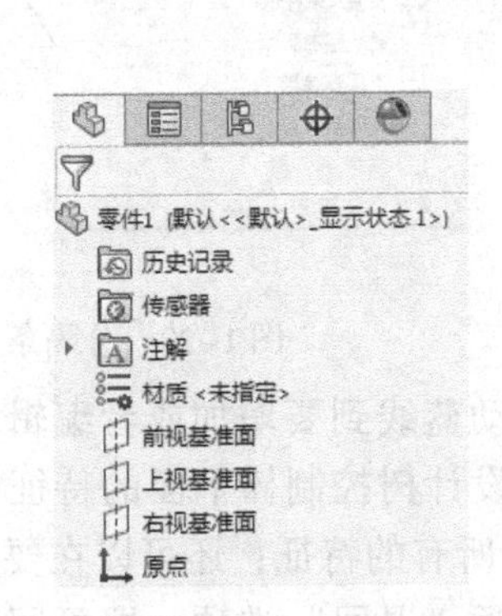

图1-16 【特征管理器设计树】选项卡

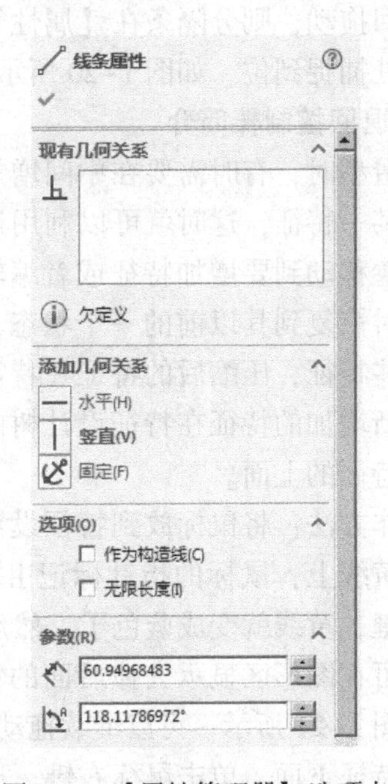

图1-17 【属性管理器】选项卡

1）在【属性管理器】中包含【确定】、【取消】、【帮助】、【保持可见】等按钮。

2）【信息】框：引导用户下一步的操作，常常列举实施下一步操作的各种方法。

3）选项组框：一组相关的参数设置，带有组标题（如【方向1】等），单击或者箭头图标，可以扩展或者折叠选项组，如图1-18所示。

4）选择框：在其中选择任一项目时，所选项在图形区域中高亮显示。如果需要从中删除选择项目，用鼠标右键单击该项目，并在弹出的菜单中选择【删除】命令（针对某一项目）或者选择【消除选择】命令（针对所有项目），如图 1-19 所示。

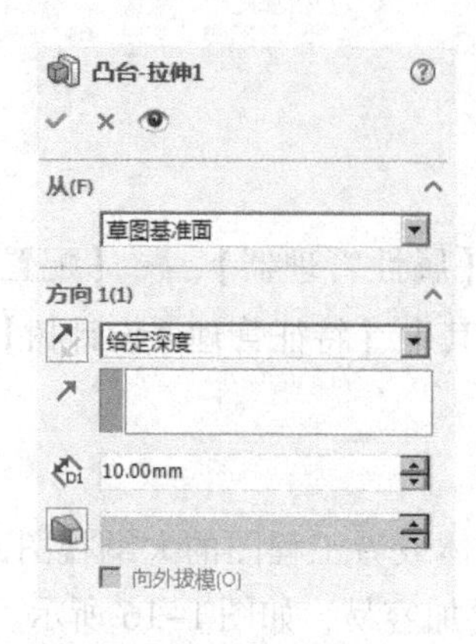

图 1-18　选项组框

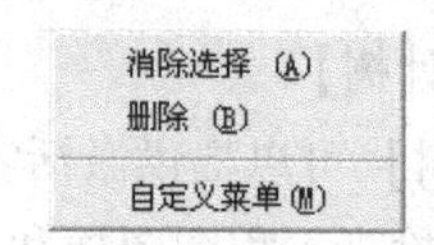

图 1-19　删除选择项目的快捷菜单

5）分隔条：分隔条可以控制【属性管理器】窗口的显示，将【属性管理器】与图形区域分开。如果将其来回拖动，则分隔条在【属性管理器】显示的最佳宽度处捕捉到位，如图 1-20 所示。

3. 退回控制棒简介

在造型时，有时需要在中间增加新的特征或者需要编辑某一特征，这时就可以利用退回控制棒，将退回控制棒移动到要增加特征或者编辑的特征下面，将模型暂时恢复到其以前的一个状态，并压缩控制棒下面的那些特征，压缩后的特征在特征设计树中变成灰色，而新增加的特征在特征设计树的设计树中位于被压缩的特征的上面。

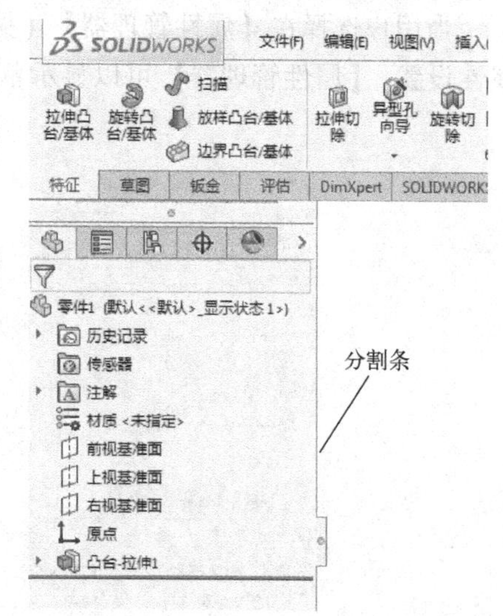

图 1-20　分隔条

操作方法：将鼠标放到特征设计树的设计树下方的一条黄线上，鼠标的指针标记由变成后，单击鼠标左键，黄线就变成蓝色了，然后移动向上，拖动蓝线到要增加或者编辑的部位的下方，即可在图形区显示去掉后面的特征的图形，此时设计树控制棒下面的特征即可变成灰色，如图 1-21 所示。可以继续拖动向下到最后显示所有的特征；还可以在要增加或者要编辑的特征下面，单击鼠标右键，出现快捷菜单，选择“退回”选项，即可回退到这个特征之前的造型。同样如果编辑结束后，也可右击退回控制棒下面的特征，出现如图 1-22 所示的快捷菜单，选择其中一个选项。

1.1.6　任务窗口

任务窗口包括【SolidWorks 资源】、【设计库】、【文件检索器】、【搜索】和【查看调色板】等选项卡，如图 1-23 和图 1-24 所示。

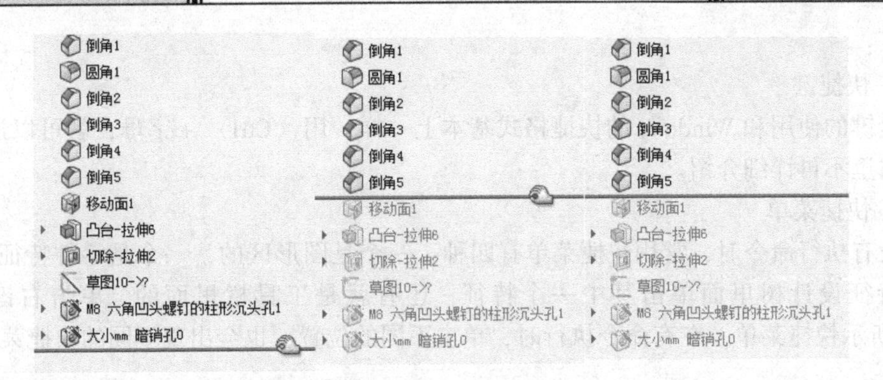

图 1-21　退回控制棒使用流程

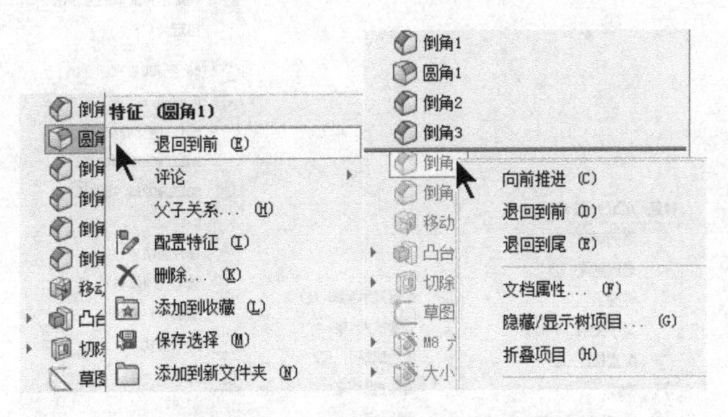

图 1-22　退回控制棒快捷菜单

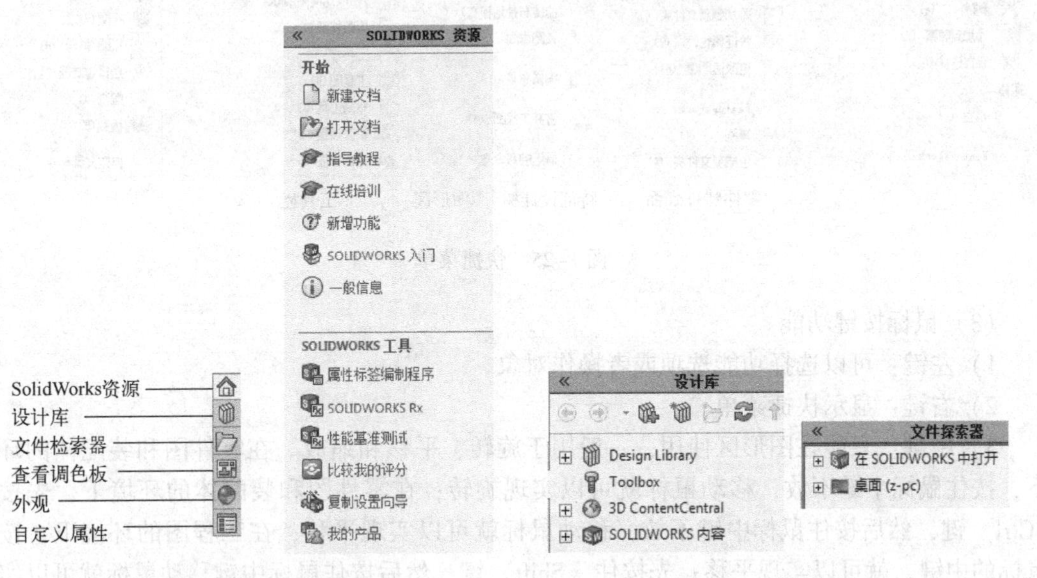

图 1-23　任务窗口选项卡图标　　　　图 1-24　任务窗口

1.1.7　快捷键和快捷菜单

使用快捷键和快捷菜单及其鼠标是提高作图速度及其准确性的重要方式，在 Windows 操作系统中常使用到它们，这里主要介绍 SolidWorks 快捷命令的使用和鼠标的特殊用法，简单介绍如下：

（1）快捷键

快捷键的使用和 Windows 的快捷格式基本上一样，用〈Ctrl〉+字母，就可以进行快捷操作，这里不再详细介绍。

（2）快捷菜单

在没有执行命令时，常用快捷菜单有四种：一个是图形区的，一个是零件特征表面的，一个是特征设计树里面单击其中一个特征，还有就是工具栏里面的，单击右键后出现图1-25所示快捷菜单。在有命令执行时，单击不同的位置，也会出现不同的快捷菜单。

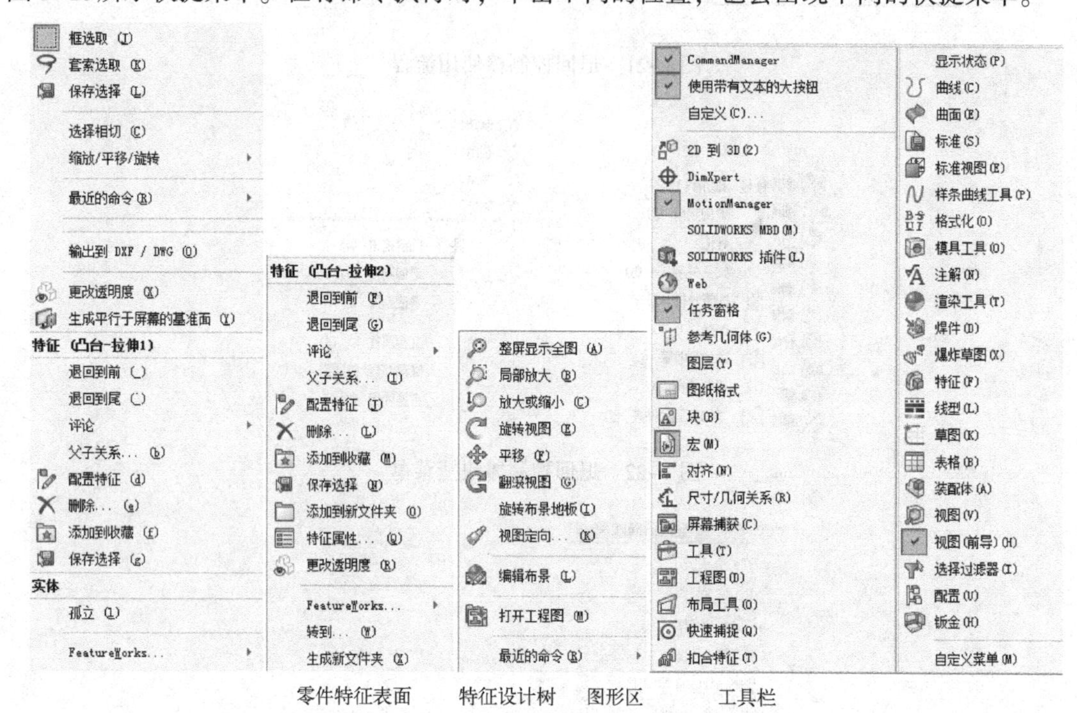

图1-25 快捷菜单

（3）鼠标按键功能

1）左键：可以选择功能选项或者操作对象。

2）右键：显示快捷菜单。

3）中键：只能在图形区使用，一般用于旋转、平移和缩放。在零件图和装配体的环境下，按住鼠标中键不放，移动鼠标就可以实现旋转；在零件图和装配体的环境下，先按住〈Ctrl〉键，然后按住鼠标中键不放，移动鼠标就可以实现平移；在工程图的环境下，按住鼠标的中键，就可以实现平移；先按住〈Shift〉键，然后按住鼠标中键移动鼠标就可以实现缩放，如果是带滚轮的鼠标，直接转动滚轮就可以实现缩放。

1.1.8 模块简介

在 SolidWorks 软件里有零件建模、装配体和工程图等基本模块，SolidWorks 软件是一套基于特征的、参数化的三维设计软件，符合工程设计思维，并可以与 CAMWorks 及 Design-

Work 等模块构成一套设计与制造相结合的 CAD/CAM/CAE 系统，使用它可以提高设计精度和设计效率。

其特征是指可以用参数驱动的实体模型，是一个实体或者零件的具体构成之一，对应一形状，具有工程上的意义；因此这里的基于特征就是零件模型是由各种特征组成，零件的设计其实就是各种特征的叠加。参数化是指对零件上各种特征分别进行各种约束，各个特征的形状和尺寸大小用变量参数来表示，其变量可以是常数，也可以是代数式；若一个特征的变量参数发生变化，则这个零件的这一个特征的几何形状或者尺寸大小将发生变化，与这个参数有关的内容都自动改变，用户不需要自己修改。这里介绍一下零件建模、装配体、工程图等基本模块的特点。

（1）零件建模

SolidWorks 提供了基于特征的、参数化的实体建模功能，可以通过特征工具进行拉伸、旋转、抽壳、阵列、拉伸切除、扫描、扫描切除和放样等操作，从而完成零件的建模。建模后的零件可以生成零件的工程图，还可以插入装配体中形成装配关系，并且生成数控代码，直接进行零件加工。

（2）装配体

在 SolidWorks 中自上而下生成新零件时，要参考其他零件并保持这种参数关系，在装配环境里，可以方便地设计和修改零部件。在自下而上的设计中，可利用已有的三维零件模型，将两个或者多个零件按照一定的约束关系进行组装，形成产品的虚拟装配，还可以进行运动分析、干涉检查等，因此可以形成产品的真实效果图。

（3）工程图

利用零件及其装配实体模型，可以自动生成零件及装配的工程图，需要指定模型的投影方向或者剖切位置等，就可以得到需要的图形，且工程图是全相关的，当修改图样尺寸时，零件模型的各个视图、装配体都将自动更新。

1.2　SolidWorks 技能点拨

1.2.1　SolidWorks 基础概念

1）SolidWorks 模型由零件或装配体文档中的 3D 实体几何体组成。

2）工程图从模型或通过在工程图文档中绘图而创建。

3）通常，从绘制草图开始，然后生成一个基体，并在模型上添加更多的特征（还可以从输入的曲面或几何实体开始）。

4）可以通过添加特征、编辑特征以及将特征重新排序而进一步完善设计。

5）由于零件、装配体及工程图的相关性，当其中一个文档或视图改变时，其他所有文档和视图也自动相应改变。

6）随时可以在设计过程中生成工程图或装配体。

7）执行【工具】|【选项】命令会显示【系统选项和文件属性】属性管理器，从而可以对系统选项或文件属性进行设置。

1. 2. 2　SolidWorks 的设计思路

在 SolidWorks 中，一个实体模型由草图特征和应用特征这两种特征构成，而草图特征是从草图创建而来的特征，如凸台/基体、切除等。其绘图思路一般为：创建绘图基准面→绘制草图→标注尺寸及限制条件→实体造型。

应用特征是指在已经创建的特征上加入修饰性特征，如倒角、抽壳、镜像等。其绘图思路为：选择特征功能→选择操作对象→编辑变量。

1. 2. 3　SolidWorks 的建模技术

（1）SolidWorks 建模技术概述

SolidWorks 软件有零件、装配体、工程图三个主要模块，和其他三维 CAD 一样，都是利用三维的设计方法建立三维模型。新产品在研制开发的过程中，需要经历三个阶段，即方案设计阶段、详细设计阶段和工程设计阶段。

根据产品研制开发的三个阶段，SolidWorks 软件提供了两种建模技术，一个是基于设计过程的建模技术，也就是自顶向下建模；另一个是根据实际应用情况，一般三维 CAD 开始于详细设计阶段，其建模技术就是自底向上建模。

（2）自顶向下建模

自顶向下建模是一种在装配环境下进行零件设计的方法，可以利用【转换实体引用】工具生成相关联的草图实体，这样可以避免单独进行零件设计可能造成的尺寸等各方面的冲突。在实际应用中，首先选择一些在装配体中关联关系少的零件，建立零件草图，生成零件模型，然后在装配环境下，插入这些零件，并设置它们之间的装配关系，参照这些已有的零件尺寸，生成新的零件模型，完成装配体。

（3）自底向上建模

自底向上建模技术，也就是先建立零件，再装配。SolidWorks 的参数化功能可以根据情况随时改变零件的尺寸，而且其零件、装配体和工程图之间是相互关联的，可以在其中任何一个模块进行尺寸的修改，所有模块的尺寸都相应改变，这样可以减少设计人员的工作量。在建立零件模型后，可以在装配环境下直接装配，生成装配体；然后单击【干涉检查】按钮，进行检查，若有干涉，可以直接在装配环境下编辑零件，完成设计。

1. 2. 4　SolidWorks 实用技巧

1）可以使用〈Ctrl + Tab〉组合键循环进入在 SolidWorks 中打开的文件。

2）使用方向键可以旋转模型。按〈Ctrl〉键加上方向键可以移动模型，按〈Alt〉键加上方向键可以将模型沿顺时针或逆时针方向旋转。

3）使用 Z 键来缩小模型或使用〈Shift + Z〉组合键来放大模型。

4）可以使用工作窗口底边和侧边的窗口分隔条，同时观看同一个模型的两个或多个不同视角。

5）可以按住〈Ctrl〉键并且拖动一个参考基准面来快速地复制出一个等距基准面，然后在此基准面上双击鼠标左键以精确地指定距离尺寸。

6）可以在 FeatureManager 设计树上以拖动放置方式来改变特征的顺序。

7）完全定义的草图将会以黑色显示所有的实体，若有欠定义的实体则以蓝色显示。

8）可以使用〈Ctrl + R〉组合键重画或重绘画面。

9）当输入一个尺寸数值的时候，可以使用数学式或三角函数式来操作。

10）可以在一个装配体中隐藏或压缩零部件或特征。

11）可以从一个剖面视图中生成一个投影视图。

12）若要将尺寸文字置于尺寸界线的中间，可以在该尺寸上单击右键，并且选择文字对中的命令。

13）可使用设计树中的配置来控制零件的颜色。

14）SolidWorks 在自己官方网站的支持部分设有常见问题解答以及详细的技术提示知识库。只需登录到 www. solidworks. com 的支持部分然后选择知识库即可。

15）SolidWorks 设有一广泛的范例模型库。这些范例设在 SolidWorks 官方网站支持部分的模型库内。这些模型可供 SolidWorks 订购用户免费下载，只需登录 www. solidworks. com 的支持部分然后选择模型库即可。

1.3 参考点

SolidWorks 可以生成多种类型的参考点以用作构造对象，还可以在彼此间已指定距离分割的曲线上生成指定数量的参考点。通过选择【视图】|【点】菜单命令，切换参考点的显示。

单击【参考几何体】工具栏中的【点】按钮（或者选择【插入】|【参考几何体】|【点】菜单命令），在【属性管理器】中弹出【点】的属性设置，如图 1-26 所示。

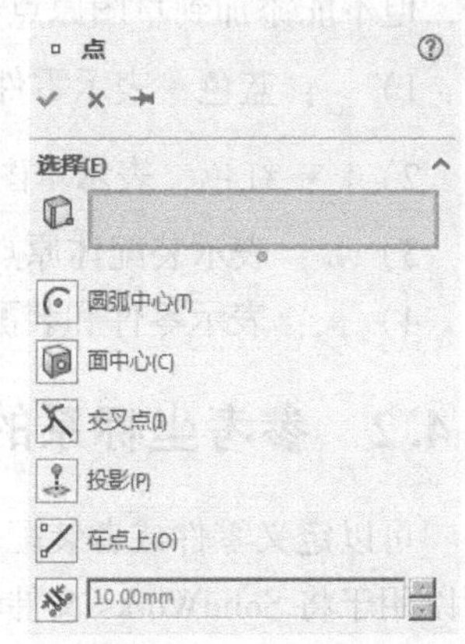

图 1-26 【点】的属性设置

在【选择】选项组中，单击【参考实体】选择框，在图形区域中选择用以生成点的实体；选择要生成的点的类型，其中包括：

【圆弧中心】：在圆弧的中心处生成一个点。

【面中心】：在面的中心处生成一个点。

【交叉点】：在线的交点处生成一个点。

【投影】：在点到面的投影处生成一个点。

【在点上】：在点上生成一个点。

【沿曲线距离或多个参考点】：可以沿边线生成一组参考点。

单击【沿曲线距离或多个参考点】按钮，可以沿边线、曲线或者草图线段生成一组参考点，输入距离或者百分比数值（如果数值对于生成所指定的参考点数太大，会出现信息提示设置较小的数值）。其中：

- 【距离】：按照设置的距离生成参考点数。
- 【百分比】：按照设置的百分比生成参考点数。
- 【均匀分布】：在实体上均匀分布的参考点数。

- 【参考点数】：设置沿所选实体生成的参考点数。

1.4　参考坐标系

SolidWorks 使用带原点的坐标系统，零件文件包含原有原点。当用户选择基准面或者打开一个草图并选择某一面时，将生成一个新的原点，与基准面或者面对齐。原点可以用作草图实体的定位点，并有助于定向轴心透视图。

参考坐标系的作用归纳起来有以下几点：

1）方便 CAD 数据的输入与输出。当 SolidWorks 三维模型被导出为 IGES、FEA、STL 等格式时，此三维模型需要设置参考坐标系；同样，当 IGES、FEA、STL 等格式模型被导入到 SolidWorks 中时，也需要设置参考坐标系。

2）方便计算机辅助制造。当 CAD 模型被用于数控加工时，在生成刀具轨迹和 NC 加工程序时需要设置参考坐标系。

3）方便质量特征的计算。计算零部件的转动惯量、质心时需要设置参考坐标系。

4）在装配体环境中方便进行零件的装配。

1.4.1　原点

零件原点显示为蓝色，代表零件的（0，0，0）坐标。当草图处于激活状态时，草图原点显示为红色，代表草图的（0，0，0）坐标。可以将尺寸标注和几何关系添加到零件原点中，但不能添加到草图原点中。

1）：蓝色，表示零件原点，每个零件文件中均有一个零件原点。

2）：红色，表示草图原点，每个新草图中均有一个草图原点。

3）：表示装配体原点。

4）：表示零件和装配体文件中的视图引导。

1.4.2　参考坐标系的属性设置

可以定义零件或者装配体的坐标系，并将此坐标系与测量和质量特性工具一起使用，也可以用于将 SolidWorks 文件输出为 IGES、STL、ACIS、STEP、Parasolid 和 VDA 等格式。

单击【参考几何体】工具栏中的【坐标系】按钮（或者选择【插入】|【参考几何体】|【坐标系】菜单命令），如图 1-27 所示，在【属性管理器】中弹出【坐标系】的属性设置，如图 1-28 所示。

1）【原点】：定义原点。

2）【X 轴】、【Y 轴】、【Z 轴】：定义各轴。单击其选择框，在图形区域中按照以下方法之一定义所选轴的方向。

- 单击顶点、点或者中点，则轴与所选点对齐。
- 单击线性边线或者草图直线，则轴与所选的边线或者直线平行。
- 单击非线性边线或者草图实体，则轴与选择的实体上所选位置对齐。

• 单击平面，则轴与所选面的垂直方向对齐。

3）【反转轴方向】：反转轴的方向。

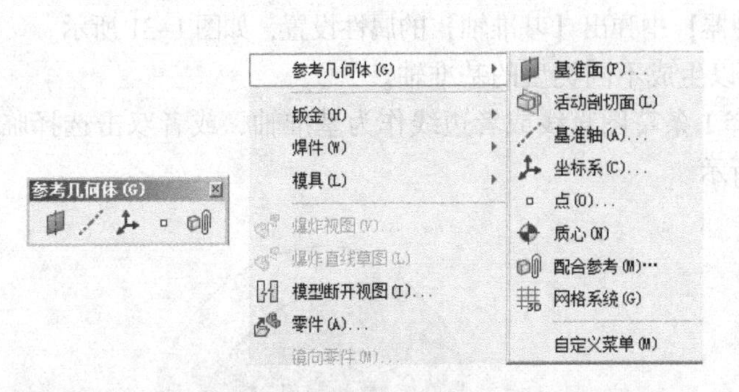

图1-27 单击【坐标系】按钮或者选择【坐标系】菜单命令

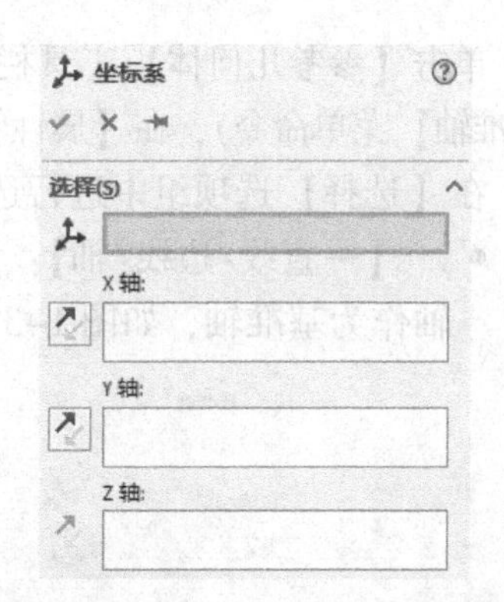

图1-28 【坐标系】的属性设置

1.5 参考基准轴

参考基准轴是参考几何体中的重要组成部分。在生成草图几何体或者圆周阵列时常使用参考基准轴。

参考基准轴的用途较多，概括起来为以下3项：

1）将参考基准轴作为中心线。基准轴可以作为圆柱体、圆孔和回转体的中心线。

2）作为参考轴，辅助生成圆周阵列等特征。

3）将基准轴作为同轴度特征的参考轴。

1.5.1 临时轴

每1个圆柱和圆锥面都有1条轴线。临时轴是由模型中的圆锥和圆柱隐含生成的，临时轴常被设置为基准轴。

可以设置隐藏或者显示所有临时轴。选择【视图】|【临时轴】菜单命令，此时菜单命令左侧的图标下沉（见图1-29），表示临时轴可见，图形区域显示如图1-30所示。

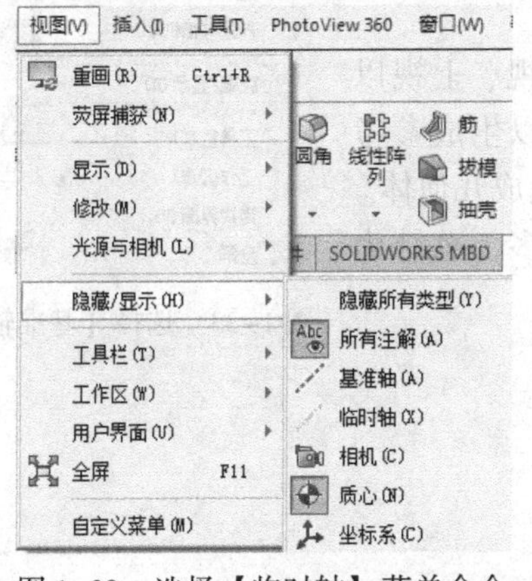

图1-29 选择【临时轴】菜单命令

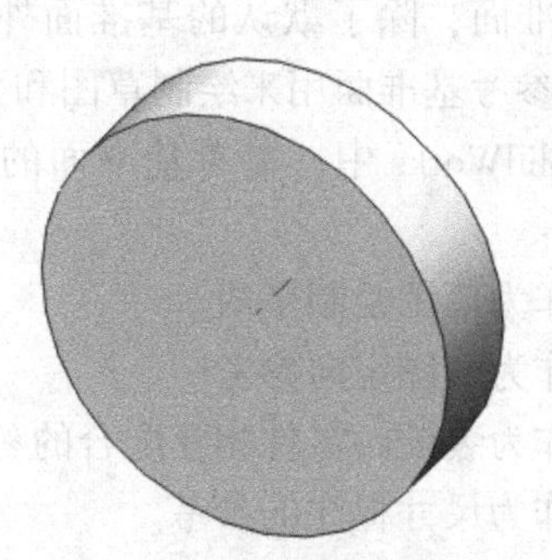

图1-30 显示临时轴

1.5.2 参考基准轴的属性设置

单击【参考几何体】工具栏中的【基准轴】按钮（或者选择【插入】|【参考几何体】|【基准轴】菜单命令），在【属性管理器】中弹出【基准轴】的属性设置，如图 1-31 所示。

在【选择】选项组中进行选择以生成不同类型的基准轴。

- 【一直线/边线/轴】：选择 1 条草图直线或者边线作为基准轴，或者双击选择临时轴作为基准轴，如图 1-32 所示。

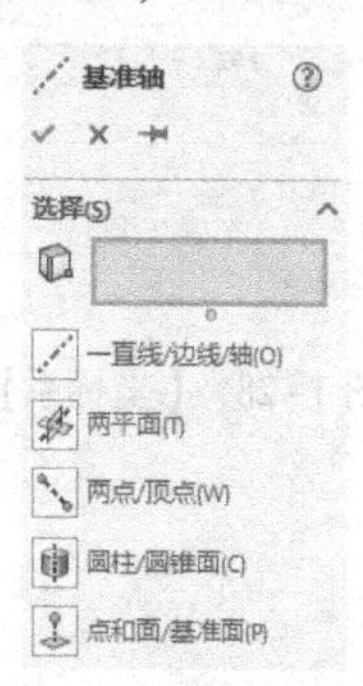

图 1-31 【基准轴】的属性设置

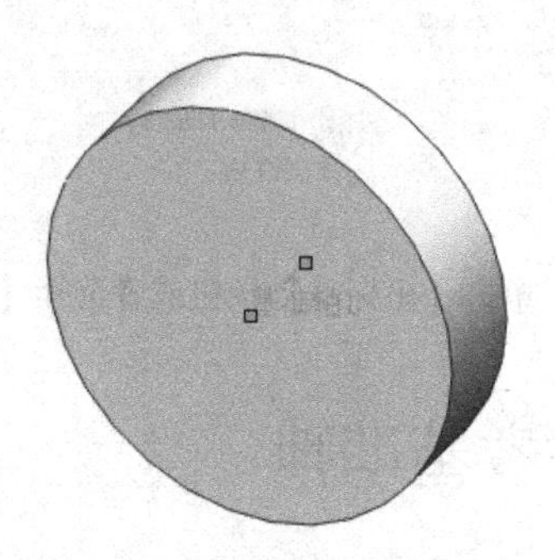

图 1-32 选择临时轴作为基准轴

- 【两平面】：选择两个平面，利用两个面的交叉线作为基准轴。
- 【两点/顶点】：选择两个顶点作为基准轴。
- 【圆柱/圆锥面】：选择 1 个圆柱或者圆锥面，利用其轴线作为基准轴。
- 【点和面/基准面】：选择 1 个平面（或者基准面），然后选择 1 个顶点（或者点、中点等），由此所生成的轴通过所选择的顶点垂直于所选的平面。

1.5.3 显示参考基准轴

选择【视图】|【基准轴】菜单命令，可以看到菜单命令左侧的图标下沉，如图 1-33 所示，表示基准轴可见。

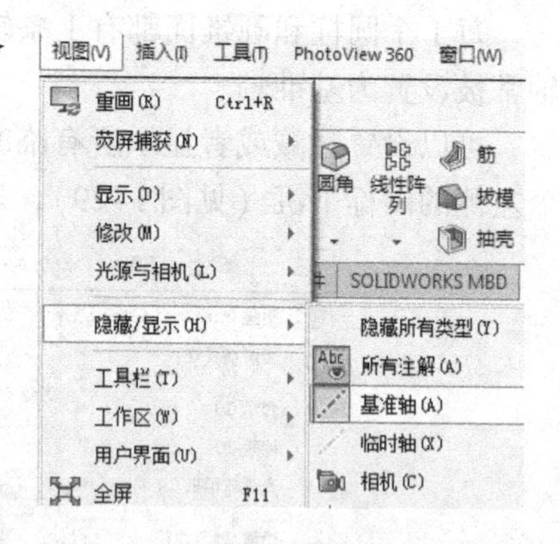

图 1-33 选择【基准轴】菜单命令

1.6 参考基准面

在【特征管理器设计树】中默认提供前视、上视以及右视基准面，除了默认的基准面外，还可以生成参考基准面。参考基准面用来绘制草图和为特征生成几何体。

在 SolidWorks 中，参考基准面的用途很多，总结为以下几项：

1）作为草图绘制平面。

2）作为视图定向参考。

3）作为装配时零件相互配合的参考面。

4）作为尺寸标注的参考。

5）作为模型生成剖面视图的参考面。

6）作为拔模特征的参考面。

1.6.1 参考基准面的属性设置

单击【参考几何体】工具栏中的【基准面】按钮（或者选择【插入】|【参考几何体】|【基准面】菜单命令），在【属性管理器】中弹出【基准面】的属性设置，如图 1-34 所示。

在【第一参考】选项组中，选择需要生成的基准面类型及项目。

- 【平行】：通过模型的表面生成 1 个基准面，如图 1-35 所示。

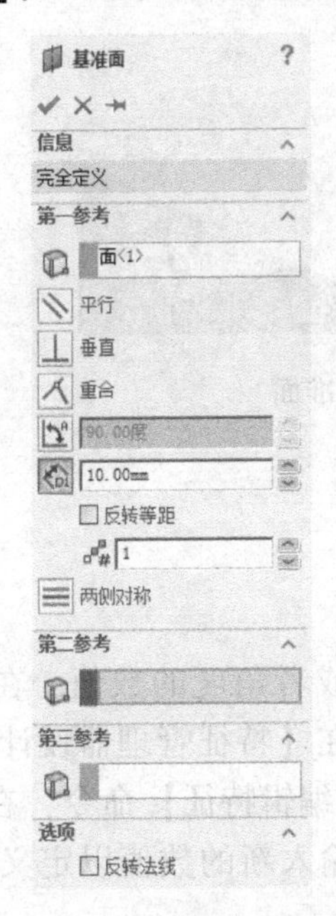

图 1-34 【基准面】的属性设置

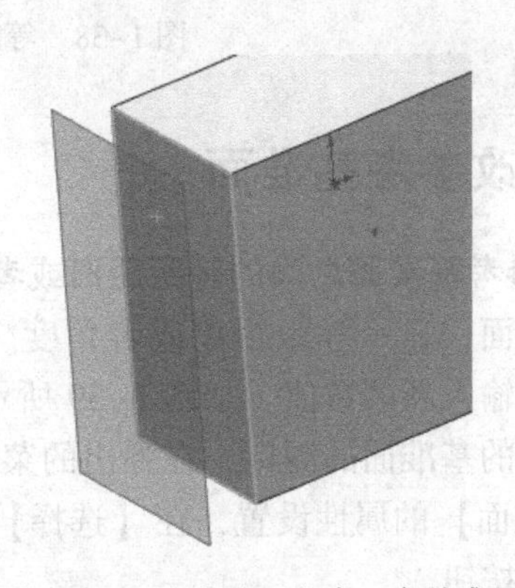

图 1-35 通过平面生成 1 个基准面

- 【垂直】：可以生成垂直于 1 条边线、轴线或者平面的基准面，如图 1-36 所示。
- 【重合】：通过 1 个点、线和面生成基准面。
- 【两面夹角】：通过 1 条边线与 1 个面成一定夹角生成基准面，如图 1-37 所示。

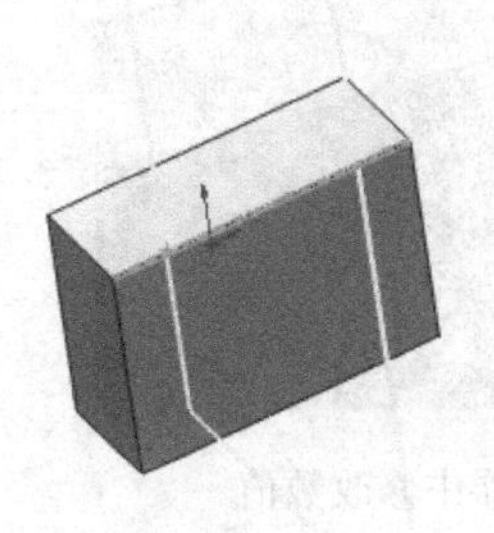

图 1-36 垂直于曲线生成基准面

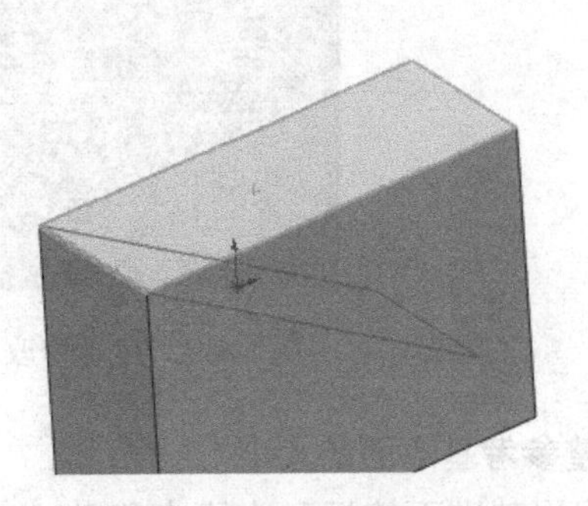

图 1-37 两面夹角生成基准面

- 【等距距离】：在平行于1个面的指定距离生成等距基准面。首先选择1个平面（或者基准面），然后设置【距离】数值，如图1-38所示。
- 【反转】：选择此选项，在相反的方向生成基准面。

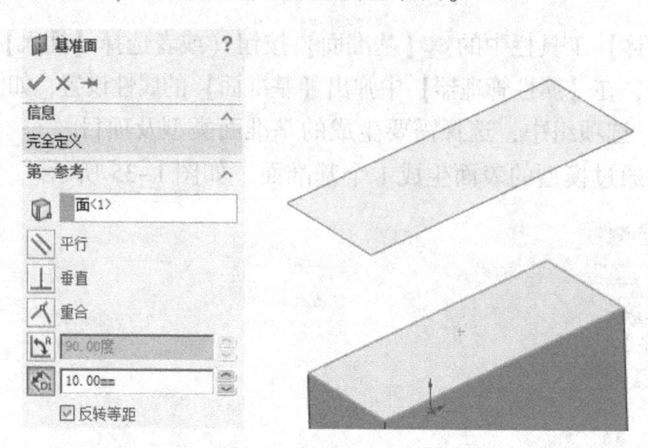

图1-38　等距距离生成基准面

1.6.2　修改参考基准面

1. 修改参考基准面之间的等距距离或者角度

双击基准面，显示等距距离或者角度。双击尺寸或者角度的数值，在弹出的【修改】属性管理器中输入新的数值，如图1-39所示；也可以在【特征管理器设计树】中用鼠标右键单击已生成的基准面的图标，在弹出的菜单中选择【编辑特征】命令，在【属性管理器】中弹出【基准面】的属性设置，在【选择】选项组中输入新的数值以定义基准面，然后单击【确定】按钮。

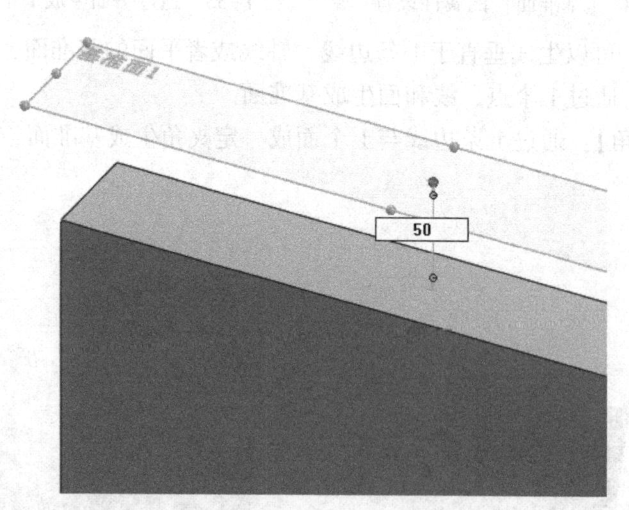

图1-39　在【修改】属性管理器中修改数值

2. 调整参考基准面的大小

可以使用基准面控标和边线来移动、复制基准面或者调整基准面的大小。要显示基准面控标，可以在【特征管理器设计树】中单击已生成的基准面的图标或者在图形区域中单击基准面的名称，也可以选择基准面的边线，然后就可以进行调整了，如图1-40所示。

利用基准面控标和边线，可以进行以下操作：

1）拖动边角或者边线控标以调整基准面的大小。

2）拖动基准面的边线以移动基准面。

3）通过在图形区域中选择基准面以复制基准面，然后按住键盘上的〈Ctrl〉键并使用边线将基准面拖动至新的位置，生成1个等距基准面。

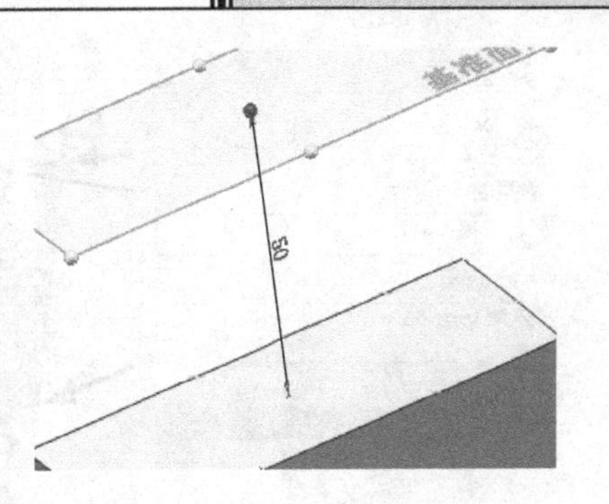

图1-40　显示基准面控标

1.7　建立参考几何体范例

下面结合现有模型，介绍生成参考几何体的具体方法。模型如图1-41所示。

1.7.1　生成参考坐标系

1）启动中文版SolidWorks 2017，单击【标准】工具栏中的【打开】按钮，弹出【打开】属性管理器，在配套光盘中选择【1. SLDPRT】，单击【打开】按钮，在图形区域中显示出模型。

2）生成坐标系。单击【参考几何体】工具栏中的【坐标系】按钮，在【属性管理器】中弹出【坐标系】的属性设置。

3）定义原点。在图形区域中单击模型上方的1个顶点，则点的名称显示在【原点】选择框中，如图1-42所示。

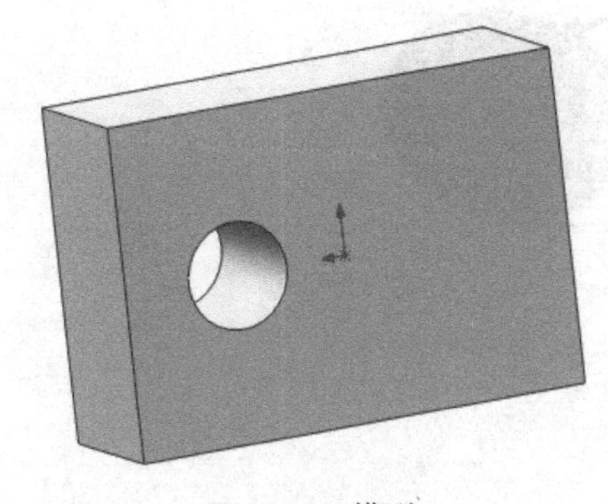

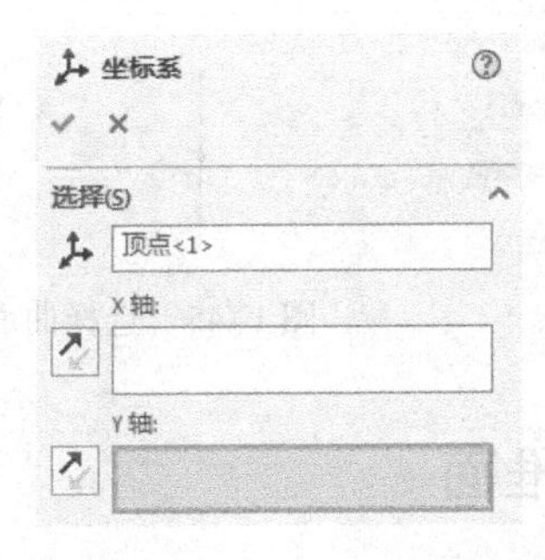

图1-41　模型

图1-42　定义原点

4）定义各轴。单击【X轴】、【Y轴】、【Z轴】选择框，在图形区域中选择线性边线，指示所选轴的方向与所选的边线平行，单击【X轴】下的【反转Z轴方向】按钮，反转轴的方向，如图1-43所示，单击【确定】按钮，生成坐标系1，如图1-44所示。

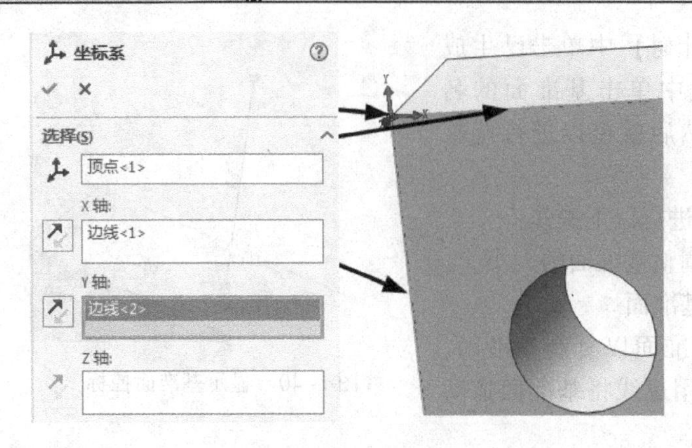

图 1-43　定义各轴

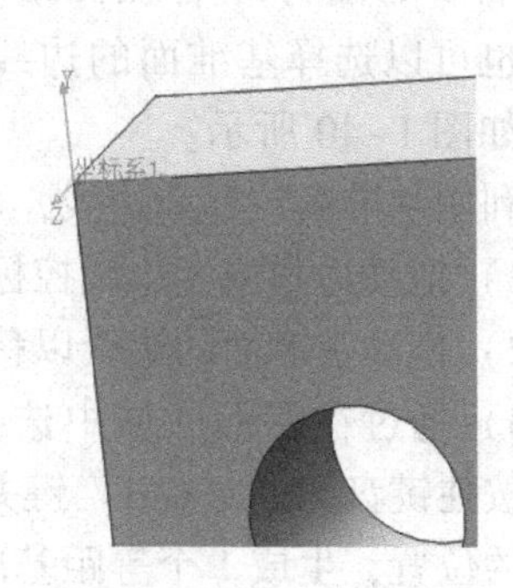

图 1-44　生成坐标系 1

1.7.2　生成参考基准轴

1）单击【参考几何体】工具栏中的 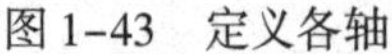【基准轴】按钮，在【属性管理器】中弹出【基准轴】的属性设置。

2）单击【圆柱/圆锥面】按钮，选择模型的曲面，检查【参考实体】选择框中列出的项目，如图 1-45 所示，单击【确定】按钮，生成基准轴 1。

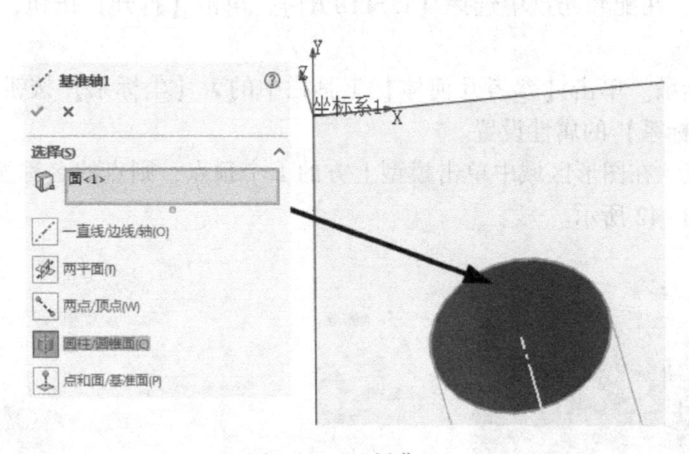

图 1-45　选择曲面

1.7.3　生成参考基准面

1）单击【参考几何体】工具栏中的【基准面】按钮，在【属性管理器】中弹出【基准面】的属性设置。

2）单击【两面夹角】按钮，在图形区域中选择模型的侧面及其上边线，在【参考实体】选择框中显示出选择的项目名称，设置【角度】数值为【45.00 度】，如图 1-46 所示，在图形区域中显示出新的基准面的预览，单击【确定】按钮，生成基准面 1。

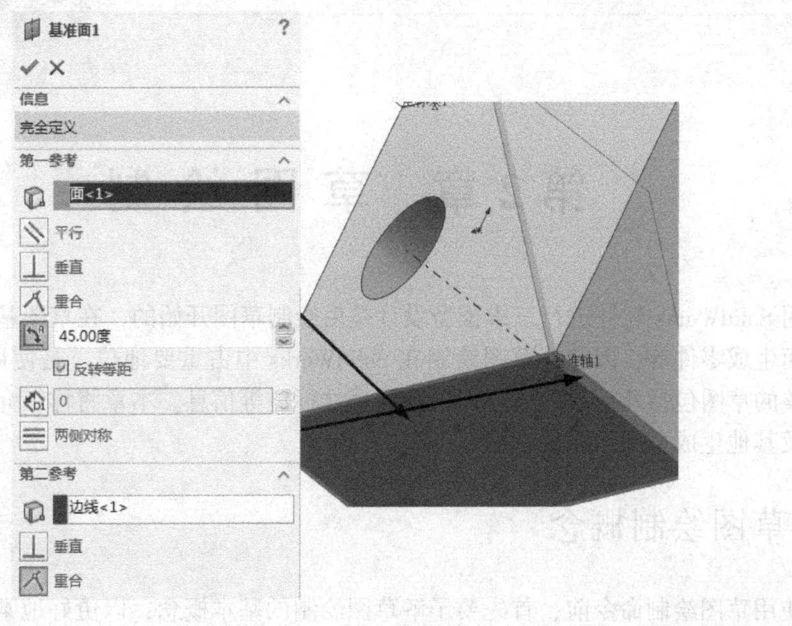

图 1-46　生成基准面

1.7.4　生成参考点

单击【参考几何体】工具栏中的 ◦【点】按钮，在【属性管理器】中弹出【点】的属性设置。在【选择】选项组中，单击【参考实体】选择框，在图形区域中选择模型的上表面，单击【面中心】按钮，再单击【确定】按钮，生成参考点，如图 1-47 所示。

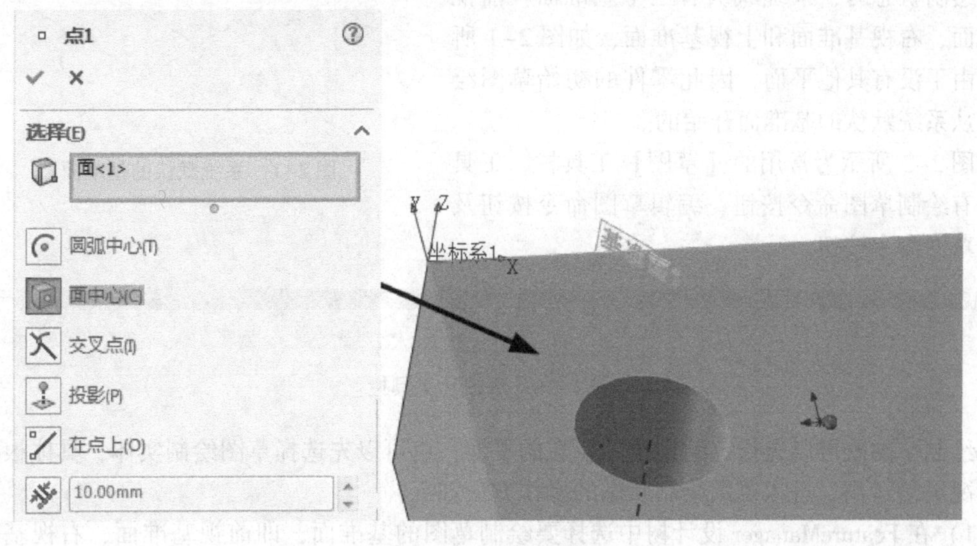

图 1-47　生成参考点

第2章　草图绘制

使用 SolidWorks 软件进行三维模型设计是由绘制草图开始的，在草图基础上生成特征模型，进而生成零件等，因此，草图绘制在 SolidWorks 中占重要地位，是使用该软件的基础。一个完整的草图包括几何形状、几何关系和尺寸标注等信息。本章将详细介绍草图绘制、草图编辑及其他生成草图的方法。

2.1　草图绘制概念

在使用草图绘制命令前，首先要了解草图绘制的基本概念，以更好地掌握草图绘制和草图编辑的方法。本节主要介绍草图的基本操作、认识草图绘制工具栏，熟悉绘制草图时光标的显示状态。

2.1.1　进入草图绘制状态

草图必须绘制在平面上，这个平面既可以是基准面，也可以是三维模型上的平面。初始进入草图绘制状态时，系统默认有三个基准面：前视基准面、右视基准面和上视基准面，如图 2-1 所示。由于没有其他平面，因此零件的初始草图绘制是从系统默认的基准面开始的。

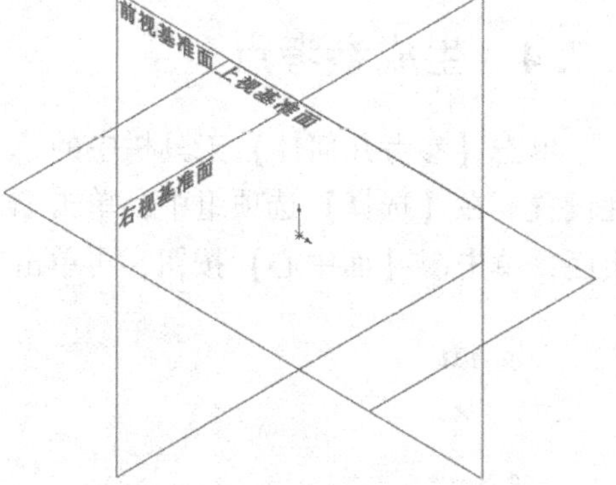

图 2-1　系统默认的基准面

图 2-2 所示为常用的【草图】工具栏，工具栏中有绘制草图命令按钮、编辑草图命令按钮及其他草图命令按钮。

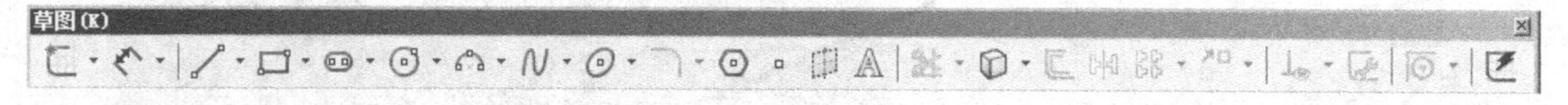

图 2-2　【草图】工具栏

绘制草图既可以先指定绘制草图所在的平面，也可以先选择草图绘制实体，具体根据实际情况灵活运用。进入草图绘制状态的操作方法如下：

1）在 FeatureManager 设计树中选择要绘制草图的基准面，即前视基准面、右视基准面和上视基准面中的一个面。

2）用鼠标左键单击【标准视图】工具栏中的 【正视于】按钮，使基准面旋转到正视于绘图者的方向。

3）单击【草图】工具栏中的 【草图绘制】按钮，或者单击【草图】工具栏上要绘制的草图实体，进入草图绘制状态。

2.1.2　退出草图绘制状态

零件是由多个特征组成的，有些特征需要由一个草图生成，有些需要多个草图生成，如扫描实体、放样实体等。因此草图绘制后，即可立即建立特征，也可以退出草图绘制状态再绘制其他草图然后再建立特征。退出草图绘制状态的方法主要有以下几种，下面将分别介绍，在实际使用中要灵活运用。

（1）菜单方式

开始草图绘制后，选择【插入】|【退出草图】菜单命令，如图 2-3 所示，退出草图绘制状态。

（2）工具栏命令按钮方式

单击选择【草图】工具栏上的【退出草图】按钮，或者单击选择【标准】工具栏上的【重建模型】按钮，退出草图绘制状态。

（3）绘图区域退出图标方式

在进入草图绘制状态的过程中，在绘图区域右上角会出现图 2-4 所示的草图提示图标。单击左上角的图标，确认绘制的草图并退出草图绘制状态。

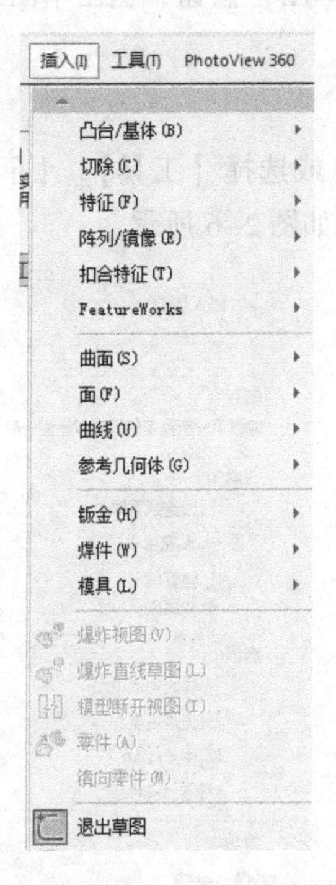

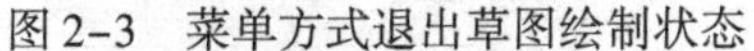

图 2-3　菜单方式退出草图绘制状态　　图 2-4　草图提示图标

2.2　绘制二维草图

在 SolidWorks 建模过程中，大部分特征都需要先建立草图实体然后再执行特征命令。

2.2.1　绘制点

点在模型中只起参考作用，不影响三维建模的外形，执行【点】命令后，在绘图区域中的任何位置都可以绘制点。

单击【草图】工具栏上的 ▫【点】按钮，或选择【工具】|【草图绘制实体】|【点】菜单命令，打开【点】属性管理器，如图 2-5 所示。

重要选项说明：

- $^{\circ}x$：在后面的框中输入点的 X 坐标。
- $^{\circ}y$：在后面的框中输入点的 Y 坐标。

绘制点命令的操作方法如下：

1）选择合适的基准面，利用前面介绍的命令进入草图绘制状态。

2）选择【工具】|【草图绘制实体】|【点】菜单命令，或者单击【草图】工具栏上的 ▫【点】按钮，光标变为（点）光标。

3）在绘图区域需要绘制点的位置单击鼠标左键，确认绘制点的位置，此时绘制点命令继续处于激活位置，可以继续绘制点。

4）单击选择【草图】工具栏上的【退出草图】按钮，退出草图绘制状态。

2.2.2　绘制直线

单击【草图】工具栏上的【直线】按钮，或选择【工具】|【草图绘制实体】|【直线】菜单命令，打开【插入线条】属性管理器，如图 2-6 所示。

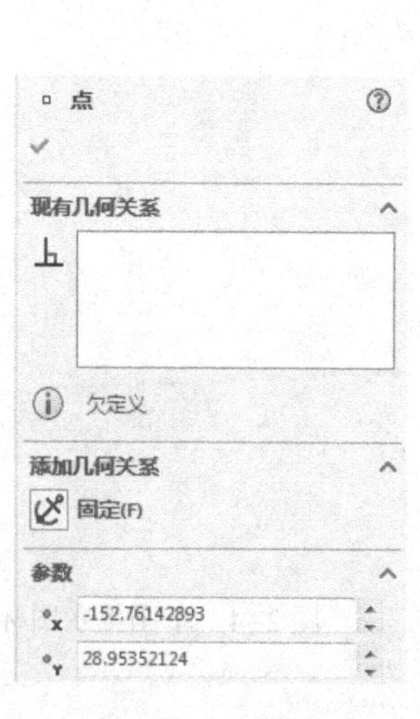

图 2-5　【点】属性管理器

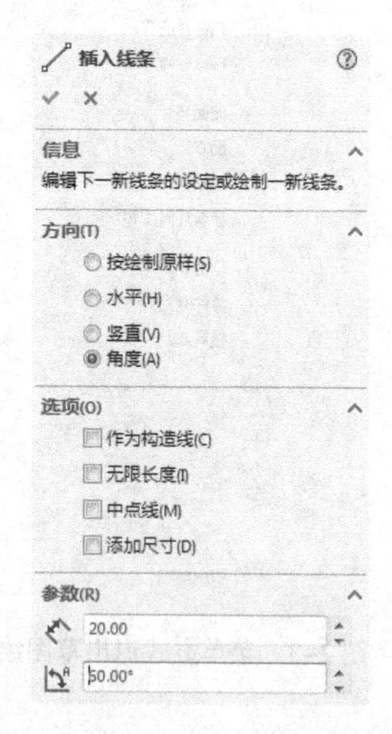

图 2-6　【插入线条】属性管理器

1.【方向】选项组

- 按绘制原样：以鼠标指定的点绘制直线，选择该选项绘制直线时，光标附近出现任意

╲【直线】图标符号。

- 水平：以指定的长度在水平方向绘制直线，选择该选项绘制直线时，光标附近出现━【水平直线】图标符号。
- 竖直：以指定的长度在竖直方向绘制直线，选择该选项绘制直线时，光标附近出现┃【竖直直线】图标符号。
- 角度：以指定角度和长度方式绘制直线，选择该选项绘制直线时，光标附近出现╲【角度直线】图标符号。

2.【选项】选项组

- 作为构造线：绘制为构造线。
- 无限长度：绘制无限长的直线。
- 中点线：绘制的直线带有中点。
- 添加尺寸：在直线上直接标注出尺寸。

2.2.3 绘制矩形

单击【草图】工具栏上□【矩形】按钮打开【矩形】属性管理器，如图 2-7 所示。矩形类型有 5 种，分别是边角矩形、中心矩形、3 点边角矩形、3 点中心矩形和平行四边形。

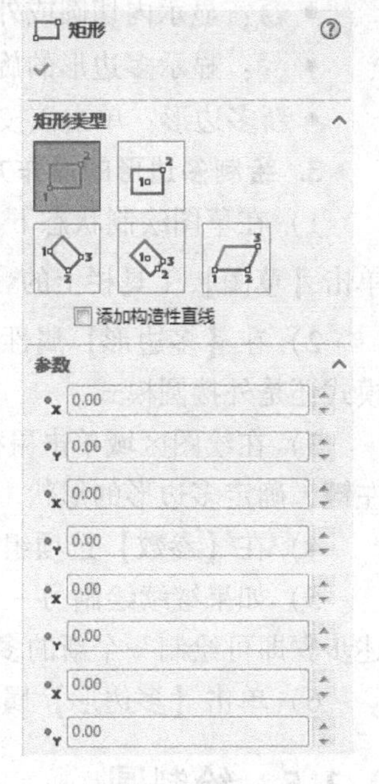

图 2-7 【矩形】属性管理器

1.【矩形类型】选项组

- ▣：用于绘制标准矩形草图。
- ▣：绘制一个包括中心点的矩形。
- ◇：以所选的角度绘制一个矩形。
- ◇：以所选的角度绘制带有中心点的矩形。
- ▱：绘制标准平行四边形草图。

2.【中心点】设置组

- ·x：在后面的框中输入点的 X 坐标。
- ·y：在后面的框中输入点的 Y 坐标。

2.2.4 绘制多边形

多边形命令用于绘制数量为 3 ~ 40 的等边多边形，单击【草图】工具栏上◎【多边形】按钮，或选择【工具】|【草图绘制实体】|【多边形】菜单命令，打开【多边形】属性管理器，如图 2-8 所示。

1.【选项】选项组

- 作为构造线：勾选该选项，生成的多边形将作为构造线，取消勾选将为实体草图。

2.【参数】选项组

- ⊕：在后面的属性管理器中输入多边形的边数，通常为 3 ~ 40 条边。
- 内切圆：以内切圆方式生成多边形。
- 外接圆：以外接圆方式生成多边形。

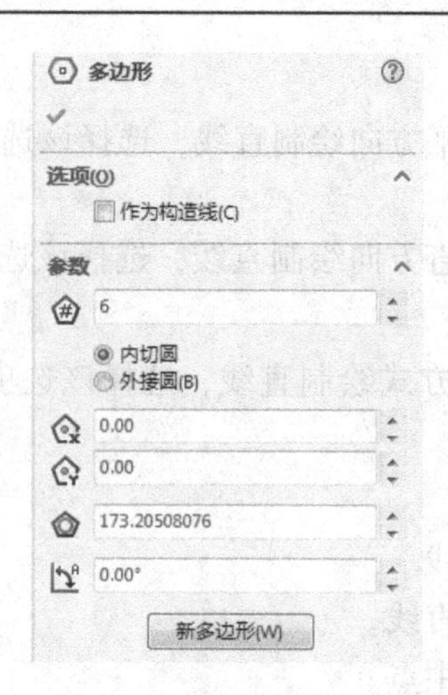

图 2-8　【多边形】属性管理器

- ：显示多边形中心的 X 坐标。
- ：显示多边形中心的 Y 坐标。
- ：显示内切圆或外接圆的直径。
- ：显示多边形的旋转角度。
- 新多边形：单击该按钮，可以绘制另外一个多边形。

3. 绘制多边形的操作方法

1）在草图绘制状态下，选择【工具】|【草图绘制实体】|【多边形】菜单命令，或者单击【草图】工具栏上的【多边形】按钮，此时鼠标变为形状。

2）在【多边形】属性管理器的【参数】选项组中，设置多边形的边数，选择是内切圆模式还是外接圆模式。

3）在绘图区域单击鼠标左键，确定多边形的中心，拖动鼠标，在合适的位置单击鼠标左键，确定多边形的形状。

4）在【参数】选项组中，设置多边形的圆心、圆直径及选择角度。

5）如果继续绘制另一个多边形，单击属性管理器中的【新多边形】按钮，然后重复上述步骤即可绘制一个新的多边形。

6）单击【多边形】属性管理器中的【确定】按钮，完成多边形的绘制。

2.2.5　绘制圆

单击【草图】工具栏上的【圆】按钮，或选择【工具】|【草图绘制实体】|【圆】菜单命令，打开【圆】属性管理器，如图 2-9 所示。

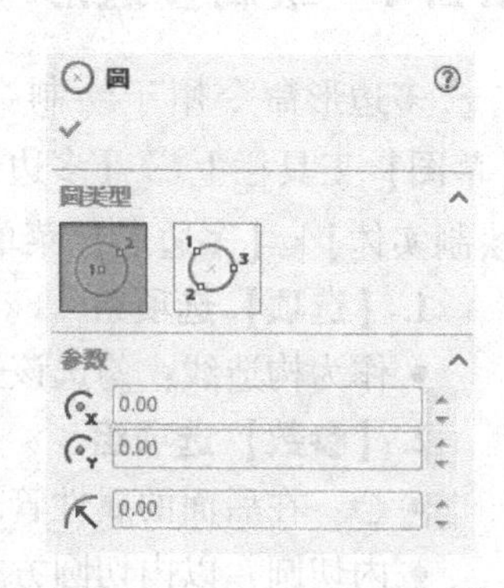

图 2-9　【圆】属性管理器

1.【圆类型】选项组

- ：绘制基于中心的圆。
- ：绘制基于周边的圆。

2. 其他选项组

其他选项组可以参考直线进行设置。

3. 绘制中心圆的操作方法

1）在草图绘制状态下，选择【工具】|【草图绘制实体】|【圆】菜单命令，或者单击【草图】工具栏上的⊙【圆】按钮，开始绘制圆。

2）在【圆类型】选项组中，单击【绘制基于中心的圆】按钮，在绘图区域中合适的位置单击左键确定圆的圆心。

3）移动鼠标拖出一个圆，然后单击鼠标左键，确定圆的半径。

4）单击【圆】属性管理器中的【确定】按钮，完成圆的绘制。

4. 绘制周边圆的操作方法

1）在草图绘制状态下，选择【工具】|【草图绘制实体】|【圆】菜单命令，或者单击【草图】工具栏上的⊙【圆】按钮，开始绘制圆。

2）在【圆类型】选项组中，单击【绘制基于周边的圆】按钮，在绘图区域中合适的位置单击左键确定圆上一点。

3）拖动鼠标到绘图区域中合适的位置，单击鼠标左键确定周边上的另一点。

4）继续拖动鼠标到绘图区域中合适的位置，单击鼠标左键确定周边上的第三点。

5）单击【圆】属性管理器中的【确定】按钮，完成圆的绘制。

2.2.6 绘制圆弧

单击【草图】工具栏上【圆心/起/终点画弧】按钮或【切线弧】按钮或【3 点圆弧】按钮，或选择【工具】|【草图绘制实体】|【圆心/起/终点画弧】【切线弧】/【3 点圆弧】菜单命令，打开【圆弧】属性管理器，如图 2-10 所示。

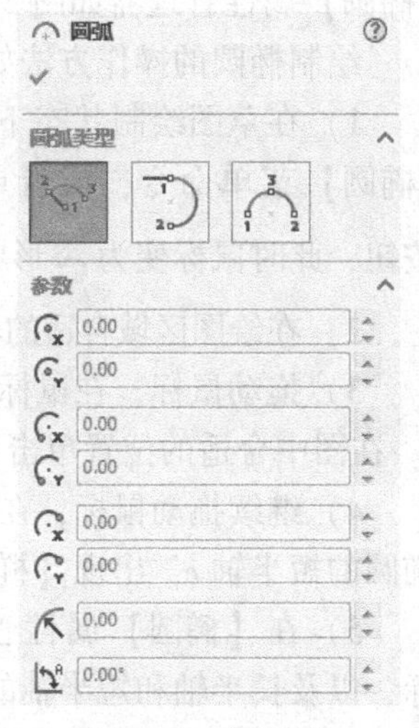

图 2-10 【圆弧】属性管理器

1.【圆类型】选项组

- ：基于圆心/起点/终点画弧方式绘制圆弧。
- ：基于切线弧方式绘制圆弧。
- ：基于 3 点圆弧方式绘制圆弧。

2. 绘制圆心/起/终点画弧的操作方法

1）在草图绘制状态下，选择【工具】|【草图绘制实体】|【圆心/起/终点画弧】菜单命令，或者单击【草图】工具栏上的【圆心/起/终点画弧】按钮，开始绘制圆弧。

2）在绘图区域单击鼠标左键确定圆弧的圆心。

3）在绘图区域合适的位置，单击鼠标左键确定圆弧的起点。

4）在绘图区域合适的位置，单击鼠标左键确定圆弧的终点。

5）单击【圆弧】属性管理器中的【确定】按钮，完成圆弧的绘制。

3. 绘制切线弧的操作方法

1）在草图绘制状态下，选择【工具】|【草图绘制实体】|【切线弧】菜单命令，或者单击【草图】工具栏上的【切线弧】按钮，开始绘制切线弧，此时光标变为形状。

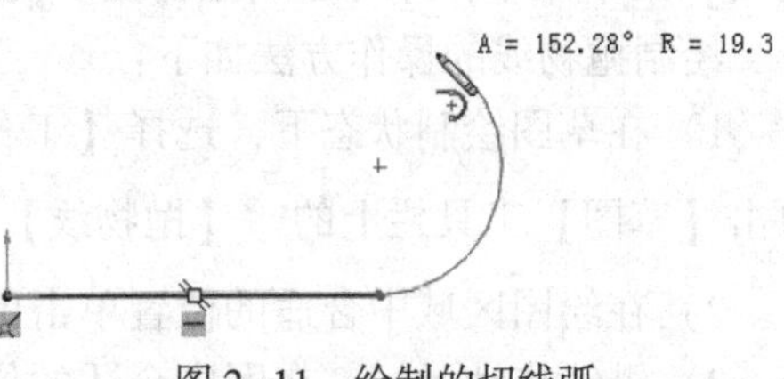

图 2-11 绘制的切线弧

2）在已经存在草图实体的端点处，单击鼠标左键，本例以选择图2-11所示直线的右端为切线弧的起点。

3）拖动鼠标在绘图区域中合适的位置确定切线弧的终点，单击左键确认。

4）单击左侧【圆弧】属性管理器中的【确定】按钮，完成切线弧的绘制。

4. 绘制三点圆弧的操作方法

1）在草图绘制状态下，选择【工具】|【草图绘制实体】|【三点圆弧】菜单命令，或者单击【草图】工具栏上的【三点圆弧】按钮，开始绘制圆弧，此时鼠标变为形状。

2）在绘图区域单击鼠标左键，确定圆弧的起点。

3）拖动鼠标到绘图区域中合适的位置，单击左键确认圆弧终点的位置。

4）拖动鼠标到绘图区域中合适的位置，单击左键确认圆弧中点的位置。

5）单击【圆弧】属性管理器中的【确定】按钮，完成三点圆弧的绘制。

2.2.7 绘制椭圆与部分椭圆

椭圆是由中心点、长轴长度与短轴长度确定的，三者缺一不可。单击【草图】工具栏上【椭圆】按钮，或选择【工具】|【草图绘制实体】|【椭圆】菜单命令，即可绘制椭圆，【椭圆】属性管理器如图2-12所示。

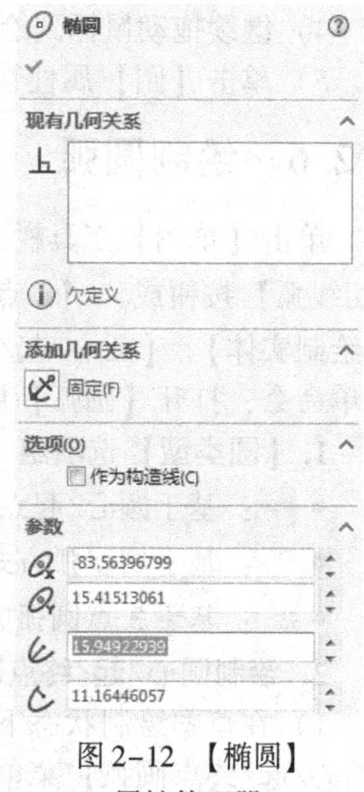

图2-12 【椭圆】属性管理器

绘制椭圆的操作方法如下：

1）在草图绘制状态下，选择【工具】|【草图绘制实体】|【椭圆】菜单命令，或者单击【草图】工具栏上的【椭圆】按钮，此时鼠标变为形状。

2）在绘图区域合适的位置单击鼠标左键，确定椭圆的中心。

3）拖动鼠标，在鼠标附近会显示椭圆的长半轴 R 和短半轴 r。在图中合适的位置单击鼠标左键，确定椭圆的长半轴 R。

4）继续拖动鼠标，在图中合适的位置单击鼠标左键，确定椭圆的短半轴 r，出现【椭圆】属性管理器。

5）在【椭圆】属性管理器中，根据设计需要对其中心坐标，以及长半轴和短半轴的大小进行修改。

6）单击【椭圆】属性管理器中的【确定】按钮，完成椭圆的绘制。

2.2.8 绘制抛物线

单击【草图】工具栏上【抛物线】按钮，或选择【工具】|【草图绘制实体】|【抛物线】菜单命令，即可绘制抛物线。【抛物线】属性管理器如图2-13所示。

绘制抛物线的操作方法如下：

1）在草图绘制状态下，选择【工具】|【草图绘制实体】|【抛物线】菜单命令，或者单击【草图】工具栏上的【抛物线】按钮，此时鼠标变为形状。

2）在绘图区域中合适的位置单击鼠标左键，确定抛物线的焦点。

3）继续拖动鼠标，在图中合适的位置单击鼠标左键，确定抛物线的焦距。

4）继续拖动鼠标，在图中合适的位置单击鼠标左键，确定抛物线的起点。

5）继续拖动鼠标，在图中合适的位置单击鼠标左键，确定抛物线的终点，出现【抛物线】属性管理器，根据设计需要修改属性管理器中抛物线的参数。

6）单击【抛物线】属性管理器中的【确定】按钮，完成抛物线的绘制。

2.2.9 绘制草图文字

单击【草图】工具栏上【文字】按钮，或选择【工具】|【草图绘制实体】|【文字】菜单命令，系统出现图 2-14 所示的【草图文字】属性管理器，即可绘制草图文字。

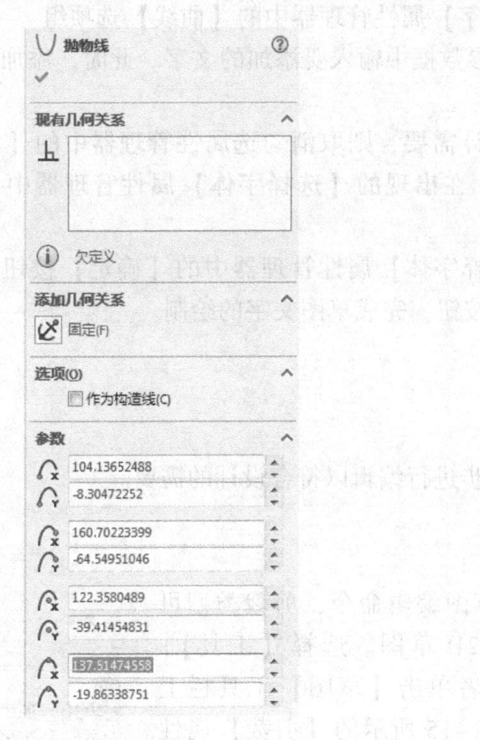

图 2-13 【抛物线】属性管理器

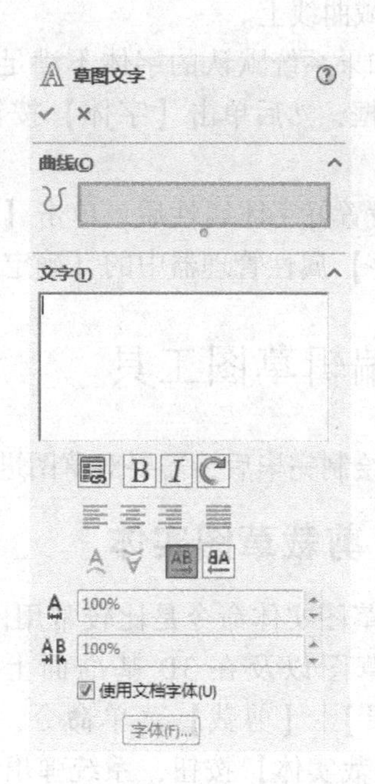

图 2-14 【草图文字】属性管理器

1.【曲线】选项组

：选择边线、曲线、草图及草图段。

2.【文字】选项组

- 文字框：在文字框中输入文字，文字在图形区域中沿所选实体出现。
- 样式：有 3 种样式，即 B（加粗）将输入的文字加粗；I（斜体）将输入的文字以斜体方式显示；（旋转）将选择的文字以设定的角度旋转。
- 对齐：有 4 种样式，即（左对齐）、（居中）、（右对齐）和（两端对齐），对齐只可用于沿曲线、边线或草图线段的文字。
- 反转：有 4 种样式，即（竖直反转）、（返回）、（水平反转）和（返回），其中竖直反转只可用于沿曲线、边线或草图线段的文字。
- ：按指定的百分比均匀加宽每个字符。

- AB：按指定的百分比更改每个字符之间的间距。
- 使用文档字体：勾选用于使用文档字体，取消勾选则可以使用另一种字体。
- 字体：单击以打开【字体】属性管理器，根据需要可以设置字体样式和大小。
- 【链接到属性】：将文字链接到零件的属性。

3. 绘制草图文字的操作方法

1）选择【工具】|【草图绘制实体】|【文字】菜单命令，此时鼠标变为形状，系统出现【草图文字】属性管理器。

2）在绘图区域中选择一条边线、曲线、草图或草图线段，作为绘制文字草图的定位线，此时所选择的边线出现在【草图文字】属性管理器中的【曲线】选项组。

3）在【草图文字】属性管理器的参数框中输入要添加的文字。此时，添加的文字出现在绘图区域曲线上。

4）如果系统默认的字体不满足设计需要，则取消勾选属性管理器中的【使用文档字体】复选框，然后单击【字体】按钮，在出现的【选择字体】属性管理器中设置字体的属性。

5）设置好字体属性后，单击【选择字体】属性管理器中的【确定】按钮，然后单击【草图文字】属性管理器中的【确定】按钮，完成草图文字的绘制。

2.3　编辑草图工具

草图绘制完毕后，需要对草图进一步进行编辑以符合设计的需要。

2.3.1　剪裁草图实体

剪裁草图实体命令是比较常用的草图编辑命令，剪裁类型可以为2D草图以及在3D基准面上的2D草图。选择【工具】|【草图工具】|【剪裁】菜单命令，或者单击【草图】工具栏上的【剪裁实体】按钮，系统弹出图2-15所示的【剪裁】属性管理器。

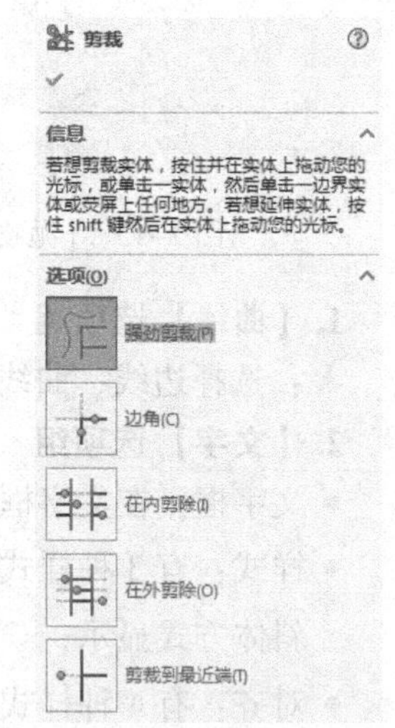

图2-15　【剪裁】属性管理器

1.【选项】选项组

- 强劲剪裁：通过将鼠标拖过每个草图实体来剪裁多个相邻的草图实体。
- 边角：剪裁两个草图实体，直到它们在虚拟边角处相交。
- 在内剪除：选择两个边界实体，剪裁位于两个边界实体内的草图实体。
- 在外剪除：选择两个边界实体，剪裁位于两个边界实体外的草图实体。
- 剪裁到最近端：将一草图实体剪裁到最近交叉实体端。

2. 剪裁草图实体命令的操作方法

1）在草图编辑状态下，选择【工具】|【草图绘制工具】|【剪裁】菜单命令，或者单

击【草图】工具栏上的 【剪裁实体】按钮，此时鼠标变为 ，系统出现【剪裁】属性管理器。

2）设置剪裁模式，在【选项】组中选择剪裁模式。

3）选择需要剪裁的草图实体。

4）单击【剪裁】属性管理器中的【确定】按钮，完成剪裁草图实体。

2.3.2 延伸草图实体

延伸草图实体命令可以将一草图实体延伸至另一个草图实体。选择【工具】|【草图工具】|【延伸】菜单命令，或者单击【草图】工具栏上的 【延伸实体】按钮，执行延伸草图实体命令。

延伸草图实体的操作方法如下：

1）在草图编辑状态下，选择【工具】|【草图绘制工具】|【延伸】菜单命令，或者单击【草图】工具栏上的 【延伸实体】按钮，此时鼠标变为 。

2）单击鼠标左键，选择图 2–16 所示的左侧直线，将其延伸，结果如图 2–17 所示。

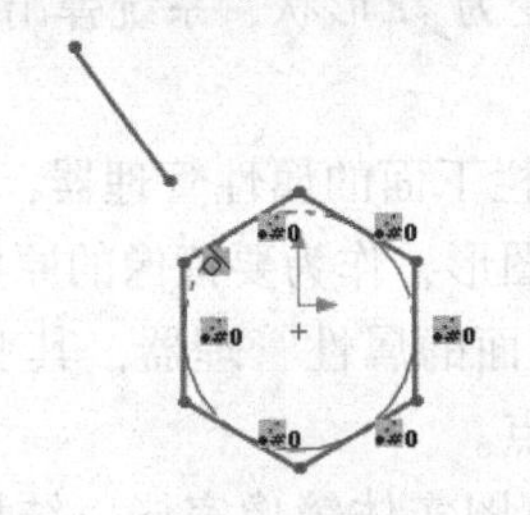
图 2–16　草图延伸前的图形

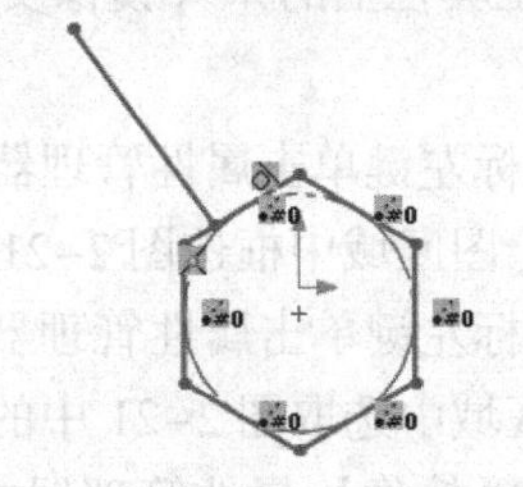
图 2–17　草图延伸后的图形

2.3.3 分割草图实体

分割草图是将一连续的草图实体分割为两个草图实体。选择【工具】|【草图工具】|【分割实体】菜单命令，或者单击【草图】工具栏上的 【分割实体】按钮，执行分割草图实体命令。

分割草图实体的操作方法如下：

1）在草图编辑状态下，选择【工具】|【草图绘制工具】|【分割实体】菜单命令，或者单击【草图】工具栏上的 【分割实体】按钮，此时鼠标变为 ，进入分割草图实体命令状态。

2）确定添加分割点的位置，用鼠标单击图 2–18 中草图的合适位置，添加一个分割点，将草图分为两部分，结果如图 2–19 所示。

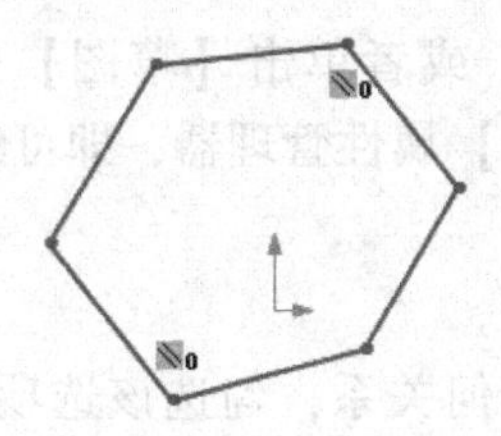
图 2–18　添加分割点前的图形

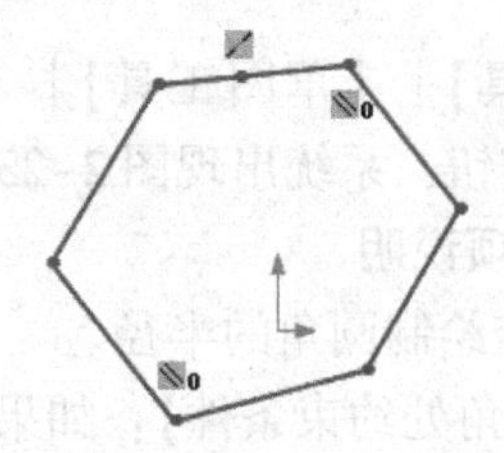
图 2–19　添加分割点后的图形

2.3.4　镜像草图实体

镜像草图命令适用于绘制对称的图形，镜像的对象为2D草图或在3D草图基准面上所生成的2D草图。选择【工具】|【草图工具】|【镜像】菜单命令，或者单击【草图】工具栏上的【镜像实体】按钮，系统出现【镜像】属性管理器，如图2-20所示。

镜像
信息
选择要镜像的实体及一镜像所绕的草图线或线性模型边线
选项(P)
要镜像的实体:
复制(C)
镜像点:

图2-20　【镜像】属性管理器

1.【选项】选项组

- 要镜像的实体：选择要镜像的草图实体。
- 复制：勾选该选项可以保留原始草图实体并镜像草图实体。
- 镜像点：选择边线或直线作为镜像点。

2. 镜像草图实体命令操作步骤

1）在草图编辑状态下，选择【工具】|【草图绘制工具】|【镜像】菜单命令，或者单击【草图】工具栏上的【镜像实体】按钮，此时鼠标变为形状，系统弹出【镜像】属性管理器。

2）用鼠标左键单击属性管理器中【要镜像实体】一栏下面的属性管理器，其变为粉红色，然后在绘图区域中框选图2-21中的竖直直线右侧的图形，作为要镜像的原始草图。

3）用鼠标左键单击属性管理器中【镜像点】一栏下面的属性管理器，其变为粉红色，然后在绘图区域中选取图2-21中的竖直直线，作为镜像点。

4）单击【镜像】属性管理器中的【确定】按钮，草图实体镜像完毕，结果如图2-22所示。

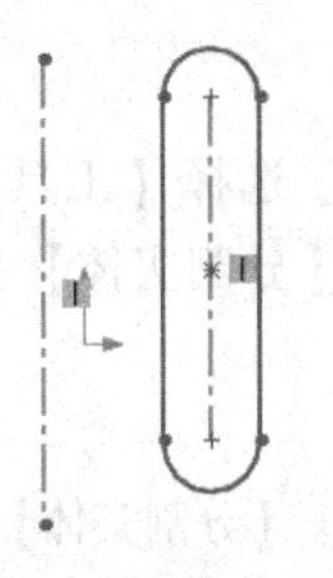

图2-21　镜像前的图形

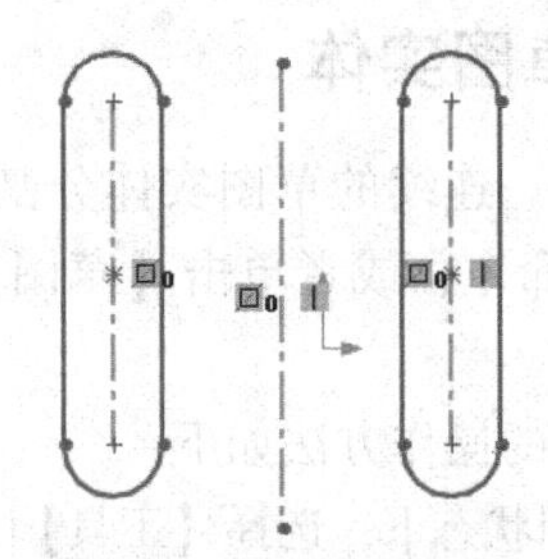

图2-22　镜像后的图形

2.3.5　绘制圆角

选择【工具】|【草图工具】|【圆角】菜单命令，或者单击【草图】工具栏上的【绘制圆角】按钮，系统出现图2-23所示的【绘制圆角】属性管理器，即可绘制圆角。

1. 重要选项说明

- ：指定绘制圆角的半径。
- 【保持拐角处约束条件】：如果顶点具有尺寸或几何关系，勾选该选项，将保留虚拟交点。

●【标注每个圆角的尺寸】：将尺寸添加到每个圆角。

2. 绘制圆角的操作方法

1）在草图编辑状态下，选择【工具】|【草图绘制工具】|【圆角】菜单命令，或者单击【草图】工具栏上的【绘制圆角】按钮，系统出现【绘制圆角】属性管理器。

2）在【绘制圆角】属性管理器中，设置圆角的半径、拐角处约束条件。

3）单击左键选择图2-24中的右上方相交的两条直线。

4）单击【绘制圆角】属性管理器中的【确定】按钮，完成圆角的绘制。结果如图2-25所示。

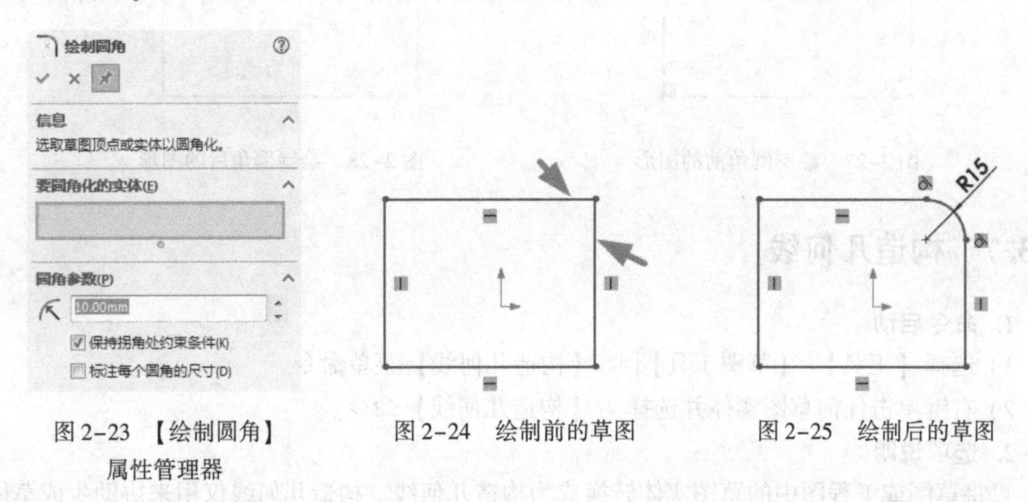

图2-23 【绘制圆角】属性管理器　　图2-24 绘制前的草图　　图2-25 绘制后的草图

2.3.6 绘制倒角

绘制倒角命令是将倒角应用到相邻的草图实体中，此工具在2D和3D草图中均可使用。选择【工具】|【草图工具】|【倒角】菜单命令，或者单击【草图】工具栏上的【绘制倒角】按钮，系统出现图2-26所示的“距离-距离”方式的【绘制倒角】属性管理器。

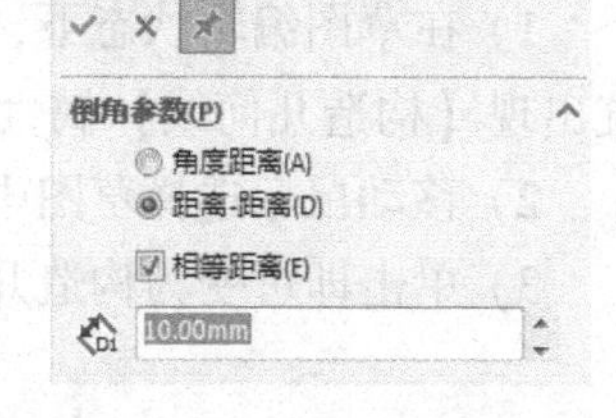

图2-26 【绘制倒角】属性管理器

1. 重要选项说明

● 角度距离：以“角度-距离”方式设置绘制的倒角。

● 距离-距离：以“距离-距离”方式设置绘制的倒角。

● 相等距离：勾选该选项，将设置的的值应用到两个草图实体中。

● ：设置第一个所选草图实体的倒角距离。

2. 绘制倒角的操作方法

1）在草图编辑状态下，选择【工具】|【草图绘制工具】|【倒角】菜单命令，或者单击【草图】工具栏上的【绘制倒角】按钮，此时系统出现【绘制倒角】属性管理器。

2）设置绘制倒角的方式，本节采用系统默认的“距离-距离”倒角方式，在选项框中输入数值10。

3）左键单击选择草图的端点，如图2-27所示。

4）单击【绘制倒角】属性管理器中的【确定】按钮，完成倒角的绘制，结果如图 2-28所示。

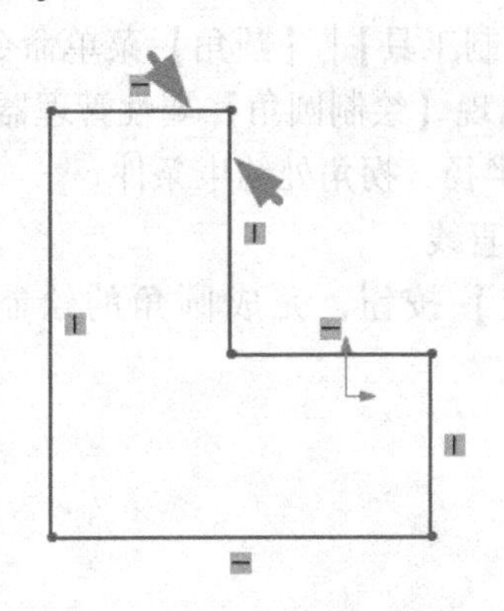

图 2-27　绘制倒角前的图形

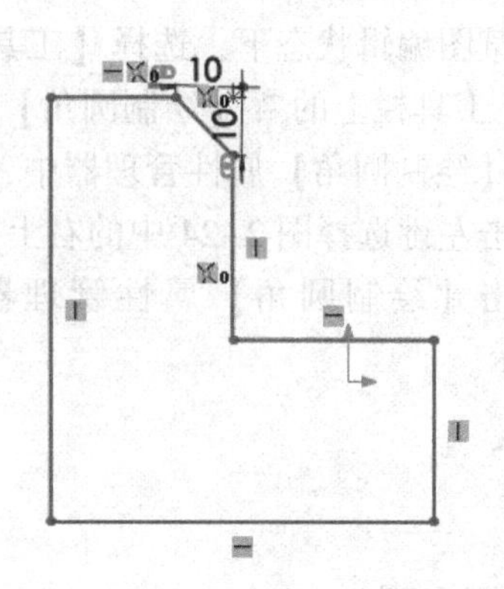

图 2-28　绘制倒角后的图形

2.3.7　构造几何线

1. 命令启动

1）选择【工具】|【草图工具】|【构造几何线】菜单命令。

2）右键单击任何草图实体并选择【构造几何线】命令。

2. 选项说明

可将草图或工程图中的草图实体转换成为构造几何线。构造几何线仅用来协助生成草图实体和几何体，这些项目最终会结合在零件中。当草图被使用来生成特征时，构造几何线被忽略。

3. 操作步骤

1）在草图编辑状态下，选择【工具】|【草图工具】|【构造几何线】菜单命令，系统出现【构造几何线】属性管理器。

2）移动鼠标选择草图中的直线，如图 2-29 所示。

3）单击即可变为构造几何线，结果如图 2-30 所示。

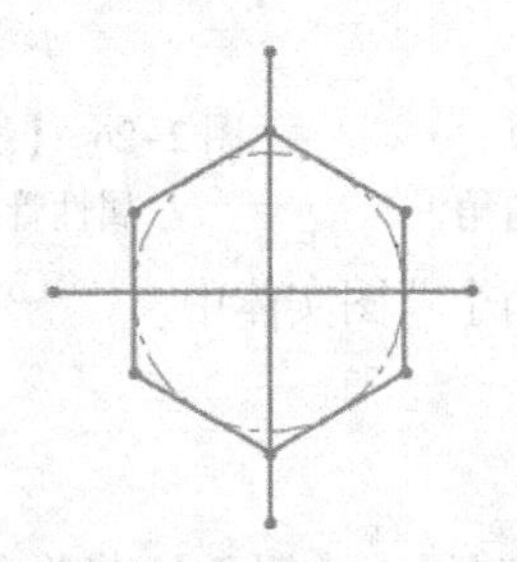

图 2-29　绘制前草图

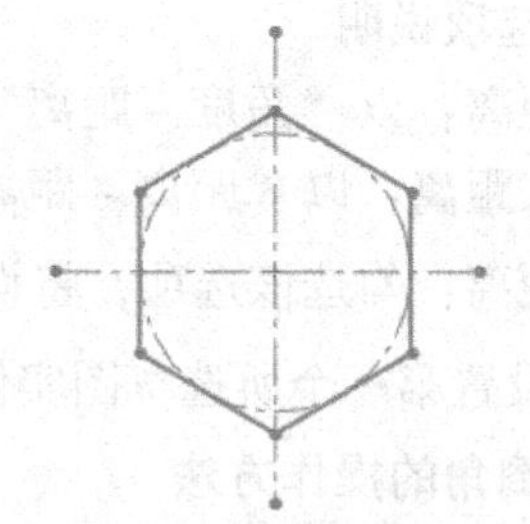

图 2-30　绘制后草图

2.3.8　等距实体

等距实体命令是按指定的距离等距一个或者多个草图实体。选择【工具】|【草图绘制

工具】|【等距实体】菜单命令，或者单击【草图】工具栏上的 【等距实体】按钮，系统出现图2-31所示的【等距实体】属性管理器。

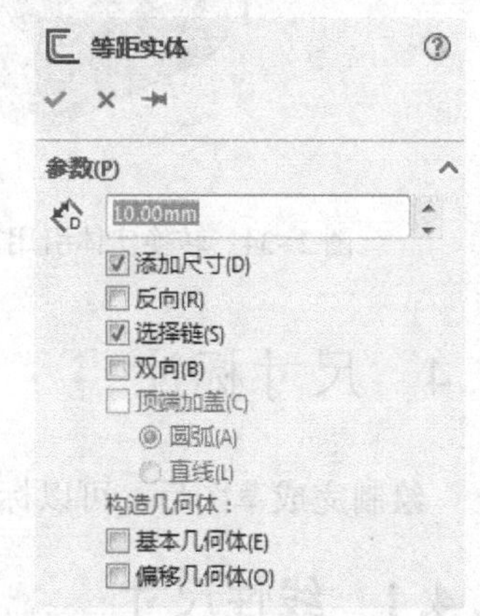

图2-31 【等距实体】属性管理器

1.【参数】选项组

- ：设定数值以特定距离来等距草图实体。
- 添加尺寸：为等距的草图添加等距距离的尺寸标注。
- 反向：更改单向等距实体的方向。
- 选择链：生成所有连续草图实体的等距。
- 双向：在绘图区域中双向生成等距实体。
- 构造几何体：将原有草图实体转换到构造性直线。
- 顶端加盖：在选择“双向”后此菜单有效，在草图实体的顶部添加一顶盖来封闭原有草图实体。

2. 等距实体的操作方法

1）在草图绘制状态下，选择【工具】|【草图绘制工具】|【等距实体】菜单命令，或者单击【草图】工具栏上的 【等距实体】按钮，系统出现【等距实体】属性管理器。

2）在绘图区域中选择图2-32所示的草图，在【等距距离】一栏中输入值10，勾选【添加尺寸】和【双向】选项，其他按照默认设置。

3）单击【等距实体】属性管理器中的【确定】按钮，完成等距实体的绘制。结果如图2-33所示。

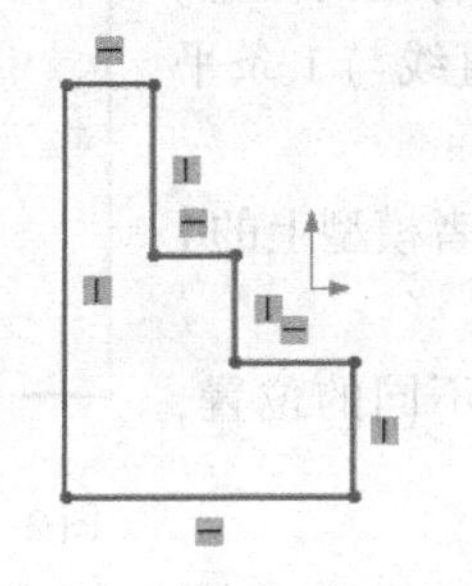

图2-32 等距实体前的图形

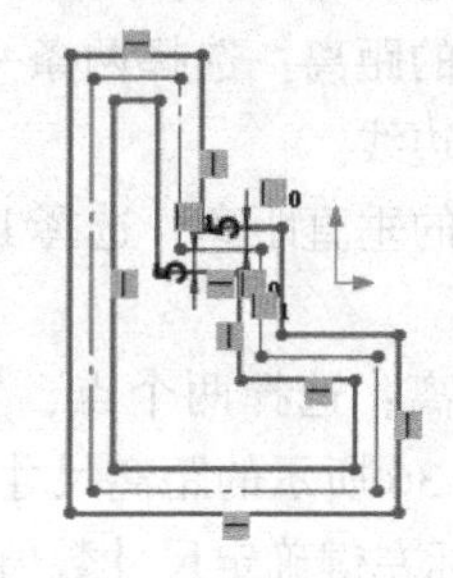

图2-33 等距实体后的图形

2.3.9 转换实体引用

转换实体引用是通过一组边线或一组草图曲线投影到草图基准面上，生成新的草图。

转换实体引用的操作方法如下：

1）单击选择图2-34中的基准面1，然后单击【草图】工具栏上的 【草图绘制】按钮，进入草图绘制状态。

2）鼠标左键单击选择圆柱体左侧的外边缘线。

3）选择【工具】|【草图绘制工具】|【转换实体引用】菜单命令，或者单击【草图】工具栏上的 【转换实体引用】按钮，执行转换实体引用命令，结果如图2-35所示。

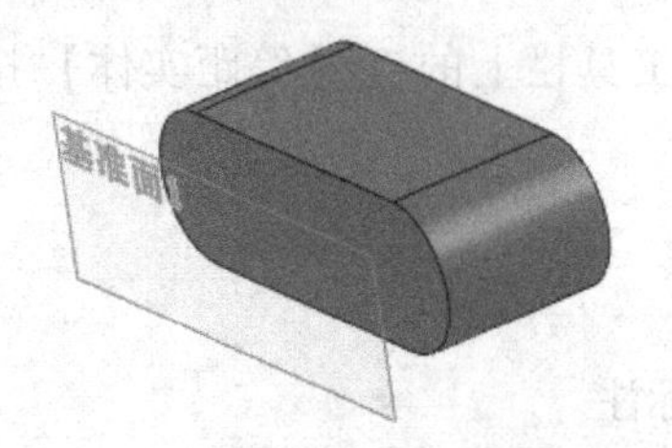

图 2-34　转换实体引用前的图形

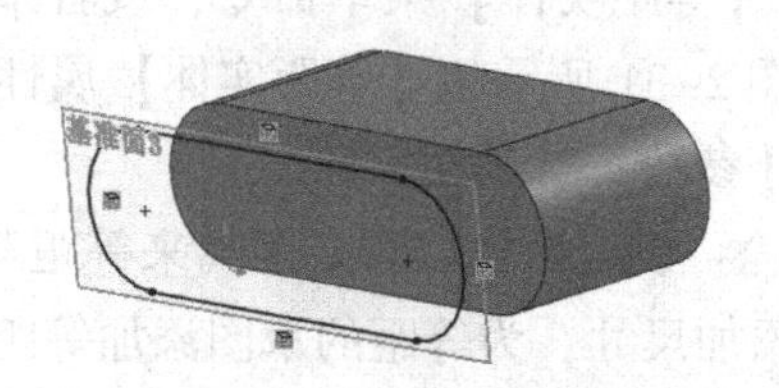

图 2-35　转换实体引用后的图形

2.4　尺寸标注

绘制完成草图后，可以标注草图的尺寸。

2.4.1　线性尺寸

1）单击【尺寸/几何关系】工具栏中的【智能尺寸】按钮或者选择【工具】|【标注尺寸】|【智能尺寸】菜单命令，也可以在图形区域中用鼠标右键单击，然后在弹出的菜单中选择【智能尺寸】命令。默认尺寸类型为平行尺寸。

2）定位智能尺寸项目。移动鼠标指针时，智能尺寸会自动捕捉到最近的方位。当预览显示想要的位置及类型时，可以单击鼠标右键锁定该尺寸。

智能尺寸项目有下列几种：

- 直线或者边线的长度：选择要标注的直线，拖动到标注的位置。
- 直线之间的距离：选择两条平行直线，或者 1 条直线与 1 条平行的模型边线。
- 点到直线的垂直距离：选择 1 个点以及 1 条直线或者模型上的 1 条边线。
- 点到点距离：选择两个点，然后为每个尺寸选择不同的位置，生成图 2-36 所示的距离尺寸。

3）单击鼠标左键确定尺寸数值所要放置的位置。

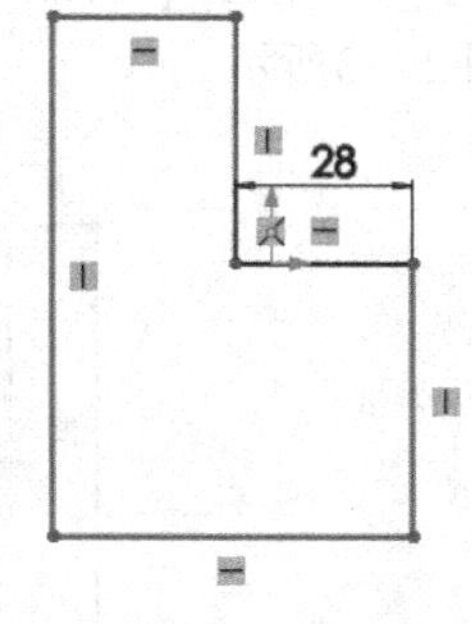

图 2-36　生成点到点的距离尺寸

2.4.2　角度尺寸

标注两条直线之间的角度尺寸，可以先选择两条草图直线，然后为尺寸选择不同的位置。由于鼠标指针位置的改变，要标注的角度尺寸数值也会随之改变。

1）单击【尺寸/几何关系】工具栏中的【智能尺寸】按钮。

2）单击其中一条直线。

3）单击另一条直线或者模型边线。

4）拖动鼠标指针显示角度尺寸的预览。

5）单击鼠标左键确定所需尺寸数值的位置，生成图 2-37 所示的角度尺寸。

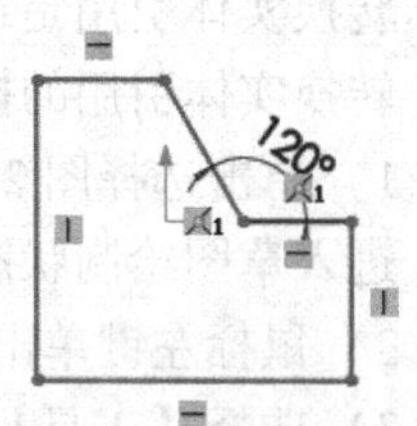

图 2-37　生成角度尺寸

2.4.3 圆弧尺寸

标注圆弧尺寸时，默认尺寸类型为半径。如果要标注圆弧的实际长度，可以选择圆弧及其两个端点。

1）单击【尺寸/几何关系】工具栏中的【智能尺寸】按钮。

2）单击圆弧。

3）单击圆弧的两个端点。

4）拖动鼠标指针显示圆弧长度的预览。

5）单击鼠标左键确定所需尺寸数值的位置，生成图2-38所示的圆弧尺寸数值。

2.4.4 圆形尺寸

按直径尺寸标注圆形。

1）单击【尺寸/几何关系】工具栏中的【智能尺寸】按钮。

2）选择圆形。

3）拖动鼠标指针显示圆形直径的预览。

4）单击鼠标左键确定所需尺寸数值的位置，生成图2-39所示的圆形尺寸。

2.4.5 修改尺寸

在修改尺寸时，可以双击草图的尺寸，在弹出的【修改】属性管理器中进行设置，如图2-40所示，然后单击【保存当前的数值并退出此属性管理器】按钮完成操作。

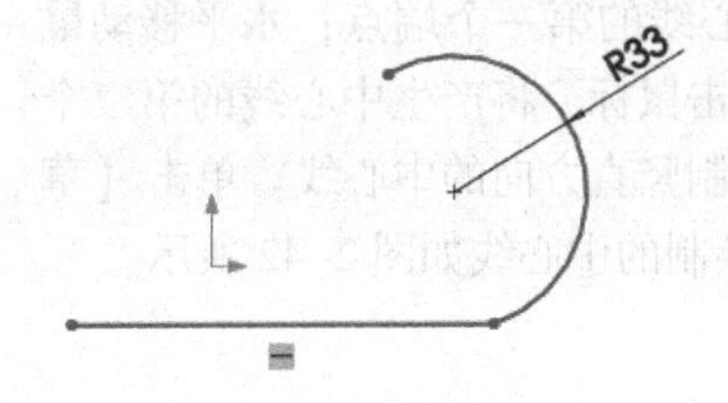

图2-38 生成圆弧尺寸

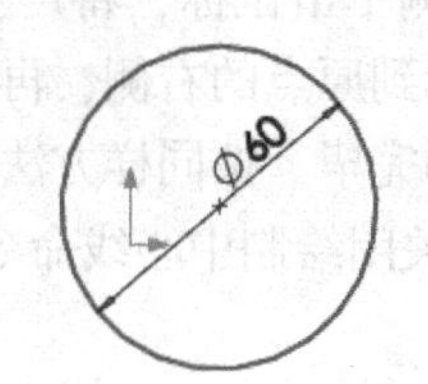

图2-39 生成圆形尺寸

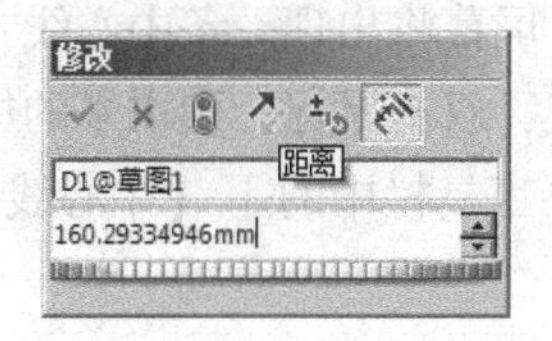

图2-40 【修改】属性管理器

2.5 草图范例

下面通过具体范例来讲解草图的绘制方法，用到的草图绘制命令主要有【中心线】、【矩形】、【槽口】、【平行四边形】、【多边形】、【圆】、【圆弧】、【切线弧】、【转折线】、【椭圆】、【圆周草图阵列】、【线性草图阵列】、【圆角】和【倒角】，最终效果如图2-41所示。

2.5.1 进入草图绘制状态

1）启动中文版SolidWorks软件，单击【标准】工具栏中的【新建】按钮，弹出【新建SolidWorks文件】对话框，单击【零件】按钮，再单击【确定】按钮，生成新文件。

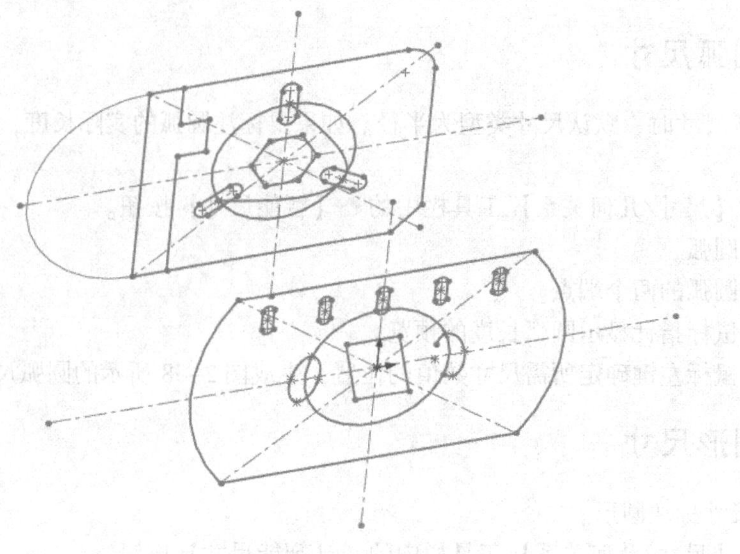

图 2-41　草图范例

2）单击【草图】工具栏中的 【草图绘制】按钮，进入草图绘制状态。在【特征管理器设计树】中单击【前视基准面】图标，使前视基准面成为草图绘制平面。

2.5.2　绘制草图基本图形

1）单击【草图】工具栏中的 【中心线】按钮，在屏幕左侧将弹出【插入线条】属性管理器，在屏幕右侧的绘图区移动鼠标，当鼠标与屏幕中的原点处于同一水平线时，屏幕中将出现一条水平虚线，在原点的左侧单击鼠标，将产生中心线的第一个端点；水平移动鼠标，屏幕将出现一条中心线，移动鼠标到原点的右侧，再次单击鼠标，将产生中心线的第二个端点，双击鼠标，则水平的中心线绘制完毕。按同样方法，绘制竖直方向的中心线。单击【草图】工具栏中的 【中心线】按钮，关闭绘制中心线命令，绘制的中心线如图 2-42 所示。

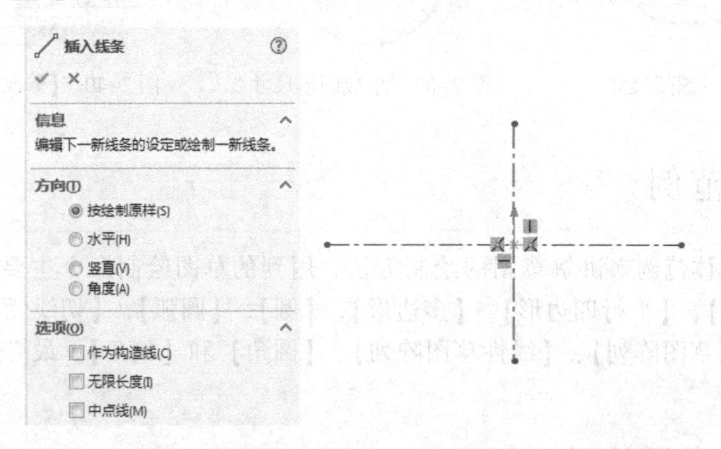

图 2-42　绘制的中心线草图

2）单击【草图】工具栏中的 【中心矩形】按钮，在屏幕左侧将弹出【矩形】属性管理器，移动鼠标至原点，拖动鼠标生成矩形，在属性管理器单击 【确定】按钮，以结束矩形绘制，如图 2-43 所示。

3）单击工具栏中的【智能尺寸】按钮，选择要标注尺寸的中心矩形，将指针移到图形的右侧，单击来添加尺寸，在修改框中输入【80】和【100】，然后单击修改框中的【确定】按钮，如图 2-44 所示。

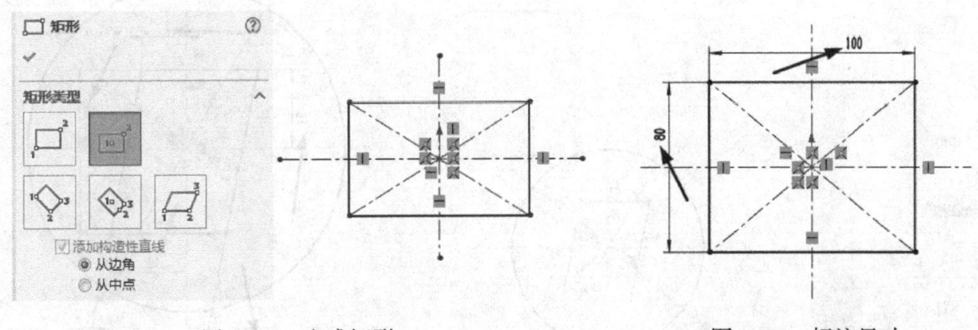

图 2-43　生成矩形　　图 2-44　标注尺寸

2.5.3　绘制圆弧和平行四边形

1）单击【草图】工具栏中的【圆】按钮，在屏幕左侧将弹出【圆】属性管理器。选择【中央创建】单选按钮，在图形区域绘制圆形草图。单击将中心点放置在原点上，指针形状将变为形状，这表示圆心和原点之间的重合几何关系。移动鼠标，可以看到圆动态跟随指针，单击结束圆的绘制，并在属性管理器单击【确定】按钮，如图 2-45 所示。

2）单击工具栏中的【智能尺寸】按钮，选择要标注尺寸的圆，将指针移到图形的右侧，单击来添加尺寸，在修改框中输入【50】，然后单击修改框中的按钮，如图 2-46 所示。

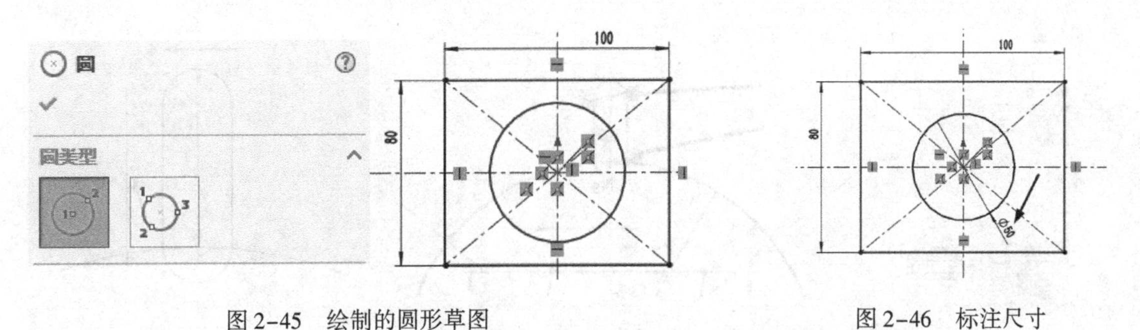

图 2-45　绘制的圆形草图　　图 2-46　标注尺寸

3）单击【草图】工具栏中的【平行四边形】按钮，在屏幕左侧将弹出【矩形】属性管理器，在图形区域绘制平行四边形草图。单击圆弧内任意一点作为平行四边形的一个端点，平行移动鼠标，单击圆弧内任意一点作为平行四边形的另一个端点，移动鼠标，可以看到平行四边形动态跟随指针，单击结束平行四边形的绘制并在属性管理器单击【确定】按钮，如图 2-47 所示。

4）单击工具栏中的【智能尺寸】按钮，选择要标注尺寸的平行四边形，将指针移到图形的右侧，单击来添加尺寸，在修改框中输入【7】、【12】、【18】、【25】，然后单击修改框中的【确定】按钮，如图 2-48 所示。

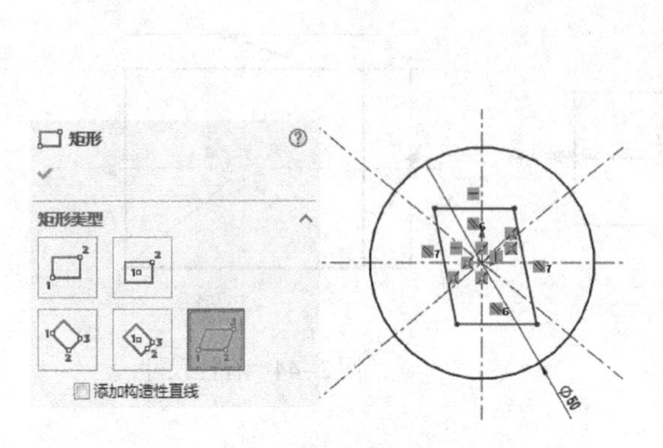

图 2-47　绘制的平行四边形草图

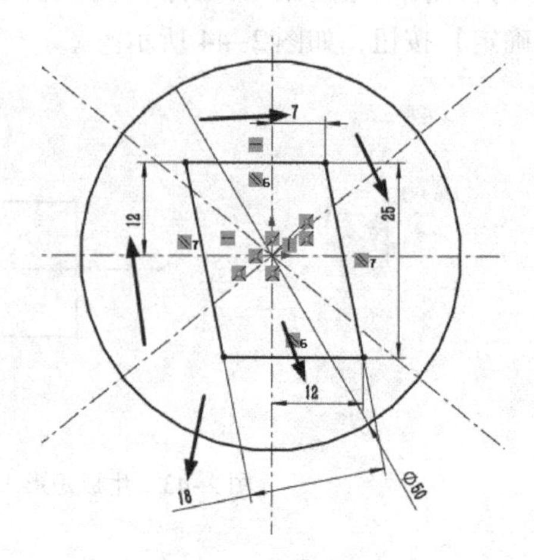

图 2-48　标注尺寸

2.5.4　绘制槽口及椭圆

1）单击【草图】工具栏中【直槽口】按钮，在屏幕左侧将弹出【槽口】属性管理器，在屏幕右侧的绘图区移动鼠标，单击直线 1 与圆弧 1 交汇处作为直槽口的一个端点，再单击直线 1 上任意一点，将产生直槽口的另一个端点；移动鼠标并单击，直槽口绘制完毕。在属性管理器单击【确定】按钮，则生成直槽口，如图 2-49 所示。

2）单击工具栏中的【智能尺寸】按钮，选择要标注尺寸的三点圆弧槽口，将指针移到图形的右侧，单击来添加尺寸，在修改框中输入【2】、【8】，然后单击修改框中的【确定】按钮，如图 2-50 所示。

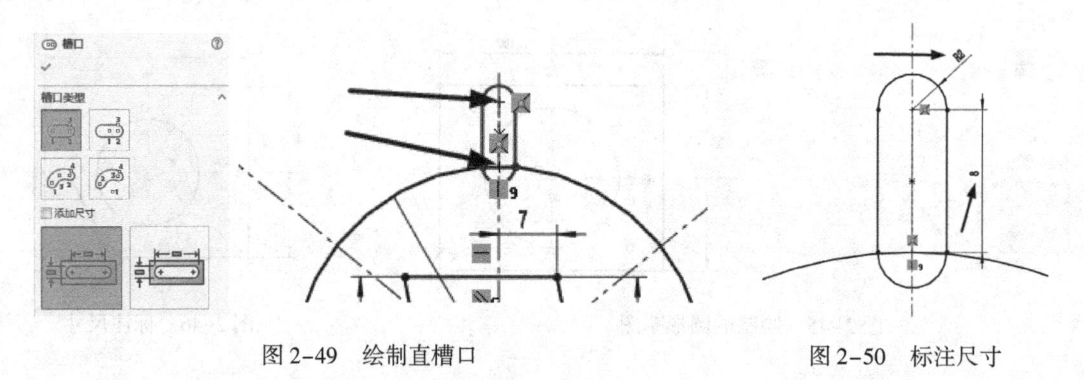

图 2-49　绘制直槽口　　　　图 2-50　标注尺寸

3）单击【草图】工具栏中【线性草图阵列】按钮，在屏幕左侧将弹出【线性阵列】属性管理器，在【要阵列的实体】选项组中选择【槽口 1】，选择【实例数】为【3】，在【间距】中输入【20 mm】，然后单击属性管理器中的【确定】按钮，则生成线性阵列，如图 2-51 所示。

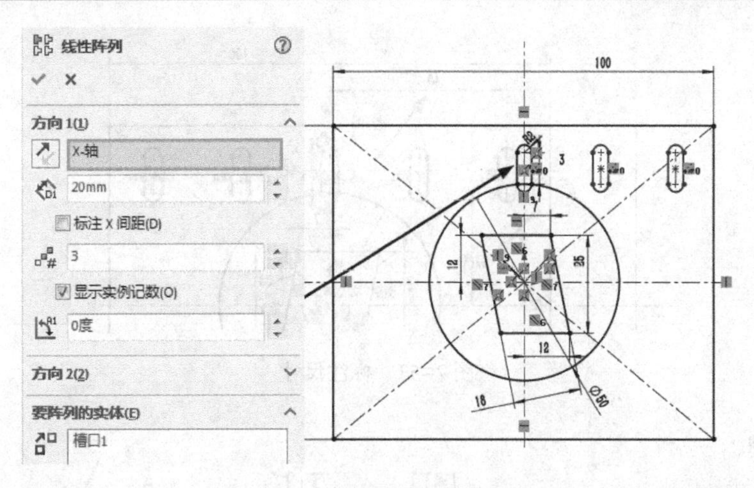

图 2-51　线性阵列生成直槽口

4）单击【草图】工具栏中的【镜像实体】按钮，在屏幕左侧将弹出【镜像】属性管理器。在【要镜像的实体】选项组中选择【槽口 2】和【槽口 3】，单击【镜像点】，再单击竖直中心线，使之高亮显示，此时【镜像点】处显示【直线 1】，在属性管理器单击【确定】按钮，以结束镜像，如图 2-52 所示。

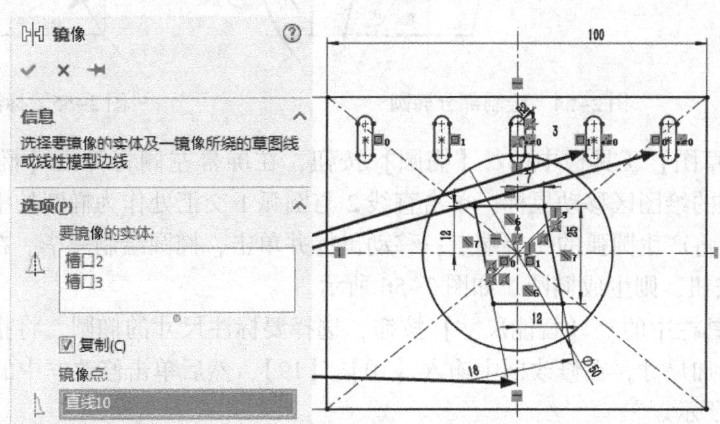

图 2-52　镜像的效果

5）单击工具栏中的【智能尺寸】按钮，选择要标注的尺寸，将指针移到图形的右侧，单击来添加尺寸，在修改框中输入【25】、【40】，然后单击修改框中的【确定】按钮，如图 2-53 所示。

6）单击【草图】工具栏中的【部分椭圆】按钮，在屏幕左侧将弹出【椭圆】属性管理器，在屏幕右侧的绘图区移动鼠标，单击直线 2 与圆弧 1 交汇处作为椭圆的中心点，单击圆弧 1 上任意一点将产生圆弧的一个端点；移动鼠标，单击圆弧 1 内任意一点绘制椭圆。在属性管理器单击【确定】按钮，则生成部分椭圆，如图 2-54 所示。

7）单击工具栏中的【智能尺寸】按钮，选择要标注尺寸的部分椭圆，将指针移到图形的右侧，单击来添加尺寸，在修改框中输入【10】、【19】，然后单击修改框中的【确定】按钮，如图 2-55 所示。

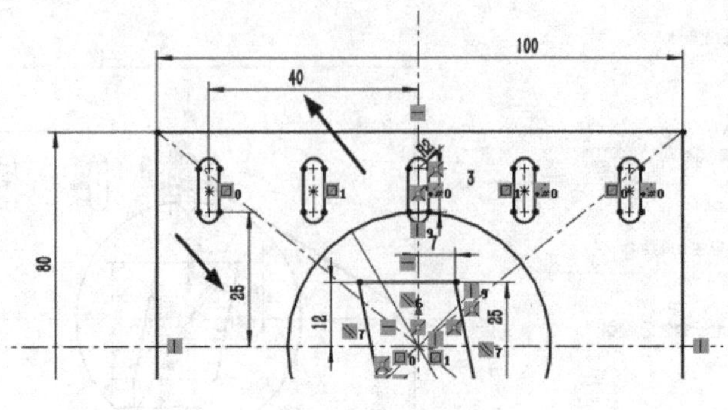

图 2-53　标注尺寸

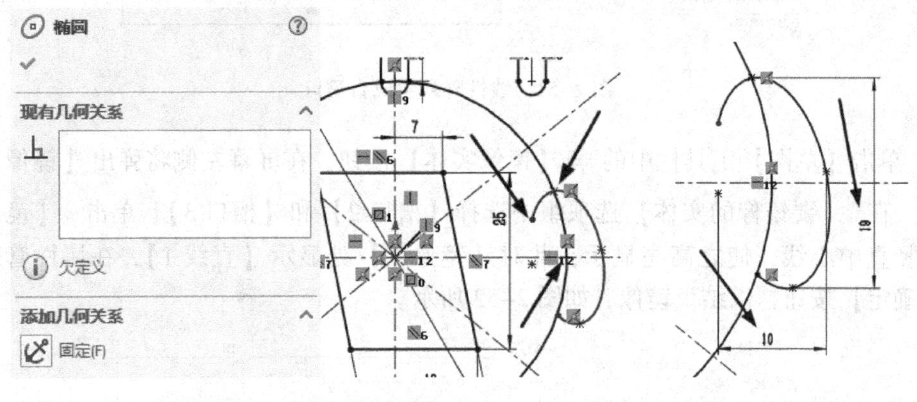

图 2-54　绘制部分椭圆　　图 2-55　标注尺寸

8）单击【草图】工具栏中的【椭圆】按钮，在屏幕左侧将弹出【椭圆】属性管理器，在屏幕右侧的绘图区移动鼠标，单击直线 2 与圆弧 1 交汇处作为椭圆的中心点，单击圆弧 1 上任意一点将产生圆弧的一个端点；移动鼠标并单击，椭圆绘制完毕。在属性管理器单击【确定】按钮，则生成椭圆，如图 2-56 所示。

9）单击工具栏中的【智能尺寸】按钮，选择要标注尺寸的椭圆，将指针移到图形的右侧，单击来添加尺寸，在修改框中输入【10】、【19】，然后单击修改框中的【确定】按钮，如图 2-57 所示。

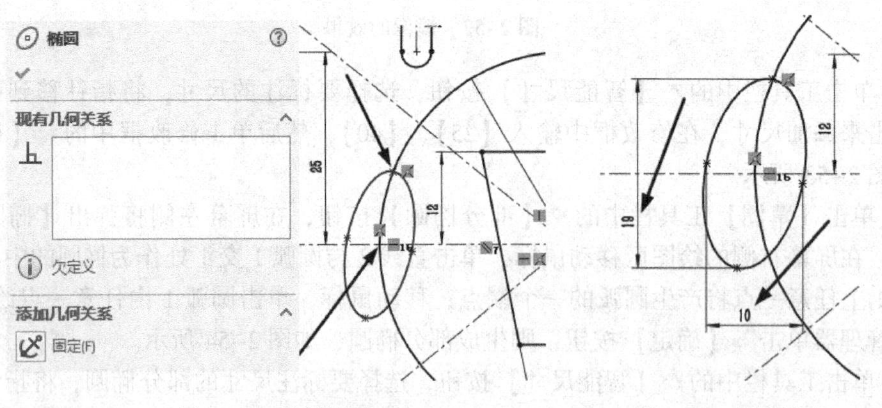

图 2-56　绘制椭圆　　图 2-57　标注尺寸

2.5.5 绘制圆弧

1）单击【草图】工具栏中的【圆心/起/终点画弧】按钮，在屏幕左侧将弹出【圆弧】属性管理器，单击原点为圆心，再单击直线 3 与直线 4 交汇点为起点，移动鼠标，单击直线 4 与直线 5 交汇点为终点画弧；在属性管理器单击【确定】按钮，则生成圆弧，如图 2-58所示。

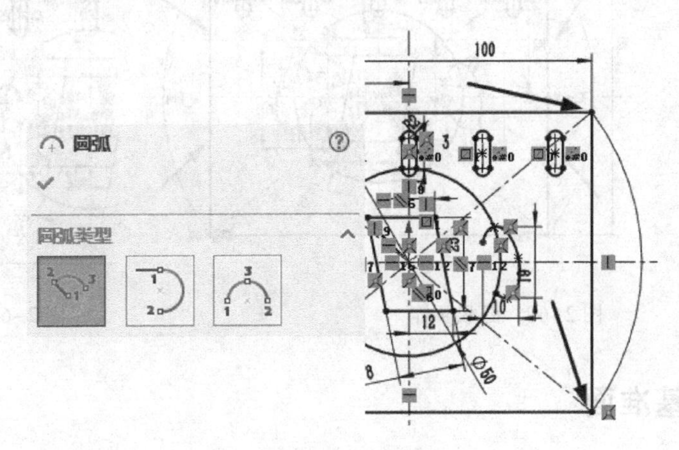

图 2-58 圆弧的效果

2）单击【草图】工具栏中的【镜像实体】按钮，在屏幕左侧将弹出【镜像】属性管理器。在【要镜像的实体】选项组中选择【圆弧 12】，单击【镜像点】，再单击竖直中心线，使之高亮显示，此时【镜像点】处显示【直线 1】，在属性管理器单击【确定】按钮，以结束镜像，如图 2-59 所示。

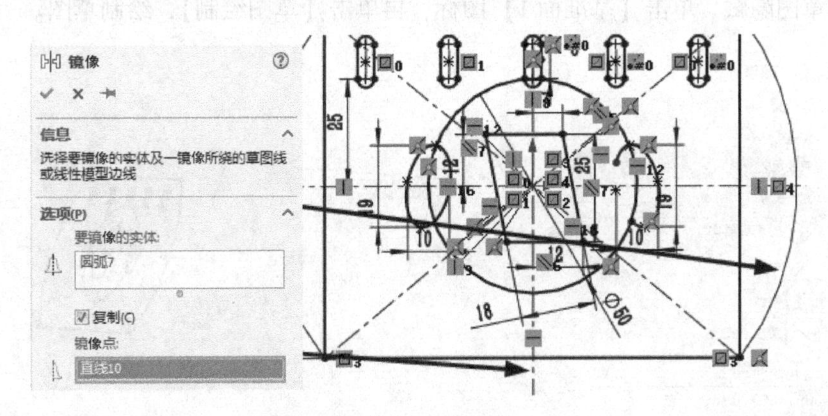

图 2-59 镜像的效果

3）单击【草图】工具栏中的【剪裁实体】按钮，在屏幕左侧将弹出【剪裁】属性管理器。选择【剪裁到最近端】，移动鼠标至剪裁处，单击鼠标剪裁，在属性管理器单击【确定】按钮，以结束剪裁，如图 2-60 所示。

4）单击工具栏中的【智能尺寸】按钮，选择要标注尺寸的圆弧，将指针移到图形的右侧，单击来添加尺寸，在修改框中输入【65】，然后单击修改框中的【确定】按钮，如图 2-61 所示。

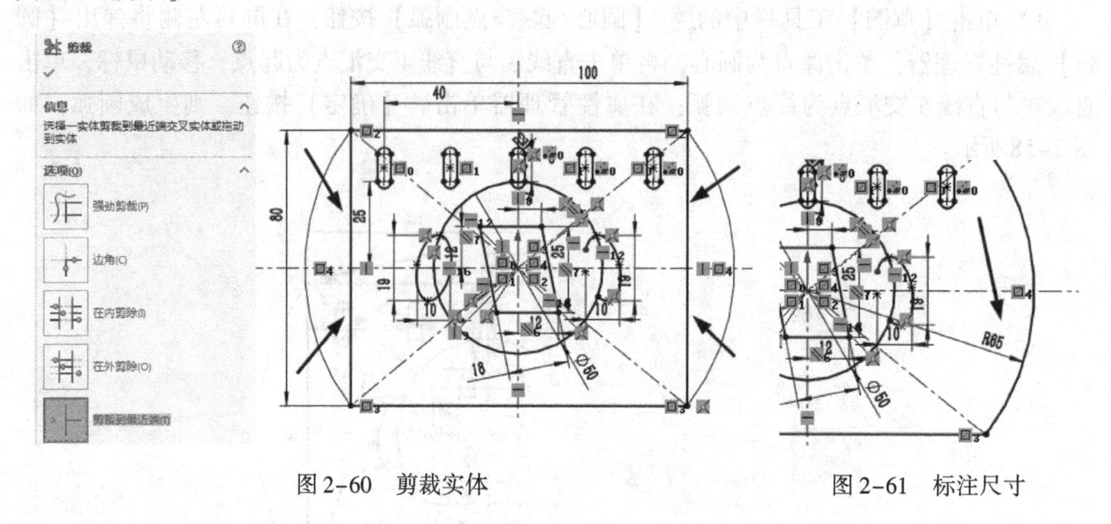

图 2-60　剪裁实体　　　　图 2-61　标注尺寸

2.5.6　绘制基准面

1）单击【草图】工具栏中的【退出草图】按钮，退出草图绘制状态。在【特征管理器设计树】中单击【前视基准面】图标，再单击【标准】工具栏中【插入】下的【参考几何体】的【基准面】按钮，在屏幕左侧将弹出【基准面】属性管理器，选择【偏移距离】并输入【100.00 mm】，在【基准面】属性框中单击【确定】按钮，生成基准面，如图 2-62 所示。旋转草图，如图 2-63 所示。在【特征管理器设计树】中单击【草图】图标，单击【隐藏】按钮将草图隐藏。单击【基准面 1】图标，再单击【草图绘制】，绘制草图。

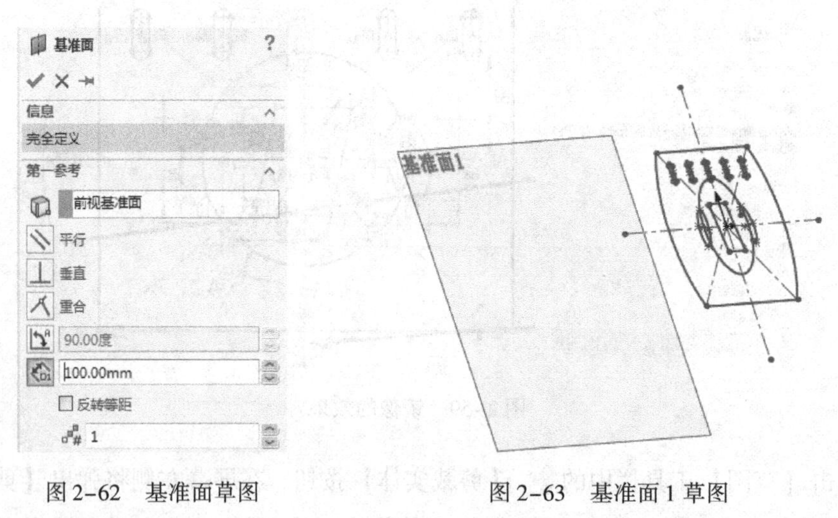

图 2-62　基准面草图　　　　图 2-63　基准面 1 草图

2）在【特征管理器设计树】中单击【草图】图标，再单击【正视于】按钮，使基准面 1 成为草图绘制平面。

2.5.7 绘制草图基本图形

1）单击【草图】工具栏中的 【中心线】按钮，同样方法绘制草图中心线，绘制的中心线如图2-64所示。

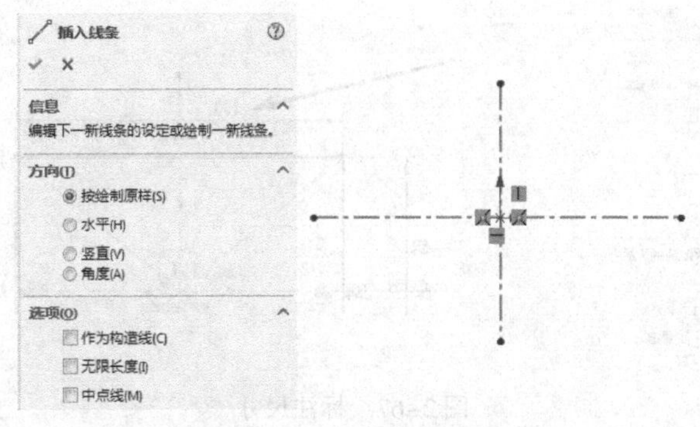

图2-64　绘制的中心线草图

2）单击【草图】工具栏中的 【3点中心矩形】按钮，在屏幕左侧将弹出【矩形】属性管理器，分别单击原点与竖直中心线上任意一点，拖动鼠标生成矩形，在属性管理器单击 【确定】按钮，以结束矩形绘制，如图2-65所示。

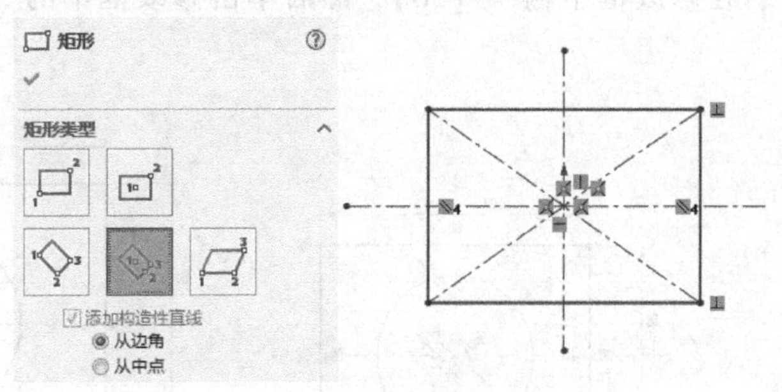

图2-65　生成3点中心矩形

3）单击工具栏中的 【水平尺寸】按钮，选择要标注尺寸的3点中心矩形，在屏幕左侧将弹出【线条属性】属性管理器，在【添加几何关系】中选择 【水平】，将指针移到图形的右侧，单击来添加尺寸，在修改框中输入【80】，然后单击修改框中的 【确定】按钮，如图2-66所示。

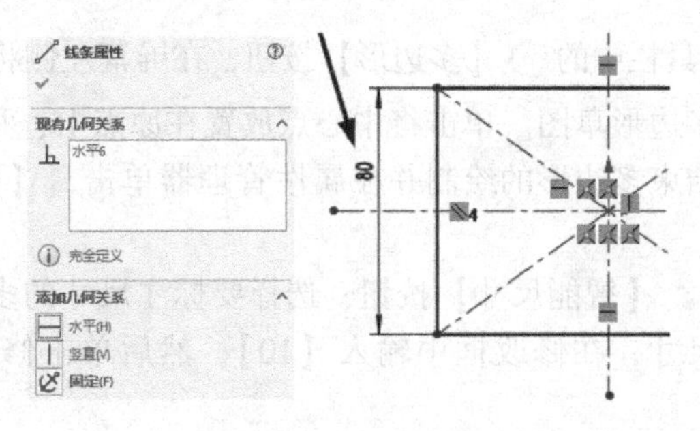

图2-66　标注尺寸

4）单击工具栏中的【竖直尺寸】按钮，选择要标注尺寸的3点中心矩形，在屏幕左侧将弹出【线条属性】属性管理器，在【添加几何关系】中选择【竖直】，将指针移到图形的右侧，单击来添加尺寸，在修改框中输入【100】，然后单击修改框中的【确定】按钮，如图2-67所示。

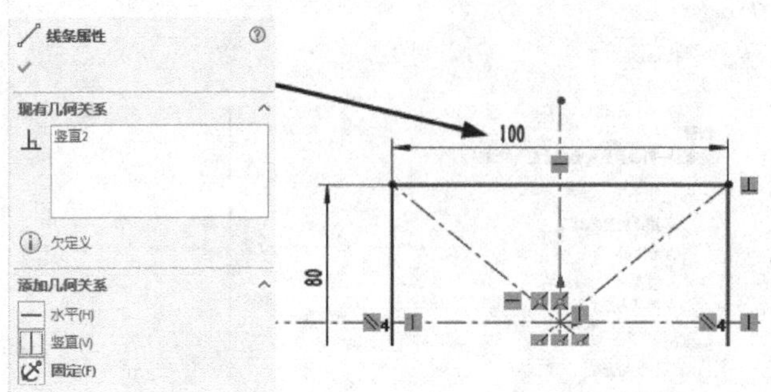

图2-67　标注尺寸

5）单击【草图】工具栏中的【圆】按钮，同样方法绘制圆形草图，绘制的圆形草图如图2-68所示。

6）单击工具栏中的【智能尺寸】按钮，选择要标注尺寸的圆，将指针移到图形的右侧，单击来添加尺寸，在修改框中输入【50】，然后单击修改框中的【确定】按钮，如图2-69所示。

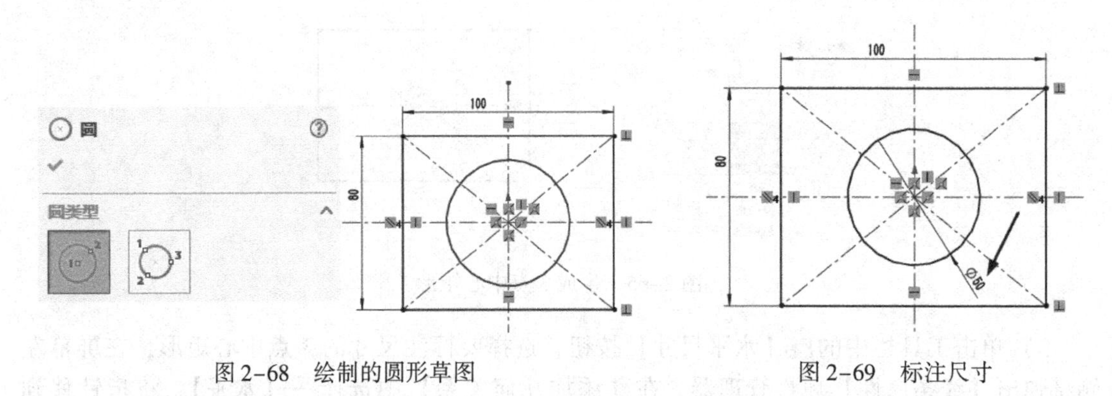

图2-68　绘制的圆形草图　　　　图2-69　标注尺寸

2.5.8　绘制多边形及槽口

1）单击【草图】工具栏中的【多边形】按钮，在屏幕左侧将弹出【多边形】属性管理器，在图形区域绘制多边形草图。单击将中心点放置在原点上，移动鼠标，可以看到多边形动态跟随指针，单击结束多边形的绘制并在属性管理器单击【确定】按钮，如图2-70所示。

2）单击工具栏中的【智能尺寸】按钮，选择要标注尺寸的多边形，将指针移到多边形的两侧，单击来添加尺寸，在修改框中输入【10】，然后单击修改框中的【确定】按钮，如图2-71所示。

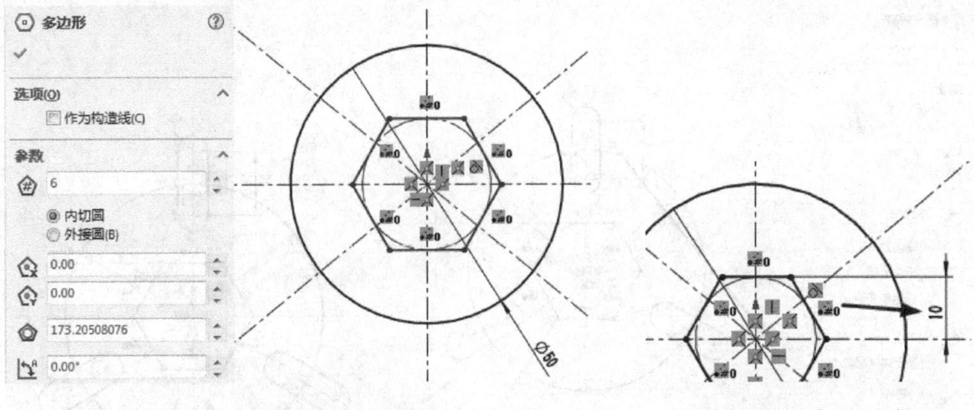

图2-70　绘制的多边形草图　　　　图2-71　标注尺寸

3）单击【草图】工具栏中【中心点直槽口】按钮，在屏幕左侧将弹出【槽口】属性管理器，在屏幕右侧的绘图区移动鼠标，单击直线1与圆弧1交汇处作为中心点，再单击直线1任意一点，将产生中心点直槽口的两个端点；移动鼠标并单击，直槽口绘制完毕。在属性管理器单击【确定】按钮，则生成中心点直槽口，如图2-72所示。

4）单击工具栏中的【智能尺寸】按钮，选择要标注尺寸的中心点直槽口，将指针移到图形的右侧，单击来添加尺寸，在修改框中输入【3】、【12】，然后单击修改框中的【确定】按钮，如图2-73所示。

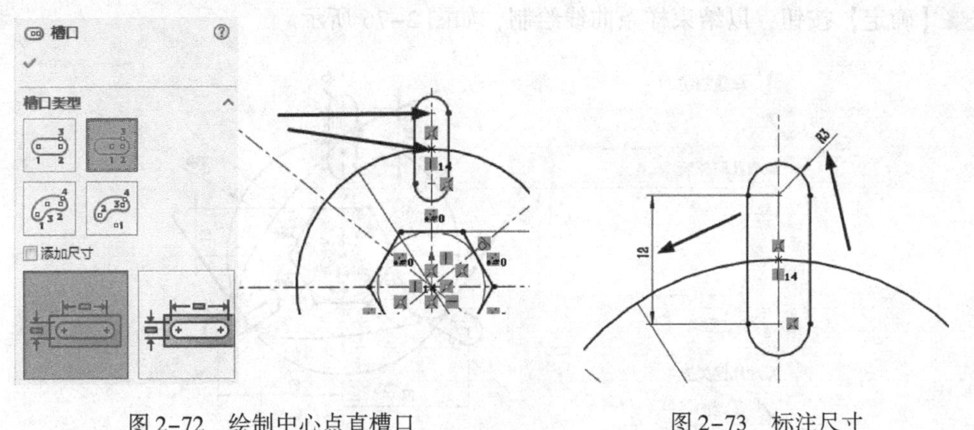

图2-72　绘制中心点直槽口　　　　图2-73　标注尺寸

5）单击【草图】工具栏中的【圆周草图阵列】按钮，在屏幕左侧将弹出【圆周阵列】属性管理器，在【要阵列的实体】选项组中选择【槽口1】，选择【要阵列的数量】为【3】，在【角度】中输入【360度】，在属性管理器单击【确定】按钮，则生成圆周阵列，如图2-74所示。

6）单击工具栏中的【智能尺寸】按钮，选择要标注的尺寸，将指针移到图形的右侧，单击来添加尺寸，在修改框中输入【27】，然后单击修改框中的【确定】按钮，如图2-75所示。

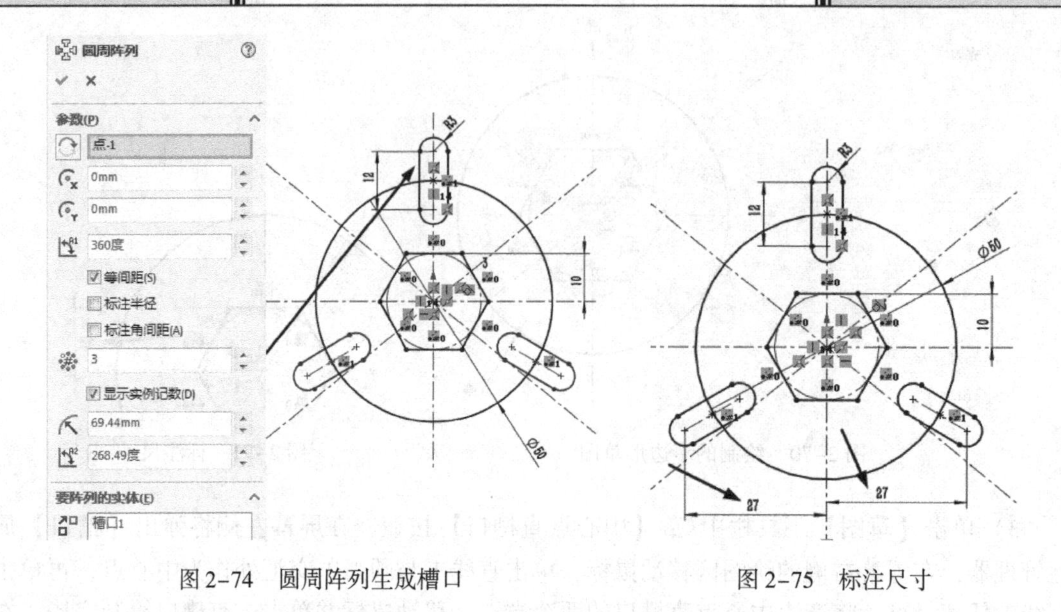

图 2-74　圆周阵列生成槽口　　图 2-75　标注尺寸

2.5.9　绘制样条曲线及转折线

1）单击【草图】工具栏中的 【样条曲线】按钮，在屏幕左侧将弹出【样条曲线】属性管理器，依次单击槽口 1、2 中心点，双击槽口 3 中心点生成样条曲线，在属性管理器单击 【确定】按钮，以结束样条曲线绘制，如图 2-76 所示。

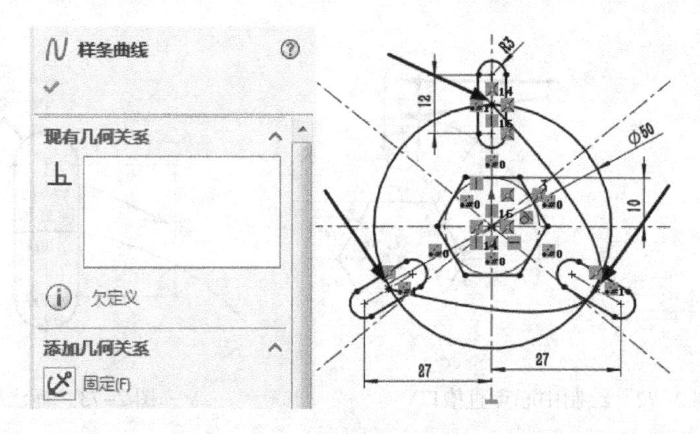

图 2-76　绘制的样条曲线

2）单击【草图】工具栏中的 【直线】按钮，在屏幕左侧将弹出【插入线条】属性管理器，选择在直线 4 与直线 6 之间绘制直线，单击直线 4 任意一点，产生直线的第一个端点，移动鼠标到直线 6，再次单击鼠标，将产生直线的第二个端点，双击鼠标，在属性管理器单击 【确定】按钮，以结束直线绘制，绘制的直线如图 2-77 所示。

3）单击工具栏中的 【智能尺寸】按钮，选择要标注的尺寸，将指针移到图形的右侧，单击来添加尺寸，在修改框中输入【12】，然后单击修改框中的 【确定】按钮，如图 2-78所示。

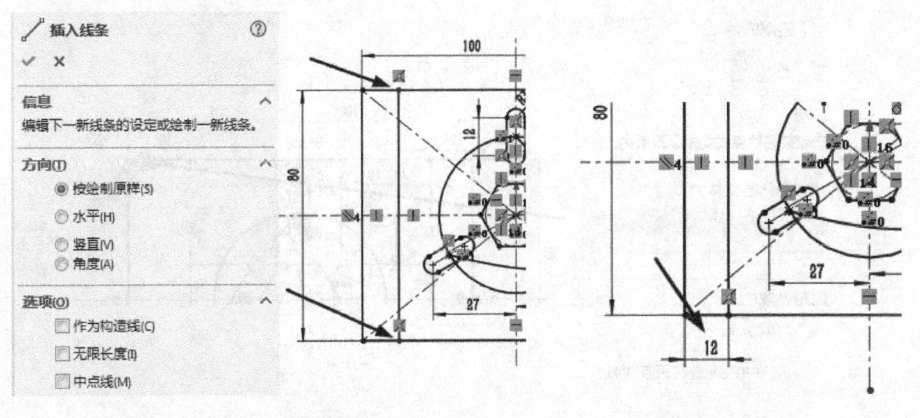

图2-77　绘制的直线草图　　　　图2-78　标注尺寸

4）单击【草图】工具栏中的【转折线】按钮，在屏幕左侧将弹出【转折线】属性管理器。选择要生成转折线的实体【直线25】，单击要生成转折线的位置，移动鼠标，生成转折线，在属性管理器单击按钮，以结束转折线绘制，如图2-79所示。

5）单击工具栏中的【智能尺寸】按钮，选择要标注的尺寸，将指针移到图形的右侧，单击来添加尺寸，在修改框中输入【10】、【14】，然后单击修改框中的【确定】按钮，如图2-80所示。

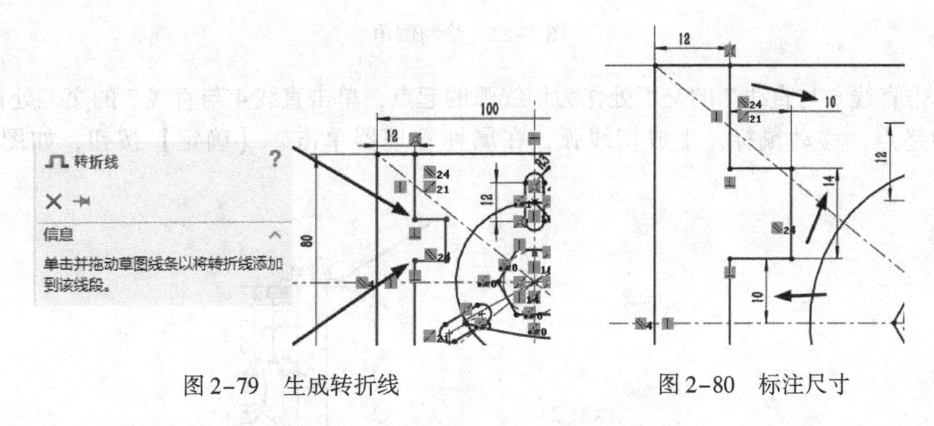

图2-79　生成转折线　　　　图2-80　标注尺寸

2.5.10　绘制圆角和倒角及切线弧

1）单击【草图】工具栏中的【绘制圆角】按钮，在屏幕左侧将弹出【绘制圆角】属性管理器。在【要圆角化的实体】选项组中选择【圆角1】，【参数】选项组中【圆角半径】中输入【10.00 mm】，在属性管理器单击【确定】按钮，以结束圆角绘制。如图2-81所示。

2）单击【草图】工具栏中【绘制倒角】按钮，在屏幕左侧将弹出【绘制倒角】属性管理器。【倒角参数】选项组中选择【距离-距离】、【相等距离】，【距离1】中输入【10.00 mm】，在属性管理器单击【确定】按钮，生成倒角。如图2-82所示。

3）单击【草图】工具栏中【切线弧】按钮，在屏幕左侧将弹出【圆弧】属性管理

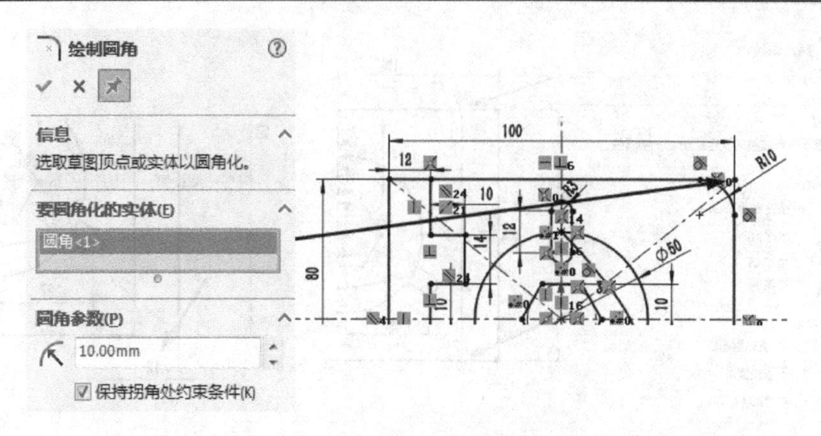

图 2-81　绘制圆角

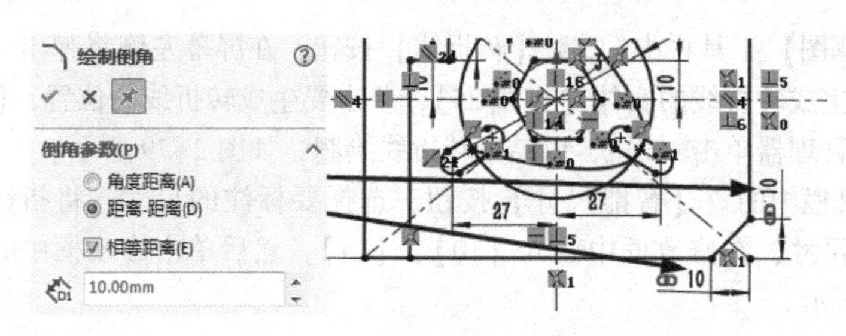

图 2-82　绘制倒角

器。单击直线 6 与直线 7 的交汇处作为切线弧的起点，单击直线 4 与直线 7 的交汇处作为切线弧的终点，移动鼠标，生成切线弧，在属性管理器单击【确定】按钮，如图 2-83 所示。

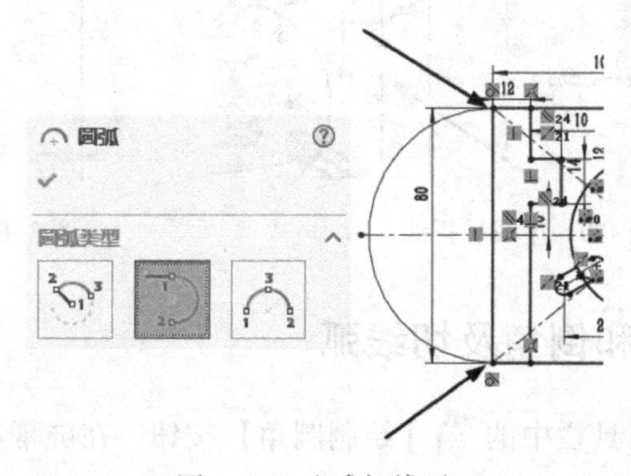

图 2-83　生成切线弧

4）至此，草图范例全部绘制完成，将其保存。

第3章　基本特征

在 SolidWorks 建模中，基本特征包括拉伸凸台/基体特征（简称拉伸特征）、拉伸切除特征、旋转凸台/基体特征（简称旋转特征）、扫描特征、放样特征、筋特征和孔特征等。

3.1　拉伸凸台/基体特征

单击【特征】工具栏中的【拉伸凸台/基体】按钮或者选择【插入】|【凸台/基体】|【拉伸】菜单命令，在属性管理器中弹出【凸台-拉伸】的属性设置，如图3-1所示。

图3-1　【凸台-拉伸】的属性设置

1.【从】选项组

- 【草图基准面】：从草图所在的基准面作为基础开始拉伸。
- 【曲面/面/基准面】：从这些实体之一作为基础开始拉伸。
- 【顶点】：从选择的顶点处开始拉伸。
- 【等距】：从与当前草图基准面等距的基准面上开始拉伸，等距距离可以手动输入。

2.【方向1】选项组

1）【终止条件】：设置特征拉伸的终止条件。

- 【给定深度】：设置给定的【深度】数值以终止拉伸。
- 【成形到一顶点】：拉伸到在图形区域中选择的顶点处。
- 【成形到一面】：拉伸到在图形区域中选择的基准面处。
- 【到离指定面指定的距离】：拉伸到在图形区域中选择的基准面处，然后设置【等距距离】数值。
- 【成形到实体】：拉伸到在图形区域中所选择的实体或者曲面实体处。
- 【两侧对称】：设置【深度】数值，按照所在平面的两侧对称距离生成拉伸特征。

2）【拉伸方向】：在图形区域中选择方向向量，并以垂直于草图轮廓的方向拉伸草图。

3）【拔模开/关】：可以设置【拔模角度】数值。

3. 【方向 2】选项组

该选项组中的参数用来设置同时从草图基准面向两个方向拉伸的相关参数，用法和【方向 1】选项组基本相同。

4. 【薄壁特征】选项组

- 【单向】：以同一【厚度】数值，沿 1 个方向拉伸草图。
- 【两侧对称】：以同一【厚度】数值，沿相反方向拉伸草图。
- 【双向】：以不同【方向 1 厚度】、【方向 2 厚度】数值，沿相反方向拉伸草图。

5. 【所选轮廓】选项组

【所选轮廓】：允许使用部分草图生成拉伸特征，在图形区域中可以选择草图轮廓和模型边线。

3.2　拉伸切除特征

单击【特征】工具栏中的【拉伸切除】按钮或者选择【插入】|【切除】|【拉伸】菜单命令，在属性管理器中弹出【切除－拉伸】的属性设置，如图 3-2 所示。

该属性设置与【凸台－拉伸】的属性设置基本一致。不同的地方是，在【方向 1】选项组中多了【反侧切除】选项。

【反侧切除】（仅限于拉伸的切除）：移除轮廓外的所有部分，如图 3-3 所示。在默认情况下，从轮廓内部移除，如图 3-4 所示。

图 3-2　【切除－拉伸】的属性设置

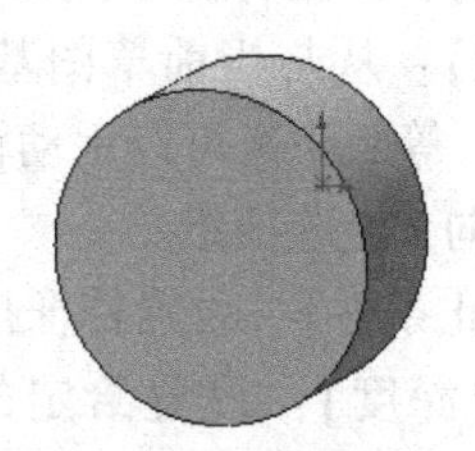

图 3-3　反侧切除

图 3-4　默认切除

3.3 旋转凸台/基体特征

单击【特征】工具栏中的【旋转凸台/基体】按钮或者选择【插入】|【凸台/基体】|【旋转】菜单命令，在属性管理器中弹出【旋转】的属性设置，如图3-5所示。

图3-5 【旋转】的属性设置

1. 【旋转参数】选项组

1）【旋转轴】：选择旋转所围绕的轴，此轴可以为中心线、直线或者边线。

2）【旋转类型】：从草图基准面中定义旋转方向。

- 【给定深度】：从草图以单一方向生成旋转。
- 【成形到一顶点】：从草图基准面生成旋转到指定顶点。
- 【成形到一面】：从草图基准面生成旋转到指定曲面。
- 【到离指定面指定的距离】：从草图基准面生成旋转到指定曲面的指定等距。
- 【两侧对称】：从草图基准面以顺时针和逆时针方向生成旋转相同角度。

3）（反向）：单击该按钮，反转旋转方向。

4）（角度）：设置旋转角度，默认的角度为360°。

2. 【薄壁特征】选项组

- 【单向】：以同一【方向1厚度】数值，从草图沿单一方向添加薄壁特征。
- 【两侧对称】：以同一【方向1厚度】数值，并以草图为中心，在草图两侧使用均等厚度添加薄壁特征。
- 【双向】：在草图两侧添加不同厚度的薄壁特征。

3. 【所选轮廓】选项组

单击【所选轮廓】选择框，拖动鼠标指针，在图形区域中选择适当轮廓，此时显示出旋转特征的预览，可以选择任何轮廓生成单一或者多实体零件，单击【确定】按钮，生成旋转特征。

3.4 扫描特征

扫描特征是通过沿着1条路径移动轮廓以生成基体、凸台、切除或者曲面的1种特征。

单击【特征】工具栏中的【扫描】按钮或者选择【插入】|【凸台/基体】|【扫描】菜单命令，在属性管理器中弹出【扫描】的属性设置，如图3-6所示。

1.【轮廓和路径】选项组

- 【轮廓】：选择用来生成扫描的草图轮廓。
- 【路径】：设置轮廓扫描的路径。

2.【选项】选项组

1）【方向/扭转控制】：控制轮廓在沿路径扫描时的方向。

- 【随路径变化】：轮廓相对于路径时刻保持处于同一角度。
- 【保持法向不变】：使轮廓总是与起始轮廓保持平行。
- 【随路径和第一引导线变化】：轮廓的扭转由路径到第 1 条引导线的向量决定。
- 【随第一和第二引导线变化】：轮廓的扭转由第 1 条引导线到第 2 条引导线的向量决定。
- 【沿路径扭转】：沿路径扭转轮廓。
- 【以法向不变沿路径扭曲】：在沿路径扭曲时，保持与开始轮廓平行而沿路径扭转轮廓。

2）【定义方式】：定义扭转的形式，可以选择【度数】、【弧度】和【旋转】选项，也可以单击【反向】按钮。

- 【扭转角度】：在扭转中设置度数、弧度或者旋转圈数的数值。

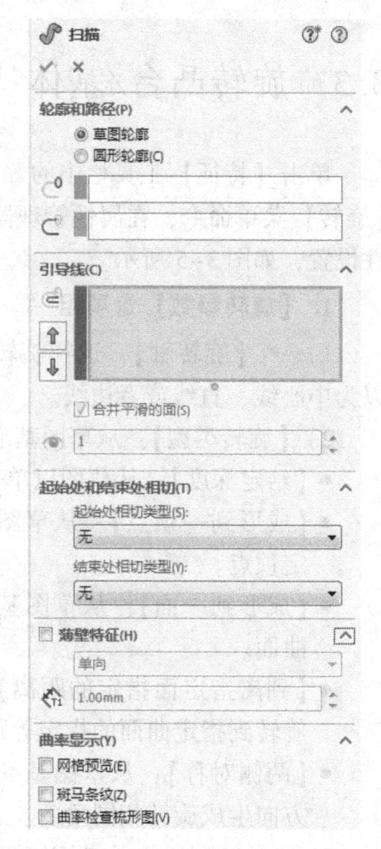

图 3-6 【扫描】的属性设置

3）【路径对齐类型】：当路径上出现少许波动或者不均匀波动使轮廓不能对齐时，可以将轮廓稳定下来。

- 【无】：垂直于轮廓而对齐轮廓，不进行纠正。
- 【最小扭转】（只对于 3D 路径）：阻止轮廓在随路径变化时自我相交。
- 【方向向量】：按照所选择的向量方向对齐轮廓，选择设置方向向量的实体。
- 【所有面】：当路径包括相邻面时，使扫描轮廓在几何关系可能的情况下与相邻面相切。

4）【合并切面】：如果扫描轮廓具有相切线段，可以使所产生的扫描中的相应曲面相切。

5）【显示预览】：显示扫描的上色预览。

6）【合并结果】：将多个实体合并成 1 个实体。

7）【与结束端面对齐】：将扫描轮廓延伸到路径所遇到的最后 1 个面。

3.【引导线】选项组

- 【引导线】：在轮廓沿路径扫描时加以引导以生成特征。
- 【上移】、【下移】：调整引导线的顺序。
- 【合并平滑的面】：改进带引导线扫描的性能。
- 【显示截面】：显示扫描的截面。

4.【起始处和结束处相切】选项组

1)【起始处相切类型】：其选项包括以下两项。

- 【无】：不应用相切。
- 【路径相切】：垂直于起始点路径而生成扫描。

2)【结束处相切类型】：与起始处相切类型的选项相同，在此不再赘述。

5.【薄壁特征】选项组

- 【单向】：设置同一【厚度】数值，以单一方向从轮廓生成薄壁特征。
- 【两侧对称】：设置同一【厚度】数值，以两个方向从轮廓生成薄壁特征。
- 【双向】：设置不同【厚度1】、【厚度2】数值，以相反的两个方向从轮廓生成薄壁特征。

3.5 放样特征

放样特征通过在轮廓之间进行过渡以生成特征，放样的对象可以是基体、凸台、切除或者曲面，可以使用两个或者多个轮廓生成放样，但仅第1个或者最后1个对象的轮廓是点。

选择【插入】|【凸台/基体】|【放样】菜单命令，在属性管理器中弹出【放样】的属性设置，如图3-7所示。

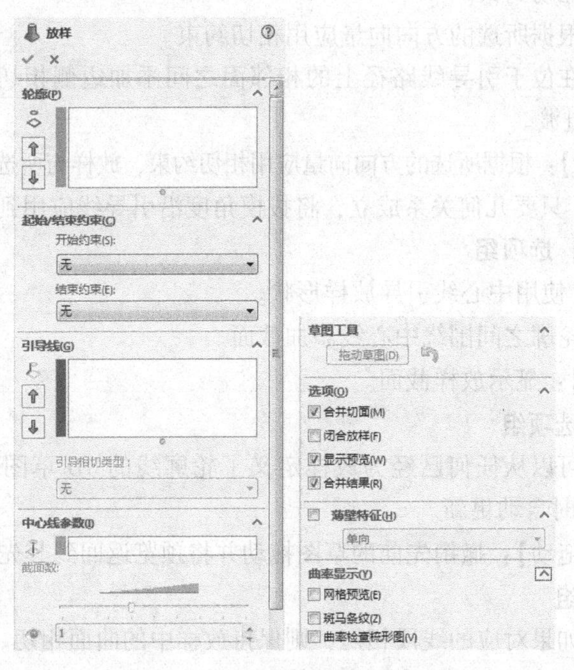

图3-7 【放样】的属性设置

1.【轮廓】选项组

- 【轮廓】：选择要放样的草图轮廓、面或者边线。
- 【上移】、【下移】：调整轮廓的顺序。

2.【起始/结束约束】选项组

1)【开始约束】、【结束约束】：应用约束以控制开始和结束轮廓的相切。

- 【无】：不应用相切约束（即曲率为零）。
- 【方向向量】：根据所选的方向向量应用相切约束。
- 【垂直于轮廓】：应用在垂直于开始或者结束轮廓处的相切约束。

2）【方向向量】：按照所选择的方向向量应用相切约束。

3）【拔模角度】：为起始或者结束轮廓应用拔模角度。

4）【起始/结束处相切长度】：控制对放样的影响量。

5）【应用到所有】：显示1个为整个轮廓控制所有约束的控标。

3. 【引导线】选项组

1）【引导线感应类型】：控制引导线对放样的影响力。

- 【到下一引线】：只将引导线延伸到下一引导线。
- 【到下一尖角】：只将引导线延伸到下一尖角。
- 【到下一边线】：只将引导线延伸到下一边线。
- 【整体】：将引导线影响力延伸到整个放样。

2）【引导线】：选择引导线来控制放样。

3）【上移】、【下移】：调整引导线的顺序。

4）【草图 <n> –相切】：控制放样与引导线相交处的相切关系。

- 【无】：不应用相切约束。
- 【方向向量】：根据所选的方向向量应用相切约束。
- 【与面相切】：在位于引导线路径上的相邻面之间添加边侧相切，从而在相邻面之间生成更平滑的过渡。

5）【方向向量】：根据所选的方向向量应用相切约束，放样与所选线性边线或者轴相切。

6）【拔模角度】：只要几何关系成立，将拔模角度沿引导线应用到放样。

4. 【中心线参数】选项组

- 【中心线】：使用中心线引导放样形状。
- 【截面数】：在轮廓之间围绕中心线添加截面。
- 【显示截面】：显示放样截面。

5. 【草图工具】选项组

- 【拖动草图】：可以从任何已经为放样定义了轮廓线的3D草图中拖动3D草图线段，3D草图在拖动时自动更新。
- 【撤销草图拖动】：撤销先前的草图拖动并将预览返回到其先前状态。

6. 【选项】选项组

- 【合并切面】：如果对应的线段相切，则保持放样中的曲面相切。
- 【闭合放样】：沿放样方向生成闭合实体，选择此选项会自动连接最后1个和第1个草图实体。
- 【显示预览】：显示放样的上色预览。
- 【合并结果】：合并所有放样要素。

7. 【薄壁特征】选项组

- 【单向】：设置同一【厚度】数值，以单一方向从轮廓生成薄壁特征。

- 【两侧对称】：设置同一【厚度】数值，以两个方向从轮廓生成薄壁特征。
- 【双向】：设置不同【厚度1】、【厚度2】数值，以两个相反的方向从轮廓生成薄壁特征。

3.6 筋特征

筋特征在轮廓与现有零件之间指定方向和厚度以进行延伸，可以使用单一或者多个草图生成筋特征，也可以使用拔模生成筋特征，或者选择要拔模的参考轮廓。

单击【特征】工具栏中的【筋】按钮或者选择【插入】|【特征】|【筋】菜单命令，在属性管理器中弹出【筋】的属性设置，如图3-8所示。

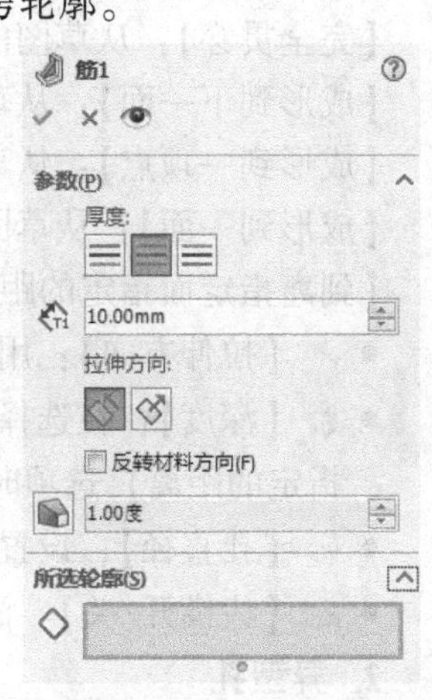

图3-8 【筋】的属性设置

1. 【参数】选项组

1）【厚度】：在草图边缘添加筋的厚度。

- 【第一边】：只延伸草图轮廓到草图的一边。
- 【两侧】：均匀延伸草图轮廓到草图的两边。
- 【第二边】：只延伸草图轮廓到草图的另一边。

2）【筋厚度】：设置筋的厚度。

3）【拉伸方向】：设置筋的拉伸方向。

- 【平行于草图】：平行于草图生成筋拉伸。
- 【垂直于草图】：垂直于草图生成筋拉伸。

4）【反转材料方向】：更改拉伸的方向。

【拔模开/关】：添加拔模特征到筋。

5）【向外拔模】：生成向外拔模角度。

6）【类型】（在【拉伸方向】中单击【垂直于草图】按钮时可用）。

- 【线性】：生成与草图方向垂直而延伸草图轮廓的筋。
- 【自然】：生成沿草图轮廓方向的筋。

7）【下一参考】：切换草图轮廓，可以选择拔模所用的参考轮廓。

2. 【所选轮廓】选项组

【所选轮廓】参数用来列举生成筋特征的草图轮廓。

3.7 孔特征

孔特征是在模型上生成各种类型的孔。在平面上放置孔并设置深度，可以通过标注尺寸的方法定义它的位置。

1. 简单直孔

选择【插入】|【特征】|【孔】|【简单直孔】菜单命令，在属性管理器中弹出【孔】的属性设置，如图3-9所示。

①【从】选项组

- 【草图基准面】：从草图所在的同一基准面开始生成简单直孔。
- 【曲面/面/基准面】：从这些实体之一开始生成简单直孔。
- 【顶点】：从所选择的顶点位置处开始生成简单直孔。
- 【等距】：从与当前草图基准面等距的基准面上生成简单直孔。

②【方向 1】选项组

终止条件包括：

【给定深度】：从草图的基准面以指定的距离延伸特征。

【完全贯穿】：从草图的基准面延伸特征直到贯穿所有现有的几何体。

【成形到下一面】：从草图的基准面延伸特征到下一面以生成特征。

【成形到一顶点】：从草图基准面延伸特征到某一顶点。

【成形到一面】：从草图的基准面延伸特征到所选的曲面以生成特征。

【到离指定面指定的距离】：从草图的基准面到某面的特定距离处生成特征。

- 【拉伸方向】：用于在除了垂直于草图轮廓以外的其他方向拉伸孔。
- 【深度】：在选择【给定深度】选项时，此选项为【深度】；在选择【到离指定面指定的距离】选项时，此选项为【等距距离】。
- 【孔直径】：设置孔的直径。
- 【拔模开/关】：添加拔模到孔，可以设置【拔模角度】。

2. 异型孔

单击【特征】工具栏中的【异型孔向导】按钮或者选择【插入】|【特征】|【孔】|【向导】菜单命令，在属性管理器中弹出【孔规格】的属性设置，如图 3-10 所示。

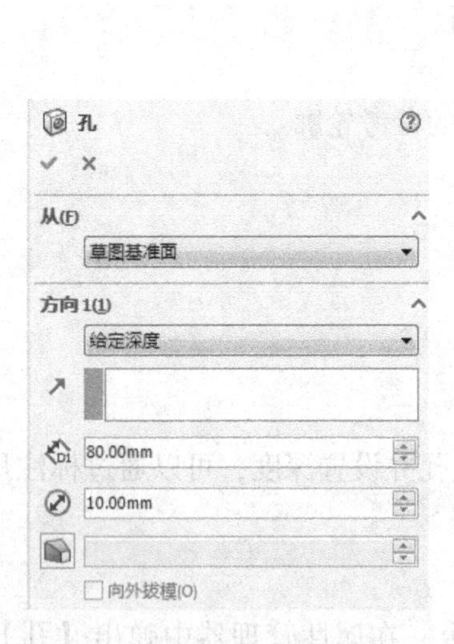

图 3-9 【孔】的属性设置

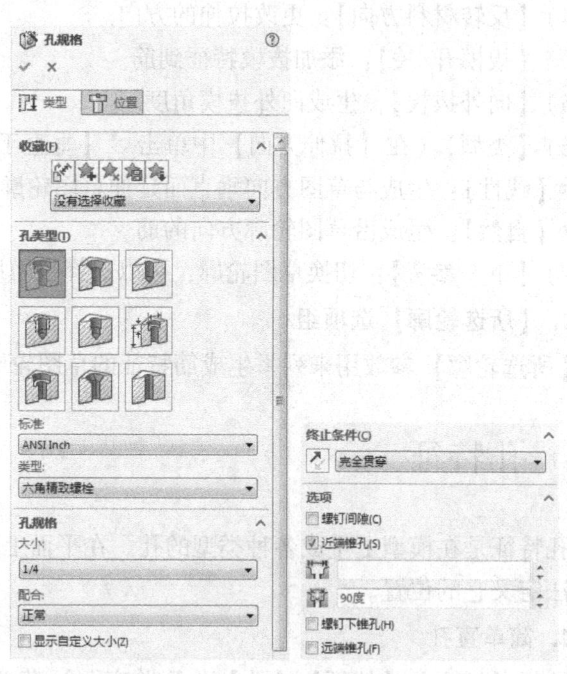

图 3-10 【孔规格】的属性设置

(1)【孔规格】的属性设置

属性设置包括以下两个选项卡:

- 【类型】:设置孔类型参数。
- 【位置】:在平面或者非平面上单击,确定异型孔位置,使用尺寸和其他草图绘制工具定位孔中心。

(2)【孔规格】选项组

【孔规格】选项组会根据孔类型而有所不同,孔类型包括 (柱孔)、 (锥孔)、 (孔)、 (螺纹孔)、 (管螺纹孔)、 (旧制孔)、 (柱孔槽口)、 (锥孔槽口)和 (槽口)。

- 【标准】:选择孔的标准,如【Ansi Metric】或者【JIS】等。
- 【类型】:选择孔的类型。
- 【大小】:为螺纹件选择尺寸大小。
- 【配合】:为扣件选择配合形式。

(3)【截面尺寸】选项组

双击任一数值可以进行编辑。

(4)【终止条件】选项组

【盲孔深度】:设定孔的深度。对于【螺纹孔】,可以设置【螺纹线类型】和 【螺纹线深度】,如图3-11所示;对于【管螺纹孔】,可以设置 【螺纹线深度】,如图3-12所示。

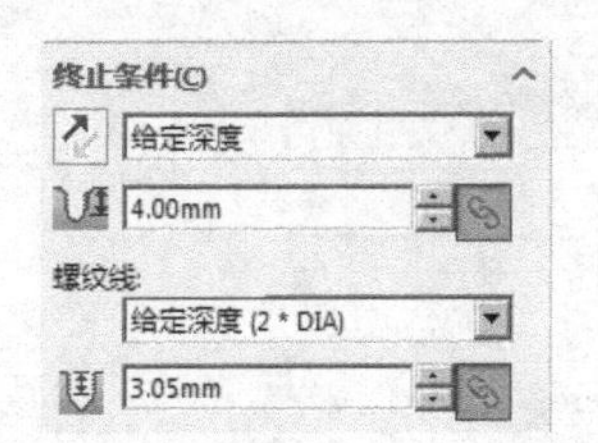

图3-11 设置【螺纹孔】的【终止条件】为【给定深度】

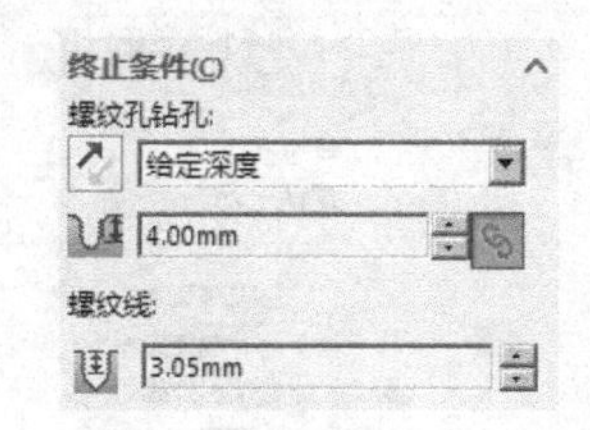

图3-12 设置【管螺纹孔】的【终止条件】为【给定深度】

(5)【选项】选项组

【选项】选项组包括【带螺纹标注】、【螺纹线等级】、【近端锥孔】、 【近端锥孔直径】和 【近端锥孔角度】等选项,可以根据孔类型的不同而发生变化,如图3-13所示。

(6)【收藏】选项组

用于管理可以在模型中重新使用的常用异型孔清单,如图3-14所示。

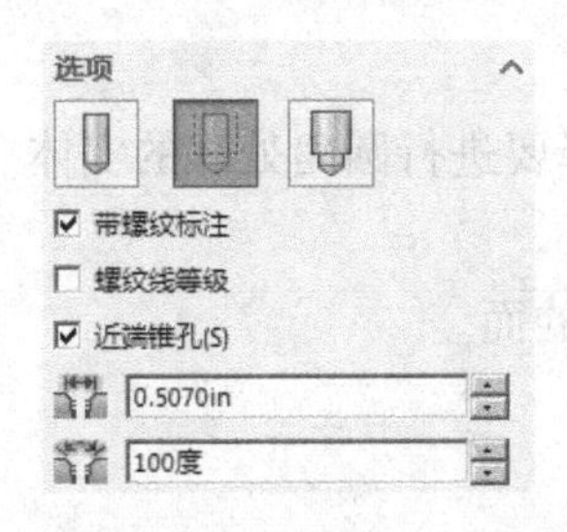

图3-13 【选项】选项组

图3-14 【收藏】选项组

- （应用默认/无常用类型）：重设到【没有选择最常用的】及默认设置。
- （添加或更新常用类型）：将所选异型孔添加到常用类型清单中。
- （删除常用类型）：删除所选的常用类型。
- （保存常用类型）：保存所选的常用类型。
- （装入常用类型）：载入常用类型。

3.8　圆角特征

圆角特征是在零件上生成内圆角面或者外圆角面的1种特征，可以在1个面的所有边线上、所选的多组面上、所选的边线或者边线环上生成圆角。

选择【插入】|【特征】|【圆角】菜单命令，在属性管理器中弹出【圆角】的属性设置，在【手工】模式中软件界面如下所述。

1. 等半径

在整个边线上生成具有相同半径的圆角。单击【等半径】单选按钮，属性设置如图3-15所示。

图3-15　单击【等半径】单选按钮后的属性设置

（1）【圆角项目】选项组

- 【半径】：设置圆角的半径。
- 【边线、面、特征和环】：在图形区域中选择要进行圆角处理的实体。
- 【多半径圆角】：以不同边线的半径生成圆角。
- 【切线延伸】：将圆角延伸到所有与所选面相切的面。
- 【完整预览】：显示所有边线的圆角预览。
- 【部分预览】：只显示1条边线的圆角预览。
- 【无预览】：可以缩短复杂模型的重建时间。

（2）【逆转参数】选项组

在混合曲面之间沿着模型边线生成圆角并形成平滑的过渡。

- 【距离】：在顶点处设置圆角逆转距离。
- 【逆转顶点】：在图形区域中选择1个或者多个顶点。
- 【逆转距离】：以相应的【距离】数值列举边线数。
- 【设定未指定的】：应用当前的【距离】数值到【逆转距离】下没有指定距离的所有项目。
- 【设定所有】：应用当前的【距离】数值到【逆转距离】下的所有项目。

（3）【圆角选项】选项组

- 【通过面选择】：应用通过隐藏边线的面选择边线。
- 【保持特征】：如果应用1个大到可以覆盖特征的圆角半径，则保持切除或者凸台特征为可见。
- 【圆形角】：生成含圆形角的等半径圆角。
- 【扩展方式】：控制在单一闭合边线上圆角在与边线汇合时的方式。
- 【默认】：由应用程序选择【保持边线】或者【保持曲面】选项。
- 【保持边线】：模型边线保持不变，而圆角则进行调整。
- 【保持曲面】：圆角边线调整为连续和平滑，而模型边线更改以与圆角边线匹配。

2. 变半径

生成含可变半径值的圆角，使用控制点帮助定义圆角。单击【变半径】单选按钮，属性设置如图3-16所示。

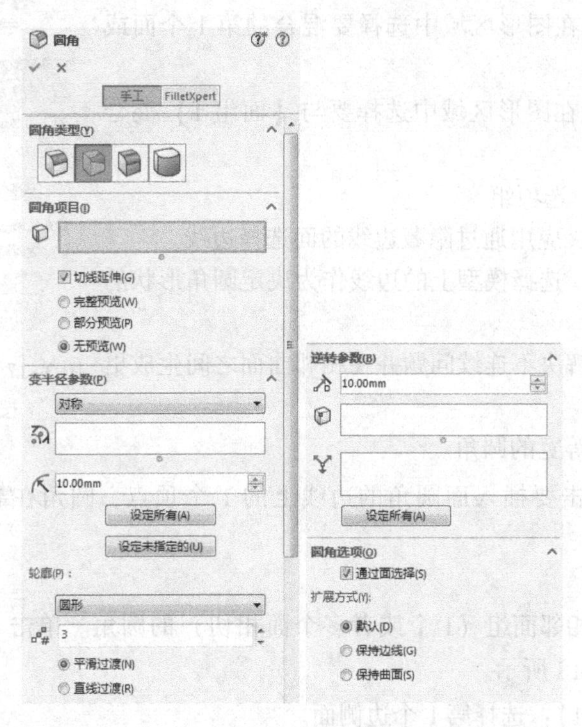

图3-16 单击【变半径】单选按钮后的属性设置

（1）【圆角项目】选项组

【边线、面、特征和环】：在图形区域中选择需要圆角处理的实体。

（2）【变半径参数】选项组

- 【半径】：设置圆角半径。
- 【附加的半径】：列举在【圆角项目】选项组的【边线、面、特征和环】选择框中选择的边线顶点，并列举在图形区域中选择的控制点。
- 【实例数】：设置边线上的控制点数。
- 【平滑过渡】：当1条圆角边线接合于1个邻近面时，圆角半径从某一半径平滑地转换为另一半径。
- 【直线过渡】：圆角半径从某一半径线性转换为另一半径，但是不将切边与邻近圆角相匹配。

（3）【逆转参数】选项组

与【等半径】的【逆转参数】选项组属性设置相同。

（4）【圆角选项】选项组

与【等半径】的【圆角选项】选项组属性设置相同。

3. 面圆角

用于混合非相邻、非连续的面。单击【面圆角】单选按钮，属性设置如图3-17所示。

（1）【圆角项目】选项组

- 【半径】：设置圆角半径。
- 【面组1】：在图形区域中选择要混合的第1个面或者第1组面。
- 【面组2】：在图形区域中选择要与【面组1】混合的面。

（2）【圆角选项】选项组

- 【通过面选择】：应用通过隐藏边线的面选择边线。
- 【包络控制线】：选择模型上的边线作为决定圆角形状的边界。
- 【曲率连续】：解决不连续问题并在相邻曲面之间生成更平滑的曲率。
- 【等宽】：生成等宽的圆角。
- 【辅助点】：单击要插入面圆角的边线上的1个顶点，圆角在靠近辅助点的位置处生成。

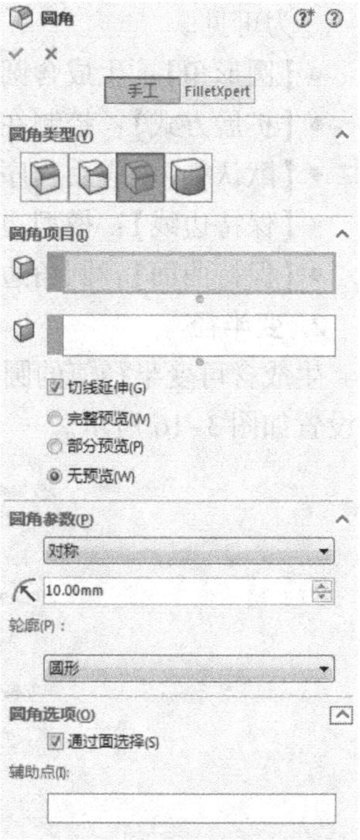

图3-17　单击【面圆角】单选按钮后的属性设置

4. 完整圆角

生成相切于3个相邻面组（1个或者多个面相切）的圆角。单击【完整圆角】单选按钮，属性设置如图3-18所示。

- 【边侧面组1】：选择第1个边侧面。
- 【中央面组】：选择中央面。

● 【边侧面组2】：选择与【边侧面组1】相反的面组。

在【FilletXpert】模式中，可以帮助管理、组织和重新排序圆角。

使用【添加】选项卡生成新的圆角，使用【更改】选项卡修改现有圆角。选择【添加】选项卡，如图3-19所示。

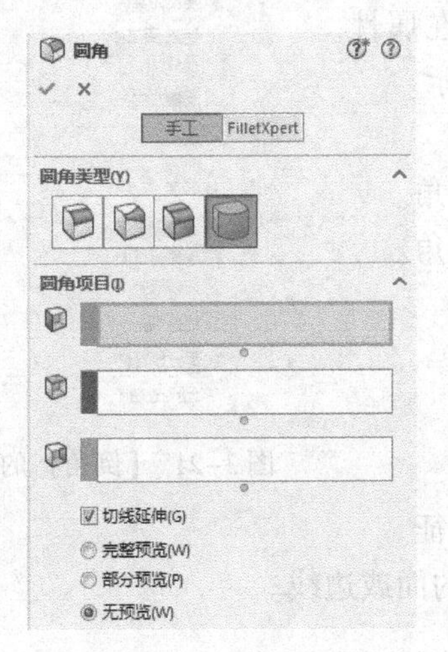

图3-18　单击【完整圆角】单选按钮后的属性设置

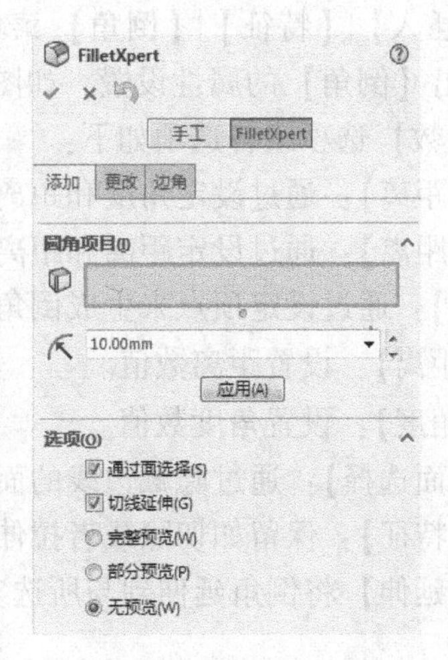

图3-19　【添加】选项卡

(1)【圆角项目】选项组

● 【边线、面、特征和环】：在图形区域中选择要圆角处理的实体。

● 【半径】：设置圆角半径。

(2)【选项】选项组

●【通过面选择】：在上色模式中应用隐藏边线。

●【切线延伸】：将圆角延伸到所有与所选边线相切的边线。

●【完整预览】：显示所有边线的圆角预览。

●【部分预览】：只显示1条边线的圆角预览。

●【无预览】：可以缩短复杂圆角的显示时间。

选择【更改】选项卡，如图3-20所示。

(1)【要更改的圆角】选项组

● 【圆角面】：选择要调整大小或者删除的圆角面。

● 【半径】：设置新的圆角半径。

●【调整大小】：将所选圆角修改为设置的半径值。

●【移除】：从模型中删除所选的圆角。

(2)【现有圆角】选项组

【按大小分类】：按照大小过滤所有圆角。从【过滤面组】选择框中选择圆角大小以选择模型中包含该值的所有圆角，同时将它们显示在【圆角面】选择框中。

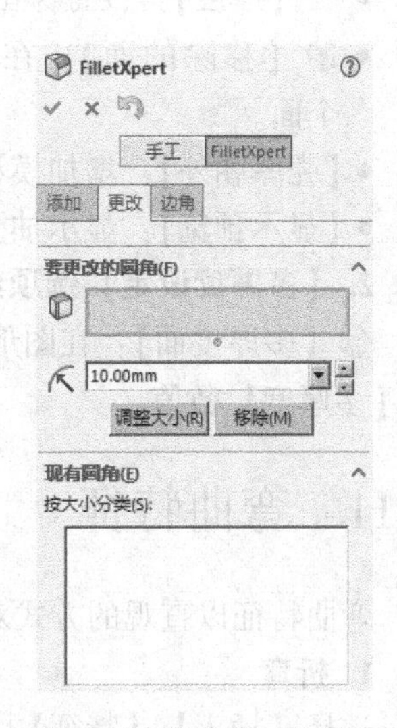

图3-20　【更改】选项卡

3.9　倒角特征

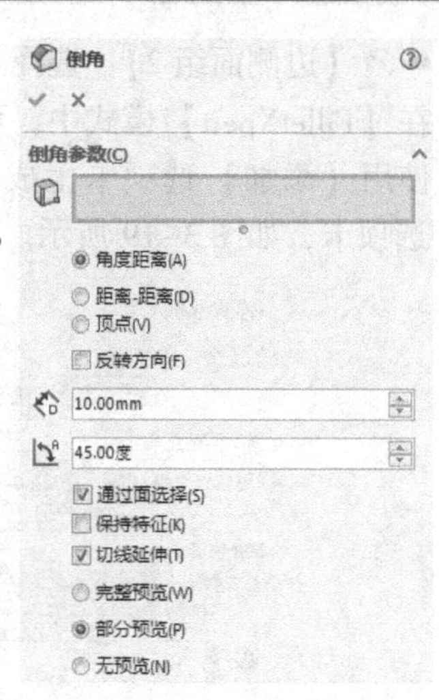
图3-21　【倒角】的属性设置

倒角特征是在所选边线、面或者顶点上生成倾斜的特征。

选择【插入】|【特征】|【倒角】菜单命令，在属性管理器中弹出【倒角】的属性设置，如图3-21所示。

【倒角参数】选项组各选项如下：

- 【角度距离】：通过设定角度和距离来生成倒角。
- 【距离距离】：通过设定距离和距离来生成倒角。
- 【顶点】：通过设定顶点来生成倒角。
- 【距离】：设置距离数值。
- 【角度】：设置角度数值。
- 【通过面选择】：通过隐藏边线的面选取边线。
- 【保持特征】：保留如切除或者拉伸之类的特征。
- 【切线延伸】将倒角延伸到与所选实体相切的面或边线。

3.10　抽壳特征

抽壳特征可以掏空零件，使所选择的面敞开，在其他面上生成薄壁特征。如果没有选择模型上的任何面，则掏空实体零件，生成闭合的抽壳特征，也可以使用多个厚度以生成抽壳模型。

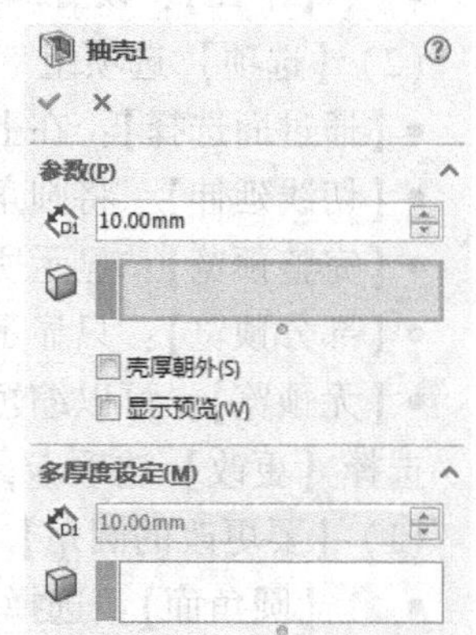
图3-22　【抽壳】的属性设置

选择【插入】|【特征】|【抽壳】菜单命令，在属性管理器中弹出【抽壳】的属性设置，如图3-22所示。

1. 【参数】选项组

- 【厚度】：设置保留面的厚度。
- 【移除的面】：在图形区域中可以选择1个或者多个面。
- 【壳厚朝外】：增加模型的外部尺寸。
- 【显示预览】：显示抽壳特征的预览。

2. 【多厚度设定】选项组

【多厚度面】：在图形区域中选择1个面，为所选面设置【多厚度】数值。

3.11　弯曲特征

弯曲特征以直观的方式对复杂的模型进行变形。

1. 折弯

选择【插入】|【特征】|【弯曲】菜单命令，在属性管理器中弹出【弯曲】的属性设置。在【弯曲输入】选项组中，单击【折弯】单选按钮，属性设置如图3-23所示。

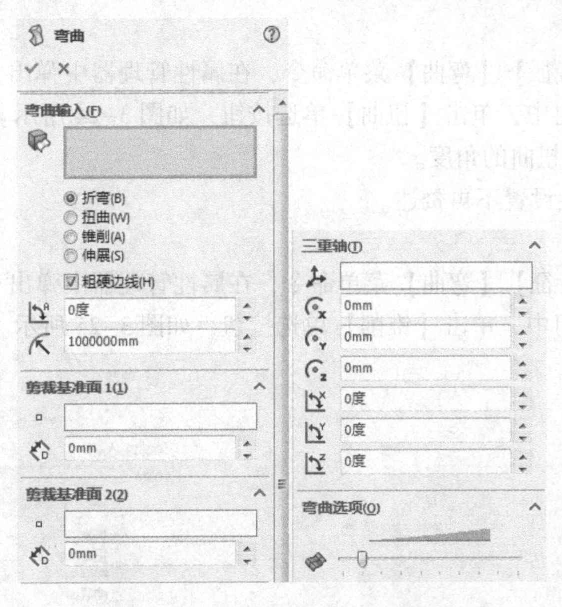

图 3-23 单击【折弯】单选按钮

(1)【弯曲输入】选项组

- 【粗硬边线】：形成剪裁基准面与实体相交的分割面。
- 【角度】：设置折弯角度，需要配合折弯半径。
- 【半径】：设置折弯半径。

(2)【剪裁基准面 1】选项组

- 【为剪裁基准面 1 选择一参考实体】：将剪裁基准面 1 的原点锁定到模型上的所选点。
- 【基准面 1 剪裁距离】：沿三重轴的剪裁基准面轴（蓝色 z 轴），从实体的外部界限移动到剪裁基准面上的距离。

(3)【剪裁基准面 2】选项组

【剪裁基准面 2】选项组的属性设置与【剪裁基准面 1】选项组基本相同，在此不再赘述。

(4)【三重轴】选项组

使用以下参数来设置三重轴的位置和方向：

- 【为枢轴三重轴参考选择一坐标系特征】：将三重轴的位置和方向锁定到坐标系上。
- 【X 旋转原点】、【Y 旋转原点】、【Z 旋转原点】：沿指定轴移动三重轴位置。
- 【X 旋转角度】、【Y 旋转角度】、【Z 旋转角度】：围绕指定轴旋转三重轴，此角度表示围绕零部件坐标系的旋转角度。

(5)【弯曲选项】选项组

【弯曲精度】：控制曲面品质，提高品质还将会提高弯曲特征的成功率。

2. 扭曲

选择【插入】|【特征】|【弯曲】菜单命令，在属性管理器中弹出【弯曲】的属性设置。在【弯曲输入】选项组中，单击【扭曲】单选按钮，如图3-24所示。

【角度】：设置扭曲的角度。

其他选项组的属性设置不再赘述。

3. 锥削

选择【插入】|【特征】|【弯曲】菜单命令，在属性管理器中弹出【弯曲】的属性设置。在【弯曲输入】选项组中，单击【锥削】单选按钮，如图3-25所示。

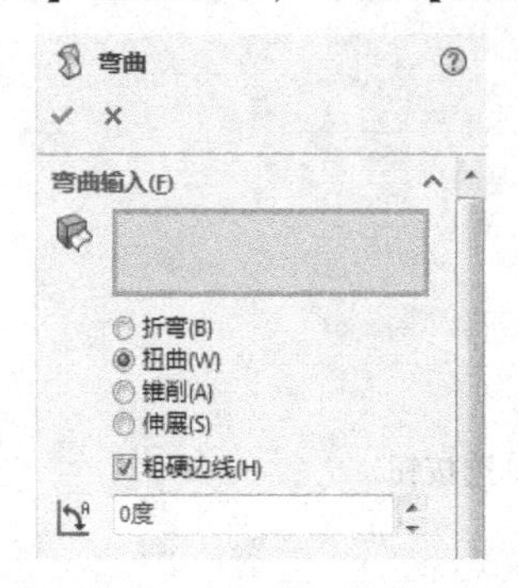

图3-24　单击【扭曲】单选按钮

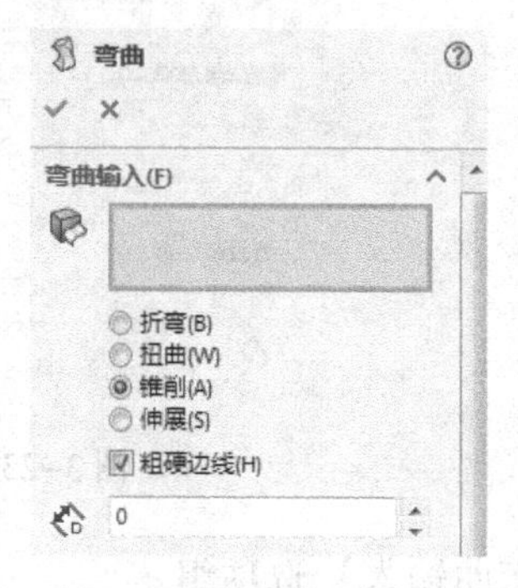

图3-25　单击【锥削】单选按钮

【锥剃因子】：设置锥削量。

其他选项组的属性设置不再赘述。

4. 伸展

选择【插入】|【特征】|【弯曲】菜单命令，在属性管理器中弹出【弯曲】的属性设置。在【弯曲输入】选项组中，单击【伸展】单选按钮，如图3-26所示。

【伸展距离】：设置伸展量。

其他选项组的属性设置不再赘述。

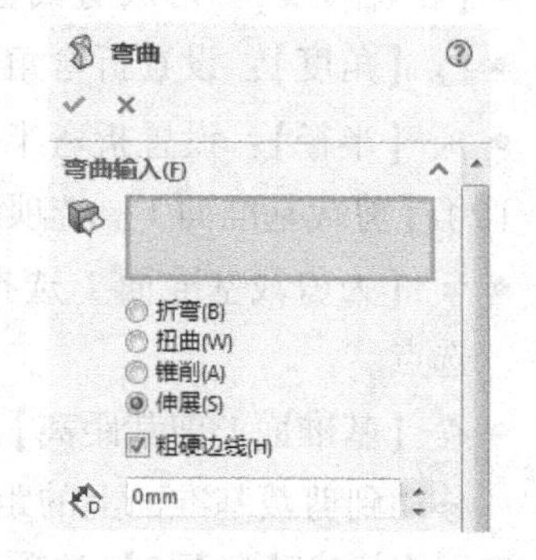

图3-26　单击【伸展】单选按钮

3.12　压凹特征

压凹特征是通过使用厚度和间隙而生成的特征，其应用包括封装、冲印、铸模以及机器的压入配合等。根据所选实体类型，可以指定目标实体和工具实体之间的间隙数值，并为压凹特征指定厚度数值。

选择【插入】|【特征】|【压凹】菜单命令，在属性管理器中弹出【压凹】的属性设置，如图3-27所示。

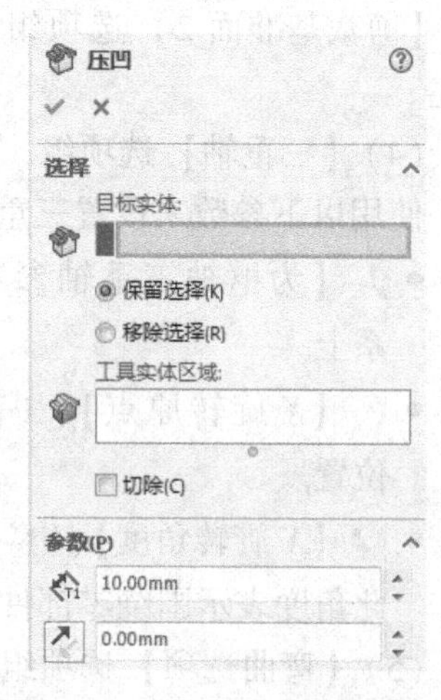

图3-27　【压凹】的属性设置

1. 【选择】选项组

- 【目标实体】：选择要压凹的实体或者曲面实体。
- 【工具实体区域】：选择1个或者多个实体（或者曲面实体）。

- 【保留选择】、【移除选择】：选择要保留或者移除的模型边界。
- 【切除】：移除目标实体的交叉区域。

2. 【参数】选项组

- 【厚度】：压凹特征的厚度。
- 【间隙】：目标实体和工具实体之间的间隙。

3.13 变形特征

变形特征是改变复杂曲面和实体模型的局部或者整体形状，无须考虑用于生成模型的草图或者特征约束。

变形有3种类型，包括【点】、【曲线到曲线】和【曲面推进】。

1. 点

选择【插入】|【特征】|【变形】菜单命令，在属性管理器中弹出【变形】的属性设置。在【变形类型】选项组中，单击【点】单选按钮，其属性设置如图3-28所示。

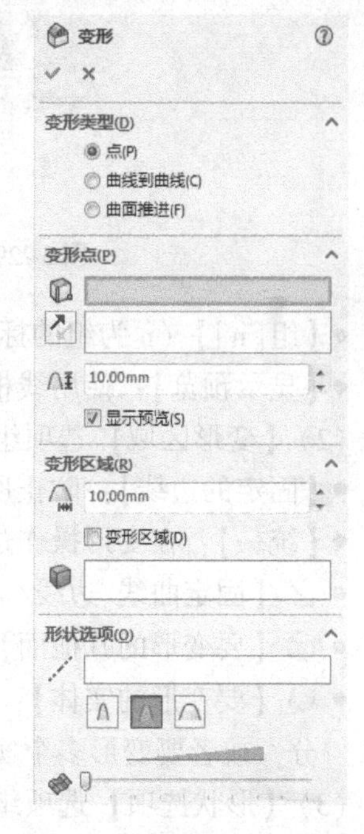

图3-28 单击【点】单选按钮后的属性设置

(1)【变形点】选项组

- 【变形点】：设置变形的中心。
- 【变形方向】：选择线性边线、草图直线、平面、基准面或者两个点作为变形方向。
- 【变形距离】：指定变形的距离。
- 【显示预览】：使用线框视图或者上色视图预览结果。

(2)【变形区域】选项组

- 【变形半径】：更改通过变形点的球状半径数值。
- 【变形区域】：选择此选项，可以激活【要变形的其他面】选项，如图3-28所示。
- 【要变形的实体】：在使用空间中的点时，允许选择多个实体或者1个实体。

(3)【形状选项】选项组

- 【变形轴】：通过生成平行于1条线性边线的折弯轴以控制变形形状。
- 、、【刚度】：控制变形过程中变形形状的刚性。
- 【形状精度】：控制曲面品质。

2. 曲线到曲线

选择【插入】|【特征】|【变形】菜单命令，在属性管理器中弹出【变形】的属性设置。在【变形类型】选项组中，单击【曲线到曲线】单选按钮，其属性设置如图3-29所示。

(1)【变形曲线】选项组

- 【初始曲线】：设置变形特征的初始曲线。
- 【目标曲线】：设置变形特征的目标曲线。

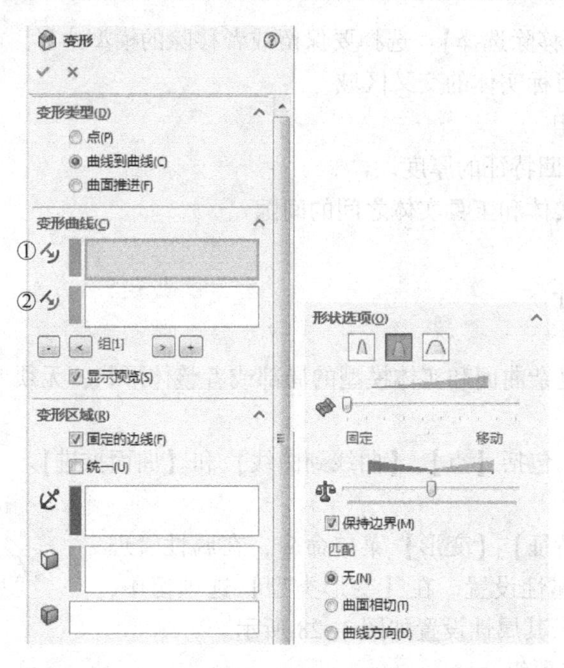

图 3-29　单击【曲线到曲线】单选按钮后的属性设置

- 【组[n]】(n 为组的标号)：允许添加、删除以及循环选择组以进行修改。
- 【显示预览】：使用线框视图或者上色视图预览结果。

(2)【变形区域】选项组

- 【固定的边线】：防止所选曲线、边线或者面被移动。
- 【统一】：在变形操作过程中保持原始形状的特性。
- 【固定曲线/边线/面】：防止所选曲线、边线或者面被变形和移动。
- 【要变形的其他面】：允许添加要变形的特定面。
- 【要变形的实体】：如果【初始曲线】不是实体面或者曲面中草图曲线的一部分，或者要变形多个实体，则使用此选项。

(3)【形状选项】选项组

- 、、【刚度】：控制变形过程中变形形状的刚性。
- 【形状精度】：控制曲面品质。
- 【重量】：控制指定的实体衡量变形。
- 【保持边界】：确保所选边界是固定的。
- 【仅对于额外的面】：使变形仅影响那些选择作为【要变形的其他面】的面。
- 【匹配】：允许应用这些条件，将变形曲面或者面匹配到目标曲面或者面边线。
- 【无】：不应用匹配条件。
- 【曲面相切】：使用平滑过渡匹配面和曲面的目标边线。
- 【曲线方向】：使用【目标曲线】的法线形成变形，将【初始曲线】映射到【目标曲线】以匹配【目标曲线】。

3. 曲面推进

选择【插入】|【特征】|【变形】菜单命令，在属性管理器中弹出【变形】的属性设置。

在【变形类型】选项组中，单击【曲面推进】单选按钮，其属性设置如图 3-30 所示。

图 3-30　单击【曲面推进】单选按钮后的属性设置

(1)【推进方向】选项组

- 【变形方向】：设置推进变形的方向。
- 【显示预览】：使用线框视图或者上色视图预览结果。

(2)【变形区域】选项组

- 【要变形的其他面】：允许添加要变形的特定面，仅变形所选面。
- 【要变形的实体】：即目标实体，决定要被工具实体变形的实体。
- 【要推进的工具实体】：设置对【要变形的实体】进行变形的工具实体。
- 【变形误差】：为工具实体与目标面或者实体的相交处指定圆角半径数值。

(3)【工具实体位置】选项组

以下选项允许通过输入正确的数值重新定位工具实体。此方法比使用三重轴更精确。

- 【Delta X】、【Delta Y】、【Delta Z】：沿 *X*、*Y*、*Z* 轴移动工具实体的距离。
- 【*X* 旋转角度】、【*Y* 旋转角度】、【*Z* 旋转角度】：围绕 *X*、*Y*、*Z* 轴以及旋转原点旋转工具实体的旋转角度。
- 【*X* 旋转原点】、【*Y* 旋转原点】、【*Z* 旋转原点】：定位由图形区域中三重轴表示的旋转中心。

3.14　拔模特征

拔模特征是用指定的角度斜削模型中所选的面，使型腔零件更容易脱出模具，可以在现有的零件中插入拔模，或者在进行拉伸特征时拔模，也可以将拔模应用到实体或者曲面模型中。

在【手工】模式中，可以指定拔模类型，包括【中性面】、【分型线】和【阶梯拔模】。

1. 中性面

选择【插入】|【特征】|【拔模】菜单命令，在属性管理器中弹出【拔模】的属性设置。在【拔模类型】选项组中，单击【中性面】单选按钮，如图3-31所示。

(1)【拔模角度】选项组

【拔模角度】：垂直于中性面进行测量的角度。

(2)【中性面】选项组

【中性面】：选择1个面或者基准面。

(3)【拔模面】选项组

【拔模面】：在图形区域中选择要拔模的面。

【拔模沿面延伸】：可以将拔模延伸到额外的面，其选项如图3-32所示。

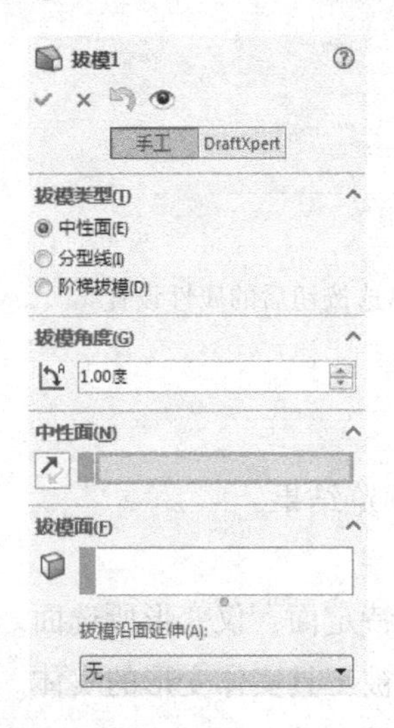

图3-31　单击【中性面】单选按钮后的属性设置

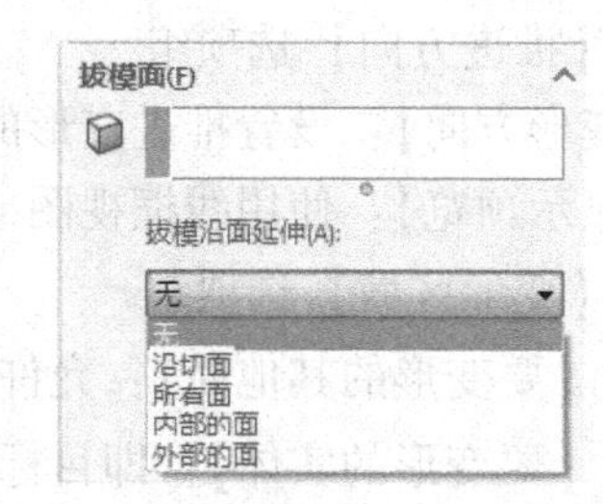

图3-32　【拔模沿面延伸】选项

- 【无】：只在所选的面上进行拔模。
- 【沿切面】：将拔模延伸到所有与所选面相切的面。
- 【所有面】：将拔模延伸到所有从中性面拉伸的面。
- 【内部的面】：将拔模延伸到所有从中性面拉伸的内部面。
- 【外部的面】：将拔模延伸到所有在中性面旁边的外部面。

2. 分型线

选择【插入】|【特征】|【拔模】菜单命令，在属性管理器中弹出【拔模】的属性设置。在【拔模类型】选项组中，单击【分型线】单选按钮，如图3-33所示。

【允许减少角度】：只可用于分型线拔模。

(1)【拔模方向】选项组

【拔模方向】：在图形区域中选择1条边线或者1个面指示拔模的方向。

(2)【分型线】选项组

【分型线】：在图形区域中选择分型线。

【拔模沿面延伸】：可以将拔模延伸到额外的面。

- 【无】：只在所选的面上进行拔模。

- 【沿切面】：将拔模延伸到所有与所选面相切的面。

3. 阶梯拔模

选择【插入】|【特征】|【拔模】菜单命令，在属性管理器中弹出【拔模】的属性设置。在【拔模类型】选项组中，单击【阶梯拔模】单选按钮，如图 3-34 所示。

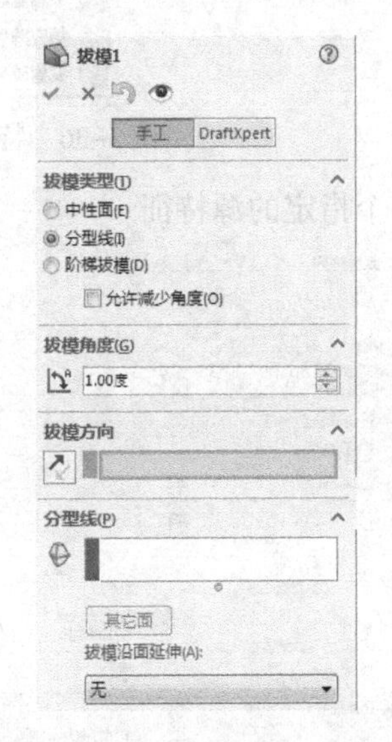

图 3-33　单击【分型线】单选按钮后的属性设置

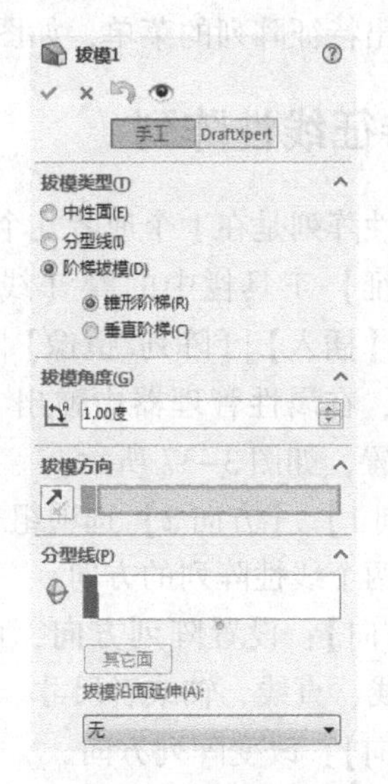

图 3-34　单击【阶梯拔模】单选按钮选项后的属性设置

【阶梯拔模】的属性设置与【分型线】基本相同，在此不再赘述。

3.15　圆顶特征

圆顶特征可以在同一模型上同时生成 1 个或者多个圆顶。

选择【插入】|【特征】|【圆顶】菜单命令，在属性管理器中弹出【圆顶】的属性设置，如图 3-35 所示。

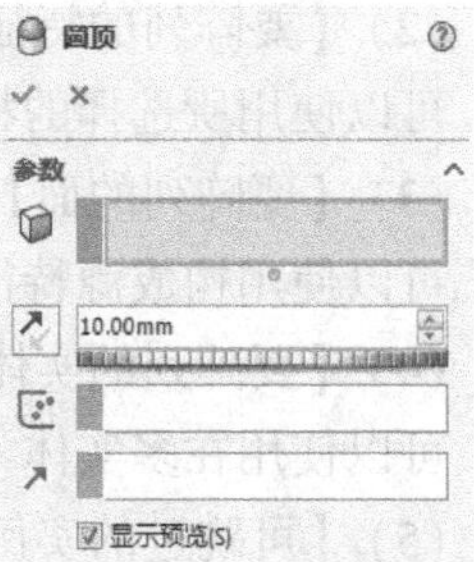

- 【到圆顶的面】：选择 1 个或者多个平面或者非平面。
- 【距离】：设置圆顶扩展的距离。
- 【反向】：单击该按钮，可以生成凹陷圆顶（默认为凸起）。
- 【约束点或草图】：选择 1 个点或者草图，通过对其形状进行约束以控制圆顶。
- 【方向】：从图形区域选择方向向量以垂直于面以外的方向拉伸圆顶，可以使用线性边线或者由两个草图点所生成的向量作为方向向量。

图 3-35　【圆顶】的属性设置

3.16　特征阵列

特征阵列与草图阵列相似，都是复制一系列相同的要素。不同之处在于草图阵列复制的是草图，特征阵列复制的是结构特征；草图阵列得到的是1个草图，而特征阵列得到的是1个复杂的零件。

特征阵列包括线性阵列、圆周阵列、表格驱动的阵列、草图驱动的阵列和曲线驱动的阵列等。选择【插入】|【阵列/镜像】菜单命令，弹出特征阵列的菜单，如图3-36所示。

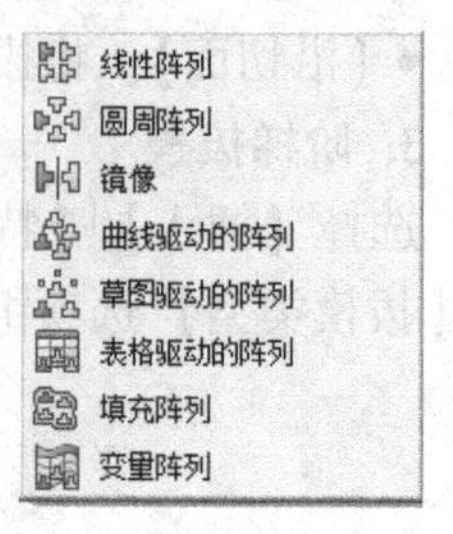

图3-36　特征阵列的菜单

3.16.1　特征线性阵列

特征的线性阵列是在1个或者几个方向上生成多个指定的源特征。

单击【特征】工具栏中的【线性阵列】按钮或者选择【插入】|【阵列/镜像】|【线性阵列】菜单命令，在属性管理器中弹出【线性阵列】的属性设置，如图3-37所示。

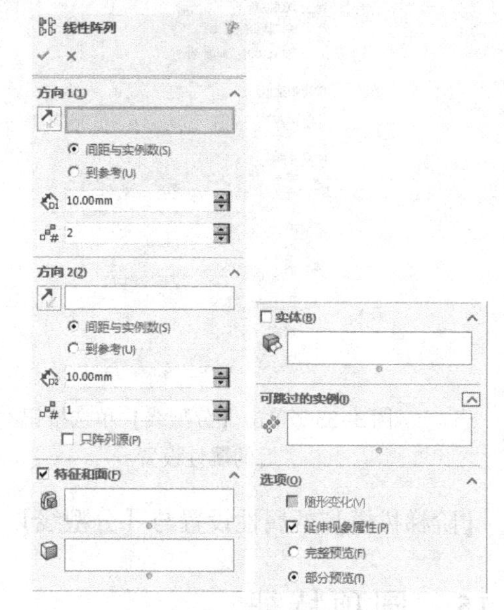

图3-37　【线性阵列】的属性设置

(1)【方向1】、【方向2】选项组

分别指定两个线性阵列的方向。

- 【阵列方向】：设置阵列方向，可以选择线性边线、直线、轴或者尺寸。
- 【反向】：改变阵列方向。
- 、【间距】：设置阵列实例之间的间距。
- 【实例数】：设置阵列实例之间的数量。
- 【只阵列源】：只使用源特征而不复制【方向1】选项组的阵列实例在【方向2】选项组中生成的线性阵列。

(2)【要阵列的特征】选项组

可以使用所选择的特征作为源特征以生成线性阵列。

(3)【要阵列的面】选项组

可以使用构成源特征的面生成阵列。

(4)【要阵列的实体】选项组

可以使用在多实体零件中选择的实体生成线性阵列。

(5)【可跳过的实例】选项组

可以在生成线性阵列时跳过在图形区域中选择的阵列实例。

(6)【特征范围】选项组

包括所有实体、所选实体，并有自动选择单选框。

(7)【选项】选项组

- 【随形变化】：允许重复时更改阵列。
- 【几何体阵列】：只使用特征的几何体（如面、边线等）生成线性阵列，而不阵列和求解特征的每个实例。

- 【延伸视象属性】：将 SolidWorks 的颜色、纹理和装饰螺纹数据延伸到所有阵列实例。

3.16.2 特征圆周阵列

特征的圆周阵列是将源特征围绕指定的轴线复制多个特征。

单击【特征】工具栏中的【圆周阵列】按钮或选择【插入】|【阵列/镜像】|【圆周阵列】菜单命令，在属性管理器中弹出【圆周阵列】的属性设置，如图3-38所示。

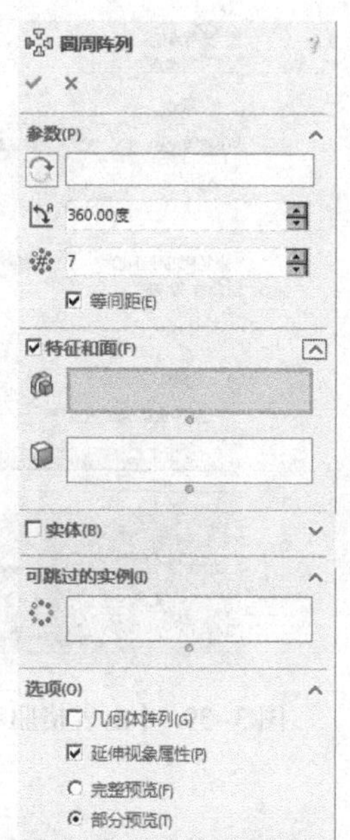

图3-38 【圆周阵列】的属性设置

部分属性设置为：

- 【阵列轴】：在图形区域中选择轴、模型边线或者角度尺寸，作为生成圆周阵列所围绕的轴。
- 【反向】：改变圆周阵列的方向。
- 【角度】：设置每个实例之间的角度。
- 【实例数】：设置源特征的实例数。
- 【等间距】：自动设置总角度为360°。

其他属性设置不再赘述。

3.16.3 表格驱动的阵列

【表格驱动的阵列】命令可以使用 x、y 坐标来对指定的源特征进行阵列。使用 x、y 坐标的孔阵列是【表格驱动的阵列】的常见应用，但也可以由【表格驱动的阵列】使用其他源特征（如凸台等）。

选择【插入】|【阵列/镜像】|【表格驱动的阵列】菜单命令，弹出【由表格驱动的阵列】属性管理器，如图3-39所示。

1）【读取文件】：输入含 x、y 坐标的阵列表或者文字文件。

2）【参考点】：指定在放置阵列实例时 x、y 坐标所适用的点。

- 【所选点】：将参考点设置到所选顶点或者草图点。
- 【重心】：将参考点设置到源特征的重心。

3）【坐标系】：设置用来生成表格阵列的坐标系。

- 【要复制的实体】：根据多实体零件生成阵列。
- 【要复制的特征】：根据特征生成阵列，可以选择多个特征。
- 【要复制的面】：根据构成特征的面生成阵列。

4）【几何体阵列】：只使用特征的几何体（如面和边线等）生成阵列。

5）【延伸视象属性】：将 SolidWorks 的颜色、纹理和装饰螺纹数据延伸到所有阵列实体。

可以使用 x、y 坐标作为阵列实例生成位置点。如果要为表格驱动的阵列的每个实例输入 x、y 坐标，双击数值框输入坐标值即可，如图3-40所示。

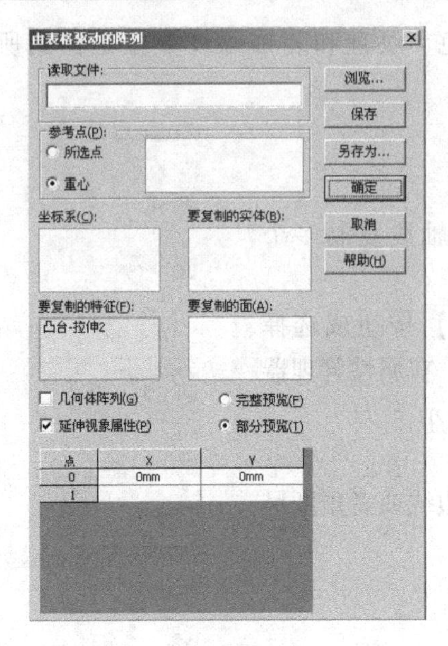

图 3-39　【由表格驱动的阵列】属性管理器

点	X	Y
0	-22.9mm	19.63mm
1	100mm	-100mm
2	200mm	-200mm
3		

图 3-40　输入坐标数值

3.16.4　草图驱动的阵列

草图驱动的阵列是通过草图中的特征点复制源特征的一种阵列方式。

选择【插入】|【阵列/镜像】|【草图驱动的阵列】菜单命令，在属性管理器中弹出【由草图驱动的阵列】的属性设置，如图 3-41 所示。

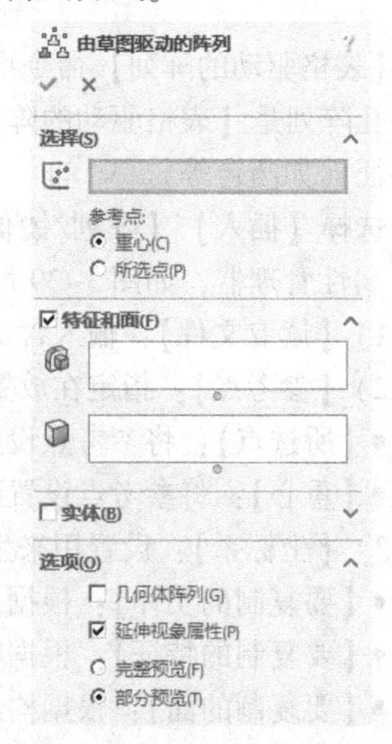

图 3-41　【由草图驱动的阵列】的属性设置

1）【参考草图】：在【特征管理器设计树】中选择草图用作阵列。

2）【参考点】：进行阵列时所需的位置点。

- 【重心】：根据源特征的类型决定重心。
- 【所选点】：在图形区域中选择 1 个点作为参考点。

其他属性设置不再赘述。

3.16.5　曲线驱动的阵列

曲线驱动的阵列是通过草图中的平面或者 3D 曲线复制源特征的一种阵列方式。

选择【插入】|【阵列/镜像】|【曲线驱动的阵列】菜单命令，在属性管理器中弹出【曲线驱动的阵列】的属性设置，如图 3-42 所示。

1）【阵列方向】：选择曲线、边线或草图实体作为阵列的路径。

2）【反向】：改变阵列的方向。

3）【实例数】：为阵列中源特征的实例数设置数值。

4）【等间距】：使每个阵列实例之间的距离相等。

5）【间距】：沿曲线为阵列实例之间的距离设置数值。

6）【曲线方法】：使用所选择的曲线定义阵列的方向。

- 【转换曲线】：为每个实例保留从所选曲线原点到源特征的距离。
- 【等距曲线】：为每个实例保留从所选曲线原点到源特征的垂直距离。

7）【对齐方法】：使用所选择的对齐方法将特征进行对齐。

- 【与曲线相切】：对齐所选择的与曲线相切的每个实例。
- 【对齐到源】：对齐每个实例以与源特征的原有对齐匹配。

8）【面法线】：（仅对于3D曲线）选择3D曲线所处的面以生成曲线驱动的阵列。

其他属性设置不再赘述。

3.16.6 填充阵列

填充阵列是在限定的实体平面或者草图区域中进行的阵列复制。

选择【插入】|【阵列/镜像】|【填充阵列】菜单命令，在属性管理器中弹出【填充阵列】的属性设置，如图3-43所示。

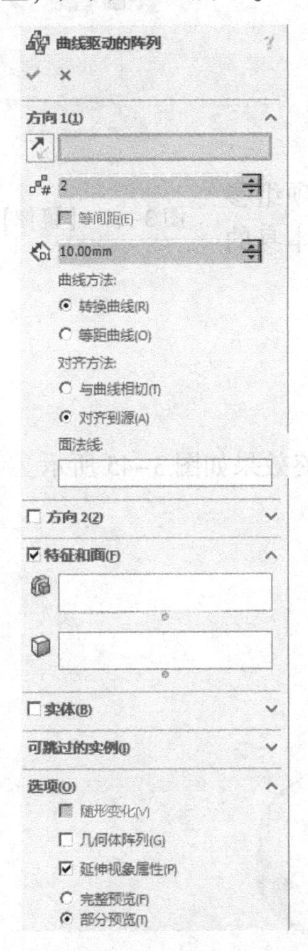

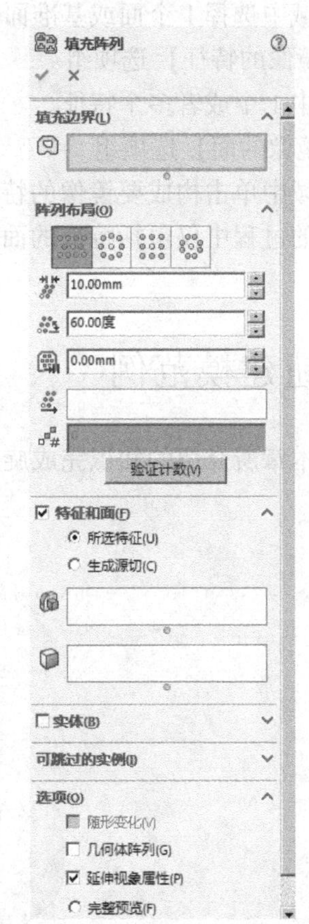

图3-42 【曲线驱动的阵列】的属性设置　　图3-43 【填充阵列】的属性设置

（1）【填充边界】选项组

- 【选择面或共平面上的草图、平面曲线】：定义要使用阵列填充的区域。

（2）【阵列布局】选项组

定义填充边界内实例的布局阵列，可以自定义形状进行阵列或者对特征进行阵列，阵列实例以源特征为中心呈同轴心分布。

（3）【要阵列的特征】选项组

- 【所选特征】：选择要阵列的特征。
- 【生成源切】：为要阵列的源特征自定义切除形状。

其他属性设置不再赘述。

3.17　镜像

单击【特征】工具栏中的【镜像】按钮或者选择【插入】|【阵列/镜像】|【镜像】菜单命令，在属性管理器中弹出【镜像】的属性设置，如图3-44所示。

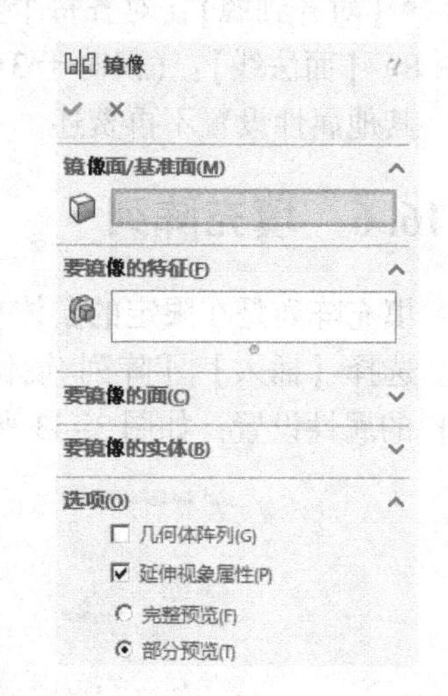

图3-44　【镜像】的属性设置

（1）【镜像面/基准面】选项组

在图形区域中选择1个面或基准面作为镜像面。

（2）【要镜像的特征】选项组

单击模型中1个或者多个特征。

（3）【要镜像的面】选项组

在图形区域中单击构成要镜像的特征的面，此选项组参数对于在输入的过程中仅包括特征的面且不包括特征本身的零件很有用。

3.18　旋钮建模范例

下面应用本章所介绍的知识完成旋钮的建模，最终效果如图3-45所示。

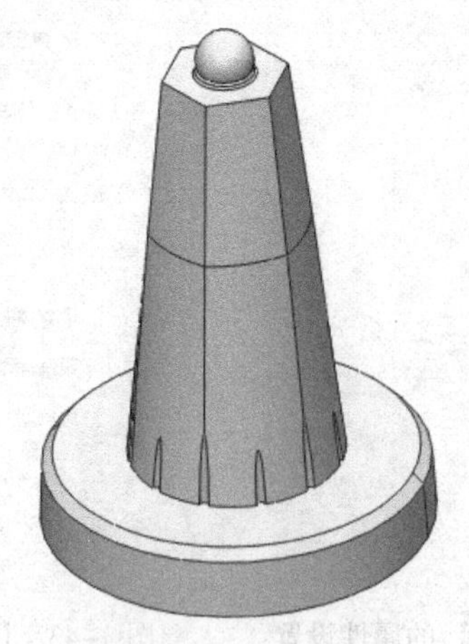
图3-45　旋钮模型

3.18.1　生成基体部分

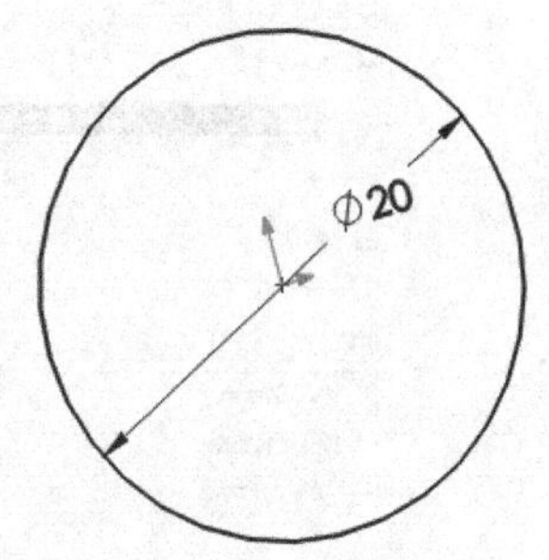

图3-46　绘制草图并标注尺寸1

1）单击【特征管理器设计树】中的【上视基准面】图标，使其成为草图绘制平面。单击【标准视图】工具栏中的【正视于】按钮，并单击【草图】工具栏中的【草图绘制】按钮，进入草图绘制状态。使用【草图】工具栏中的【圆弧】、【智能尺寸】工具，绘制图3-46所示的草图。单击【退出草图】按钮，退出草图绘制状态。

2）单击【特征】工具栏中的【拉伸凸台/基体】按钮，在属性管理器中弹出【凸台-拉伸】属性设置。在【方向1】选项组中，设置【终止条件】为【给定深度】，【深度】为【3.175 mm】，单击【确定】按钮，生成拉伸特征，如图3-47所示。

3）选择拉伸实体的上表面<1>，使其成为草图绘制平面。单击【标准视图】工具栏中的【正视于】按钮，并单击【草图】工具栏中的【草图绘制】按钮，进入草图绘制状态。使用【草图】工具栏中的【圆弧】、【智能尺寸】工具，绘制图3-48所示的草图。单击【退出草图】按钮，退出草图绘制状态。

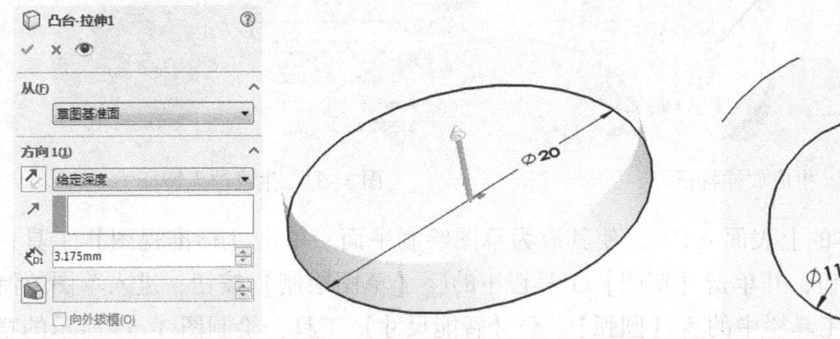

图3-47　拉伸特征

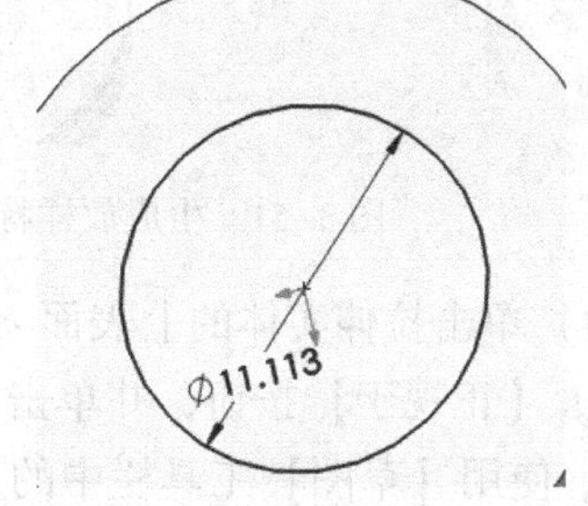

图3-48　绘制草图并标注尺寸2

4）单击【参考几何体】工具栏中的【基准面】按钮，在属性管理器中弹出【基准面】的属性设置。在【第一参考】的图形区域中选择拉伸实体的上表面<1>，单击【距离】按钮，在文本栏中输入【20.00 mm】，如图3-49所示，在图形区域中显示出新建基准面的预览，单击【确定】按钮，生成基准面。

5）单击【特征管理器设计树】中的【基准面2】图标，使其成为草图绘制平面。单击【标准视图】工具栏中的【正视于】按钮，并单击【草图】工具栏中的【草图绘制】按钮，进入草图绘制状态。使用【草图】工具栏中的【圆弧】、【智能尺寸】工具，绘制图3-50所示的草图。单击【退出草图】按钮，退出草图绘制状态。

6）选择【插入】|【凸台/基体】|【放样】菜单命令，在属性管理器中弹出【放样】的属性设置。在【轮廓】的图形区域中选择刚刚绘制的【草图2】和【草图】，单击【确定】按钮，如图3-51所示，生成放样特征。

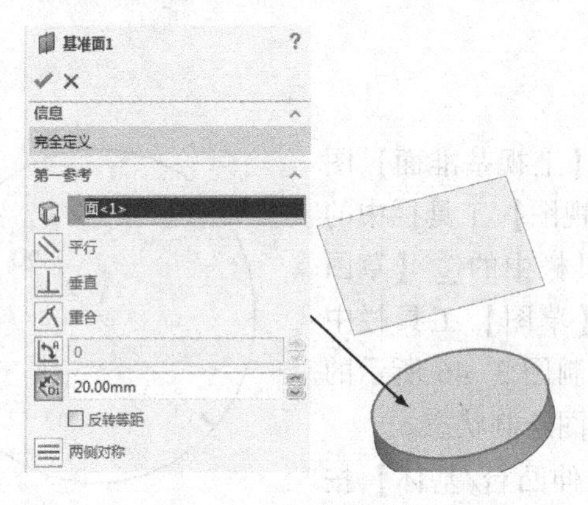

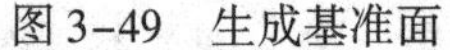

图 3-49　生成基准面

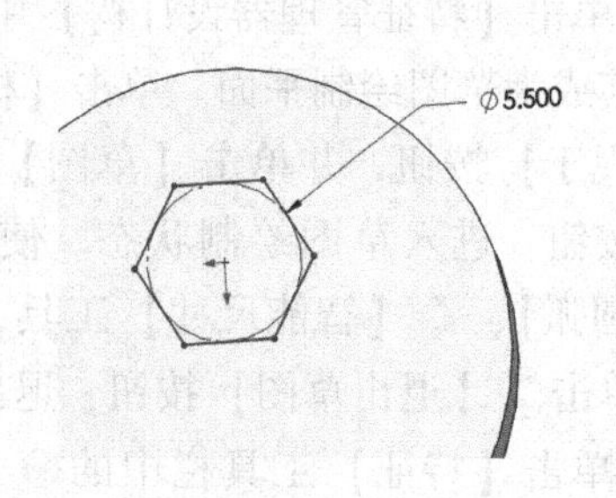

图 3-50　绘制草图并标注尺寸 3

7）选择【插入】|【特征】|【抽壳】菜单命令，在属性管理器中弹出【抽壳】的属性设置。在【参数】选项组中，设置【厚度】为【0.50 mm】，在【移除的面】选项中，选择绘图区中模型的底面，单击【确定】按钮，生成抽壳特征，如图 3-52 所示。

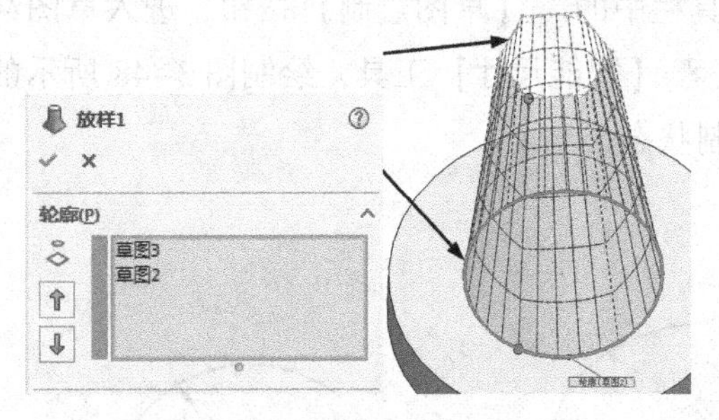

图 3-51　生成放样特征

图 3-52　生成抽壳特征

8）单击拉伸实体的上表面<1>，使其成为草图绘制平面。单击【标准视图】工具栏中的【正视于】按钮，并单击【草图】工具栏中的【草图绘制】按钮，进入草图绘制状态。使用【草图】工具栏中的【圆弧】、【智能尺寸】工具，绘制图 3-53 所示的草图。单击【退出草图】按钮，退出草图绘制状态。

9）单击【特征管理器设计树】中的【基准面 2】图标，使其成为草图绘制平面。单击【标准视图】工具栏中的【正视于】按钮，并单击【草图】工具栏中的【草图绘制】按钮，进入草图绘制状态。使用【草图】工具栏中的【圆弧】、【智能尺寸】工具，绘制图 3-54 所示的草图。单击【退出草图】按钮，退出草图绘制状态。

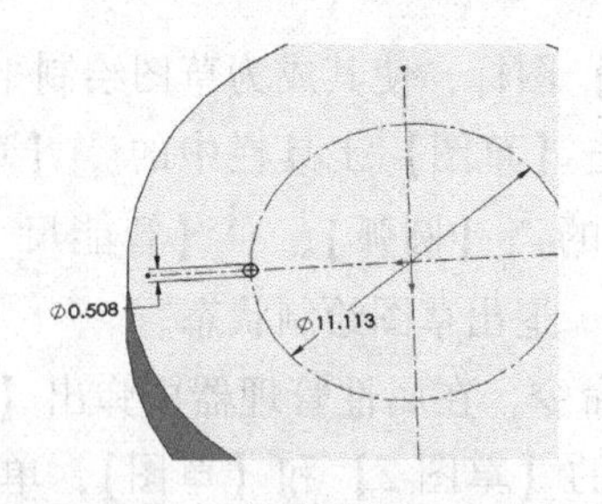

图 3-53　绘制草图并标注尺寸 4

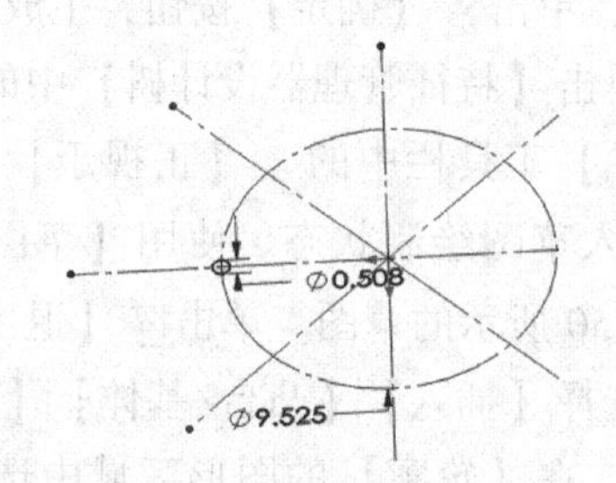

图 3-54　绘制草图并标注尺寸 5

10）选择【插入】|【切除】|【放样】菜单命令，在属性管理器中弹出【放样】的属性设置。在【轮廓】的图形区域中选择刚刚绘制的草图，单击✓【确定】按钮，如图3-55所示，生成放样特征。

11）单击【特征】工具栏中的【圆周阵列】按钮，在属性管理器中弹出【圆周阵列】的属性设置。在【参数】选项组中，单击【阵列轴】选择框，在【特征管理器设计树】中单击圆柱的外表面，设置【实例数】为【12】，选择【等间距】选项；在【要阵列的特征】选项组中，单击【要阵列的特征】选择框，在图形区域中选择模型的【放样-切除1】特征，单击✓【确定】按钮，生成特征圆周阵列，如图3-56所示。

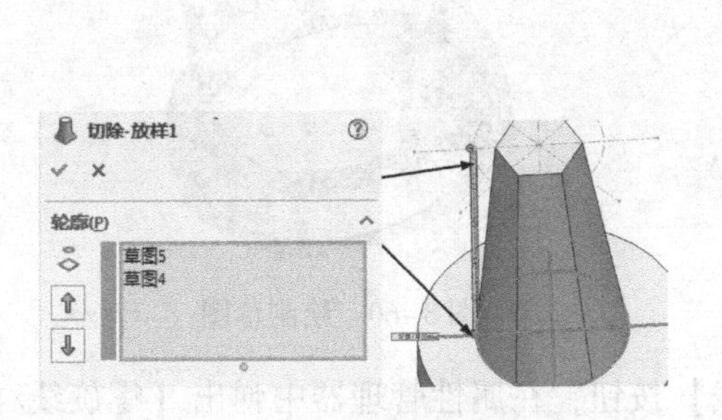

图3-55　生成放样特征2

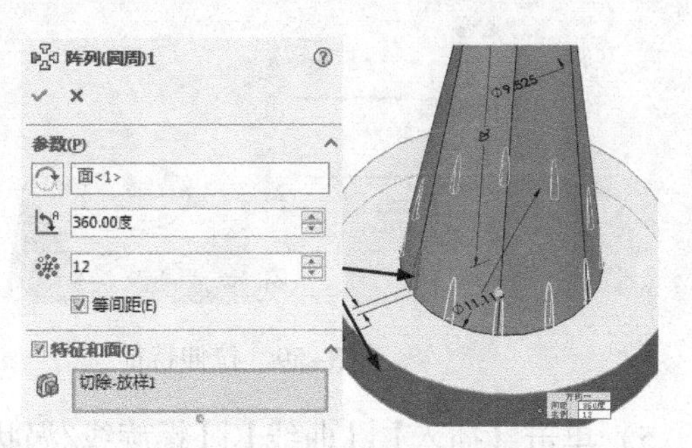

图3-56　生成特征圆周阵列

3.18.2　生成其余部分

1）选择【插入】|【特征】|【倒角】菜单命令，在属性管理器中弹出【倒角】的属性设置。在【倒角参数】选项组中，单击【边线和面或顶点】选择框，在绘图区域中选择模型中拉伸特征的上表面【边线<1>】，勾选【角度距离】，设置【距离】为【0.50 mm】，单击✓【确定】按钮，生成倒角特征，如图3-57所示。

2）单击整个实体的上表面，使其成为草图绘制平面。单击【标准视图】工具栏中的【正视于】按钮，并单击【草图】工具栏中的【草图绘制】按钮，进入草图绘制状态。使用【草图】工具栏中的【圆弧】、【智能尺寸】工具，绘制图3-58所示的草图。单击【退出草图】按钮，退出草图绘制状态。

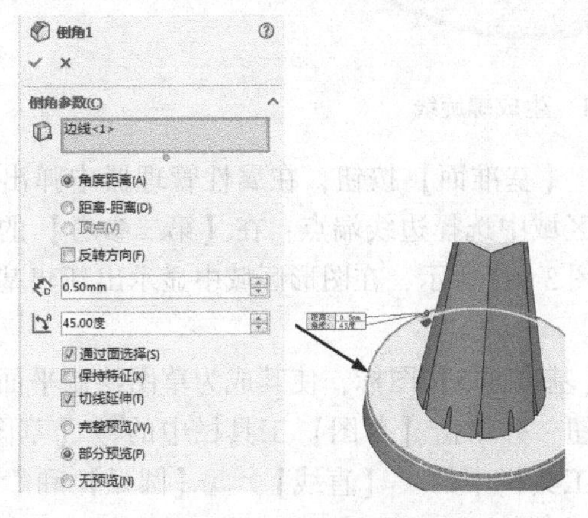

图3-57　生成倒角特征

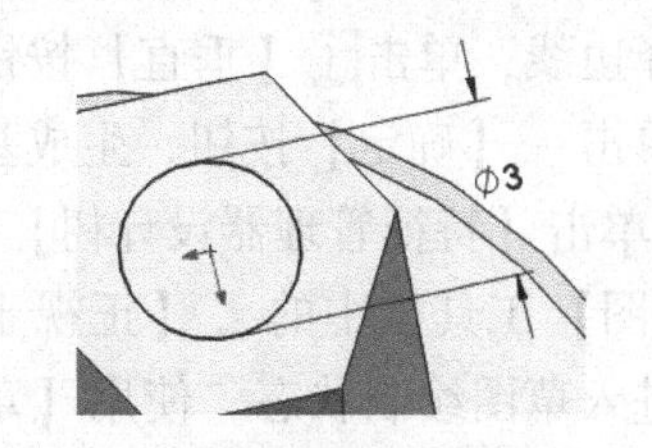

图3-58　绘制草图并标注尺寸1

3）单击【特征】工具栏中的【拉伸凸台/基体】按钮，在属性管理器中弹出【凸台-拉伸】属性设置。在【方向1】选项组中，设置【终止条件】为【给定深度】，【深度】为【0.30 mm】，单击【确定】按钮，生成拉伸特征，如图3-59所示。

4）单击模型的下表面，使其成为草图绘制平面。单击【标准视图】工具栏中的【正视于】按钮，并单击【草图】工具栏中的【草图绘制】按钮，进入草图绘制状态。使用【草图】工具栏中的【转换实体引用】，绘制图3-60所示的草图。单击【退出草图】按钮，退出草图绘制状态。

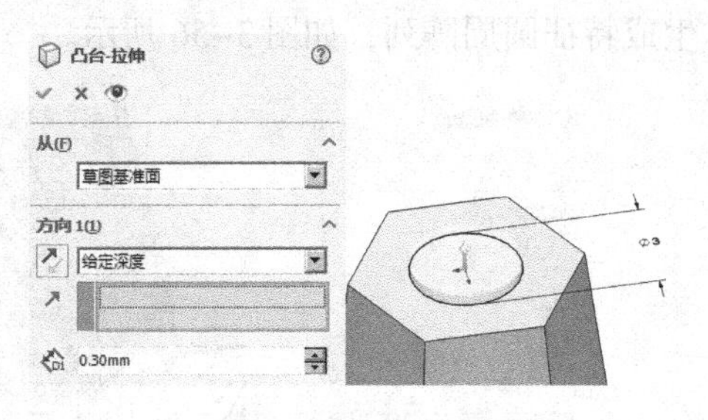

图3-59　拉伸特征

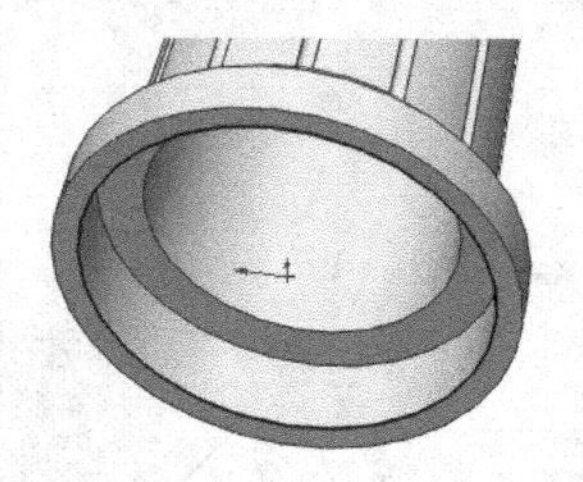

图3-60　绘制草图

5）单击【插入】|【曲线】|【螺旋线/涡状线】按钮，在属性管理器中弹出【螺旋线/涡状线】的属性设置。在【定义方式】中选择【高度和圈数】，在【参数】中设置【高度】为【1.778 mm】，【圈数】为【4】，【起始角度】为【135.00度】，单击【确定】按钮，生成螺旋线特征，如图3-61所示。

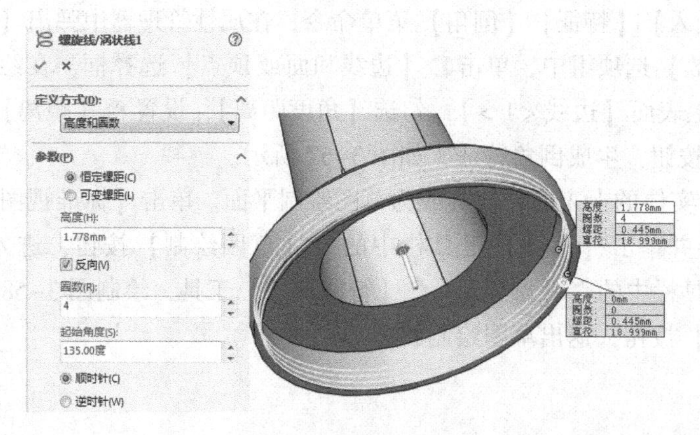

图3-61　生成螺旋线

6）单击【参考几何体】工具栏中的【基准面】按钮，在属性管理器中弹出【基准面】的属性设置。在【第一参考】的图形区域中选择边线端点；在【第二参考】的图形区域中选择边线，单击【垂直】按钮，如图3-62所示，在图形区域中显示出新建基准面的预览，单击【确定】按钮，生成基准面。

7）单击【特征管理器设计树】中的【基准面5】图标，使其成为草图绘制平面。单击【标准视图】工具栏中的【正视于】按钮，并单击【草图】工具栏中的【草图绘制】按钮，进入草图绘制状态。使用【草图】工具栏中的【直线】、【圆弧】和【智能尺寸】工具，绘制图3-63所示的草图。单击【退出草图】按钮，退出草图绘制状态。

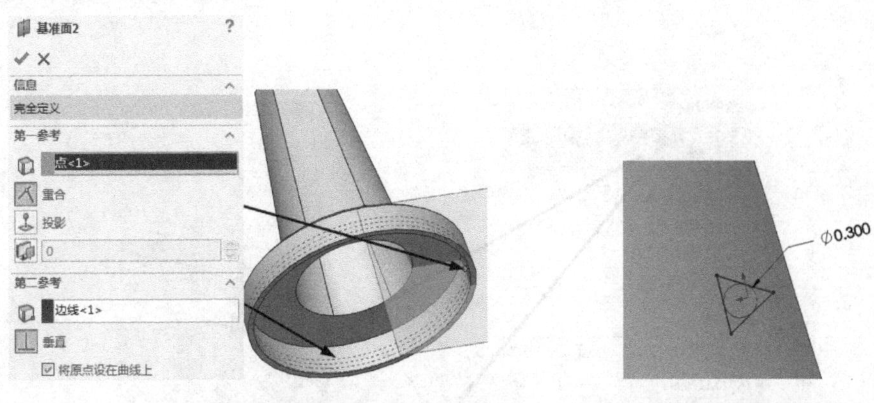

图3-62　生成基准面　　　　图3-63　绘制草图并标注尺寸2

8）单击【特征】工具栏中的【切除-扫描】按钮，在属性管理器中弹出【切除-扫描】的属性设置。在【轮廓和路径】选项组中选择绘制的【草图8】，在【路径】中选择【螺旋线/涡状线1】，在【方向扭转控制】选项组中选择【随路径变化】。单击【确定】按钮，生成切除拉伸扫描特征，如图3-64所示。

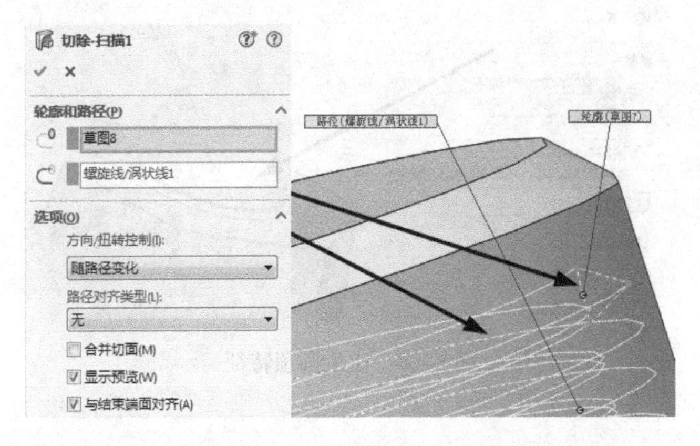

图3-64　生成切除拉伸扫描特征

9）单击【特征】工具栏中的【圆角】按钮，在属性管理器中弹出【圆角】的属性设置。在【圆角项目】选项组中，设置【半径】为【0.127 mm】，单击【边线、面、特征和环】选择框，在图形区域中选择模型的2条边线，单击【确定】按钮，生成圆角特征，如图3-65所示。

10）单击模型的上表面，使其处于被选择状态。选择【插入】|【特征】|【圆顶】菜单命令，在属性管理器中弹出【圆顶】的属性设置。在【参数】选项组的【到圆顶的面】选择框中显示出模型上表面的名称，设置【距离】为【2.00 mm】，单击【确定】按钮，生成圆顶特征，如图3-66所示。

11）单击模型，使其处于被选择状态。选择【插入】|【特征】|【弯曲】菜单命令，在属性管理器中弹出【弯曲】的属性设置。在【弯曲输入】选项组中，单击【伸展】单选按钮，在【弯曲的实体】选择框中显示出实体的名称，设置【伸展距离】为【2 mm】，单击【确定】按钮，生成弯曲特征，如图3-67所示。

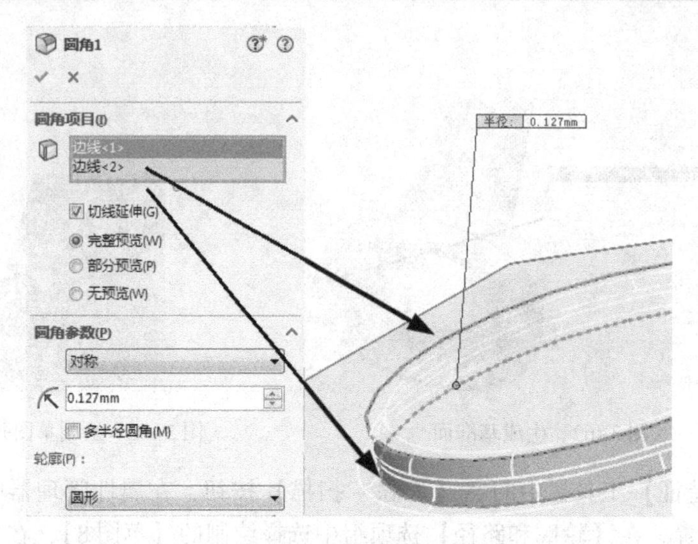

图 3-65　生成圆角特征

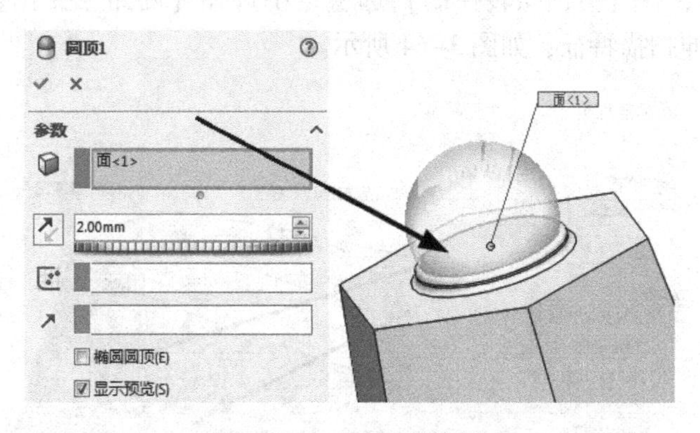

图 3-66　生成圆顶特征

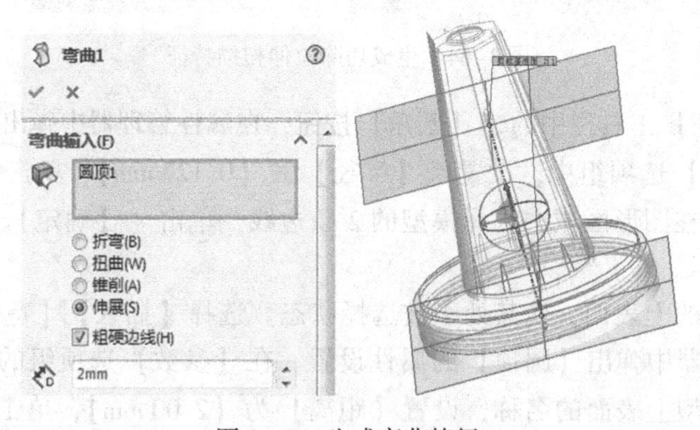

图 3-67　生成弯曲特征

3.19　轴套建模范例

下面应用本章所讲解的知识完成轴套模型的范例，最终效果如图 3-68 所示。

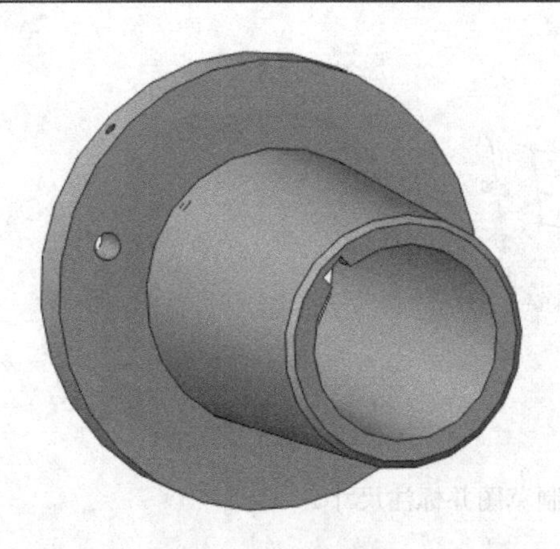

图 3-68　轴套模型

3.19.1　生成基体部分

1）单击【特征管理器设计树】中的【右视基准面】图标，使其成为草图绘制平面。单击【标准视图】工具栏中的【正视于】按钮，并单击【草图】工具栏中的【草图绘制】按钮，进入草图绘制状态。单击【草图】工具栏中的【直线】、【圆弧】、【矩形】按钮和【智能尺寸】按钮，绘制草图并标注尺寸，如图 3-69 所示。

2）单击【特征】工具栏中的【旋转凸台/基体】按钮，在属性管理器中弹出【旋转凸台】的属性设置。单击【旋转轴】选择框，在图形区域中选择草图中的水平直线，单击【确定】按钮，生成旋转特征，如图 3-70 所示。

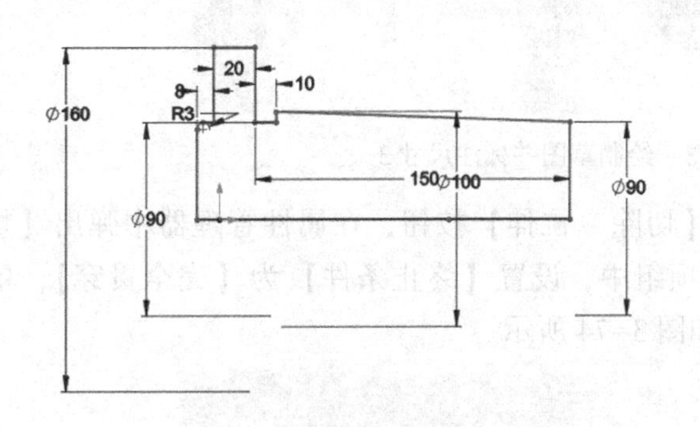

图 3-69　绘制草图并标注尺寸 1

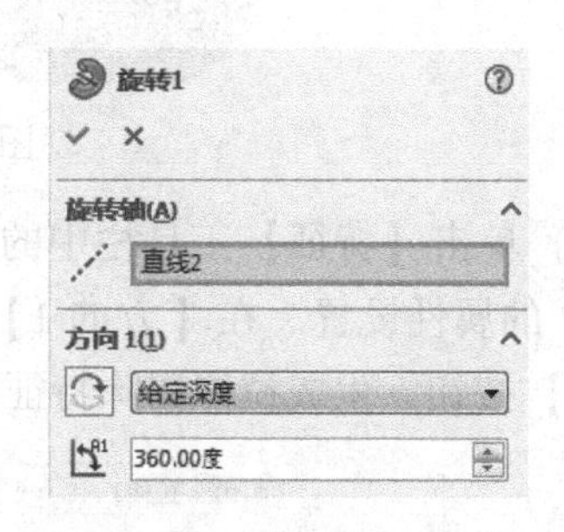

图 3-70　生成旋转特征

3）单击圆盘底面，使其成为草图绘制平面。单击【标准视图】工具栏中的【正视于】按钮，并单击【草图】工具栏中的【草图绘制】按钮，进入草图绘制状态。使用【草图】工具栏中的【圆弧】、【智能尺寸】工具，绘制图 3-71 所示的草图。单击【退出草图】按钮，退出草图绘制状态。

4）单击【特征】工具栏中的【切除 - 拉伸】按钮，在属性管理器中弹出【切除 - 拉伸】的属性设置。在【方向 1】选项组中，设置【终止条件】为【完全贯穿】，单击【确定】按钮，生成拉伸切除特征，如图 3-72 所示。

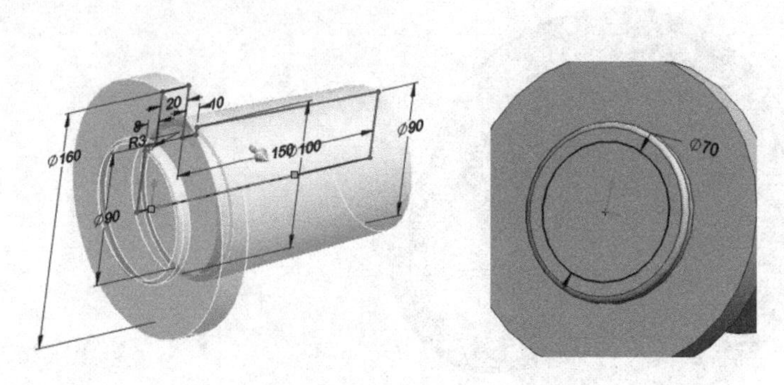

图 3-71　绘制草图并标注尺寸 2

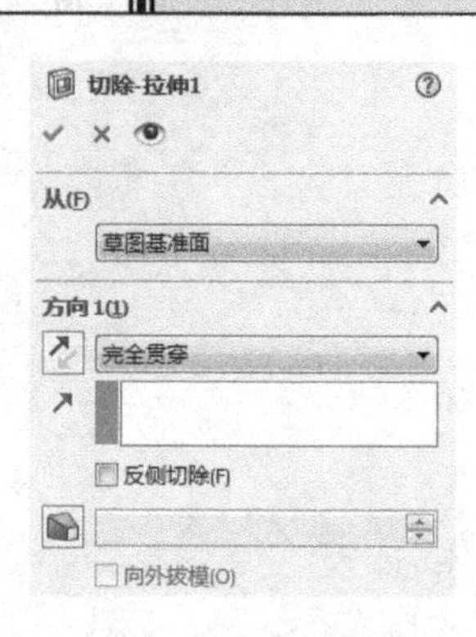

图 3-72　拉伸切除特征

3.19.2　生成切除部分

1）单击圆盘底面，使其成为草图绘制平面。单击【标准视图】工具栏中的【正视于】按钮，并单击【草图】工具栏中的【草图绘制】按钮，进入草图绘制状态。使用【草图】工具栏中的【直线】、【智能尺寸】工具，绘制图 3-73 所示的草图。单击【退出草图】按钮，退出草图绘制状态。

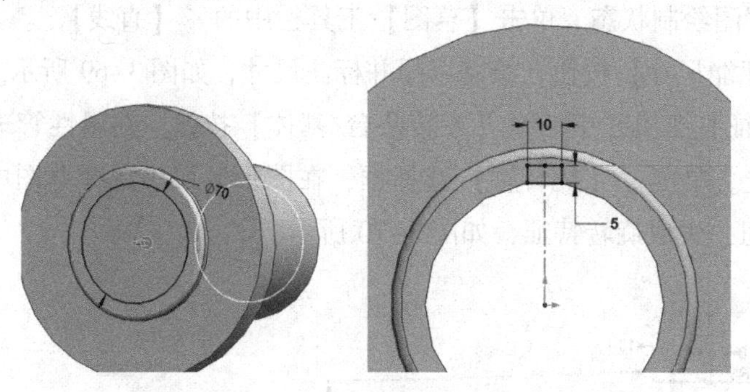

图 3-73　绘制草图并标注尺寸 3

2）单击【特征】工具栏中的【切除 - 拉伸】按钮，在属性管理器中弹出【切除 - 拉伸】的属性设置。在【方向 1】选项组中，设置【终止条件】为【完全贯穿】，单击【确定】按钮，生成拉伸切除特征，如图 3-74 所示。

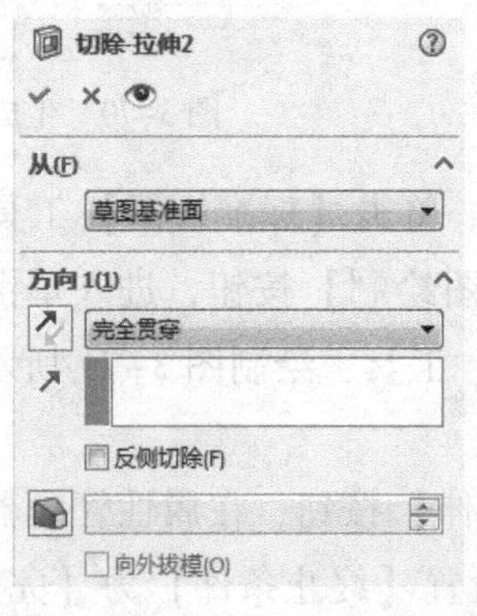

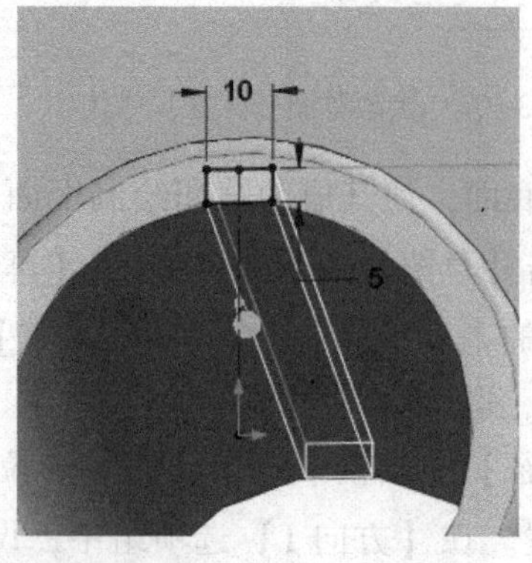

图 3-74　拉伸切除特征

3）选择【插入】|【特征】|【孔】|【向导】菜单命令，打开【孔规格】属性管理器，在【类型】选项卡中选择【直螺纹孔】，在【标准】中选择【GB】，在【类型】中选择【底部螺纹孔】，在【大小】中选择【M10】，如图3-75所示。

4）单击【位置】选项卡，在绘图区域中模型的上表面单击一点，将产生异形孔的预览，利用草图工具栏【智能尺寸】工具对草图进行尺寸标注，如图3-76所示，单击【确定】按钮，完成异形孔的创建。

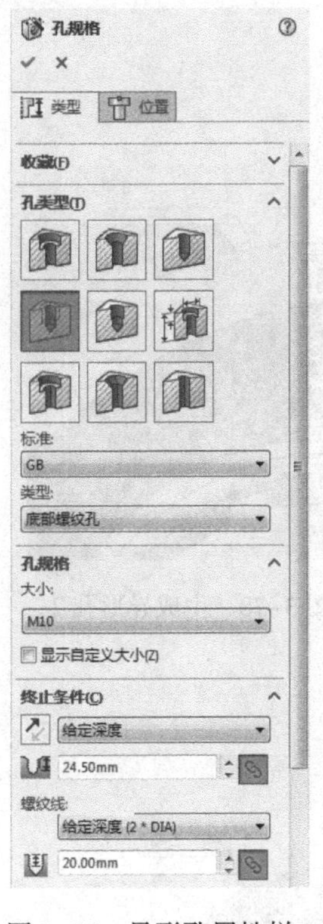

图3-75　异形孔属性栏1

图3-76　生成异形孔1

5）选择【插入】|【特征】|【孔】|【向导】菜单命令，打开【孔规格】属性管理器，在【孔类型】选项卡中，在【标准】中选择【GB】，在【类型】中选择【底部螺纹孔】，在【大小】中选择【M5】，如图3-77所示。

6）单击【位置】选项卡，在绘图区域中模型的上表面单击一点，将产生异形孔的预览，利用草图工具栏【智能尺寸】工具对草图进行尺寸标注，如图3-78所示，单击【确定】按钮，完成异形孔的创建。

7）选择【插入】|【特征】|【倒角】菜单命令，在属性管理器中弹出【倒角】的属性设置。在【倒角参数】选项组中，单击【边线和面或顶点】选择框，在绘图区域中选择模型的1条边线，设置【距离】为【3.00 mm】，【角度】为【45.00 度】，单击【确定】按钮，生成倒角特征，如图3-79所示。

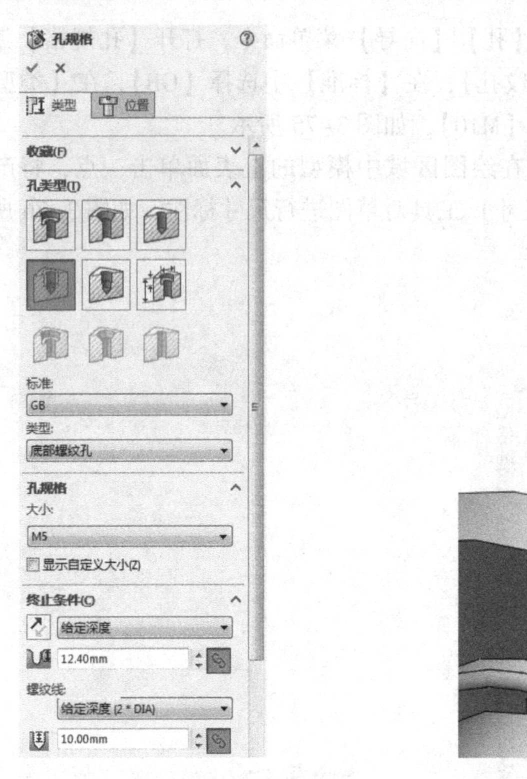

图 3-77　异形孔属性栏 2

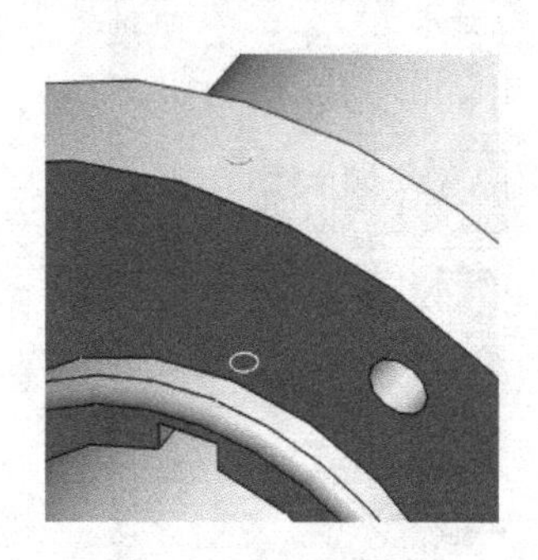

图 3-78　生成异形孔 2

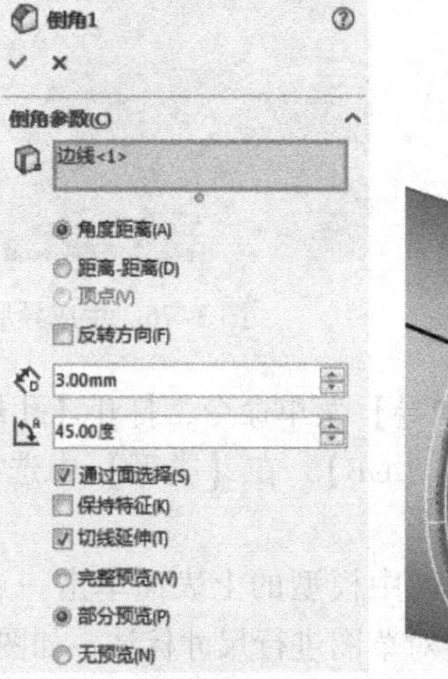

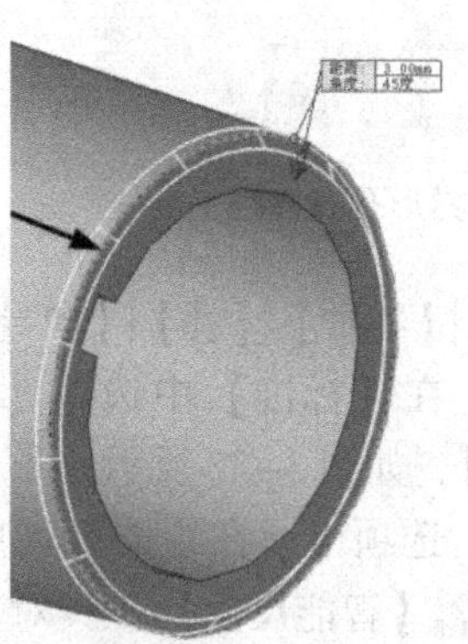

图 3-79　生成倒角特征

第 4 章　曲线和曲面设计

SolidWorks 提供了曲线和曲面的设计功能。曲线和曲面是复杂和不规则实体模型的主要组成部分，尤其在工业设计中，该组命令的应用更为广泛。曲线和曲面使不规则实体的绘制更加灵活、快捷。

4.1　制作曲线

选择【插入】|【曲线】菜单命令可以绘制相应曲线的类型，如图 4-1 所示，或者选择【视图】|【工具栏】|【曲线】菜单命令，调出【曲线】工具栏，如图 4-2 所示，在【曲线】工具栏中进行选择。

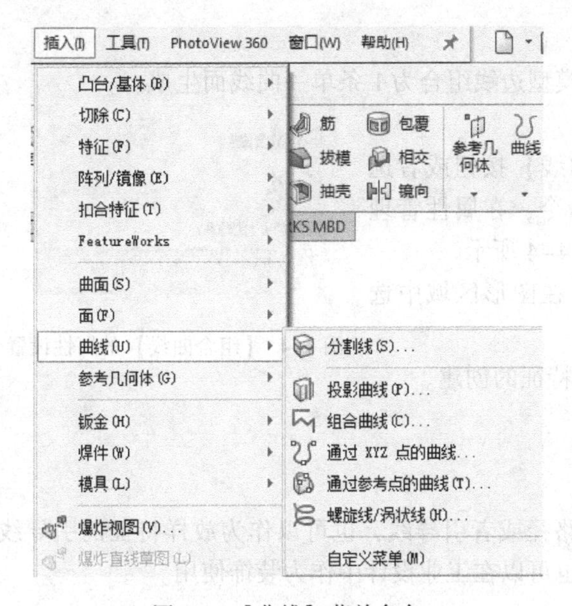

图 4-1 【曲线】菜单命令

图 4-2 【曲线】工具栏

4.1.1　投影曲线

投影曲线可以通过将绘制的曲线投影到模型面上的方式生成 1 条三维曲线。

投影曲线的属性设置如下：

单击【曲线】工具栏中的【投影曲线】按钮或者选择【插入】|【曲线】|【投影曲线】菜单命令，在属性管理器中弹出【投影曲线】的属性设置，如图4-3 所示。在【选择】选项组中，可以选择两种投影类型，即【面上草图】和【草图上草图】。

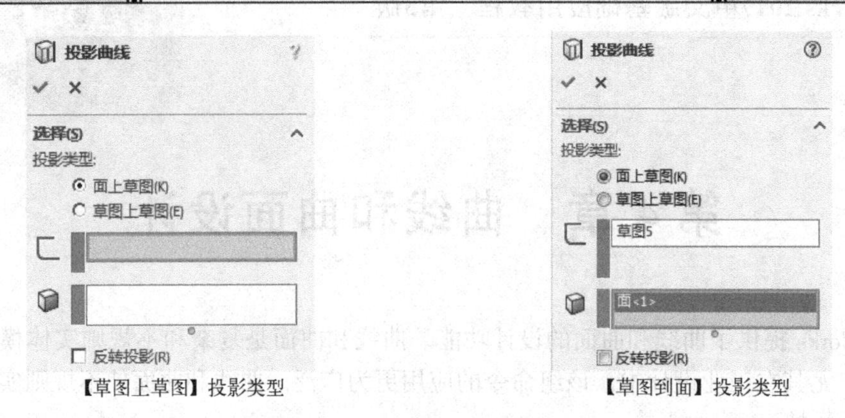

【草图上草图】投影类型　　【草图到面】投影类型

图4-3　【投影曲线】的属性设置

- 【要投影的一些草图】：在图形区域或者【特征管理器设计树】中选择曲线草图。
- 【投影面】：在实体模型上选择想要投影草图的面。
- 【反转投影】：设置投影曲线的方向。

4.1.2　组合曲线

组合曲线通过将曲线、草图几何体和模型边线组合为1条单一曲线而生成。

组合曲线的属性设置如下：

单击【曲线】工具栏中的【组合曲线】按钮或者选择【插入】|【曲线】|【组合曲线】菜单命令，在属性管理器中弹出【组合曲线】的属性设置，如图4-4所示。

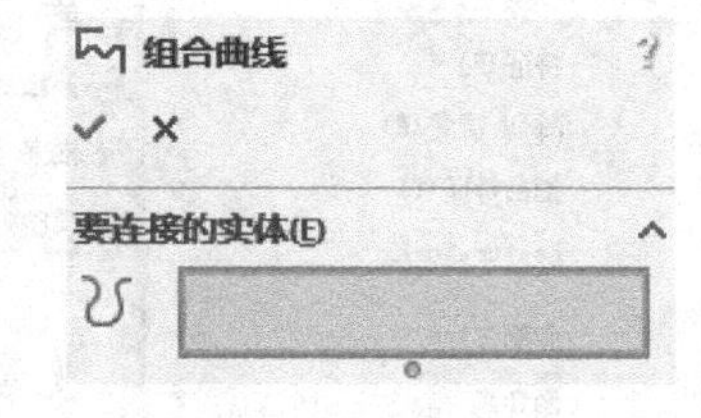

图4-4　【组合曲线】的属性设置

- 【要连接的草图、边线以及曲线】：在图形区域中选择要组合曲线的项目。

单击【确定】按钮，完成组合曲线特征的创建。

4.1.3　螺旋线和涡状线

螺旋线和涡状线可以作为扫描特征的路径或者引导线，也可以作为放样特征的引导线，通常用来生成螺纹、弹簧和发条等零件，也可以在工业设计中作为装饰使用。

螺旋线和涡状线的属性设置如下：

单击【曲线】工具栏中的【螺旋线/涡状线】按钮或者选择【插入】|【曲线】|【螺旋线/涡状线】菜单命令，在属性管理器中弹出【螺旋线/涡状线】的属性设置。

(1)【定义方式】选项组

用来定义生成螺旋线和涡状线的方式，可以根据需要进行选择，如图4-5所示。

- 【螺距和圈数】：通过定义螺距和圈数生成螺旋线，其属性设置如图4-6所示。
- 【高度和圈数】：通过定义高度和圈数生成螺旋线。
- 【高度和螺距】：通过定义高度和螺距生成螺旋线。
- 【涡状线】：通过定义螺距和圈数生成涡状线。

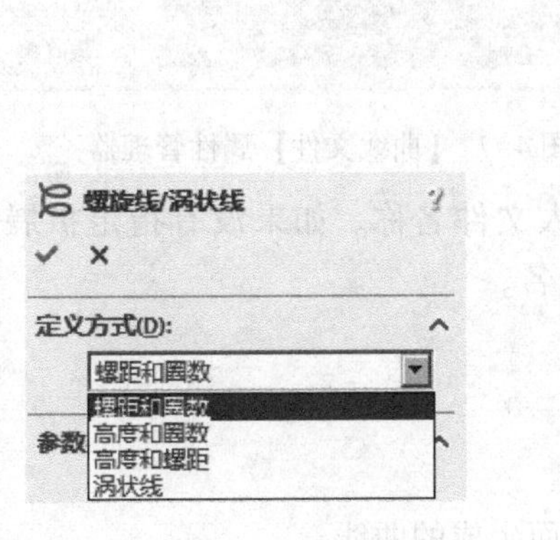

图 4-5 【定义方式】选项组

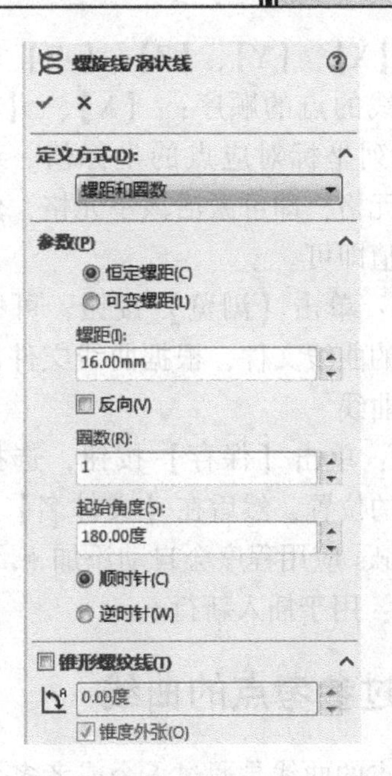

图 4-6 选择【螺距和圈数】选项后的属性设置

(2)【参数】选项组

- 【恒定螺距】：以恒定螺距方式生成螺旋线。
- 【可变螺距】：以可变螺距方式生成螺旋线。
- 【螺距】：为每个螺距设置半径更改比率。
- 【圈数】：设置螺旋线及涡状线的旋转数。
- 【高度】：设置生成螺旋线的高度。
- 【反向】：用来反转螺旋线及涡状线的旋转方向。
- 【起始角度】：设置在绘制的草图圆上开始初始旋转的位置。
- 【顺时针】：设置生成的螺旋线及涡状线的旋转方向为顺时针。
- 【逆时针】：设置生成的螺旋线及涡状线的旋转方向为逆时针。

(3)【锥形螺纹线】选项组（在【定义方式】选项组中选择【涡状线】选项时不可用）

- 【锥形角度】：设置生成锥形螺纹线的角度。
- 【锥度外张】：设置生成的螺纹线是否锥度外张。

4.1.4 通过 *xyz* 点的曲线

可以通过用户定义的点生成样条曲线，以这种方式生成的曲线被称为通过 *xyz* 点的曲线。

通过 *xyz* 点的曲线的属性设置如下：

单击【曲线】工具栏中的【通过 XYZ 点的曲线】按钮或者选择【插入】|【曲线】|【通过 XYZ 点的曲线】菜单命令，弹出【曲线文件】属性管理器，如图 4-7 所示。

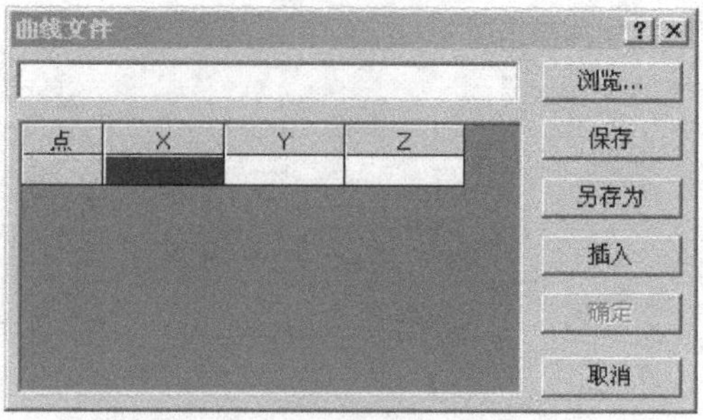

- 【点】、【X】、【Y】、【Z】：【点】表示生成曲线的点的顺序；【X】、【Y】、【Z】的列坐标对应点的坐标值。双击每个单元格，即可激活该单元格，然后输入数值即可。
- 【浏览】：单击【浏览】按钮，可以输入存在的曲线文件，根据曲线文件，直接生成曲线。
- 【保存】：单击【保存】按钮，选择想要保存的位置，然后在【文件名】文本框中输入文件名称。如果没有指定扩展名，SolidWorks 应用程序会自动添加 *. SLDCRV 扩展名。
- 【插入】：用于插入新行。

图 4-7　【曲线文件】属性管理器

4.1.5　通过参考点的曲线

通过参考点的曲线是通过 1 个或者多个平面上的点而生成的曲线。

通过参考点的曲线的属性设置如下：

单击【曲线】工具栏中的【通过参考点的曲线】按钮或者选择【插入】|【曲线】|【通过参考点的曲线】菜单命令，在属性管理器中弹出【通过参考点的曲线】的属性设置，如图 4-8 所示。

- 【通过点】：选择通过 1 个或者多个平面上的点。
- 【闭环曲线】：定义生成的曲线是否闭合。

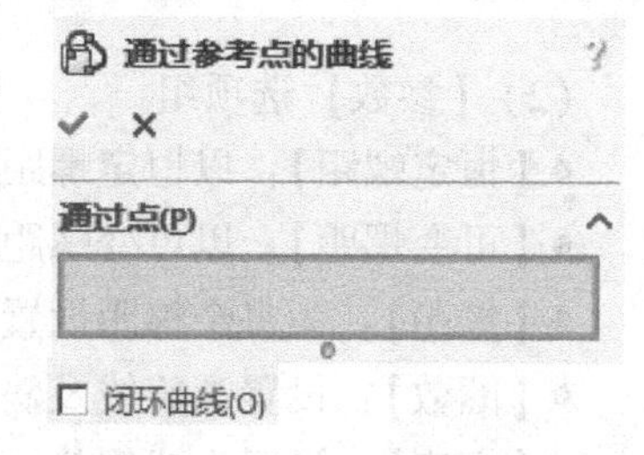

图 4-8　【通过参考点的曲线】的属性设置

4.1.6　分割线

分割线通过将实体投影到曲面或者平面上而生成。

分割线的属性设置如下：

单击【曲线】工具栏中的【分割线】按钮或者选择【插入】|【曲线】|【分割线】菜单命令，在属性管理器中弹出【分割线】的属性设置。在【分割类型】选项组中，选择生成的分割线的类型，如图 4-9 所示。

- 【轮廓】：在圆柱形零件上生成分割线。
- 【投影】：将草图线投影到表面上生成分割线。
- 【交叉点】：以交叉实体、曲面、面、基准面或者曲面样条曲线分割面。

（1）单击【轮廓】单选按钮后的属性设置

单击【曲线】工具栏中的【分割线】按钮或者选择【插入】|【曲线】|【分割线】菜单命令，在属性管理器中弹出【分割线】的属性设置。单击【轮廓】单选按钮，其属性设置如图 4-10 所示。

- 【拔模方向】：在图形区域或者【特征管理器设计树】中选择通过模型轮廓投影的基准面。

- 【要分割的面】：选择 1 个或者多个要分割的面。
- 【反向】：设置拔模方向。
- 【角度】：设置拔模角度，主要用于制造工艺方面的考虑。

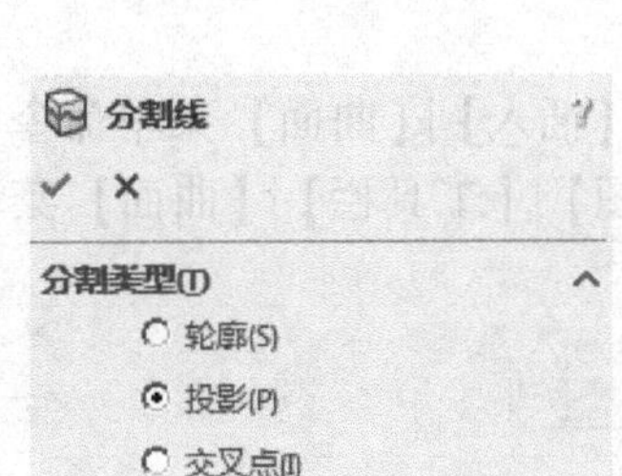

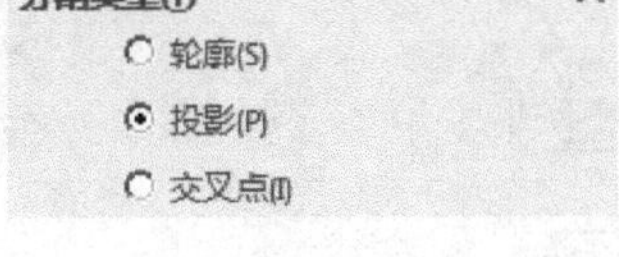

图 4-9 【分割类型】选项组

图 4-10 单击【轮廓】单选按钮后的属性设置

（2）单击【投影】单选按钮后的属性设置

单击【曲线】工具栏中的【分割线】按钮或者选择【插入】|【曲线】|【分割线】菜单命令，在属性管理器中弹出【分割线】的属性设置。单击【投影】单选按钮，其属性设置如图 4-11 所示。

- 【要投影的草图】：在图形区域或者【特征管理器设计树】中选择草图，作为要投影的草图。
- 【单向】：从单方向进行分割以生成分割线。

（3）单击【交叉点】单选按钮后的属性设置

单击【曲线】工具栏中的【分割线】按钮或者选择【插入】|【曲线】|【分割线】菜单命令，在属性管理器中弹出【分割线】的属性设置。单击【交叉点】单选按钮，其属性设置如图 4-12 所示。

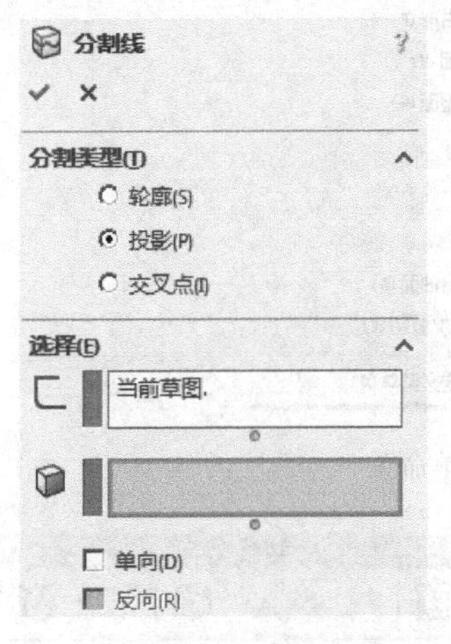

图 4-11 单击【投影】单选按钮后的属性设置

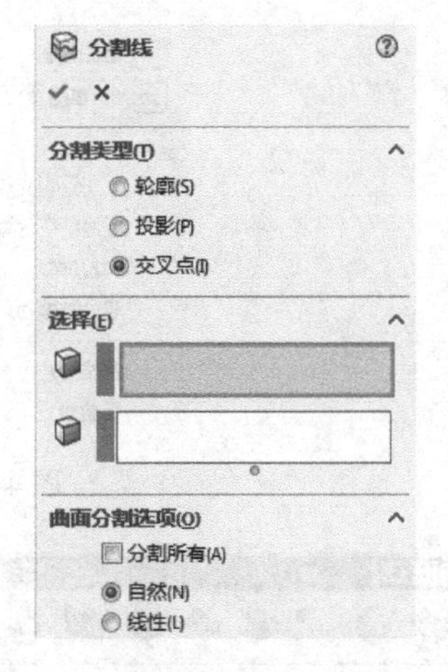

图 4-12 单击【交叉点】单选按钮后的属性设置

- 【分割所有】：分割线穿越曲面上所有可能的区域，即分割所有可以分割的曲面。
- 【自然】：按照曲面的形状进行分割。
- 【线性】：按照线性方向进行分割。

4.2　制作曲面

曲面是一种可以用来生成实体特征的几何体（如圆角曲面等）。一个零件中可以有多个曲面实体。

SolidWorks 提供了生成曲面的工具栏和菜单命令。选择【插入】|【曲面】菜单命令可以选择生成相应曲面的类型，如图 4-13 所示，或者选择【视图】|【工具栏】|【曲面】菜单命令，调出【曲面】工具栏，如图 4-14 所示。

图 4-13　【曲面】菜单命令

图 4-14　【曲面】工具栏

4.2.1 拉伸曲面

拉伸曲面是将1条曲线拉伸为曲面。

拉伸曲面的属性设置如下：

单击【曲面】工具栏中的【拉伸曲面】按钮或者选择【插入】|【曲面】|【拉伸曲面】菜单命令，在属性管理器中弹出【曲面-拉伸】的属性设置，如图4-15所示。

(1)【从】选项组

- 【草图基准面】：以此基准面为拉伸曲面的开始条件。
- 【曲面/面/基准面】：选择1个面作为拉伸曲面的开始条件。
- 【顶点】：选择1个顶点作为拉伸曲面的开始条件。
- 【等距】：从与当前草图基准面等距的基准面上开始拉伸曲面，在数值框中可以输入等距数值。

(2)【方向1】、【方向2】选项组

【终止条件】：决定拉伸曲面的方式，如图4-16所示。

图4-15 【曲面-拉伸】的属性设置

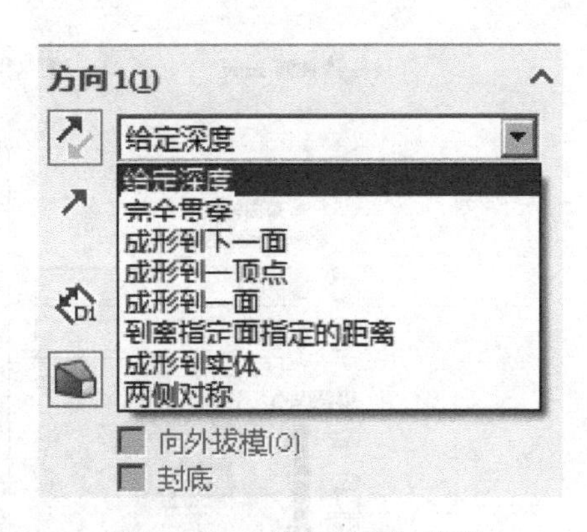

图4-16 【终止条件】选项

- 【反向】：可以改变曲面拉伸的方向。
- 【拉伸方向】：在图形区域中选择方向向量以垂直于草图轮廓的方向拉伸草图。
- 【深度】：设置曲面拉伸的深度。
- 【拔模开/关】：设置拔模角度，主要用于制造工艺的考虑。
- 【向外拔模】：设置拔模的方向。

其他属性设置不再赘述。

4.2.2 旋转曲面

从交叉或者非交叉的草图中选择不同的草图并用所选轮廓生成的旋转的曲面，即为旋转曲面。

旋转曲面的属性设置如下：

单击【曲面】工具栏中的【旋转曲面】按钮或者选择【插入】|【曲面】|【旋转曲面】菜单命令，在属性管理器中弹出【曲面-旋转】的属性设置，如图4-17所示。

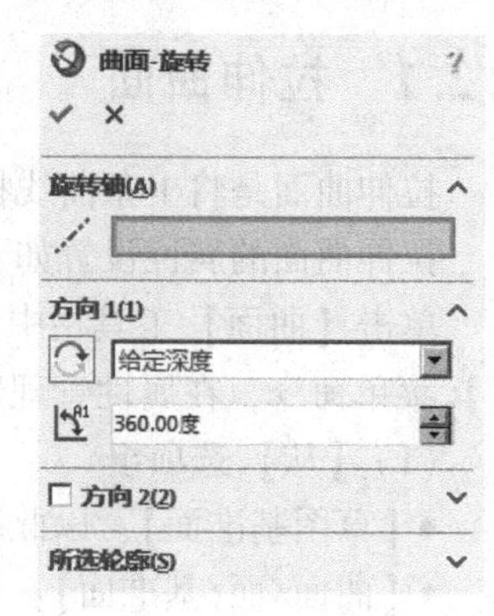

图4-17 【曲面-旋转】的属性设置

- 【旋转轴】：设置曲面旋转所围绕的轴，所选择的轴可以是中心线、直线，也可以是1条边线。
- 【反向】：改变旋转曲面的方向。
- 【旋转类型】：设置生成旋转曲面的类型。
- 【角度】：设置旋转曲面的角度。系统默认的角度为360°，角度从所选草图基准面以顺时针方向开始。

4.2.3 扫描曲面

利用轮廓和路径生成的曲面称为扫描曲面。扫描曲面和扫描特征类似，也可以通过引导线生成。

扫描曲面的属性设置如下：

单击【曲面】工具栏中的【扫描曲面】按钮或者选择【插入】|【曲面】|【扫描曲面】菜单命令，在属性管理器中弹出【曲面-扫描】的属性设置，如图4-18所示。

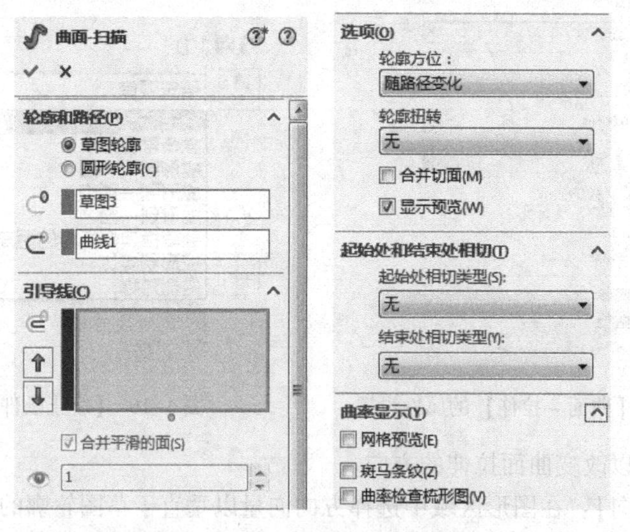

图4-18 【曲面-扫描】的属性设置

(1)【轮廓和路径】选项组

- 【轮廓】：设置扫描曲面的草图轮廓，在图形区域或者【特征管理器设计树】中选择草图轮廓，扫描曲面的轮廓可以是开环的，也可以是闭环的。
- 【路径】：设置扫描曲面的路径，在图形区域或者【特征管理器设计树】中选择路径。

(2)【选项】选项组

- 【方向/扭转控制】：控制轮廓沿路径扫描的方向。
- 【路径对齐类型】：当路径上出现少许波动和不均匀波动，使轮廓不能对齐时，可以将轮廓稳定下来。
- 【合并切面】：在扫描曲面时，如果扫描轮廓具有相切线段，可以使所产生的扫描中的相应曲面相切。
- 【显示预览】：以上色方式显示扫描结果的预览。
- 【与结束端面对齐】：将扫描轮廓延续到路径所遇到的最后面。

(3)【引导线】选项组

- 【引导线】：在轮廓沿路径扫描时加以引导。
- 【上移】：调整引导线的顺序，使指定的引导线上移。
- 【下移】：调整引导线的顺序，使指定的引导线下移。
- 【合并平滑的面】：改进通过引导线扫描的性能，并在引导线或者路径不是曲率连续的所有点处进行分割扫描。
- 【显示截面】：显示扫描的截面，单击箭头可以进行滚动预览。

4.2.4 放样曲面

通过曲线之间的平滑过渡生成的曲面称为放样曲面。放样曲面由放样的轮廓曲线组成，也可以根据需要使用引导线。

放样曲面的属性设置如下：

单击【曲面】工具栏中的【放样曲面】按钮或者选择【插入】|【曲面】|【放样曲面】菜单命令，在属性管理器中弹出【曲面-放样】的属性设置，如图4-19所示。

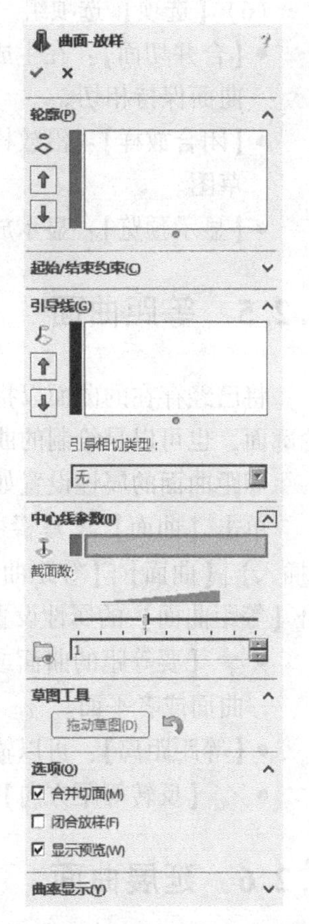

图4-19 【曲面-放样】的属性设置

(1)【轮廓】选项组

- 【轮廓】：设置放样曲面的草图轮廓，可以在图形区域中选择草图轮廓。
- 【上移】：调整轮廓草图的顺序，选择轮廓草图，使其上移。
- 【下移】：调整轮廓草图的顺序，选择轮廓草图，使其下移。

(2)【起始/结束约束】选项组

【开始约束】和【结束约束】有相同的选项。

- 【无】：不应用相切约束，即曲率为零。
- 【方向向量】：根据方向向量所选实体而应用相切约束。
- 【垂直于轮廓】：应用垂直于开始或者结束轮廓的相切约束。
- 【与面相切】：使相邻面在所选开始或者结束轮廓处相切。
- 【与面的曲率】：在所选开始或者结束轮廓处应用平滑、

具有美感的曲率连续放样。

(3)【引导线】选项组

- 【引导线】：选择引导线以控制放样曲面。
- 【上移】：调整引导线的顺序，选择引导线，使其上移。
- 【下移】：调整引导线的顺序，选择引导线，使其下移。
- 【引导线相切类型】：控制放样与引导线相遇处的相切。
- 【无】：不应用相切约束。

(4)【中心线参数】选项组

- 【中心线】：使用中心线引导放样形状，中心线可以和引导线是同一条线。
- 【截面数】：在轮廓之间围绕中心线添加截面，截面数可以通过移动滑杆进行调整。
- 【显示截面】：显示放样截面，单击箭头显示截面数。

(5)【草图工具】选项组

- 【拖动草图】：激活草图拖动模式。
- 【撤销草图拖动】：撤销先前的草图拖动操作并将预览返回到其先前状态。

(6)【选项】选项组

- 【合并切面】：在生成放样曲面时，如果对应的线段相切，则使在所生成的放样中的曲面保持相切。
- 【闭合放样】：沿放样方向生成闭合实体，选择此选项，会自动连接最后 1 个和第 1 个草图。
- 【显示预览】：显示放样的上色预览。

4.2.5 等距曲面

将已经存在的曲面以指定距离生成的另一个曲面称为等距曲面。该曲面既可以是模型的轮廓面，也可以是绘制的曲面。

等距曲面的属性设置如下：

单击【曲面】工具栏中的【等距曲面】按钮或者选择【插入】|【曲面】|【等距曲面】菜单命令，在属性管理器中弹出【等距曲面】的属性设置，如图 4-20 所示。

- 【要等距的曲面或面】：在图形区域中选择要等距的曲面或者平面。
- 【等距距离】：可以输入等距距离数值。
- 【反转等距方向】：改变等距的方向。

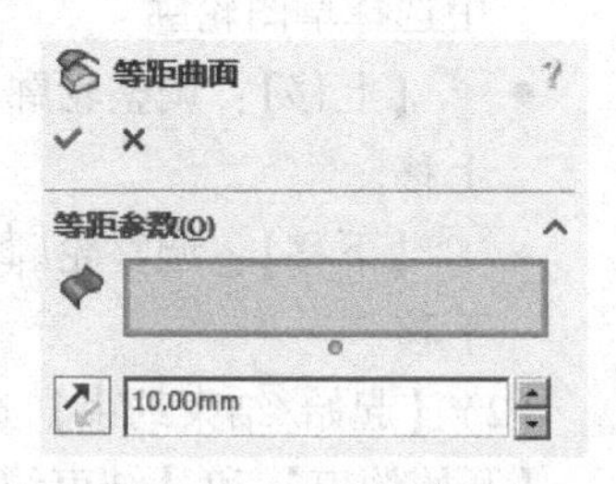

图 4-20 【等距曲面】的属性设置

4.2.6 延展曲面

通过沿所选平面方向延展实体或者曲面的边线而生成的曲面称为延展曲面。

延展曲面的属性设置如下：

选择【插入】|【曲面】|【延展曲面】菜单命令，在属性管理器中弹出【延展曲面】的属性设置，如图4-21所示。

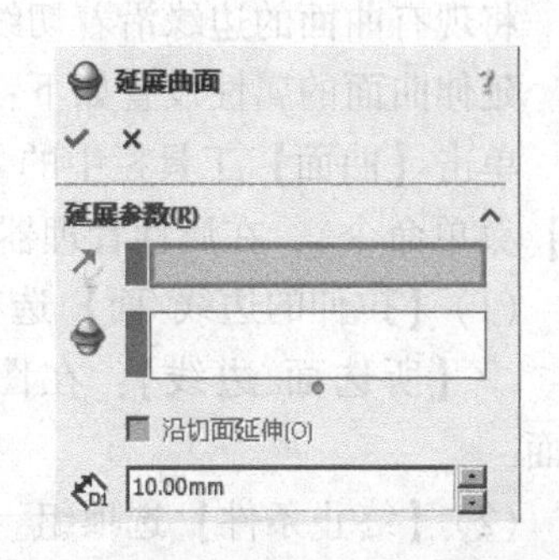

图4-21 【延展曲面】的属性设置

- 【沿切面延展】：在图形区域中选择1个面或者基准面。
- 【反转延展方向】：改变曲面延展的方向。
- 【要延展的边线】：在图形区域中选择1条边线或者1组连续边线。
- 【沿切面延伸】：使曲面沿模型中的相切面继续延展。
- 【延展距离】：设置延展曲面的宽度。

4.3 编辑曲面

在SolidWorks中，既可以生成曲面，也可以对生成的曲面进行编辑。编辑曲面的命令可以通过菜单命令进行选择，也可以通过工具栏进行调用。

4.3.1 剪裁曲面

可以使用曲面、基准面或者草图作为剪裁工具剪裁相交曲面，也可以将曲面和其他曲面配合使用，相互作为剪裁工具。

剪裁曲面的属性设置如下：

单击【曲面】工具栏中的【剪裁曲面】按钮（或者选择【插入】|【曲面】|【剪裁曲面】菜单命令），在属性管理器中弹出【剪裁曲面】的属性设置，如图4-22所示。

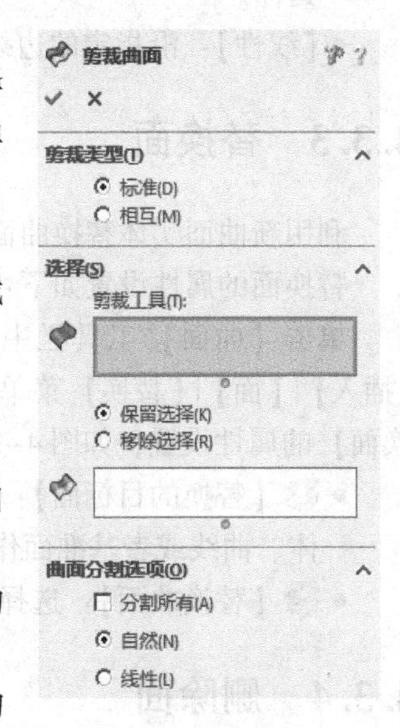

图4-22 【剪裁曲面】的属性设置

(1)【剪裁类型】选项组

- 【标准】：使用曲面、草图实体、曲线或者基准面等剪裁曲面。
- 【相互】：使用曲面本身剪裁多个曲面。

(2)【选择】选项组

- 【剪裁工具】：在图形区域中选择曲面、草图实体、曲线或者基准面作为剪裁其他曲面的工具。
- 【保留选择】：设置剪裁曲面中选择的部分为要保留的部分。
- 【移除选择】：设置剪裁曲面中选择的部分为要移除的部分。

(3)【曲面分割选项】选项组

- 【分割所有】：显示曲面中的所有分割。
- 【自然】：强迫边界边线随曲面形状变化。
- 【线性】：强迫边界边线随剪裁点的线性方向变化。

4.3.2 延伸曲面

将现有曲面的边缘沿着切线方向进行延伸所形成的曲面称为延伸曲面。

延伸曲面的属性设置如下：

单击【曲面】工具栏中的【延伸曲面】按钮（或者选择【插入】|【曲面】|【延伸曲面】菜单命令），在属性管理器中弹出【延伸曲面】的属性设置，如图4-23所示。

（1）【拉伸的边线/面】选项组

【所选面/边线】：在图形区域中选择延伸的边线或者面。

（2）【终止条件】选项组

- 【距离】：按照设置的【距离】数值确定延伸曲面的距离。
- 【成形到某一面】：在图形区域中选择某一面，将曲面延伸到指定的面。
- 【成形到某一点】：在图形区域中选择某一顶点，将曲面延伸到指定的点。

（3）【延伸类型】选项组

- 【同一曲面】：以原有曲面的曲率沿曲面的几何体进行延伸。
- 【线性】：沿指定的边线相切于原有曲面进行延伸。

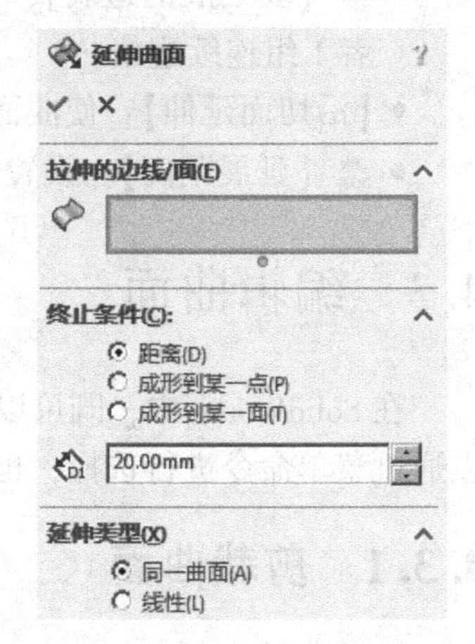

图4-23 【延伸曲面】的属性设置

4.3.3 替换面

利用新曲面实体替换曲面或者实体中的面，这种方式称为替换面。

替换面的属性设置如下：

单击【曲面】工具栏中的【替换面】按钮或者选择【插入】|【面】|【替换】菜单命令，在属性管理器中弹出【替换面】的属性设置，如图4-24所示。

- 【替换的目标面】：在图形区域中选择曲面、草图实体、曲线或者基准面作为要替换的面。
- 【替换曲面】：选择替换曲面实体。

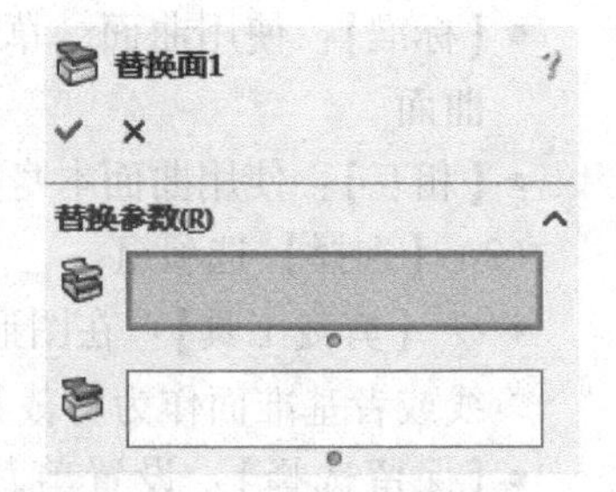

图4-24 【替换面】的属性设置

4.3.4 删除面

删除面是将存在的面删除并进行编辑。

删除面的属性设置如下：

使用【曲面】工具栏中的【删除面】按钮或者选择【插入】|【面】|【删除】菜单命令，在属性管理器中弹出【删除面】的属性设置，如图4-25所示。

(1)【选择】选项组

【要删除的面】：在图形区域中选择要删除的面。

(2)【选项】选项组

- 【删除】：从曲面实体删除面或者从实体中删除 1 个或者多个面以生成曲面。
- 【删除和修补】：从曲面实体或者实体中删除 1 个面，并自动对实体进行修补和剪裁。
- 【删除和填充】：删除存在的面并生成单一面，可以填补任何缝隙。

4.3.5 中面

在实体上选择合适的双对面，在双对面之间可以生成中面。

中面的属性设置如下：

选择【插入】|【曲面】|【中面】菜单命令，在属性管理器中弹出【中面】的属性设置，如图 4-26 所示。

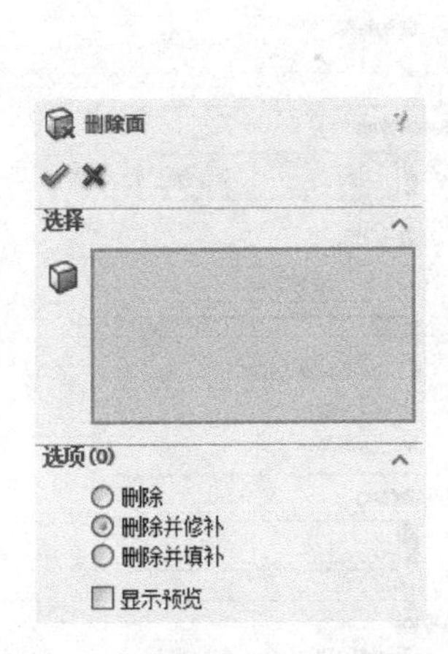

图 4-25 【删除面】的属性设置

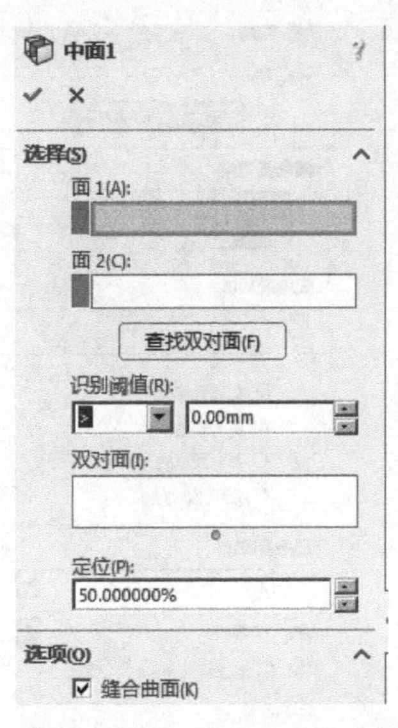

图 4-26 【中面】的属性设置

(1)【选择】选项组

- 【面 1】：选择生成中间面的其中 1 个面。
- 【面 2】：选择生成中间面的另一个面。
- 【查找双对面】：系统会自动查找模型中合适的双对面，并自动过滤不合适的双对面。
- 【识别阈值】：由【阈值运算符】和【阈值厚度】两部分组成。【阈值运算符】为数学操作符，【阈值厚度】为壁厚度数值。
- 【定位】：设置生成中间面的位置。

(2)【选项】选项组

【缝合曲面】：将中间面和邻近面缝合。

4.3.6 圆角曲面

使用圆角将曲面实体中以一定角度相交的两个相邻面之间的边线进行平滑过渡，则生成的圆角称为圆角曲面。

圆角曲面的属性设置如下：

单击【曲面】工具栏中的【圆角】按钮或者选择【插入】|【曲面】|【圆角】菜单命令，在属性管理器中弹出【圆角】的属性设置，如图4-27所示。

圆角曲面命令与圆角特征命令基本相同，在此不再赘述。

4.3.7 填充曲面

在现有模型边线、草图或者曲线定义的边界内生成带任何边数的曲面修补，称为填充曲面。

单击【曲面】工具栏中的【填充曲面】按钮或者选择【插入】|【曲面】|【填充】菜单命令，在属性管理器中弹出【填充曲面】的属性设置，如图4-28所示。

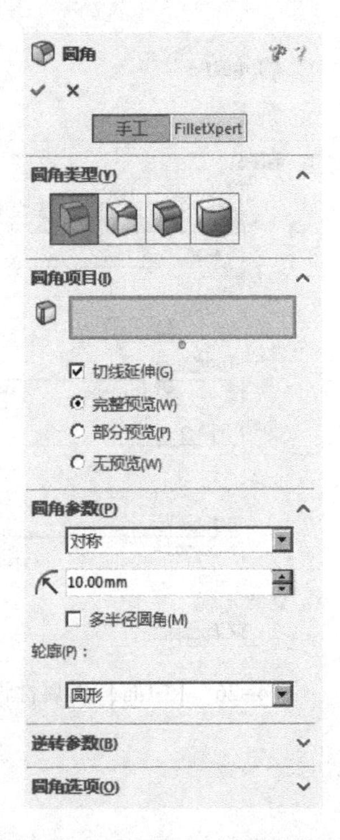

图4-27 【圆角】的属性设置

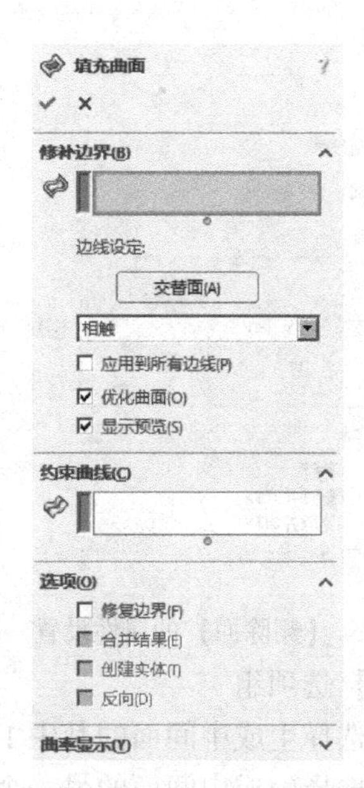

图4-28 【填充曲面】的属性设置

(1)【修补边界】选项组

- 【修补边界】：定义所应用的修补边线。
- 【交替面】：只在实体模型上生成修补时使用，用于控制修补曲率的反转边界面。
- 【曲率控制】：在生成的修补上进行控制，可以在同一修补中应用不同的曲率控制。
- 【应用到所有边线】：可以将相同的曲率控制应用到所有边线中。
- 【优化曲面】：用于对曲面进行优化。
- 【显示预览】：以上色方式显示曲面填充预览。
- 【预览网格】：在修补的曲面上显示网格线以直观地观察曲率的变化。

(2)【约束曲线】选项组

【约束曲线】：在填充曲面时添加斜面控制。

(3)【选项】选项组

- 【修复边界】：可以自动修复填充曲面的边界。
- 【合并结果】：如果边界至少有1个边线是开环，可以用边线所属的曲面进行缝合。
- 【尝试形成实体】：如果边界实体都是开环边线，可以选择此选项生成实体。
- 【反向】：此选项用于纠正填充曲面时不符合填充需要的方向。

4.4 叶片建模范例

下面应用本章所讲解的知识完成1个曲面模型的范例，最终效果如图4-29所示。

4.4.1 生成轮毂部分

1）单击【特征管理器设计树】中的【前视基准面】图标，使其成为草图绘制平面。单击【标准视图】工具栏中的【正视于】按钮，并单击【草图】工具栏中的【草图绘制】按钮，进入草图绘制状态。使用【草图】工具栏中的【圆弧】、【智能尺寸】工具，绘制图4-30所示的草图。单击【退出草图】按钮，退出草图绘制状态。

图4-29　曲面模型

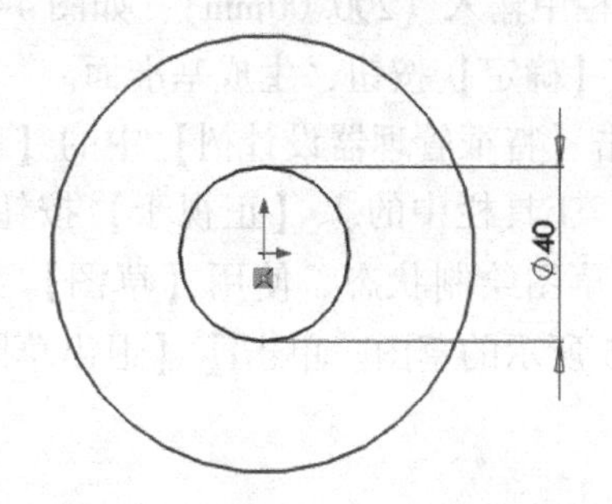

图4-30　绘制草图并标注尺寸1

2）单击【特征】工具栏中的【拉伸凸台/基体】按钮，在属性管理器中弹出【凸台-拉伸】属性设置。在【方向1】选项组中，设置【终止条件】为【两侧对称】，【深度】为【85.00 mm】，单击【确定】按钮，生成拉伸特征，如图4-31所示。

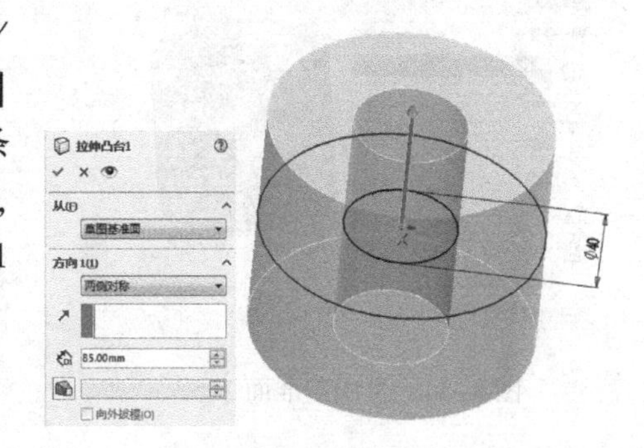

图4-31　拉伸特征

4.4.2 生成叶片部分

1）单击【参考几何体】工具栏中的【基准面】按钮，在属性管理器中弹出【基准面】的属性设置。在【第一参考】的图形区域中选择上视基准面，单击【距离】按钮，在文本栏中输入【40.00 mm】，如图4-32所示，在图形区域中显示出新建基准面的预览，单击【确定】按钮，生成基准面。

2）单击【特征管理器设计树】中的【基准面1】图标，使其成为草图绘制平面。单击【标准视图】工具栏中的【正视于】按钮，并单击【草图】工具栏中的【草图绘制】按钮，进入草图绘制状态。使用【草图】工具栏中的【直线】、【智能尺寸】工具，绘制图4-33所示的草图。单击【退出草图】按钮，退出草图绘制状态。

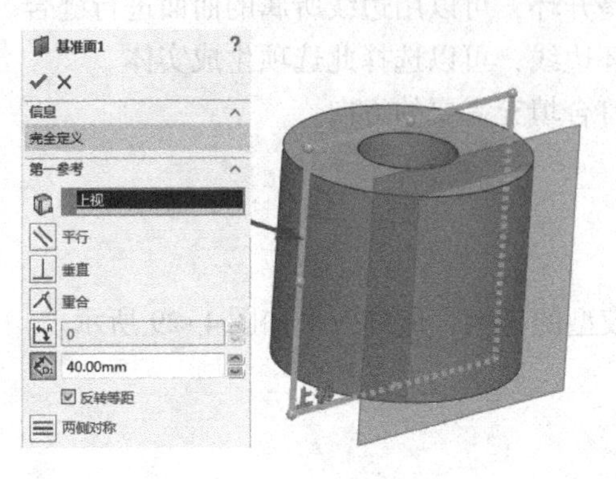

图4-32　生成基准面1

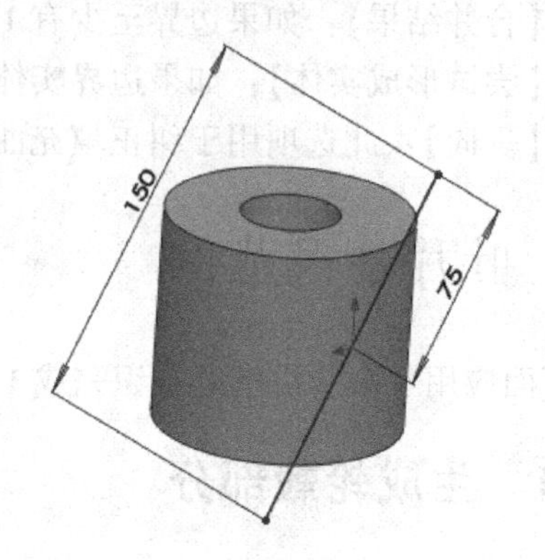

图4-33　绘制草图并标注尺寸1

3）单击【参考几何体】工具栏中的【基准面】按钮，在属性管理器中弹出【基准面】的属性设置。在【第一参考】的图形区域中选择【上视】基准面，单击【距离】按钮，在文本栏中输入【200.00mm】，如图4-34所示，在图形区域中显示出新建基准面的预览，单击【确定】按钮，生成基准面。

4）单击【特征管理器设计树】中的【基准面2】图标，使其成为草图绘制平面。单击【标准视图】工具栏中的【正视于】按钮，并单击【草图】工具栏中的【草图绘制】按钮，进入草图绘制状态。使用【草图】工具栏中的【直线】、【智能尺寸】工具，绘制图4-35所示的草图。单击【退出草图】按钮，退出草图绘制状态。

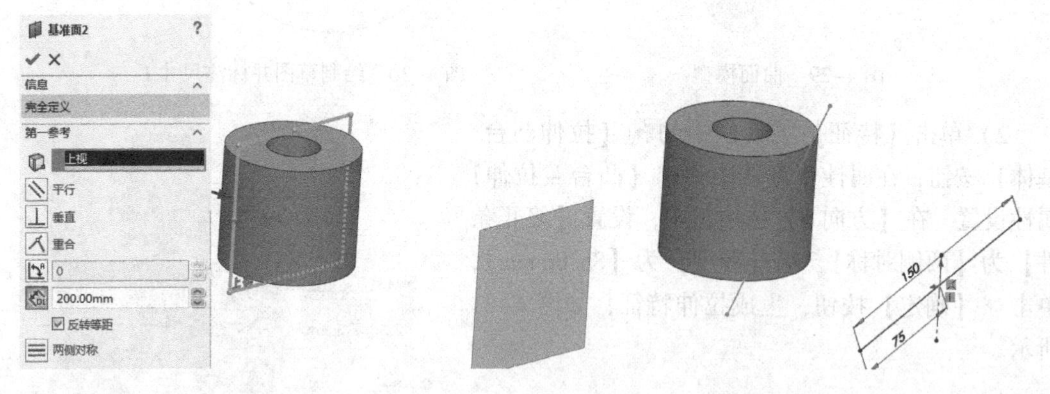

图4-34　生成基准面2　　　　图4-35　绘制草图并标注尺寸2

5）鼠标单击【曲面】工具栏中的【放样曲面】按钮，在【轮廓】中选择【草图2】和【草图3】，单击【确定】按钮。如图4-36所示。

6）单击【参考几何体】工具栏中的【基准面】按钮，在属性管理器中弹出【基准面】的属性设置。在【第一参考】的图形区域中选择【前视】基准面，单击【距离】按

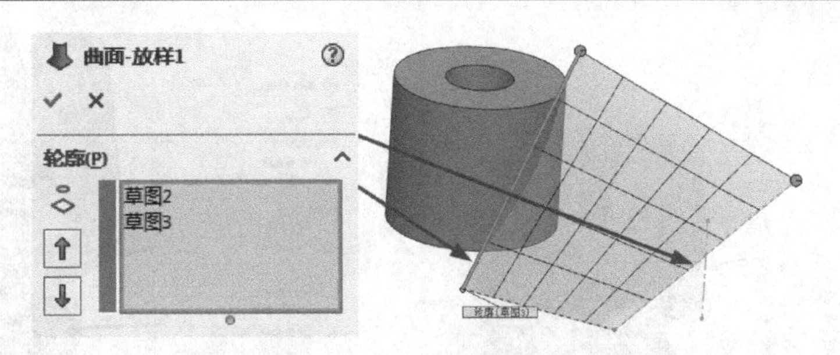

图 4-36　放样曲面

钮，在文本栏中输入【60.00 mm】，如图 4-37 所示，在图形区域中显示出新建基准面的预览，单击✔【确定】按钮，生成基准面。

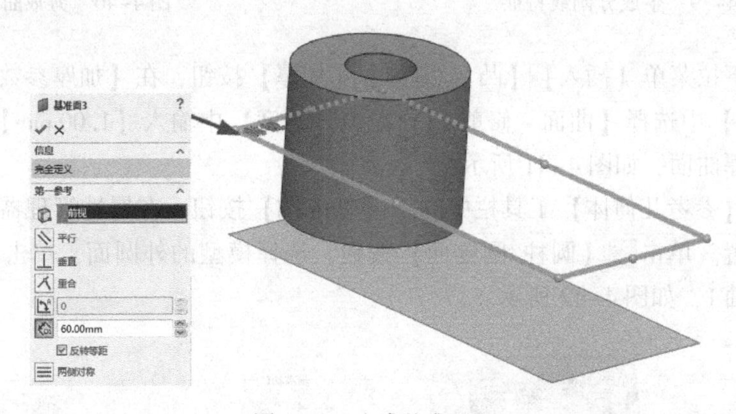

图 4-37　生成基准面 3

7）单击【特征管理器设计树】中的【基准面 3】图标，使其成为草图绘制平面。单击【标准视图】工具栏中的【正视于】按钮，并单击【草图】工具栏中的【草图绘制】按钮，进入草图绘制状态。使用【草图】工具栏中的【样条曲线】、【智能尺寸】工具，绘制图 4-38 所示的草图。单击【退出草图】按钮，退出草图绘制状态。

8）选择【插入】|【曲线】|【投影曲线】菜单命令，在【要投影的草图】中选择【草图 4】，在【要投影的面】中选择【面 <1 >】，如图 4-39 所示，单击✔【确定】按钮。

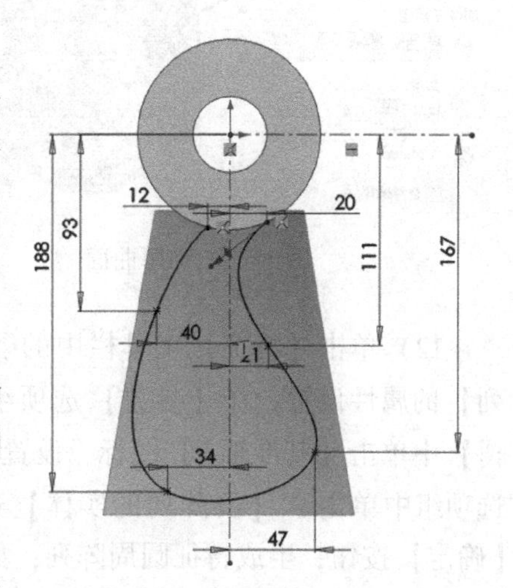

图 4-38　绘制草图并标注尺寸 3

9）单击【曲面】工具栏中的【剪裁曲面】按钮，在【剪裁类型】中选择【标准】，在【选择】中选择【曲面 - 投影 1】，选择【保留选择】，在【要保留的部分】中选择【曲面 - 放样 1 - 剪裁 0】，在【曲面分割选项】中选择【自然】。单击✔【确定】按钮，剪裁曲面，如图 4-40 所示。

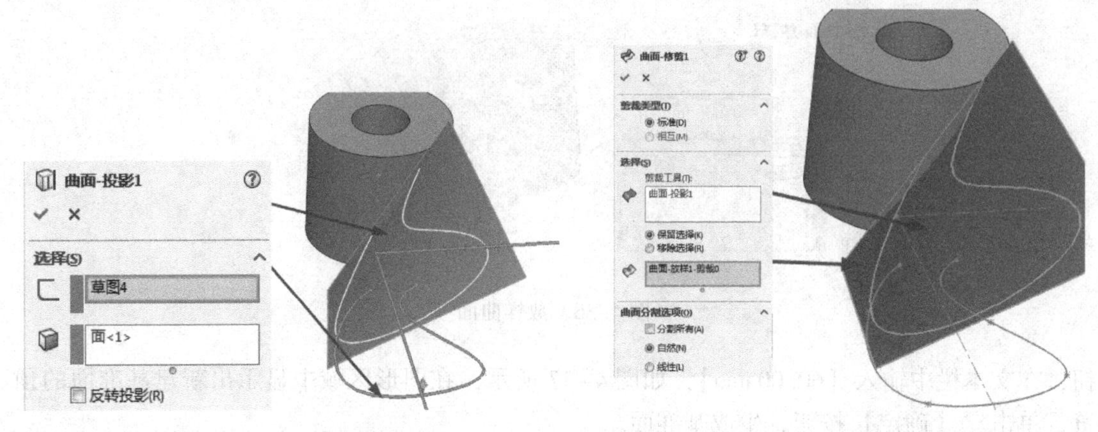

图 4-39　生成分割线特征　　　图 4-40　剪裁曲面

10）单击下拉菜单【插入】|【凸台/基体】|【加厚】按钮，在【加厚参数】选项组的【要加厚的曲面】中选择【曲面－修剪1】，在【厚度】中输入【1.00 mm】，单击【确定】按钮，加厚曲面，如图 4-41 所示。

11）单击【参考几何体】工具栏中的【基准轴】按钮，在属性管理器中弹出【基准轴】的属性设置。单击【圆柱/圆锥面】按钮，选择模型的外圆面，单击【确定】按钮，生成基准轴 1，如图 4-42 所示。

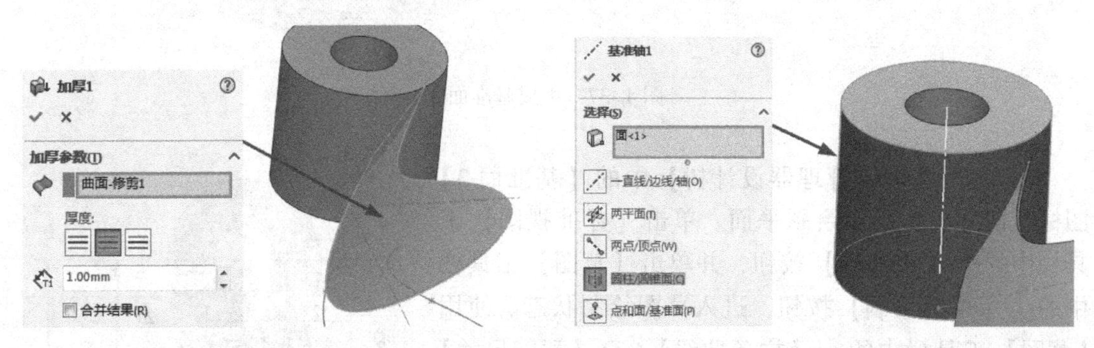

图 4-41　加厚曲面　　　图 4-42　基准轴特征

12）单击【特征】工具栏中的【圆周阵列】按钮，在属性管理器中弹出【圆周阵列】的属性设置。在【参数】选项组中单击【阵列轴】选择框，在【特征管理器设计树】中单击【基准轴 1】图标，设置【实例数】为 4，勾选【等间距】选项；在【实体】选项组中单击【要阵列的实体】选择框，在图形区域中选择【加厚 1】特征，单击【确定】按钮，生成特征圆周阵列，如图 4-43 所示。

13）选择【插入】|【特征】|【组合】菜单命令，在属性管理器中弹出【组合】的属性设置。在【操作类型】选项组中选择【添加】选项，在【要组合的实体】中选择刚建立的实体，如图 4-44 所示，单击【确定】按钮，生成组合特征。

14）选择【插入】|【特征】|【圆角】菜单命令，在属性管理器中弹出【圆角】的属性设置。在【圆角项目】选项组中单击【边线和面或顶点】选择框，在绘图区域中选择叶

片根部的边线，设置【半径】为【3.00 mm】，单击【确定】按钮，生成圆角特征，如图 4-45 所示。

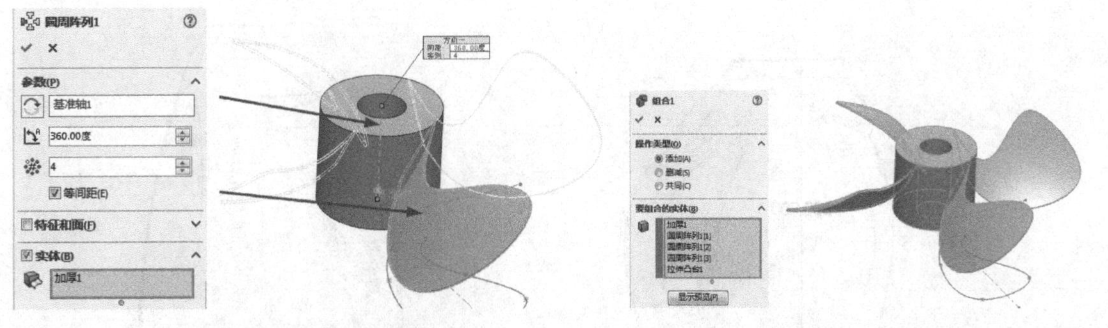

图 4-43　生成特征圆周阵列　　　　图 4-44　组合特征

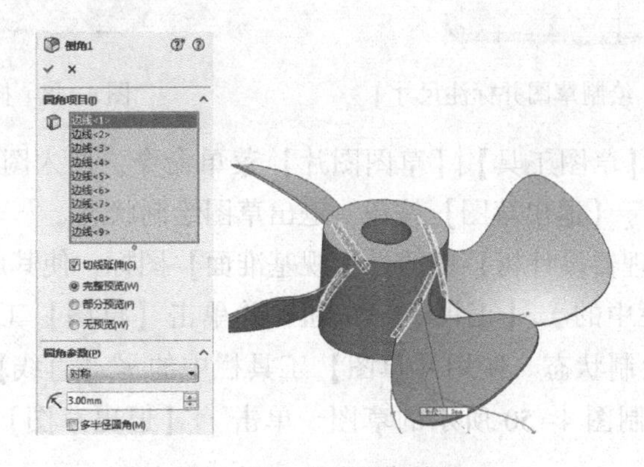

图 4-45　生成圆角特征

4.5　水桶建模范例

下面应用本章所讲解的知识完成 1 个曲面模型的范例，最终效果如图 4-46 所示。

4.5.1　准备工作

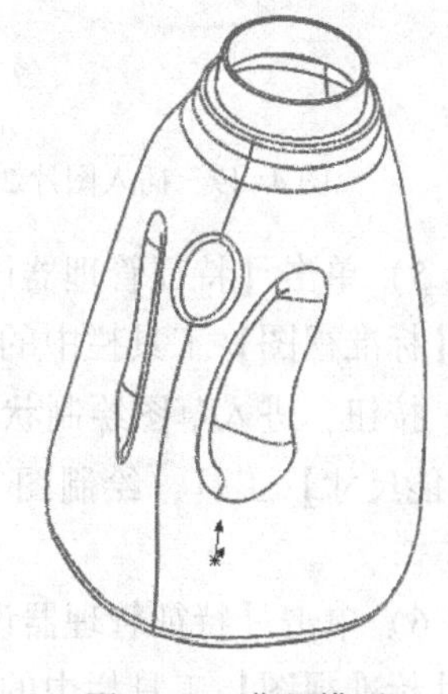

图 4-46　曲面模型

1）选择【工具】|【草图工具】|【草图图片】菜单命令，插入图片，作为绘图的模板。单击【特征管理器设计树】中的【前视基准面】图标，使其成为草图绘制平面。单击【标准视图】工具栏中的【正视于】按钮，并单击【草图】工具栏中的【草图绘制】按钮，进入草图绘制状态。使用【草图】工具栏中的【直线】、【中心线】和【智能尺寸】工具，绘制图 4-47 所示的草图。单击【退出草图】按钮，退出草图绘制状态。

2）选择【工具】|【草图工具】|【草图图片】菜单命令，

插入图片，作为绘图的模板，如图 4-48 所示。单击【退出草图】按钮，退出草图绘制状态。

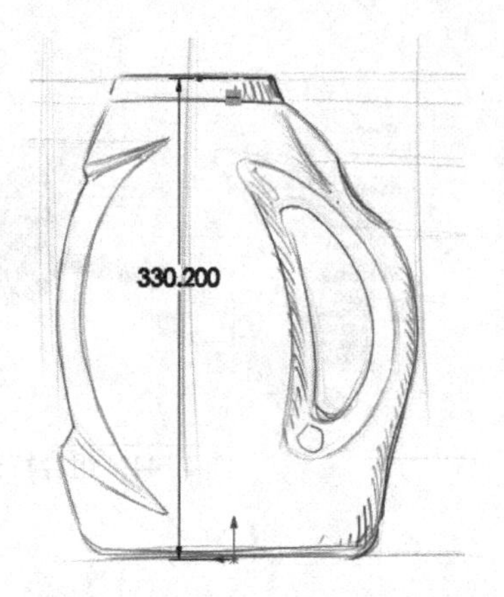

图 4-47　绘制草图并标注尺寸 1

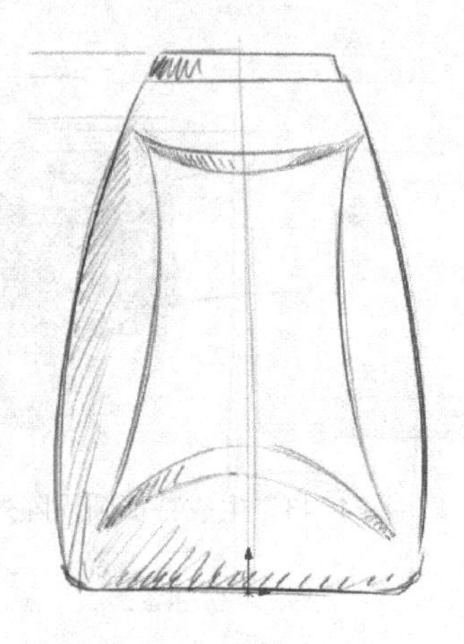

图 4-48　插入图片 1

3）选择【工具】|【草图工具】|【草图图片】菜单命令，插入图片，作为绘图的模板，如图 4-49 所示。单击【退出草图】按钮，退出草图绘制状态。

4）单击【特征管理器设计树】中的【上视基准面】图标，使其成为草图绘制平面。单击【标准视图】工具栏中的【正视于】按钮，并单击【草图】工具栏中的【草图绘制】按钮，进入草图绘制状态。使用【草图】工具栏中的【直线】、【中心线】和【智能尺寸】工具，绘制图 4-50 所示的草图。单击【退出草图】按钮，退出草图绘制状态。

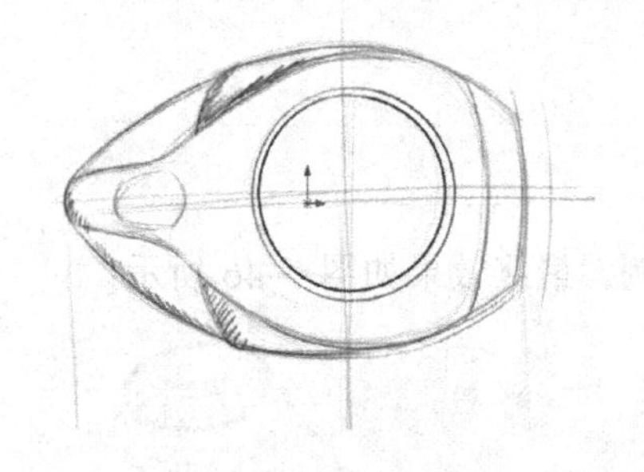

图 4-49　插入图片 2

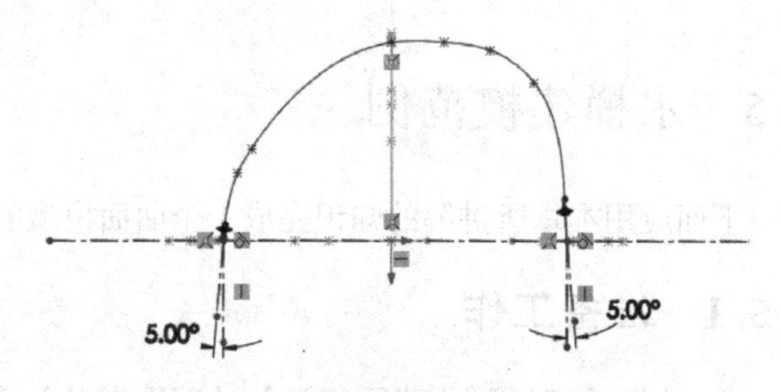

图 4-50　绘制草图并标注尺寸 2

5）单击【特征管理器设计树】中的【前视基准面】图标，使其成为草图绘制平面。单击【标准视图】工具栏中的【正视于】按钮，并单击【草图】工具栏中的【草图绘制】按钮，进入草图绘制状态。使用【草图】工具栏中的【直线】、【中心线】和【智能尺寸】工具，绘制图 4-51 所示的草图。单击【退出草图】按钮，退出草图绘制状态。

6）单击【特征管理器设计树】中的【右视基准面】图标，使其成为草图绘制平面。单击【标准视图】工具栏中的【正视于】按钮，并单击【草图】工具栏中的【草图绘制】按钮，进入草图绘制状态。使用【草图】工具栏中的【直线】、【中心线】和

【智能尺寸】工具，绘制图 4-52 所示的草图。单击【退出草图】按钮，退出草图绘制状态。

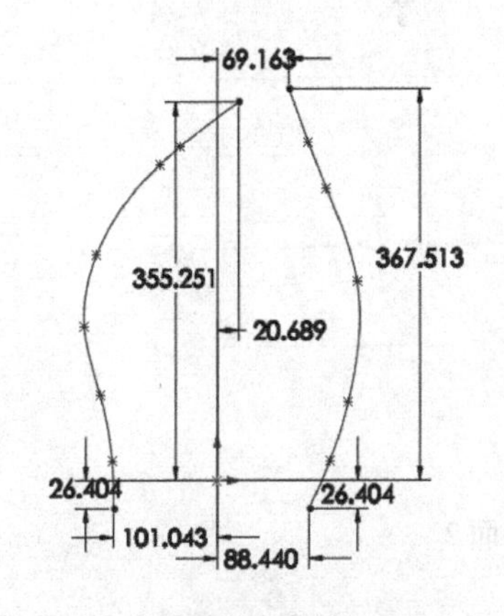

图 4-51　绘制草图并标注尺寸 3

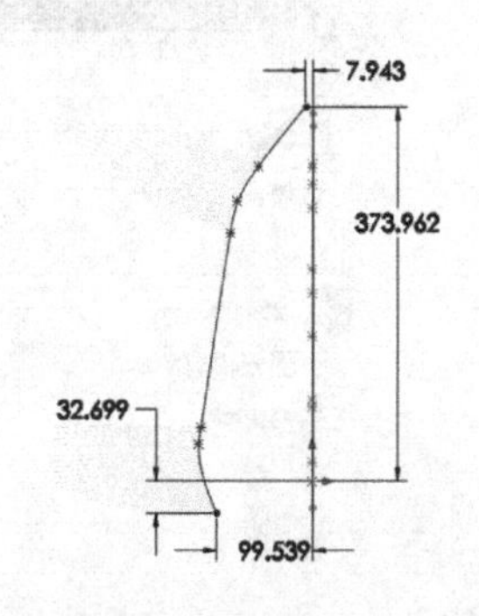

图 4-52　绘制草图并标注尺寸 4

7）单击【参考几何体】工具栏中的【基准面】按钮，弹出【基准面】属性管理器。在【第一参考】的图形区域中选择【上视基准面】，单击【距离】按钮，在文本栏中输入【69. 1379366mm】，如图 4-53 所示，在图形区域中显示出新建基准面的预览，单击【确定】按钮，生成基准面。

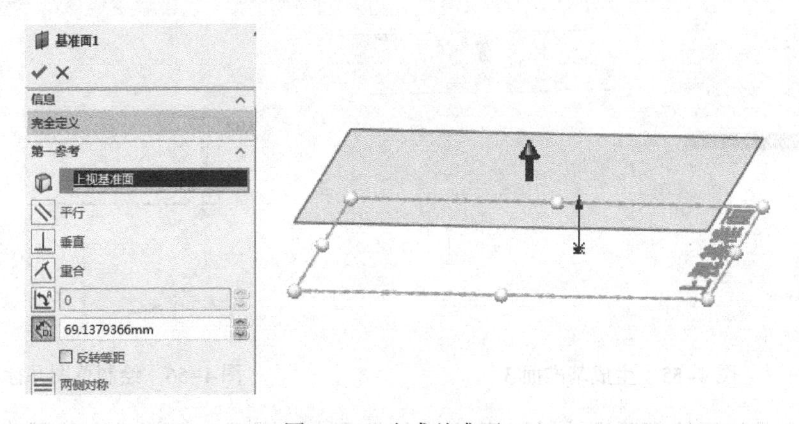

图 4-53　生成基准面 1

8）单击【参考几何体】工具栏中的【基准面】按钮，弹出【基准面】属性管理器。在【第一参考】中，在图形区域中选择【上视基准面】，单击【距离】按钮，在文本栏中输入【254. 000 mm】，如图 4-54 所示，在图形区域中显示出新建基准面的预览，单击【确定】按钮，生成基准面。

9）单击【参考几何体】工具栏中的【基准面】按钮，弹出【基准面】属性管理器。在【第一参考】中，在图形区域中选择【上视基准面】，单击【距离】按钮，在文本栏中输入【313. 98424984mm】，如图 4-55 所示，在图形区域中显示出新建基准面的预览，单击【确定】按钮，生成基准面。

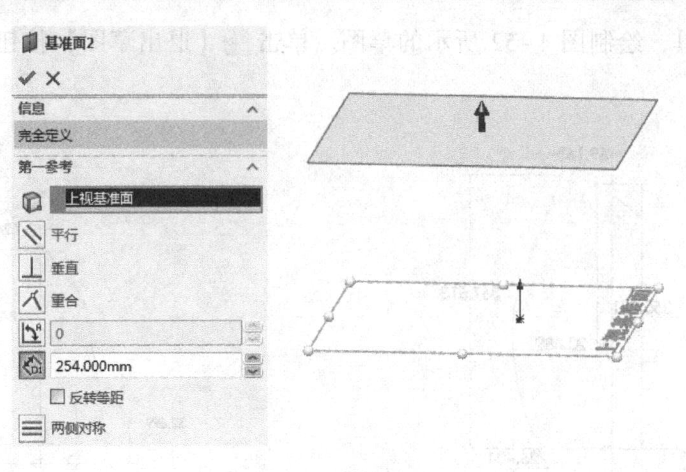

图 4-54　生成基准面 2

10）单击【特征管理器设计树】中的【基准面 1】图标，使其成为草图绘制平面。单击【标准视图】工具栏中的【正视于】按钮，并单击【草图】工具栏中的【草图绘制】按钮，进入草图绘制状态。使用【草图】工具栏中的【直线】、【中心线】和【智能尺寸】工具，绘制图 4-56 所示的草图。单击【退出草图】按钮，退出草图绘制状态。

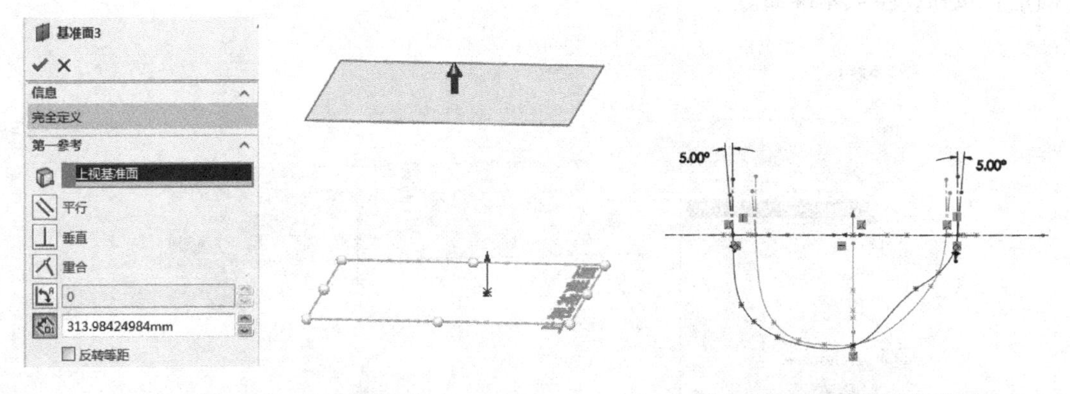

图 4-55　生成基准面 3　　　　图 4-56　绘制草图并标注尺寸 5

11）单击【特征管理器设计树】中的【基准面 2】图标，使其成为草图绘制平面。单击【标准视图】工具栏中的【正视于】按钮，并单击【草图】工具栏中的【草图绘制】按钮，进入草图绘制状态。使用【草图】工具栏中的【直线】、【中心线】和【智能尺寸】工具，绘制图 4-57 所示的草图。单击【退出草图】按钮，退出草图绘制状态。

12）单击【特征管理器设计树】中的【基准面 3】图标，使其成为草图绘制平面。单击【标准视图】工具栏中的【正视于】按钮，并单击【草图】工具栏中的【草图绘制】按钮，进入草图绘制状态。使用【草图】工具栏中的【直线】、【中心线】和【智能尺寸】工具，绘制图 4-58 所示的草图。单击【退出草图】按钮，退出草图绘制状态。

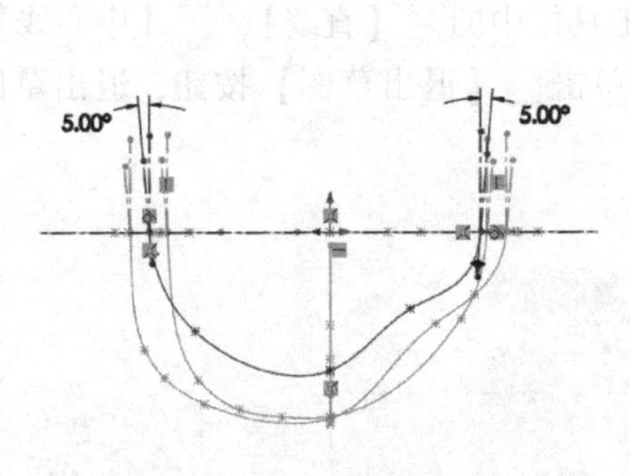

图 4-57　绘制草图并标注尺寸 6

图 4-58　绘制草图并标注尺寸 7

13）鼠标单击【曲面】工具栏中的【放样曲面】按钮，在【轮廓】中选择 4 条曲线，在【引导线】中选择 3 条曲线，单击【确定】按钮，如图 4-59 所示。

14）单击【特征管理器设计树】中的【前视基准面】图标，使其成为草图绘制平面。单击【标准视图】工具栏中的【正视于】按钮，并单击【草图】工具栏中的【草图绘制】按钮，进入草图绘制状态。使用【草图】工具栏中的【直线】、【中心线】和【智能尺寸】工具，绘制图 4-60 所示的草图。单击【退出草图】按钮，退出草图绘制状态。

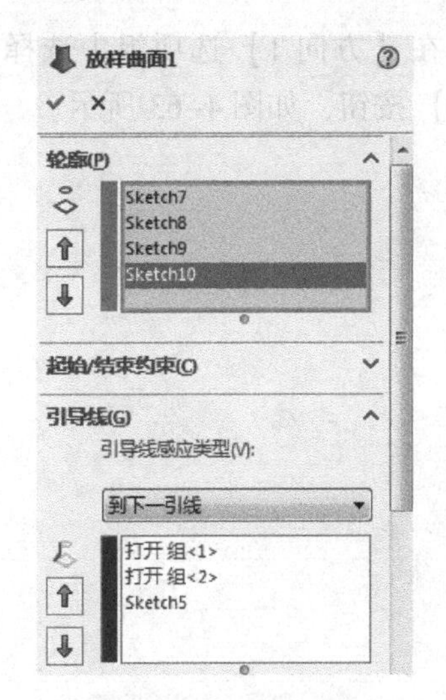

图 4-59　放样曲面

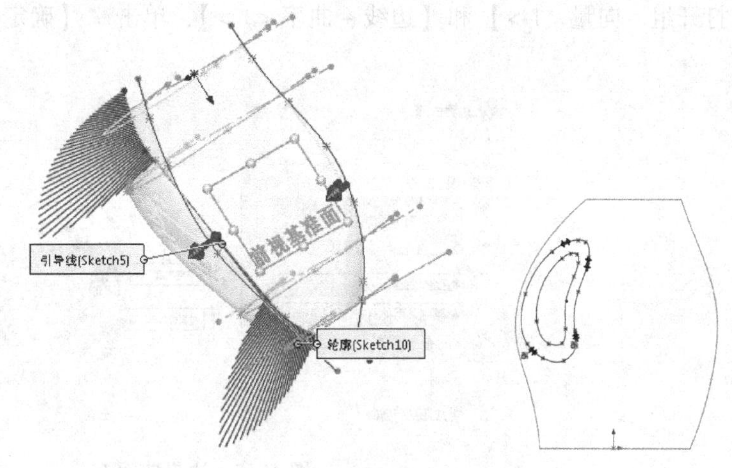

图 4-60　绘制草图并标注尺寸 8

4.5.2　建立把手

1）单击【曲面】工具栏中的【剪裁曲面】按钮，在【剪裁类型】中选择【相互】，在【选择】中选择【Sketch1】，选择【保留选择】选项，在【要保留的部分】中选择【放样曲面 1 - 剪裁 2】，在【曲面分割选项】中选择【自然】。单击【确定】按钮，剪裁曲面，如图 4-61 所示。

2）单击【特征管理器设计树】中的【前视基准面】图标，使其成为草图绘制平面。单击【标准视图】工具栏中的【正视于】按钮，并单击【草图】工具栏中的【草图绘制】按钮，进入草图绘制状态。使用【草图】工具栏中的【直线】、【中心线】和【智能尺寸】工具，绘制图4-62所示的草图。单击【退出草图】按钮，退出草图绘制状态。

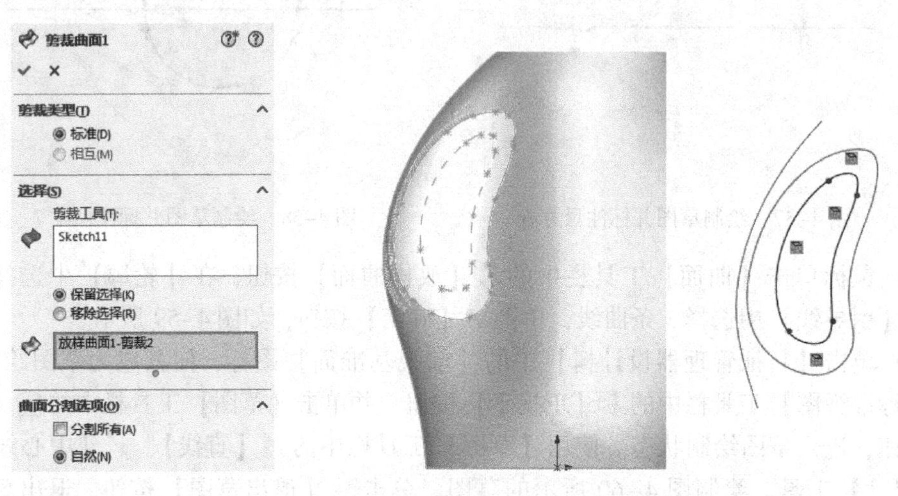

图4-61　曲面剪裁　　　　图4-62　绘制草图并标注尺寸1

3）鼠标单击【曲面】工具栏中的【边界曲面】按钮，在【方向1】选项组中选择【打开组-向量<1>】和【边线-曲率<1>】，单击【确定】按钮，如图4-63所示。

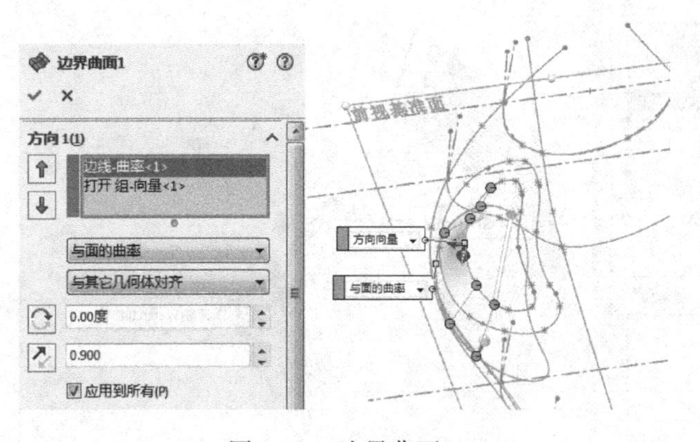

图4-63　边界曲面1

4）鼠标单击【曲面】工具栏中的【边界曲面】按钮，在【方向1】选项组中选择【打开组-向量<1>】和【边线-曲率<1>】，单击【确定】按钮，如图4-64所示。

5）单击【特征管理器设计树】中的【前视基准面】图标，使其成为草图绘制平面。单击【标准视图】工具栏中的【正视于】按钮，并单击【草图】工具栏中的【草图绘制】按钮，进入草图绘制状态。使用【草图】工具栏中的【直线】、【中心线】和【智能尺寸】工具，绘制图4-65所示的草图。单击【退出草图】按钮，退出草图绘制状态。

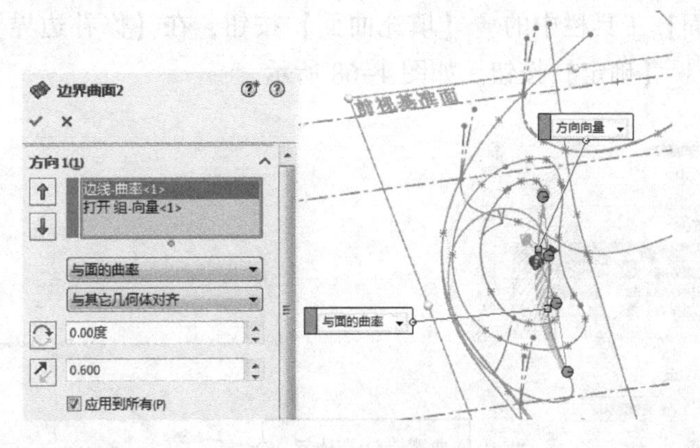

图 4-64　边界曲面 2

6）单击【曲面】工具栏中的【拉伸曲面】按钮，弹出【拉伸曲面】属性管理器，如图 4-66 所示，单击【确定】按钮。

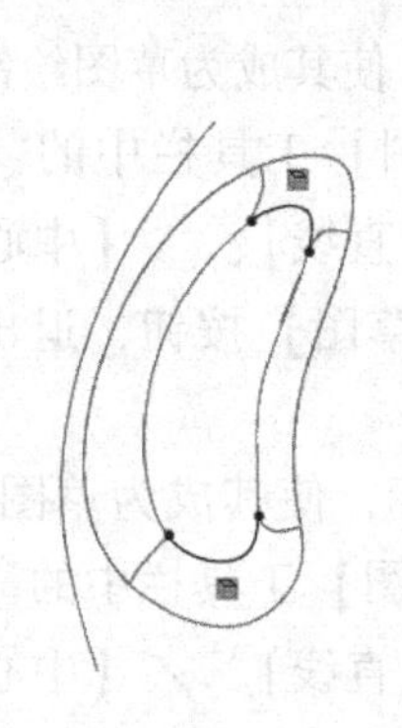

图 4-65　绘制草图并标注尺寸 2

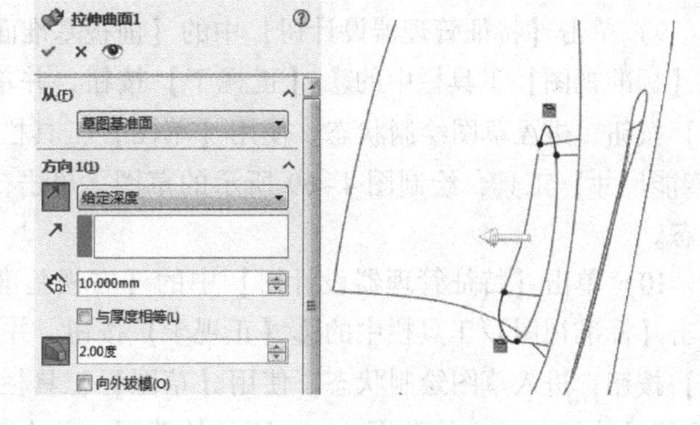

图 4-66　生成曲面拉伸特征

7）单击【曲面】工具栏中的【填充曲面】按钮，在【修补边界】中选择上步放样曲面的尾端，单击【确定】按钮。如图 4-67 所示。

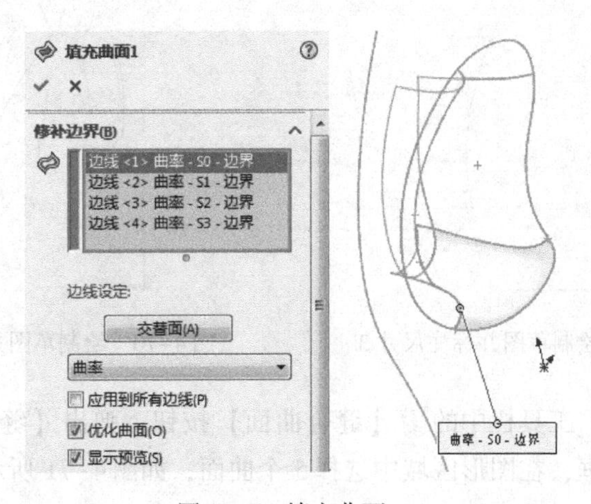

图 4-67　填充曲面 1

8）单击【曲面】工具栏中的【填充曲面】按钮，在【修补边界】中选择上步放样曲面的尾端，单击【确定】按钮。如图4-68所示。

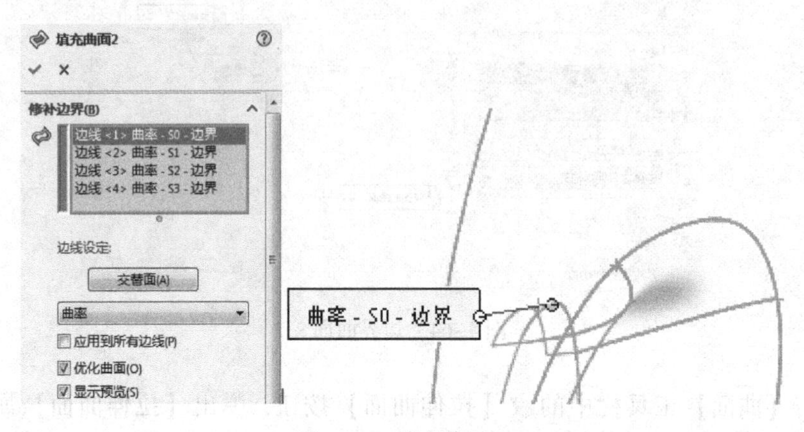

图4-68　填充曲面2

9）单击【特征管理器设计树】中的【前视基准面】图标，使其成为草图绘制平面。单击【标准视图】工具栏中的【正视于】按钮，并单击【草图】工具栏中的【草图绘制】按钮，进入草图绘制状态。使用【草图】工具栏中的【直线】、【中心线】和【智能尺寸】工具，绘制图4-69所示的草图。单击【退出草图】按钮，退出草图绘制状态。

10）单击【特征管理器设计树】中的【右视基准面】图标，使其成为草图绘制平面。单击【标准视图】工具栏中的【正视于】按钮，并单击【草图】工具栏中的【草图绘制】按钮，进入草图绘制状态。使用【草图】工具栏中的【直线】、【中心线】和【智能尺寸】工具，绘制图4-70所示的草图。单击【退出草图】按钮，退出草图绘制状态。

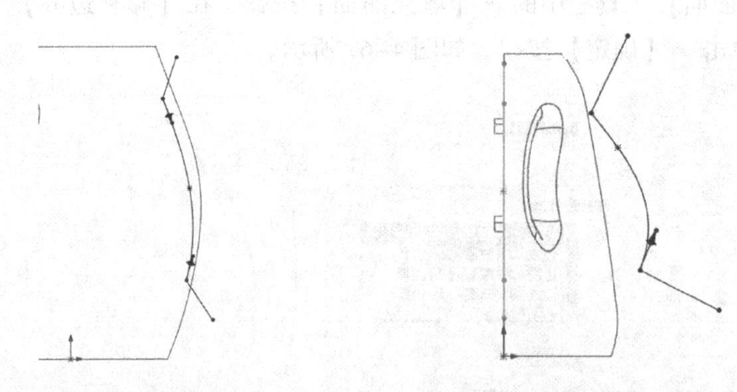

图4-69　绘制草图并标注尺寸3　　　图4-70　绘制草图并标注尺寸4

11）单击【曲面】工具栏中的【缝合曲面】按钮，弹出【缝合曲面】属性管理器。单击【选择】选择框，在图形区域中选择5个曲面，如图4-71所示，单击【确定】按钮，生成缝合曲面特征。

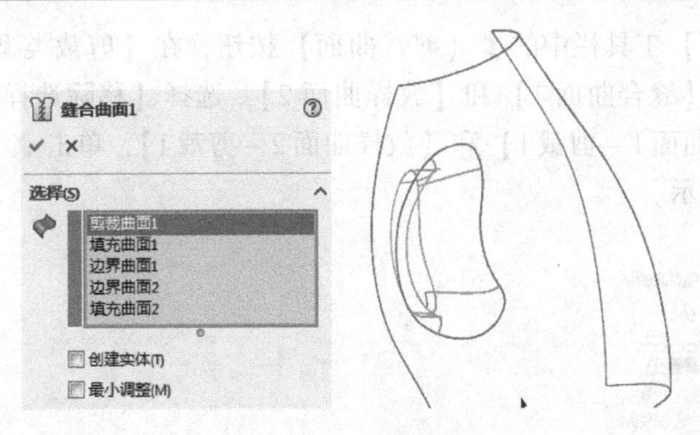

图4-71　缝合曲面

4.5.3　建立瓶身

1）单击【曲面】工具栏中的【放样曲面】按钮，在【轮廓】中选择【Sketch12】和【Sketch13】，单击【确定】按钮。如图4-72所示。

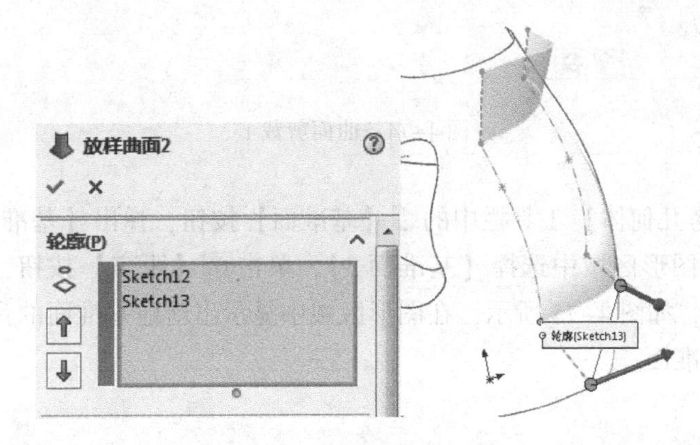

图4-72　放样曲面1

2）选择【插入】|【特征】|【删除实体】菜单命令，弹出【删除实体】属性设置框。在【要删除的实体】选项组中单击【要删除的实体】选择框，在图形区域中选择模型的拉伸曲面，如图4-73所示，单击【确定】按钮，生成删除实体特征。

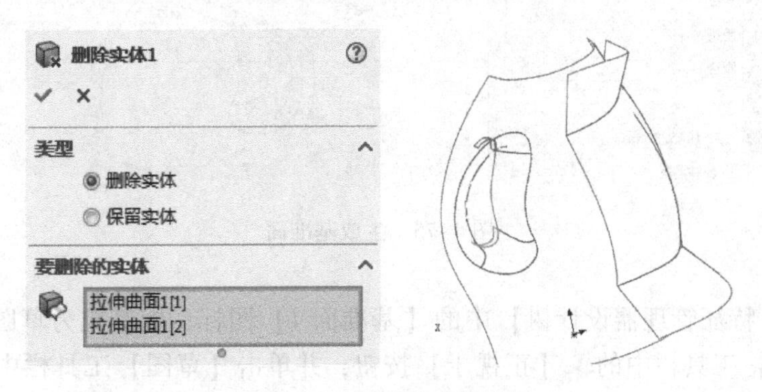

图4-73　生成删除实体特征

3）单击【曲面】工具栏中的【剪裁曲面】按钮，在【剪裁类型】中选择【相互】，在【选择】中选择【缝合曲面1】和【放样曲面2】，选择【移除选择】，在【要保留的部分】中选择【缝合曲面1－剪裁1】和【放样曲面2－剪裁1】，单击【确定】按钮，剪裁曲面，如图4–74所示。

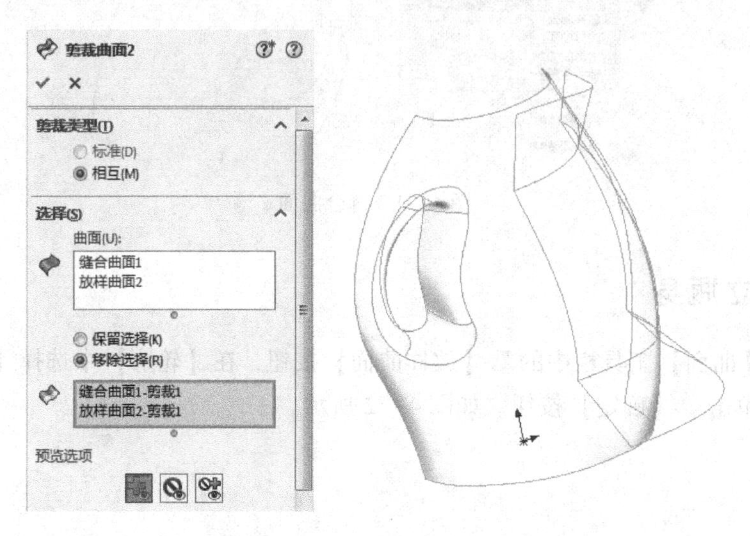

图4–74　曲面剪裁1

4）单击【参考几何体】工具栏中的【基准面】按钮，弹出【基准面】属性管理器。在【第一参考】的图形区域中选择【基准面3】，单击【距离】按钮，在文本栏中输入【17.61945286mm】，如图4–75所示，在图形区域中显示出新建基准面的预览，单击【确定】按钮，生成基准面。

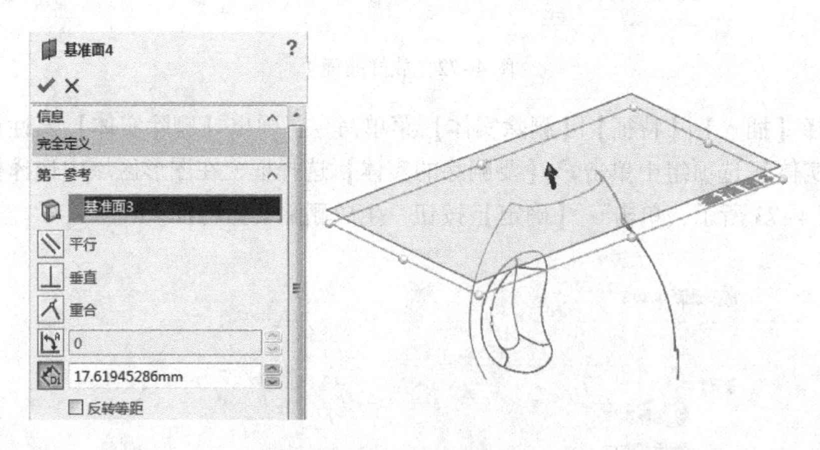

图4–75　生成基准面

5）单击【特征管理器设计树】中的【基准面4】图标，使其成为草图绘制平面。单击【标准视图】工具栏中的【正视于】按钮，并单击【草图】工具栏中的【草图绘制】按钮，进入草图绘制状态。使用【草图】工具栏中的【直线】、【中心线】和

【智能尺寸】工具，绘制图4-76所示的草图。单击【退出草图】按钮，退出草图绘制状态。

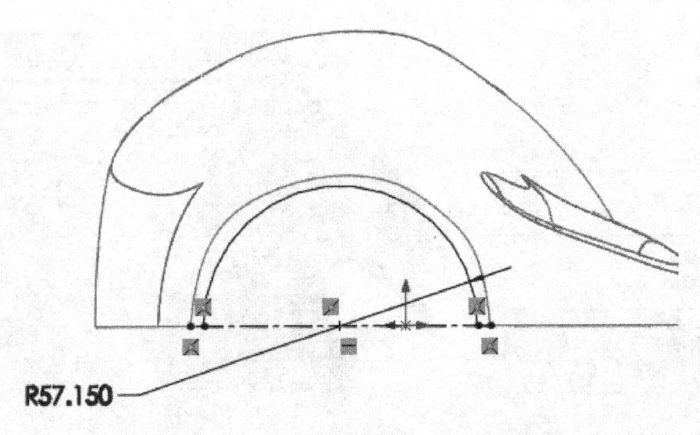

图4-76 绘制草图并标注尺寸1

6）鼠标单击【曲面】工具栏中的【放样曲面】按钮，在【轮廓】中选择【Sketch10 <2>】和【Sketch14】，单击【确定】按钮。如图4-77所示。

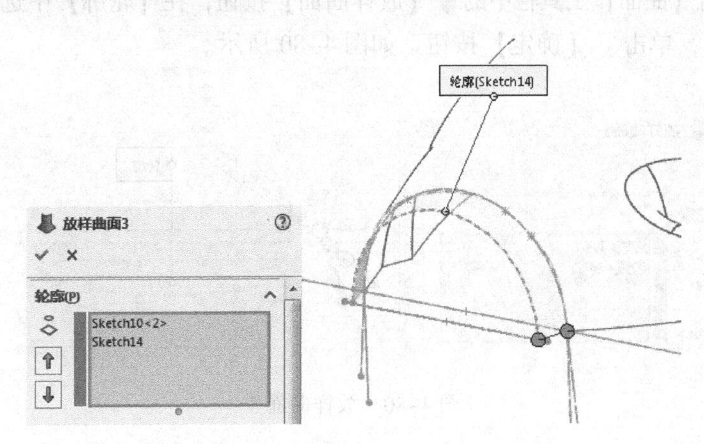

图4-77 放样曲面2

7）单击【特征管理器设计树】中的【前视基准面】图标，使其成为草图绘制平面。单击【标准视图】工具栏中的【正视于】按钮，并单击【草图】工具栏中的【草图绘制】按钮，进入草图绘制状态。使用【草图】工具栏中的【直线】、【中心线】和【智能尺寸】工具，绘制图4-78所示的草图。单击【退出草图】按钮，退出草图绘制状态。

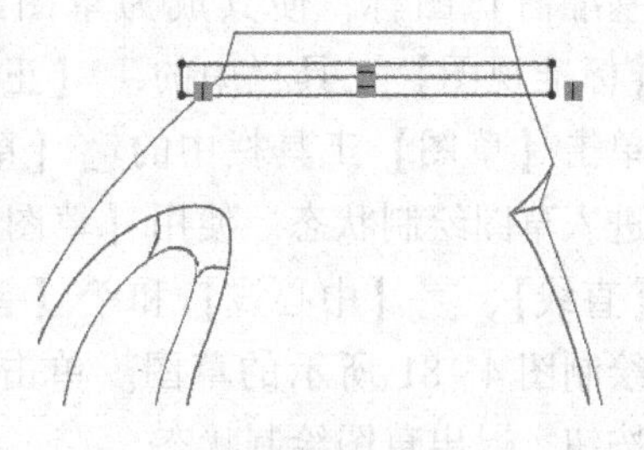

图4-78 绘制草图并标注尺寸2

8）单击【曲面】工具栏中的【剪裁曲面】按钮，在【剪裁类型】中选择【标准】，在【选择】中选择【Sketch15】，选择【保留选择】，在【要保留的部分】中选择【放样曲面3-剪裁1】和【剪裁曲面2-剪裁1】，在【曲面分割选项】中选择【自然】。单击【确定】按钮，剪裁曲面，如图4-79所示。

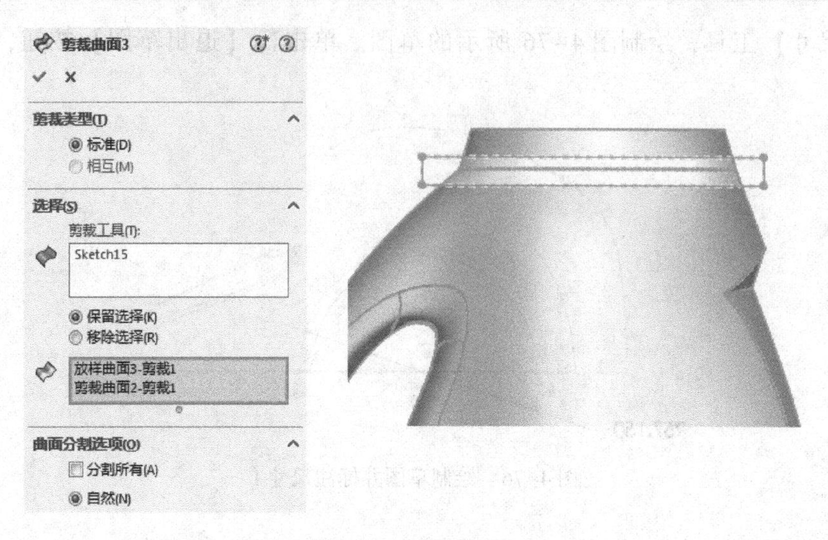

图 4-79　曲面剪裁 2

9）鼠标单击【曲面】工具栏中的【放样曲面】按钮，在【轮廓】中选择【边线 <1 >】和【边线 <2 >】，单击【确定】按钮。如图 4-80 所示。

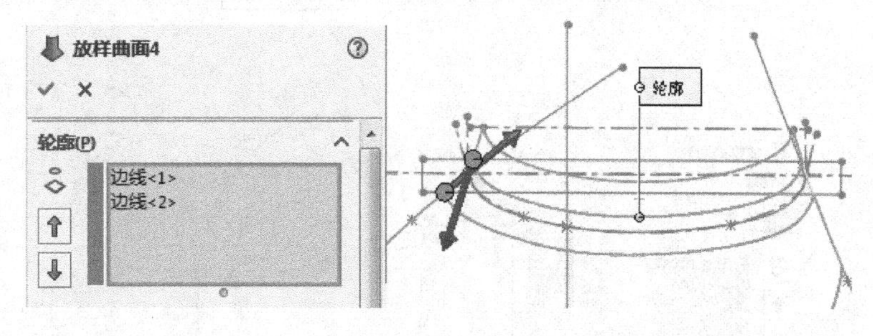

图 4-80　放样曲面 3

10）单击【特征管理器设计树】中的【前视基准面】图标，使其成为草图绘制平面。单击【标准视图】工具栏中的【正视于】按钮，并单击【草图】工具栏中的【草图绘制】按钮，进入草图绘制状态。使用【草图】工具栏中的【直线】、【中心线】和【智能尺寸】工具，绘制图 4-81 所示的草图。单击【退出草图】按钮，退出草图绘制状态。

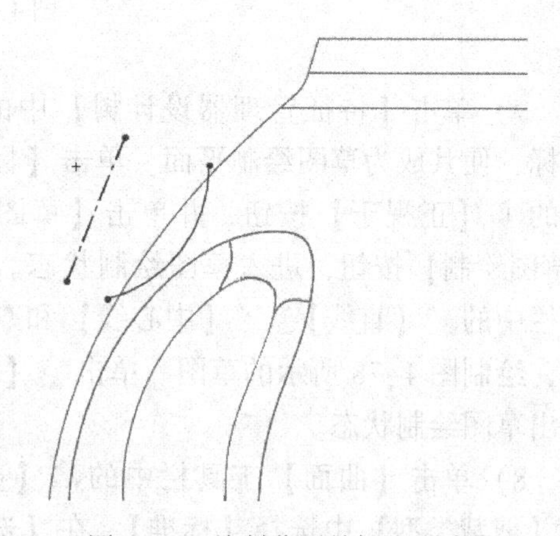

图 4-81　绘制草图并标注尺寸 3

11）选择草图，单击【曲面】工具栏中的【旋转曲面】按钮，弹出【旋转曲面】属性管理器。在【旋转轴】中选择【直线 1】，【方向】选项组中选择【给定深度】，设置【角度】为【180.00 度】，单击【确定】按钮，生成曲面旋转特征，如图 4-82 所示。

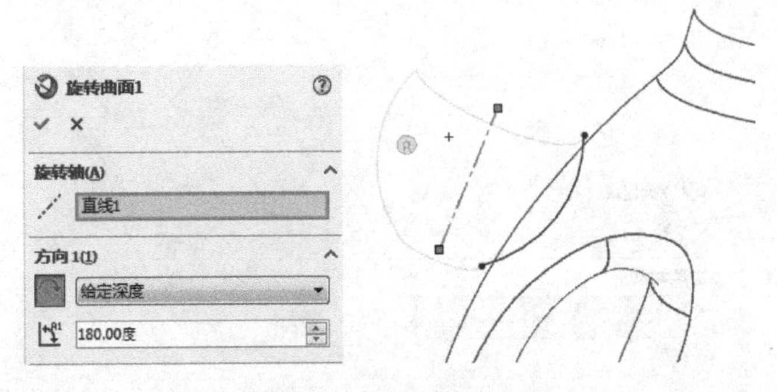

图4-82　生成曲面旋转特征

12）单击【曲面】工具栏中的【剪裁曲面】按钮，在【剪裁类型】中选择【相互】，在【选择】中选择【旋转曲面1】和【剪裁曲面3】，选择【保留选择】，在【要保留的部分】中选择【旋转曲面1-剪裁0】和【剪裁曲面3-剪裁1】，单击【确定】按钮，剪裁曲面，如图4-83所示。

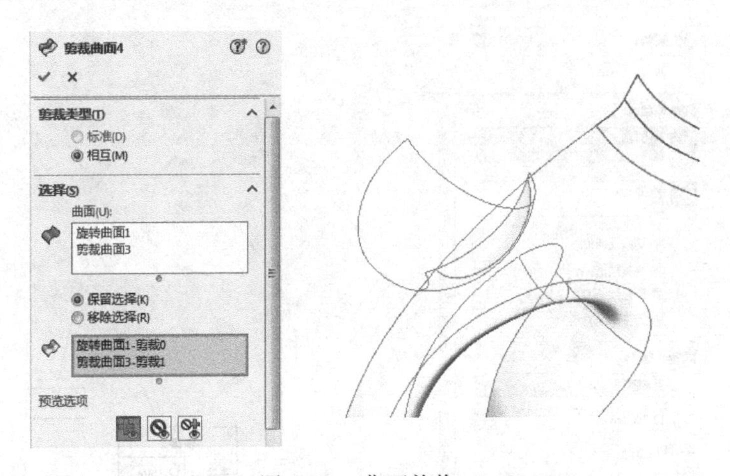

图4-83　曲面剪裁3

13）单击【特征管理器设计树】中的【上视基准面】图标，使其成为草图绘制平面。单击【标准视图】工具栏中的【正视于】按钮，并单击【草图】工具栏中的【草图绘制】按钮，进入草图绘制状态。使用【草图】工具栏中的【直线】、【中心线】和【智能尺寸】工具，绘制图4-84所示的草图。单击【退出草图】按钮，退出草图绘制状态。

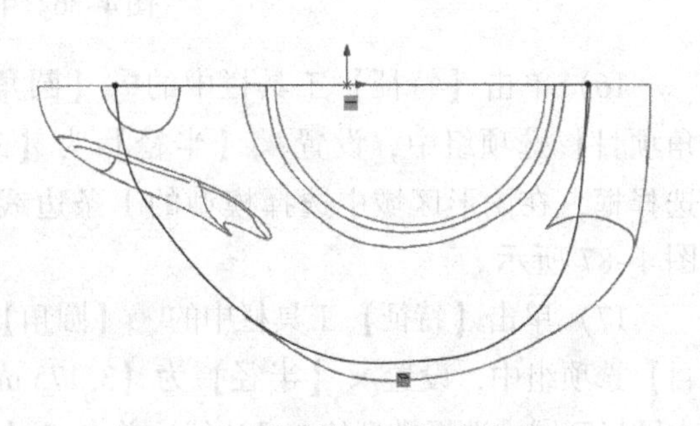

图4-84　绘制草图并标注尺寸4

14）单击【曲面】工具栏中的【平面区域】按钮，弹出【平面区域】属性管理器。单击【边界实体】选择框，在图形区域中选择【Sketch18】，如图4-85所示，单击【确定】按钮，生成平面区域特征。

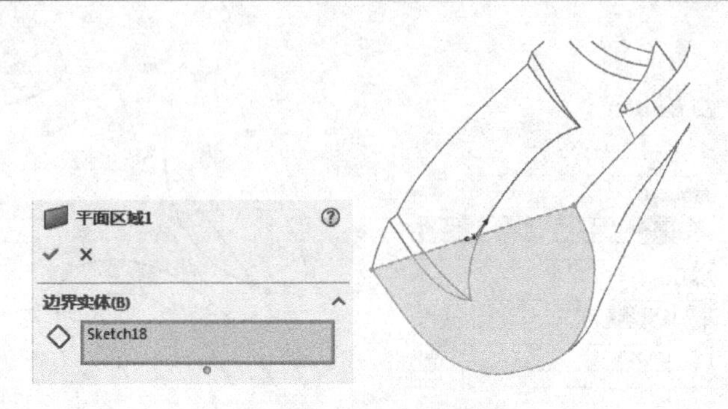

图 4-85　生成平面区域特征 1

15）单击【特征】工具栏中的【圆角】按钮，弹出【圆角】属性管理器。在【圆角项目】选项组中，设置【半径】为【12.700 mm】，单击【圆角项目】选择框，在图形区域中分别选择【面 <1>】和【面 <2>】，单击【确定】按钮，生成圆角特征，如图 4-86 所示。

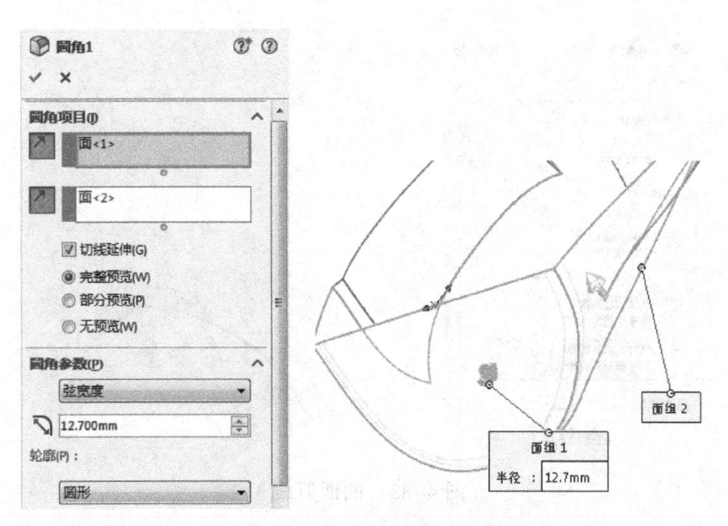

图 4-86　生成圆角特征 1

16）单击【特征】工具栏中的【圆角】按钮，弹出【圆角】属性管理器。在【圆角项目】选项组中，设置【半径】为【3.175 mm】，单击【边线、面、特征和环】选择框，在图形区域中选择模型的 1 条边线，单击【确定】按钮，生成圆角特征，如图 4-87 所示。

17）单击【特征】工具栏中的【圆角】按钮，弹出【圆角】属性管理器。在【圆角项目】选项组中，设置【半径】为【3.175 mm】，单击【边线、面、特征和环】选择框，在图形区域中选择模型的 1 条边线，单击【确定】按钮，生成圆角特征，如图 4-88 所示。

18）单击【特征】工具栏中的【圆角】按钮，弹出【圆角】属性管理器。在【圆角项目】选项组中，设置【半径】为【3.810 mm】，单击【边线、面、特征和环】选择框，在图形区域中选择模型的 1 条边线，单击【确定】按钮，生成圆角特征，如图 4-89 所示。

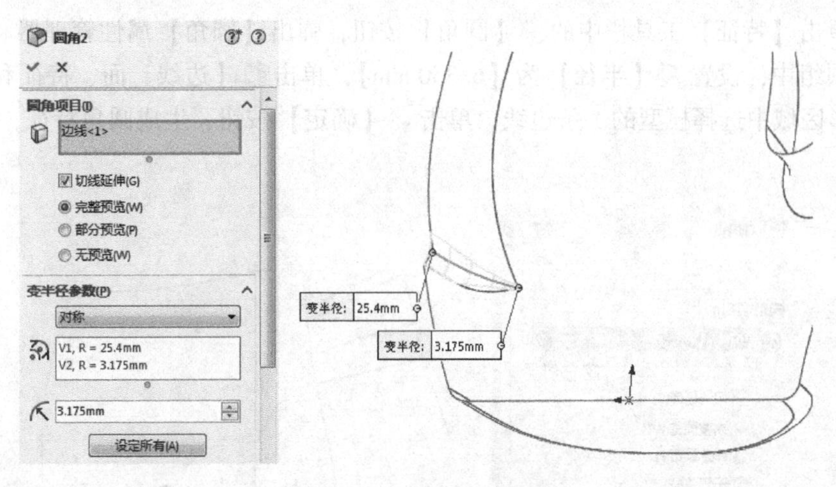

图 4-87　生成圆角特征 2

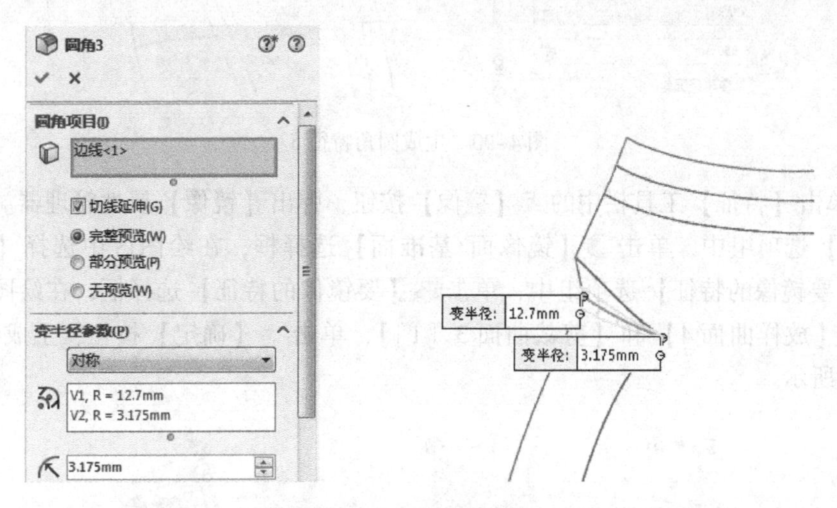

图 4-88　生成圆角特征 3

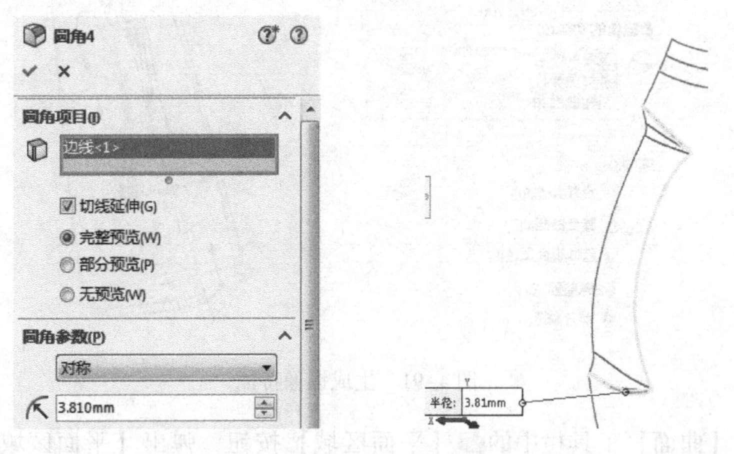

图 4-89　生成圆角特征 4

19）单击【特征】工具栏中的【圆角】按钮，弹出【圆角】属性管理器。在【圆角项目】选项组中，设置【半径】为【6. 350 mm】，单击【边线、面、特征和环】选择框，在图形区域中选择模型的1条边线，单击【确定】按钮，生成圆角特征，如图4-90所示。

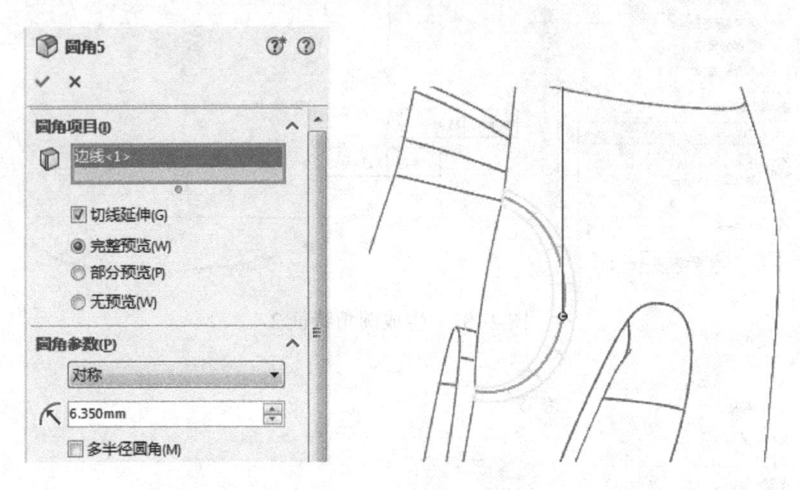

图4-90　生成圆角特征5

20）单击【特征】工具栏中的【镜像】按钮，弹出【镜像】属性管理器。在【镜像面/基准面】选项组中，单击【镜像面/基准面】选择框，在绘图区中选择【前视基准面】；在【要镜像的特征】选项组中，单击【要镜像的特征】选择框，在绘图区中选择【圆角5】、【放样曲面4】和【剪裁曲面3［1］】，单击【确定】按钮，生成镜像特征，如图4-91所示。

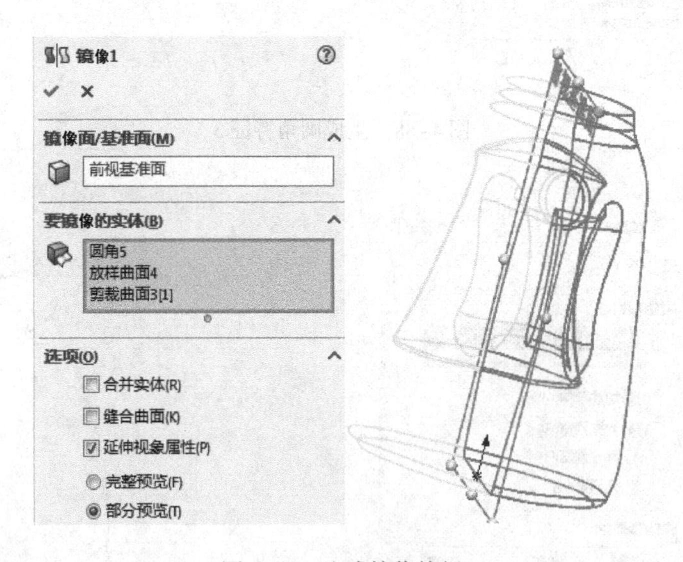

图4-91　生成镜像特征

21）单击【曲面】工具栏中的【平面区域】按钮，弹出【平面区域】属性管理器。单击【边界实体】选择框，在图形区域中选择2条边线，如图4-92所示，单击【确定】按钮，生成平面区域特征。

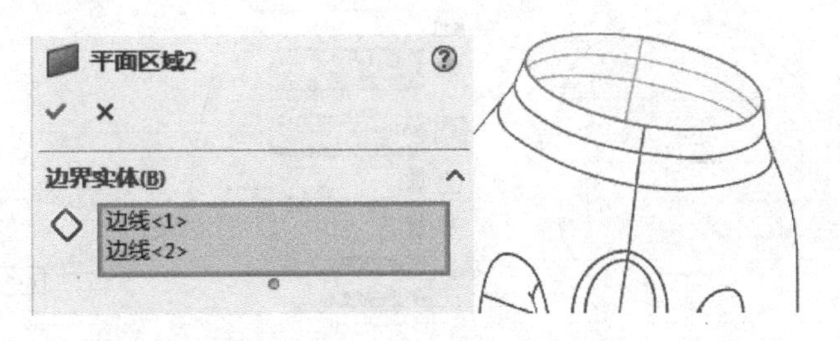

图4-92　生成平面区域特征2

4.5.4 建立辅助部分

1）单击【曲面】工具栏中的【缝合曲面】按钮，弹出【缝合曲面】属性管理器。单击【选择】选择框，在图形区域中选择7个曲面，勾选【创建实体】，如图4-93所示，单击【确定】按钮，生成缝合曲面特征。

2）单击模型的底面，使其成为草图绘制平面。单击【标准视图】工具栏中的【正视于】按钮，并单击【草图】工具栏中的【草图绘制】按钮，进入草图绘制状态。使用【草图】工具栏中的【直线】、【中心线】和【智能尺寸】工具，绘制图4-94所示的草图。单击【退出草图】按钮，退出草图绘制状态。

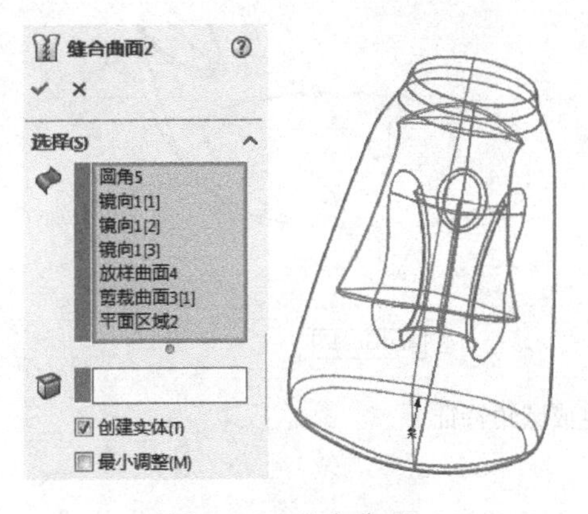

图4-93　缝合曲面

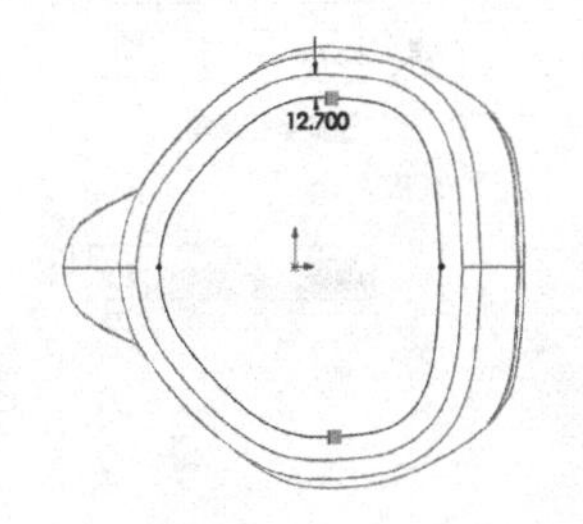

图4-94　绘制草图并标注尺寸1

3）选择【插入】|【曲线】|【分割线】菜单命令，在【要投影的草图】中选择【Sketch19】，在【要投影的面】中选择模型的1个面，如图4-95所示，单击【确定】按钮。

4）单击模型的上表面，使其处于被选择状态。选择【插入】|【特征】|【圆顶】菜单命令，弹出【圆顶】属性管理器。在【参数】选项组的【到圆顶的面】选择框中显示出模型下表面的名称，设置【距离】为【9.525 mm】，单击【确定】按钮，生成圆顶特征，如图4-96所示。

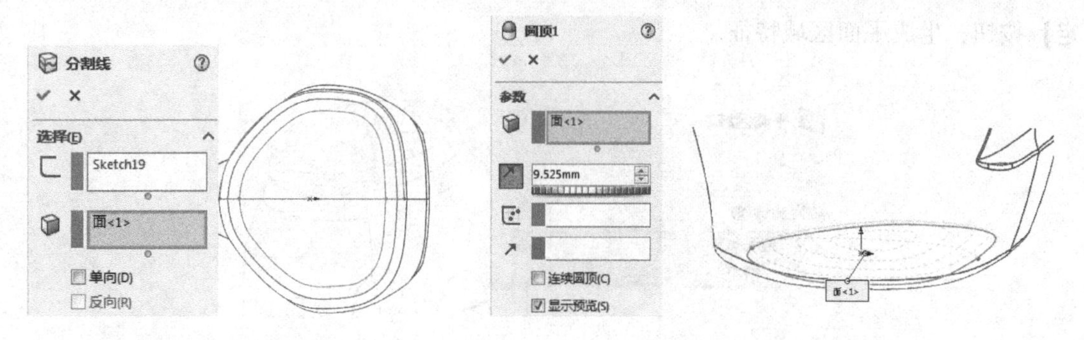

图 4-95　生成分割线特征　　　　图 4-96　生成圆顶特征

5）单击【特征】工具栏中的【圆角】按钮，弹出【圆角】属性管理器。在【圆角项目】选项组中，设置【半径】为【3.175 mm】，单击【边线、面、特征和环】选择框，在图形区域中选择模型的 2 条边线，单击【确定】按钮，生成圆角特征，如图 4-97 所示。

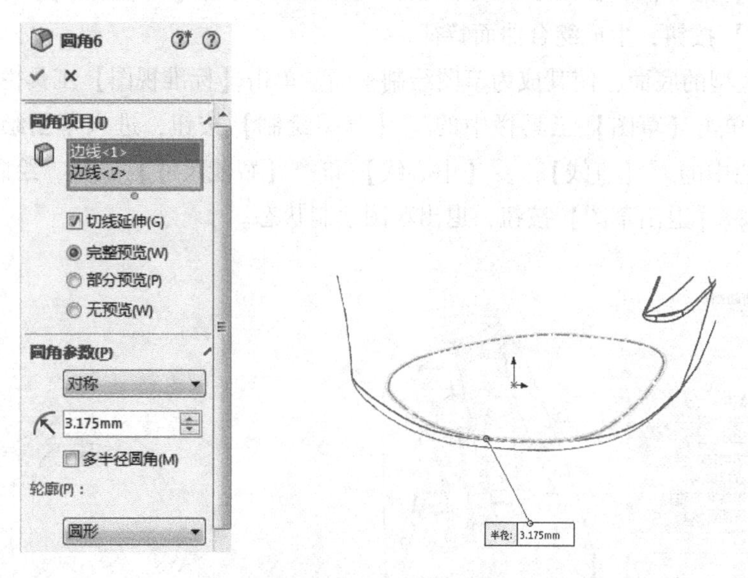

图 4-97　生成圆角特征 1

6）单击模型的顶面，使其成为草图绘制平面。单击【标准视图】工具栏中的【正视于】按钮，并单击【草图】工具栏中的【草图绘制】按钮，进入草图绘制状态。使用【草图】工具栏中的【直线】、【中心线】和【智能尺寸】工具，绘制图 4-98 所示的草图。单击【退出草图】按钮，退出草图绘制状态。

7）单击【特征】工具栏中的【拉伸凸台/基体】按钮，弹出【凸台 - 拉伸】属性设置。在【方向 1】选项组中，设置【终止条件】为【给定深度】，【深度】为【25.400mm】，在【拔模角度】中设置【3.00 度】，单击【确定】按钮，生成拉伸特征，如图 4-99 所示。

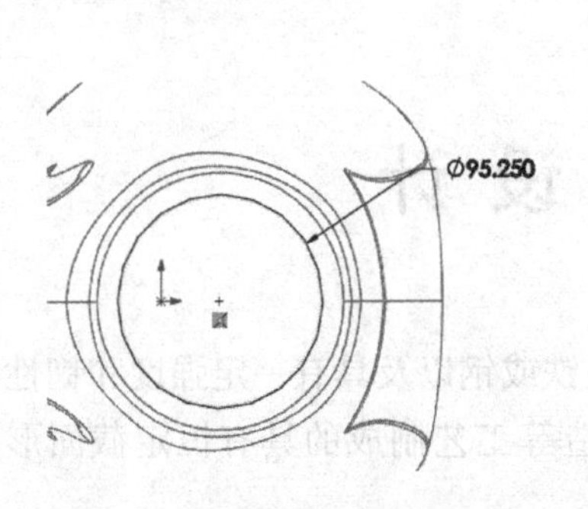

图4-98　绘制草图并标注尺寸2

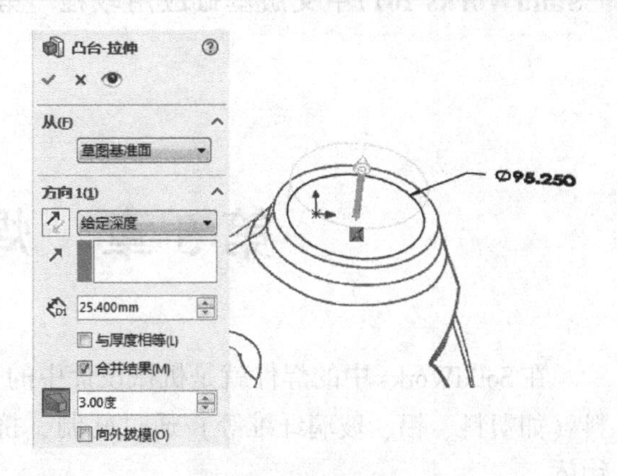

图4-99　拉伸特征

8）单击【特征】工具栏中的【圆角】按钮，弹出【圆角】属性管理器。在【圆角项目】选项组中，设置【半径】为【3.175mm】，单击【边线、面、特征和环】选择框，在图形区域中选择模型的2条边线，单击【确定】按钮，生成圆角特征，如图4-100所示。

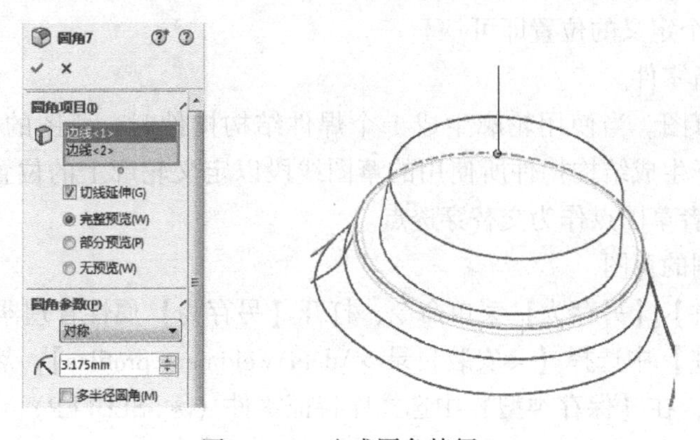

图4-100　生成圆角特征2

9）选择【插入】|【特征】|【抽壳】菜单命令，弹出【抽壳】属性管理器。在【参数】选项组中，设置【厚度】为【0.762 mm】，在【移除的面】选项中，选择绘图区中【面<1>】；在【多厚度设定】选项组中，设置【厚度】为【2.540 mm】，在【移除的面】选项中，选择绘图区中【面<2>】，单击【确定】按钮，生成抽壳特征，如图4-101所示。

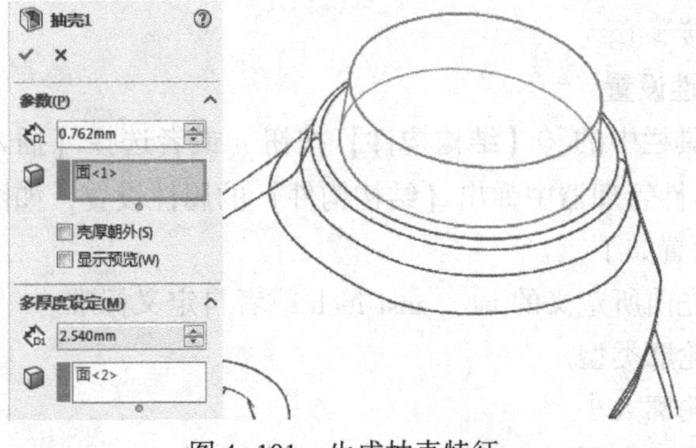

图4-101　生成抽壳特征

第5章　焊件设计

在SolidWorks中的焊件就是机械设计中的型材，是铁或钢以及具有一定强度和韧性的材料（如塑料、铝、玻璃纤维等）通过轧制、挤出、铸造等工艺制成的具有恒定截面形状的物体。

5.1　焊件轮廓

可以生成自己的焊件轮廓以便在生成焊件结构构件时使用。将轮廓创建为库特征零件，然后将其保存于一个定义的位置即可。

1）打开1个新零件。

2）绘制轮廓草图。当使用轮廓生成1个焊件结构构件时，草图的原点为默认穿透点（穿透点可以相对于生成结构构件所使用的草图线段以定义轮廓上的位置），且可以选择草图中的任何顶点或者草图点作为交替穿透点。

3）选择所绘制的草图。

4）选择【文件】|【另存为】菜单命令，打开【另存为】属性管理器。

5）在【保存在】中选择【<安装目录>\data\weldment profiles】，然后选择或者生成1个适当的子文件夹，在【保存类型】中选择库特征零件（*.SLDLFP），输入【文件名】名称，单击【保存】按钮。

5.2　结构构件

在零件中生成第1个结构构件时，【焊件】图标将被添加到【特征管理器设计树】中。在【配置管理器】中生成两个默认配置，即1个父配置（默认<按加工>）和1个派生配置（默认<按焊接>）。

1. 结构构件的属性设置

单击【焊件】工具栏中的【结构构件】按钮（或者选择【插入】|【焊件】|【结构构件】菜单命令），在属性管理器中弹出【结构构件】的属性设置，如图5-1所示。

【选择】选项组设置如下。

- 【标准】：选择先前所定义的iso、ansi inch或者自定义标准。
- 【类型】：选择轮廓类型。
- 【大小】：选择轮廓大小。
- 【路径线段】：可以在图形区域中选择1组草图实体。

2. 生成结构构件的方法

1）绘制草图，如图5-2所示。

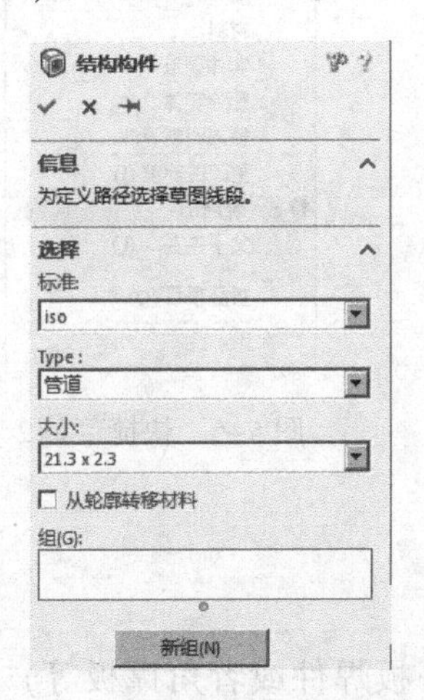

图5-1 【结构构件】的属性设置

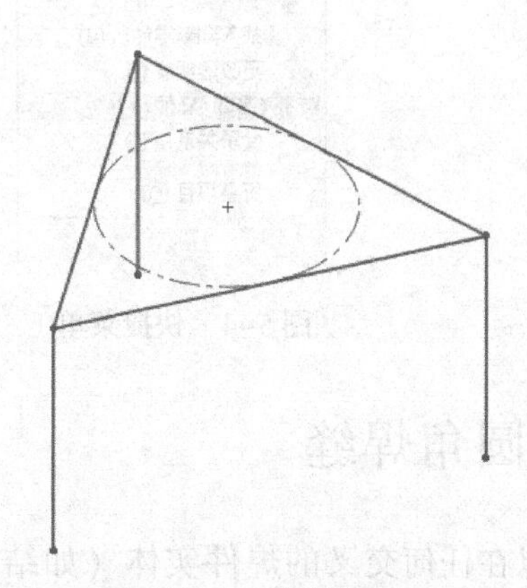

图5-2 绘制草图

2）单击【焊件】工具栏中的【结构构件】按钮（或者选择【插入】|【焊件】|【结构构件】菜单命令），在属性管理器中弹出【结构构件】的属性设置。在【选择】选项组中，设置【标准】、【类型】和【大小】参数，单击【路径线段】选择框，在图形区域中选择1组草图实体，如图5-3所示，单击【确定】按钮。

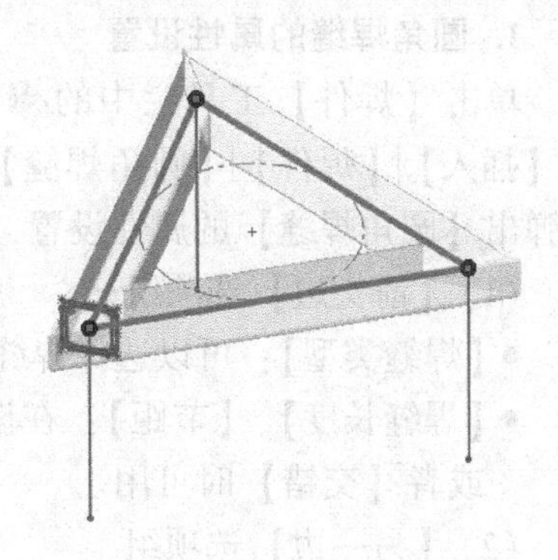

图5-3 选择草图实体

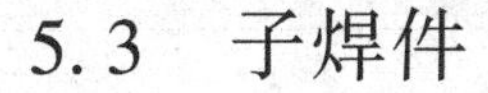

5.3 子焊件

子焊件将复杂模型分为管理更容易的实体。子焊件包括列举在【特征管理器设计树】的【切割清单】中的任何实体，包括结构构件、顶端盖、角撑板、圆角焊缝以及使用【剪裁/延伸】命令所剪裁的结构构件。

1）在焊件模型的【特征管理器设计树】中，展开【切割清单】。

2）选择要包含在子焊件中的实体，可以使用键盘上的〈Shift〉键或者〈Ctrl〉键进行批量选择，所选实体在图形区域中呈高亮显示。

3）用鼠标右键单击选择的实体，在弹出的菜单中选择【生成子焊件】命令，如图5-4所示，包含所选实体的【子焊件】文件夹出现在【切割清单】中。

4）用鼠标右键单击【子焊件】文件夹，在弹出的菜单中选择【插入到新零件】命令，如图5-5所示。子焊件模型在新的SolidWorks窗口中打开，并弹出【另存为】属性管理器。

5）设置【文件名】，单击【保存】按钮，在焊件模型中所做的更改将扩展到子焊件模型中。

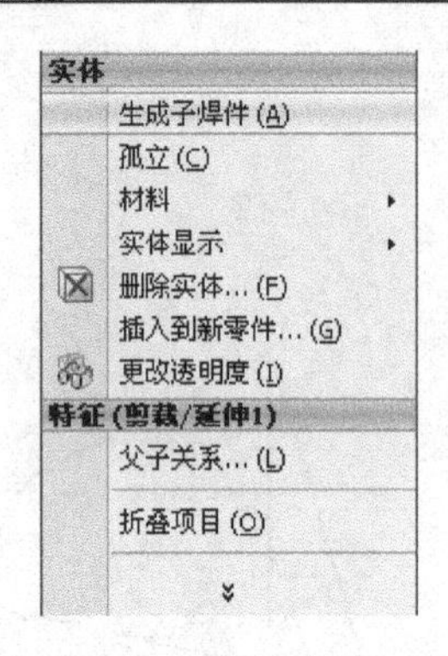

图5-4　快捷菜单1

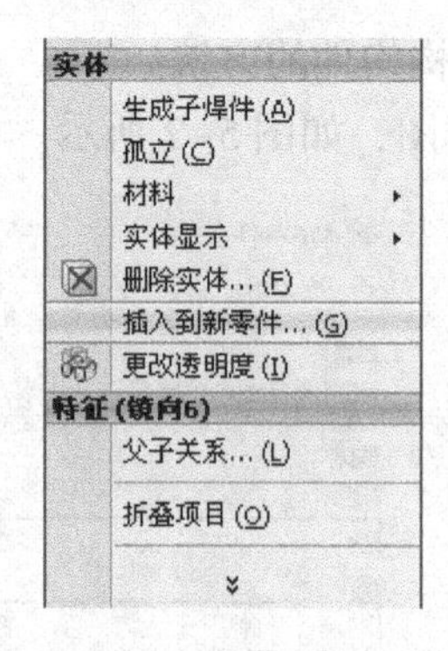

图5-5　快捷菜单2

5.4　圆角焊缝

可以在任何交叉的焊件实体（如结构构件、平板焊件或者角撑板等）之间添加全长、间歇或者交错的圆角焊缝。

1. 圆角焊缝的属性设置

单击【焊件】工具栏中的【圆角焊缝】按钮（或者选择【插入】|【焊件】|【圆角焊缝】菜单命令），在属性管理器中弹出【圆角焊缝】的属性设置，如图5-6所示。

(1)【箭头边】选项组

- 【焊缝类型】：可以选择焊缝类型。
- 【焊缝长度】、【节距】：在设置【焊缝类型】为【间歇】或者【交错】时可用。

(2)【另一边】选项组

其属性设置不再赘述。

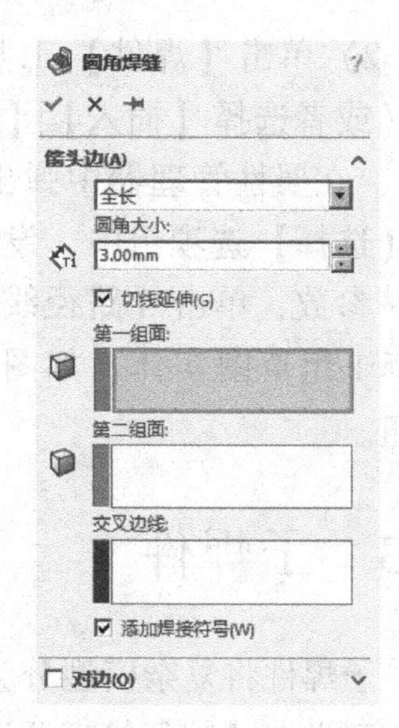

图5-6　【圆角焊缝】的属性设置

2. 生成圆角焊缝的方法

1）单击【焊件】工具栏中的【圆角焊缝】按钮（或者选择【插入】|【焊件】|【圆角焊缝】菜单命令），在属性管理器中弹出【圆角焊缝】的属性设置。

2）在【箭头边】选项组中，选择【焊缝类型】，设置【焊缝大小】数值，单击【面组1】选择框，在图形区域中选择1个面组，如图5-7所示；单击【面组2】选择框，在图形区域中选择1个交叉面组，如图5-8所示。

角撑板面

结构构件面

图5-7　选择【面组1】1

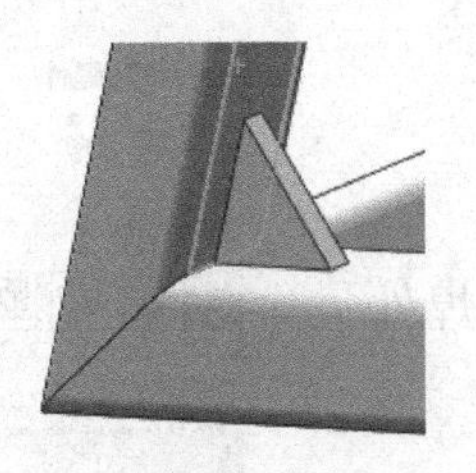
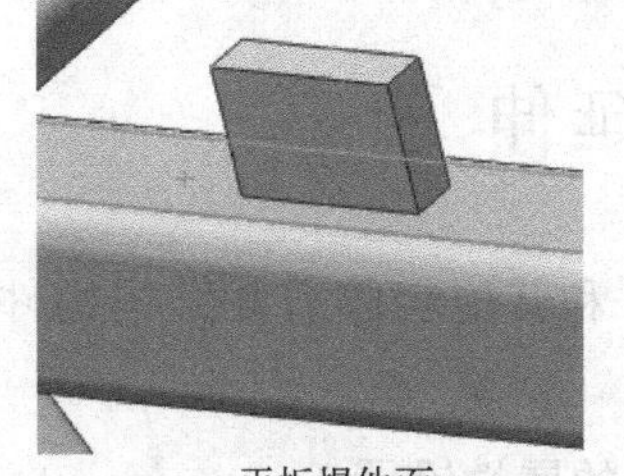

结构构件面　　平板焊件面

图5-8　选择【面组2】1

3）在图形区域中沿交叉实体之间的边线显示圆角焊缝的预览。

4）在【另一边】选项组中，选择【焊缝类型】，设置【焊缝大小】的数值，单击【面组1】选择框，在图形区域中选择1个面组，如图5-9所示；单击【面组2】选择框，在图形区域中选择1个交叉面组（为【箭头边】选项组中【面组2】所选择的同一个面组），如图5-10所示。

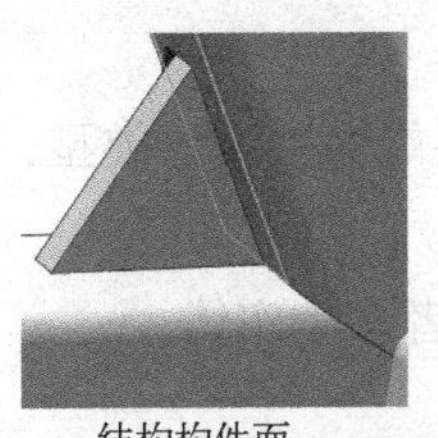

角撑板面　　结构构件面

图5-9　选择【面组1】2

结构构件面　　平板焊件面

图5-10　选择【面组2】2

5）在图形区域中沿交叉实体之间的边线显示圆角焊缝的预览，单击【确定】按钮，如图5-11所示。

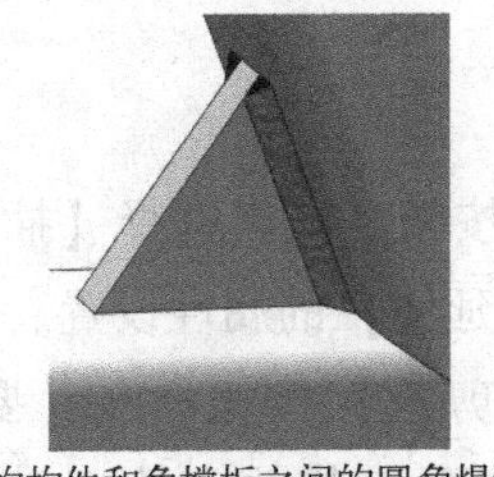

结构构件和角撑板之间的圆角焊缝　　结构构件和平板焊件之间的圆角焊缝

图5-11　生成圆角焊缝

5.5　剪裁/延伸

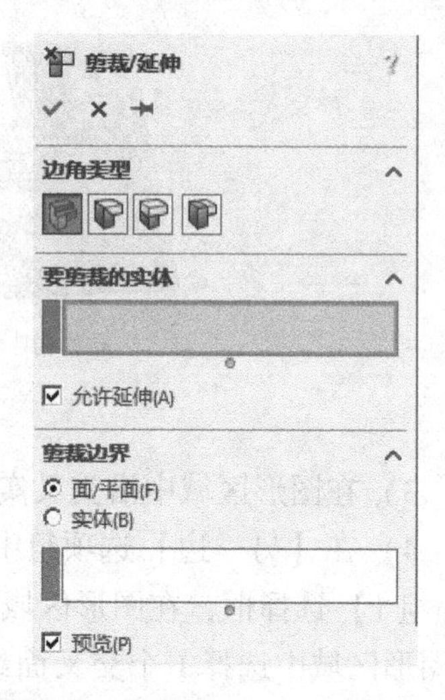

图5-12　【剪裁/延伸】的属性设置

可用结构构件和其他实体剪裁结构构件，使其在焊件零件中正确对接。

1. 剪裁/延伸的属性设置

单击【焊件】工具栏中的【剪裁/延伸】按钮（或者选择【插入】|【焊件】|【剪裁/延伸】菜单命令），在属性管理器中弹出【剪裁/延伸】的属性设置，如图5-12所示。

（1）【边角类型】选项组

可以设置剪裁的边角类型，包括【终端剪裁】、【终端斜接】、【终端对接1】和【终端对接2】，其效果如图5-13所示。

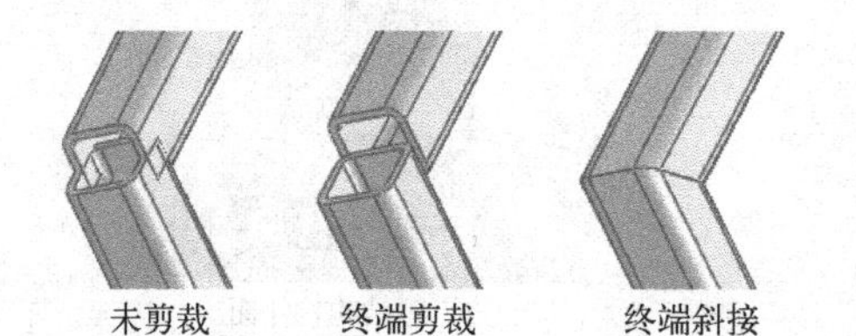

图5-13　设置不同边角类型的效果

（2）【要剪裁的实体】选项组

对于【终端剪裁】、【终端对接1】、【终端对接2】类型，选择要剪裁的1个实体。

对于【终端剪裁】类型，选择要剪裁的1个或者多个实体，

（3）【剪裁边界】选项组

当单击【终端剪裁】按钮时，选择剪裁所相对的1个或者多个相邻面。

- 【平面】：使用平面作为剪裁边界。
- 【实体】：使用实体作为剪裁边界。
- 【预览】：在图形区域中预览剪裁。
- 【延伸】：允许结构构件进行延伸或者剪裁。

2. 剪裁/延伸结构构件的方法

1）单击【焊件】工具栏中的【剪裁/延伸】按钮（或者选择【插入】|【焊件】|【剪裁/延伸】菜单命令），在属性管理器中弹出【剪裁/延伸】的属性设置。

2）在【边角类型】选项组中，单击【终端剪裁】按钮；在【要剪裁的实体】选项组中，单击【实体】选择框，在图形区域中选择要剪裁的实体，如图5-14所示；在【剪裁边界】选项组中，单击【面/实体】选择框，在图形区域中选择作为剪裁边界的实

体，如图5-15所示。在图形区域中显示出剪裁的预览，如图5-16所示，单击✔【确定】按钮。

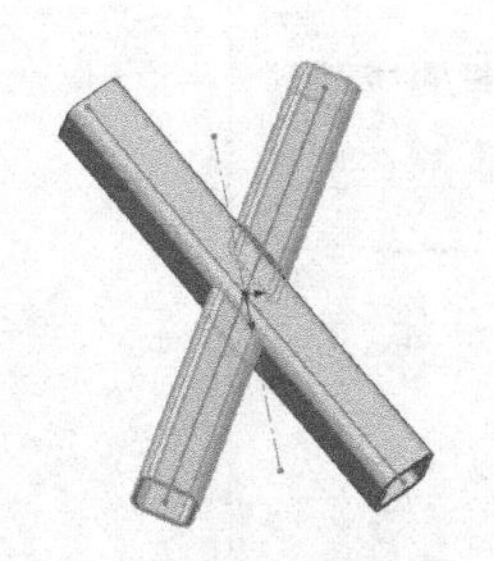
图5-14　选择要剪裁的实体

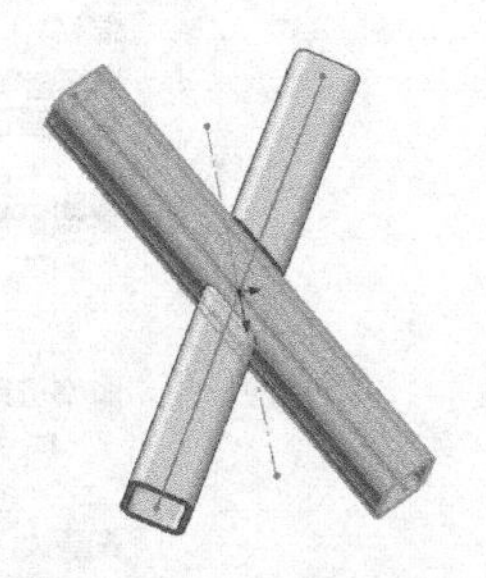
图5-15　选择实体

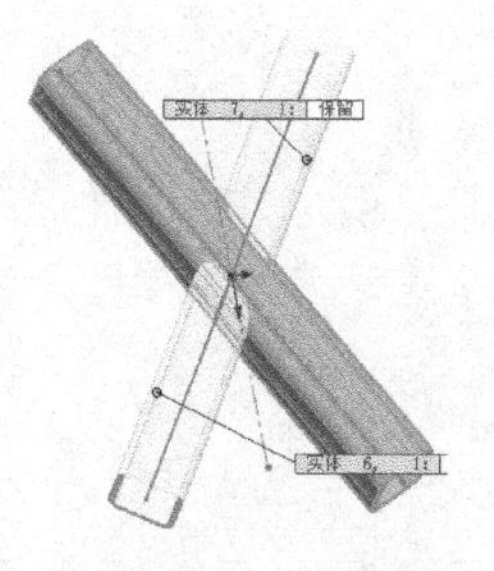
图5-16　剪裁预览

5.6　切割清单

当第1个焊件特征被插入到零件中时，【实体】文件夹会重新命名为【切割清单】，以表示要包括在切割清单中的项目。图标表示切割清单需要更新，图标表示切割清单已更新。

5.6.1　生成切割清单的方法

1. 更新切割清单

在焊件零件的【特征管理器设计树】中，用鼠标右键单击【切割清单】图标，在弹出的菜单中选择【更新】命令，如图5-17所示，【切割清单】图标变为。相同项目在【切割清单】项目子文件夹中列组。

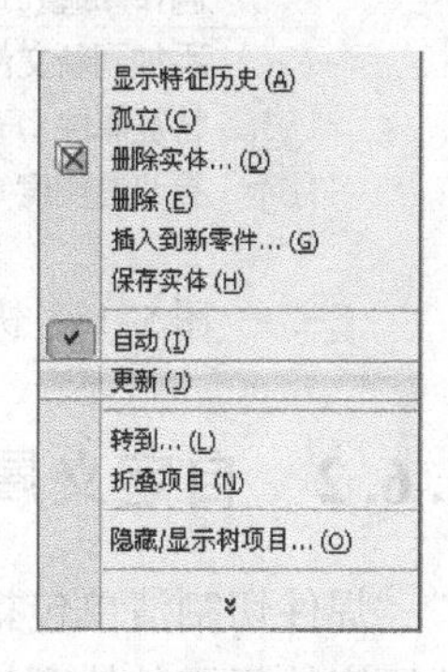

图5-17　快捷菜单1

2. 将特征排除在切割清单外

焊缝不包括在切割清单中，可以选择其他也可排除在外的特征。如果需要将特征排除在切割清单之外，可以用鼠标右键单击特征，在弹出的菜单中选择【制作焊缝】命令，如图5-18所示。

3. 将切割清单插入到工程图中

1）在工程图中，单击【表格】工具栏中的【焊件切割清单】按钮（或者选择【插入】|【表格】|【焊件切割清单】菜单命令），在属性管理器中弹出【焊件切割清单】的属性设置，如图5-19所示。

2）选择1个工程视图，设置【焊件切割清单】属性，单击✔【确定】按钮。

如果在属性设置中取消选择【附加到定位点】选项，在图形区域中单击鼠标左键以放置切割清单。

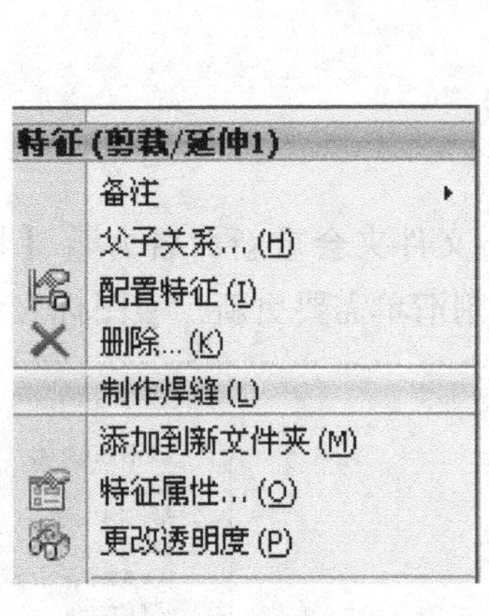

图 5-18 快捷菜单 2

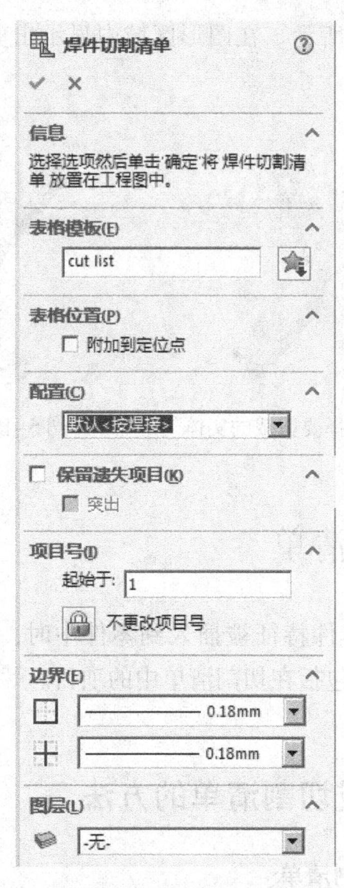

图 5-19 【焊件切割清单】的属性设置

5.6.2 自定义属性

焊件切割清单包括项目号、数量以及切割清单自定义属性。在焊件零件中，属性包含在使用库特征零件轮廓从结构构件所生成的切割清单项目中，包括【说明】、【长度】、【角度 1】和【角度 2】等，可以将这些属性添加到切割清单项目中。

1）在零件文件中，用鼠标右键单击切割清单项目图标，在弹出的菜单中选择【属性】命令，如图 5-20 所示。

2）在【<切割清单项目>自定义属性】属性管理器中，设置【属性名称】、【类型】和【数值/文字表达】等参数。

3）根据需要重复前面的步骤，单击【确定】按钮完成操作。

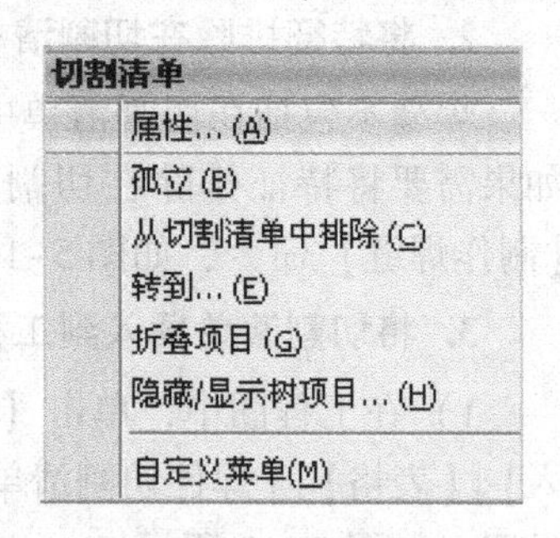

图 5-20 快捷菜单

5.7 铁架建模范例

本例通过 1 个铁架的建模过程进一步熟悉焊件的相关功能，最终效果如图 5-21 所示。

图 5-21　焊件模型

5.7.1　生成主体部分

1）单击【特征管理器设计树】中的【前视基准面】图标，使前视基准面成为草图绘制平面。单击【标准视图】工具栏中的【正视于】按钮，并单击【草图】工具栏中的【草图绘制】按钮，进入草图绘制状态。使用【草图】工具栏中的【直线】、【智能尺寸】工具，绘制图 5-22 所示的草图。单击【退出草图】按钮，退出草图绘制状态。

2）单击【焊件】工具栏中的【结构构件】按钮，在属性管理器中弹出【结构构件】属性设置框，设置【标准】、【类型】和【大小】参数。单击【组】选择框，在图形区域中选择草图。系统生成一个垂直于所选路径的平面，并在该平面上应用前面选择的轮廓类型绘制草图，单击【确定】按钮，生成独立实体的结构构件，如图 5-23 所示。

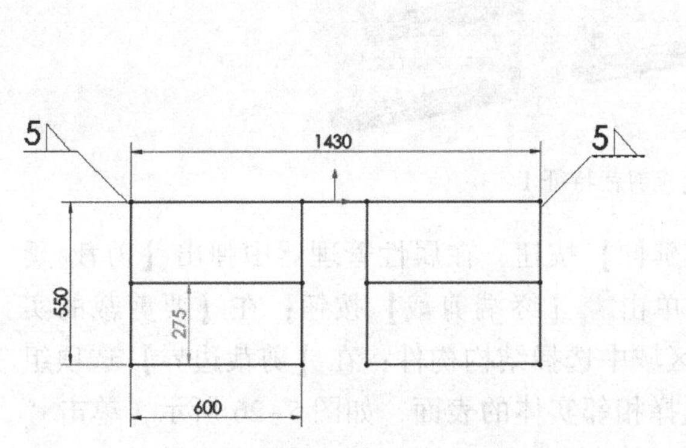

图 5-22　绘制草图并标注尺寸

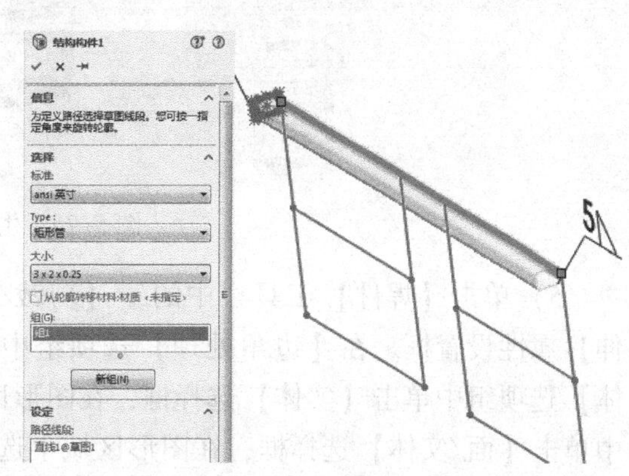

图 5-23　生成结构构件 1

3）单击【焊件】工具栏中的【结构构件】按钮，在属性管理器中弹出【结构构件】属性设置框，设置【标准】、【类型】和【大小】参数。单击【组】选择框，在图形区域中选择草图。系统生成一个垂直于所选路径的平面，并在该平面上应用前面选择的轮廓类型绘制草图，单击【确定】按钮，生成独立实体的结构构件，如图 5-24 所示。

4）单击【焊件】工具栏中的【剪裁/延伸】按钮，在属性管理器中弹出【剪裁/延伸】属性设置框。在【边角处理】选项组中单击【终端剪裁】按钮；在【要剪裁的实体】选项组中单击【实体】选择框，在图形区域中选择结构构件 2 的四个实体；在【剪裁边界】选项组中单击【面/实体】选择框，在图形区域中选择结构构件 1 的下平面，如

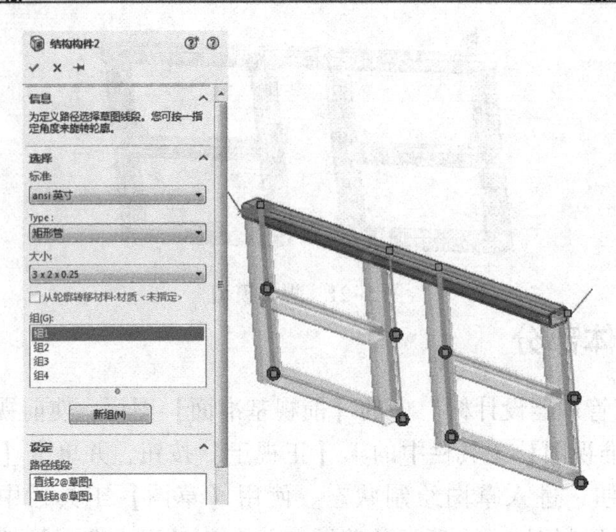

图 5-24　生成结构构件 2

图 5-25 所示，单击✔【确定】按钮，生成剪裁特征。

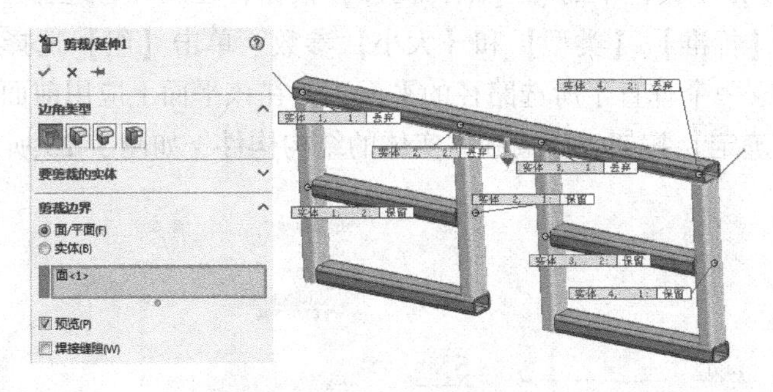

图 5-25　生成剪裁特征 1

5）单击【焊件】工具栏中的【剪裁/延伸】按钮，在属性管理器中弹出【剪裁/延伸】属性设置框。在【边角处理】选项组中单击【终端剪裁】按钮；在【要剪裁的实体】选项组中单击【实体】选择框，在图形区域中选择结构构件；在【剪裁边界】选项组中单击【面/实体】选择框，在图形区域中选择相邻实体的表面，如图 5-26 所示，单击✔【确定】按钮，生成剪裁特征。

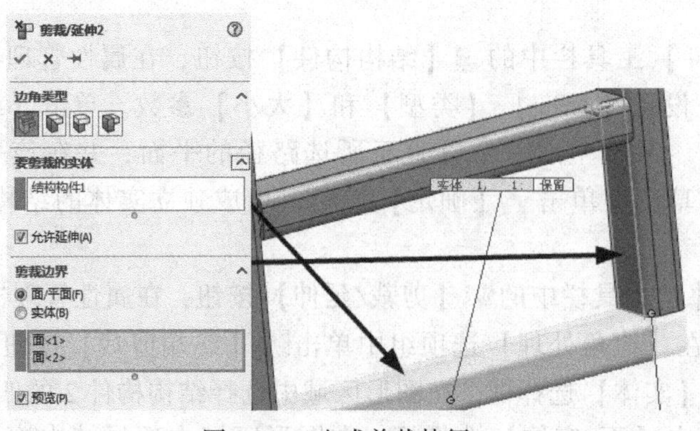

图 5-26　生成剪裁特征 2

6）单击【焊件】工具栏中的【剪裁/延伸】按钮，在属性管理器中弹出【剪裁/延伸】属性设置框。在【边角类型】选项组中单击【终端剪裁】按钮；在【要剪裁的实体】选项组中单击【实体】选择框，在图形区域中选择结构构件 2；在【剪裁边界】选项组中单击【面/实体】选择框，在图形区域中选择相邻实体的下表面，如图 5-27 所示，单击【确定】按钮，生成剪裁特征。

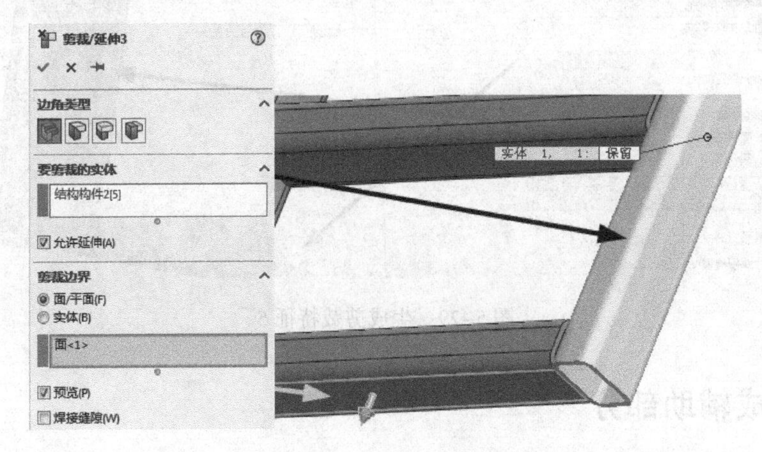

图 5-27 生成剪裁特征 3

7）单击【焊件】工具栏中的【剪裁/延伸】按钮，在属性管理器中弹出【剪裁/延伸】属性设置框。在【边角类型】选项组中单击【终端剪裁】按钮；在【要剪裁的实体】选项组中单击【实体】选择框，在图形区域中选择需要裁减的实体裁减/延伸 1［2］；在【剪裁边界】选项组中单击【面/实体】选择框，在图形区域中选择相邻实体的下表面，如图 5-28 所示，单击【确定】按钮，生成剪裁特征。

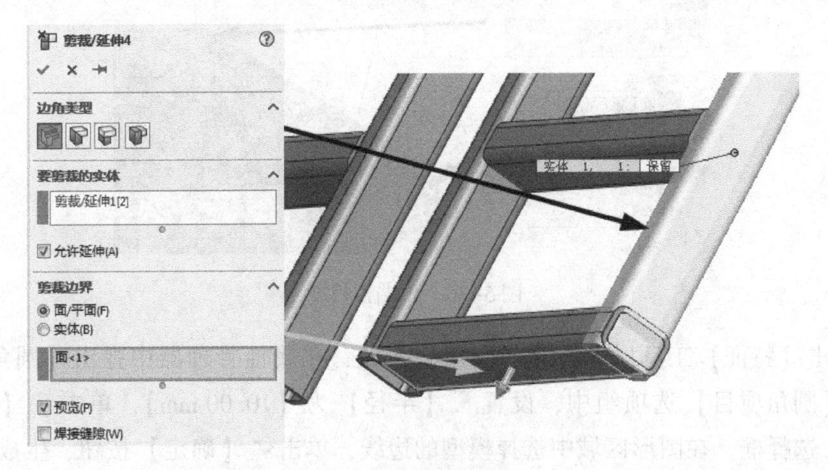

图 5-28 生成剪裁特征 4

8）单击【焊件】工具栏中的【剪裁/延伸】按钮，在属性管理器中弹出【剪裁/延伸】属性设置框。在【边角类型】选项组中单击【终端剪裁】按钮；在【要剪裁的实体】选项组中单击【实体】选择框，在图形区域中选择结构构件 2［6］；在【剪裁边界】选项组中单击【面/实体】选择框，在图形区域中选择相邻实体的表面，如图 5-29 所示，单击✔【确定】按钮，生成剪裁特征。

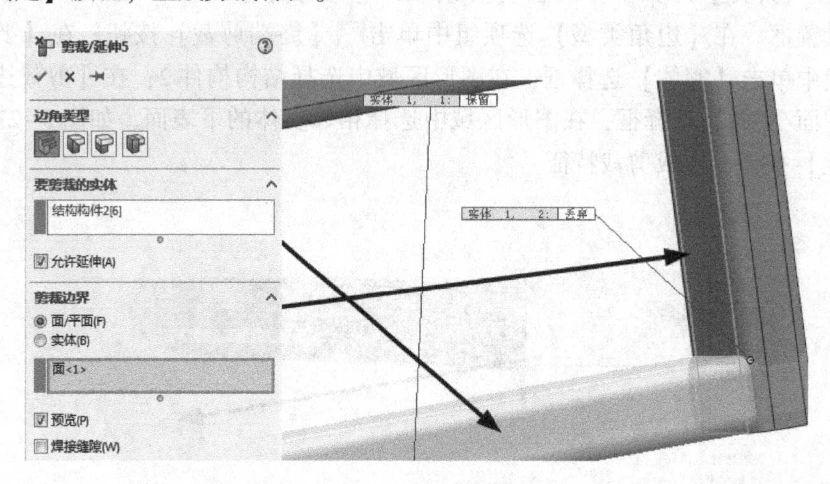

图 5-29　生成剪裁特征 5

5.7.2　生成辅助部分

1）单击【焊件】工具栏中的【顶端盖】按钮，在属性管理器中弹出【顶端盖】属性设置框。在【参数】选项组中单击【面】选择框，在图形区域中选择结构件的 2 个端面，设置【厚度】为【5.00 mm】；在【等距】选项组中，选择【使用厚度比率】选项，设置【厚度比率】为【0.5】，如图 5-30 所示，单击✔【确定】按钮，生成顶端盖特征。

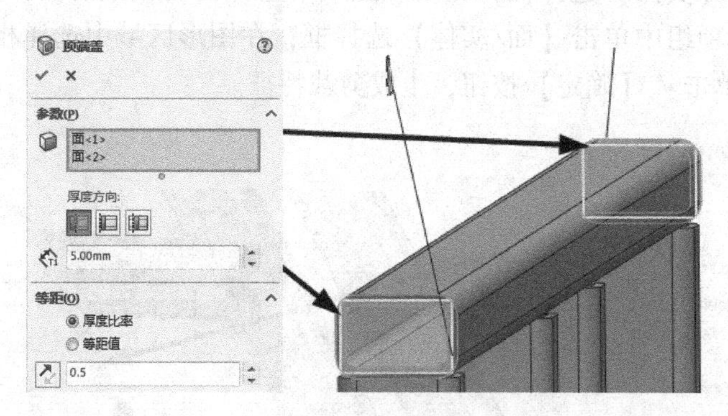

图 5-30　顶端盖特征

2）单击【特征】工具栏中的【圆角】按钮，在属性管理器中弹出【圆角】的属性设置。在【圆角项目】选项组中，设置【半径】为【10.00 mm】，单击【边线、面、特征和环】选择框，在图形区域中选择模型的边线，单击✔【确定】按钮，生成圆角特征，如图 5-31 所示。

3）单击【特征】工具栏中的【圆角】按钮，在属性管理器中弹出【圆角】的属性设置。在【圆角项目】选项组中，设置【半径】为【10.00 mm】，单击【边线、面、特征和环】选择框，在图形区域中选择模型的 4 条边线，单击✔【确定】按钮，生成圆角特征，如图 5-32 所示。

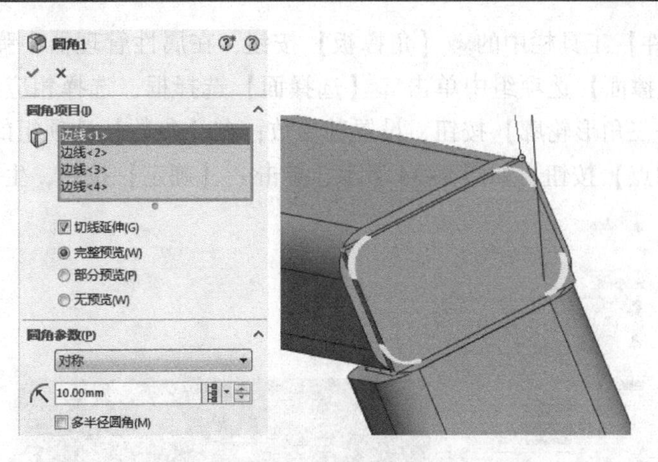

图 5-31　生成圆角特征 1

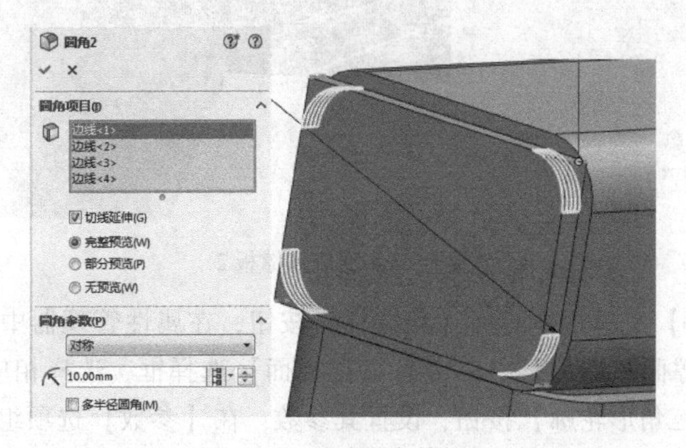

图 5-32　生成圆角特征 2

4）单击【焊件】工具栏中的【角撑板】按钮，在属性管理器中弹出【角撑板】属性设置框。在【支撑面】选项组中单击【选择面】选择框，选择相应的面；在【轮廓】选项组中单击【三角形轮廓】按钮，设置其参数；在【参数】选项组的【位置】中单击【轮廓定位于中点】按钮，如图 5-33 所示，单击【确定】按钮，生成角撑板。

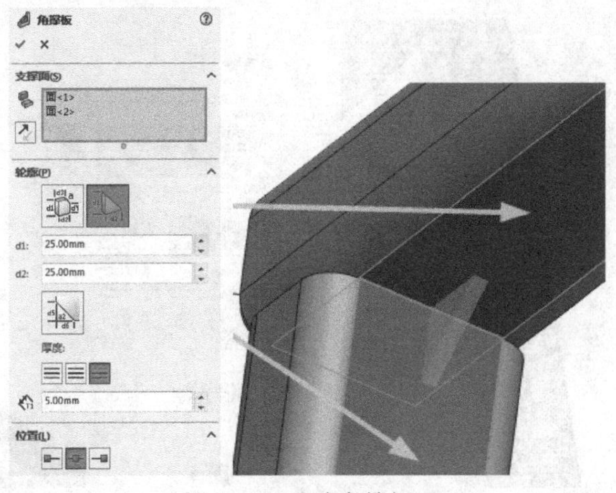

图 5-33　生成角撑板 1

5）单击【焊件】工具栏中的【角撑板】按钮，在属性管理器中弹出【角撑板】属性设置框。在【支撑面】选项组中单击【选择面】选择框，选择相应的面；在【轮廓】选项组中单击【三角形轮廓】按钮，设置其参数；在【参数】选项组的【位置】中单击【轮廓定位于中点】按钮，如图5-34所示，单击【确定】按钮，生成角撑板。

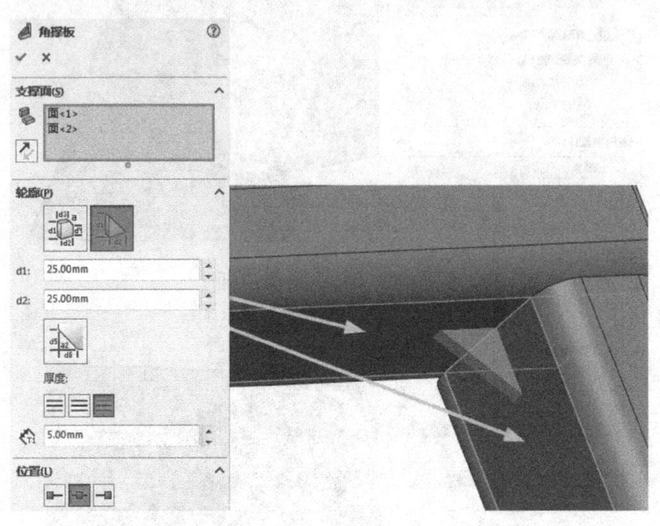

图5-34　生成角撑板2

6）单击【焊件】工具栏中的【角撑板】按钮，在属性管理器中弹出【角撑板】属性设置框。在【支撑面】选项组中单击【选择面】选择框，选择相应的面；在【轮廓】选项组中单击【三角形轮廓】按钮，设置其参数；在【参数】选项组的【位置】中单击【轮廓定位于中点】按钮，如图5-35所示，单击【确定】按钮，生成角撑板。

7）单击【焊件】工具栏中的【角撑板】按钮，在属性管理器中弹出【角撑板】属性设置框。在【支撑面】选项组中单击【选择面】选择框，选择相应的面；在【轮廓】选项组中单击【三角形轮廓】按钮，设置其参数；在【参数】选项组的【位置】中单击【轮廓定位于中点】按钮，如图5-36所示，单击【确定】按钮，生成角撑板。

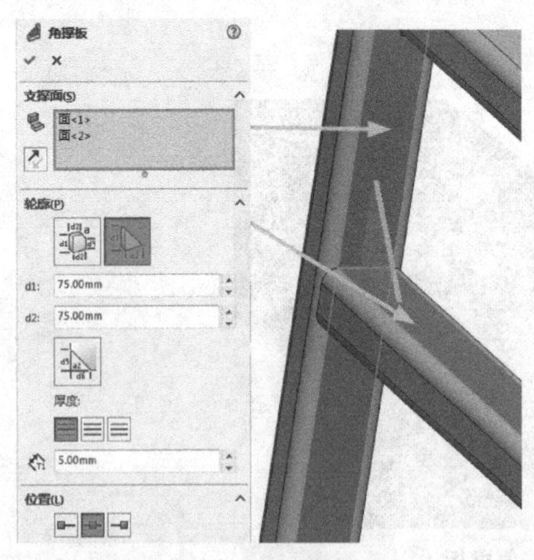

图5-35　生成角撑板3

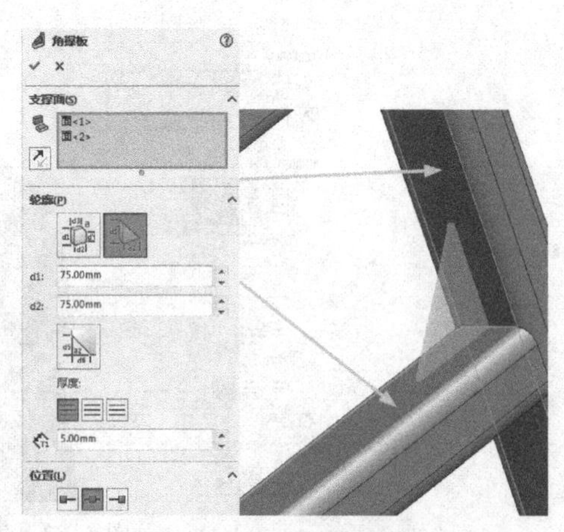

图5-36　生成角撑板4

8）单击实体特征上表面，使其成为草图绘制平面。单击【标准视图】工具栏中的【正视于】按钮，并单击【草图】工具栏中的【草图绘制】按钮，进入草图绘制状态。使用【草图】工具栏中的【圆弧】工具，绘制图5-37所示的草图。单击【退出草图】按钮，退出草图绘制状态。

9）单击【特征】工具栏中的【拉伸凸台/基体】按钮，在属性管理器中弹出【凸台-拉伸】属性设置。在【方向1】选项组中，设置【终止条件】为【给定深度】，【深度】为【60.00 mm】，单击【确定】按钮，生成拉伸特征，如图5-38所示。

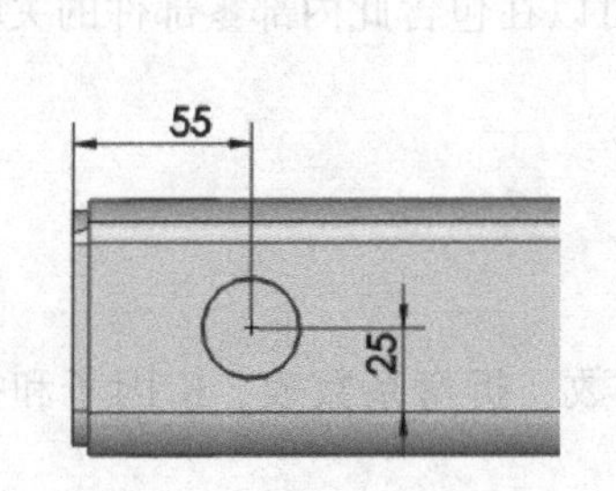

图5-37　绘制草图并标注尺寸

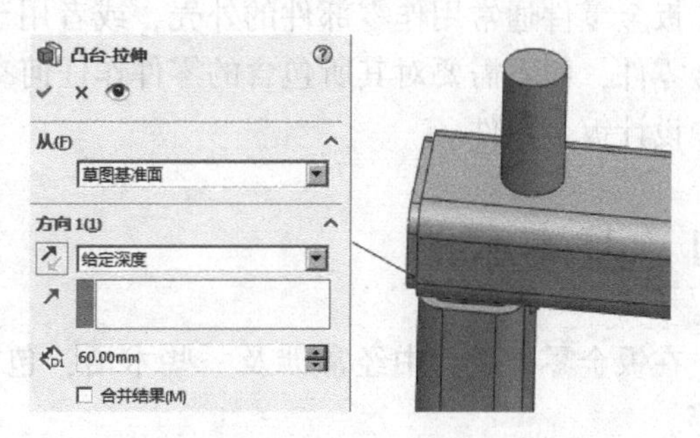

图5-38　拉伸特征

10）单击【焊件】工具栏中的【圆角焊缝】按钮，在属性管理器中弹出【圆角焊缝】属性设置框。在【箭头边】选项组中，设置【焊缝类型】为【全长】，【焊缝大小】为【3.00 mm】，选择【切线延伸】选项。单击【第一组面】选择框，在图形区域中选择凸台拉伸1特征的外轮廓面，单击【第二组面】选择框，在图形区域中选择实体横梁与凸台接触的上表面，如图5-39所示，单击【确定】按钮，生成圆角焊缝特征。

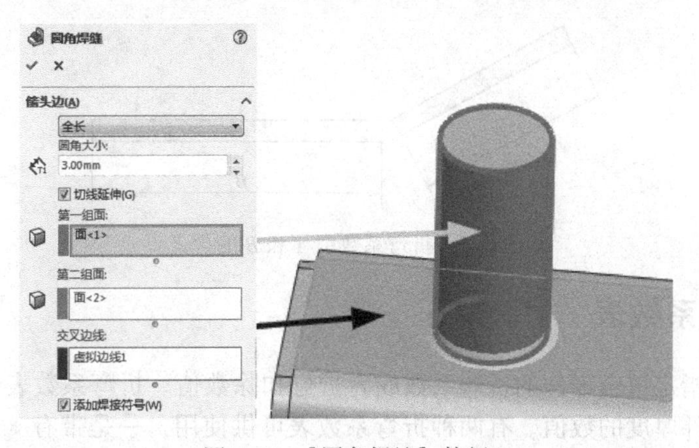

图5-39　【圆角焊缝】特征

第6章　钣金设计

钣金零件通常用作零部件的外壳，或者用于支撑其他零部件。SolidWorks 可以独立设计钣金零件，而不需要对其所包含的零件作任何参考，也可以在包含此内部零部件的关联装配体中设计钣金零件。

6.1　基本术语

在钣金零件设计中经常涉及一些术语，包括折弯系数、折弯系数表、K 因子和折弯扣除等。

6.1.1　折弯系数

折弯系数是沿材料中性轴所测量的圆弧长度。在生成折弯时，可以输入数值给任何一个钣金折弯以指定明确的折弯系数。以下方程式用来决定使用折弯系数数值时的总平展长度：

$$L_t = A + B + BA$$

式中，L_t表示总平展长度；A 和 B 的含义如图 6-1 所示；BA 表示折弯系数值。

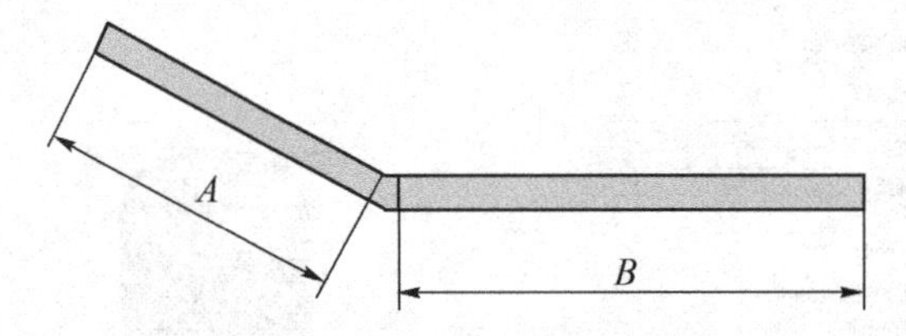

图 6-1　折弯系数中 A 和 B 的含义

6.1.2　折弯系数表

折弯系数表指定钣金零件的折弯系数或者折弯扣除数值。折弯系数表还包括折弯半径、折弯角度以及零件厚度的数值。有两种折弯系数表可供使用，一是带有 *. BTL 扩展名的文本文件，二是嵌入的 Excel 电子表格。

6.1.3　K 因子

K 因子代表中立板相对于钣金零件厚度的位置的比率。包含 K 因子的折弯系数使用以下计算公式：

$$BA = \prod (R + KT) A/180$$

式中，BA 表示折弯系数值；R 表示内侧折弯半径；K 表示 K 因子；T 表示材料厚度；A 表示折弯角度（经过折弯材料的角度）。

6.1.4 折弯扣除

折弯扣除，通常是指回退量，也是一种来描述钣金折弯过程的简单算法。在生成折弯时，可以通过输入数值以给任何钣金折弯指定明确的折弯扣除。

以下方程用来决定使用折弯扣除数值时的总平展长度：

$$L_t = A + B - BD$$

式中，L_t表示总平展长度；A 和 B 的含义如图 6-2 所示；BD 表示折弯扣除值。

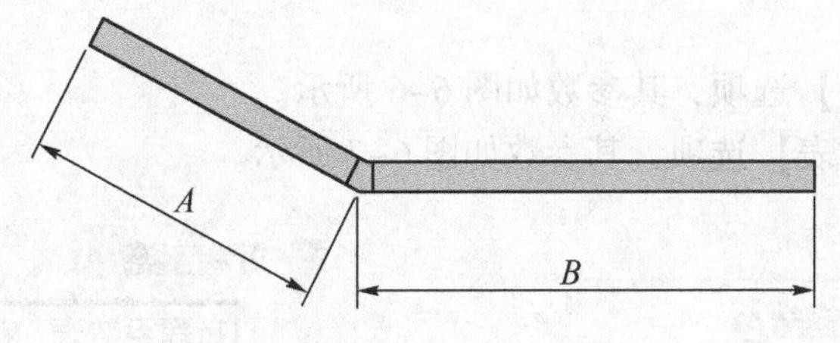

图 6-2 折弯扣除中 A 和 B 的含义

6.2 零件设计特征

有两种基本方法可以生成钣金零件，一是利用钣金命令直接生成，二是将现有零件进行转换。

6.2.1 生成钣金零件

首先使用特定的钣金命令生成钣金零件。

1. 基体法兰

基体法兰是钣金零件的第 1 个特征。当基体法兰被添加到 SolidWorks 零件后，系统会将该零件标记为钣金零件，在适当位置生成折弯，并且在【特征管理器设计树】中显示特定的钣金特征。

单击【钣金】工具栏中的【基体法兰/薄片】按钮或者选择【插入】|【钣金】|【基体法兰】菜单命令，在【属性管理器】中弹出【基体法兰】的属性设置，如图 6-3 所示。

图 6-3 【基体法兰】的属性设置

(1)【钣金规格】选项组

根据指定的材料，选择【使用规格表】选项定义钣金的电子表格及数值。

(2)【钣金参数】选项组

- 【厚度】：设置钣金厚度。
- 【反向】：以相反方向加厚草图。

(3)【折弯系数】选项组

- 选择【K 因子】选项，其参数如图 6-4 所示。
- 选择【折弯系数】选项，其参数如图 6-5 所示。

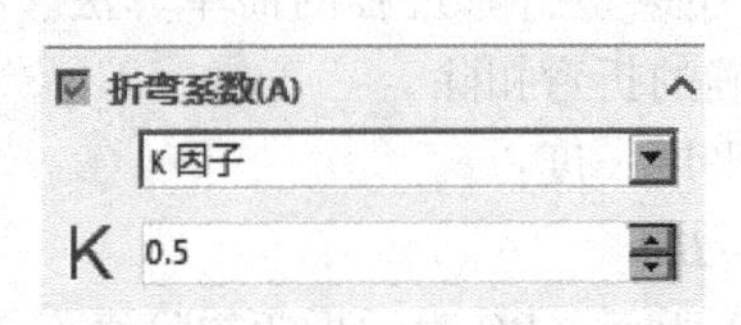

图 6-4 选择【K 因子】选项

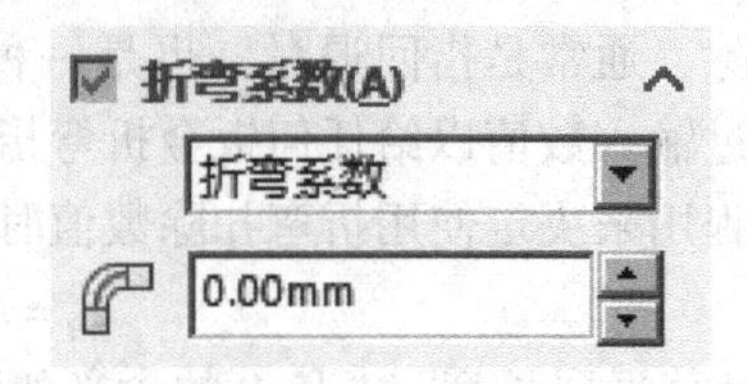

图 6-5 选择【折弯系数】选项

- 选择【折弯扣除】选项，其参数如图 6-6 所示。
- 选择【折弯系数表】选项，其参数如图 6-7 所示。

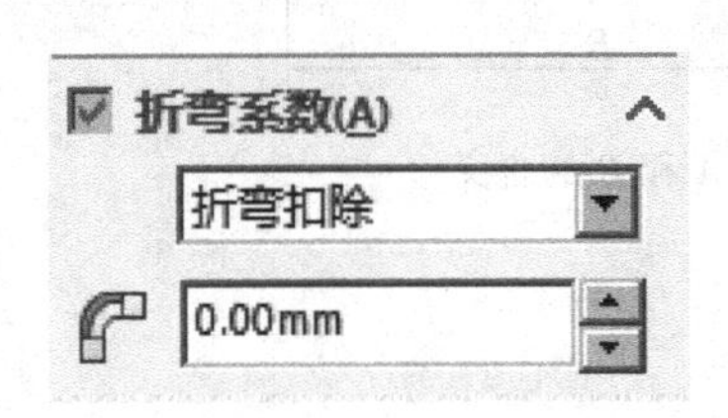

图 6-6 选择【折弯扣除】选项

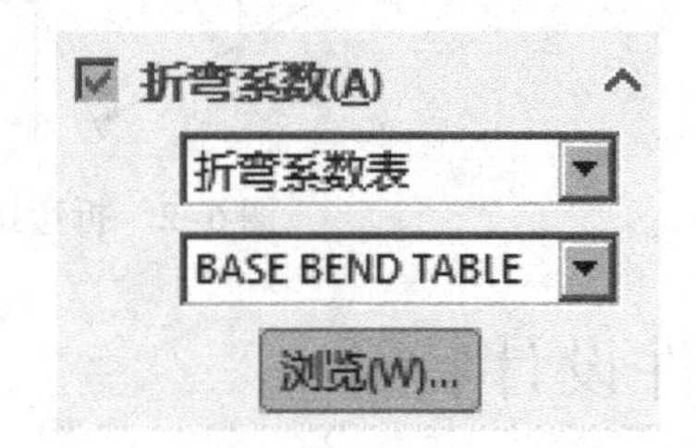

图 6-7 选择【折弯系数表】选项

(4)【自动切释放槽】选项组

在【自动释放槽类型】中可以进行选择，如图 6-8 所示。

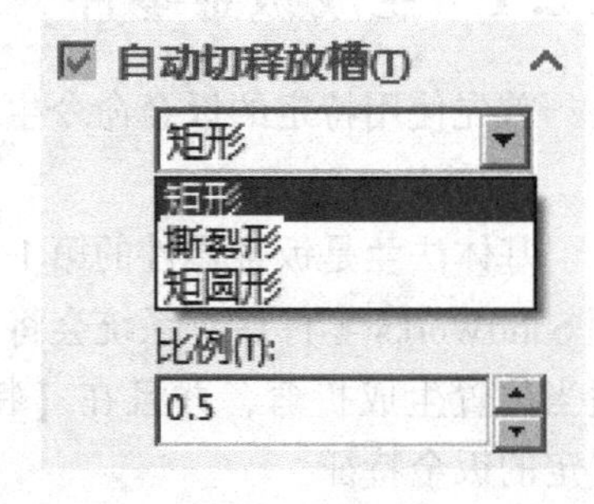

图 6-8 【自动释放槽类型】选项

2. 边线法兰

在 1 条或者多条边线上可以添加边线法兰。单击【钣金】工具栏中的【边线法兰】按钮或者选择【插入】|【钣金】|【边线法兰】菜单命令，在【属性管理器】中弹出【边线 - 法兰】的属性设置，如图 6-9 所示。

(1)【法兰参数】选项组

- 【选择边线】：在图形区域中选择边线。
- 【编辑法兰轮廓】：编辑轮廓草图。
- 【使用默认半径】：可以使用系统默认的半径。
- 【折弯半径】：在取消选择【使用默认半径】选项时可用。
- 【缝隙距离】：设置缝隙数值。

(2)【角度】选项组

- 【法兰角度】：设置角度数值。
- 【选择面】：为法兰角度选择参考面。

(3)【法兰长度】选项组

- 【长度终止条件】：选择终止条件。
- 【反向】：改变法兰边线的方向。

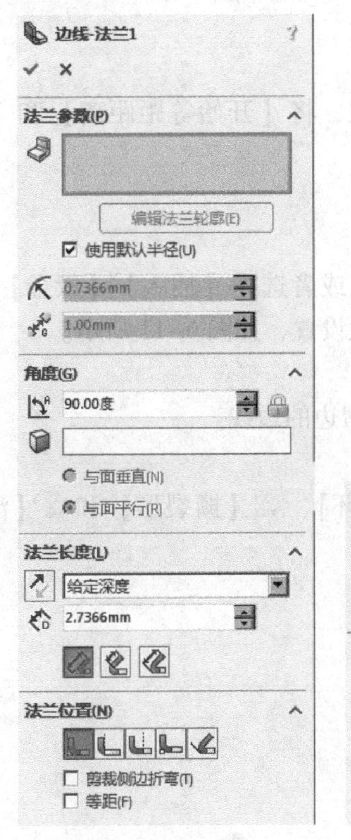

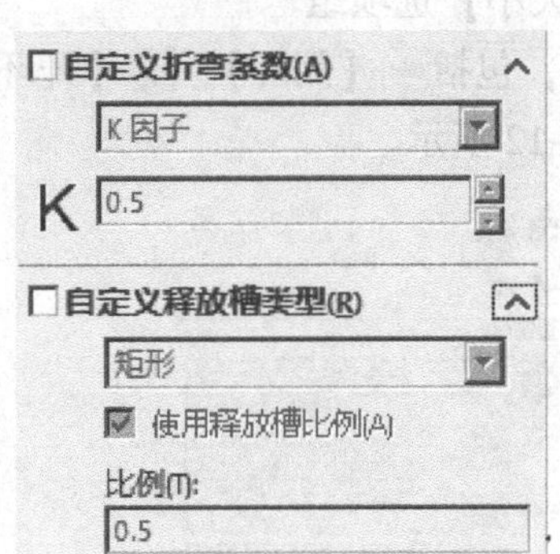

图 6-9 【边线 - 法兰】的属性设置

- 【长度】：设置长度数值，然后为测量选择 1 个原点，包括【外部虚拟交点】、【内部虚拟交点】和【外部虚拟交点】。

(4)【法兰位置】选项组

- 【法兰位置】：可以单击以下按钮之一，包括【材料在内】、【材料在外】、【折弯在外】、【虚拟交点的折弯】和【与折弯相切】。
- 【剪裁侧边折弯】：移除邻近折弯的多余部分。
- 【等距】：选择此选项，可以生成等距法兰。

(5)【自定义折弯系数】选项组

选择【折弯系数类型】并为折弯系数设置数值。

(6)【自定义释放槽类型】选项组

选择【释放槽类型】以添加释放槽切除。

3. 斜接法兰

单击【钣金】工具栏中的【斜接法兰】按钮或者选择【插入】|【钣金】|【斜接法兰】菜单命令，在【属性管理器】中弹出【斜接法兰】的属性设置，如图 6-10 所示。

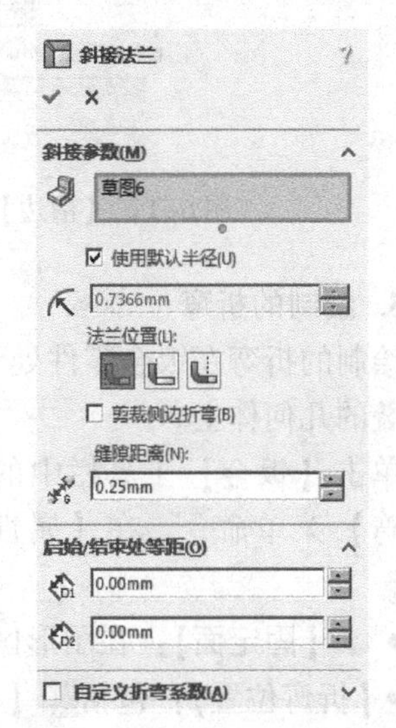

图 6-10 【斜接法兰】的属性设置

(1)【斜接参数】选项组

【沿边线】：选择要斜接的边线。

其他参数不再赘述。

(2)【启始/结束处等距】选项组

如果需要令斜接法兰跨越模型的整个边线，将【开始等距距离】和【结束等距距离】设置为零。

4. 褶边

褶边可以被添加到钣金零件的所选边线上。

单击【钣金】工具栏中的【褶边】按钮或者选择【插入】|【钣金】|【褶边】菜单命令，在【属性管理器】中弹出【褶边】的属性设置，如图6-11所示。

(1)【边线】选项组

【边线】：在图形区域中选择需要添加褶边的边线。

(2)【类型和大小】选项组

选择褶边类型，包括【闭环】、【开环】、【撕裂形】和【滚轧】，选择不同类型的效果如图6-12所示。

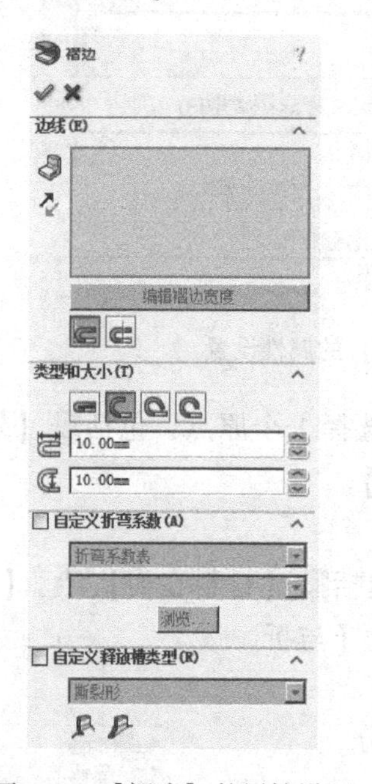

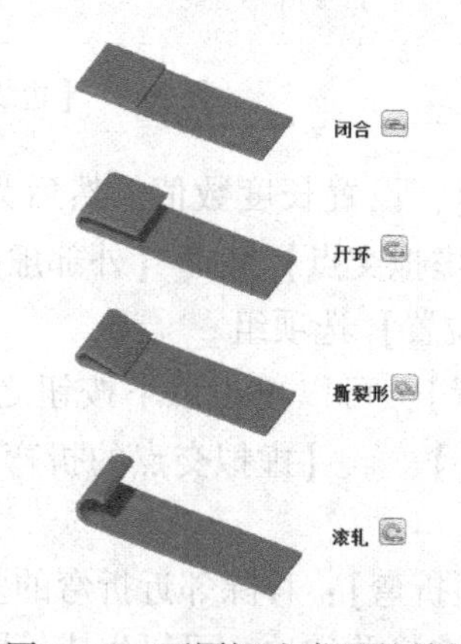

图6-11　【褶边】的属性设置　　图6-12　不同褶边类型的效果

5. 绘制的折弯

绘制的折弯在钣金零件处于折叠状态时将折弯线添加到零件，使折弯线的尺寸标注到其他折叠的几何体上。

单击【钣金】工具栏中的【绘制的折弯】按钮或者选择【插入】|【钣金】|【绘制的折弯】菜单命令，在【属性管理器】中弹出【绘制的折弯】的属性设置，如图6-13所示。

- 【固定面】：在图形区域中选择1个不因为特征而移动的面。
- 【折弯位置】：包括【折弯中心线】、【材料在内】、【材料在外】和【折弯在外】。

6. 闭合角

可以在钣金法兰之间添加闭合角。

单击【钣金】工具栏中的【闭合角】按钮或者选择【插入】|【钣金】|【闭合角】菜单命令，在【属性管理器】中弹出【闭合角】的属性设置，如图6-14所示。

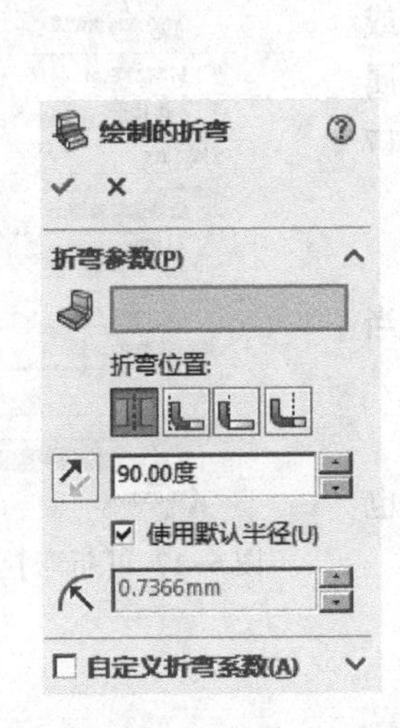

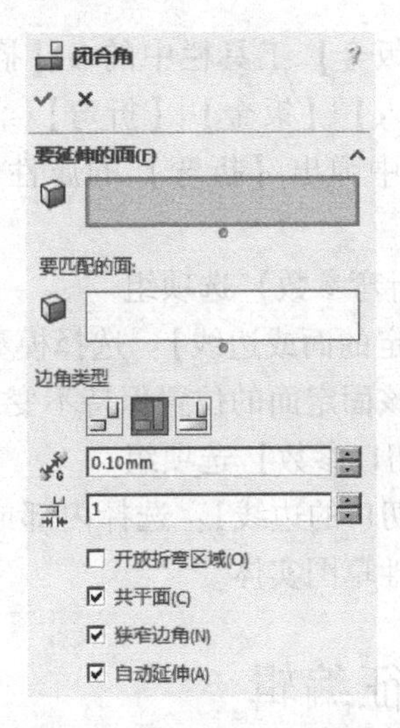

图6-13 【绘制的折弯】的属性设置　　　图6-14 【闭合角】的属性设置

- 【要延伸的面】：选择1个或者多个平面。
- 【边角类型】：可以选择边角类型，包括【对接】、【重叠】、【欠重叠】。
- 【缝隙距离】：设置缝隙数值。
- 【重叠/欠重叠比率】：设置比率数值。

7. 断开边角

单击【钣金】工具栏中的【断开边角/边角剪裁】按钮或者选择【插入】|【钣金】|【断开边角】菜单命令，在【属性管理器】中弹出【断开边角】的属性设置，如图6-15所示。

- 【边角边线和/或法兰面】：选择要断开的边角、边线或者法兰面。
- 【折断类型】：可以选择折断类型，包括【倒角】、【圆角】，选择不同类型的效果如图6-16所示。

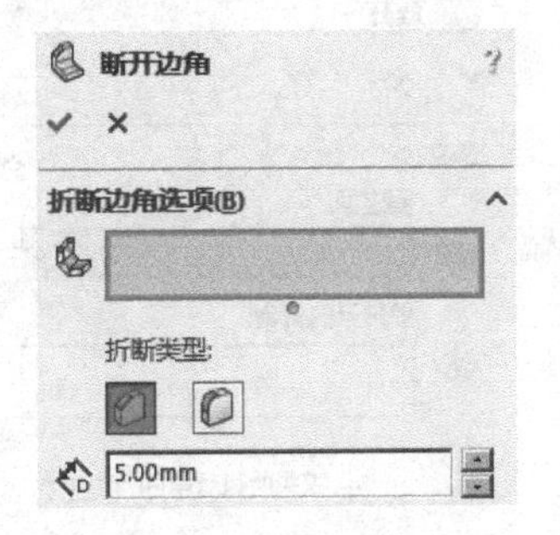

图6-15 【断开边角】的属性设置

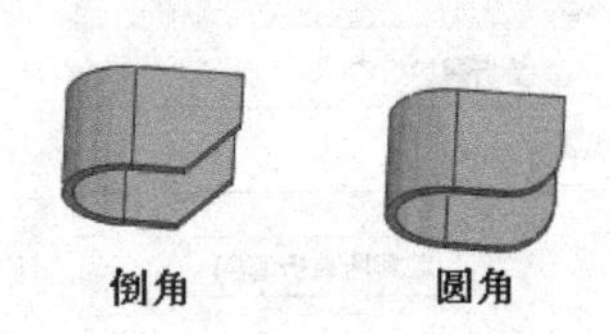

图6-16 不同折断类型的效果

● 【距离】：在单击【倒角】按钮时可用。

● 【半径】：在单击【圆角】按钮时可用。

6.2.2　将现有零件转换为钣金零件

单击【钣金】工具栏中的【插入折弯】按钮或者选择【插入】|【钣金】|【折弯】菜单命令，在【属性管理器】中弹出【折弯】的属性设置，如图6-17所示。

(1)【折弯参数】选项组

【固定的面或边线】：选择模型上的固定面，当零件展开时该固定面的位置保持不变。

(2)【切口参数】选项组

【要切口的边线】：选择内部或者外部边线，也可以选择线性草图实体。

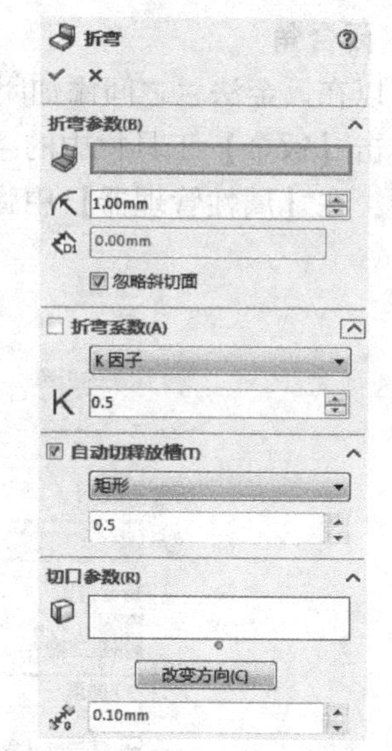

图6-17　【折弯】的属性设置

6.3　特征编辑

6.3.1　折叠

单击【钣金】工具栏中的【折叠】按钮或者选择【插入】|【钣金】|【折叠】菜单命令，在【属性管理器】中弹出【折叠】的属性设置，如图6-18所示。

● 【固定面】：在图形区域中选择1个不因为特征而移动的面。

● 【要折叠的折弯】：选择1个或者多个折弯。

其他属性设置不再赘述。

6.3.2　展开

在钣金零件中，单击【钣金】工具栏中的【展开】按钮或者选择【插入】|【钣金】|【展开】菜单命令，在【属性管理器】中弹出【展开】的属性设置，如图6-19所示。

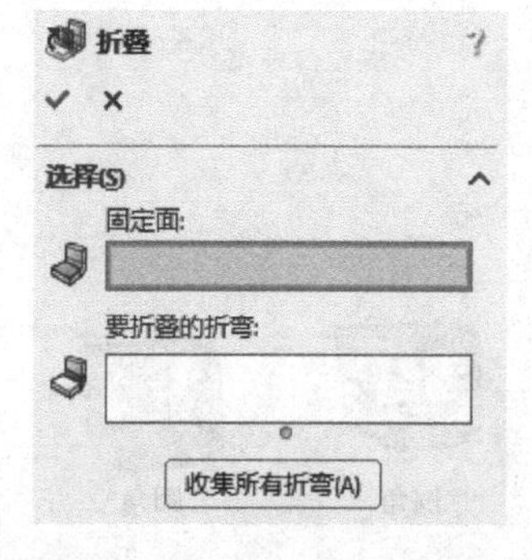

图6-18　【折叠】的属性设置

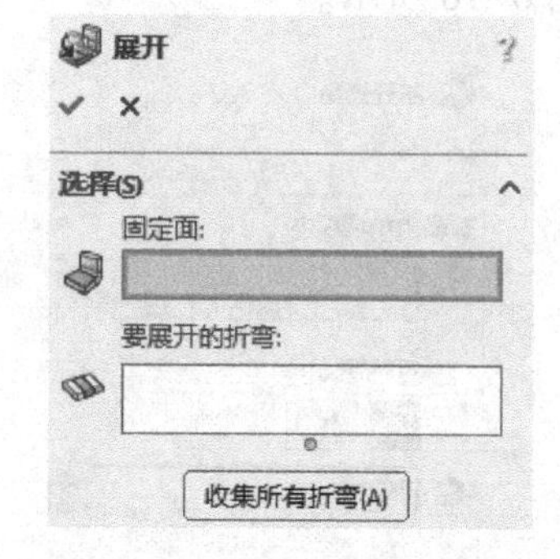

图6-19　【展开】的属性设置

- 【固定面】：在图形区域中选择1个不因为特征而移动的面。
- 【要展开的折弯】：选择1个或者多个折弯。

其他属性设置不再赘述。

6.3.3 放样折弯

在钣金零件中，放样折弯使用由放样连接的两个开环轮廓草图，基体法兰特征不与放样折弯特征一起使用。

单击【钣金】工具栏中的【放样折弯】按钮或者选择【插入】|【钣金】|【放样折弯】菜单命令，在【属性管理器】中弹出【放样折弯】的属性设置，如图6-20所示。

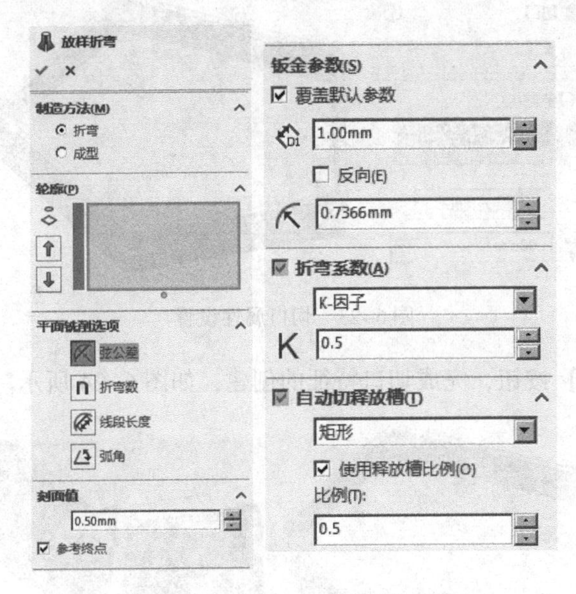

图6-20 【放样折弯】的属性设置

- 【折弯线数量】：为控制平板形式折弯线的粗糙度设置数值。

其他属性设置不再赘述。

6.3.4 切口

切口特征通常用于生成钣金零件，但可以将切口特征添加到任何零件上。

单击【钣金】工具栏中的【切口】按钮或者选择【插入】|【钣金】|【切口】菜单命令，在【属性管理器】中弹出【切口】的属性设置，如图6-21所示。

使用切口命令的操作步骤如下：

1）新建实体模型，如图6-22所示。

2）单击【钣金】工具栏中的【切口】按钮或执行【插入】|【钣金】|【切口】命令，系统弹出【切口】属性管理器。

3）在图形区域中选择模型侧边线，定义要切口的边线，如图6-23所示。在【切口参数】选项组中，【切口缝隙】选择框输入值1 mm。

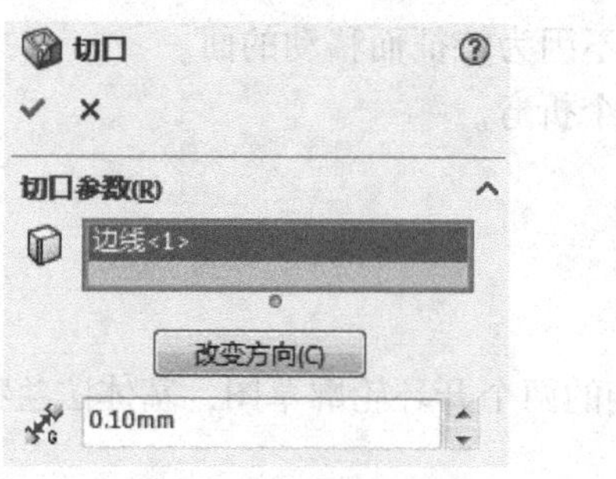

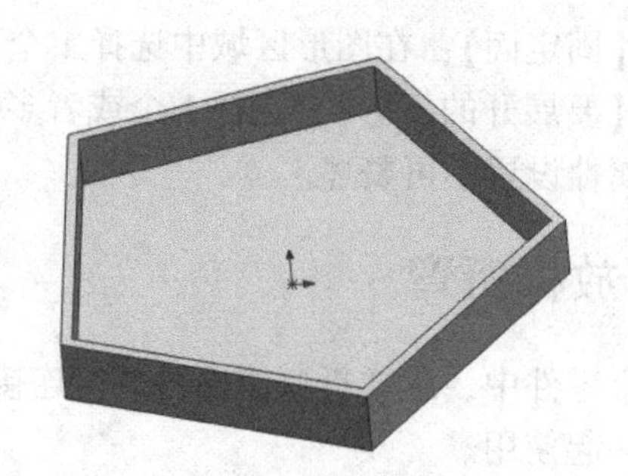

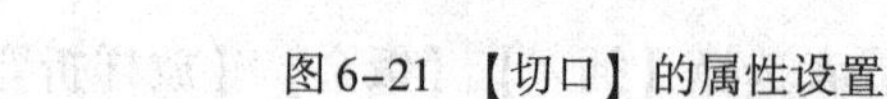
图 6-21　【切口】的属性设置　　图 6-22　新建模型

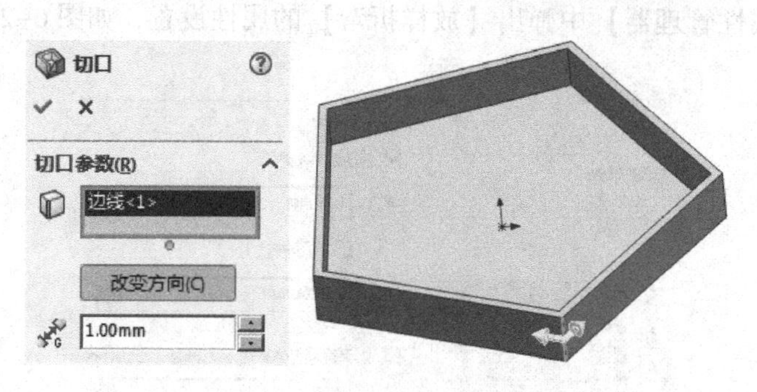

图 6-23　切口属性设置

4）单击✓【确定】按钮，完成切口特征的创建，如图 6-24 所示。

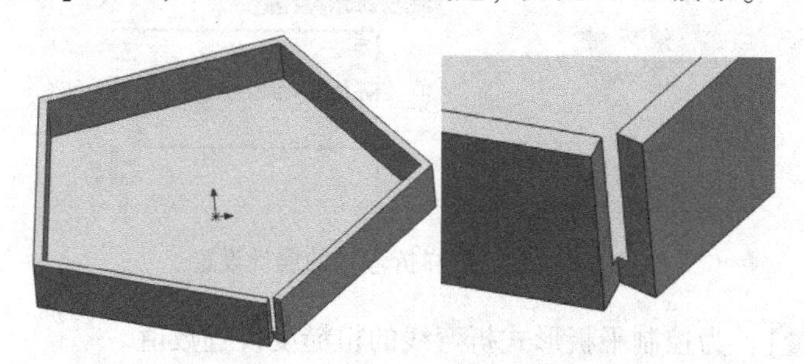

图 6-24　创建切口特征

6.4　成型工具

成型工具可以用作折弯、伸展或者成型钣金的冲模，生成一些成型特征，例如百叶窗、矛状器具、法兰和筋等。这些工具存储在【<安装目录>\data\design library\forming tools】中。可以从【设计库】中插入成型工具，并将之应用到钣金零件。生成成型工具的许多步骤与生成 SolidWorks 零件的步骤相同。

可以生成成型工具并将它们添加到钣金零件中。生成成型工具时，可以添加定位草图以确定成型工具在钣金零件上的位置，并应用颜色以区分停止面和要移除的面。

选择【插入】|【钣金】|【成型工具】菜单命令，在【属性管理器】中弹出【成型工具】的属性设置，如图 6-25 所示。

使用成形工具到钣金零件的操作步骤如下：

1）新建钣金模型，如图6-26所示。

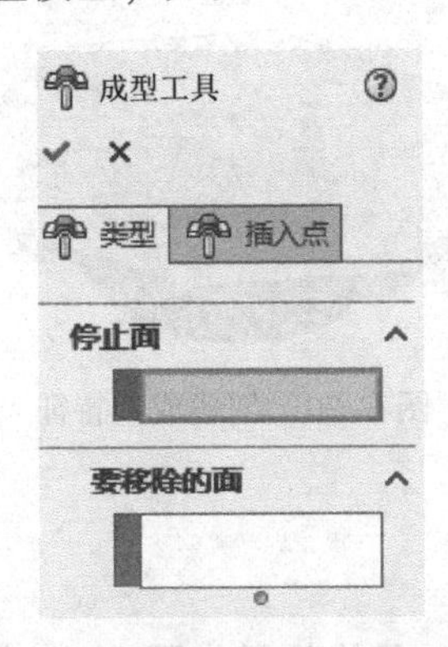

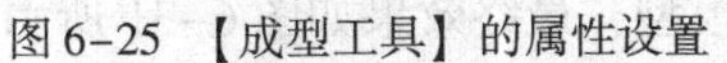

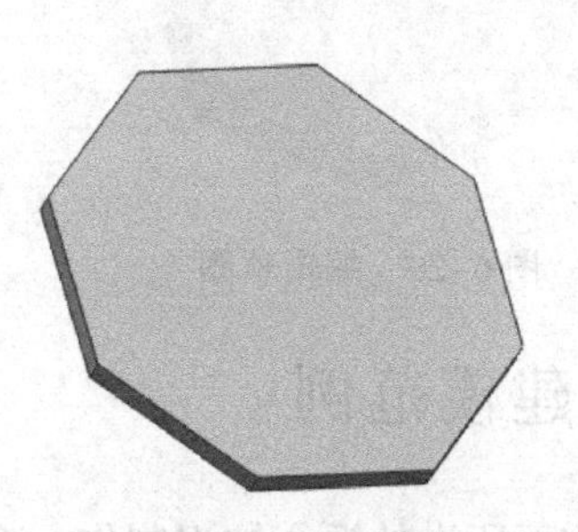

图6-25 【成型工具】的属性设置　　图6-26 新建模型

2）单击任务窗格中的【设计库】按钮，弹出设计库窗口，选择【forming tools】|【embosses】|【circular emboss】文件，如图6-27所示。

3）选择成型工具，将其从【设计库】任务窗口中拖动到需要改变形状的面上，如图6-28所示。

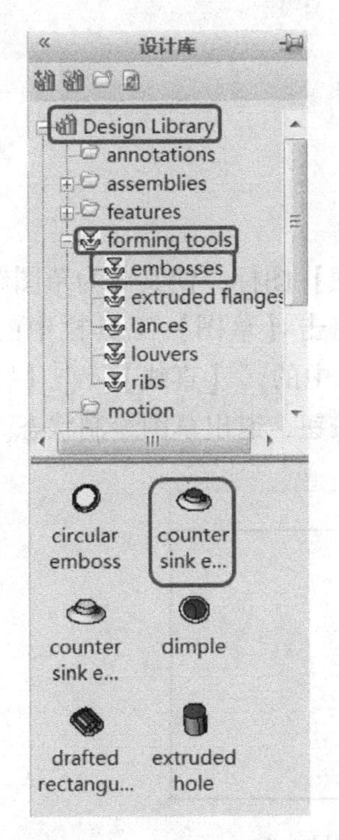

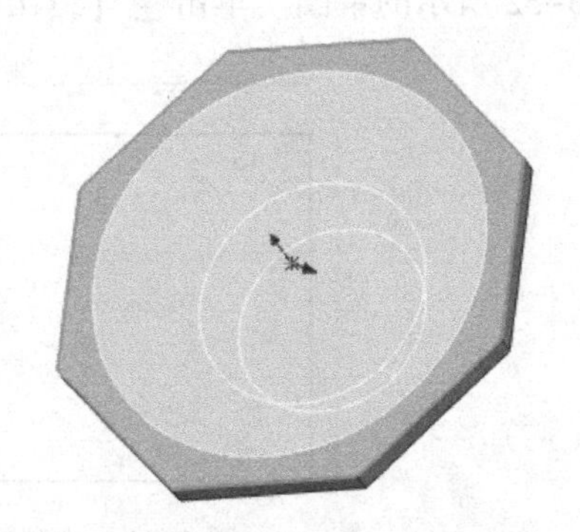

图6-27 选择设计库文件　　图6-28 拖放成型工具到平面

4）系统弹出【放置成型特征】属性管理器，进入编辑草图环境，添加几何约束，修改草图，如图6-29所示。

5）单击【完成】按钮，完成成型特征的创建，如图6-30所示。

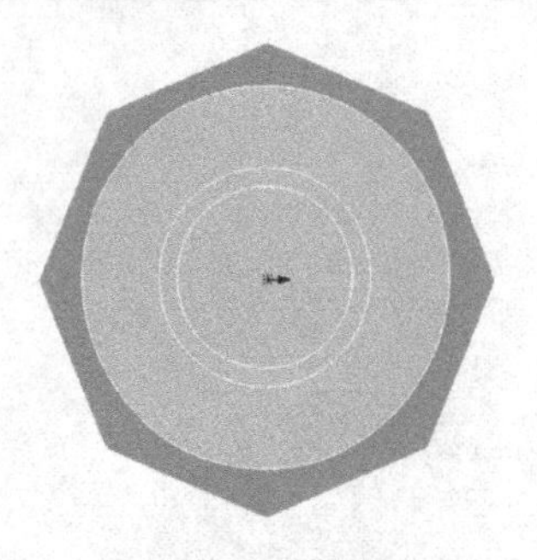

图6-29　编辑草图

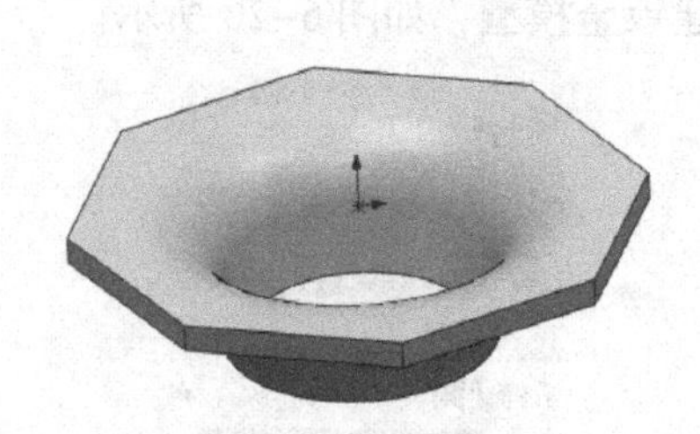

图6-30　创建成型特征

6.5　钣金建模范例

本节利用前面所讲的钣金知识制作一个钣金模型，最终效果如图6-31所示。

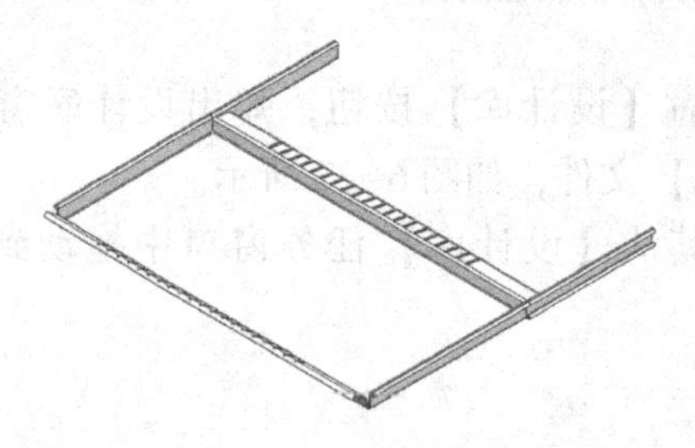

图6-31　钣金模型

6.5.1　生成主体部分

1）单击【特征管理器设计树】中的【上视基准面】图标，使其成为草图绘制平面。单击【标准视图】工具栏中的【正视于】按钮，并单击【草图】工具栏中的【草图绘制】按钮，进入草图绘制状态。使用【草图】工具栏中的【直线】、【智能尺寸】工具，绘制图6-32所示的草图。单击【退出草图】按钮，退出草图绘制状态。

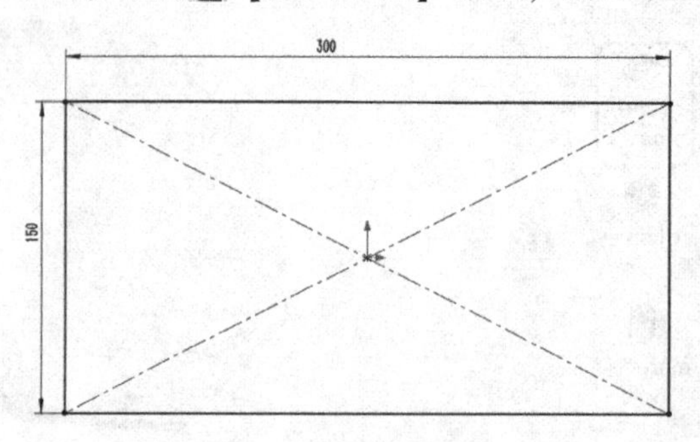

图6-32　绘制草图并标注尺寸1

2）选择绘制好的草图，单击【钣金】工具栏中的【基体法兰/薄片】按钮，在【属性管理器】中弹出【基体法兰】的属性设置。在【钣金参数】选项组中，设置【厚度】为【1.00 mm】，单击【确定】按钮，生成钣金的基体法兰特征，如图6-33所示。

图 6-33 生成基体法兰特征

3）单击【钣金】工具栏中的【边线法兰】按钮，在【属性管理器】中弹出【边线法兰】的属性设置。在【法兰参数】选项组中，选择图 6-34 所示的边线。单击【编辑法兰轮廓】按钮，绘制图 6-35 所示的草图并标注尺寸。勾选【使用默认半径】选项，在【法兰位置】选项组中，设置法兰位置为【材料在外】，等距的终止条件为【给定深度】，使边线法兰产生在模型的内侧。单击【确定】按钮，生成钣金边线法兰特征，如图 6-36 所示。

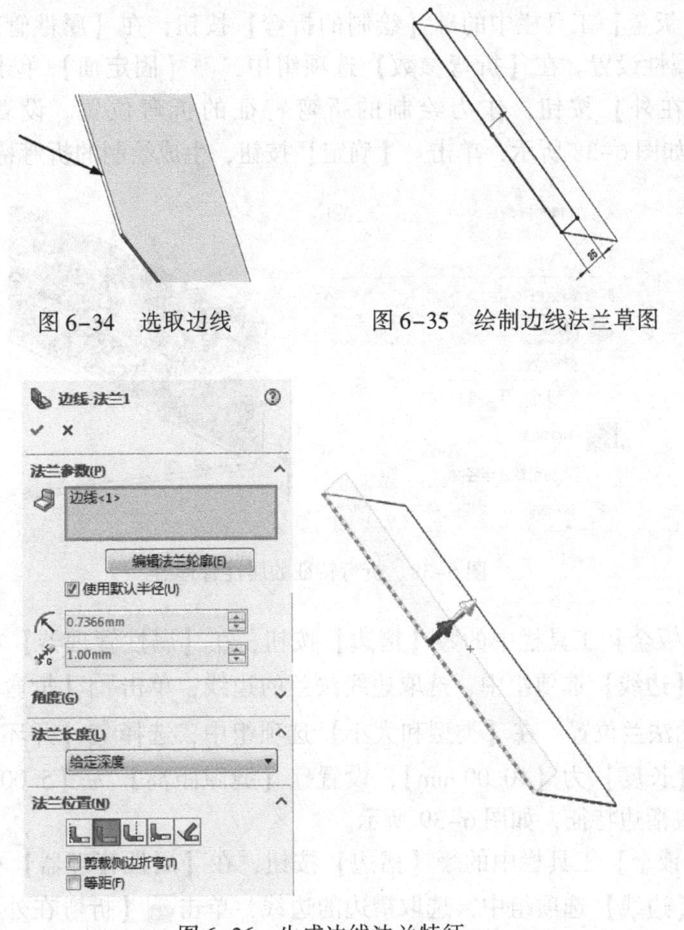

图 6-34 选取边线　　图 6-35 绘制边线法兰草图

图 6-36 生成边线法兰特征

4）单击边线法兰的内表面，使其成为草图绘制平面。单击【标准视图】工具栏中的【正视于】按钮，并单击【草图】工具栏中的【草图绘制】按钮，进入草图绘制状态。

使用【草图】工具栏中的【直线】、【智能尺寸】工具，绘制图6-37所示的草图。单击【退出草图】按钮，退出草图绘制状态。

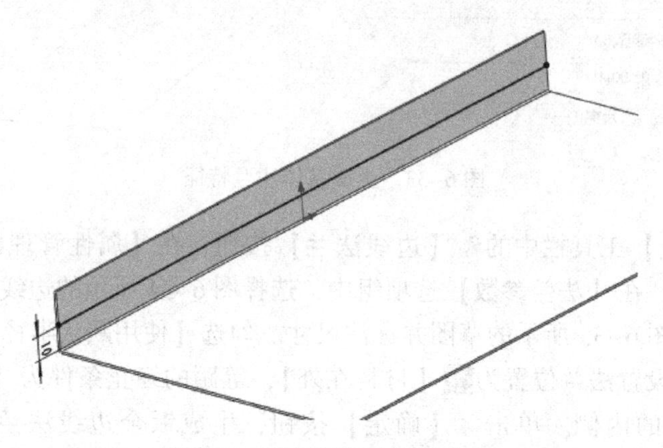

图6-37　绘制草图并标注尺寸2

5）单击【钣金】工具栏中的【绘制的折弯】按钮，在【属性管理器】中弹出【绘制的折弯】的属性设置。在【折弯参数】选项组中，【固定面】单击边线法兰的表面。单击【折弯在外】按钮，作为绘制的折弯特征的折弯位置。设置【折弯角度】为【100.00度】，如图6-38所示，单击【确定】按钮，生成绘制的折弯特征。

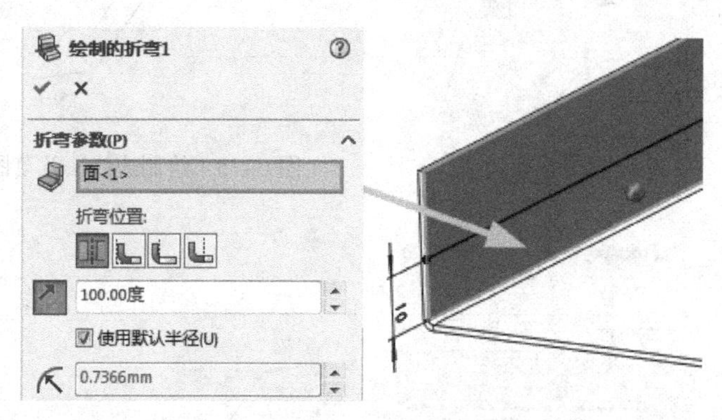

图6-38　折弯特征的属性管理器

6）单击【钣金】工具栏中的【褶边】按钮，在【属性管理器】中弹出【褶边】的属性设置。在【边线】选项组中，选取边线法兰的边线，单击【折弯在外】按钮，作为生成褶边特征的法兰位置。在【类型和大小】选项组中，选择【开环】作为褶边特征的类型，设置【长度】为【10.00 mm】，设置【缝隙距离】为【5.00mm】。单击【确定】按钮，生成褶边特征，如图6-39所示。

7）单击【钣金】工具栏中的【褶边】按钮，在【属性管理器】中弹出【褶边】的属性设置。在【边线】选项组中，选取褶边的边线，单击【折弯在外】按钮，作为生成褶边特征的法兰位置。在【类型和大小】选项组中，选择【撕裂形】作为褶边特征的类型，设置【角度】为【200.00度】，设置【半径】为【0.25mm】。单击【确定】按钮，生成褶边特征，如图6-40所示。

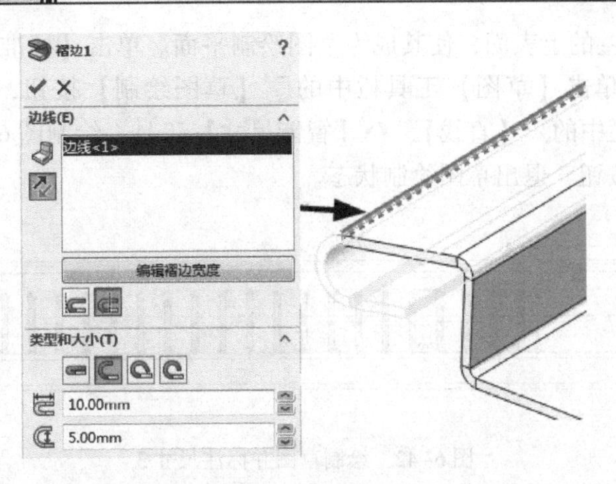

图6-39　生成褶边1特征

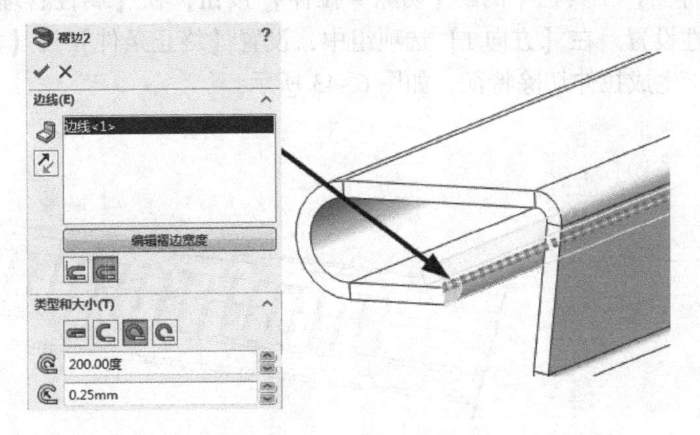

图6-40　生成褶边2特征

8）单击【钣金】工具栏中的【展开】按钮，在【属性管理器】中弹出【展开】的属性设置。在【选择】选项组中，【固定面】选项选择图6-41所示的钣金基体法兰表面。单击【收集所有折弯】按钮，在【要展开的折弯】选项中，会自动添加目前钣金基体中所有的折弯。单击【确定】按钮，生成钣金的展开特征，钣金将以展开为平板的形式存在。

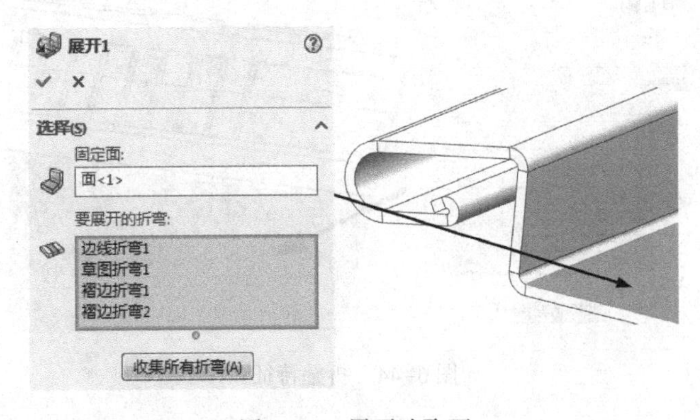

图6-41　展开选取面

9）单击基体法兰的上表面，使其成为草图绘制平面。单击【标准视图】工具栏中的【正视于】按钮，并单击【草图】工具栏中的【草图绘制】按钮，进入草图绘制状态。使用【草图】工具栏中的【直线】、【智能尺寸】工具，绘制图6-42所示的草图。单击【退出草图】按钮，退出草图绘制状态。

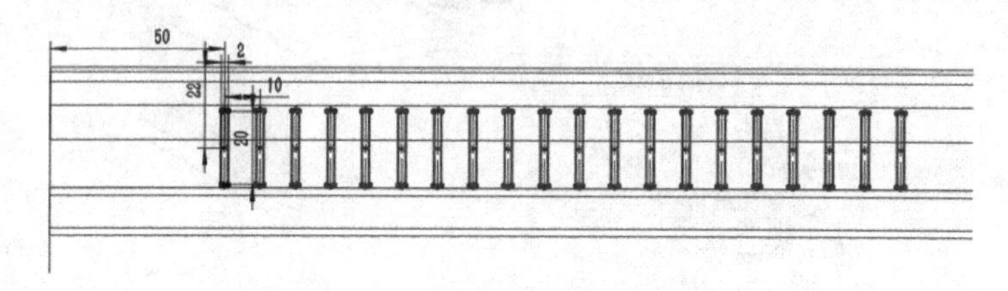

图6-42　绘制草图并标注尺寸3

10）单击【特征】工具栏中的【切除-拉伸】按钮，在【属性管理器】中弹出【切除-拉伸】的属性设置。在【方向1】选项组中，设置【终止条件】为【完全贯穿】，单击【确定】按钮，生成拉伸切除特征，如图6-43所示。

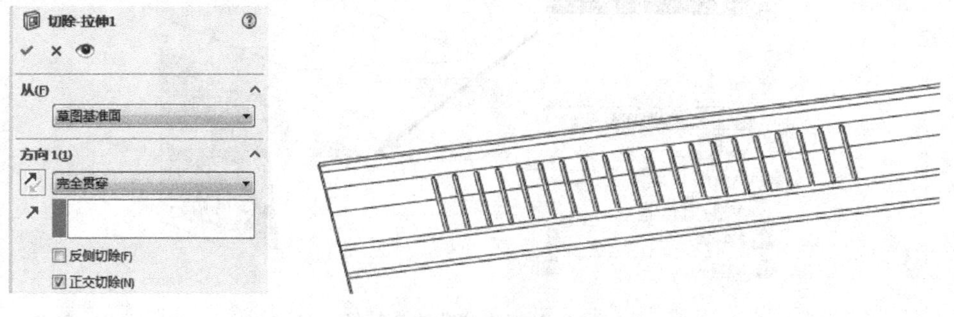

图6-43　拉伸切除特征

11）单击【钣金】工具栏中的【折叠】按钮，在【属性管理器】中弹出【折叠】的属性设置。在【选择】选项组中，【固定面】选项中选择基体法兰上表面。单击【收集所有折弯】按钮，在【要折叠的折弯】选项中，会自动添加目前钣金基体中所有的要折叠的折弯。单击【确定】按钮，生成钣金的折叠特征，如图6-44所示。

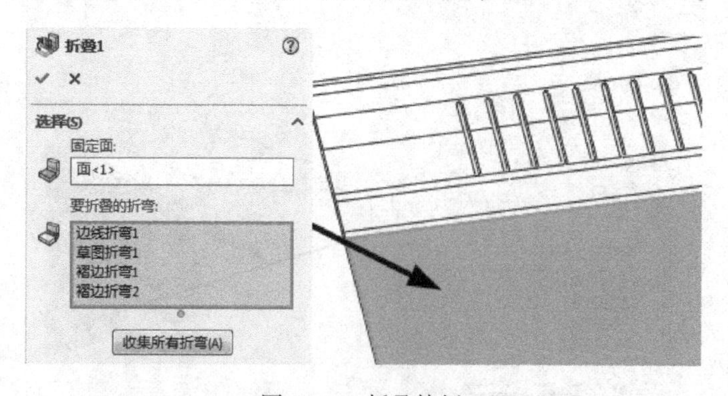

图6-44　折叠特征

6.5.2　生成侧边部分

1）单击【钣金】工具栏中的【边线法兰】按钮，在【属性管理器】中弹出【边线法兰】的属性设置。在【法兰参数】选项组中，选择图6-45所示的边线。单击【编辑法兰轮廓】按钮，绘制图6-46所示的草图并标注尺寸。勾选【使用默认半径】选项，设置【法兰角度】为【90.00度】，在【法兰位置】选项组中，设置法兰位置为【材料在外】，等距的终止条件为【给定深度】，单击【确定】按钮，生成钣金边线法兰特征，如图6-47所示。

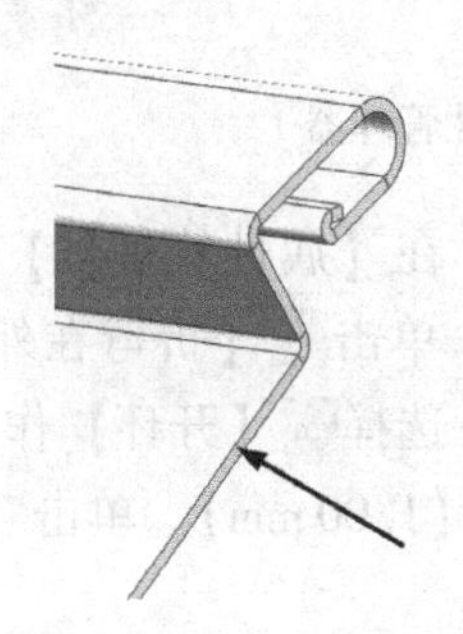
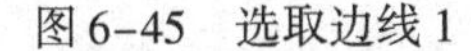

图6-45　选取边线1

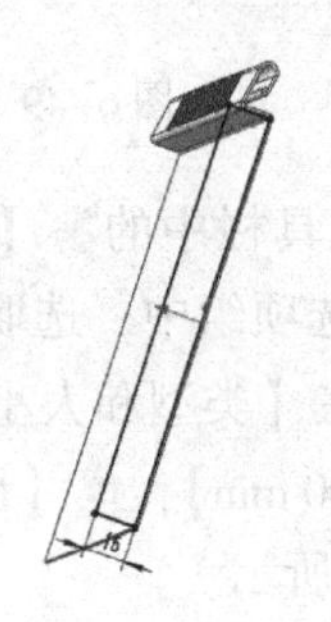

图6-46　绘制边线法兰草图1

2）单击边线法兰的内表面，使其成为草图绘制平面。单击【标准视图】工具栏中的【正视于】按钮，并单击【草图】工具栏中的【草图绘制】按钮，进入草图绘制状态。使用【草图】工具栏中的【直线】、【智能尺寸】工具，绘制图6-48所示的草图。单击【退出草图】按钮，退出草图绘制状态。

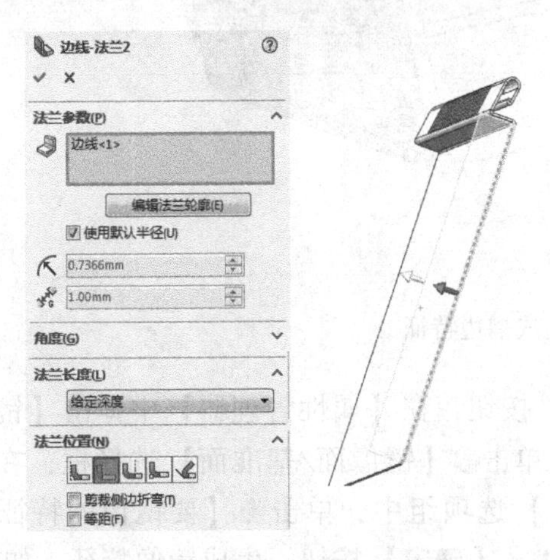

图6-47　生成边线法兰特征1

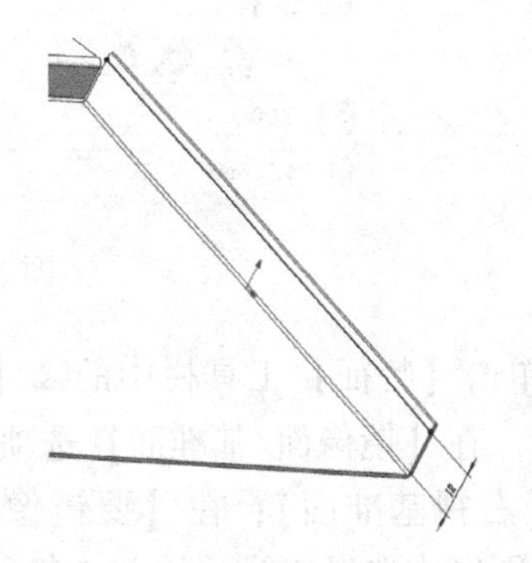

图6-48　绘制草图并标注尺寸1

3）单击【钣金】工具栏中的【绘制的折弯】按钮，在【属性管理器】中弹出【绘制的折弯】的属性设置。在【折弯参数】选项组中，【固定面】选择边线法兰的表面。单击【折弯在外】按钮，作为绘制的折弯特征的折弯位置。设置【折弯角度】为【90.00度】，如图6-49所示，单击【确定】按钮，生成绘制的折弯特征。

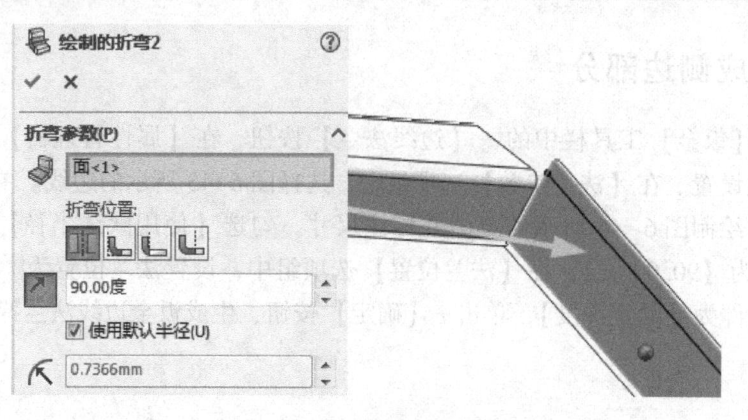

图6-49 折弯特征的属性管理器1

4）单击【钣金】工具栏中的【褶边】按钮，在【属性管理器】中弹出【褶边】的属性设置。在【边线】选项组中，选取折弯的边线，单击【折弯在外】按钮，作为生成褶边特征的法兰位置。在【类型和大小】选项组中，选择【开环】作为褶边特征的类型，设置【长度】为【2.00 mm】，【缝隙距离】为【1.00 mm】。单击【确定】按钮，生成褶边特征，如图6-50所示。

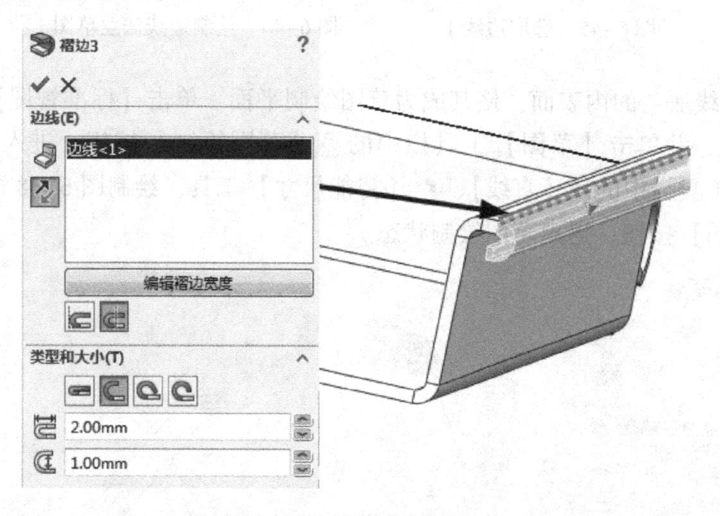

图6-50 生成褶边特征1

5）单击【特征】工具栏中的【镜像】按钮，在【属性管理器】中弹出【镜像】的属性设置。在【镜像面/基准面】选项组中，单击【镜像面/基准面】选择框，在绘图区中选择【右视基准面】；在【要镜像的特征】选项组中，单击【要镜像的特征】选择框，在绘图区中选择边线-法兰2特征，单击【确定】按钮，生成镜像特征，如图6-51所示。

6）单击镜像特征后生成法兰的内表面，使其成为草图绘制平面。单击【标准视图】工具栏中的【正视于】按钮，并单击【草图】工具栏中的【草图绘制】按钮，进入草图绘制状态。使用【草图】工具栏中的【直线】、【智能尺寸】工具，绘制图6-52所示的草图。单击【退出草图】按钮，退出草图绘制状态。

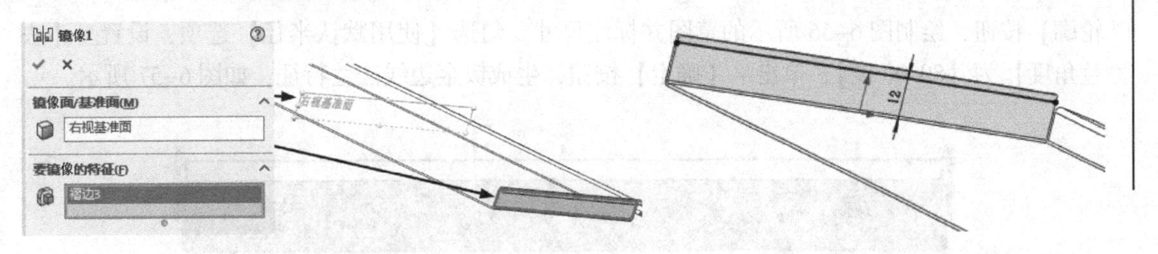

图6-51　生成镜像特征　　　　图6-52　绘制草图并标注尺寸2

7）单击【钣金】工具栏中的【绘制的折弯】按钮，在【属性管理器】中弹出【绘制的折弯】的属性设置。在【折弯参数】选项组中，【固定面】选择边线法兰的表面。单击【折弯在外】按钮，作为绘制的折弯特征的折弯位置。设置【折弯角度】为【90.00度】，如图6-53所示，单击【确定】按钮，生成绘制的折弯特征。

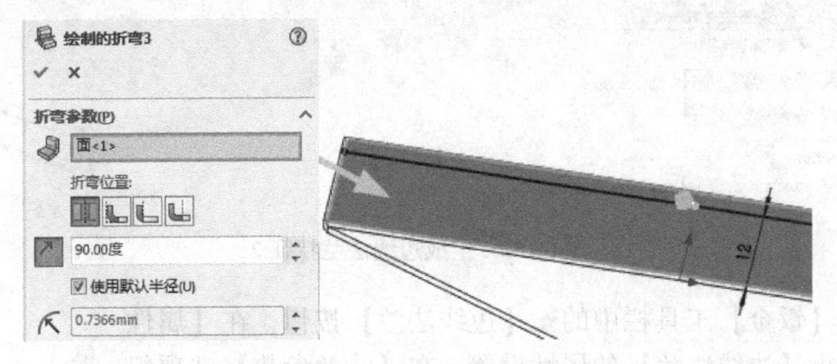

图6-53　折弯特征的属性管理器2

8）单击【钣金】工具栏中的【褶边】按钮，在【属性管理器】中弹出【褶边】的属性设置。在【边线】选项组中，选取折弯的边线，单击【折弯在外】按钮，作为生成褶边特征的法兰位置。在【类型和大小】选项组中，选择【开环】作为褶边特征的类型，设置【长度】为【2.00 mm】，【缝隙距离】为【1.00 mm】。单击【确定】按钮，生成褶边特征，如图6-54所示。

9）单击【钣金】工具栏中的【边线法兰】按钮，在【属性管理器】中弹出【边线法兰】的属性设置。在【法兰参数】选项组中，选择图6-55所示的边线。单击【编辑法兰

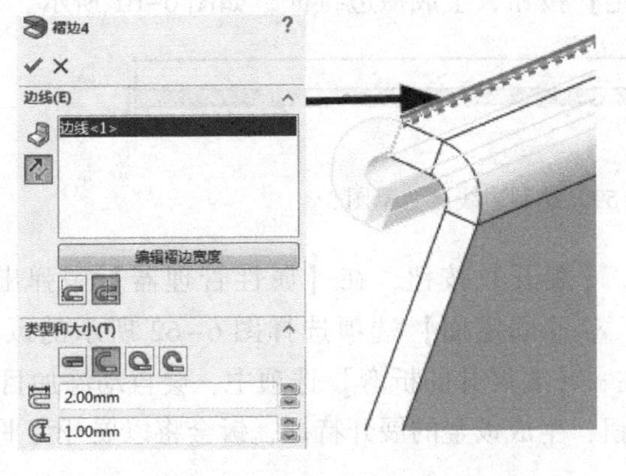

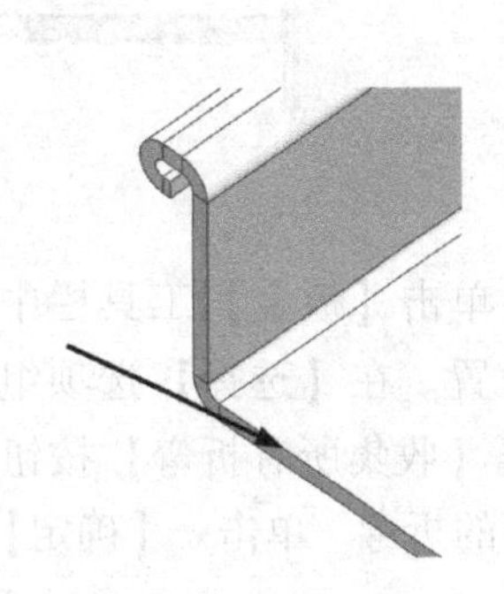

图6-54　生成褶边特征2　　　　图6-55　选取边线2

轮廓】按钮，绘制图6-56所示的草图并标注尺寸。勾选【使用默认半径】选项，设置【法兰角度】为【80.00度】，单击【确定】按钮，生成钣金边线法兰特征，如图6-57所示。

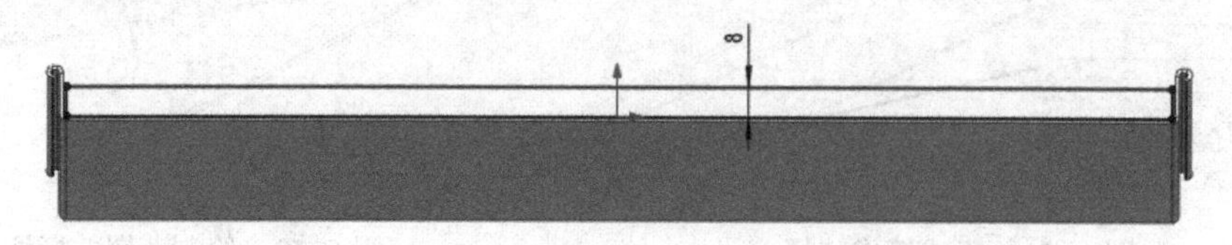

图6-56　绘制边线法兰草图2

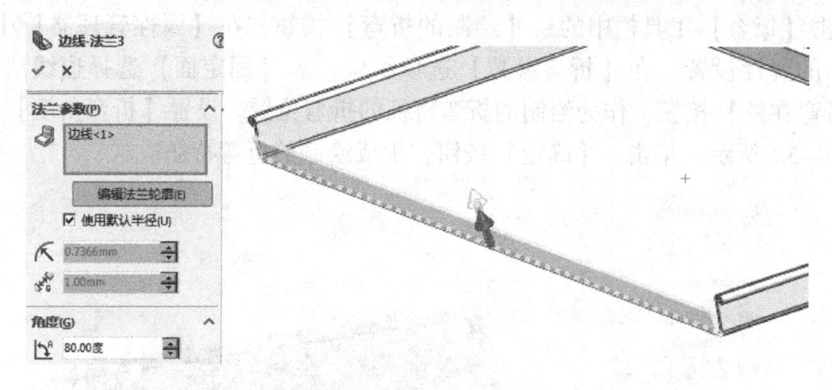

图6-57　生成边线法兰特征2

10）单击【钣金】工具栏中的【边线法兰】按钮，在【属性管理器】中弹出【边线法兰】的属性设置。在【法兰参数】选项组中，选择图6-58所示的边线。单击【编辑法兰轮廓】按钮，绘制图6-59所示的草图并标注尺寸。勾选【使用默认半径】选项，设置【法兰角度】为【45.00度】，单击【确定】按钮，生成钣金边线法兰特征，如图6-60所示。

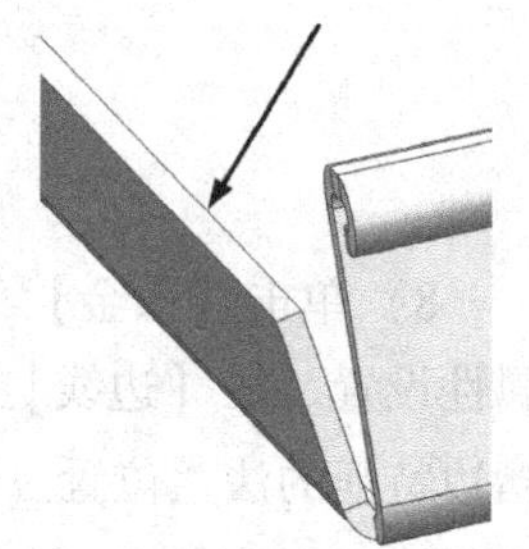

图6-58　选取边线3

11）单击【钣金】工具栏中的【褶边】按钮，在【属性管理器】中弹出【褶边】的属性设置。在【边线】选项组中，选取褶边的边线，单击【折弯在外】按钮，作为生成褶边特征的法兰位置。在【类型和大小】选项组中，选择【撕裂形】作为褶边特征的类型，设置【角度】为【200.00度】，【半径】为【1.00 mm】。单击【确定】按钮，生成褶边特征，如图6-61所示。

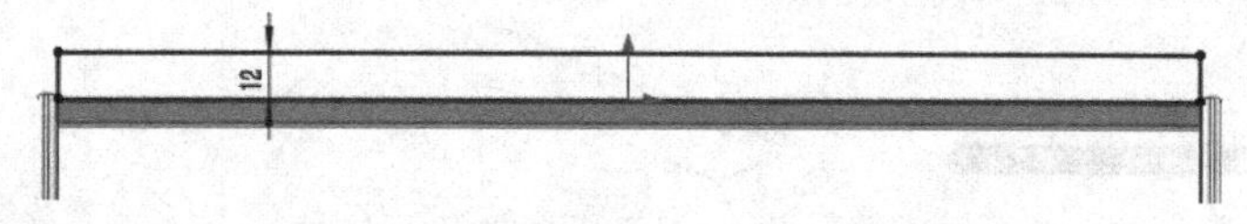

图6-59　绘制边线法兰草图3

12）单击【钣金】工具栏中的【展开】按钮，在【属性管理器】中弹出【展开】的属性设置。在【选择】选项组中，【固定面】选项选择图6-62所示的钣金内侧底面。单击【收集所有折弯】按钮，在【要展开的折弯】选项中，会自动添加目前钣金基体中所有的折弯。单击【确定】按钮，生成钣金的展开特征，钣金将以展开为平板的形式存在。

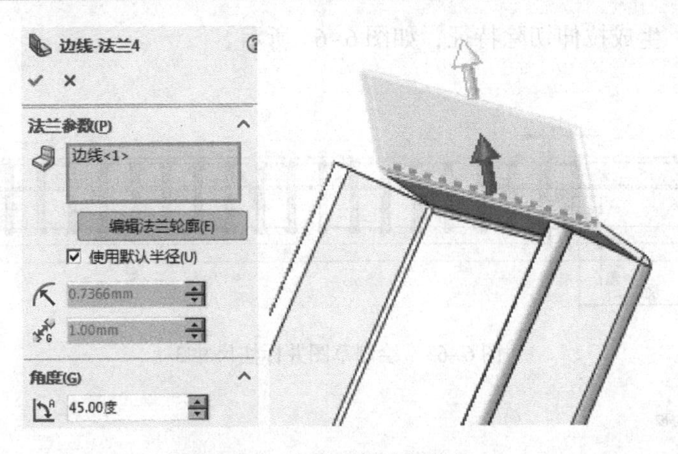

图 6-60　生成边线法兰特征 3

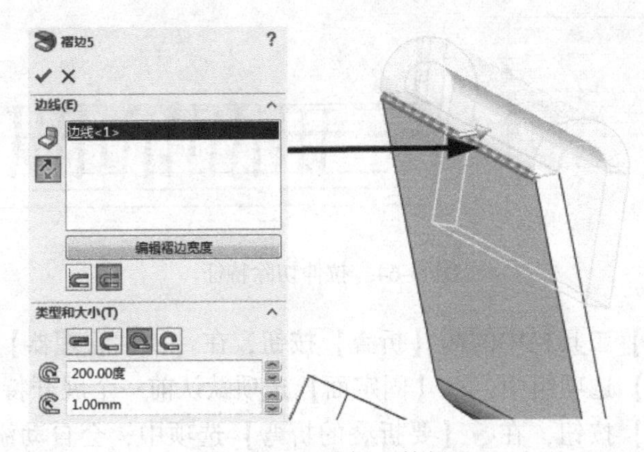

图 6-61　生成褶边特征 3

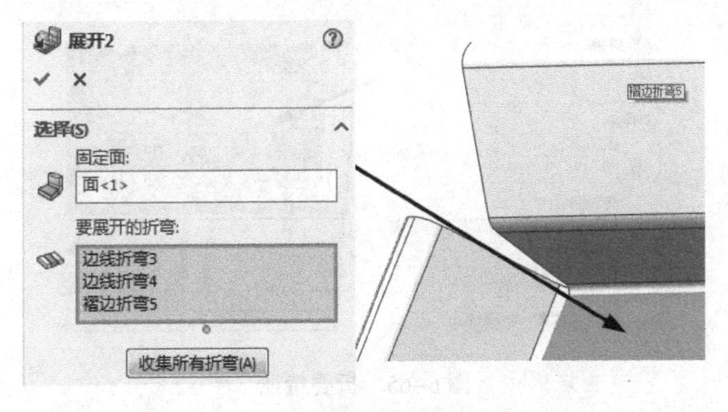

图 6-62　展开选取面和钣金平板形式

13）单击基体法兰的上表面，使其成为草图绘制平面。单击【标准视图】工具栏中的【正视于】按钮，并单击【草图】工具栏中的【草图绘制】按钮，进入草图绘制状态。使用【草图】工具栏中的【直线】、【智能尺寸】工具，绘制图 6-63 所示的草图。单击【退出草图】按钮，退出草图绘制状态。

14）单击【特征】工具栏中的【切除 - 拉伸】按钮，在【属性管理器】中弹出【切除 - 拉伸】的属性设置。在【方向 1】选项组中，设置【终止条件】为【完全贯穿】，单击

✔【确定】按钮，生成拉伸切除特征，如图 6-64 所示。

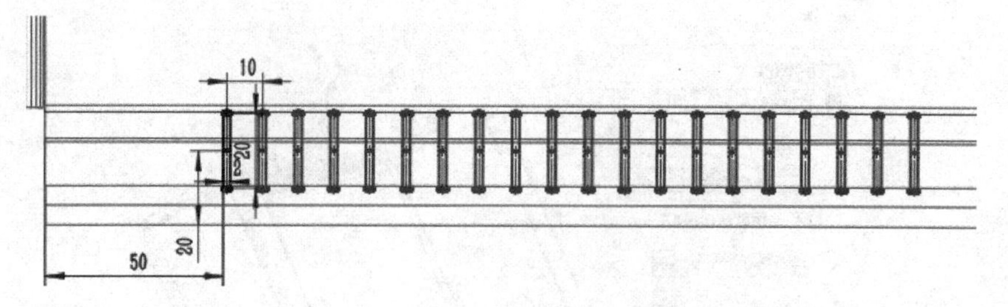

图 6-63　绘制草图并标注尺寸 3

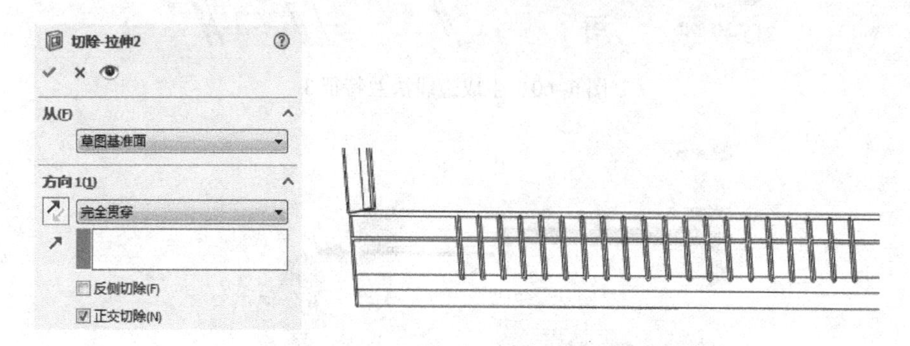

图 6-64　拉伸切除特征

15）单击【钣金】工具栏中的【折叠】按钮，在【属性管理器】中弹出【折叠】的属性设置。在【选择】选项组中，【固定面】选项默认前一个展开特征中选定的固定面。单击【收集所有折弯】按钮，在【要折叠的折弯】选项中，会自动添加目前钣金基体中所有的要折叠的折弯。单击✔【确定】按钮，生成钣金的折叠特征，如图 6-65 所示。

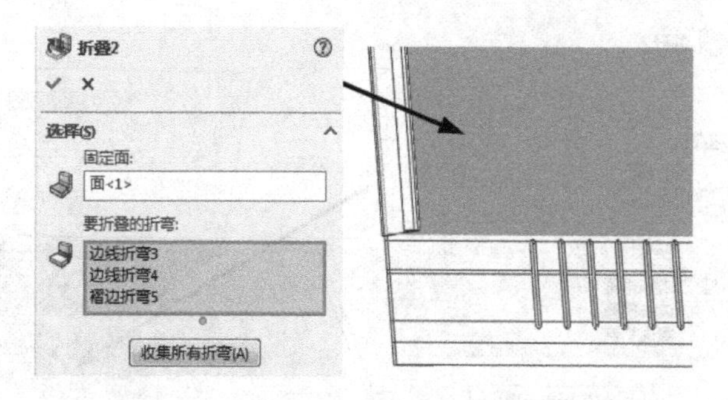

图 6-65　折叠特征

6.5.3　生成立柱部分

1）单击边线法兰的一个侧面，使其成为草图绘制平面。单击【标准视图】工具栏中的【正视于】按钮，并单击【草图】工具栏中的【草图绘制】按钮，进入草图绘制状态。使用【草图】工具栏中的【直线】、【圆弧】和【智能尺寸】工具，绘制图 6-66 所示的草图。单击【退出草图】按钮，退出草图绘制状态。

2）选择绘制好的草图，单击【钣金】工具栏中的【基体法兰/薄片】按钮，在【属性管理器】中弹出【基体法兰】的属性设置。在【方向1】选项组中，设置【给定深度】，并设置【距离】为【120.00mm】，在【钣金参数】选项组中，设置【厚度】为【1.00mm】，单击【确定】按钮，生成钣金的基体法兰特征，如图6-67所示。

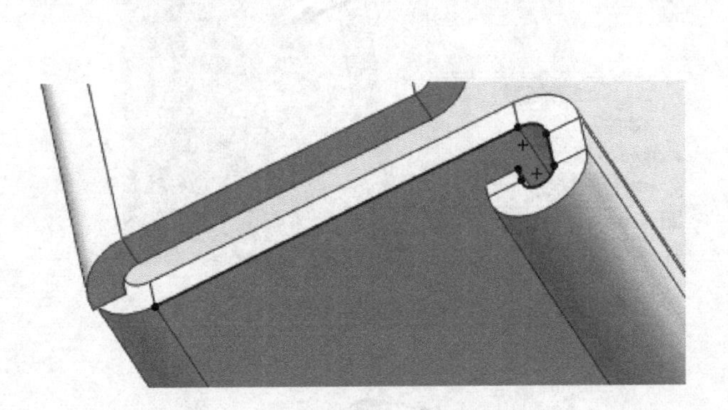

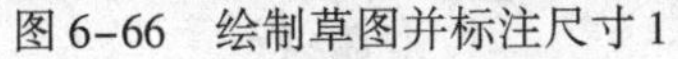

图6-66　绘制草图并标注尺寸1

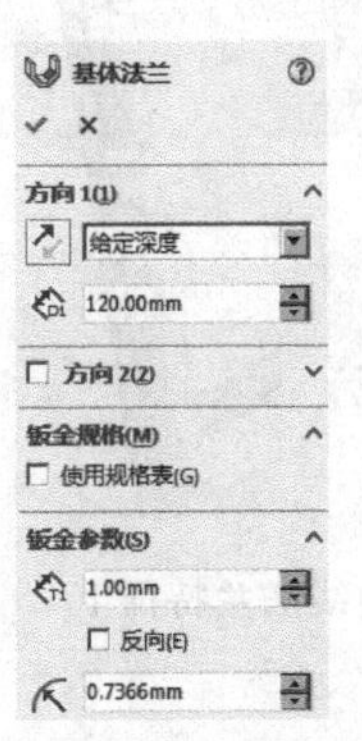

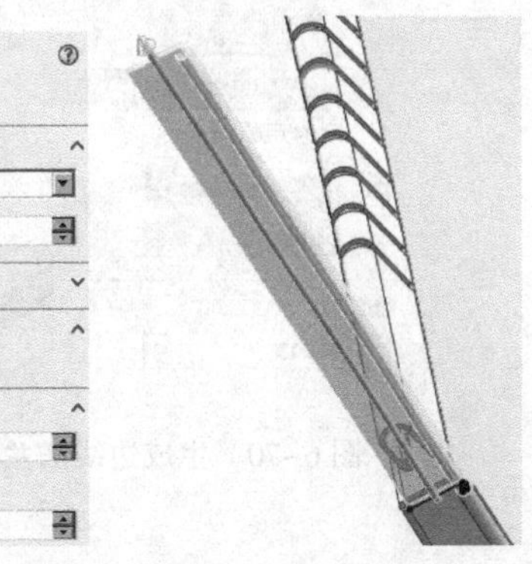

图6-67　生成基体法兰特征1

3）单击【钣金】工具栏中的【边线法兰】按钮，在【属性管理器】中弹出【边线法兰】的属性设置。在【法兰参数】选项组中，选择图6-68所示的边线。单击【编辑法兰轮廓】按钮，绘制图6-69所示的草图并标注尺寸。勾选【使用默认半径】选项，设置【法兰角度】为【90.00度】，单击【确定】按钮，生成钣金边线法兰特征，如图6-70所示。

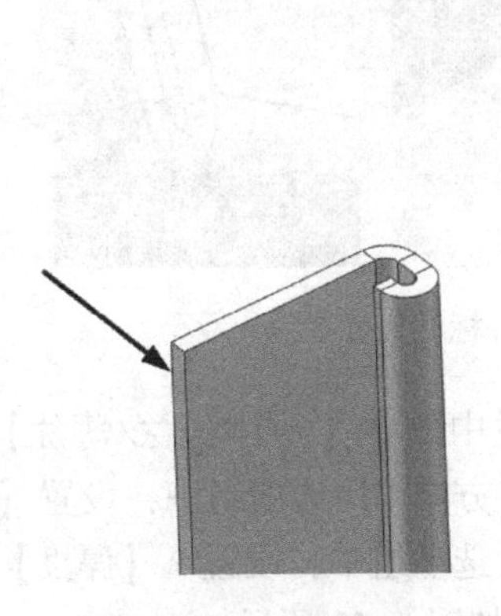

图6-68　选取边线1

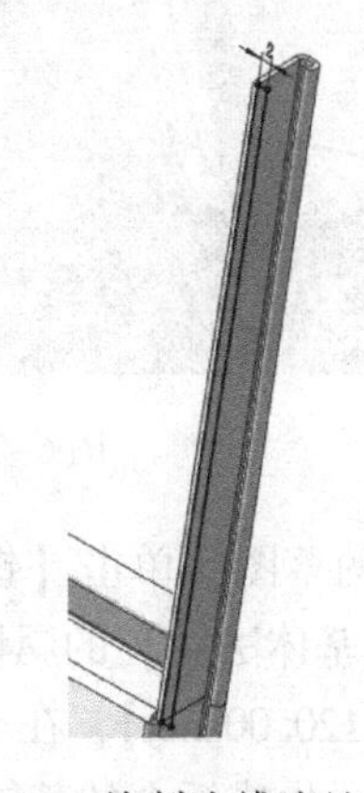

图6-69　绘制边线法兰草图1

4）单击【钣金】工具栏中的【褶边】按钮，在【属性管理器】中弹出【褶边】的属性设置。在【边线】选项组中，选取边线法兰的边线，单击【折弯在外】按钮，作为生成褶边特征的法兰位置。在【类型和大小】选项组中，选择【开环】作为褶边特征的类型，设置【长度】为【2.00mm】，【缝隙距离】为【1.00mm】。单击【确定】按钮，生成褶边特征，如图6-71所示。

5）单击【特征管理器设计树】中的【前视基准面】图标，使其成为草图绘制平面。单击【标准视图】工具栏中的【正视于】按钮，并单击【草图】工具栏中的【草图绘制】按钮，进入草图绘制状态。使用【草图】工具栏中的【直线】、【圆弧】和【智能尺寸】工具，绘制图6-72所示的草图。单击【退出草图】按钮，退出草图绘制状态。

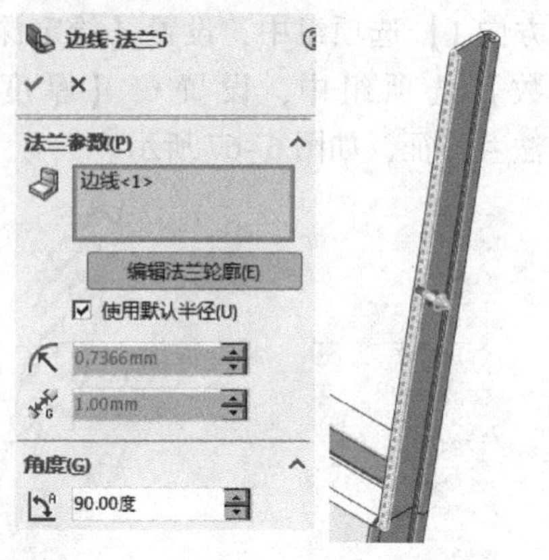

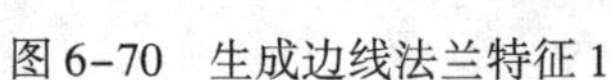
图 6-70　生成边线法兰特征 1

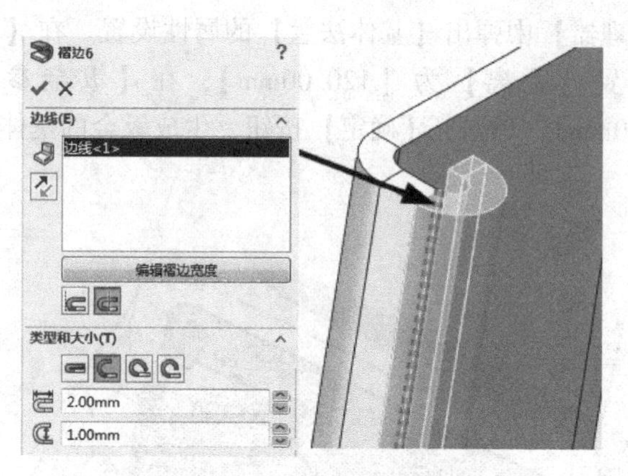

图 6-71　生成褶边特征 1

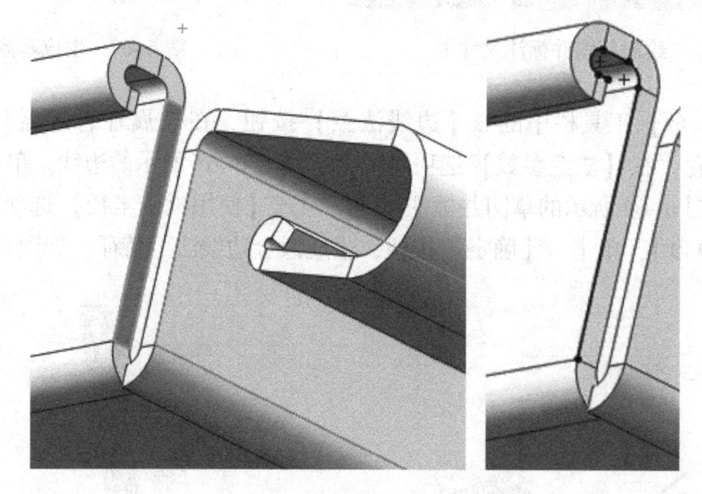

图 6-72　绘制草图并标注尺寸 2

6）选择绘制好的草图，单击【钣金】工具栏中的【基体法兰/薄片】按钮，在【属性管理器】中弹出【基体法兰】的属性设置。在【方向 1】选项组中，设置【给定深度】，并设置【距离】为【120.00 mm】，在【钣金参数】选项组中，设置【厚度】为【1.00 mm】，单击【确定】按钮，生成钣金的基体法兰特征，如图 6-73 所示。

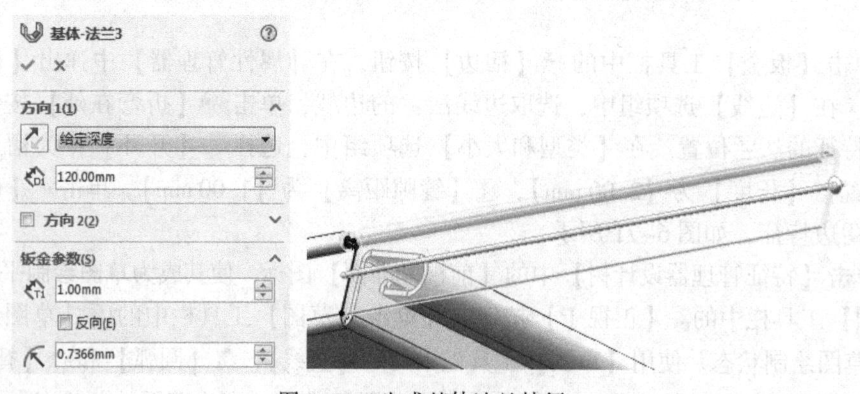

图 6-73　生成基体法兰特征 2

7）单击【钣金】工具栏中的【边线法兰】按钮，在【属性管理器】中弹出【边线法兰】的属性设置。在【法兰参数】选项组中，选择图 6-74 所示的边线。单击【编辑法兰轮廓】按钮，绘制图 6-75 所示的草图并标注尺寸。勾选【使用默认半径】选项，设置【法兰角度】为【90.00 度】，单击【确定】按钮，生成钣金边线法兰特征，如图 6-76 所示。

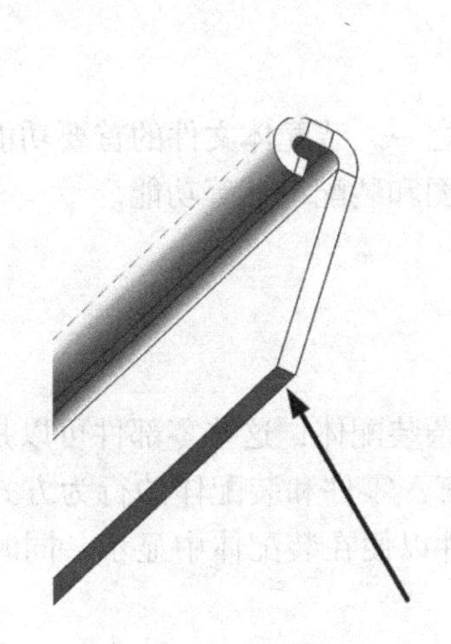

图 6-74　选取边线 2

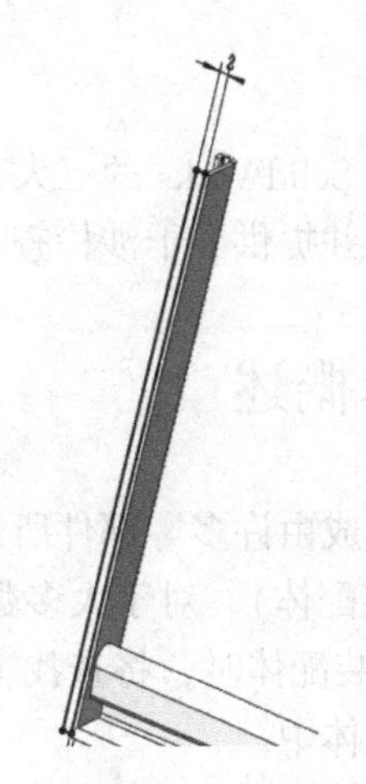

图 6-75　绘制边线法兰草图 2

8）单击【钣金】工具栏中的【褶边】按钮，在【属性管理器】中弹出【褶边】的属性设置。在【边线】选项组中，选取边线法兰的边线，单击【折弯在外】按钮，作为生成褶边特征的法兰位置。在【类型和大小】选项组中，选择【开环】作为褶边特征的类型，设置【长度】为【2.00mm】，【缝隙距离】为【1.00mm】。单击【确定】按钮，生成褶边特征，如图 6-77 所示。

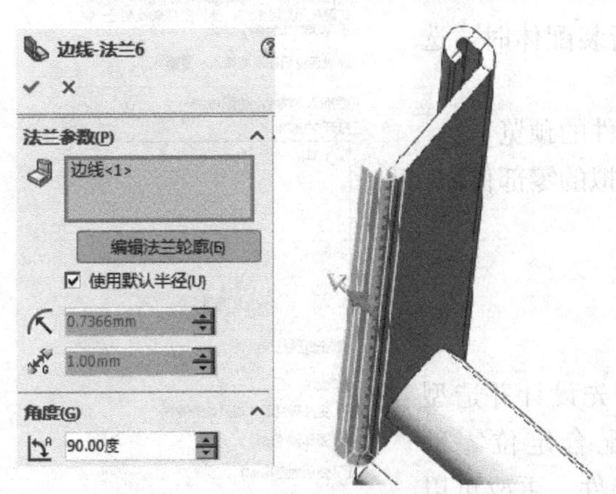

图 6-76　生成边线法兰特征 2

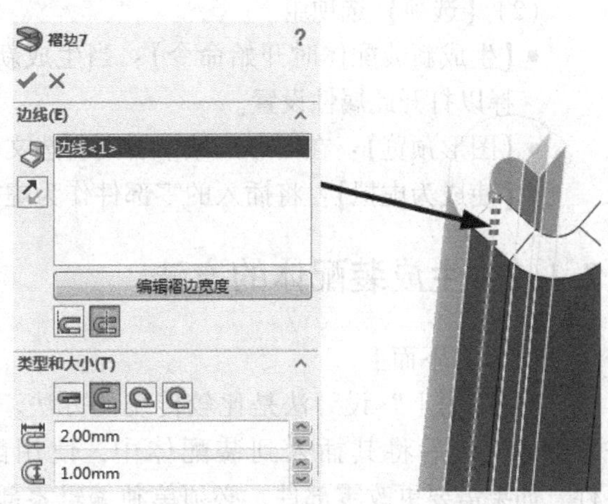

图 6-77　生成褶边特征 2

第 7 章　装配体设计

装配体设计是 SolidWorks 的三大基本功能之一。装配体文件的首要功能是描述产品零件之间的配合关系，并提供了干涉检查、爆炸视图和装配统计等功能。

7.1　装配体概述

装配体可以生成由许多零部件所组成的复杂装配体，这些零部件可以是零件或者其他装配体（被称为子装配体）。对于大多数操作而言，零件和装配体的行为方式是相同的。当在 SolidWorks 中打开装配体时，将查找零部件文件以便在装配体中显示，同时零部件中的更改将自动反映在装配体中。

7.1.1　插入零部件的属性设置

选择【文件】|【从零件制作装配体】菜单命令，装配体文件会在【插入零部件】的属性管理器中显示出来，如图 7-1 所示。

(1)【要插入的零件/装配体】选项组

通过单击【浏览】按钮打开现有零件文件。

(2)【选项】选项组

- 【生成新装配体时开始命令】：当生成新装配体时，选择以打开此属性设置。
- 【图形预览】：在图形区域中看到所选文件的预览。
- 【使成为虚拟】：将插入的零部件作为虚拟的零部件。

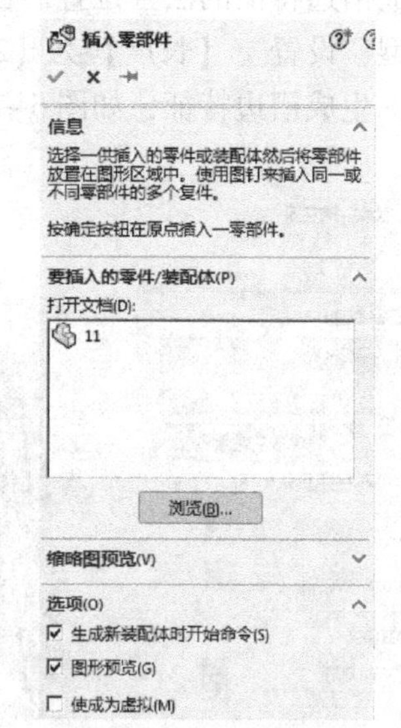

图 7-1　【插入零部件】属性管理器

7.1.2　生成装配体的方法

(1) 自下而上

“自下而上”设计法是比较传统的方法。先设计并造型零部件，然后将其插入到装配体中，使用配合定位零部件。如果需要更改零部件，必须单独编辑零部件，更改可以反映在装配体中。“自下而上”设计法对于先前制造、现售的零部件，或者如金属器件、带轮、电动机等标准零部件而言属于优先技术。这些零部件不根据设计的改变而更改其形状和大小，除非选择不同的零部件。

（2）自上而下

在“自上而下”设计法中，零部件的形状、大小及位置可以在装配体中进行设计。“自上而下”设计法的优点是在设计更改发生时变动更少，零部件根据所生成的方法而自我更新。可以在零部件的某些特征、完整零部件或者整个装配体中使用“自上而下”设计法。设计师通常在实践中使用“自上而下”设计法对装配体进行整体布局，并捕捉装配体特定的自定义零部件的关键环节。

7.2　生成配合

7.2.1　配合概述

配合在装配体零部件之间生成几何关系。当添加配合时，定义零部件线性或旋转运动所允许的方向，可在其自由度之内移动零部件，从而直观化装配体的行为。

7.2.2　【配合】属性管理器

（1）命令启动

- 单击装配体工具栏中的【配合】按钮。
- 单击菜单栏中【插入】|【配合】按钮。

（2）选项说明

【配合】属性管理器如图7-2所示。下面介绍各选项具体说明。

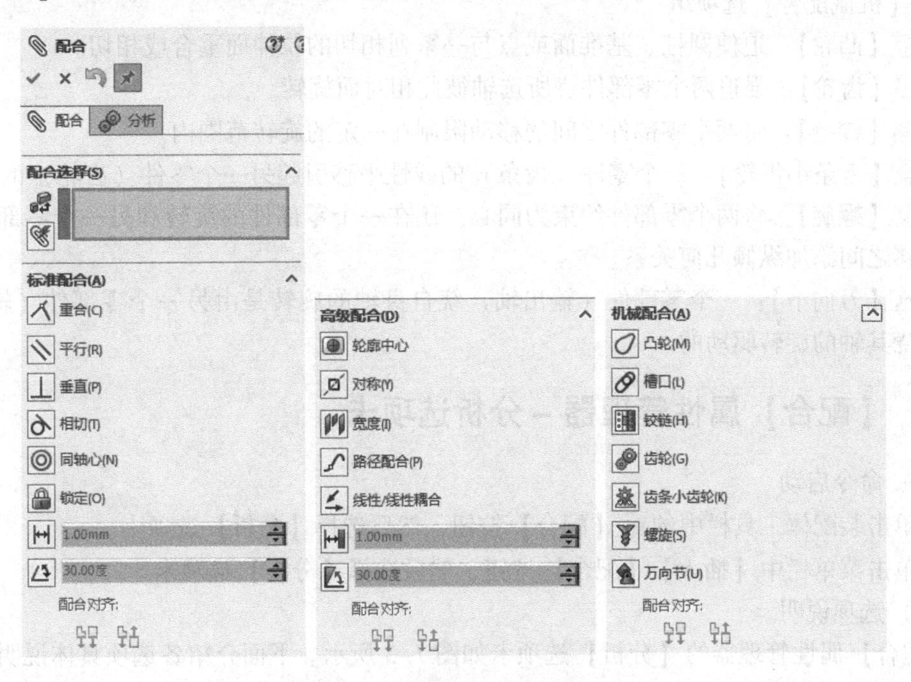

图7-2　【配合】属性管理器

1）【配合选择】选项组

- 【要配合的实体】：选择想配合在一起的面、边线或基准面等。
- 【多配合模式】：单击以单一操作将多个零部件与一普通参考配合。

2）【标准配合】选项组

所有配合类型会始终显示在属性管理器中，但只有适用于当前选择的配合才可供使用。

- 【重合】：将所选面、边线及基准面定位，这样它们共享同一个基准面。
- 【平行】：放置所选项，这样它们彼此间保持等间距。
- 【垂直】：将所选项以彼此间 90°角度而放置。
- 【相切】：将所选项以彼此间相切放置。
- 【同轴心】：将所选项放置于共享同一中心线。
- 【锁定】：保持两个零部件之间的相对位置和方向。
- 【距离】：将所选项以彼此间指定的距离而放置。
- 【角度】：将所选项以彼此间指定的角度而放置。

3）【高级配合】选项组

- 【对称】：迫使两个相同实体绕基准面或平面对称。
- 【宽度】：将标签置于凹槽宽度内。
- 【路径】：将零部件上所选的点约束到路径。
- 【线性/线性耦合】：在一个零部件的平移和另一个零部件的平移之间建立几何关系。
- 【限制】：允许零部件在距离配合和角度配合的一定数值范围内移动。

4）【机械配合】选项组

- 【凸轮】：迫使圆柱、基准面或点与一系列相切的拉伸面重合或相切。
- 【齿轮】：强迫两个零部件绕所选轴彼此相对而旋转。
- 【铰链】：将两个零部件之间的移动限制在一定的旋转范围内。
- 【齿条小齿轮】：一个零件（齿条）的线性平移引起另一个零件（齿轮）的周转。
- 【螺旋】：将两个零部件约束为同心，还在一个零部件的旋转和另一个零部件的平移之间添加纵倾几何关系。
- 【万向节】：一个零部件（输出轴）绕自身轴的旋转是由另一个零部件（输入轴）绕其轴的旋转驱动的。

7.2.3 【配合】属性管理器－分析选项卡

（1）命令启动

- 单击装配体工具栏中的【配合】按钮，然后选择【分析】选项卡。
- 单击菜单栏中【插入】|【配合】按钮，然后选择【分析】选项卡。

（2）选项说明

【配合】属性管理器的【分析】选项卡如图 7-3 所示。下面介绍各选项具体说明。

1）【选项】选项组

- 【配合位置】：以选定的点覆盖默认的配合位置。

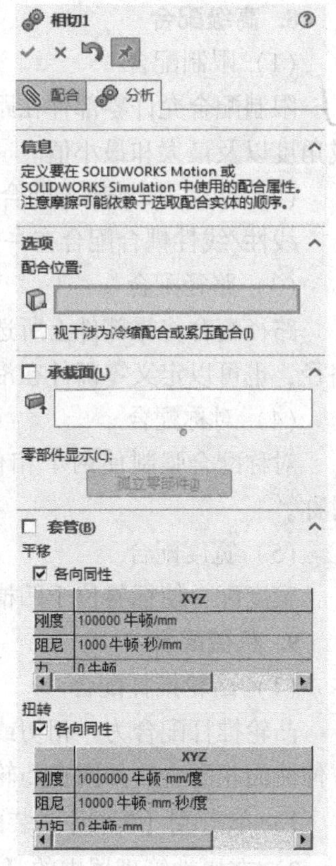

图 7-3 【分析】选项卡

- 【视干涉为冷缩配合或紧压配合】：在 SolidWorks Simulation 中视干涉的配合为冷缩配合。

2)【承载面】选项组

- 【承载面/边线】：在图形区域，从被配合引用的任何零部件选取面。
- 【孤立零部件】：单击以显示且仅显示被配合所参考引用的零部件。

3)【摩擦】选项组

- 【参数】：选择如何指定配合的摩擦属性。
- 【指定材质】：从清单 1 和 2 中选择零部件的材质。
- 【指定系数】：通过输入数值或在【滑性】和【粘性】之间移动滑杆，来指定μ【动态摩擦系数】。

4)【套管】选项组

- 【各向同性】：选取以应用统一的平移属性。
- 【刚度】：输入平移刚度系数。
- 【阻尼】：输入平移阻尼系数。
- 【力】：输入所应用的预载。
- 【各向同性】：选取以应用统一的扭转属性。
- 【刚度】：输入扭转刚度系数。
- 【阻尼】：输入扭转阻尼系数。
- 【扭矩】：输入所应用的预载。

7.2.4 配合类型

1. 角度配合

在两个实体间添加角度配合，默认值为所选实体之间的当前角度。

2. 重合配合

在两个实体间添加重合配合。

3. 同心配合

在两个圆形实体间添加同心配合。

4. 距离配合

在两个实体间添加距离配合，必须在【配合】属性管理器的距离框中输入距离值。

5. 锁定配合

锁定配合保持两个零部件之间的相对位置和方向，零部件相对于对方被完全约束。

6. 平行和垂直配合

在两个圆形实体间添加平行和垂直配合。

7. 相切配合

在两个圆形实体间添加相切配合。

8. 高级配合

（1）限制配合

限制配合允许零部件在距离配合和角度配合的一定数值范围内移动，需指定一开始距离或角度以及最大和最小值。

（2）线性/线性耦合配合

线性/线性耦合配合在一个零部件的平移和另一个零部件的平移之间建立几何关系。

（3）路径配合

路径配合将零部件上所选的点约束到路径，可以在装配体中选择一个或多个实体来定义路径，也可以定义零部件在沿路径经过时的纵倾、偏转和摇摆。

（4）对称配合

对称配合强制使两个相似的实体相对于零部件的基准面或平面或者装配体的基准面对称。

（5）宽度配合

宽度配合使标签位于凹槽宽度内的中心。

9. 机械配合

（1）凸轮推杆配合

凸轮推杆配合为一相切或重合配合类型。它可允许将圆柱、基准面或点与一系列相切的拉伸曲面相配合，如同在凸轮上可看到的。添加一凸轮推杆配合步骤如下：

1）单击【配合】（装配体工具栏）或选择【插入】|【配合】菜单命令。

2）在属性管理器中的【机械配合】下单击【凸轮】按钮。

3）在【配合选择】下，为【要配合的实体】在凸轮上选择相切面，如图 7-4 所示。用右键单击面之一，然后单击选择相切。这将以一个步骤选择所有相切面。

4）单击【凸轮推杆】，然后在凸轮推杆上选择一个面或顶点。

5）单击按钮。

（2）齿轮配合

齿轮配合会强迫两个零部件绕所选轴相对旋转。齿轮配合的有效旋转轴包括圆柱面、圆锥面、轴和线性边线。添加齿轮配合步骤如下：

1）单击【配合】（装配体工具栏）或选择【插入】|【配合】菜单命令。

2）在属性管理器中的【机械配合】下单击【齿轮】按钮。

3）【在配合选择】下，为【要配合的实体】在两个齿轮上选择旋转轴，如图 7-5 所示。

4）在【机械配合】下：

- 【比率】：软件根据所选择的圆柱面或圆形边线的相对大小来指定齿轮比率。
- 选择【反转】来更改齿轮彼此相对旋转的方向。

5）单击按钮。

（3）铰链配合

铰链配合将两个零部件之间的移动限制在一定的旋转范围内。其效果相当于同时添加同心配合和重合配合，此外还可以限制两个零部件之间的移动角度。添加铰链配合步骤如下：

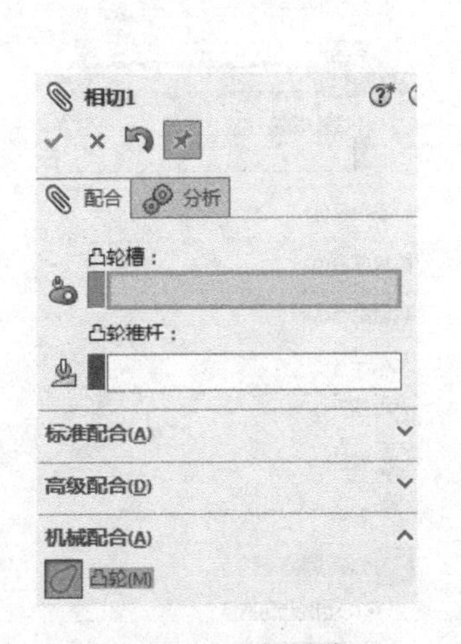

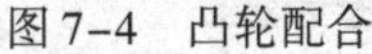
图 7-4　凸轮配合

图 7-5　齿轮配合

1）单击【配合】（装配体工具栏）或选择【插入】|【配合】菜单命令。

2）在 属性管理器中的【机械配合】下单击【铰链】按钮。

3）在【配合选择】下，如图 7-6 所示，进行选择并设定选项：

- 【同轴心选择】：选择两个实体。有效选择与同心配合的有效选择相同。
- 【重合选择】：选择两个实体。有效的选择包括一个基准面或平面。
- 【指定角度限制】：选择此项可限制两个零件之间的旋转角度。
- 【角度选择】：选择两个面。
- 【角度】：指定两个面之间的名义角度。
- 【最大值】：角度的最大值。
- 【最小值】：角度的最小值。

4）单击按钮。

（4）齿条小齿轮配合

通过齿条和小齿轮配合，某个零部件（齿条）的线性平移会引起另一零部件（小齿轮）做圆周旋转，反之亦然。添加齿条和小齿轮配合步骤如下：

1）单击【配合】（装配体工具栏）或选择【插入】|【配合】菜单命令。

2）在属性管理器中的【机械配合】下单击【齿条小齿轮】按钮。

3）在【配合选择】下，如图 7-7 所示。

- 为【齿条】选择线性边线、草图直线、中心线、轴或圆柱。
- 为【小齿轮/齿轮】选择圆柱面或旋转曲面。

4）在【机械配合】下：

在小齿轮的每次完全旋转中，齿条的平移距离等于转数乘以小齿轮的直径。可以选择以下项之一来指定直径或距离：

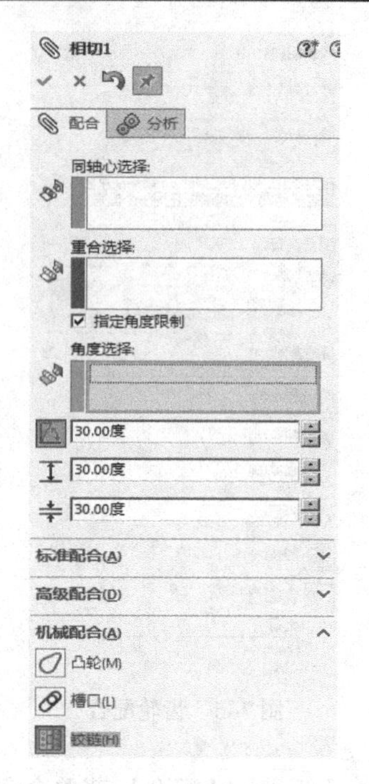

图 7-6　铰链配合

图 7-7　齿条小齿轮配合

- 【小齿轮齿距直径】：所选小齿轮的直径出现在方框中。
- 【齿条行程/转数】：所选小齿轮直径与转数的乘积出现在方框中，可以修改方框中的值。
- 【反向】：选择可更改齿条和小齿轮相对移动的方向。

5）单击 按钮。

（5）螺旋配合

螺旋配合将两个零部件约束为同心，还在一个零部件的旋转和另一个零部件的平移之间添加纵倾几何关系。一零部件沿轴方向的平移会根据纵倾几何关系引起另一个零部件的旋转。同样，一个零部件的旋转可引起另一个零部件的平移，与其他配合类型类似，螺旋配合无法避免零部件之间的干涉或碰撞。添加螺旋配合步骤如下：

1）单击【配合】（装配体工具栏）或选择【插入】|【配合】菜单命令。

2）在属性管理器中的【机械配合】下单击【螺旋】按钮。

3）在【配合选择】下，如图 7-8 所示，为【要配合的实体】在两个零部件上选择旋转轴。

4）在【机械配合】下：

- 【圈数】/ <长度单位>：为其他零部件平移的每个长度单位设定一个零部件的圈数。
- 【距离/圈数】：为其他零部件的每个圈数设定一个零部件平移的距离。

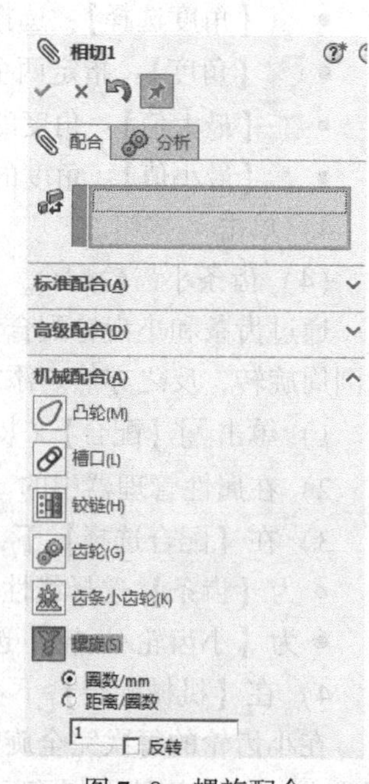

图 7-8　螺旋配合

●【反转】：相对于彼此间更改零部件的移动方向。

5）单击✔按钮。

7.3 生成干涉检查

在 1 个复杂的装配体中，如果用视觉检查零部件之间是否存在干涉的情况是件困难的事情。在 SolidWorks 中，装配体可以进行干涉检查，其功能如下：

● 决定零部件之间的干涉。

● 显示干涉的真实体积为上色体积。

● 更改干涉和不干涉零部件的显示设置以便于查看干涉。

● 选择忽略需要排除的干涉，如紧密配合、螺纹扣件的干涉等。

● 选择将实体之间的干涉包括在多实体零件中。

● 选择将子装配体看成单一零部件，这样子装配体零部件之间的干涉将不被报告出。

单击【装配体】工具栏中的【干涉检查】按钮或者选择【工具】|【干涉检查】菜单命令，在【属性管理器】中弹出【干涉检查】属性管理器，如图 7–9 所示。

1.【所选零部件】选项组

●【要检查的零部件】选框：显示为干涉检查所选择的零部件。

●【计算】：单击此按钮，检查干涉情况。

检测到的干涉显示在【结果】选项组中，干涉的体积数值显示在每个列举项的右侧，如图 7–10 所示。

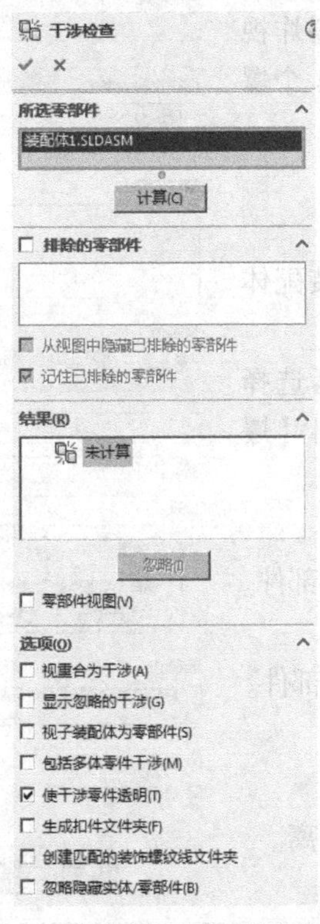

图 7–9 【干涉检查】属性管理器

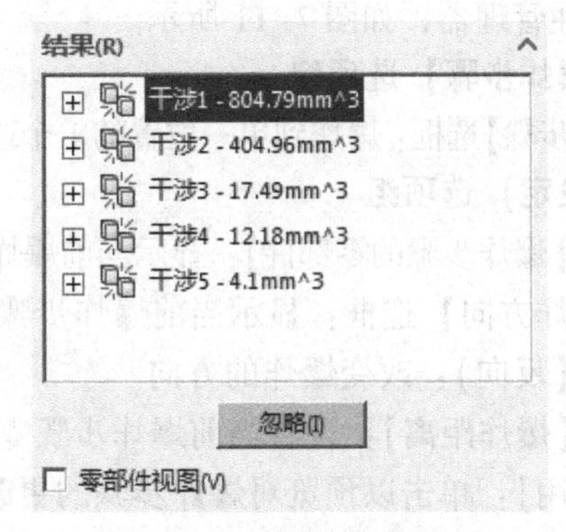

图 7–10 被检测到的干涉

2.【结果】选项组

- 【忽略】、【解除忽略】：为所选干涉在【忽略】和【解除忽略】模式之间进行转换。
- 【零部件视图】：按照零部件名称而非干涉标号显示干涉。

3.【选项】选项组

- 【视重合为干涉】：将重合实体报告为干涉。
- 【显示忽略的干涉】：显示在【结果】选项组中被设置为忽略的干涉。
- 【视子装配体为零部件】：子装配体被看作单一零部件，子装配体零部件之间的干涉将不被报告。
- 【包括多体零件干涉】：报告多实体零件中实体之间的干涉。
- 【使干涉零件透明】：以透明模式显示所选干涉的零部件。
- 【生成扣件文件夹】：将扣件（如螺母和螺栓等）之间的干涉隔离为在【结果】选项组中的单独文件夹。

4.【非干涉零部件】选项组

以所选模式显示非干涉的零部件，包括【线架图】、【隐藏】、【透明】和【使用当前项】4个选项。

7.4 生成爆炸视图

出于制造的目的，经常需要分离装配体中的零部件以形象地分析它们之间的相互关系。装配体的爆炸视图可以分离其中的零部件以便查看该装配体。

1个爆炸视图由1个或者多个爆炸步骤组成，每一个爆炸视图保存在所生成的装配体配置中，而每一个配置都可以有1个爆炸视图。在爆炸视图中可以进行如下操作：

- 自动将零部件制成爆炸视图。
- 附加新的零部件到另一个零部件的现有爆炸步骤中。
- 如果子装配体中有爆炸视图，则可以在更高级别的装配体中重新使用此爆炸视图。

单击【装配体】工具栏中的【爆炸视图】按钮或者选择【插入】|【爆炸视图】菜单命令，在【属性管理器】中弹出【爆炸】的属性管理器，如图7-11所示。

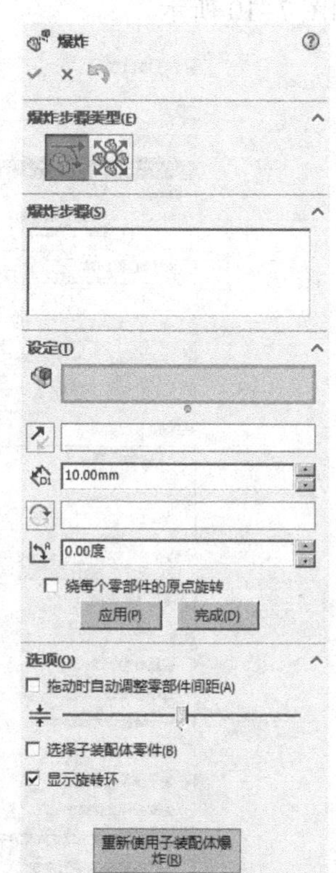

图7-11 【爆炸】属性管理器

1.【爆炸步骤】选项组

【爆炸步骤】选框：爆炸到单一位置的1个或者多个所选零部件。

2.【设定】选项组

- 【爆炸步骤的零部件】：显示当前爆炸步骤所选的零部件。
- 【爆炸方向】选框：显示当前爆炸步骤所选的方向。
- 【反向】：改变爆炸的方向。
- 【爆炸距离】：设置当前爆炸步骤零部件移动的距离。
- 【应用】：单击以预览对爆炸步骤的更改。
- 【完成】：单击以完成新的或者已经更改的爆炸步骤。

3. 【选项】选项组

- 【拖动时自动调整零部件间距】：沿轴心自动均匀地分布零部件组的间距。
- ≑【调整零部件链之间的间距】：调整【拖动时自动调整零部件间距】放置的零部件之间的距离。
- 【选择子装配体零件】：选择此选项，可以选择子装配体的单个零件；取消选择此选项，可以选择整个子装配体。
- 【重新使用子装配体爆炸】：使用先前在所选子装配体中定义的爆炸步骤。

7.5 装配体性能优化

根据某段时间内的工作范围，可以指定合适的零部件压缩状态，这样可以减少工作时装入和计算的数据量，装配体的显示和重建速度会更快，也可以更有效地使用系统资源。

7.5.1 压缩状态的种类

装配体零部件共有 3 种压缩状态。

1. 还原

还原是装配体零部件的正常状态。完全还原的零部件会完全装入内存，可以使用所有功能及模型数据并可以完全访问、选取、参考、编辑、在配合中使用其实体。

2. 压缩

1）可以使用压缩状态暂时将零部件从装配体中移除（而不是删除），零部件不装入内存，也不再是装配体中有功能的部分，用户无法看到压缩的零部件，也无法选择这个零部件的实体。

2）1 个压缩的零部件将从内存中移除，所以装入速度、重建模型速度和显示性能均有提高，由于减少了复杂程度，其余的零部件计算速度会更快。

3）压缩零部件包含的配合关系也被压缩，因此装配体中零部件的位置可能变为“欠定义”，参考压缩零部件的关联特征也可能受影响，当恢复压缩的零部件为完全还原状态时，可能会产生矛盾，所以在生成模型时必须小心使用压缩状态。

3. 轻化

可以在装配体中激活的零部件完全还原或者轻化时装入装配体，零件和子装配体都可以为轻化。

1）当零部件完全还原时，其所有模型数据被装入内存。

2）当零部件为轻化时，只有部分模型数据被装入内存，其余的模型数据根据需要被装入。

通过使用轻化零部件，可以显著提高大型装配体的性能，将轻化的零部件装入装配体比将完全还原的零部件装入同一装配体速度更快，因为计算的数据少，包含轻化零部件的装配体重建速度也更快。

零部件的完整模型数据只有在需要时才被装入，所以轻化零部件的效率很高。只有受当前编辑进程中所做更改影响的零部件才被完全还原，可以对轻化零部件不还原而进行多项装配体操作，包括添加（或者移除）配合、干涉检查、边线（或者面）选择、零部件选择、碰撞检查、装配体特征、注解、测量、尺寸、截面属性、装配体参考几何体、质量属性、剖面视图、爆炸视图、高级零部件选择、物理模拟和高级显示（或者隐藏）零部件等。零部件压缩状态的比较见表 7–1。

表 7–1　压缩状态比较表

比较项目	还原	轻化	压缩	隐藏
装入内存	是	部分	否	是
可见	是	是	否	否
在【特征管理器设计树】中可以使用的特征	是	否	否	否
可以添加配合关系的面和边线	是	是	否	否
解出的配合关系	是	是	否	是
解出的关联特征	是	是	否	是
解出的装配体特征	是	是	否	是
在整体操作时考虑	是	是	否	是
可以在关联中编辑	是	是	否	否
装入和重建模型的速度	正常	较快	较快	正常
显示速度	正常	正常	较快	较快

7.5.2　压缩零件的方法

压缩零件的方法如下：

1）在装配体窗口中，在【特征管理器设计树】中右键单击零部件名称或者在图形区域中选择零部件。

2）在弹出的菜单中选择【压缩】命令，选择的零部件被压缩，在图形区域中该零件被隐藏。

7.6　生成装配体统计

装配体统计可以在装配体中生成零部件和配合报告。

在装配体窗口中，选择【工具】|【评估】|【性能评估】菜单命令，弹出【性能评估】对话框，如图 7–12 所示。

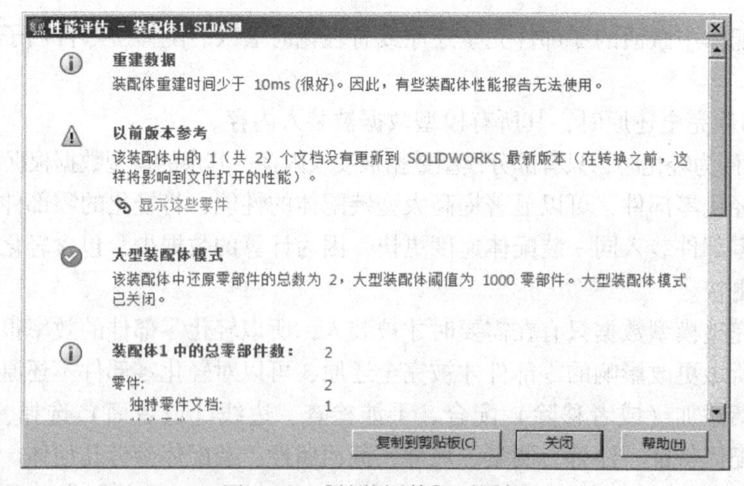

图 7–12　【性能评估】对话框

7.7 虎钳装配范例

本例将讲解一个虎钳的装配过程，虎钳装配体模型如图7-13所示。

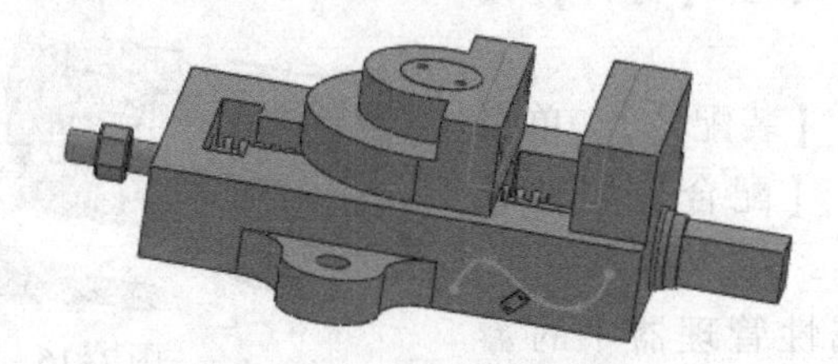

图7-13 虎钳装配体模型

7.7.1 插入固定钳身

1）启动中文版SolidWorks 2017，单击【标准】工具栏中的【新建】按钮，弹出【新建SOLIDWORKS文件】对话框，单击【装配体】按钮，如图7-14所示，单击【确定】按钮。

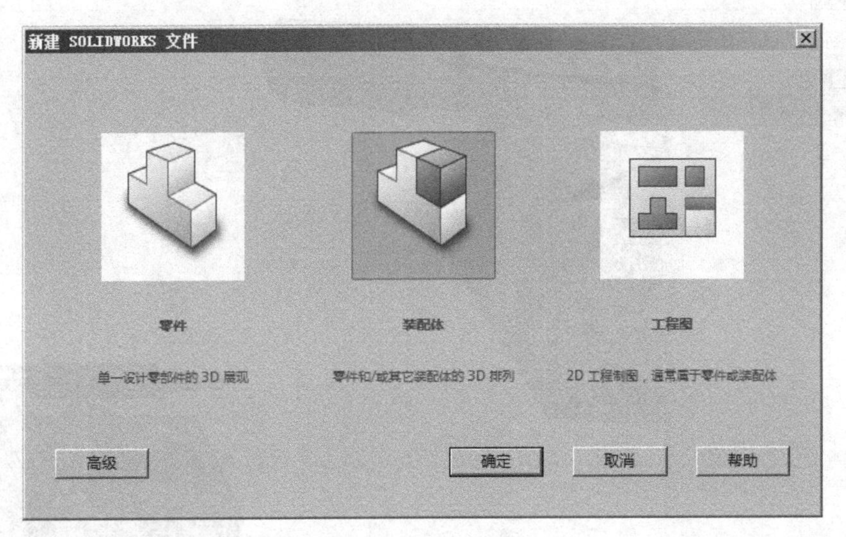

图7-14 新建装配体

2）弹出【开始装配体】属性管理器，单击【浏览】按钮，选择零件【固定钳身】，单击【打开】按钮。选择【文件】|【另存为】菜单命令，弹出【另存为】对话框，在【文件名】文字框中输入装配体名称【装配体】，单击【保存】按钮。

3）单击左键后，将零件放在合适的位置，如图7-15所示。

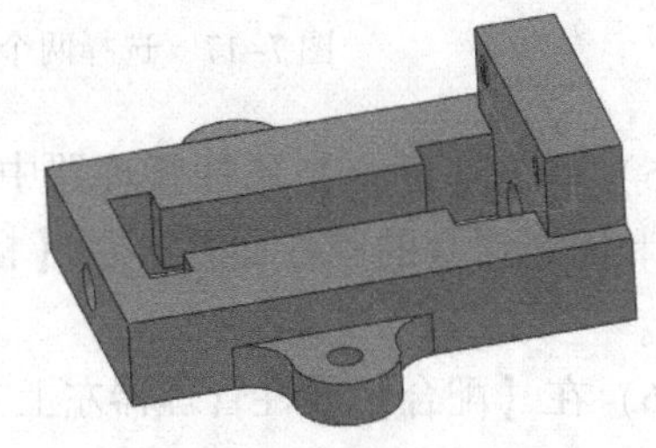

图7-15 固定钳身

7.7.2　插入丝杆

1）单击【插入零部件】按钮，弹出【插入零部件】属性管理器，单击【浏览】按钮，选择零件【丝杆】，单击【打开】按钮，如图7-16所示。

2）在菜单栏中选择【装配体】，单击【配合】按钮，弹出【配合】属性管理器。

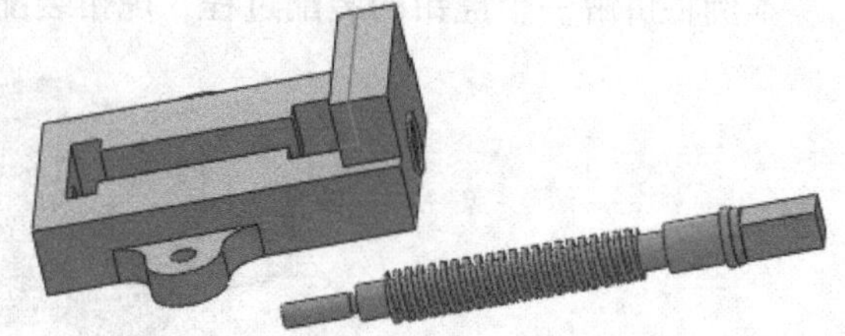

图7-16　插入丝杆

3）单击【配合】属性管理器中的【要配合的实体】，在选择框中，选择丝杆的一个表面和固定钳身的一个面，此时自动显示【重合】配合，如图7-17所示。

4）在【配合】属性管理器左上方单击【确定】按钮后完成面与面的重合配合，如图7-18所示。

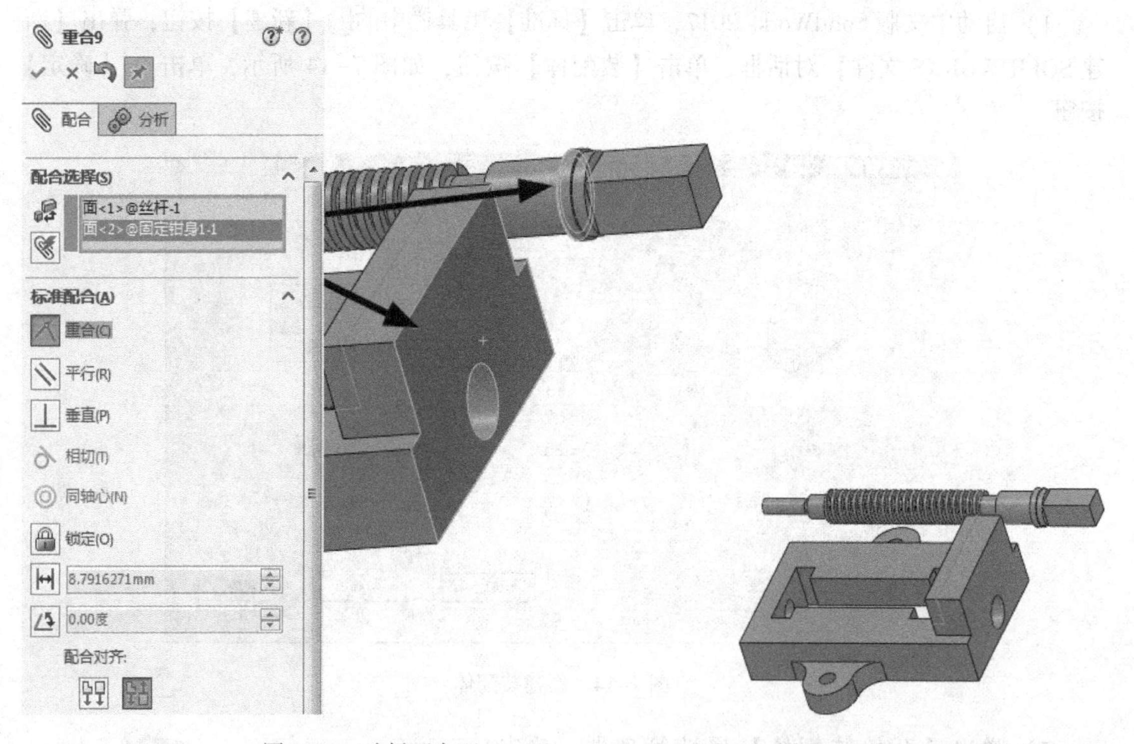

图7-17　选择两个面　　图7-18　面与面的重合配合

5）单击【配合】属性管理器中的【要配合的实体】，在选择框中，选择丝杆的圆柱面和固定钳身的圆柱面，再在【标准配合】选项中单击【同轴心】按钮，如图7-19所示。

6）在【配合】属性管理器左上方单击【确定】按钮后完成同轴心配合，如图7-20所示。

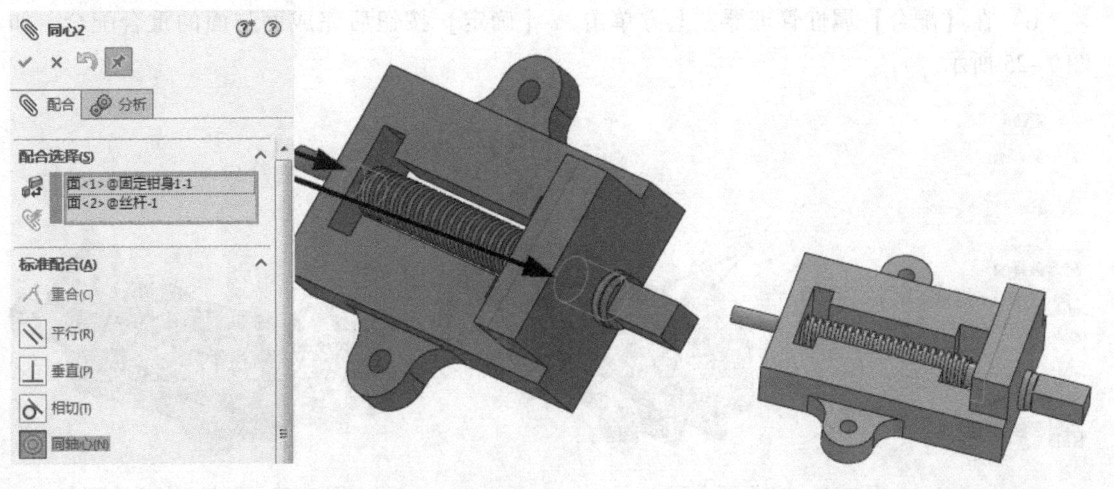

图 7-19　选择同轴心配合实体

图 7-20　完成同轴心配合

7.7.3　插入活动钳身

1）单击【插入零部件】按钮，弹出【插入零部件】属性管理器，单击【浏览】按钮，选择零件【活动钳身】，单击【打开】按钮，如图 7-21 所示。

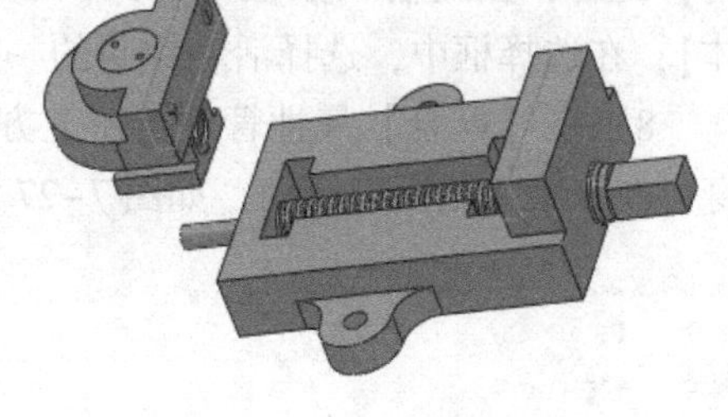

图 7-21　插入活动钳身

2）在菜单栏中选择【装配体】，单击【配合】按钮，弹出【配合】属性管理器。

3）单击【配合】属性管理器中的【要配合的实体】，在选择框中，选择活动钳身的侧面和固定钳身的侧面，再在【标准配合】选项中单击【重合】，如图 7-22 所示。

4）在【配合】属性管理器左上方单击【确定】按钮后完成同轴心配合，如图 7-23 所示。

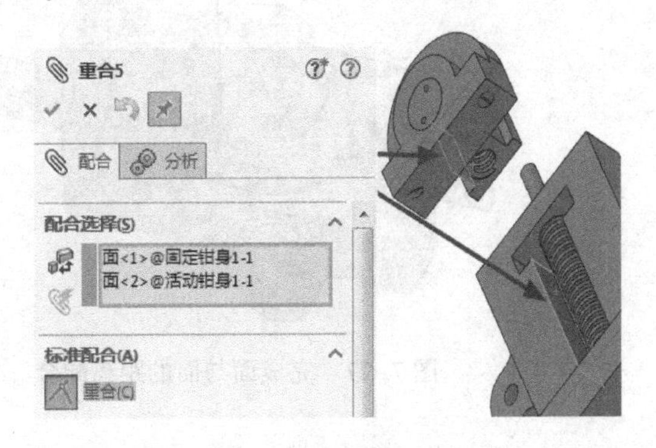

图 7-22　选择重合配合实体

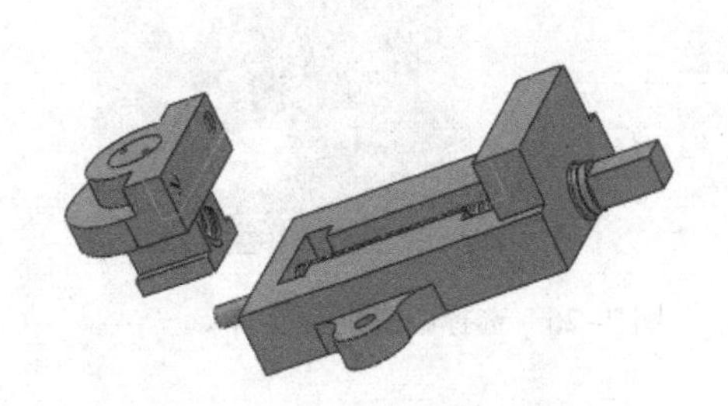

图 7-23　完成同轴心配合

5）单击【配合】属性管理器中的【要配合的实体】，在选择框中，选择活动钳身的下表面和固定钳身的上表面，此时自动显示【重合】配合，如图 7-24 所示。

6）在【配合】属性管理器左上方单击✓【确定】按钮后完成面与面的重合配合，如图7–25所示。

图7–24 选择两个面 图7–25 面与面的重合配合

7）在菜单栏中选择【装配体】，单击【配合】按钮，弹出【配合】属性管理器，在该属性管理器中有一个【高级配合】选项，在该选项中单击【距离】配合，在此输入数值【10.00 mm】，单击【最大距离】配合，在此输入数值【60.00 mm】，单击【最小距离】配合，在此输入数值【10.00 mm】，单击【配合】属性管理器中的【要配合的实体】，在选择框中，选择活动钳身的一个面和固定钳身的一个面，如图7–26所示。

8）在【配合】属性管理器左上方单击✓【确定】按钮后完成距离配合，拖动活动钳身可在该距离范围内活动，如图7–27所示。

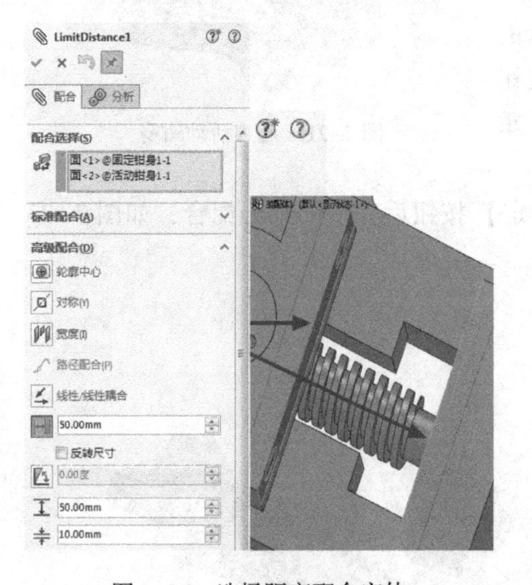

图7–26 选择距离配合实体

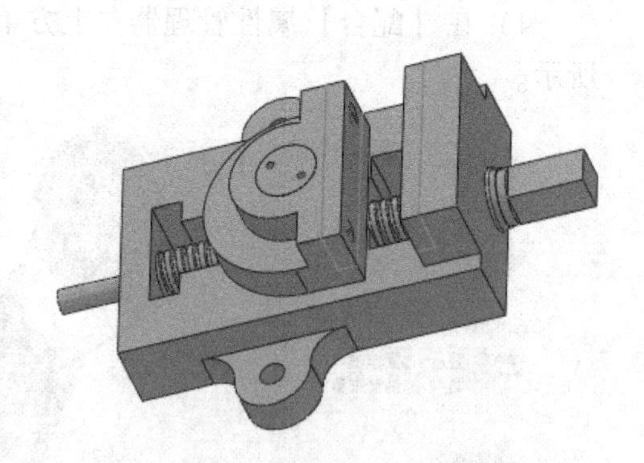

图7–27 完成面与面的距离配合

7.7.4 插入螺母

1）单击【插入零部件】按钮，弹出【插入零部件】属性管理器，单击【浏览】按钮，选择零件【螺母】，单击【打开】按钮，如图7–28所示。

2）在菜单栏中选择【装配体】，单击【配合】按钮，弹出【配合】属性管理器。

3）单击【配合】属性管理器中的【要配合的实体】，在选择框中，选择螺母的圆柱面和丝杆的圆柱面，再在【标准配合】选项中单击【同轴心】按钮，如图7–29所示。

4）在【配合】属性管理器左上方单击【确定】按钮后完成同轴心配合，如图7–30所示。

图7–28　螺母

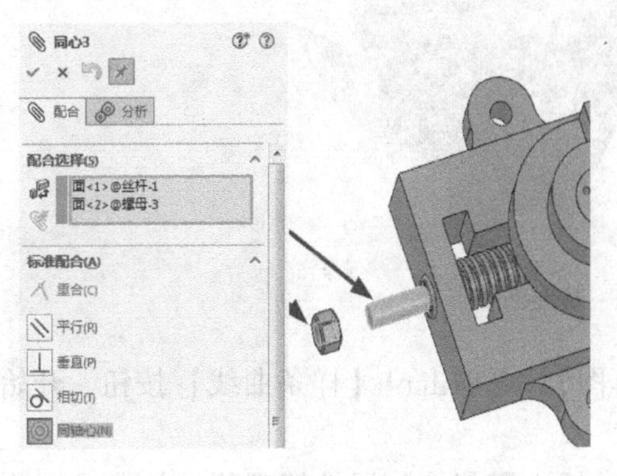

图7–29　选择同轴心配合实体

图7–30　完成同轴心配合

5）在菜单栏中选择【装配体】，单击【配合】按钮，弹出【配合】属性管理器，在该属性管理器中有一个【高级配合】选项，在该选项中单击【宽度】配合，单击【配合】属性管理器中的【要配合的实体】，在选择框中，首先选择螺母的左侧面，单击【薄片选择】选项框，选择丝杆的右侧面，再单击【配合】属性管理器中的【要配合的实体】，选择螺母的第二个面，最后单击【薄片选择】选项框，选择固定钳身的一个面，如图7–31所示。

6）在【配合】属性管理器左上方单击【确定】按钮后完成宽度配合，如图7–32所示。

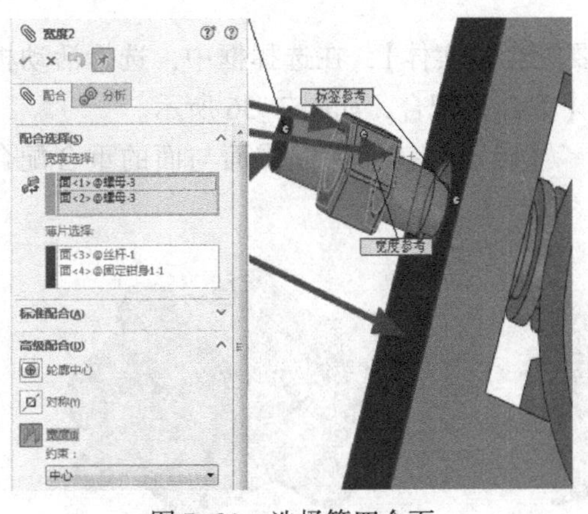

图7–31　选择第四个面

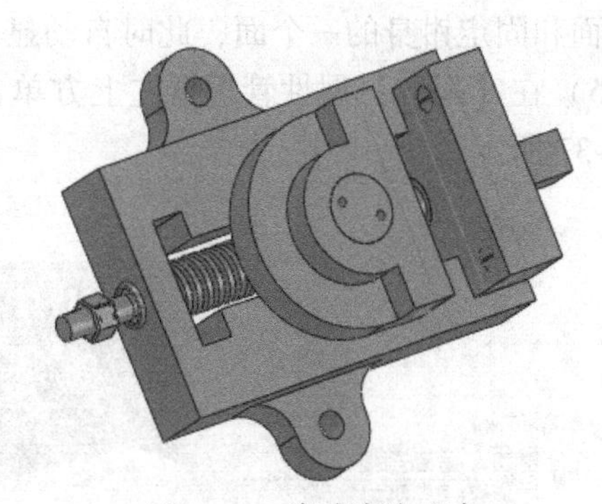

图7–32　完成宽度配合

7.7.5　插入活动板

1）单击前视基准面，单击【装配体】工具栏中的【参考几何体】下拉按钮，选择

【基准面】命令，弹出【基准面】的属性设置，单击在固定钳身右侧面的一个顶点，如图 7-33 所示，单击【确认】按钮，此时生成了平行于前视基准面同时经过直线第一个点的基准面 1。

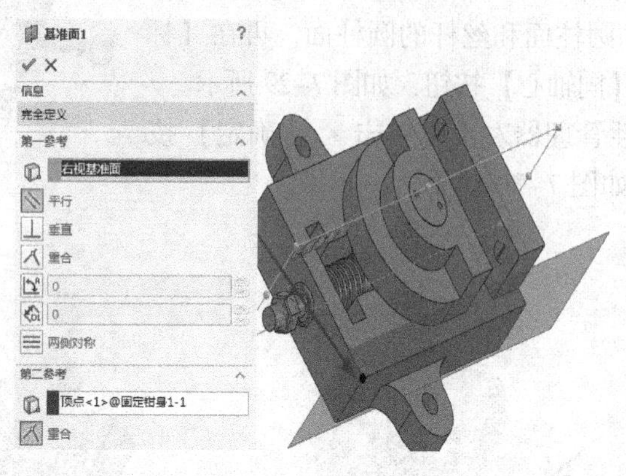

图 7-33　基准面 1

2）单击基准面 1，单击菜单栏中的【草图】，再单击【样条曲线】按钮，开始在右视基准面中绘制一条曲线，如图 7-34 所示。

3）单击【插入零部件】按钮，弹出【插入零部件】属性管理器，单击【浏览】按钮，选择零件【活动板】后，单击【打开】按钮，如图 7-35 所示。

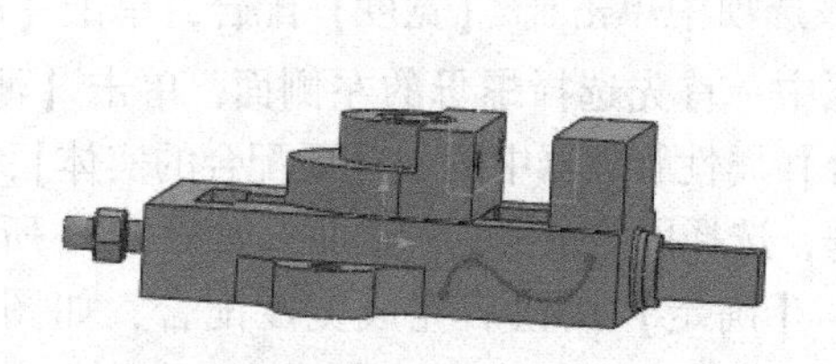

图 7-34　样条曲线

图 7-35　活动板

4）单击【配合】属性管理器中的【要配合的实体】，在选择框中，选择活动板的一个表面和固定钳身的一个面，此时自动显示【重合】配合，如图 7-36 所示。

5）在【配合】属性管理器左上方单击【确定】按钮后完成面与面的重合配合，如图 7-37 所示。

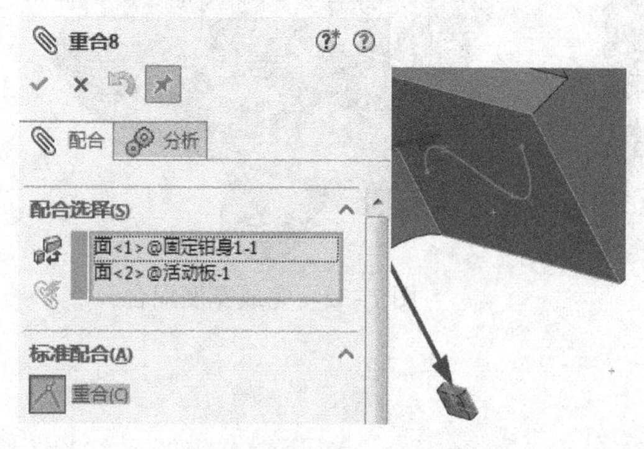

图 7-36　选择两个面

图 7-37　面与面的重合配合

6）在菜单栏中选择【装配体】，单击【配合】按钮，弹出【配合】属性管理器，在该属性管理器中有一个【高级配合】选项，在该选项中单击【角度】配合，在此输入数值【45.00度】，单击【配合】属性管理器中的【要配合的实体】，在选择框中，选择活动板的一个边线和固定钳身的一个边线，如图7-38所示。

7）在【配合】属性管理器左上方单击【确定】按钮后完成角度配合，如图7-39所示。

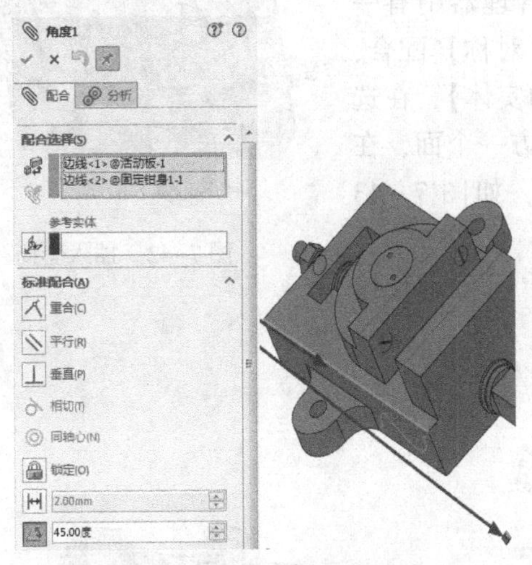

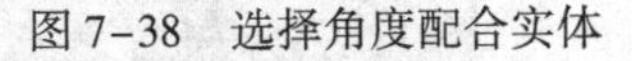

图7-38　选择角度配合实体

图7-39　完成线与线的角度配合

8）在菜单栏中选择【装配体】，单击【配合】按钮，弹出配合属性管理器，在该属性管理器中有一个【高级配合】选项，在该选项中单击【路径配合】配合，单击【配合】属性管理器中的【要配合的实体】，在选择框中，选择活动板的一个顶点，单击【路径选择】，选择曲线，如图7-40所示。

9）在【配合】属性管理器左上方单击【确定】按钮后完成路径配合，如图7-41所示。

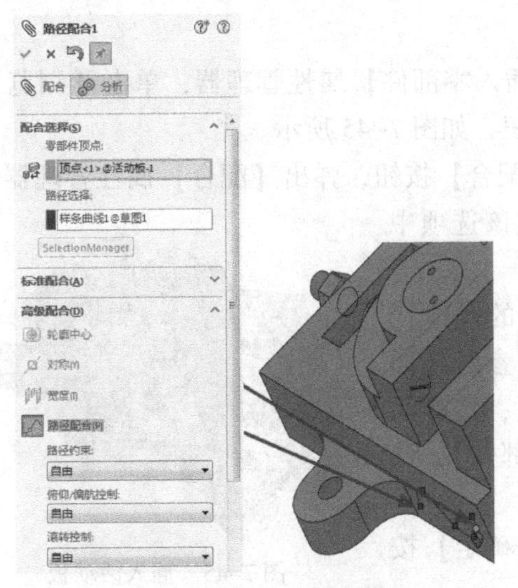

图7-40　选择路径配合实体

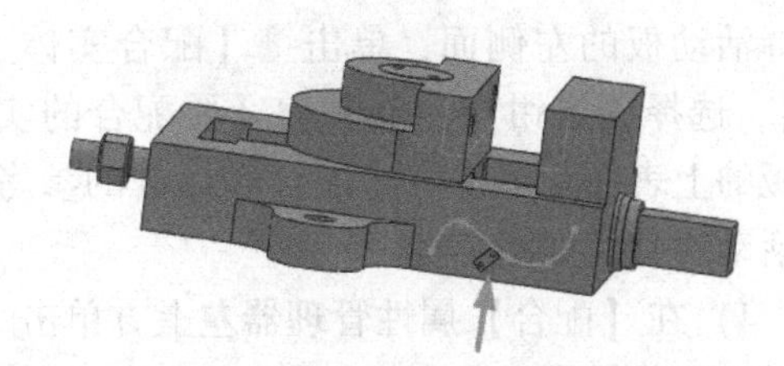

图7-41　完成线与线的路径配合

7.7.6　插入套筒

1）单击【插入零部件】按钮，弹出【插入零部件】属性管理器，单击【浏览】按钮，选择零件【套筒】后，单击【打开】按钮，如图7-42所示。

2）在菜单栏中选择【装配体】，单击【配合】按钮，弹出【配合】属性管理器，在该属性管理器中有一个【高级配合】选项，在该选项中单击【对称】配合，单击【配合】属性管理器中的【要配合的实体】，在选择框中，选择套筒的左侧一个面和丝杆的右方一个面，在【对称基准面】中选择【前视基准面】，如图7-43所示。

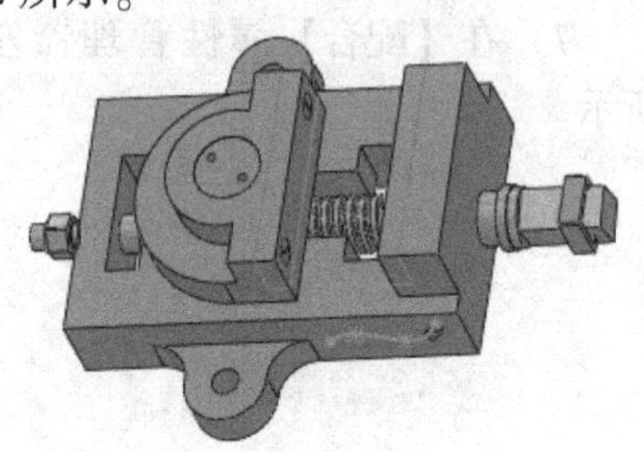
图7-42　插入套筒

3）在【配合】属性管理器左上方单击【确定】按钮后完成对称配合，如图7-44所示。

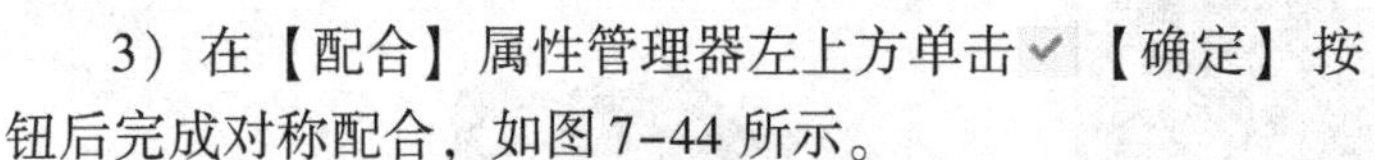

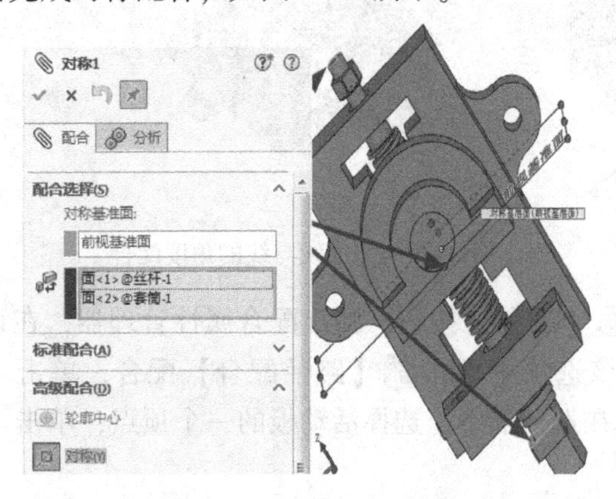

图7-43　选择对称配合实体

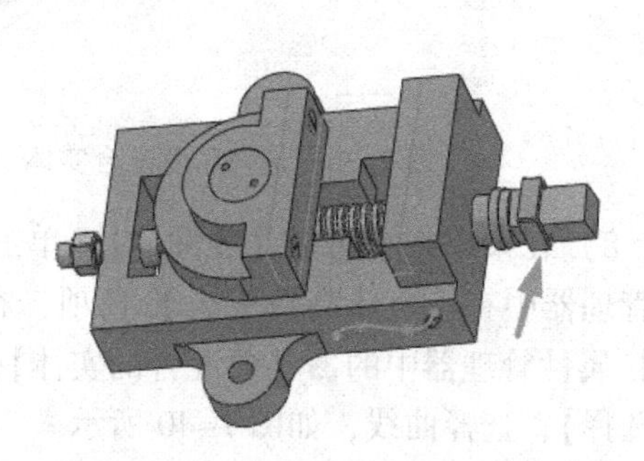
图7-44　完成面与面的对称配合

7.7.7　插入第二个活动板

1）单击【插入零部件】按钮，弹出【插入零部件】属性管理器，单击【浏览】按钮，选择零件【活动板】后，单击【打开】按钮，如图7-45所示。

2）在菜单栏中选择【装配体】，单击【配合】按钮，弹出【配合】属性管理器，在该属性管理器中有一个【高级配合】选项，在该选项中单击【线性/线性耦合】配合。

3）单击【配合】对话框中的【要配合的实体】，选择活动板的左侧面，单击【配合实体1的参考零部件】，选择固定钳身，单击【要配合的实体】，选择活动板的上表面，单击【配合实体2的参考零部件】，选择活动钳身，如图7-46所示。

4）在【配合】属性管理器左上方单击【确定】按钮后完成线性耦合配合，如图7-47所示。

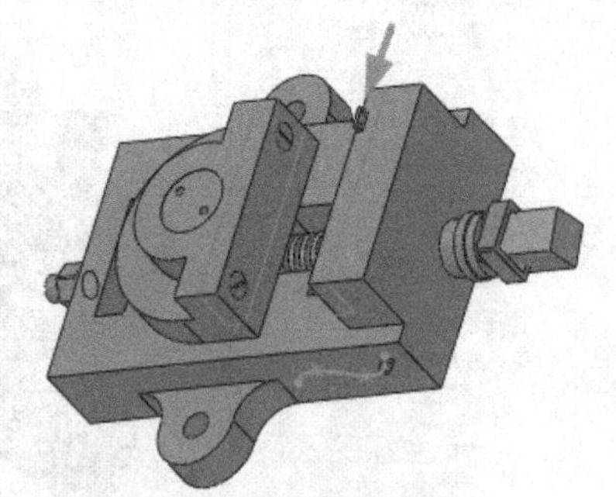
图7-45　插入活动板

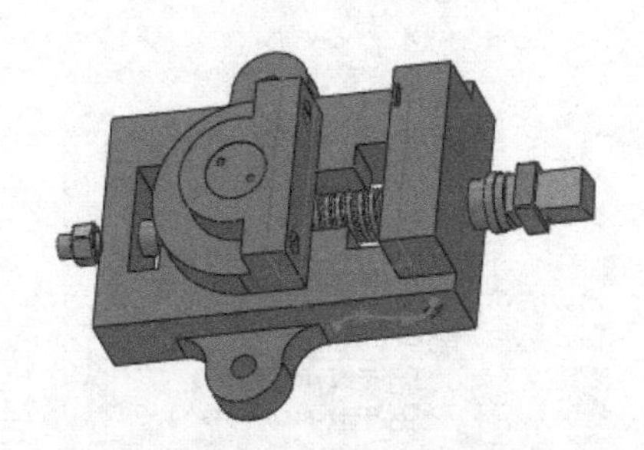

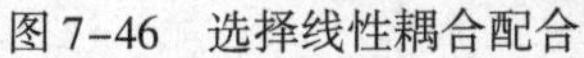

图7-46　选择线性耦合配合　　　　图7-47　完成线性耦合配合

7.7.8　保存相关文件

(1) 常规保存

单击工具栏的【保存文件】按钮。

(2) 打包保存

单击【文件】|【打包】，弹出【打包】对话框，如图7-48所示。

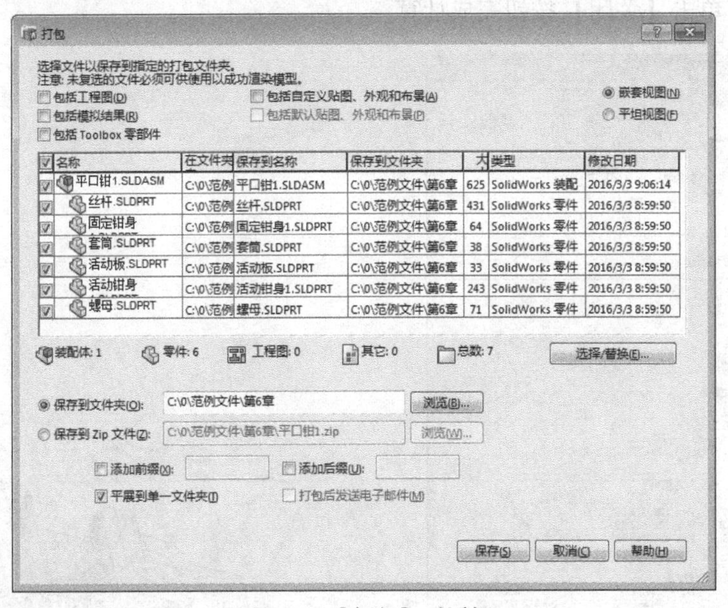

图7-48　【打包】对话框

7.7.9　干涉检查

1）在【工具】菜单栏中单击【干涉检查】按钮，弹出【干涉检查】的属性管理器，如图7-49所示。在没有任何零件被选择的条件下，系统将使用整个装配体进行干涉检查。单击【计算】按钮。

2）检查的结果列出在【结果】列表中。

3）在干涉检查的【选项】选项组中，用户可以设定干涉检查的相关选项和零件的显示选项，如图7-50所示。

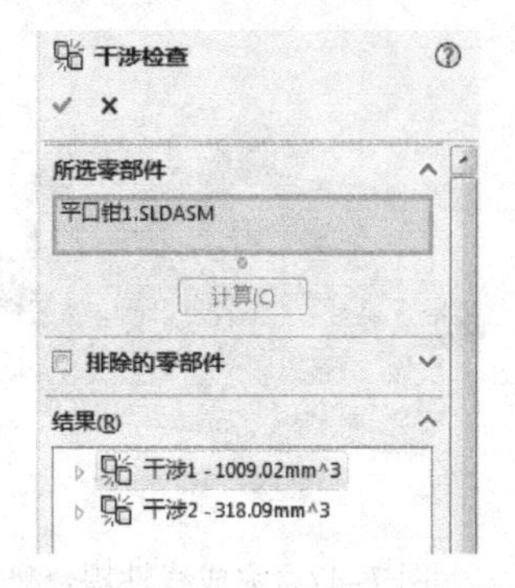

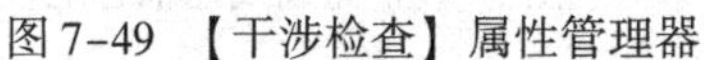

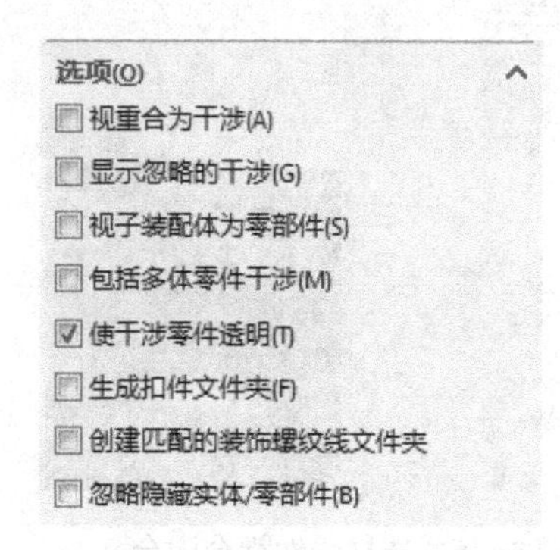

图7-49　【干涉检查】属性管理器　　　图7-50　设定干涉选项

7.7.10　计算装配体质量特性

1）选择【工具】|【质量特性】菜单命令，弹出【质量特性】属性管理器，系统将根据零件材料属性设置和装配单位设置，计算装配体的各种质量特性，如图7-51所示。

2）图形区域显示了装配体的重心位置，重心位置的坐标以装配体的原点为零点，如图7-52所示。单击【关闭】按钮完成计算。

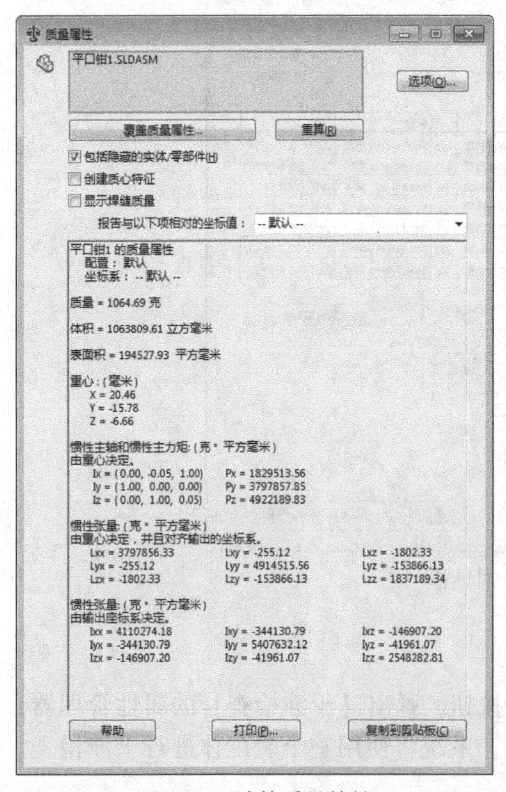

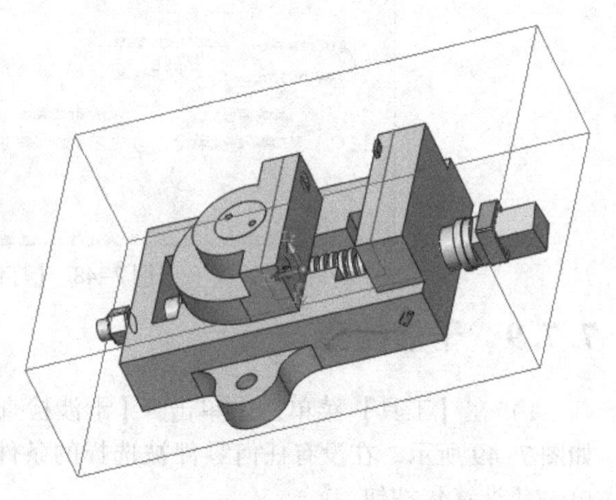

图7-51　计算质量特性　　　图7-52　重心位置

7.7.11 装配体信息和相关文件

1）选择【工具】|【评估】|【性能评估】菜单命令，弹出【性能评估】对话框，如图 7-53 所示，在【性能评估】对话框中显示了零件或子装配的统计信息。

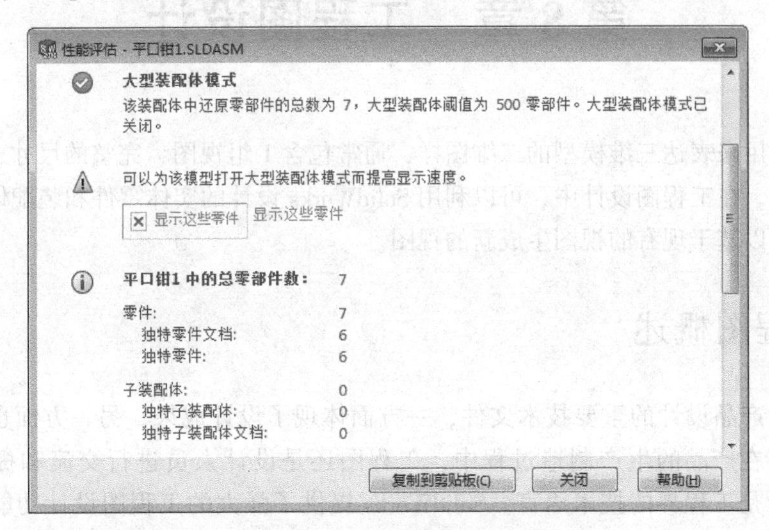

图 7-53　装配体统计信息

2）选择【文件】|【查找相关文件】菜单命令，弹出【查找参考引用】对话框，如图 7-54 所示，在【查找参考引用】对话框中显示了装配体文件所使用的零件文件、装配体文件的文件详细位置和名称。

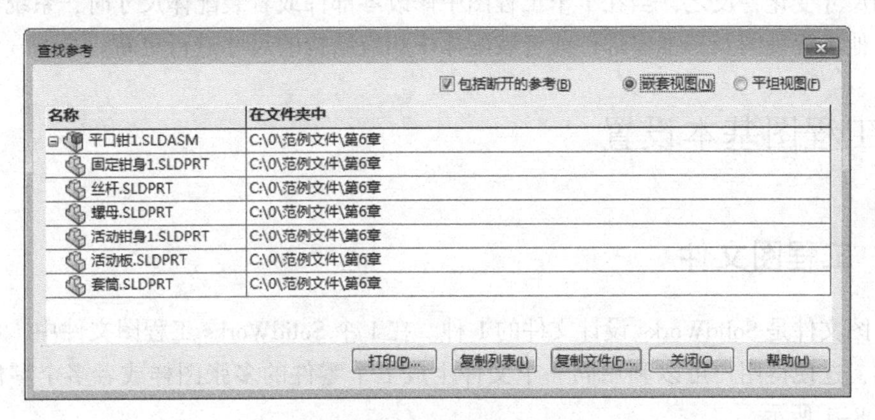

图 7-54　查找参考引用

第 8 章　工程图设计

工程图是用来表达三维模型的二维图样，通常包含 1 组视图、完整的尺寸、技术要求和标题栏等内容。在工程图设计中，可以利用 SolidWorks 设计的实体零件和装配体直接生成所需视图，也可以基于现有的视图生成新的视图。

8.1　工程图概述

工程图是产品设计的重要技术文件，一方面体现了设计成果，另一方面也是指导生产的参考依据。在产品的生产制造过程中，工程图还是设计人员进行交流和提高工作效率的重要工具，是工程界的技术语言。SolidWorks 提供了强大的工程图设计功能，用户可以很方便地借助于零部件或者装配体三维模型生成所需的各个视图，包括剖视图、局部放大视图等。

SolidWorks 在工程图与零部件或者装配体三维模型之间提供全相关的功能，即对零部件或者装配体三维模型进行修改时，所有相关的工程视图将自动更新以反映零部件或者装配体的形状和尺寸变化；反之，当在 1 个工程图中修改零部件或者装配体尺寸时，系统也自动将相关的其他工程视图及三维零部件或者装配体中相应结构的尺寸进行更新。

8.2　工程图基本设置

8.2.1　工程图文件

工程图文件是 SolidWorks 设计文件的 1 种。在 1 个 SolidWorks 工程图文件中，可以包含多张图样，这使得用户可以利用同一个文件生成 1 个零件的多张图样或者多个零件的工程图，如图 8-1 所示。

工程图文件窗口可以分成两部分。左侧区域为文件的管理区域，显示了当前文件的所有图样、图样中包含的工程视图等内容；右侧区域可以认为是传统意义上的图纸，包含了图样格式、工程视图、尺寸、注解和表格等工程图样所必需的内容。

1. 设置多张工程图样

在工程图文件中可以随时添加多张图样。

选择【插入】|【图样】菜单命令（或者在【特征管理器设计树】中用鼠标右键单击图 8-2 所示的图样图标，在弹出的菜单中选择【添加图样】命令），生成新的图样。

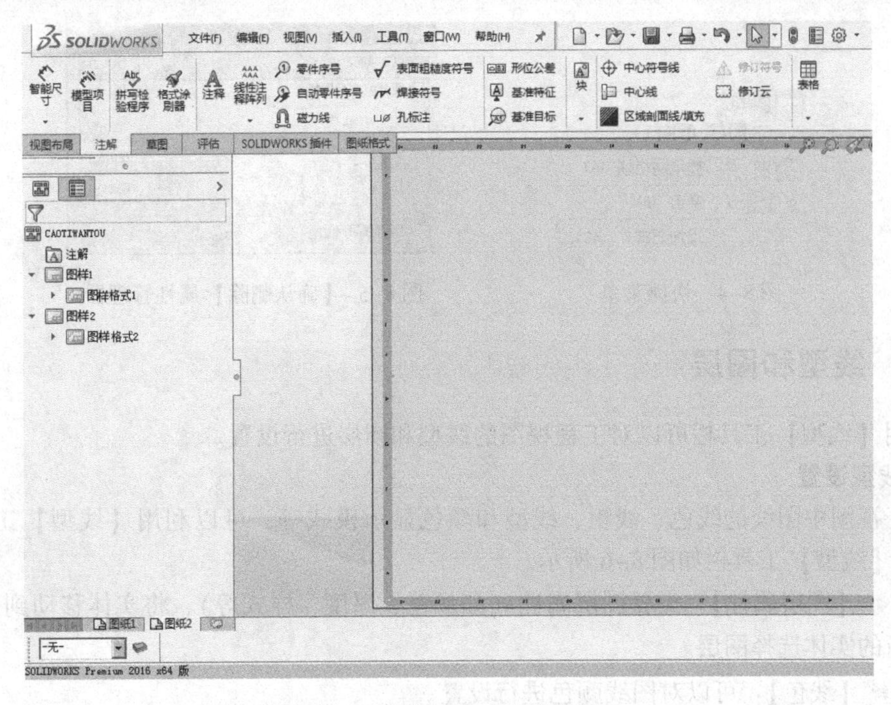

图 8-1　工程图文件中的多张图样

2. 激活图样

如果需要激活图样，可以采用如下方法之一：

1）在图样域下方单击要激活的图样的图标。

2）用鼠标右键单击图样区域下方要激活的图样的图标，在弹出的菜单中选择【激活】命令，如图 8-3 所示。

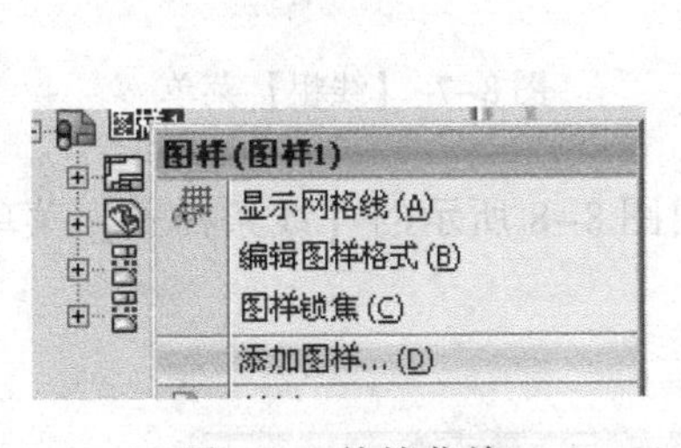

图 8-2　快捷菜单

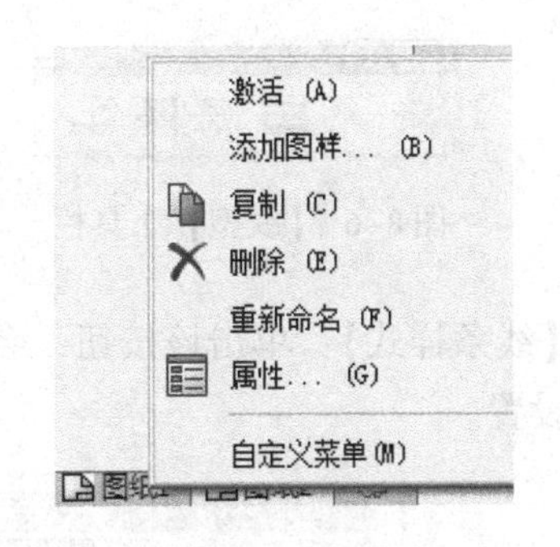

图 8-3　快捷菜单

3）用鼠标右键单击【特征管理器设计树】中的图样图标，在弹出的菜单中选择【激活】命令，如图 8-4 所示。

3. 删除图样

1）用鼠标右键单击【特征管理器设计树】中要删除的图样图标，在弹出的菜单中选择【删除】命令。

2）弹出【确认删除】属性管理器，单击【是】按钮即可删除图样，如图 8-5 所示。

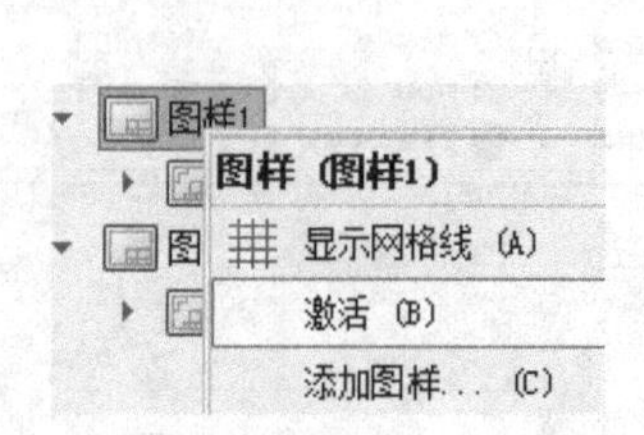

图 8-4 快捷菜单

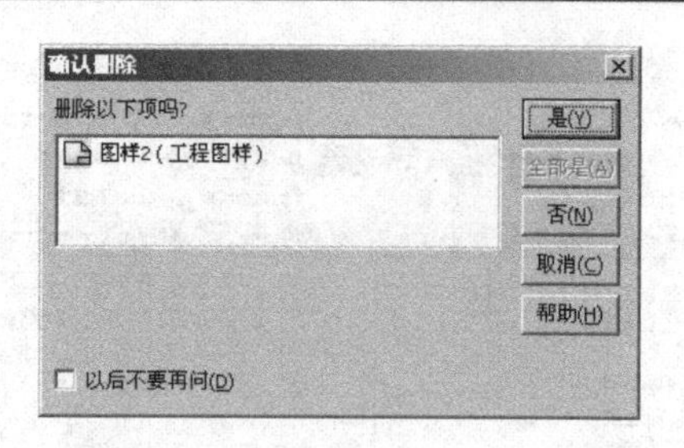

图 8-5 【确认删除】属性管理器

8.2.2 线型和图层

利用【线型】工具栏可以对工程视图的线型和图层进行设置。

1. 线型设置

对于视图中图线的线色、线粗、线型和颜色显示模式等，可以利用【线型】工具栏进行设置。【线型】工具栏如图 8-6 所示。

1) 【图层属性】：设置图层属性（如颜色、厚度、样式等），将实体移动到图层中，然后为新的实体选择图层。

2) 【线色】：可以对图线颜色进行设置。

3) 【线粗】：单击该按钮，会弹出图 8-7 所示的【线粗】菜单，可以对图线粗细进行设置。

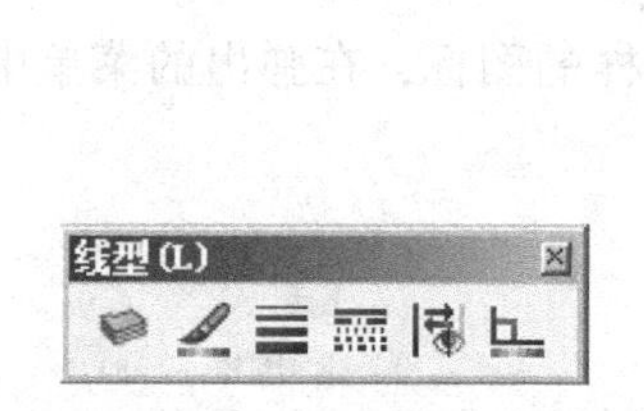

图 8-6 【线型】工具栏

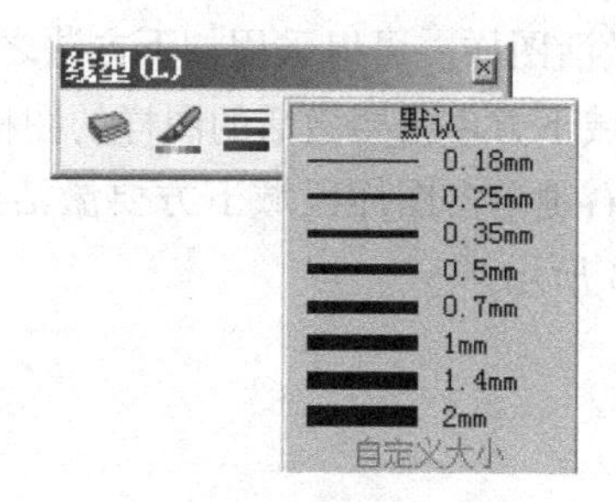

图 8-7 【线粗】菜单

4) 【线条样式】：单击该按钮，会弹出图 8-8 所示的【线条样式】菜单，可以对图线样式进行设置。

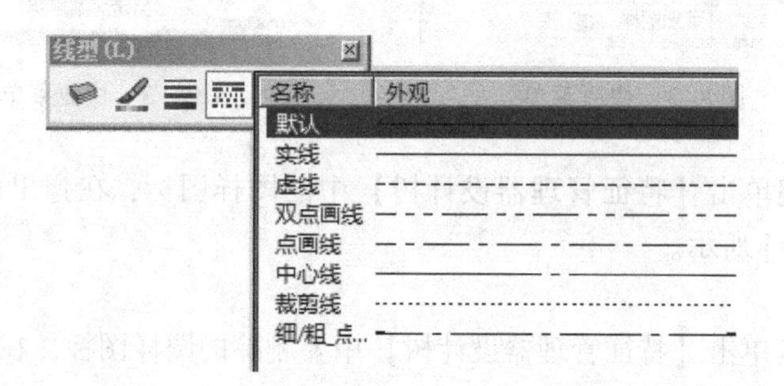

图 8-8 【线条样式】菜单

5）【颜色显示模式】：单击该按钮，线色会在所设置的颜色中进行切换。

在工程图中如果需要对线型进行设置，一般在绘制草图实体之前，先利用【线型】工具栏中的【线色】、【线粗】和【线条样式】按钮对将要绘制的图线设置所需的格式，这样可以使被添加到工程图中的草图实体均使用指定的线型格式，直到重新设置另一种格式为止。

如果需要改变直线、边线或者草图视图的格式，可以先选择需要更改的直线、边线或者草图实体，然后利用【线型】工具栏中的相应按钮进行修改，新格式将被应用到所选视图中。

2. 图层

在工程图文件中，可以根据用户需求建立图层，并为每个图层上生成的新实体指定线条颜色、线条粗细和线条样式。新的实体会自动添加到激活的图层中。图层可以被隐藏或者显示。另外，还可以将实体从一个图层移动到另一个图层。创建好工程图的图层后，可以分别为每个尺寸、注解、表格和视图标号等局部视图选择不同的图层设置。例如，可以创建两个图层，将其中一个分配给直径尺寸，另一个分配给表面粗糙度注解。通过在文档层设置各个局部视图的图层，无须在工程图中切换图层即可应用自定义图层。

尺寸和注解（包括注释、区域剖面线、块、折断线、局部视图图标、剖面线及表格等）可以被移动到图层上并使用图层指定的颜色。【图层】工具栏如图 8-9 所示。

如果将 *. DXF 或者 *. DWG 文件输入 SolidWorks 工程图中，会自动生成图层。在最初生成 *. DXF 或者 *. DWG 文件的系统中指定的图层信息（如名称、属性和实体位置等）将被保留。

图 8-9 【图层】工具栏

如果输出带有图层的工程图作为 *. DXF 或者 *. DWG 文件，则图层信息包含在文件中。当在目标系统中打开文件时，实体都位于相同图层上，并且具有相同的属性，除非使用映射功能将实体重新导向新的图层。

在工程图中，单击【图层】工具栏中的【图层属性】按钮，可以进行相关的图层操作。

（1）建立图层

1）在工程图中，单击【线型】工具栏中的【图层属性】按钮，弹出图 8-10 所示的【图层】对话框。

图 8-10 【图层】对话框

2）单击【新建】按钮，输入新图层的名称。

3）更改图层默认图线的颜色、样式和粗细等。单击【颜色】下的方框，弹出【颜色】对话框，可以选择或者设置颜色，如图 8-11 所示。单击【样式】下的图线，在弹出的菜单中选择图线样式，如图 8-12 所示。单击【厚度】下的直线，在弹出的菜单中选择图线的粗细，如图 8-13 所示。

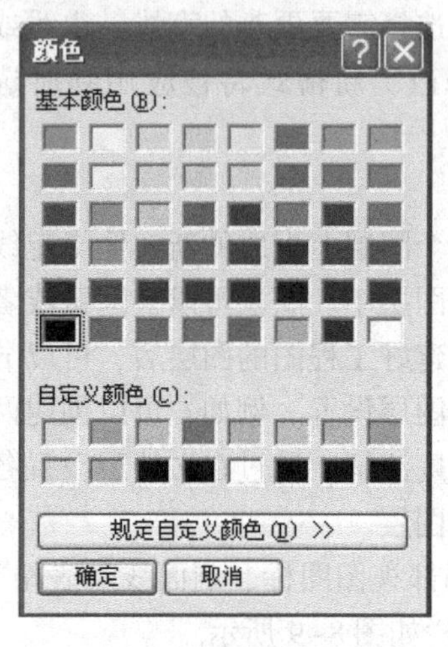

图 8-11 【颜色】对话框

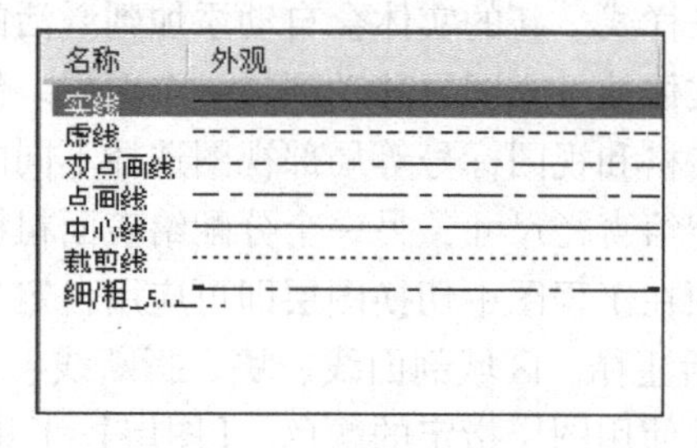

图 8-12 选择样式

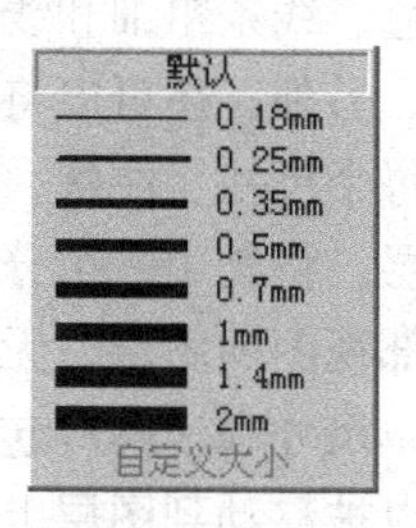

图 8-13 选择厚度

4）单击【确定】按钮，可以为文件建立新的图层。

（2）图层操作

1）⇨图标所指示的图层为激活的图层。如果要激活图层，单击图层左侧，则所添加的新实体会出现在激活的图层中。

2）💡图标表示图层打开或者关闭的状态。当灯泡为黄色时，图层可见。单击某一图层的💡图标，则可以显示或者隐藏该图层。

3）如果要删除图层，选择图层，然后单击【删除】按钮。

4）如果要移动实体到激活的图层，选择工程图中的实体，然后单击【移动】按钮，即可将其移动至激活的图层。

5）如果要更改图层名称，单击图层名称，输入所需的新名称即可。

8.2.3　图样格式

当生成新的工程图时，必须选择图样格式。图样格式可以采用标准图样格式，也可以自定义和修改图样格式。通过对图样格式的设置，有助于生成具有统一格式的工程图。

图样格式主要用于保存图样中相对不变的部分，如图框、标题栏和明细栏等。

1. 标准图样格式

SolidWorks 提供了各种标准图样大小的图样格式。可以在【图样格式/大小】属性管理器的【标准图样大小】列表框中进行选择。单击【浏览】按钮，可以加载用户自定义的图样格式。【图样格式/大小】对话框如图 8-14 所示。

【显示图样格式】：显示边框、标题栏等。

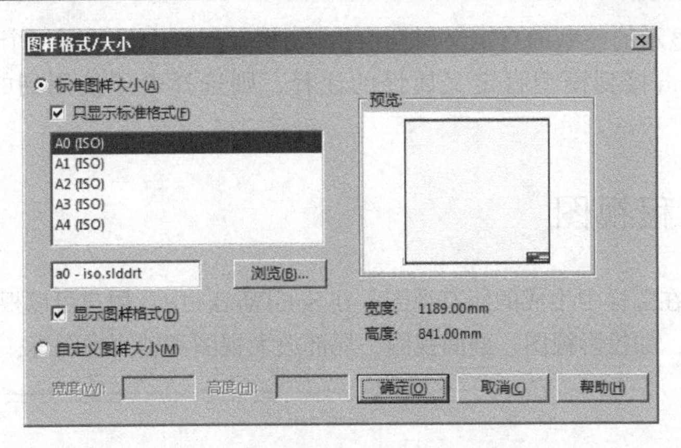

图 8-14 【图样格式/大小】对话框

2. 编辑图样格式

生成 1 个工程图文件后，可以随时对图样大小、图样格式、绘图比例、投影类型等图样细节进行修改。

在【特征管理器设计树】中，用鼠标右键单击图标，或者在工程图样的空白区域单击鼠标右键，在弹出的菜单中选择【属性】命令，如图 8-15 所示，弹出【图样属性】对话框，如图 8-16 所示。

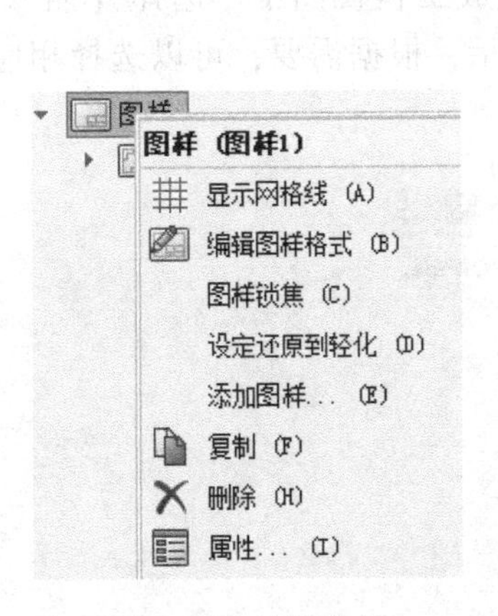

图 8-15 快捷菜单

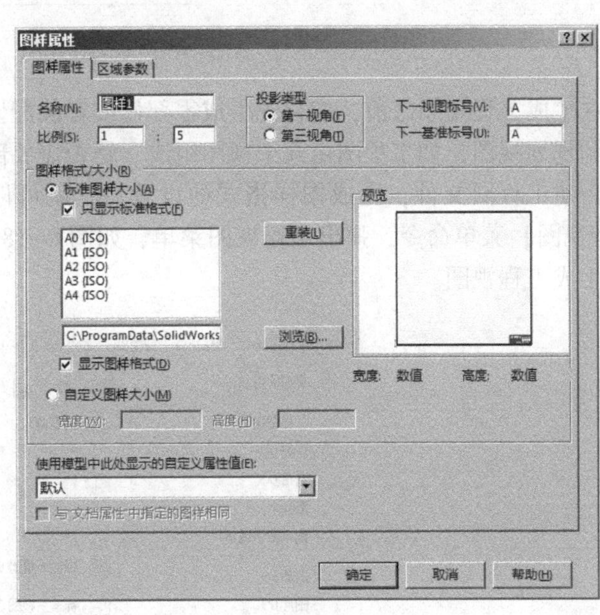

图 8-16 【图样属性】对话框

【图样属性】对话框中各选项如下：

- 【投影类型】：为标准三视图投影选择【第一视角】或者【第三视角】（我国采用的是【第一视角】）。
- 【下一视图标号】：指定将使用在下一个剖面视图或者局部视图的字母。
- 【下一基准标号】：指定要用作下一个基准特征符号的英文字母。

- 【采用在此显示的模型的自定义属性值】：如果在图样上显示了1个以上的模型，且工程图中包含链接到模型自定义属性的注释，则选择希望使用到的属性所在的模型视图。

8.3　生成工程视图

工程视图是指在图样中生成的所有视图。在SolidWorks中，用户可以根据需要生成各种零件模型的表达视图，如投影视图、剖面视图、局部放大视图和轴测视图等，如图8-17所示。

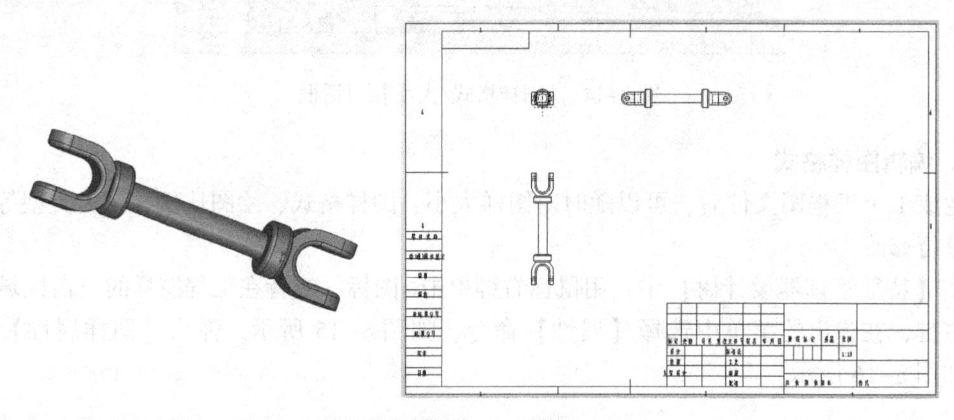

图8-17　工程视图

在生成工程视图之前，应首先生成零部件或者装配体的三维模型，然后根据此三维模型考虑和规划视图，如工程图由几个视图组成、是否需要剖视等，最后再生成工程视图。

新建工程图文件，完成图样格式的设置后，就可以生成工程视图了。选择【插入】|【工程视图】菜单命令，弹出工程视图菜单，如图8-18所示，根据需要，可以选择相应的命令生成工程视图。

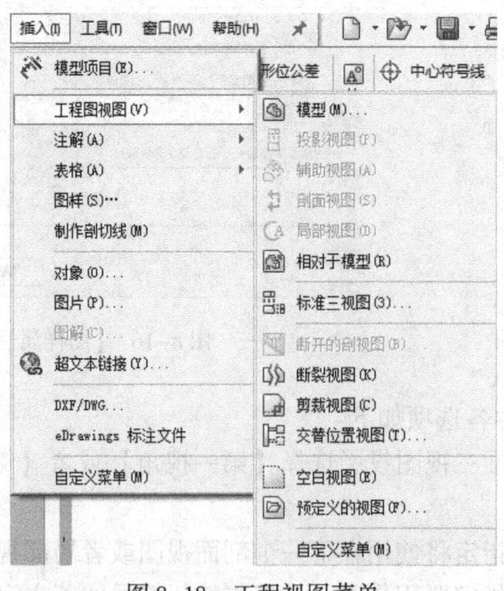

图8-18　工程视图菜单

- 【投影视图】：指从主、俯、左三个方向插入视图。
- 【辅助视图】：垂直于所选参考边线的视图。
- 【剖面视图】：可以用1条剖切线分割父视图。
- 【局部视图】：通常是以放大比例显示1个视图的某个部分。
- 【相对于模型】：正交视图，由模型中两个直交面或者基准面及各自的具体方位的规格定义。
- 【标准三视图】：前视视图为模型视图，其他两个视图为投影视图，使用在图样属性中所指定的第一视角或者第三视角投影法。
- 【断开的剖视图】：是现有工程视图的一部分，而不是单独的视图。可以用闭合的轮廓（通常是样条曲线）定义断开的剖视图。
- 【断裂视图】：可以将工程视图以较大比例显示在较小的工程图样上。
- 【剪裁视图】：除了局部视图、已用于生成局部视图的视图或者爆炸视图，用户可以根据需要裁剪任何工程视图。

8.3.1 标准三视图

标准三视图可以生成3个默认的正交视图，其中主视图方向为零件或者装配体的前视，投影类型则按照图样格式设置的第一视角或者第三视角投影法。在标准三视图中，主视图、俯视图及左视图有固定的对齐关系。主视图与俯视图长度方向对齐，主视图与左视图高度方向对齐，俯视图与左视图宽度相等。俯视图可以竖直移动，左视图可以水平移动。

单击【工程图】工具栏中的【标准三视图】按钮（或者选择【插入】|【工程视图】|【标准三视图】菜单命令），在【属性管理器】中弹出【标准三视图】的属性设置，如图8-19所示，鼠标指针变为形状。

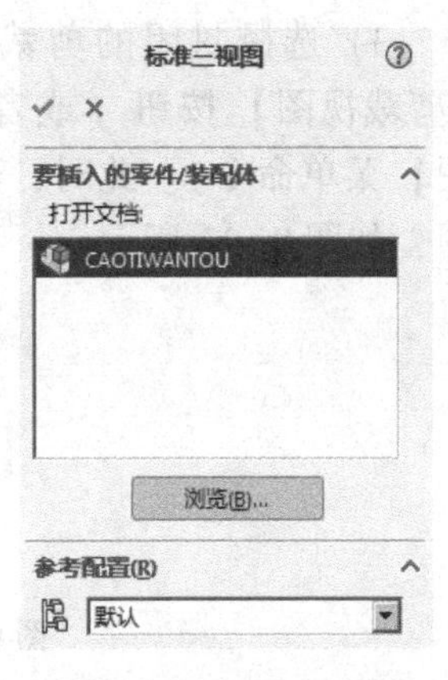

图8-19 【标准三视图】的属性设置

8.3.2 投影视图

投影视图是根据已有视图利用正交投影生成的视图。投影视图的投影方法是根据在【图样属性】属性管理器中所设置的第一视角或者第三视角投影类型而确定的。

单击【工程图】工具栏中的【投影视图】按钮（或者选择【插入】|【工程视图】|【投影视图】菜单命令），在【属性管理器】中弹出【投影视图】的属性设置，如图8-20所示，鼠标指针变为形状。

1.【箭头】选项组

“标号”：表示按相应父视图的投影方向得到的投影视图的名称。

2.【显示样式】选项组

【使用父关系样式】：取消选择此选项，可以选择与父视图不同的显示样式，显示样式包括【线架图】、【隐藏线可见】、【消除隐藏线】、【带边线上色】和【上色】。

3.【比例缩放】选项组

- 【使用父关系比例】选项：可以应用为父视图所使用的相同比例。
- 【使用图样比例】选项：可以应用为工程图图样所使用的相同比例。
- 【使用自定义比例】选项：可以根据需要应用自定义的比例。

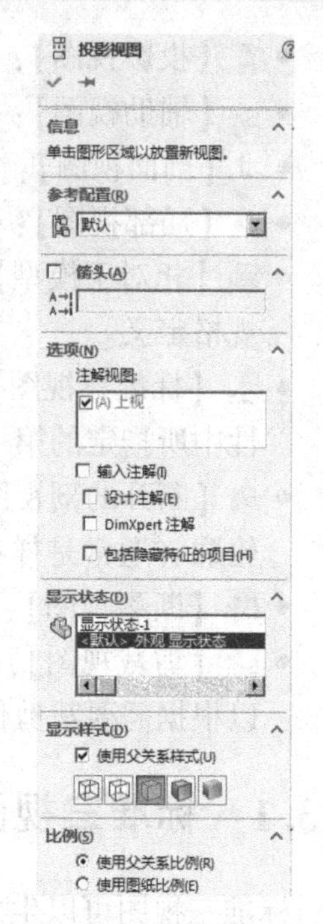

图 8-20　【投影视图】的属性设置

8.3.3　剪裁视图

剪裁视图通过隐藏除了所定义区域之外的所有内容而集中于工程图视图的某部分。未剪裁的部分使用草图（通常是样条曲线或其他闭合的轮廓）进行闭合。生成剪裁视图的操作步骤如下：

1）新建工程图文件，生成零部件模型的工程视图。

2）单击要生成剪裁视图的工程视图，使用草图绘制工具绘制1条封闭的轮廓，如图8-21所示。

3）选择封闭的剪裁轮廓，单击【工程图】工具栏中的【剪裁视图】按钮（或者选择【插入】|【工程视图】|【剪裁视图】菜单命令）。此时，剪裁轮廓以外的视图消失，生成剪裁视图，如图8-22所示。

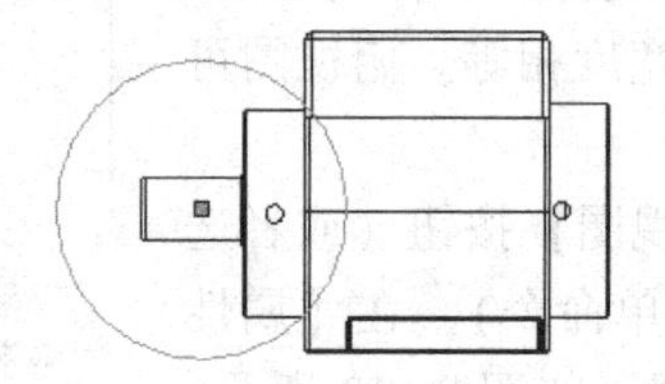

图 8-21　绘制剪裁轮廓

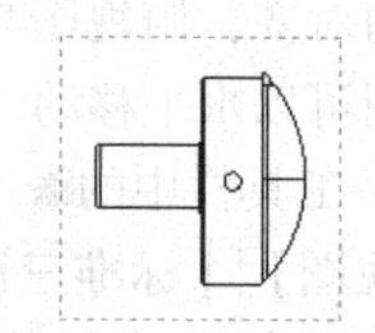

图 8-22　生成剪裁视图

8.3.4　局部视图

局部视图是一种派生视图，可以用来显示父视图的某一局部形状，通常采用放大比例显示。局部视图的父视图可以是正交视图、空间（等轴测）视图、剖面视图、裁剪视图、爆炸装配体视图或者另一局部视图，但不能在透视图中生成模型的局部视图。

单击【工程图】工具栏中的【局部视图】按钮（或者选择【插入】|【工程视图】|【局部视图】菜单命令），在【属性管理器】中弹出【局部视图】的属性设置，如图8-23所示。

1.【局部视图图标】选项组

- 【样式】：可以选择1种样式，如图8-24所示。
- 【标号】：编辑与局部视图相关的字母。
- 【字体】：如果要为局部视图标号选择文件字体以外的字体，取消选择【文件字体】选项，然后单击【字体】按钮。

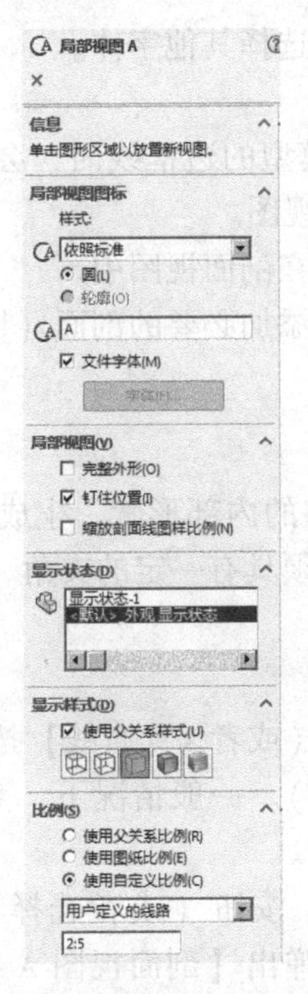

图 8-23 【局部视图】的属性设置

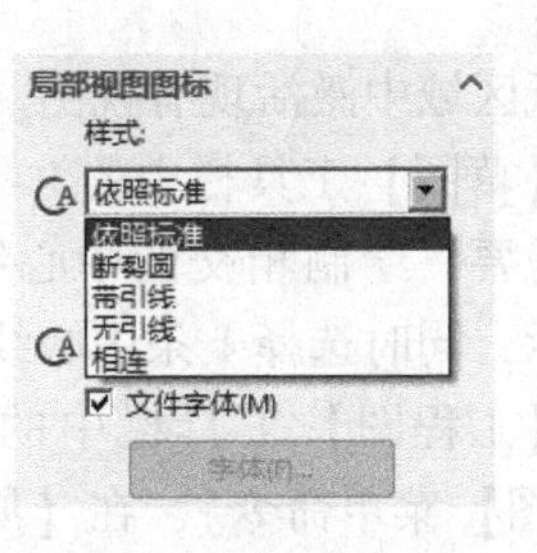

图 8-24 【样式】选项

2. 【局部视图】选项组

- 【完整外形】：局部视图轮廓外形全部显示。
- 【钉住位置】：可以阻止父视图比例更改时局部视图发生移动。
- 【缩放剖面线图样比例】：可以根据局部视图的比例缩放剖面线图样比例。

8.3.5 剖面视图

剖面视图是通过 1 条剖切线切割父视图而生成的，属于派生视图，可以显示模型内部的形状和尺寸。剖面视图可以是剖切面或者是用阶梯剖切线定义的等距剖面视图，并可以生成半剖视图。

单击【工程图】工具栏中的【剖面视图】按钮（或者选择【插入】|【工程视图】|【剖面视图】菜单命令），在【属性管理器】中弹出【剖面视图】（根据生成的剖面视图，字母顺序排序）的属性设置，如图 8-25 所示。

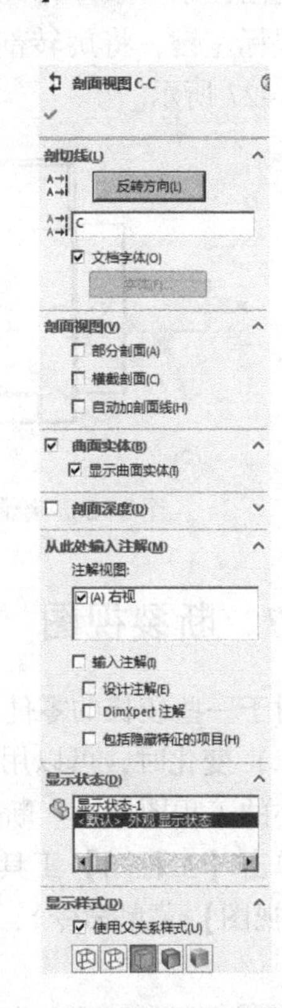

图 8-25 【剖面视图】的属性设置

1. 【剖切线】选项组

- 【反转方向】：反转剖切的方向。
- 【标号】：编辑与剖切线或者剖面视图相关的字母。

- 【字体】：可以为剖切线或者剖面视图相关字母选择其他字体。

2.【剖面视图】选项组

- 【部分剖面】：当剖切线没有完全切透视图中模型的边框线时，会弹出剖切线小于视图几何体的提示信息，并询问是否生成局部剖视图。
- 【只显示切面】：只有被剖切线切除的曲面出现在剖面视图中。
- 【自动加剖面线】：选择此选项，系统可以自动添加必要的剖面（切）线。

8.3.6 旋转剖视图

旋转剖视图可以用来表达具有回转轴的零件模型的内部形状，生成旋转剖视图的剖切线，必须由两条连续的线段构成，并且这两条线段必须具有一定的夹角。创建旋转剖视图的操作步骤如下：

1）在图纸区域中激活现有视图。

2）单击【草图】工具栏中的【中心线】按钮（或者【直线】按钮）。

3）根据需要，绘制相交的中心线（或者直线段）。一般情况下，交点与回转轴重合，如图 8-26 所示，同时选择 1 条中心线（或者直线段）。

4）单击【工程图】工具栏中的【剖面视图】按钮（或者选择【插入】|【工程视图】|【剖面视图】菜单命令），在【属性管理器】中弹出【剖面视图 A－A】（根据生成的剖面视图，字母顺序排序）的属性设置。在图纸区域中拖动鼠标指针，显示视图的预览。单击鼠标左键，将旋转剖视图放置在合适位置，单击【确定】按钮，生成旋转剖视图，如图 8-27 所示。

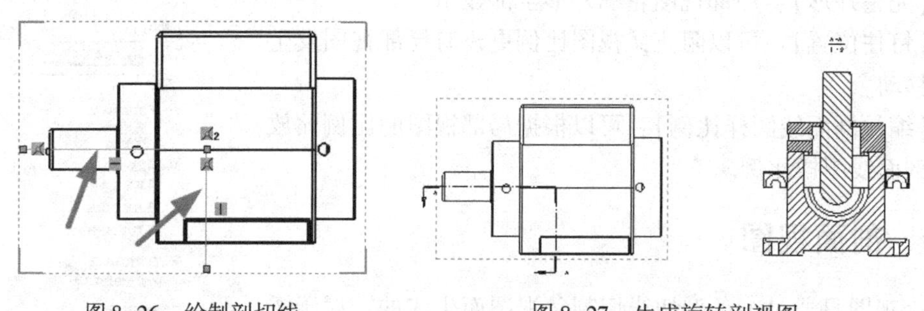

图 8-26 绘制剖切线　　图 8-27 生成旋转剖视图

8.3.7 断裂视图

对于一些较长的零件（如轴、杆、型材等），如果沿着长度方向的形状统一（或者按一定规律）变化时，可以用折断显示的断裂视图来表达，这样就可以将零件以较大比例显示在较小的工程图样上。断裂视图可以应用于多个视图，并可根据要求撤销断裂视图。

单击【工程图】工具栏中的【断裂视图】按钮（或者选择【插入】|【工程视图】|【断裂视图】菜单命令），在【属性管理器】中弹出【断裂视图】的属性设置，如图 8-28 所示。

- 【添加竖直折断线】：生成断裂视图时，将视图沿水平方向断开。
- 【添加水平折断线】：生成断裂视图时，将视图沿竖直方向断开。

- 【缝隙大小】：改变折断线缝隙之间的间距量。
- 【折断线样式】：定义折断线的类型，如图 8-29 所示，其效果如图 8-30 所示。

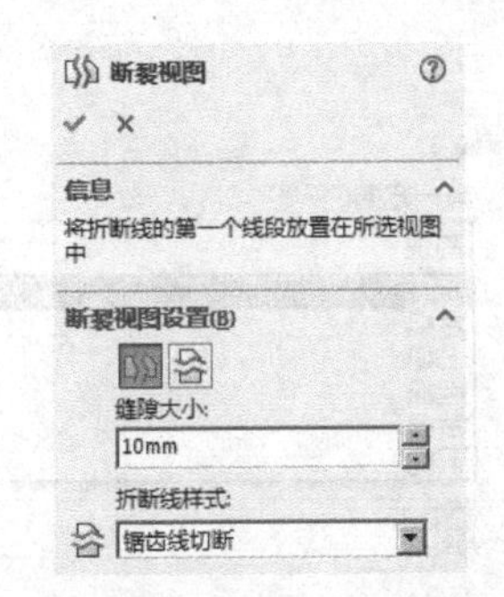

图 8-28 【断裂视图】的属性设置

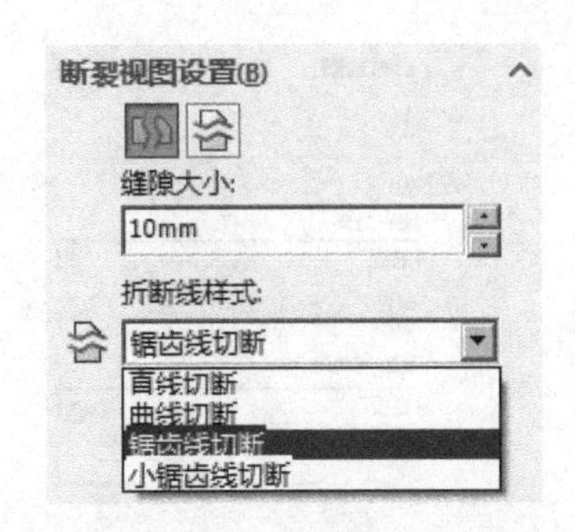

图 8-29 【折断线样式】选项

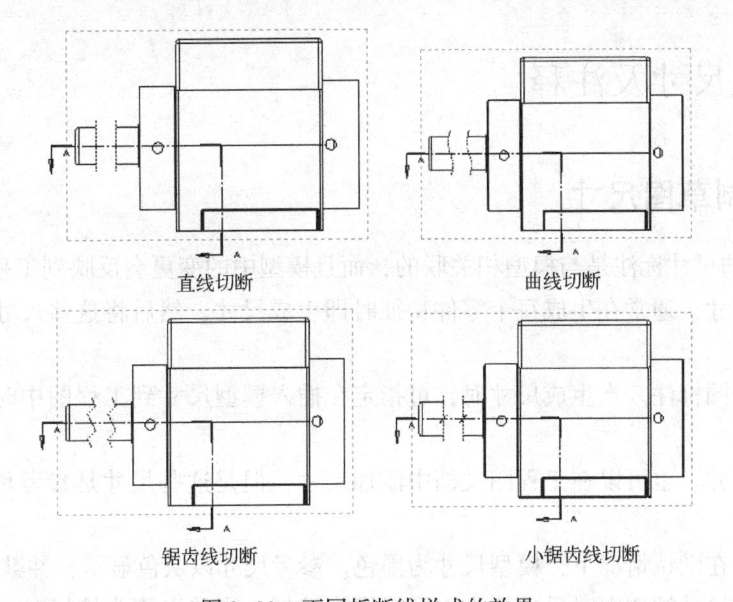

图 8-30 不同折断线样式的效果

8.3.8 相对视图

如果需要零件视图正确、清晰地表达零件的形状结构，使用模型视图和投影视图生成的工程视图可能会不符合实际情况。此时可以利用相对视图自行定义主视图，解决零件视图定向与工程视图投影方向的矛盾。

相对视图是 1 个相对于模型中所选面的正交视图，由模型的两个直交面及各自具体方位规格定义。通过在模型中依次选择两个正交平面或者基准面并指定所选面的朝向，生成特定方位的工程视图。相对视图可以作为工程视图中的第 1 个基础正交视图。

选择【插入】|【工程视图】|【相对于模型】菜单命令，在【属性管理器】中弹出【相对视图】的属性设置，如图 8-31 所示，鼠标指针变为形状。

- 【第一方向】：选择方向（见图 8-32），然后单击【第一方向的面/基准面】选择框，在图样区域中选择 1 个面或者基准面。

- 【第二方向】：选择方向，然后单击【第二方向的面/基准面】选择框，在图纸区域中选择1个面或基准面。

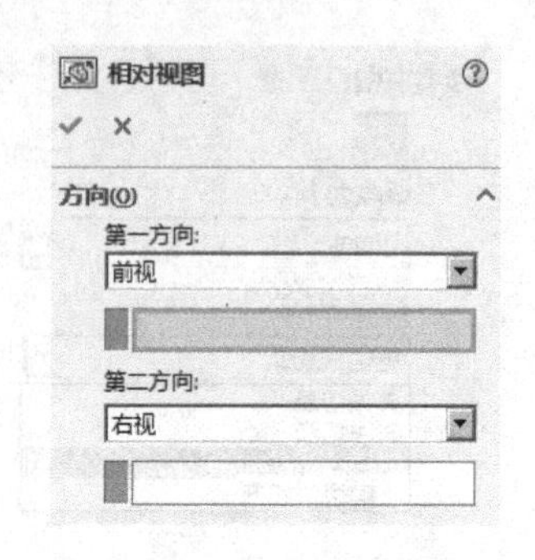

图8-31　【相对视图】的属性设置

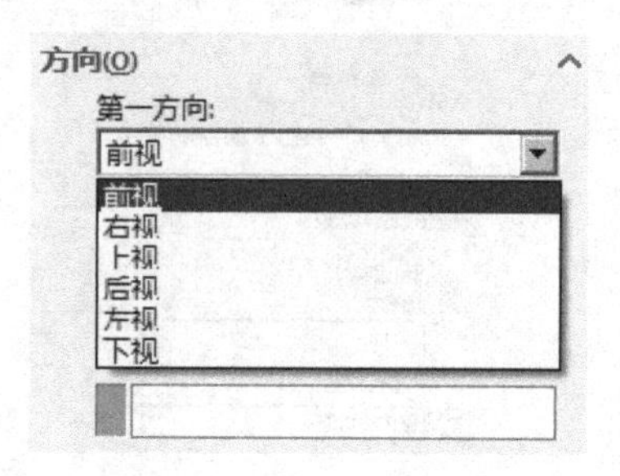

图8-32　【第一方向】选项

8.4　生成尺寸及注释

8.4.1　绘制草图尺寸

工程图中的尺寸标注是与模型相关联的，而且模型中的变更会反映到工程图中。

1）模型尺寸。通常在生成每个零件特征时即生成尺寸，然后将这些尺寸插入各个工程视图中。

2）为工程图标注。当生成尺寸时，可指定在插入模型尺寸到工程图中时是否应包括尺寸在内。

3）参考尺寸。也可以在工程图文档中添加尺寸，但是这些尺寸是参考尺寸，并且是从动尺寸。

4）颜色。在默认情况下，模型尺寸为黑色。参考尺寸以灰色显示，并默认带有括号。

5）箭头。尺寸被选中时尺寸箭头上出现圆形控标。当单击箭头控标时（如果尺寸有两个控标，可以单击任一个控标），箭头向外或向内反转。

6）选择。可通过单击尺寸的任何地方，包括尺寸和延伸线和箭头来选择尺寸。

7）隐藏和显示尺寸。可使用工程图工具栏上的隐藏/显示注解或视图菜单来隐藏和显示尺寸。

8）隐藏和显示直线。若要隐藏一尺寸线或延伸线，用右键单击直线，然后选择隐藏尺寸线或隐藏延伸线。

8.4.2　添加注释

单击【注解】工具栏中的A【注释】按钮（或者选择【插入】|【注解】|【注释】菜单命令），在【属性管理器】中弹出【注释】的属性设置，如图8-33所示。

1.【样式】选项组

- 【将默认属性应用到所选注释】：将默认类型应用到所选注释中。

- 【添加或更新常用类型】：单击该按钮，在弹出的属性管理器中输入新名称，然后单击【确定】按钮，即可将常用类型添加到文件中。
- 【删除常用类型】：从【设定当前常用类型】中选择 1 种样式，单击该按钮，即可将常用类型删除。
- 【保存常用类型】：在【设定当前常用类型】中显示 1 种常用类型，单击该按钮，在弹出的【另存为】对话框中，选择保存该文件的文件夹，编辑文件名，最后单击【保存】按钮。
- 【装入常用类型】：单击该按钮，在弹出的【打开】对话框中选择合适的文件夹，然后选择 1 个或者多个文件，单击【打开】按钮，装入的常用尺寸出现在【设定当前常用类型】列表中。

2.【文字格式】选项组

- 文字对齐方式：包括【左对齐】、【居中】和【右对齐】。
- 【角度】：设置注释文字的旋转角度（正角度值表示逆时针方向旋转）。
- 【插入超文本链接】：单击该按钮，可以在注释中包含超文本链接。
- 【链接到属性】：单击该按钮，可以将注释链接到文件属性。
- 【添加符号】：将鼠标指针放置在需要显示符号的【注释】文字框中，单击【添加符号】按钮，弹出【符号】对话框，选择 1 种符号，单击【确定】按钮，符号显示在注释中，如图 8-34 所示。

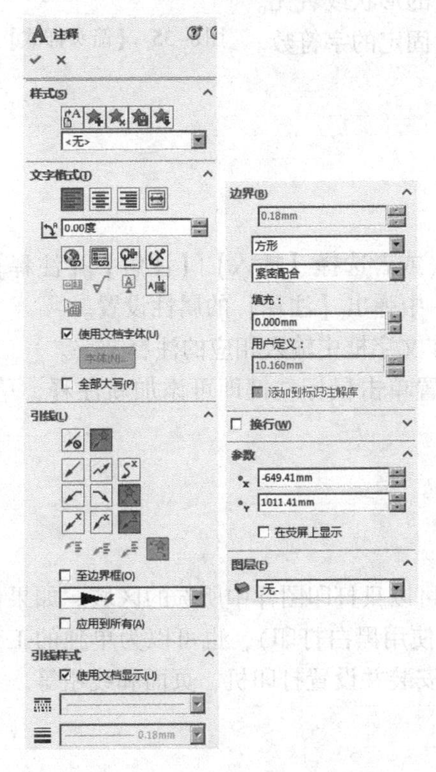

图 8-33 【注释】的属性设置

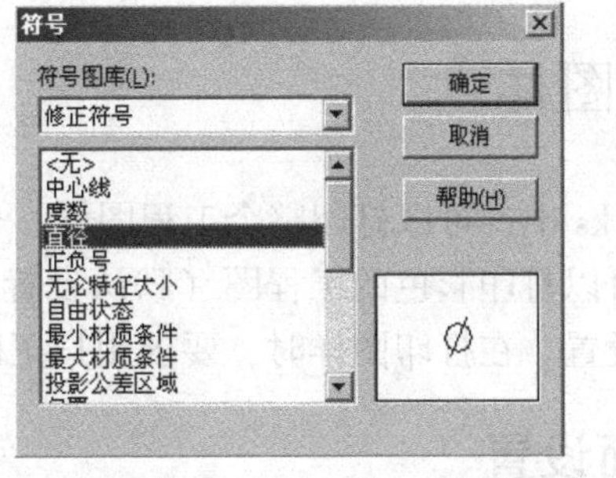

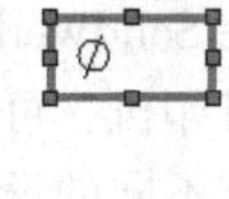

图 8-34 选择符号

- 【锁定/解除锁定注释】：将注释固定到位。
- 【插入形位公差】：可以在注释中插入形位公差符号。
- 【插入表面粗糙度符号】：可以在注释中插入表面粗糙度符号。
- 【插入基准特征】：可以在注释中插入基准特征符号。
- 【使用文档字体】：单击【字体】按钮，弹出【选择字体】属性管理器，可以选择字体样式、大小及效果。

3.【引线】选项组

- 单击【引线】、【多转折引线】、【无引线】或者【自动引线】按钮确定是否选择引线。
- 单击【引线靠左】、【引线向右】、【引线最近】按钮，确定引线的位置。
- 单击【直引线】、【折弯引线】、【下画线引线】按钮，确定引线样式。
- 从【箭头样式】中选择1种箭头样式，如图8-35所示。如果选择【智能箭头】样式，则应用适当的箭头（如根据出详图标准，将应用到面上、应用到边线上等）到注释中。
- 【应用到所有】：将更改应用到所选注释的所有箭头。

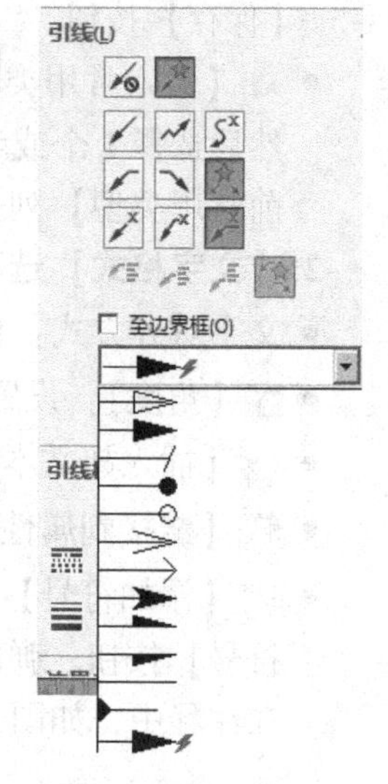

图8-35　【箭头样式】选项

4.【边界】选项组

- 【样式】：指定边界（包含文字的几何形状）的形状或者无。
- 【大小】：指定文字是否为【紧密配合】或者固定的字符数。

5.【图层】选项组

用来指定注释所在的图层。

8.4.3　添加注释的操作步骤

1）单击【注解】工具栏中的【注释】按钮（或者选择【插入】|【注解】|【注释】菜单命令），鼠标指针变为形状，在【属性管理器】中弹出【注释】的属性设置。

2）在图样区域中拖动鼠标指针定义文字框，在文字框中输入相应的注释文字。

3）如果有多处需要注释文字，只需在相应位置单击鼠标左键即可添加新注释，单击【确定】按钮，注释添加完成。

8.5　打印图样

在SolidWorks中，可以打印整个工程图样，也可以只打印图样中所选的区域。如果使用彩色打印机，可以打印彩色的工程图（默认设置为使用黑白打印），也可以为单独的工程图样指定不同的设置。在打印图样时，要求用户正确安装并设置打印机、页面和线粗等。

8.5.1　页面设置

打印工程图前，需要对当前文件进行页面设置。打开需要打印的工程图文件，选择

【文件】|【页面设置】菜单命令，弹出【页面设置】对话框，如图8-36所示。

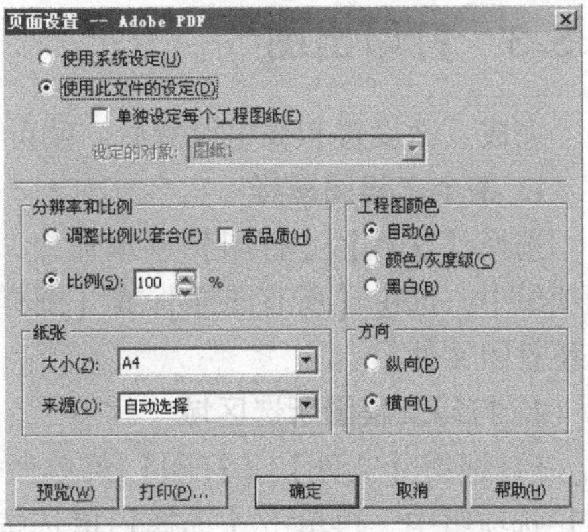

图8-36 【页面设置】对话框

1.【分辨率和比例】选项组

- 【调整比例以套合】（仅对于工程图）：按照使用的纸张大小自动调整工程图样尺寸。
- 【比例】：设置图样打印比例，按照该比例缩放值（即百分比）打印文件。
- 【高品质】（仅对于工程图）：SolidWorks 软件为打印机和纸张大小组合决定最优分辨率，生成 Raster 输出并进行打印。

2.【纸张】选项组

- 【大小】：设置打印文件的纸张大小。
- 【来源】：设置纸张所处的打印机纸匣。

3.【工程图颜色】选项组

- 【自动】：如果打印机或者绘图机驱动程序报告能够进行彩色打印，发送彩色数据，否则发送黑白数据。
- 【颜色/灰度级】：忽略打印机或者绘图机驱动程序的报告结果，发送彩色数据到打印机或者绘图机。黑白打印机通常以灰度级打印彩色实体。
- 【黑白】：不论打印机或者绘图机的报告结果如何，发送黑白数据到打印机或者绘图机。

8.5.2 线粗设置

选择【文件】|【打印】菜单命令，弹出【打印】对话框，如图8-37所示。

在【打印】对话框中，单击【线粗】按钮，在弹出的【线粗】对话框中设置打印时的线粗，如图8-38所示。

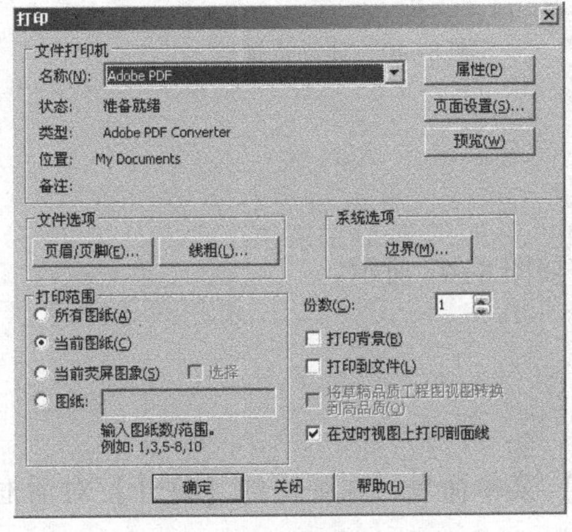

图8-37 【打印】对话框

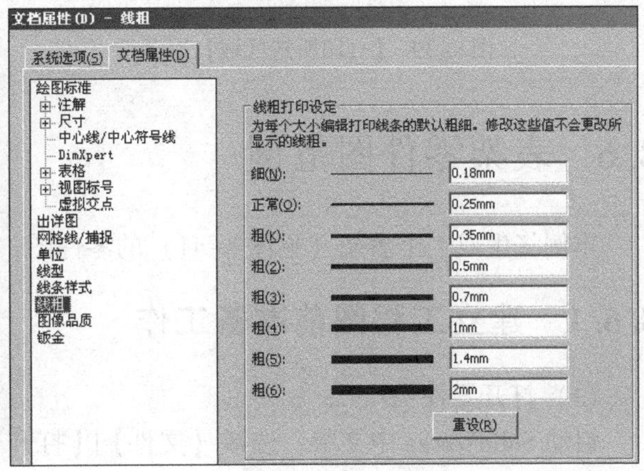

图8-38 【线粗】对话框

8.5.3　打印出图

完成页面设置和线粗设置后，就可以进行打印出图的操作了。

1. 整个工程图图样

选择【文件】|【打印】菜单命令，弹出【打印】对话框。在对话框中的【打印范围】选项组中，选中【所有图样】或【图样】单选按钮并输入想要打印的页数，单击【确定】按钮打印文件。

2. 打印工程图所选区域

1）选择【文件】|【打印】菜单命令，弹出【打印】对话框。在对话框中的【打印范围】选项组中，再单击【选择】单选按钮，再单击【确定】按钮，弹出【打印所选区域】对话框，如图8-39所示。

- 【模型比例（1:1）】：此选项为默认选项，表示所选的区域按照实际尺寸打印，即mm（毫米）的模型尺寸按照mm（毫米）打印。
- 【图样比例（2:1）】：所选区域按照其在整张图样中的显示比例进行打印。
- 【自定义比例】：所选区域按照定义的比例因子打印，输入比例因子数值，单击【应用比例】按钮。

2）拖动选择框到需要打印的区域。可以移动、缩放视图，或者在选择框显示时更换图样。此外，选择框只能整框拖动，不能拖动单独的边来控制所选区域，如图8-40所示，单击【确定】按钮，完成所选区域的打印。

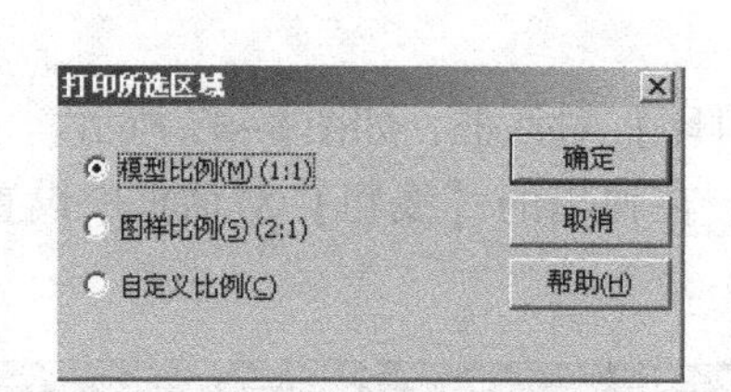

图8-39　【打印所选区域】对话框

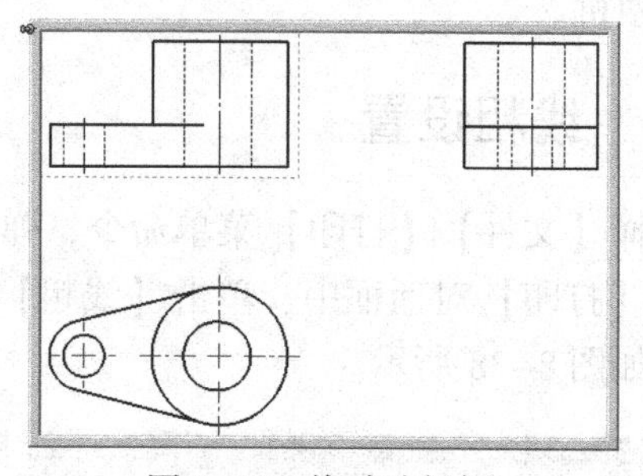
图8-40　拖动选择框

8.6　表架零件图范例

本例将生成1个表架（见图8-41）的零件图，如图8-42所示。

8.6.1　建立工程图前准备工作

（1）打开零件

启动SolidWorks中文版，选择【文件】|【打开】菜单命令，在弹出的【打开】对话框中选择【表架.SLDASM】。

（2）新建工程图纸

选择【文件】|【新建】命令，弹出【新建SOLIDWORKS文件】对话框，单击【工程

图】按钮，如图 8-43 所示，单击【确定】按钮。

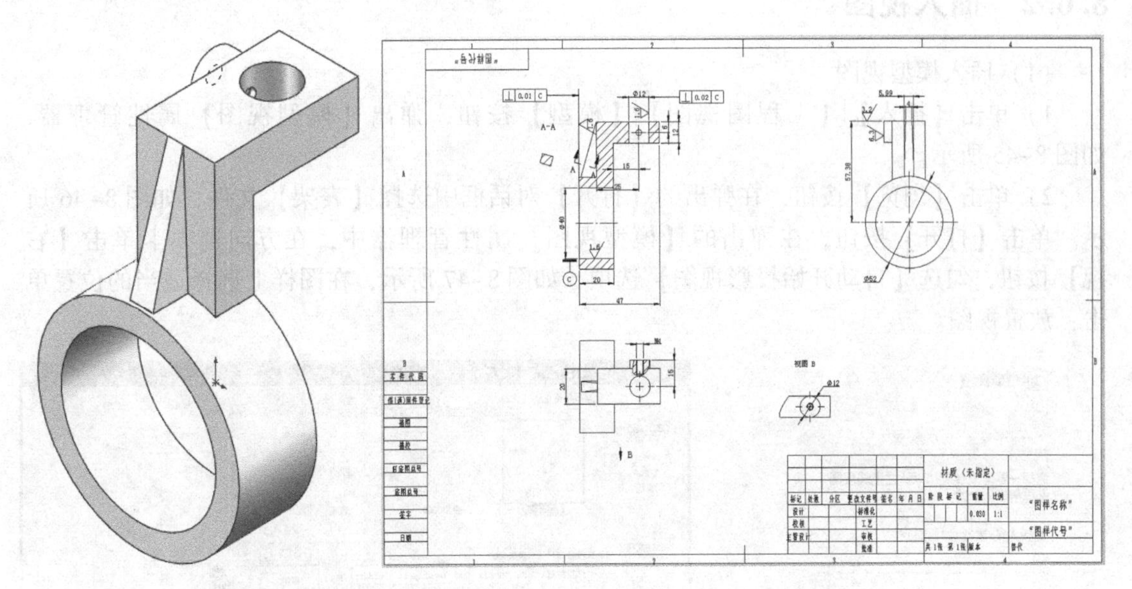

图 8-41　表架零件模型　　　　图 8-42　表架零件图

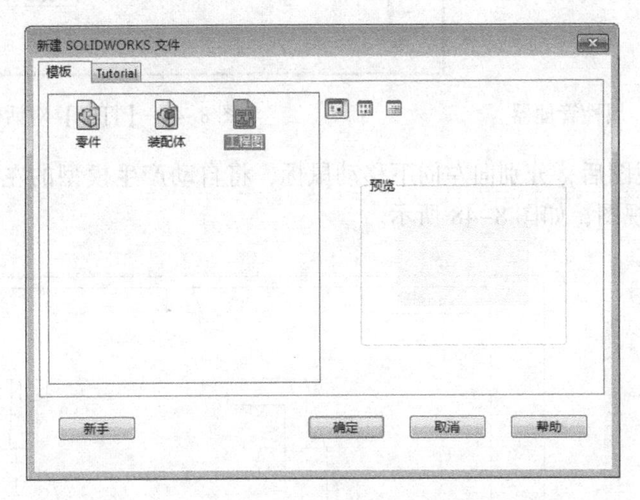

图 8-43 【新建 SOLIDWORKS 文件】对话框

（3）设置绘图标准

单击【工具】|【选项】按钮，弹出【文档属性 - 绘图标准】对话框，如图 8-44 所示，单击【文档属性】选项卡，将【总绘图标准】设置为【GB】（国标），单击【确定】按钮。

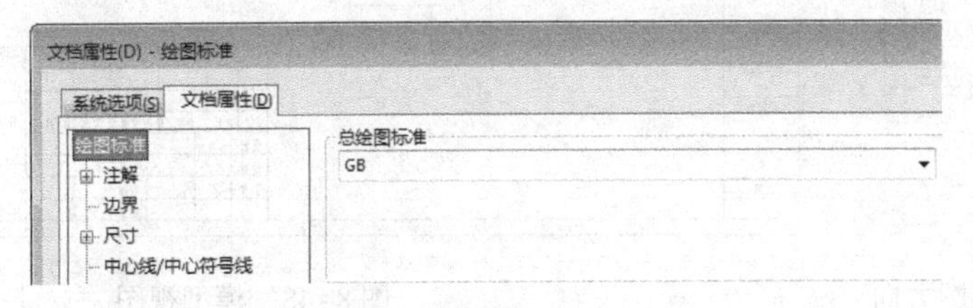

图 8-44　设置绘图标准

8.6.2　插入视图

（1）插入模型视图

1）单击【插入】|【工程图视图】|【模型】按钮，弹出【模型视图】属性管理器，如图 8-45 所示。

2）单击【浏览】按钮，在弹出的【打开】对话框中选择【表架】文件，如图 8-46 所示。单击【打开】按钮，在弹出的【模型视图】属性管理器中，在方向选项卡单击【右视】按钮，勾选【自动开始投影视图】选项，如图 8-47 所示，在图样上选择适当的位置单击，放置视图。

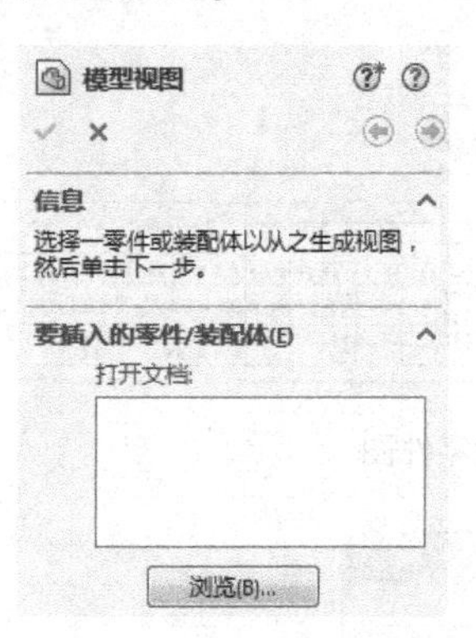

图 8-45　【模型视图】属性管理器

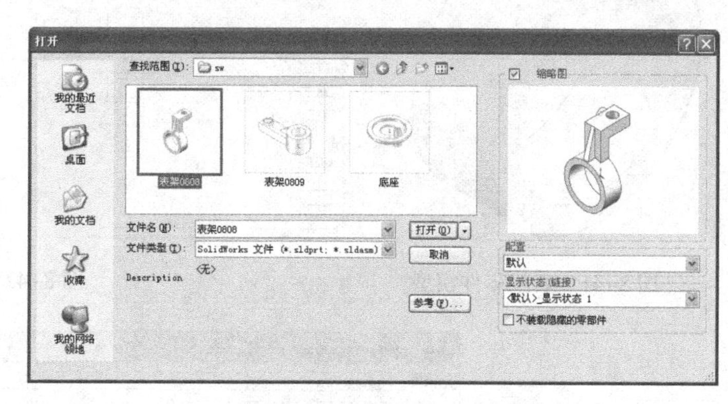

图 8-46　【打开】对话框

3）放置完前视图后，分别向左向下移动鼠标，将自动产生模型的左视图和下视图，单击鼠标放置相应的视图，如图 8-48 所示。

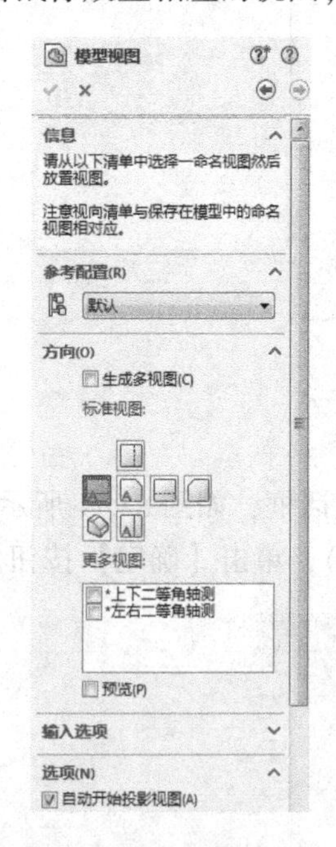

图 8-47　确定视图方向

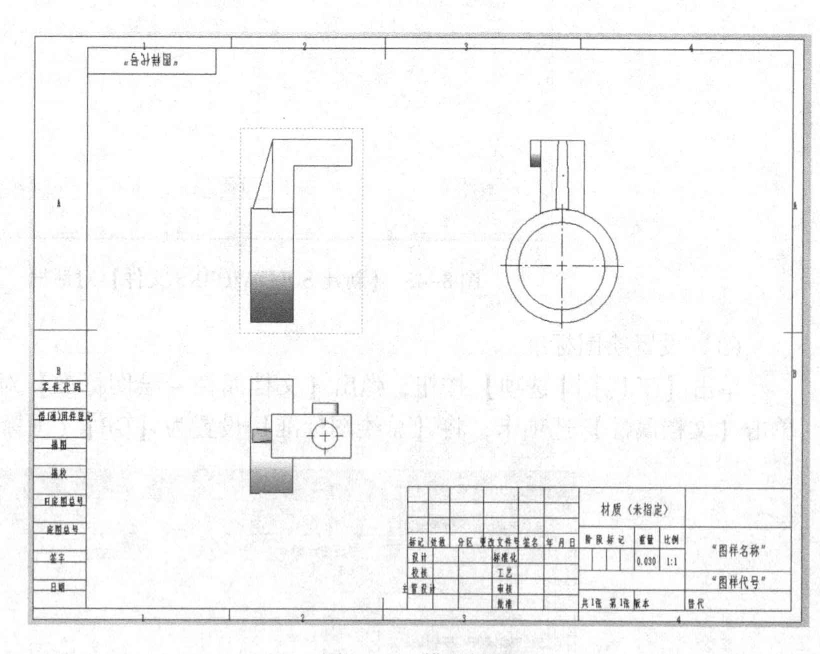

图 8-48　模型视图

（2）显示工程视图

1）单击图中的主视图，将弹出【工程视图 1】属性管理器，如图 8–49 所示。

2）在【显示样式】一栏中单击【隐藏线可见】按钮。单击按钮，隐藏线可见后的视图如图 8–50 所示。

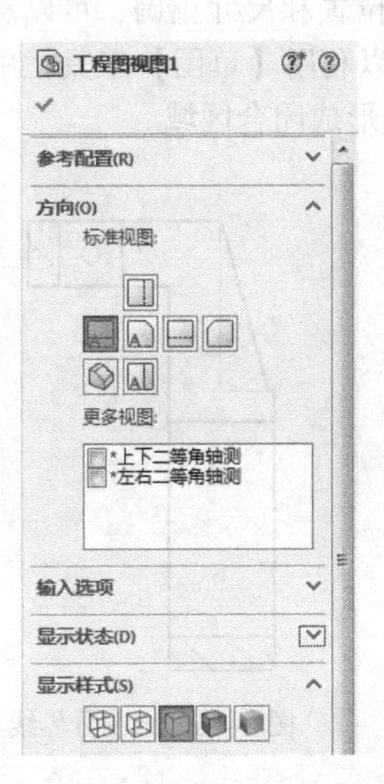

图 8–49　视图属性　　　　图 8–50　隐藏线可见后的模型视图

8.6.3　绘制剖面图

（1）绘制主视图的全剖视图

1）单击 CommandManage 工具栏的【草图】选项卡，在【矩形】下拉菜单中选择【边角矩形】，然后绘制一个矩形，并使该矩形框住模型主视图，如图 8–51 所示。

2）单击 CommandManage 工具栏的【视图布局】选项卡，单击按钮，弹出【断开的剖视图】属性管理器。从主视图中选择一条隐藏线，如图 8–52 所示。

3）单击按钮，生成的剖切图如图 8–53 所示。

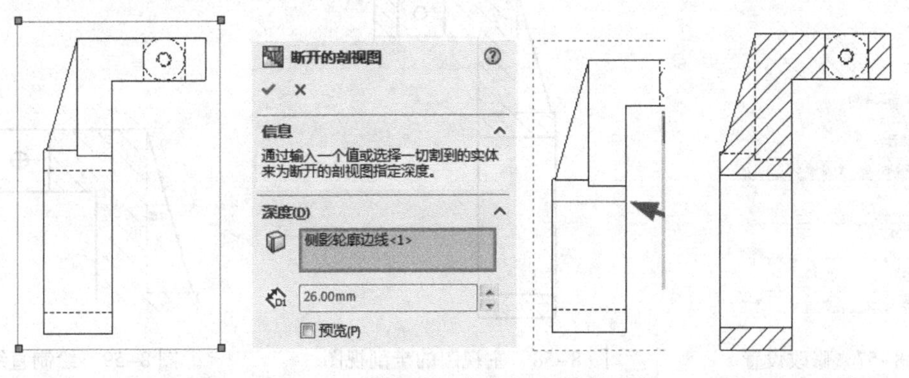

图 8–51　绘制矩形　　图 8–52　【断开的剖视图】属性管理器　　图 8–53　剖切图

4）单击表架主视图中需要修改剖面线的区域，在【属性管理器】中弹出【区域剖面线/填充】的属性设置。在【属性】选项组中，单击【无】单选按钮，如图8-54所示，单击✓【确定】按钮，主视图中所选区域的剖面线消失，如图8-55所示。

5）根据表架肋板的大小和位置，单击【草图】工具栏中的【直线】，在相应的位置添加肋板与其他部分的分界线，如图8-56所示。为了保证肋板位置和尺寸正确，可以利用【草图】工具栏中的【智能尺寸】按钮进行相应的标注，还可以利用【草图】工具栏中的【添加几何关系】按钮，确保绘制的肋板边界线与原视图图线形成闭合区域。

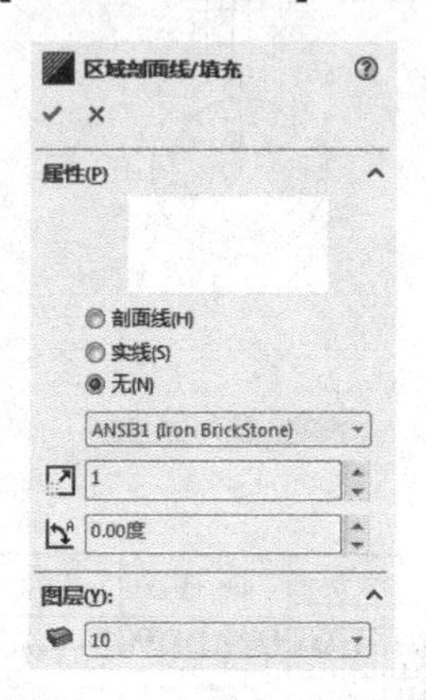

图8-54　单击【无】单选按钮

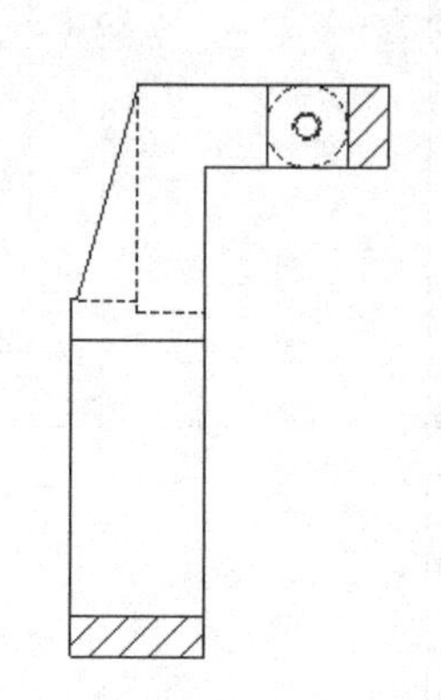

图8-55　删除剖切区域剖面线

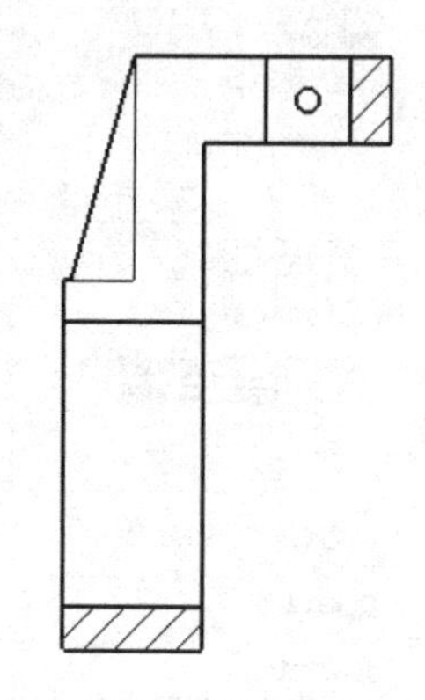

图8-56　绘制分界线

6）在主视图中，将鼠标指针移动至轴承座轮廓外，指针变为形状（注意与指针的区别），单击鼠标右键，在弹出的菜单中选择【注解】|【区域剖面线/填充】命令。

7）在【属性管理器】中弹出【区域剖面线/填充】的属性设置，根据需要修改设置，如图8-57所示。在主视图中单击需要填充剖面线的区域，如图8-58所示，单击✓【确定】按钮，生成全剖的主视图。

（2）绘制肋板视图

1）单击CommandManage工具栏的【草图】选项卡，在【线条】下拉菜单中选择【直线】，然后沿垂直于肋板方向绘制一条直线，如图8-59所示。

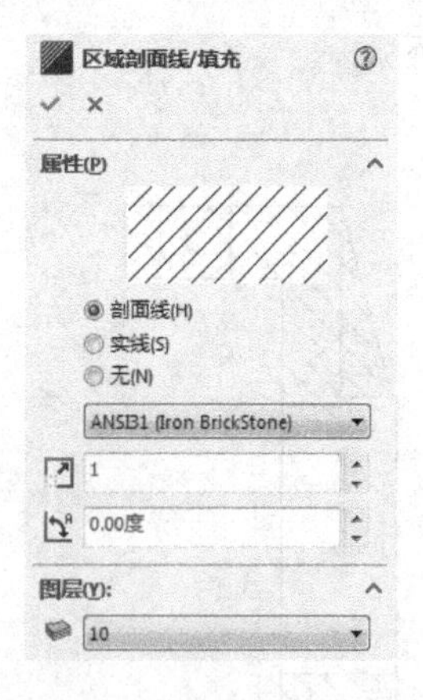

图8-57　修改设置

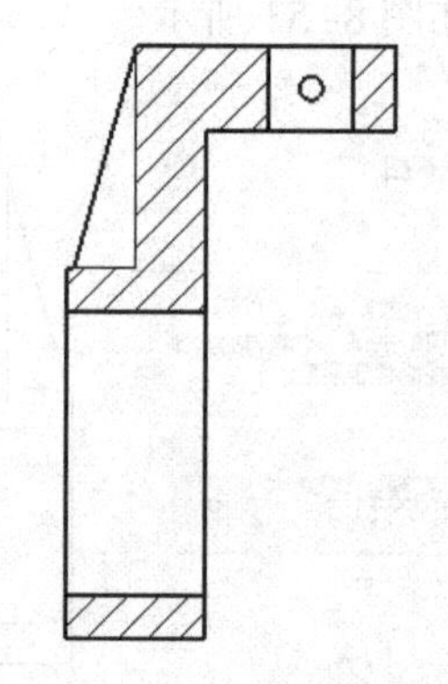

图8-58　主视图的全剖视图

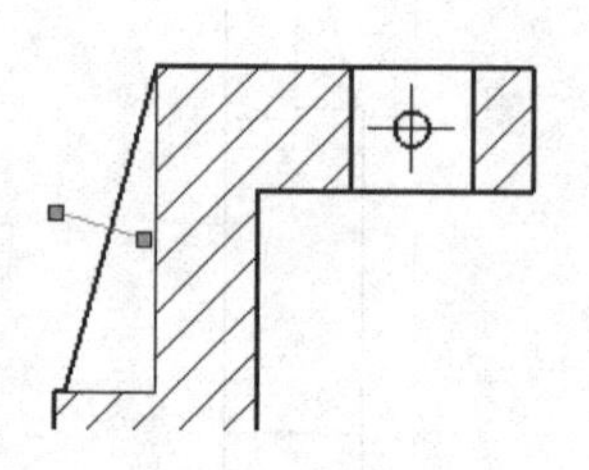

图8-59　绘制直线

2）选择刚刚绘制的直线，然后单击 CommandManage 工具栏的【视图布局】选项卡，单击按钮，弹出【剖面视图】属性管理器。

3）此时在弹出的【剖面视图 A－A】属性管理器中，选择要投影的方向，并勾选【部分剖面】、【横截剖面】和【自动加剖面线】选项，在工程图上选择合适的位置单击，放置剖面视图，如图 8-60 所示。

4）单击按钮继续，生成图 8-61 的剖切图。

（3）绘制俯视图的断开剖视图

1）与绘制主视图的全剖视图类似，单击 CommandManage 工具栏的【草图】选项卡，在【曲线】下拉菜单中选择【样条曲线】，然后绘制一条闭环曲线，如图 8-62 所示。

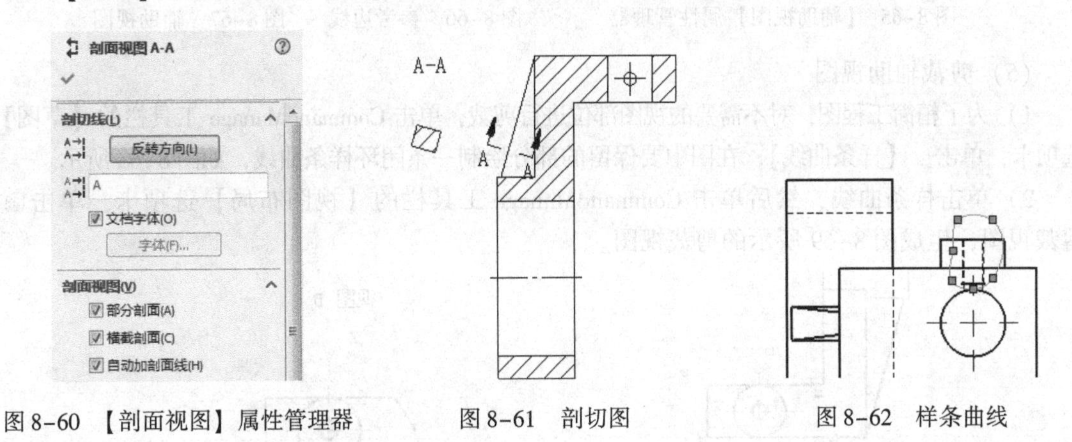

图 8-60 【剖面视图】属性管理器　　图 8-61 剖切图　　图 8-62 样条曲线

2）选择闭环曲线，然后单击 CommandManage 工具栏的【视图布局】选项卡，单击按钮，弹出【断开的剖视图】属性管理器。从主视图中选择一条隐藏线，如图 8-63 所示。

3）单击按钮，生成的剖视图如图 8-64 所示。

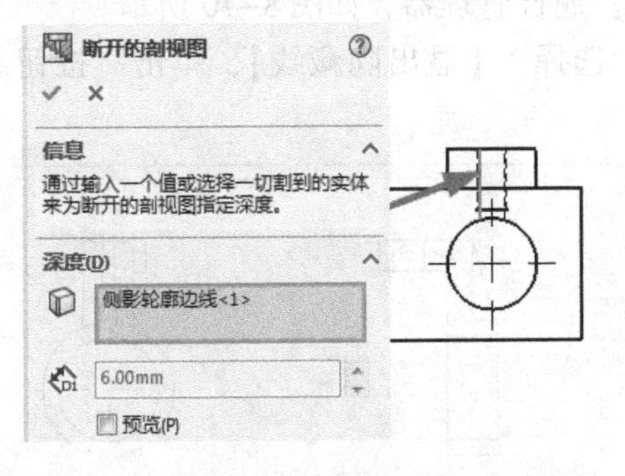

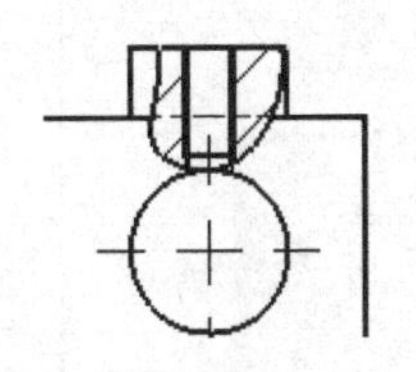

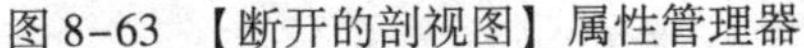

图 8-63 【断开的剖视图】属性管理器　　图 8-64 断开的剖视图

（4）绘制俯视图的辅助视图

1）单击 CommandManage 工具栏的【视图布局】选项卡，单击按钮，弹出【辅助视图】属性管理器，系统提示选择一条边线来继续视图的生成，如图 8-65 所示。

2）单击图中箭头指示边线，继续视图的生成，如图 8-66 所示。

3）系统弹出【辅助视图】属性管理器，在工程图样上选择合适的位置单击，放置视图，单击按钮，如图 8-67 所示。

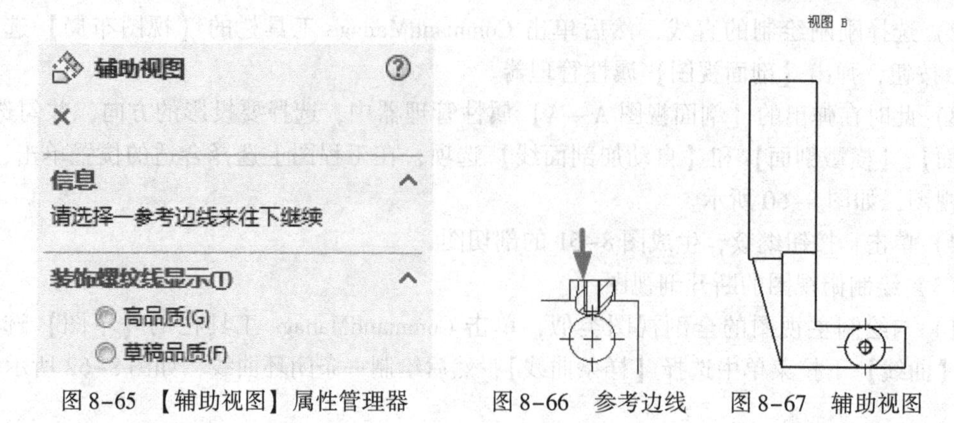

图 8-65　【辅助视图】属性管理器　　图 8-66　参考边线　　图 8-67　辅助视图

（5）剪裁辅助视图

1）为了精简工程图，对不需要的视图部位进行剪裁，单击 CommandManage 工具栏的【草图】选项卡，单击【样条曲线】，在图中要保留的部分绘制一条闭环样条曲线，如图 8-68 所示。

2）单击样条曲线，然后单击 CommandManage 工具栏的【视图布局】选项卡，单击剪裁视图，生成图 8-69 所示的剪裁视图。

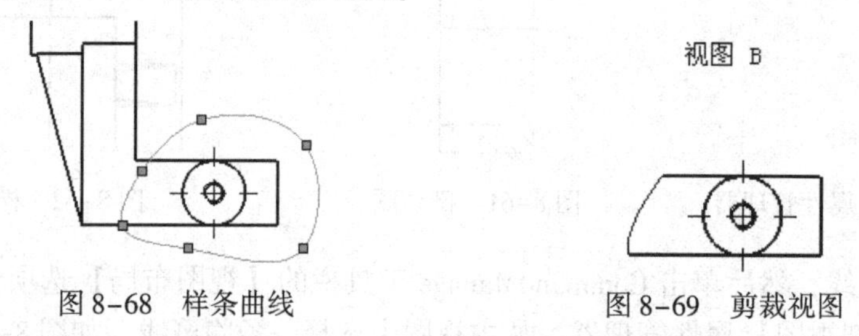

图 8-68　样条曲线　　图 8-69　剪裁视图

（6）消除隐藏线

1）单击主视图，弹出【工程图视图 1】属性管理器，如图 8-70 所示。

2）拖动滑块找到【显示样式】一栏，选择【显出隐藏线】，单击按钮继续。最后的视图如图 8-71 所示。

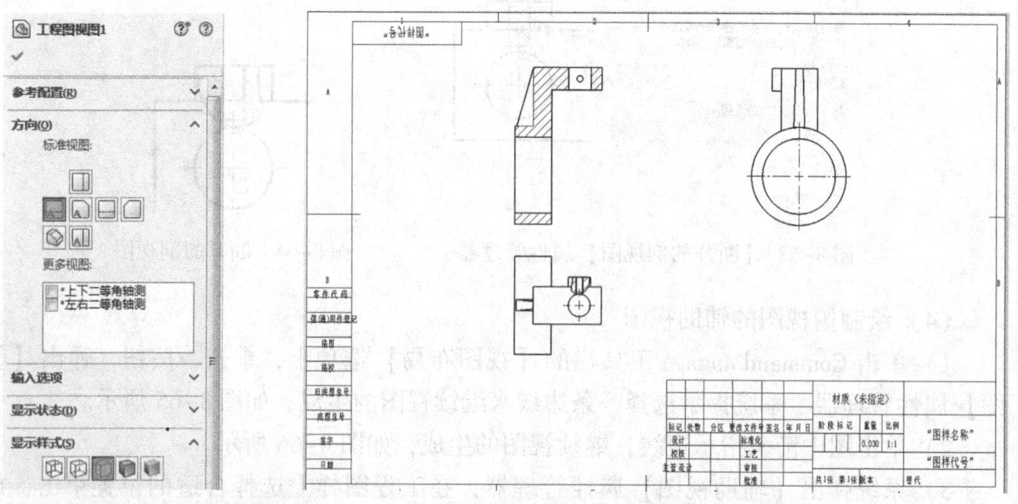

图 8-70　【工程图视图】属性管理器　　图 8-71　消除隐藏线后的视图

8.6.4 标注尺寸

（1）标注中心线

1）单击 CommandManage 工具栏的 中心线 按钮，弹出【中心线】属性管理器，如图 8-72 所示。

2）单击水平的轮廓，如图 8-73 所示。标注后的中心线如图 8-74 所示。

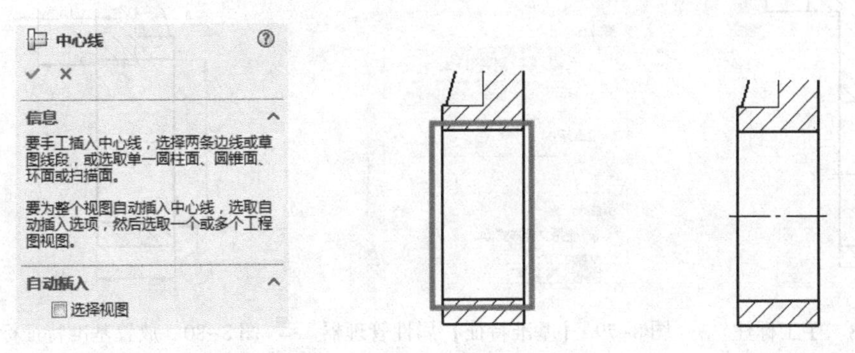

图 8-72 【中心线】属性管理器　　图 8-73 标注的中心线　　图 8-74 标注后的中心线

3）以此类推，将整个工程图的孔 \ 轴类部件全部标上中心线。

（2）标注中心符号线

1）单击 CommandManage 工具栏的 中心符号线 按钮，弹出【中心符号线】属性管理器，如图 8-75所示，单击【选项】一栏中【单一中心符号线】按钮。

2）单击绘图区圆的轮廓线，如图 8-76 所示，标注完后如图 8-77 所示。

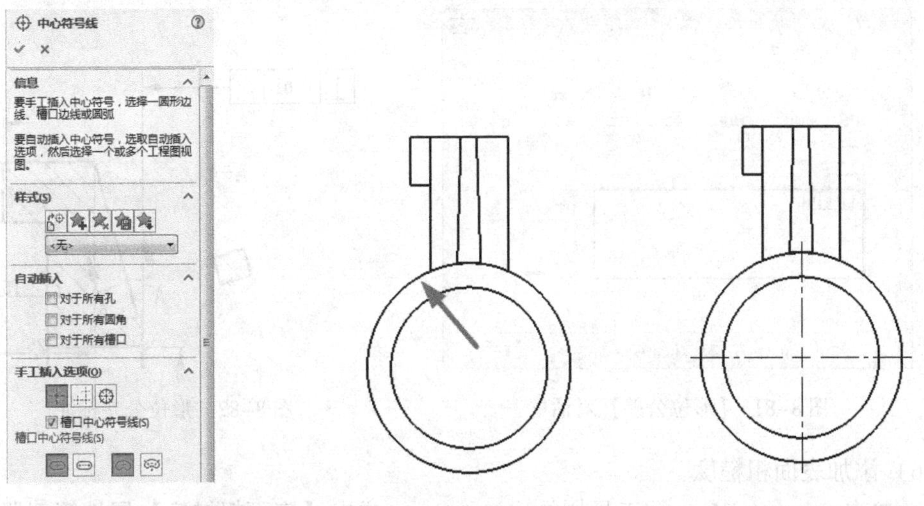

图 8-75 【中心符号线】属性管理器　　图 8-76 圆的轮廓线图　　图 8-77 标注后的中心符号线

（3）手工为零件标注简单尺寸

1）单击 CommandManage 工具栏的【注解】选项卡，单击按钮。

2）单击要标注的图线，类似实体模型标注一样，手工为工程图标注，如图 8-78 所示。

（4）添加基准特征

1）单击 CommandManage 工具栏的【注解】选项卡，单击基准特征按钮，弹出【基准特征】属性管理器，如图 8-79 所示。

2）在属性管理器中设定标号，填写 C，在图纸上找到放置基准特征的面，单击鼠标放置基准标号，完成后如图 8-80 所示。

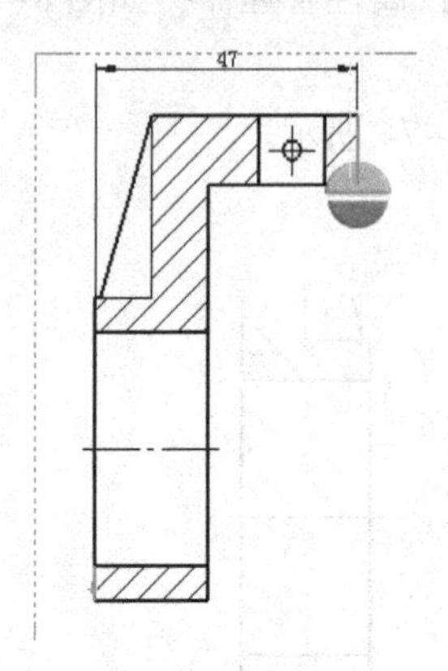

图 8-78　手工标注

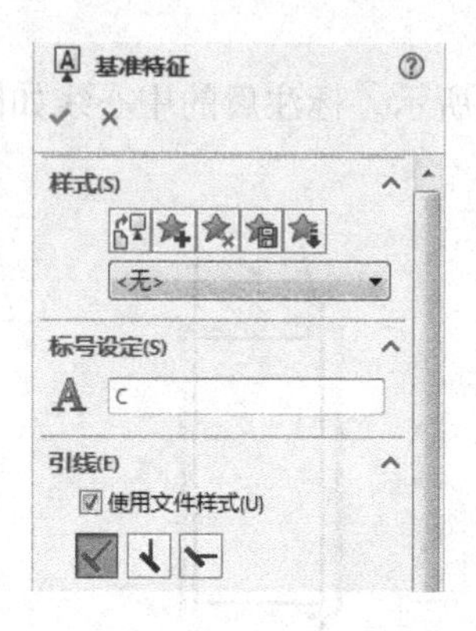

图 8-79　【基准特征】属性管理器

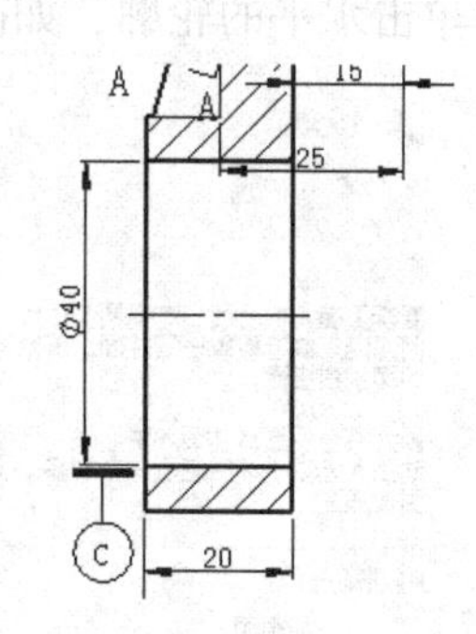

图 8-80　放置基准特征标号

（5）添加形位公差

1）单击要标注形位公差的位置，单击 CommandManage 工具栏的形位公差，弹出【形位公差】对话框。

2）在【符号】下拉菜单下选择⊥，在【公差 1】内输入【0.01】，在【主要】中输入【C】，如图 8-81 所示。

3）在工程图样上调整位置，单击鼠标，放置公差标注，如图 8-82 所示。

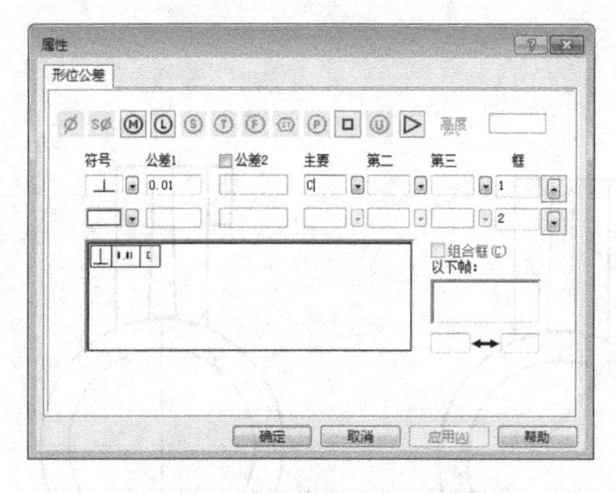

图 8-81　【形位公差】对话框

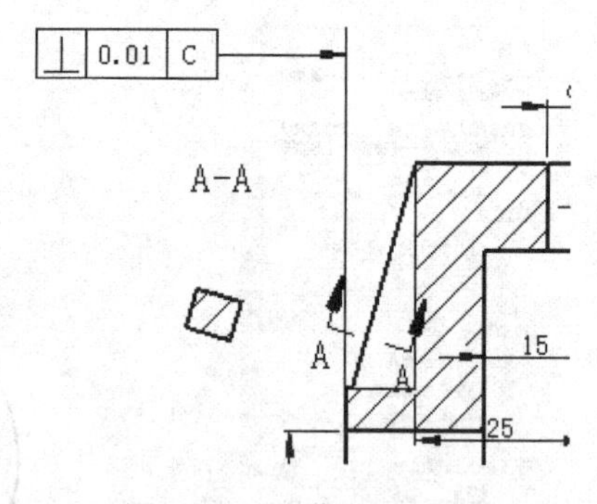

图 8-82　形位公差标注

（6）添加表面粗糙度

1）单击 CommandManage 工具栏的表面粗糙度符号，弹出【表面粗糙度】属性管理器。

2）在符号选择框内选择所需要的符号，并在符号布局内填写表面粗糙度，在图样上需要标注的位置单击放置粗糙度符号，单击✓完成，如图 8-83 所示。

其他的尺寸标注以此类推，标完后如图 8-84 所示。

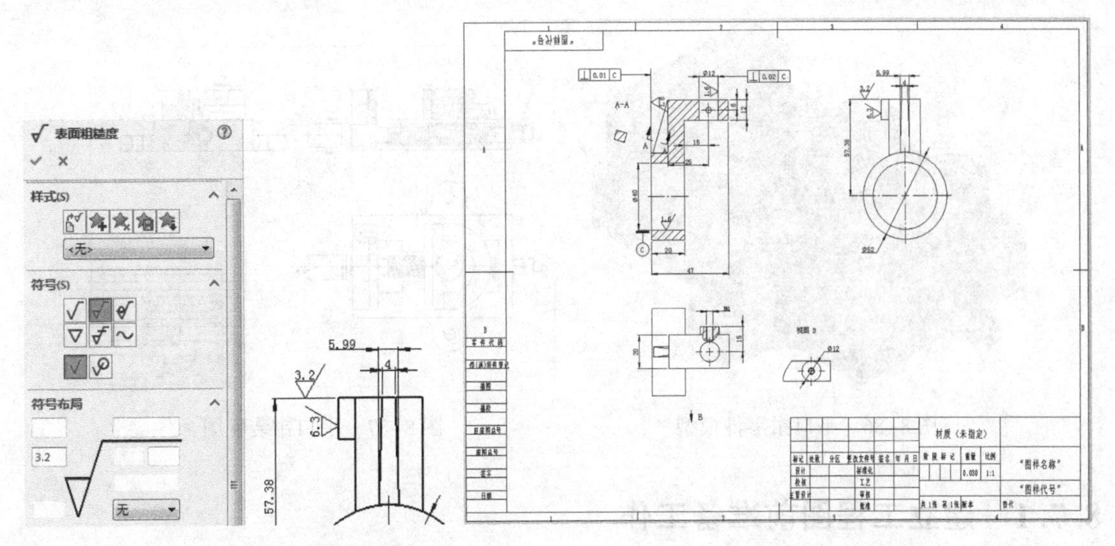

图 8-83 【表面粗糙度】属性管理器　　　　图 8-84 标注完尺寸的工程图

8.6.5 保存

(1) 常规保存

如同编辑其他的文档一样，单击工具栏的▣即可保存文件。

(2) 保存分离的工程图

1）选择【文件】|【另存为】菜单命令，弹出【另存为】对话框，如图 8-85 所示。

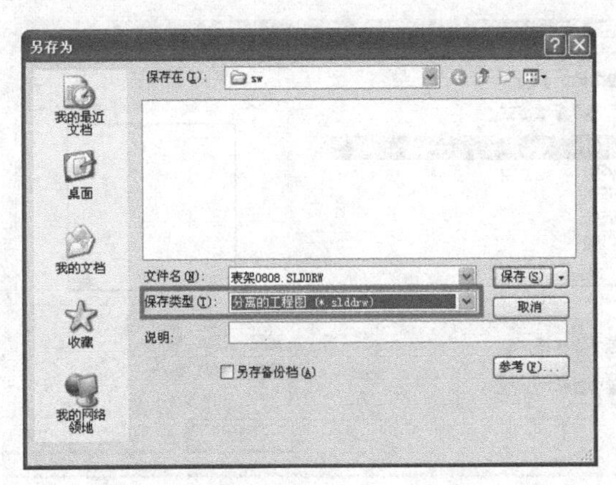

图 8-85 【另存为】对话框

2）在【保存类型】中选择【分离的工程图（*slddrw)】。

8.7 平口钳装配图范例

本例将生成 1 个平口钳（见图 8-86）的装配图，装配图如图 8-87 所示。

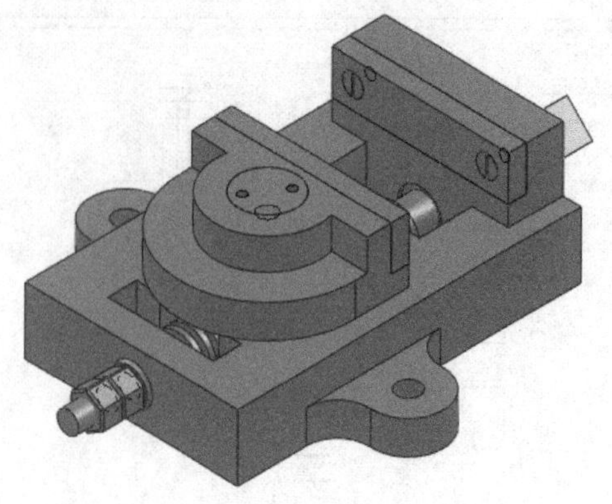

图 8-86　平口钳零件模型

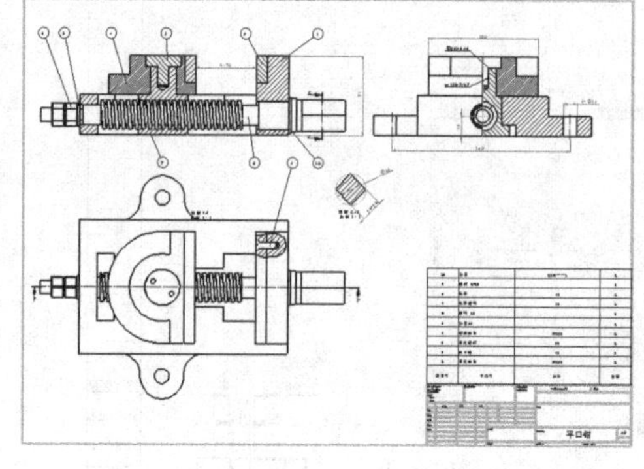

图 8-87　平口钳装配图

8.7.1　建立工程图前准备工作

（1）打开零件

启动中文版 SolidWorks，选择【文件】|【打开】命令，在弹出的【打开】对话框中选择【平口钳 . SLDASM】。

（2）新建工程图纸

选择【文件】|【新建】命令，弹出【新建】对话框，单击【工程图】按钮，然后单击【确定】按钮。选择 SolidWorks 的图样模板，如图 8-88 所示，本例中选取【A0（ISO）】图样格式，单击【确定】按钮。

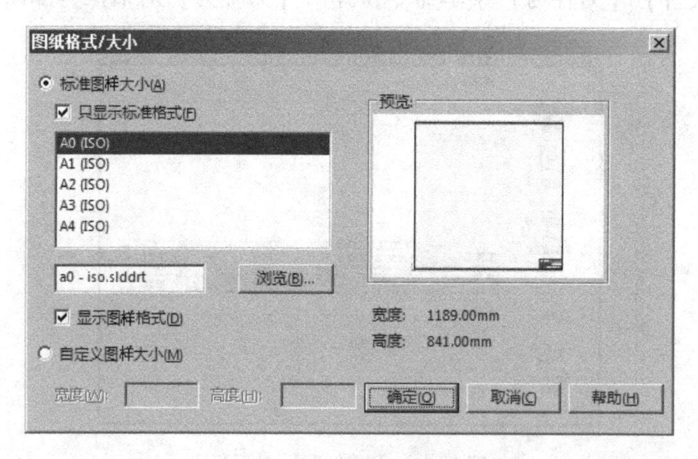

图 8-88　模板选取

8.7.2　插入视图

插入视图步骤如下：

1）单击【模型视图】|【浏览】按钮。

2）在打开窗口中选择【平口钳】，单击【打开】按钮，如图 8-89 所示。

3）弹出属性管理器，选择左视图，如图 8-90 所示。

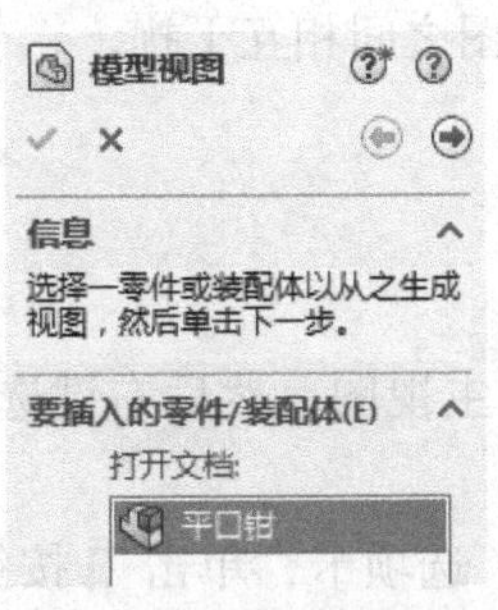

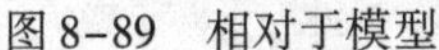

图 8-89　相对于模型

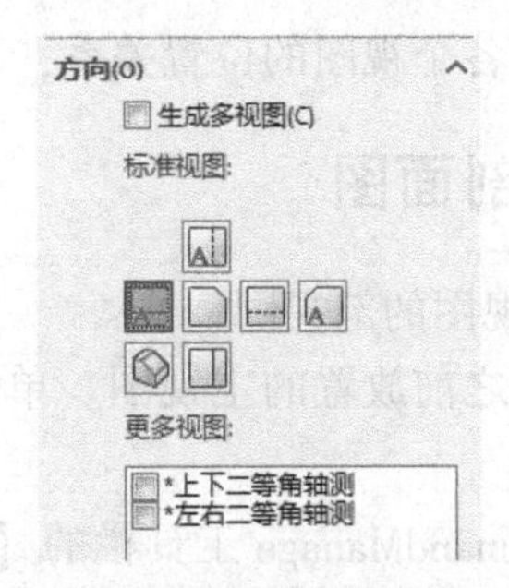

图 8-90　属性管理器

4）鼠标向右移动，绘图区会出现预览效果图，单击鼠标左键即可将正视图放置在图样的左上方，如图 8-91 所示。

5）鼠标往下移动，会显示与正视图所对应的俯视图，单击鼠标左键确定，如图 8-92 所示。

6）鼠标往右移动，会出现与之对应的左视图，单击鼠标左键确定，如图 8-93 所示。

7）最后单击投影视图 ✓ 按钮，如图 8-94 所示，即可完成视图的插入。

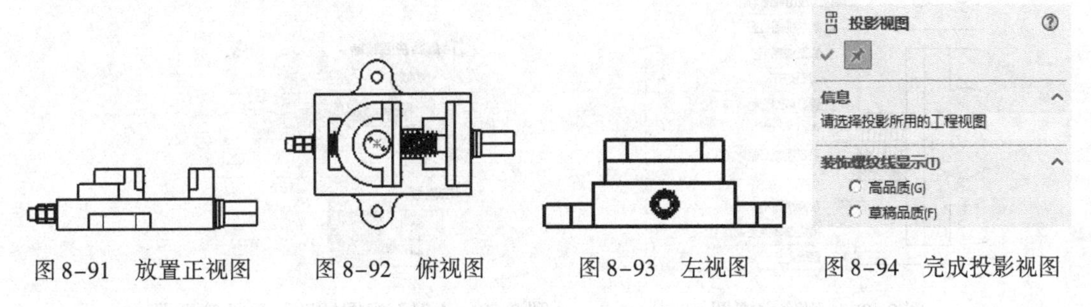

图 8-91　放置正视图　　图 8-92　俯视图　　图 8-93　左视图　　图 8-94　完成投影视图

8）按住〈Ctrl〉键，选择三个视图的边框，选择【使用自定义比例（C)】，然后在下拉菜单中选择【1:1】的比例，如图 8-95 所示，单击 ✓ 确定，最后结果如图 8-96 所示。

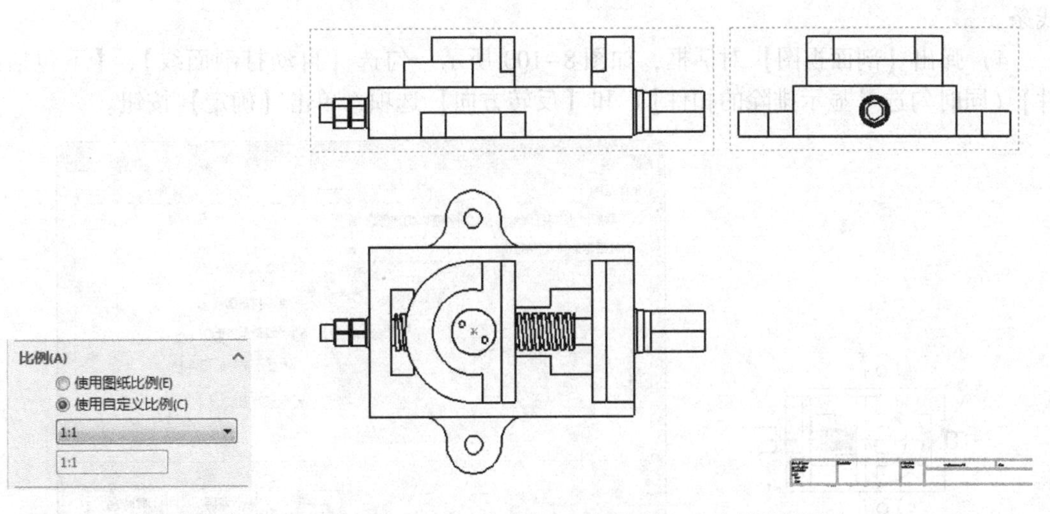

图 8-95　选择图形比例　　　　图 8-96　使用 1:1 比例的图形

9）适当调整各个视图的位置关系，不让各个视图之间相互干扰。

8.7.3　绘制剖面图

（1）绘制主视图的剖视图

1）首先删除之前放置的主视图。单击选中整个主视图，然后右键选择【删除】命令，如图8-97所示。

2）单击CommandManage工具栏的【视图布局】选项卡，单击按钮，弹出【剖面视图辅助】属性管理器，如图8-98所示。

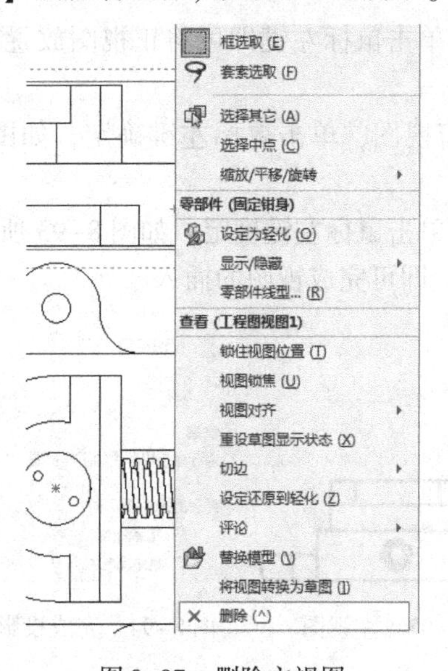

图8-97　删除主视图

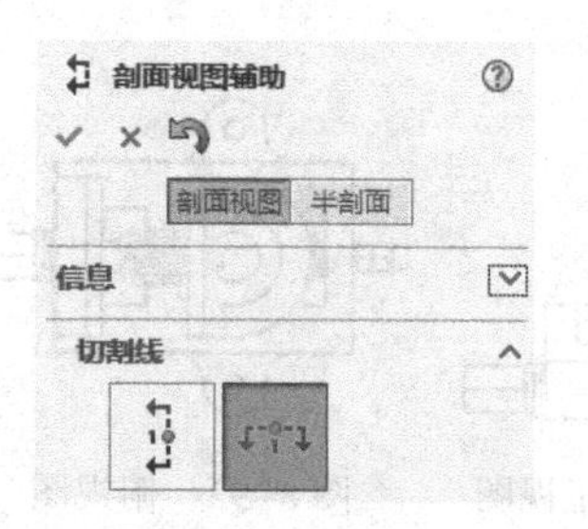

图8-98　【剖面视图辅助】属性管理器

3）此时光标变成，在俯视图中绘制一条直线，视图将由此线剖开，如图8-99所示的线条。

4）弹出【剖面视图】对话框，如图8-100所示。勾选【自动打剖面线】、【不包括扣件】（同时勾选【显示排除的扣件】）和【反转方向】选项，单击【确定】按钮。

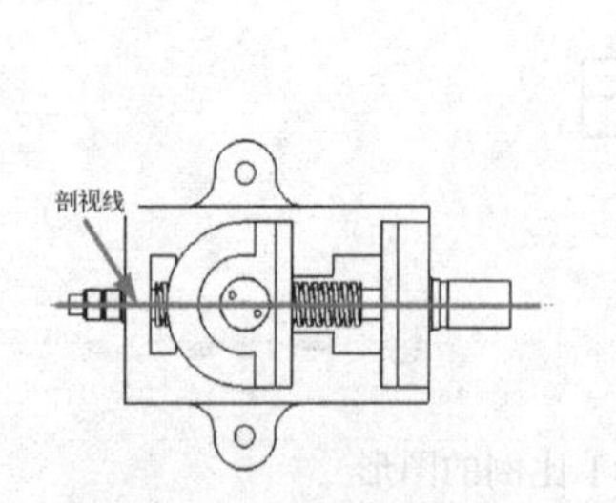

图8-99　绘制剖切线

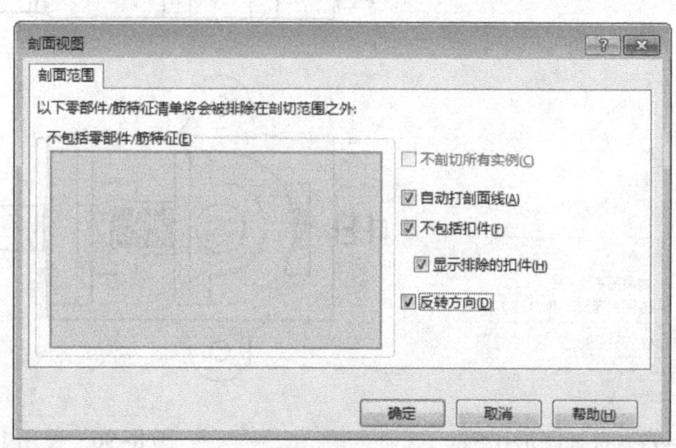

图8-100　【剖面视图】对话框

5）选择不包含的扣件，在俯视图中开始选择不需要剖切的扣件，如图 8-101 所示，单击【确定】按钮。

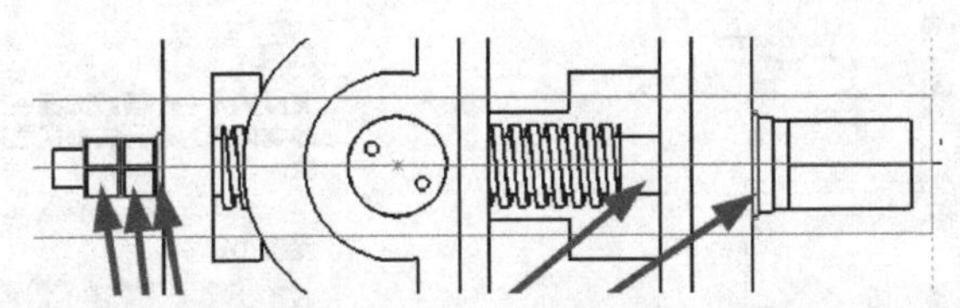

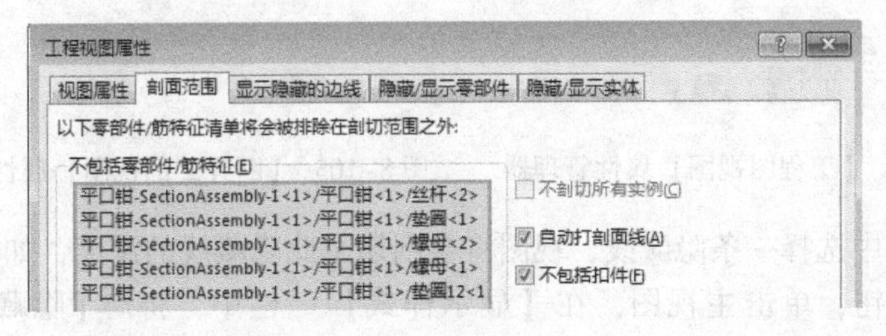

图 8-101　不包含的扣件

6）选择合适的位置放置视图，主剖视图如图 8-102 所示，然后单击✓按钮。

（2）绘制断开的剖视图

1）单击 Command Manage 工具栏的【草图】选项卡，单击 【样条曲线】，绘制剖面视图的边线，如图 8-103 所示。

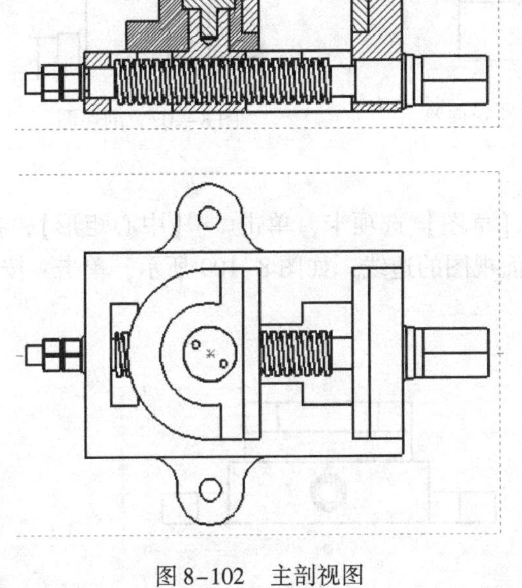

图 8-102　主剖视图

图 8-103　样条曲线

2）单击俯视图，弹出【工程图视图】属性管理器，如图 8-104 所示。

3）在【显示样式】一栏中，将 【消除隐藏线】改为 【隐藏线可见】，单击✓继续。

4）选中第 1）步绘制的样条曲线，单击 Command Manage 工具栏的【视图布局】选项卡，单击 按钮，弹出【断开的剖视图】属性管理器，如图 8-105 所示。

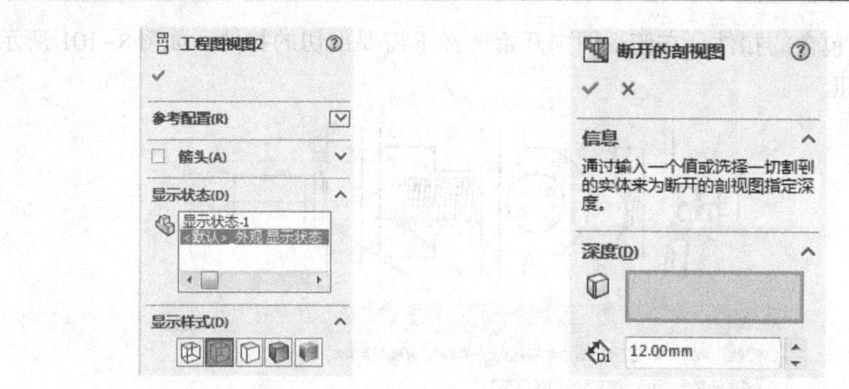

图 8-104　【工程图视图】属性管理器　　　图 8-105　【断开的剖视图】属性管理器

5）从主视图中选择一条隐藏线，视图将会剖切至此隐藏线的深度，如图 8-106 所示。

6）单击✓按钮，单击主视图，在【显示样式】一栏中，将【隐藏线可见】改为【消除隐藏线】。单击✓按钮，生成的剖切图如图 8-107 所示 。

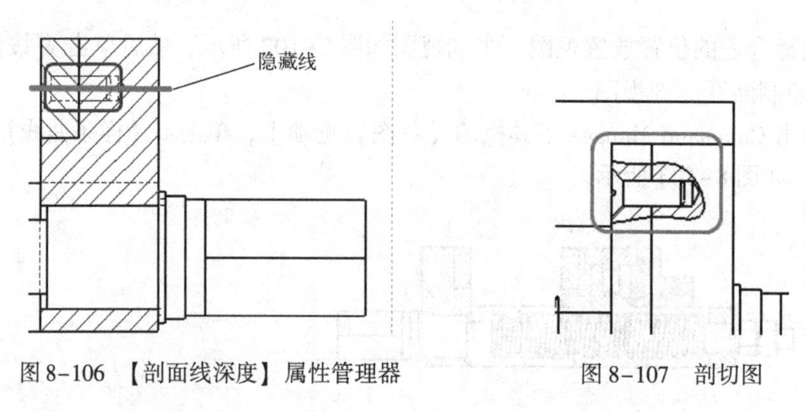

图 8-106　【剖面线深度】属性管理器　　　图 8-107　剖切图

（3）绘制右视图的半剖视图

1）单击 CommandManage 工具栏的【草图】选项卡，单击【中心矩形】，在矩形类型下选择图 8-108 所示的矩形，绘制剖面视图的边线，如图 8-109 所示，单击✓按钮。

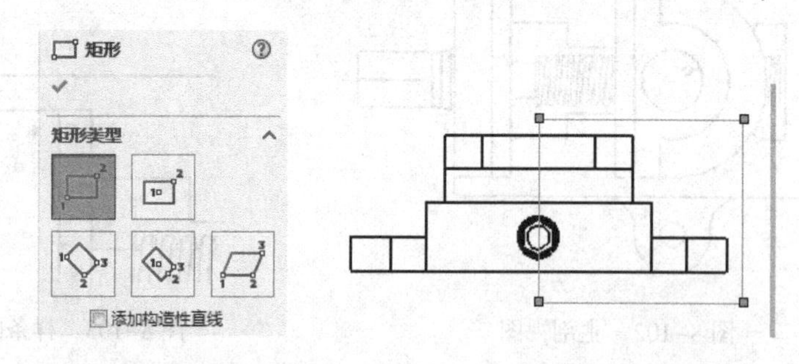

图 8-108　选择矩形　　　图 8-109　绘图剖面视图的边线

2）选中第 1）步绘制的矩形，单击 Command Manage 工具栏的【视图布局】选项卡，单击按钮，弹出【断开的剖视图】属性管理器，勾选【自动加剖面线】和【预览】选项，显示图 8-110 所示的界面。

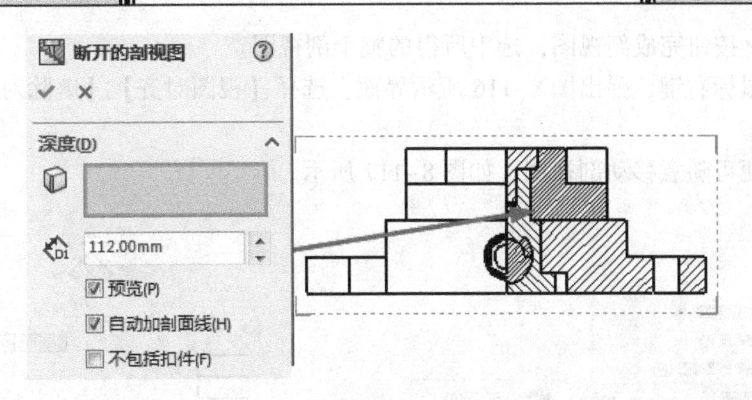

图 8-110 预览效果

3）单击选择螺钉所在的区域，如图 8-111 所示。

4）在区域剖面线的属性界面中首先取消勾选【材质剖面线】选项，选中【无】选项，如图 8-112 所示。

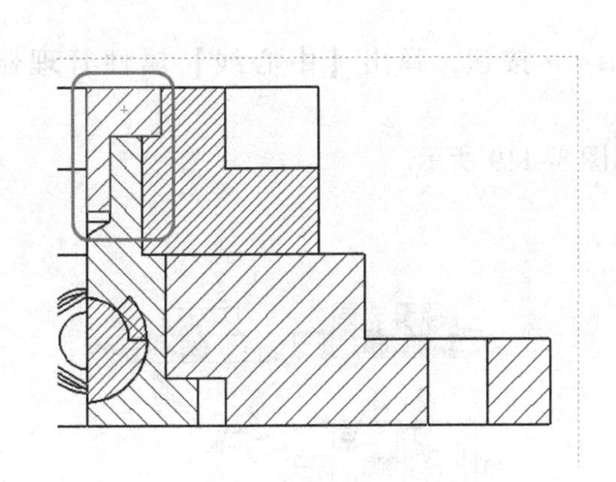

图 8-111 选中螺钉所在区域

图 8-112 区域剖面线设置

5）单击✓按钮即可完成最后右视图的半剖视图，如图 8-113 所示。

（4）绘制断裂图

1）单击 Command Manage 工具栏的【视图布局】选项卡，单击⇄按钮，弹出【剖面视图】属性管理器。

2）在俯视图中绘制一条直线，如图 8-114 所示，单击左键确定之后并向右移动鼠标，将生成剖面视图，如图 8-115 所示。

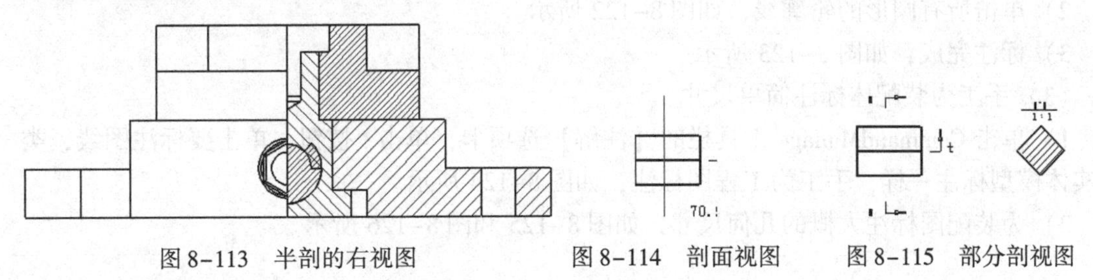

图 8-113 半剖的右视图　　图 8-114 剖面视图　　图 8-115 部分剖视图

3）单击✓按钮完成剖视图，选中所得的整个剖视图。

4）单击鼠标右键，弹出图8-116所示界面，选择【视图对齐】|【解除对齐关系】菜单命令。

5）此时便可随意移动剖视图，如图8-117所示。

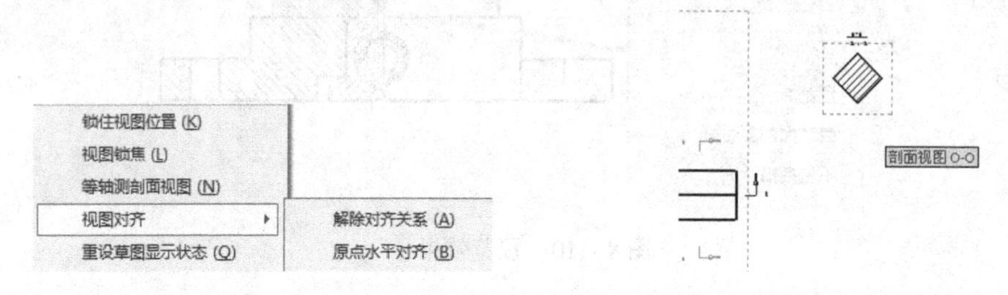

图8-116　解除对齐关系　　　　图8-117　合适位置的剖视图

8.7.4　标注尺寸

（1）标注中心线

1）单击CommandManage工具栏的 中心线 按钮，弹出【中心线】属性管理器，如图8-118所示。

2）单击所有轴类零件的母线轮廓，如图8-119所示。

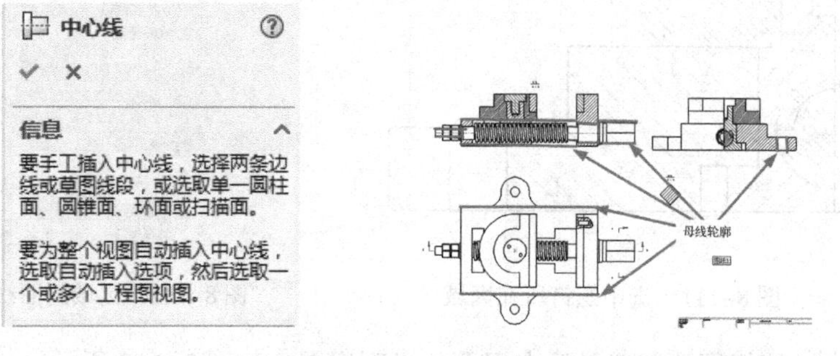

图8-118　【中心线】属性管理器　　　　图8-119　要标注的轮廓

3）单击✓完成，如图8-120所示。

（2）标注中心符号线

1）单击CommandManage工具栏的 中心符号线，弹出【中心符号线】属性管理器，如图8-121所示，单击【选项】一栏中【单一中心符号线】按钮。

2）单击所有圆形的轮廓线，如图8-122所示。

3）标注完成，如图8-123所示。

（3）手工为装配体标注简单尺寸

1）单击CommandManage工具栏的【注解】选项卡，单击按钮。单击要标注图线，类似实体模型标注一样，手工为工程图标注，如图8-124所示。

2）为装配图标注大概的几何尺寸，如图8-125和图8-126所示。

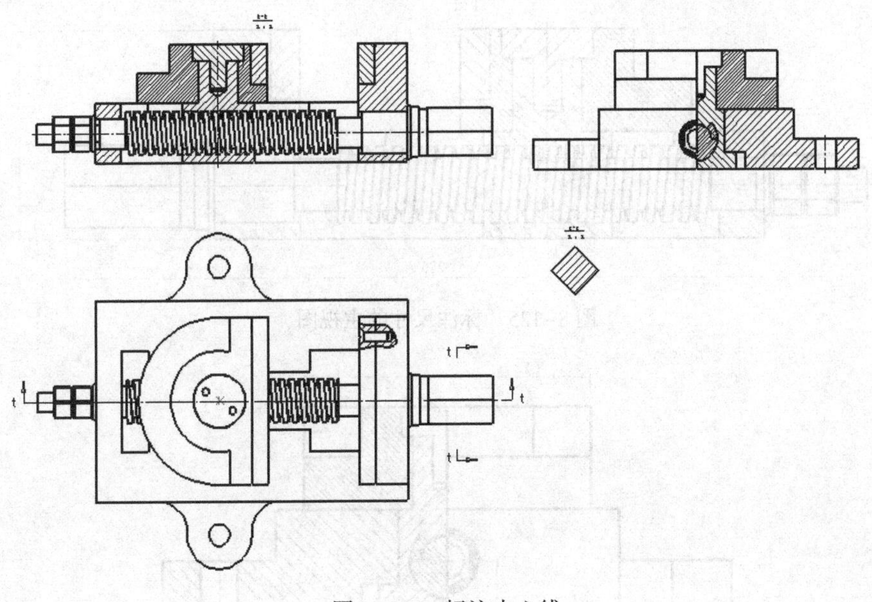

图 8-120　标注中心线

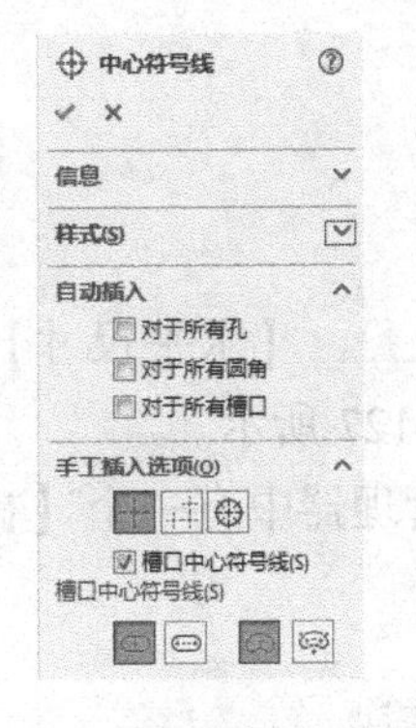

图 8-121　【中心符号线】属性管理器

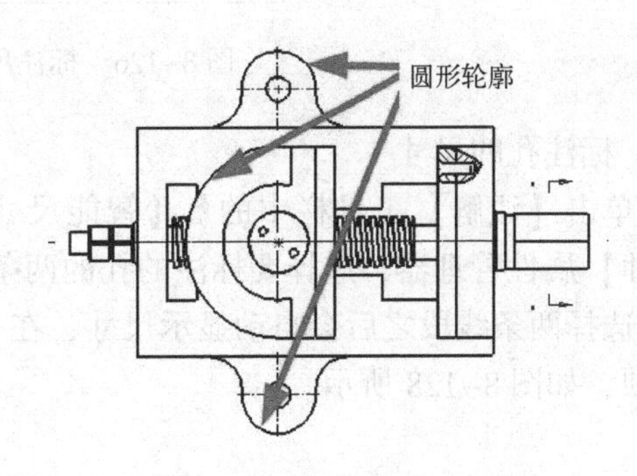

图 8-122　选择圆的轮廓线

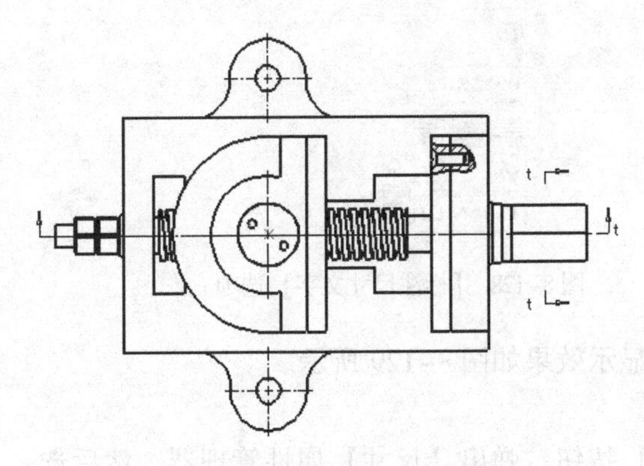

图 8-123　标注后的中心符号线

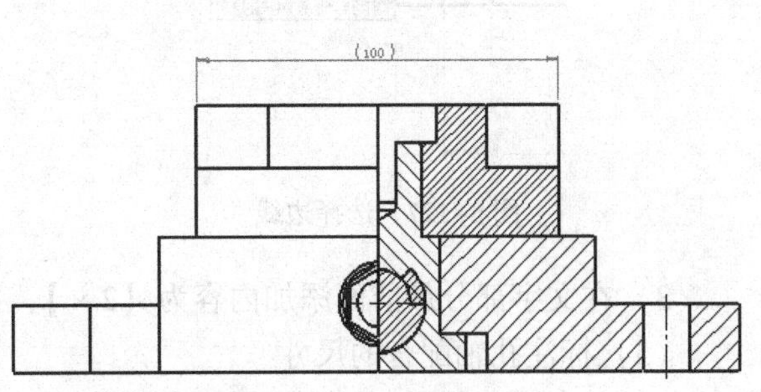

图 8-124　手工标注

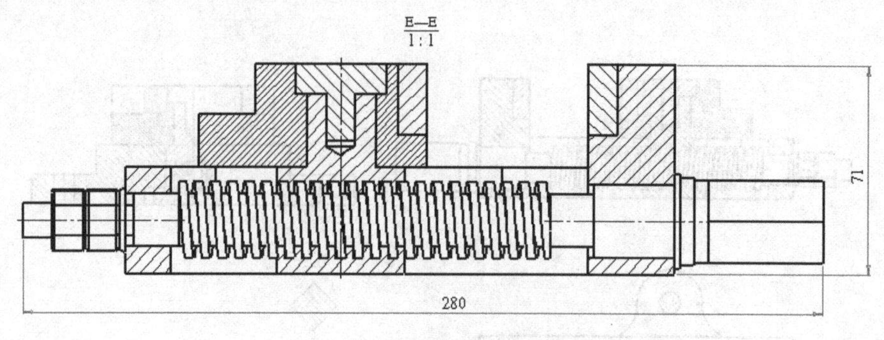

图 8-125　标注尺寸的主视图

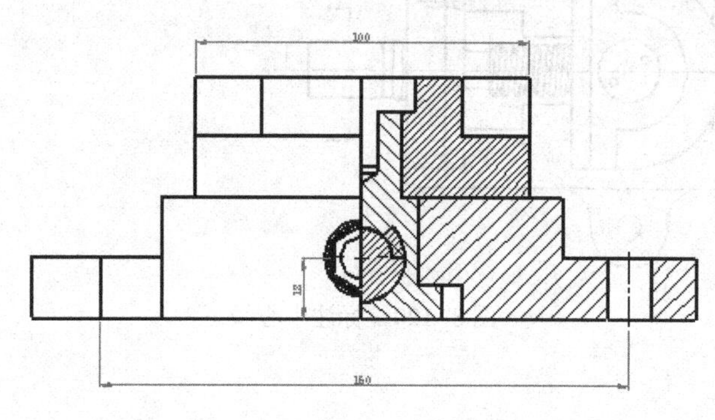

图 8-126　标注尺寸的右视图

（4）标注孔的尺寸

1）单击【注解】工具栏中的【智能尺寸】中的【水平尺寸】按钮，弹出【尺寸】属性管理器，选择要标注的孔的两条边线，如图 8-127 所示。

2）选择两条线段之后会自动显示尺寸，在【尺寸】属性管理器中有一个【标注尺寸文字】选项，如图 8-128 所示。

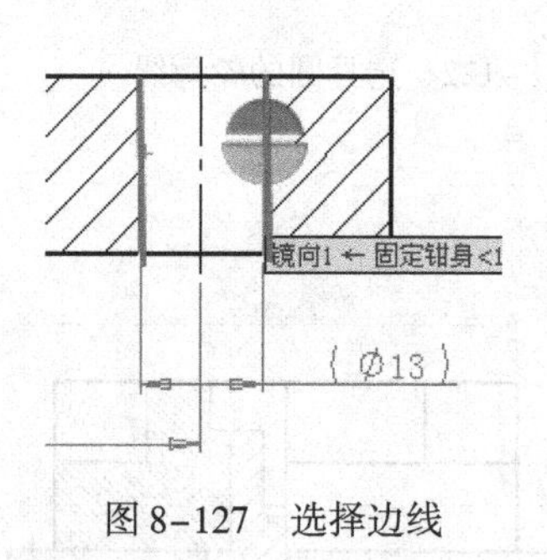

图 8-127　选择边线

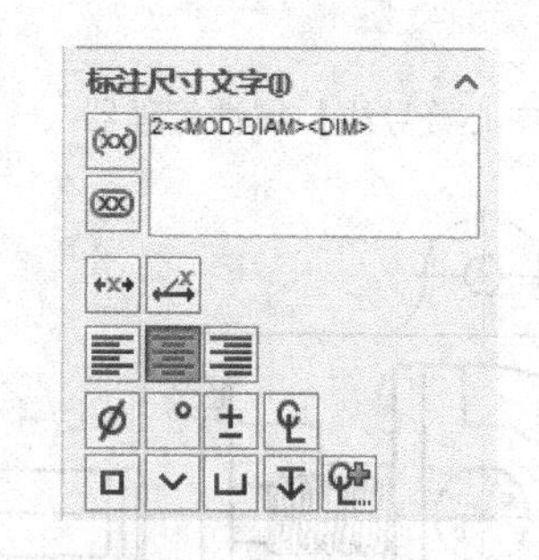

图 8-128　【标注尺寸文字】选项

3）在文字部分最前面添加内容为【2×】，显示效果如图 8-129 所示。

（5）标注孔轴配合的尺寸

1）单击【注解】工具栏中的【智能尺寸】按钮，弹出【尺寸】属性管理器，然后选择两条边线，如图 8-130 所示。

2）单击鼠标左键即可确定放置位置，然后在【尺寸】属性管理器中找到【公差/精度】选项，如图 8-131 所示。

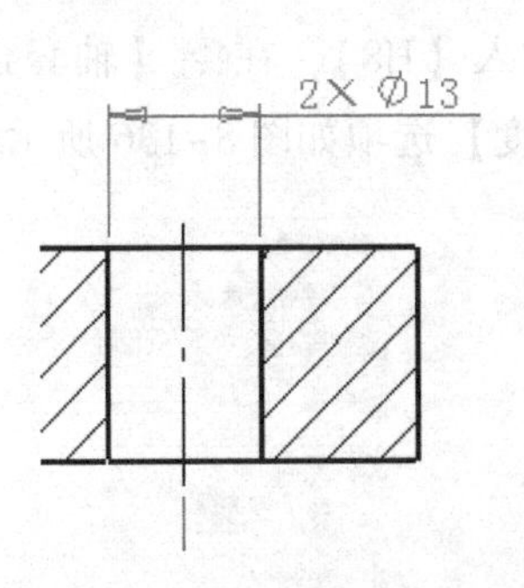

图 8-129　孔标注效果图

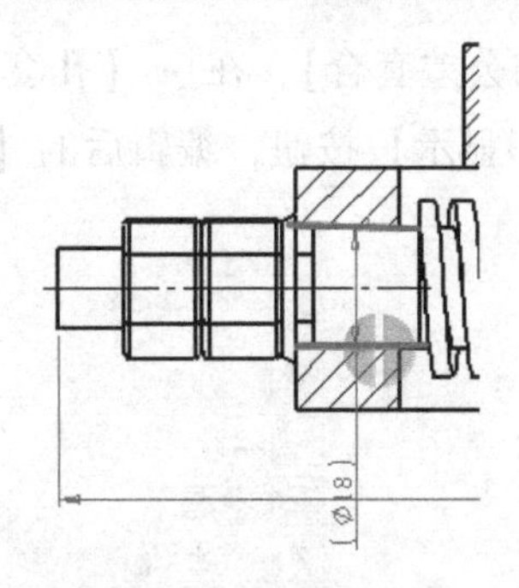

图 8-130　选择边线

3）在【尺寸】属性管理器中的【公差/精度】选项的【公差类型】后有一个下拉菜单，选择【与公差套合】，在【孔套合】中输入【H6】，在【轴套合】中输入【f7】，单击【线形显示】按钮，最后孔轴配合效果图如图 8-132 所示。

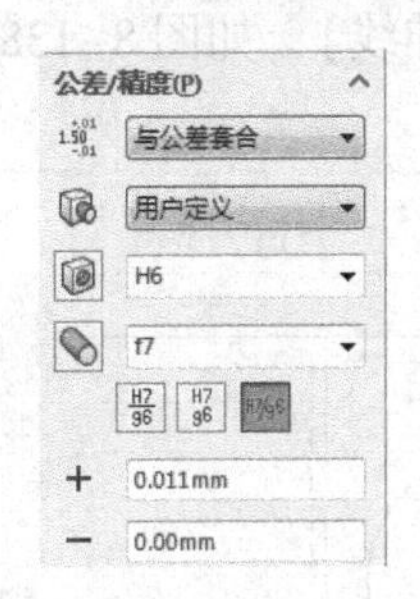

图 8-131　编辑公差类型

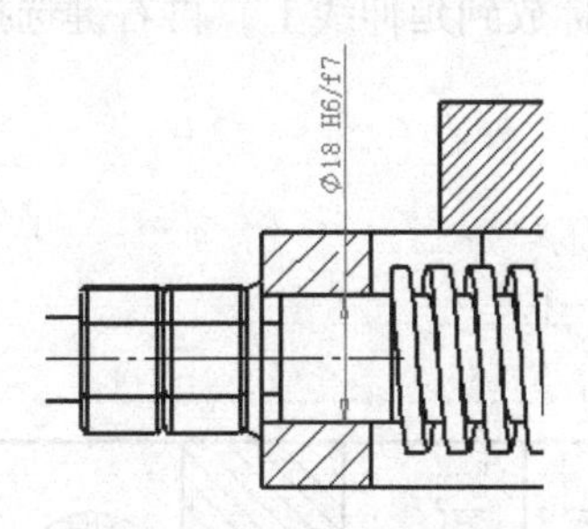

图 8-132　孔轴配合效果图

（6）半剖视图的孔的标注

1）先选择右视图，然后在左边出现的【工程图视图】属性管理器的【显示样式】中选择为【隐藏线可见】，如图 8-133 所示。

2）单击按钮，然后单击【注解】工具栏中的【智能尺寸】中的【水平尺寸】按钮，弹出【尺寸】属性管理器，开始标注，如图 8-134 所示。

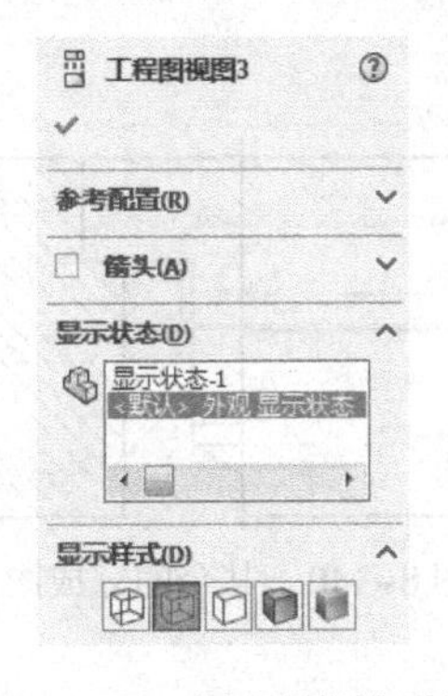

图 8-133　选择隐藏线可见

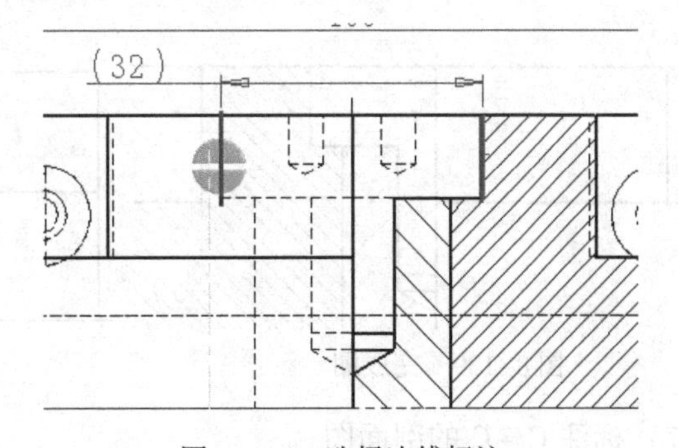

图 8-134　选择边线标注

3）选择【标注尺寸文字】下面的直径符号，如图 8-135 所示。

4）在【尺寸】属性管理器中的【公差/精度】选项的【公差类型】后有一个下拉菜

单，选择【与公差套合】，在【孔套合】中输入【H8】，在【轴套合】中输入【f8】，单击【线形显示】按钮，编辑后的【公差/精度】选项如图8-136所示。

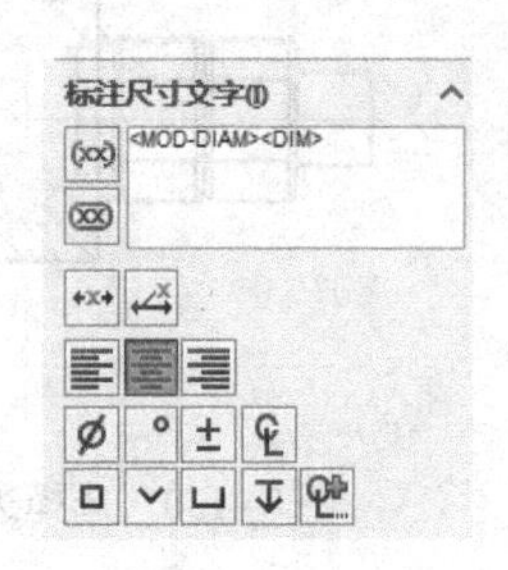

图8-135　选择直径符号

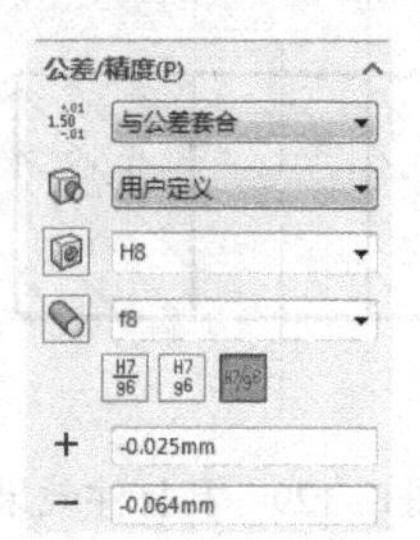

图8-136　选择公差/精度

5）将尺寸移动到图的右边，然后选中尺寸单击鼠标右键，选择【隐藏尺寸线】，效果如图8-137所示。

6）将鼠标放到延伸线上，再右键选择【隐藏延伸线】，如图8-138所示。

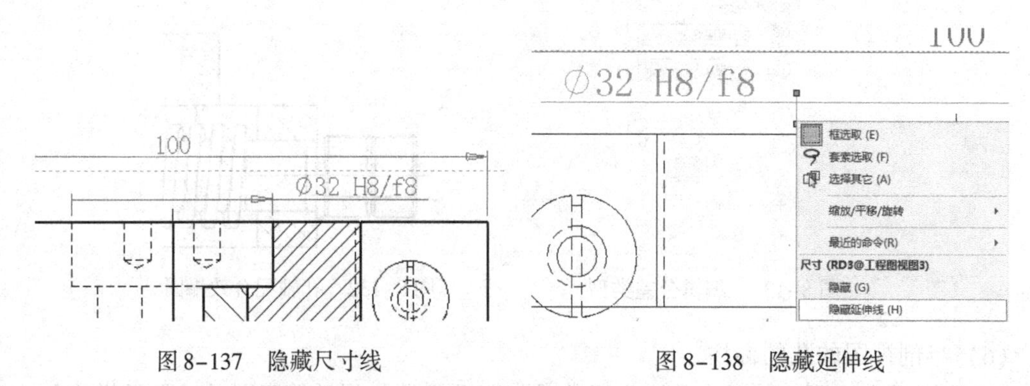

图8-137　隐藏尺寸线　　图8-138　隐藏延伸线

7）将尺寸移动回到左边，选择右视图，然后在左边出现的【工程图视图】属性管理器的【显示样式】中选择为【消除隐藏线】，最后效果如图8-139所示。

8）其余类似地方同理可得，如图8-140所示。

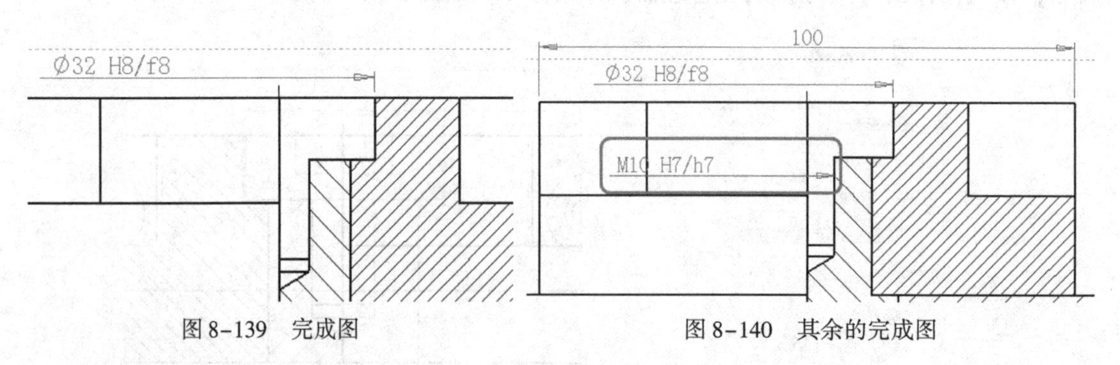

图8-139　完成图　　图8-140　其余的完成图

（7）标注C－C的剖面图

1）单击【注解】工具栏中的【智能尺寸】中按钮，弹出【尺寸】属性管理器，选择正方形的两条边开始标注，如图8-141所示。

2）在【主要值】下面勾选【覆盖数值】，然后在其中输入【20×20】，如图8-142

所示。

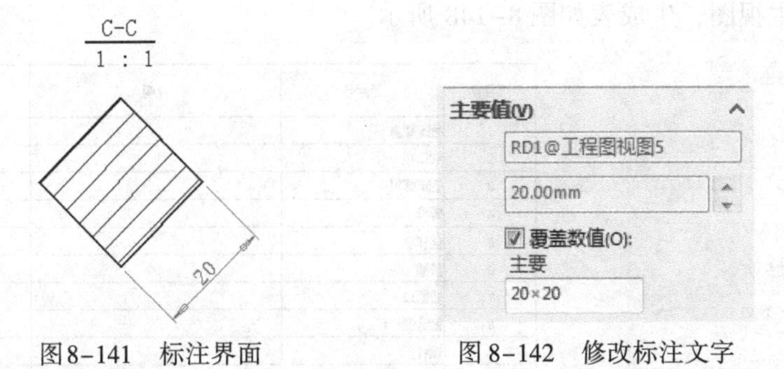

图8-141　标注界面　　　　图8-142　修改标注文字

3）单击【确定】按钮，效果如图8-143所示。

4）其余类似地方也采用同样的方法，如图8-144所示，最后完成所有的尺寸标注。

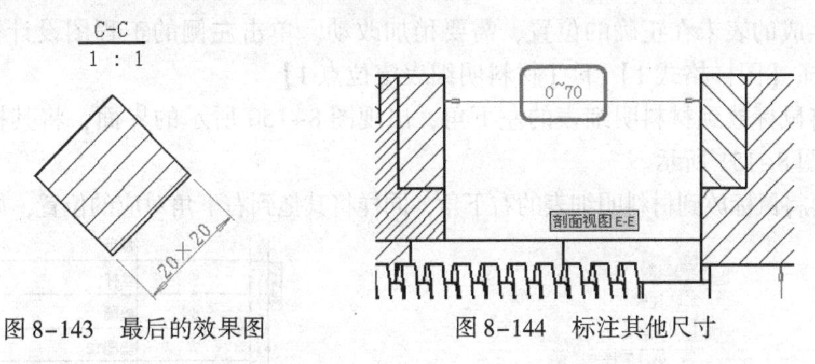

图8-143　最后的效果图　　　　图8-144　标注其他尺寸

8.7.5　生成零件序号和零件表

（1）生成零件序号

1）单击CommandManage工具栏的 自动零件序号 后，弹出【自动零件序号】属性管理器，如图8-145所示。

2）根据工程图的布局，单击【布置零件序号到上】按钮。

3）单击按钮继续，生成零件序号效果如图8-146所示。

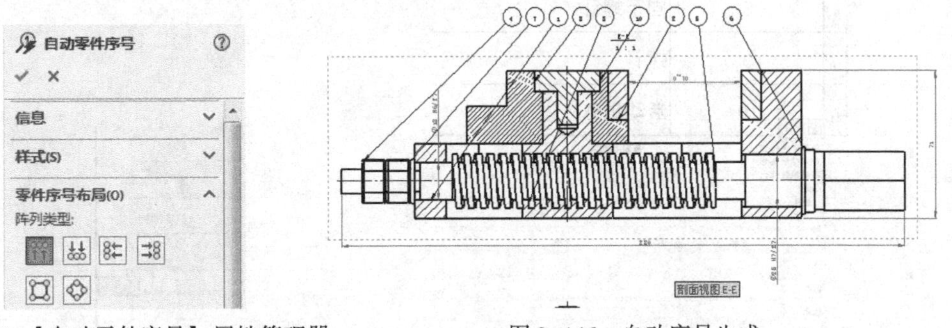

图8-145　【自动零件序号】属性管理器　　　　图8-146　自动序号生成

（2）生成零件表

1）单击CommandManage工具栏的弹出下拉菜单，单击【材料明细表】按钮。

2）弹出【材料明细表】属性管理器，如图 8-147 所示。

3）然后单击主视图，生成表如图 8-148 所示。

材料明细表
表格模板(E)
bom-standard
表格位置(P)
附加到定位点(O)
材料明细表类型(Y)
仅限顶层
仅限零件
缩进

图 8-147　材料明细表

项目号	零件号	说明	数量
1	固定钳身		1
2	钳口板		2
3	固定螺钉		1
4	螺母		2
5	丝杆		1
6	垫圈		1
7	垫圈12		1
8	固定螺钉1		1
9	螺钉		3
10	活动钳身		1
11	螺钉2		1

图 8-148　零件表

4）生成的表未在正确的位置，需要稍加改动。单击左侧的工程图设计树，如图 8-149 所示，选择【图样格式 1】下【材料明细表定位点 1】。

5）将鼠标放到材料明细表的左下角，出现图 8-150 所示的界面，将其拖到与之对应的位置，如图 8-151 所示。

6）再将鼠标放到材料明细表的右下角，同样将其拖到右下角对应的位置，如图 8-152 所示。

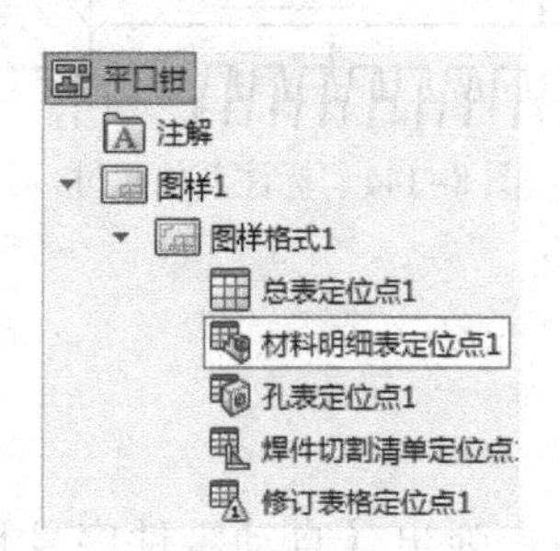

图 8-149　材料明细表定位点 1

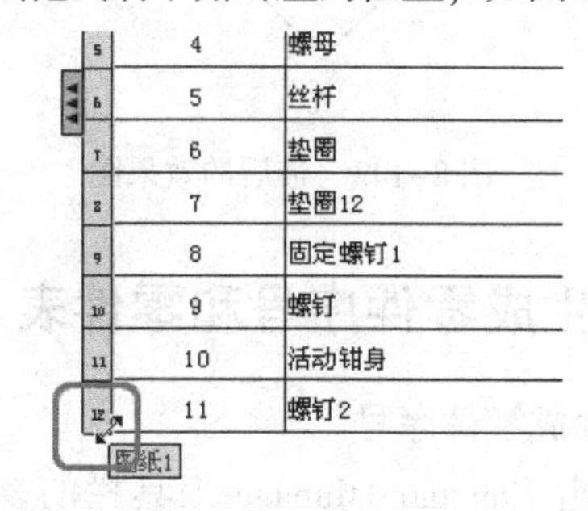

图 8-150　拖动界面

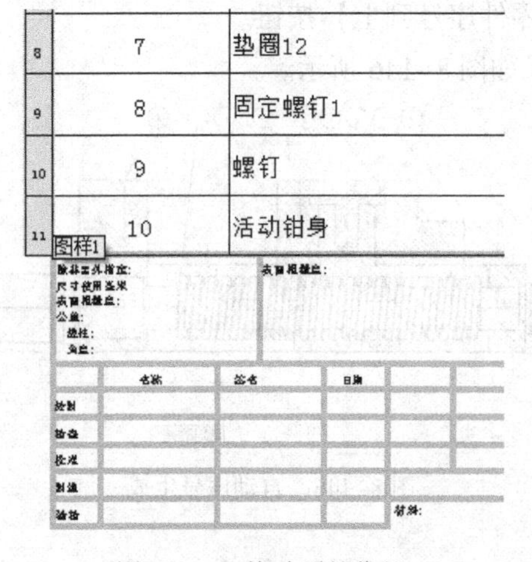

图 8-151　拖动到的位置

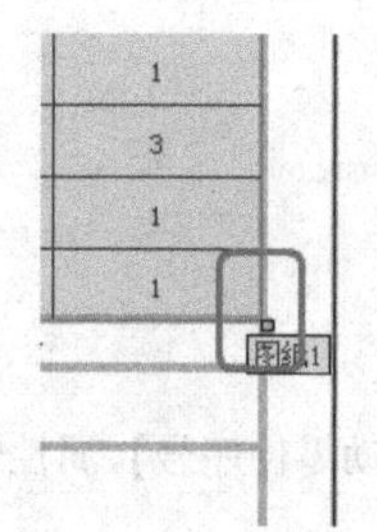

图 8-152　右下角对应位置

7）将鼠标移动到此表格任意位置单击，弹出【表格工具】，如图 8-153 所示。

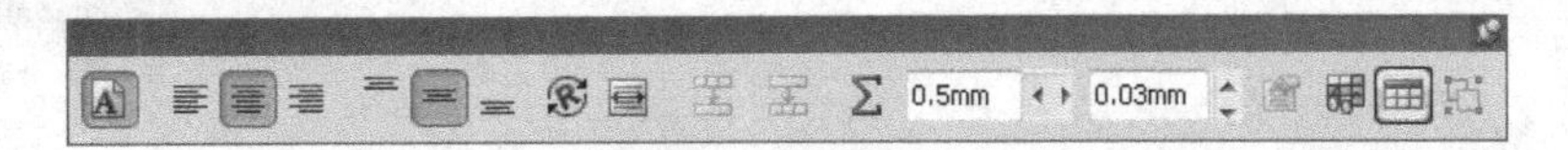

图 8-153　表格工具

8）单击▤【表格标题在上】，便可出现图 8-154 所示显示界面，符合国标的排序。

项目号	零件号	说明	数量
3	固定螺钉		1
2	钳口板		2
1	固定钳身		1

除非另外指定:
尺寸使用毫米
表面粗糙度:
公差:
线性:
角度:
表面粗糙度:
去除毛刺 锐边
不得缩放工程图比例
修订
名称　签名　日期
绘制
检查
批准
制造
验证
材料:
标题:
工程图号
平口钳
A2

图 8-154　排序后的表格

9）至此，工程图绘制完毕，如图 8-155 所示。

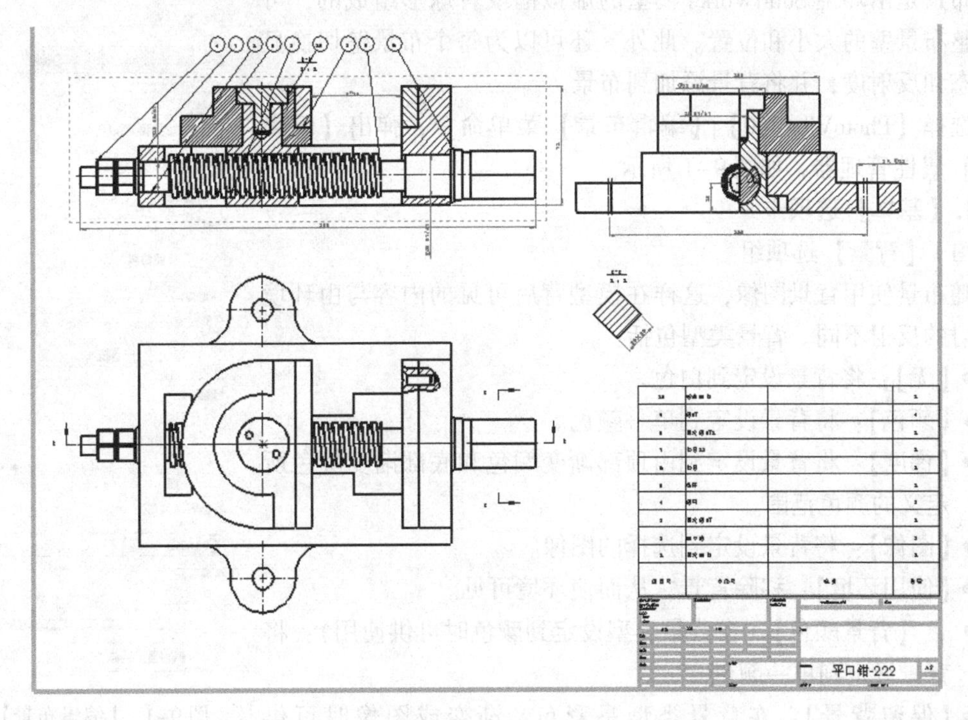

图 8-155　完成的工程图

第 9 章　以 PhotoView360 进行渲染

PhotoView360 是一个 SolidWorks 插件，可生成 SolidWorks 模型具有真实感的渲染图片。渲染的图像组合包括在模型中的外观、光源、布景及贴图。PhotoView360 可用于 SolidWorks Professional 和 SolidWorks Premium。

PhotoView360 渲染图片的工作流程如下：

1）在模型打开时插入 PhotoView360。

2）编辑外观、布景以及贴图。

3）编辑光源。

4）编辑 PhotoView 选项。

5）当准备就绪时，进行最终渲染（PhotoView360 > 最终渲染）。

6）在渲染帧属性管理器中保存图象。

9.1　建立布景

布景是由环绕 SolidWorks 模型的虚拟框或者球形组成的，可以调整布景壁的大小和位置。此外，还可以为每个布景壁切换显示状态和反射度，并将背景添加到布景。

选择【PhotoView360】|【编辑布景】菜单命令，弹出【编辑布景】属性管理器，如图 9-1 所示。

图 9-1　【编辑布景】属性管理器

1.【基本】选项卡

（1）【背景】选项组

随布景使用背景图像，这样在模型背后可见的内容与由环境所投射的反射不同。背景类型包括：

- 【无】：将背景设定到白色。
- 【颜色】：将背景设定到单一颜色。
- 【梯度】：将背景设定到由顶部渐变颜色和底部渐变颜色所定义的颜色范围。
- 【图像】：将背景设定到选择的图像。
- 【使用环境】：移除背景，从而使环境可见。
- 【背景颜色】（在背景类型设定到颜色时可供使用）：将背景设定到单一颜色。
- 【保留背景】：在背景类型是彩色、渐变或图像时可供使用。

(2)【环境】选项组

选取任何球状映射为布景环境的图像。

(3)【楼板】选项组

- 【楼板反射度】：在楼板上显示模型反射。
- 【楼板阴影】：在楼板上显示模型所投射的阴影。
- 【将楼板与此对齐】：将楼板与基准面对齐。
- 【反转楼板方向】：绕楼板移动虚拟天花板 180°。
- 【楼板等距】：将模型高度设定到楼板之上或之下。
- 【反转等距方向】：交换楼板和模型的位置。

2.【高级】选项卡

【高级】选项卡如图 9-2 所示。

(1)【楼板大小/旋转】选项组

- 【固定高宽比例】：当更改宽度或高度时均匀缩放楼板。
- 【自动调整楼板大小】：根据模型的边界框调整楼板大小。
- 【宽度和深度】：调整楼板的宽度和深度。
- 【高宽比例】（只读）：显示当前的高宽比例。
- 【旋转】：相对环境旋转楼板。

(2)【环境旋转】选项组

环境旋转指相对于模型水平旋转环境。

(3)【布景文件】选项组

- 【浏览】：选取另一布景文件进行使用。
- 【保存布景】：将当前布景保存到文件，会提示将保存了布景的文件夹在任务窗格中保持可见。

3.【PhotoView360 光源】选项卡

【PhotoView360 光源】选项卡如图 9-3 所示。

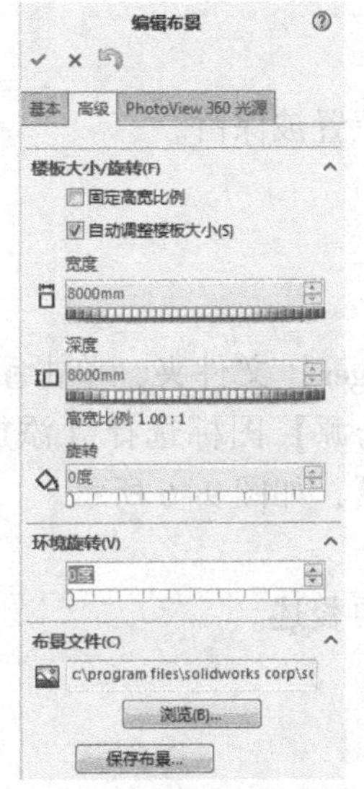

图 9-2 【高级】选项卡

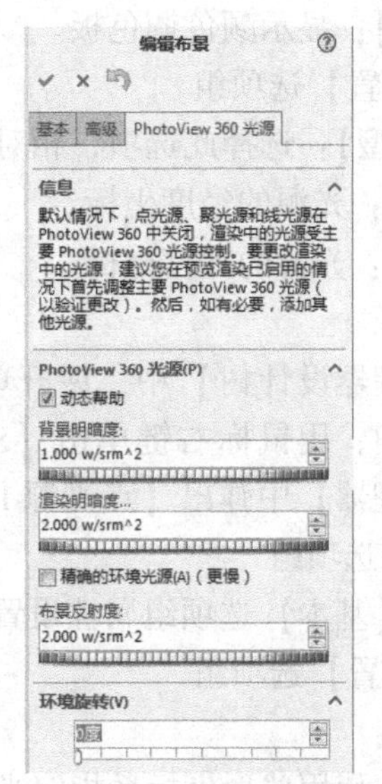

图 9-3 【PhotoView360 光源】选项卡

- 【背景明暗度】：只在 PhotoView 中设定背景的明暗度。
- 【渲染明暗度】：设定由 HDRI（高动态范围图像）环境在渲染中所促使的明暗度。
- 【布景反射度】：设定由 HDRI 环境所提供的反射量。

9.2　建立光源

SolidWorks 提供了 3 种光源类型，即线光源、点光源和聚光源。

1. 线光源

在【特征管理器设计树】中，展开【DisplayManager】文件夹，单击【查看布景、光源和相机】按钮，用鼠标右键单击【SOLIDWORKS 光源】图标选择【添加线光源】命令，如图 9-4 所示。在【属性管理器】中弹出【线光源】的属性管理器（根据生成的线光源，数字顺序排序），如图 9-5 所示。

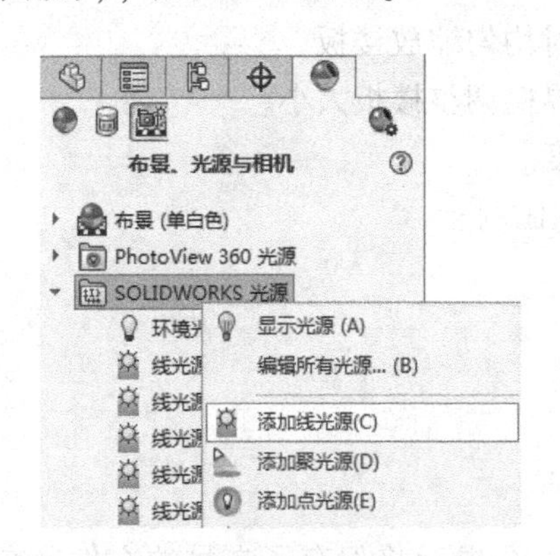

图 9-4　选择【特征】命令

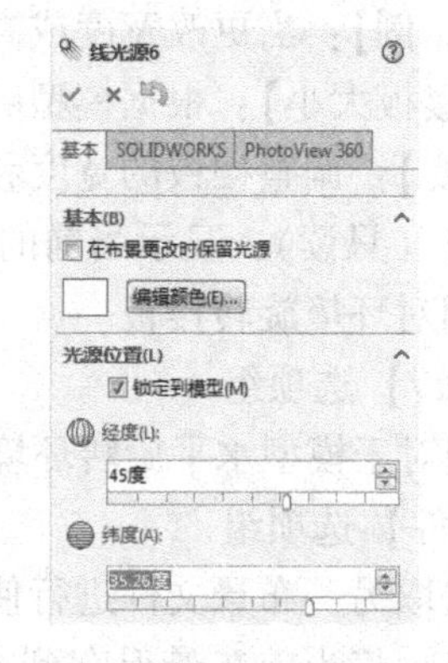

图 9-5　【线光源】属性管理器

（1）【基本】选项组

- 【在布景更改时保留光源】：在布景变化后，保留模型中的光源。
- 【编辑颜色】：显示颜色调色板。

（2）【光源位置】选项组

- 【锁定到模型】：选择此选项，相对于模型的光源位置被保留。
- 【经度】：光源的经度坐标。
- 【纬度】：光源的纬度坐标。

2. 点光源

在【特征管理器设计树】中，展开【DisplayManager】文件夹，单击【查看布景、光源和相机】按钮，用鼠标右键单击【SOLIDWORKS 光源】图标选择【添加点光源】命令，在【属性管理器】中弹出【点光源 1】的属性管理器，如图 9-6 所示。

（1）【基本】选项组

与线光源的【基本】选项组属性设置相同，在此不再赘述。

（2）【光源位置】选项组

1）【坐标系】：

- 【球坐标】：使用球形坐标系指定光源的位置。

- 【笛卡儿式】：使用笛卡儿式坐标系指定光源的位置。
- 【锁定到模型】：选择此选项，相对于模型的光源位置被保留。

2）【目标X坐标】：点光源的x轴坐标。

3）【目标Y坐标】：点光源的y轴坐标。

4）【目标Z坐标】：点光源的z轴坐标。

3. 聚光源

在【特征管理器设计树】中，展开【DisplayManager】文件夹，单击【查看布景、光源和相机】按钮，用鼠标右键单击【SOLIDWORKS 光源】图标选择【添加聚光源】命令，在【属性管理器】中弹出【聚光源1】的属性管理器，如图9-7所示。

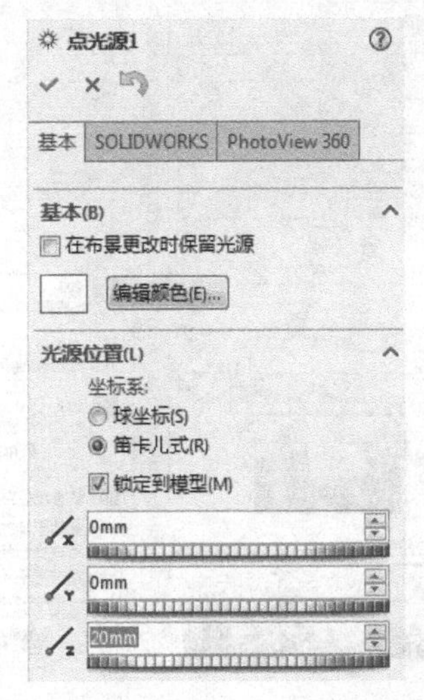

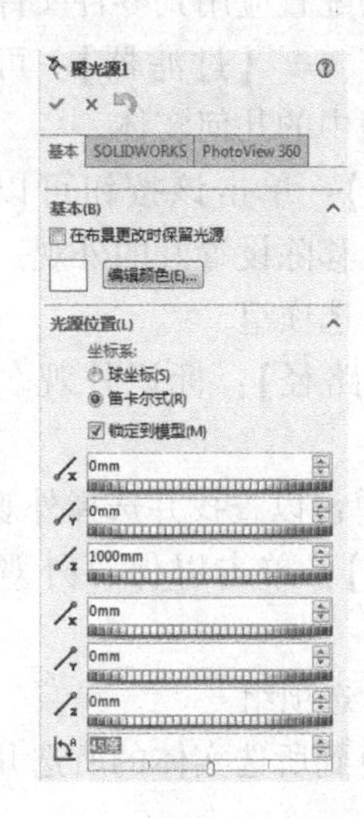

图9-6 【点光源】属性管理器　　图9-7 【聚光源】属性管理器

（1）【基本】选项组

【基本】选项组与线光源的【基本】选项组属性设置相同，在此不再赘述。

（2）【光源位置】选项组

1）【坐标系】：

- 【球坐标】：使用球形坐标系指定光源的位置。
- 【笛卡儿式】：使用笛卡儿式坐标系指定光源的位置。
- 【锁定到模型】：选择此选项，相对于模型的光源位置被保留。

2）【光源X坐标】：聚光源在空间中的x轴坐标。

3）【光源Y坐标】：聚光源在空间中的y轴坐标。

4）【光源Z坐标】：聚光源在空间中的z轴坐标。

5）【目标X坐标】：聚光源在模型上所投射到的点的x轴坐标。

6）【目标Y坐标】：聚光源在模型上所投射到的点的y轴坐标。

7）【目标Z坐标】：聚光源在模型上所投射到的点的z轴坐标。

8）【圆锥角】：指定光束传播的角度，以较小的角度生成较窄的光束。

9.3　建立外观

外观是模型表面的材料属性，添加外观是使模型表面具有某种材料的表面属性。

单击【PhotoWorks】工具栏中的【外观】按钮（或者选择【PhotoWorks】|【外观】菜单命令），在【属性管理器】中弹出【颜色】的属性管理器，如图9-8所示。

1.【颜色/图像】选项卡

（1）【所选几何体】选项组

- 【应用到零件文档层】：更改颜色以所指定的配置应用到零件文件。
- 、、、【过滤器】：可以帮助选择模型中的几何实体。
- 【移除外观】：单击该按钮可以从选择的对象上移除设置好的外观。

（2）【外观】选项组

- 【外观文件路径】：标识外观名称和位置。
- 【浏览】：单击以查找并选择外观。
- 【保存外观】：单击以保存外观的自定义复件。

（3）【颜色】选项组

可以添加颜色到所选实体的所选几何体中所列出的外观。

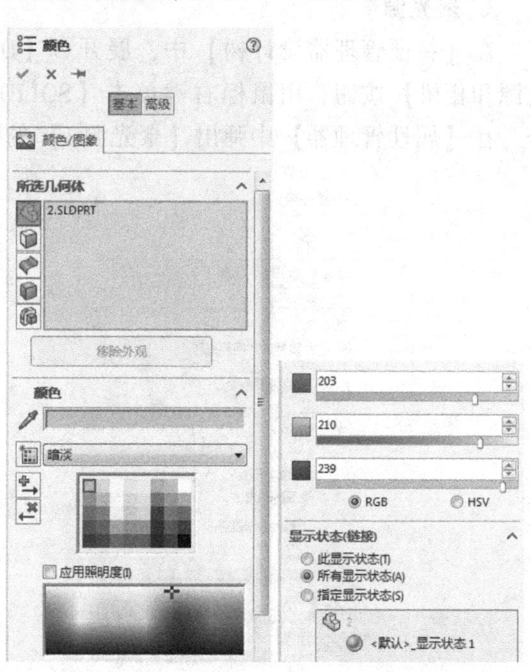

图9-8　【颜色】属性管理器

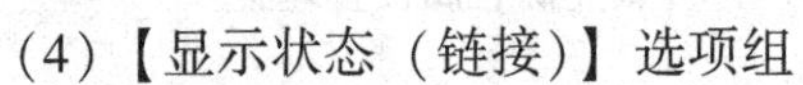

（4）【显示状态（链接）】选项组

- 【此显示状态】：所做的更改只反映在当前显示状态中。
- 【所有显示状态】：所做的更改反映在所有显示状态中。
- 【指定显示状态】：所做的更改只反映在所选的显示状态中。

2.【照明度】选项卡

在【照明度】选项卡中，可以选择显示其照明属性的外观类型，如图9-9所示，根据所选择的类型，其属性设置发生改变。

- 【动态帮助】：显示每个特性的弹出工具提示。
- 【漫射量】：控制面上的光线强度，值越高，面上显得越亮。
- 【光泽量】：控制高亮区，使面显得更为光亮。
- 【光泽颜色】：控制光泽零部件内反射高亮显示的颜色。
- 【光泽传播】：控制面上的反射模糊度，使面显得粗糙或光滑。
- 【反射量】：以0~1的比例控制表面反射度。
- 【模糊反射度】：在面上启用反射模糊，模糊水平由光泽传播控制。
- 【透明量】：控制面上的光通透程度，该值降低，不透明度升高。
- 【发光强度】：设置光源发光的强度。

3.【表面粗糙度】选项卡

在【表面粗糙度】选项卡中，可以选择表面粗糙度类型，如图 9-10 所示，根据所选择的类型，其属性设置发生改变。

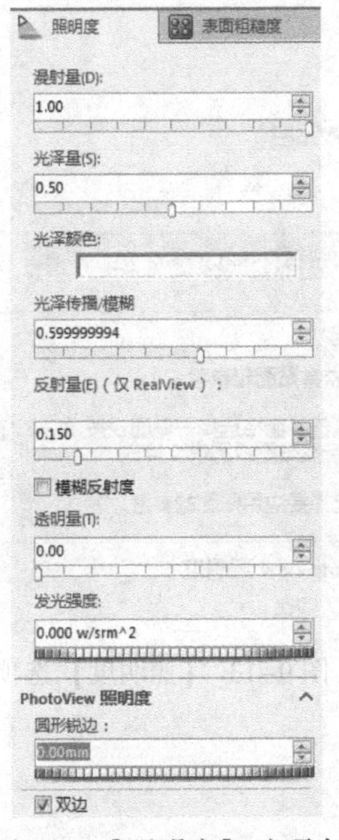

图 9-9 【照明度】选项卡

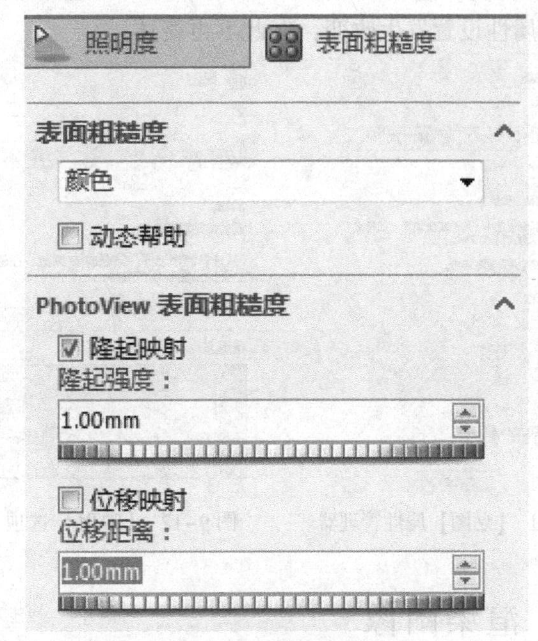

图 9-10 【表面粗糙度】选项卡

（1）【表面粗糙度】选项组

【表面粗糙度类型】下拉列表中，有如下类型选项：颜色、从文件、涂刷、喷砂、磨光、铸造、机加工、菱形防滑板、防滑板 1、防滑板 2、节状凸纹、酒窝形、链节、锻制、粗制 1、粗制 2 和无。

（2）【PhotoView 表面粗糙度】选项组

- 【隆起映射】：模拟不平的表面。
- 【隆起强度】：设置模拟的高度。
- 【位移映射】：在物体的表面加纹理。
- 【位移距离】：设置纹理的距离。

9.4 建立贴图

贴图是在模型的表面附加某种平面图形，一般多用于商标和标志的制作。

选择【PhotoView360】|【编辑贴图】菜单命令，在【属性管理器】中弹出【贴图】的属性管理器，如图 9-11 所示。

1.【图像】选项卡

- 【贴图预览】框：显示贴图预览。
- 【浏览】：单击此按钮，选择浏览图形文件。

2.【映射】选项卡

【映射】选项卡如图 9-12 所示。

- 、、、【过滤器】：可以帮助选择模型中的几何实体。

3.【照明度】选项卡

【照明度】选项卡如图9-13所示。可以选择贴图对照明度的反应，根据选择的选项不同，其属性设置发生改变，在此不再赘述。

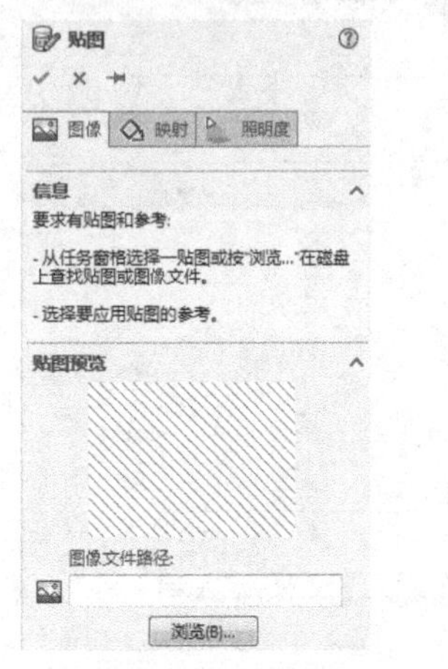

图9-11 【贴图】属性管理器

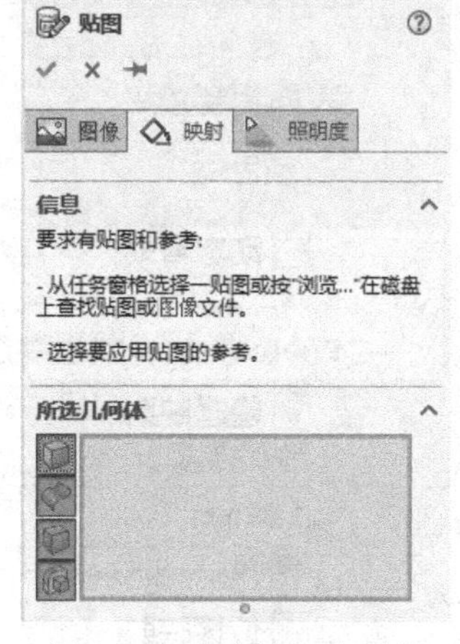

图9-12 【映射】选项卡

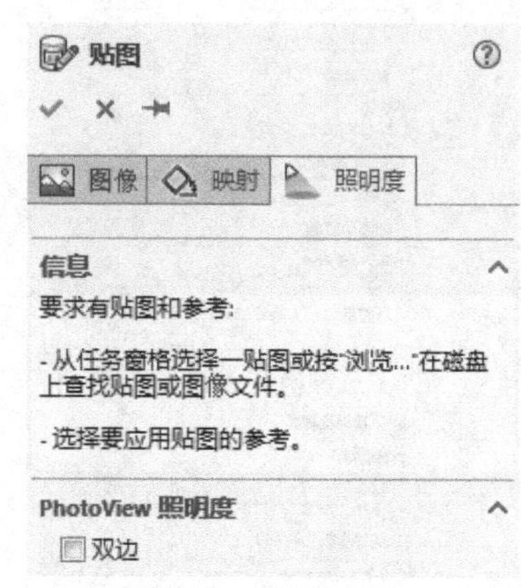

图9-13 【照明度】选项卡

9.5 渲染图像

PhotoView能以逼真的外观、布景、光源等渲染SolidWorks模型，并提供直观显示渲染图像的多种方法。

9.5.1 PhotoView整合预览

可在SolidWorks图形区域内预览当前模型的渲染。要开始预览，插入PhotoView插件后，单击【PhotoView360】|【整合预览】按钮，显示界面如图9-14所示。

9.5.2 PhotoView预览窗口

PhotoView预览窗口是独立于SolidWorks主窗口外的单独窗口。要显示该窗口，插入PhotoView插件，选择【PhotoView360】|【预览窗口】菜单命令，显示界面如图9-15所示。

图9-14 整合预览

图9-15 预览窗口

9.5.3 PhotoView 选项

PhotoView 选项管理器可以控制图片的渲染质量，包括输出图像品质和渲染品质。在插入 PhotoView360 后，单击【PhotoView 选项】按钮以打开选项管理器，如图 9-16 所示。

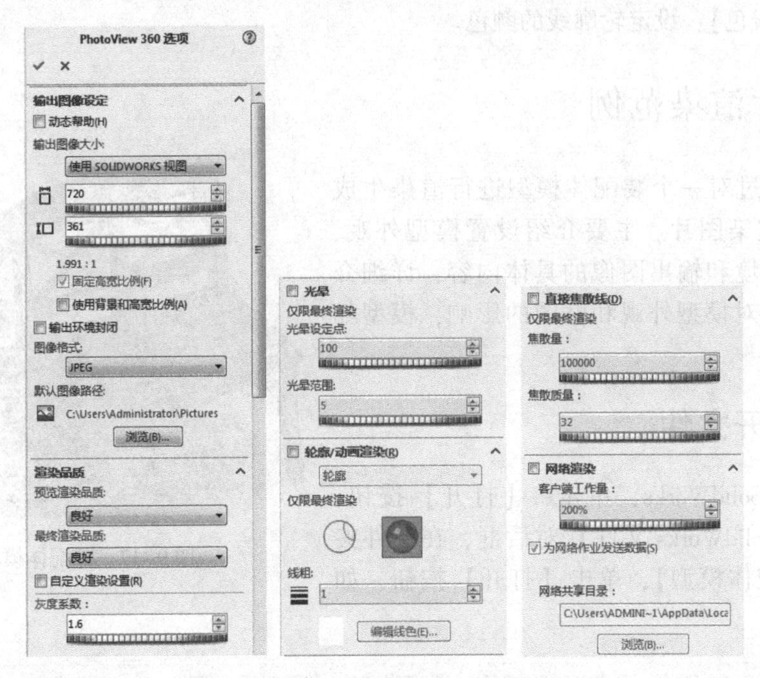

图 9-16 【PhotoView360 选项】属性管理器

1.【输出图像设定】选项组

- 【动态帮助】：显示每个特性的弹出工具提示。
- 【输出图像大小】：将输出图像的大小设定到标准宽度和高度。
- 【图像宽度】：以像素设定输出图像的宽度。
- 【图像高度】：以像素设定输出图像的高度。
- 【固定高宽比例】：保留输出图像中宽度到高度的当前比率。
- 【使用相机高宽比例】：将输出图像的高宽比设定到相机视野的高宽比。
- 【使用背景高宽比例】：将最终渲染的高宽比设定为背景图像的高宽比。
- 【图像格式】：为渲染的图像更改文件类型。
- 【默认图像路径】：为使用 Task Scheduler 所排定的渲染设定默认路径。

2.【渲染品质】选项组

- 【预览渲染品质】：为预览设定品质等级，高品质图像需要更多时间才能渲染。
- 【最终渲染品质】：为最终渲染设定品质等级。
- 【灰度系数】：设定灰度系数。

3.【光晕】选项组

- 【光晕设定点】：标识光晕效果应用的明暗度或发光度等级。

- 【光晕范围】：设定光晕从光源辐射的距离。

4.【轮廓/动画渲染】选项组

- 【只随轮廓渲染】：只以轮廓线进行渲染，保留背景或布景显示和景深设定。
- 【渲染轮廓和实体模型】：以轮廓线渲染图像。
- 【线粗】：以像素设定轮廓线的粗细。
- 【编辑线色】：设定轮廓线的颜色。

9.6　图片渲染范例

本范例通过对一个装配体模型进行渲染生成比较逼真的渲染图片。主要介绍设置模型外观、贴图、外部环境和输出图像的具体内容，详细介绍了参数变化对模型外观和贴图的影响，模型如图9-17所示。

图9-17　装配体模型

9.6.1　打开文件

1）启动SolidWorks，单击【打开】按钮，弹出【打开SolidWorks文件】对话框，在文件夹中选择【装配体模型】，单击【打开】按钮，如图9-18所示。

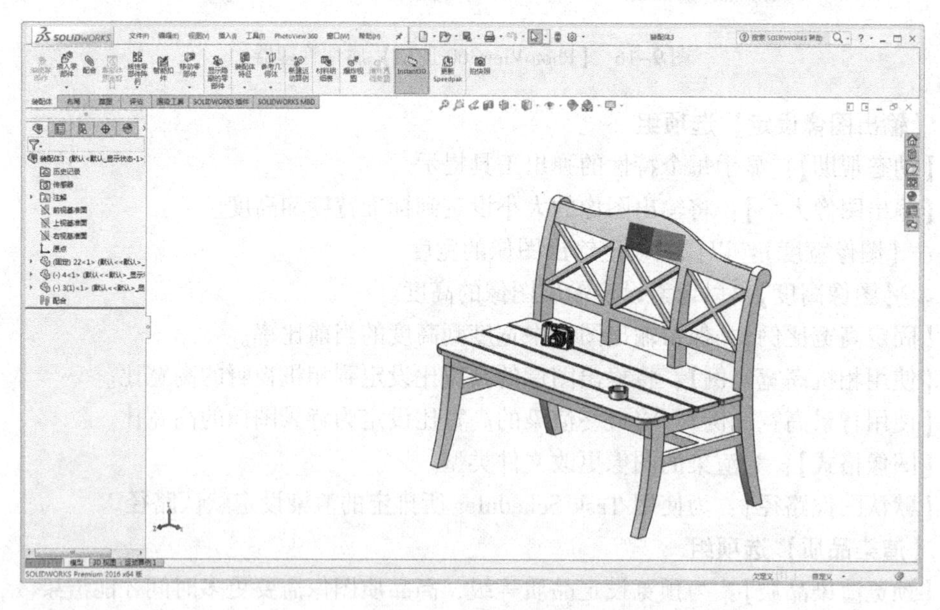

图9-18　打开模型

2）选择【工具】|【插件】菜单命令，单击【PhotoView360】前、后的单选按钮，使之处于选择状态，如图9-19所示，启动PhotoView360插件。

9.6.2 设置模型外观

1）单击 PhotoView360 工具栏中【预览窗口】按钮，弹出预览窗口，对渲染前的装配体模型进行预览，如图 9-20 所示。

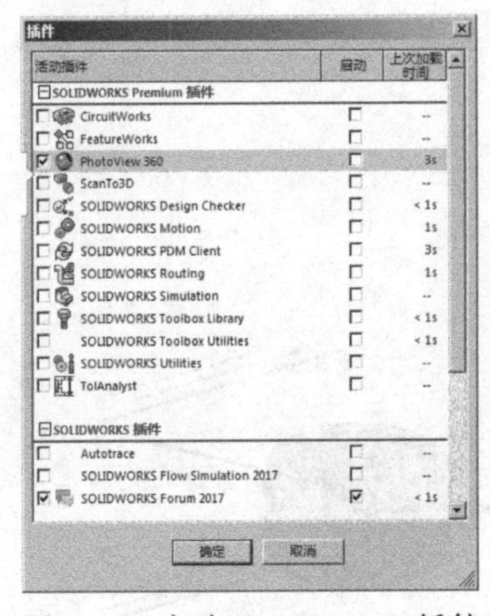

图 9-19　启动 PhotoView360 插件

图 9-20　预览模型

2）选择 PhotoView360 工具栏中【编辑外观】菜单命令，弹出外观编辑栏及材料库，在【外观、布景和贴图】项目栏中列举了各种类型的材料，以及它们所附带的外观属性特性。

3）单击工具栏中【编辑外观】按钮，弹出【颜色】选项对话框，选择【基本】选项卡，在【所选几何体】栏中勾选【应用到零部件层】选项，在【外观】选项下选取【有机】|【木材】|【松木】|【粗制黄松木】，在【颜色】栏中勾选【黄色】选项，在视图窗口中单击装配体零件，在【颜色】选项对话框中单击【确定】按钮，完成对外观的设置。单击工具栏中【预览窗口】按钮，弹出预览窗口，对外观的设置进行预览，如图 9-21 所示。

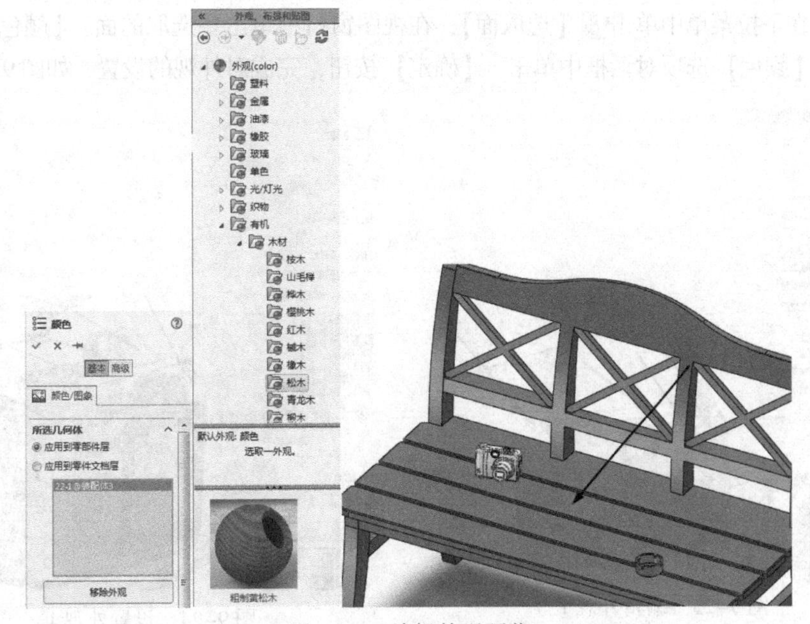

图 9-21　编辑外观预览

4）在【外观】选项下选取【塑料】|【低光泽】|【白色低光泽塑料】，在【颜色】栏中勾选【绿色】，在视图窗口中单击装配体零件，在【颜色】选项对话框中单击✔【确定】按钮，完成对外观的设置。单击工具栏中【预览窗口】按钮，弹出预览窗口，对外观的设置进行预览，如图9-22所示。

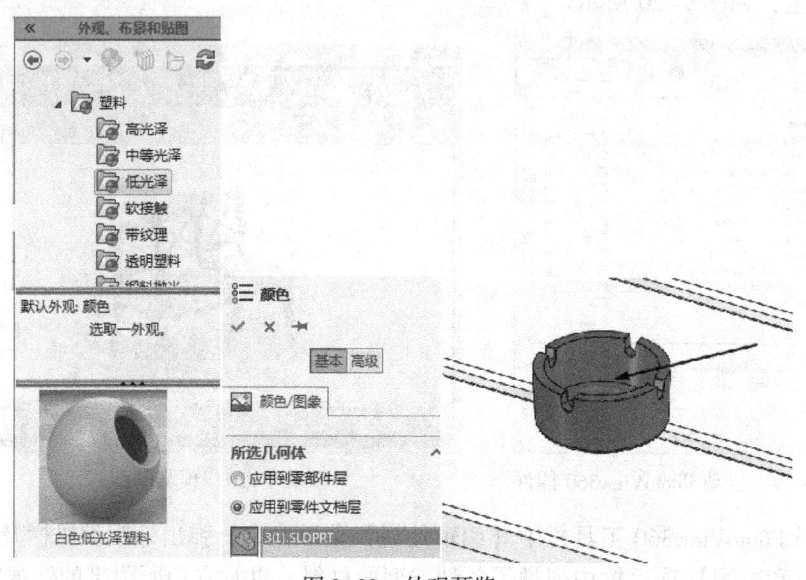

图9-22　外观预览

5）在【外观、布景和贴图】选项下选取【塑料】|【缎料抛光】|【白色缎料抛光塑料】，在【基本】选项卡中【所选几何体】栏中勾选【应用到零件文档层】选项，在下拉菜单中单击【选取面】，在视图窗口中单击要选取的面，在【颜色】栏中勾选【蓝色】选项，在【颜色】选项对话框中单击✔【确定】按钮，完成对外观的设置，如图9-23所示。

6）在【白色缎料抛光塑料】选项下【基本】选项卡中的【所选几何体】栏中勾选【应用到零件文档层】，在下拉菜单中单击【选取面】，在视图窗口中单击要选取的面，【颜色】栏中勾选【蓝色】，在【颜色】选项对话框中单击✔【确定】按钮，完成对外观的设置，如图9-24所示。

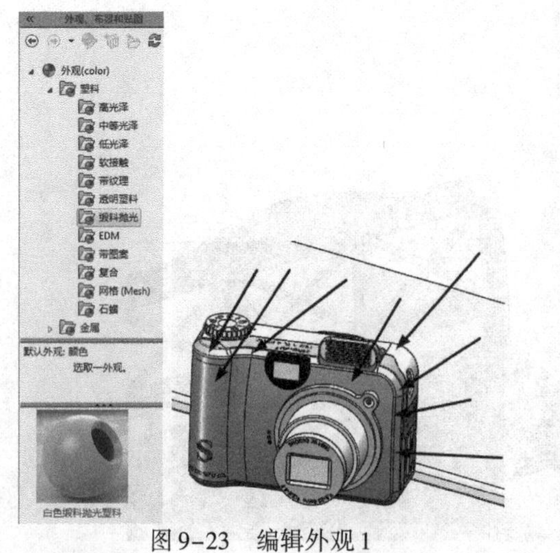

图9-23　编辑外观1

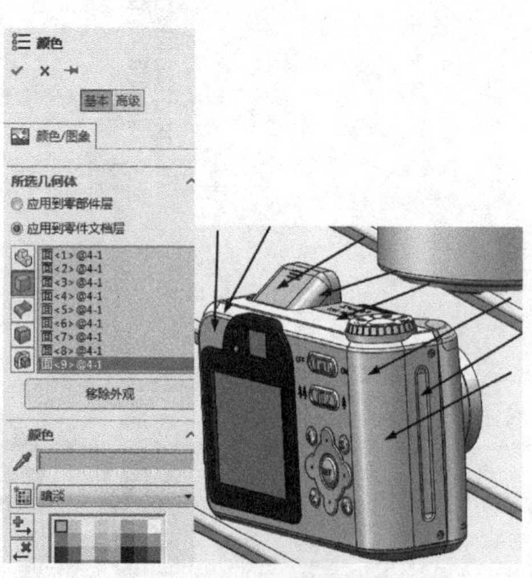

图9-24　设置外观1

7）单击工具栏中【编辑外观】按钮，弹出【外观、布景和贴图】选项对话框，选取【外观】|【金属】|【电镀】|【光亮电镀】，在【所选几何体】栏中勾选【应用到零件文档层】选项，在下拉菜单中单击【选择实体】，在视图窗口中单击选择的实体，在【颜色】栏中勾选【灰色】选项，在编辑外观中选择实体的视图变化如图9-25所示。

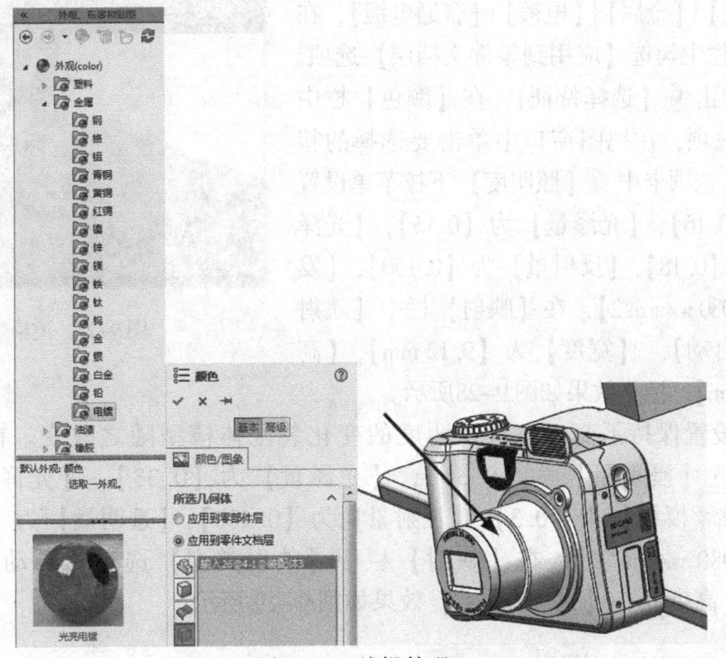

图9-25　编辑外观2

8）继续为模型编辑外观，单击工具栏中【编辑外观】按钮，弹出【外观、布景和贴图】选项对话框，选取【外观】|【塑料】|【高光泽】|【奶油色高光泽塑料】，在【所选几何体】栏中勾选【应用到零件文档层】选项，在下拉菜单中单击【选择实体】，在【颜色】栏中勾选【粉色】选项，视图变化如图9-26所示。

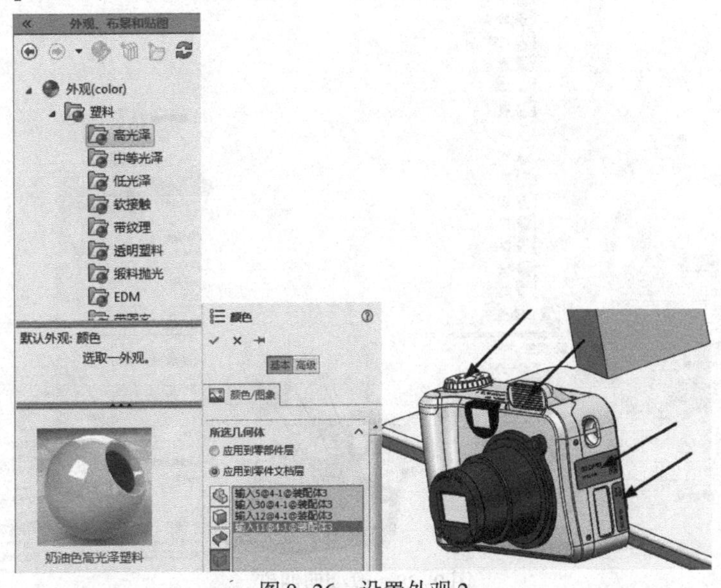

图9-26　设置外观2

9）单击工具栏中【预览窗口】按钮，弹出预览窗口，对外观的设置进行预览，效果如图 9-27 所示。

10）在【编辑外观】选项下，随着照明度的变化装配体模型随之改变。单击工具栏中【编辑外观】按钮，弹出【外观、布景和贴图】选项对话框，选取【外观】|【金属】|【电镀】|【普通电镀】，在【所选几何体】栏中勾选【应用到零件文档层】选项，在下拉菜单中单击【选择特征】，在【颜色】栏中勾选【无色】选项，在视图窗口中单击要选择的特征，在【高级】选项卡中【照明度】下拉菜单设置【漫射量】为【0.16】，【光泽量】为【0.15】，【光泽传播/模糊】为【0.18】，【反射量】为【0.150】，【发光强度】为【0.080 w/srm^2】，在【映射】栏中【映射类型】选择【自动】，【宽度】为【9.12 mm】，【高度】为【9.12 mm】，渲染效果如图 9-28所示。

图 9-27　渲染效果

11）其他设置保持不变，随着照明度的变化装配体模型随之改变。在【照明度】下拉菜单中设置【漫射量】为【0.36】，【光泽量】为【0.33】，【光泽颜色】为【红色】，【光泽传播/模糊】为【0.3】，【反射量】为【0.400】，【透明量】为【0.10】，【发光强度】为【0.080 w/srm^2】，在【映射】栏中【映射类型】选择【自动】，【宽度】为【15.67 mm】，【高度】为【15.67 mm】，效果如图 9-29 所示。

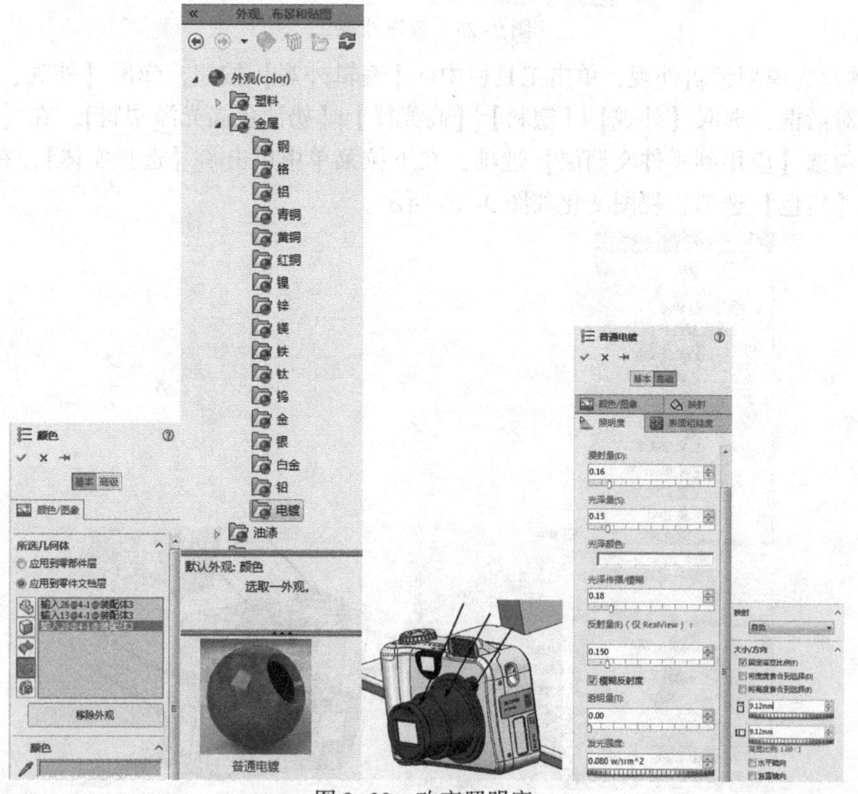

图 9-28　改变照明度

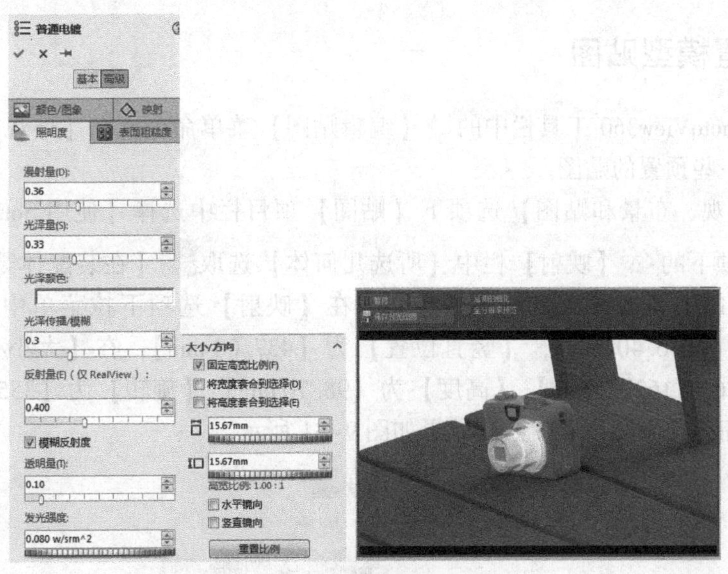

图 9-29　改变照明度渲染效果 1

12）在【照明度】下拉菜单中设置【漫射量】为【0.67】,【光泽量】为【0.65】,【光泽颜色】为【绿色】,【光泽传播/模糊】为【0.85】,【反射量】为【0.710】,【透明量】为【0.44】,【发光强度】为【0.200 w/srm^2】,【圆形锐边】为【0.25 mm】,【折射指数】为【0.89】,【折射粗糙度】为【0.10】, 在【映射】栏中【映射类型】选择【自动】,【宽度】为【5.48 mm】,【高度】为【5.48 mm】, 效果如图 9-30 所示。

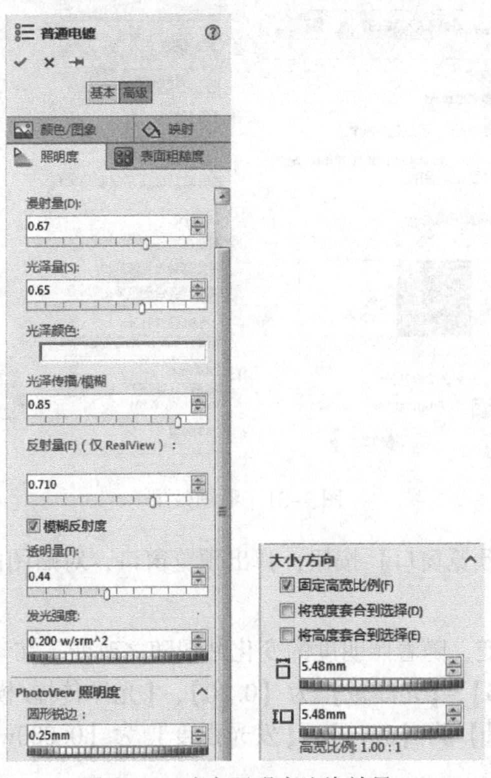

图 9-30　改变照明度渲染效果 2

9.6.3　设置模型贴图

1）选择 PhotoView360 工具栏中的【编辑贴图】菜单命令，在【外观、布景和贴图】项目栏中提供一些预置的贴图。

2）在【外观、布景和贴图】选项下【贴图】项目栏中选择【使用 SolidWorks 设计】，在【贴图】选项下的【映射】栏中【所选几何体】选取【在装配体零部件层应用更改】，在视图窗口中单击要放置贴图的位置，在【映射】选项下拉菜单中选择【投影】，【水平位置】为【146.40 mm】，【竖直位置】为【437.00 mm】，在【大小/方向】中设置【宽度】为【226.91162791 mm】，【高度】为【98.70 mm】，【旋转】为【355.00 度】，单击【确定】按钮完成贴图设置，贴图效果如图 9-31 所示。

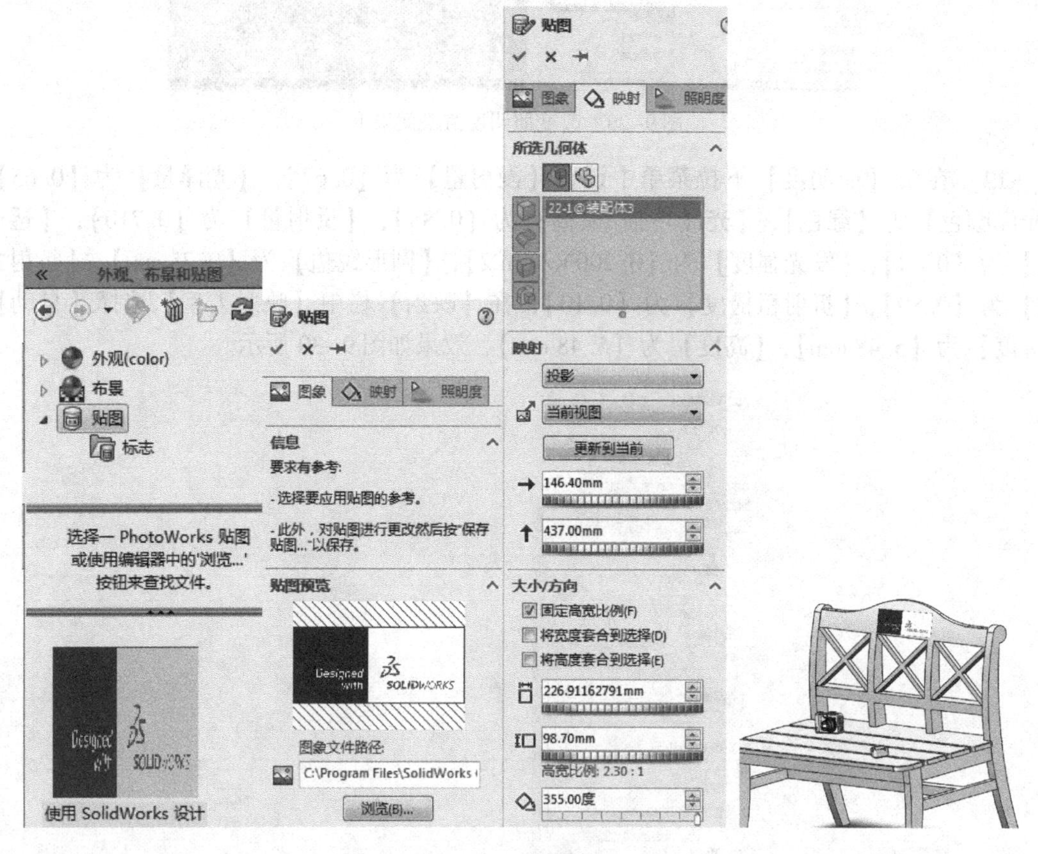

图 9-31　贴图效果

3）单击工具栏中【预览窗口】按钮，弹出预览窗口，对贴图的设置进行预览，效果如图 9-32 所示。

4）其他设置保持不变，随着照明度的变化贴图随之改变。在【照明度】下拉菜单中设置【漫射量】为【0.25】，【光泽量】为【0.30】，【光泽传播/模糊】为【0.30】，【反射量】为【0.11】，【透明量】为【0.11】，【发光强度】为【0.080w/srm^2】，效果如图 9-33 所示。

图 9-32 调整模型

图 9-33 贴图效果

9.6.4　设置外部环境

1）应用环境会更改模型后面的布景，环境可影响到光源和阴影的外观。在 PhotoView360 工具栏中选择 编辑布景(S)... 【编辑布景】菜单命令，弹出布景编辑栏及布景材料库。在【外观、布景和贴图】项目栏中，选择【布景】|【工作间布景】|【格栅光】作为环境选项，在【编辑布景】选项下【基本】选项卡中【背景】下拉菜单中选取【梯度】，双击鼠标或者利用鼠标拖动，将其放置到视图中，单击【确定】按钮完成布景设置，效果如图 9-34 所示。

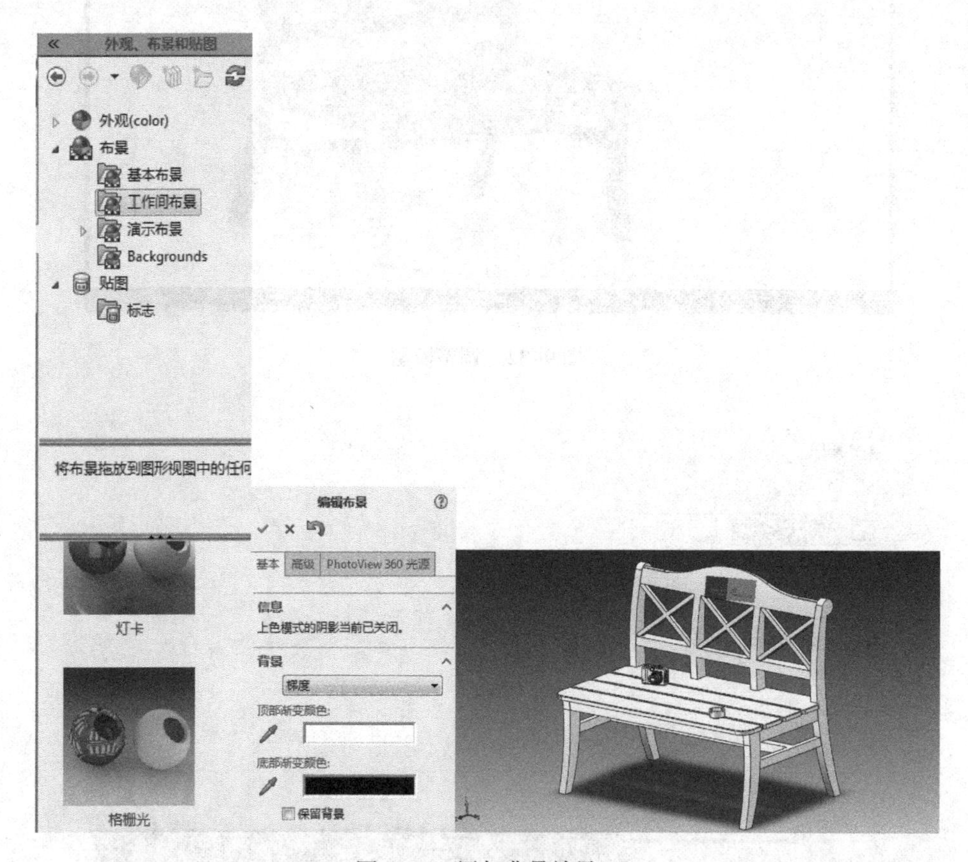

图 9-34　添加背景效果 1

2）在【编辑布景】选项下【基本】选项卡中【背景】下拉菜单中选取【颜色】，在【颜色】选项中选择【绿色】，双击鼠标或者利用鼠标拖动，将其放置到视图中，单击【确定】按钮完成布景设置，效果如图 9-35 所示。

3）在【外观、布景和贴图】项目栏中，选择【布景】|【演示布景】|【工厂背景】作为环境选项，双击鼠标或者利用鼠标拖动，将其放置到视图中，单击【确定】按钮完成布景设置，效果如图 9-36 所示。

4）在 PhotoView360 工具栏中选择并单击 最终渲染(F) 【最终渲染】按钮，对渲染效果进行查看，此时得到的是添加了环境之后对外观影响的总图，如图 9-37 所示。

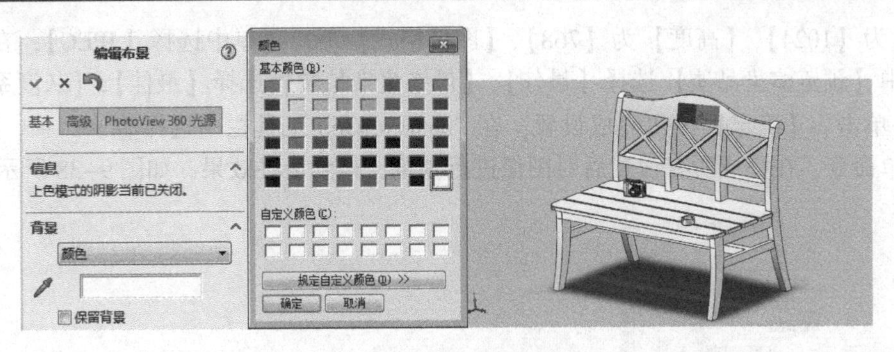

图 9-35　添加背景效果 2

图 9-36　添加背景效果 3

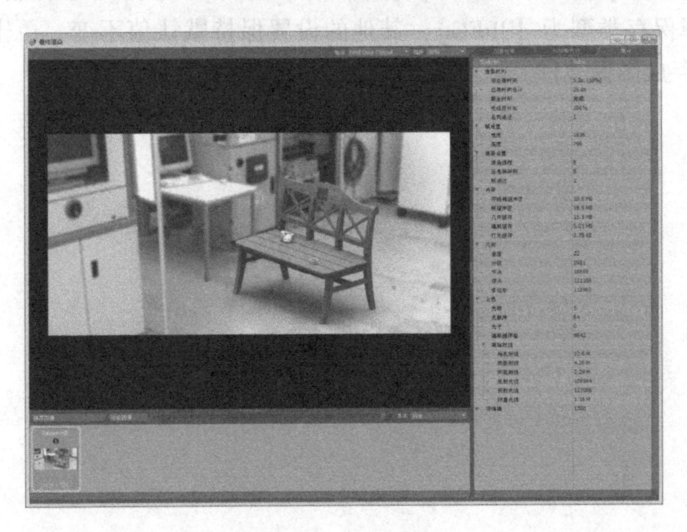

图 9-37　渲染效果

9.6.5　输出图像

1）在输出图像设定选项中，【输出图像大小】下拉菜单中选取【1024×768(4:3)】，

【宽度】为【1024】,【高度】为【768】,【图像格式】下拉菜单中选择【JPEG】，在【渲染品质】中【预览渲染品质】选择【最佳】,【最终渲染品质】选择【最佳】,【灰度系数】为【1.9】，单击✓【确定】按钮完成设置，在PhotoView360工具栏中选择 最终渲染(F)【最终渲染】菜单命令，在完成所有设置后对图像进行预览，得到最终效果，如图9-38所示。

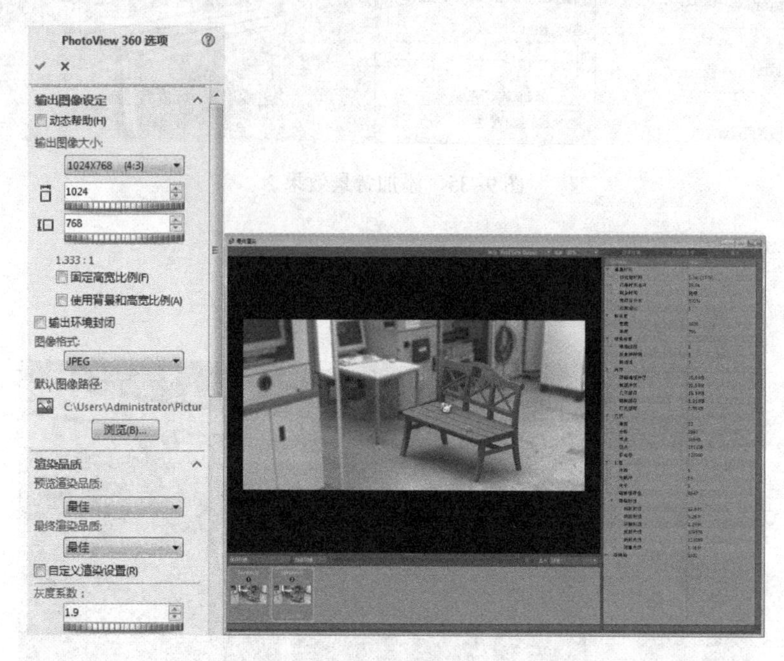

图9-38　最终渲染

2）在【最终渲染】窗口中选择【保存图像】菜单命令，在对话框中设置文件名为【渲染-3】，选择保存类型为【JPEG】，其他的设置保持默认值不变，单击【保存】按钮，则渲染效果将保存成图像文件。

第 10 章　综 合 范 例

10.1　机构简图运动分析实例

本例将分析 1 个机构简图的运动特性，如图 10-1 所示。

基本尺寸如下：

AB＝550，BC＝500，CD＝500，OD＝800，OE＝80。

主要步骤如下：

1）建立草图。

2）制作块。

3）设置约束。

4）运动分析。

图 10-1　机构简图模型

10.1.1　建立草图

（1）新建图纸

选择【文件】|【新建】菜单命令，弹出【新建 SOLIDWORKS 文件】对话框，如图 10-2 所示，单击【确定】按钮，新建一个装配体文件。

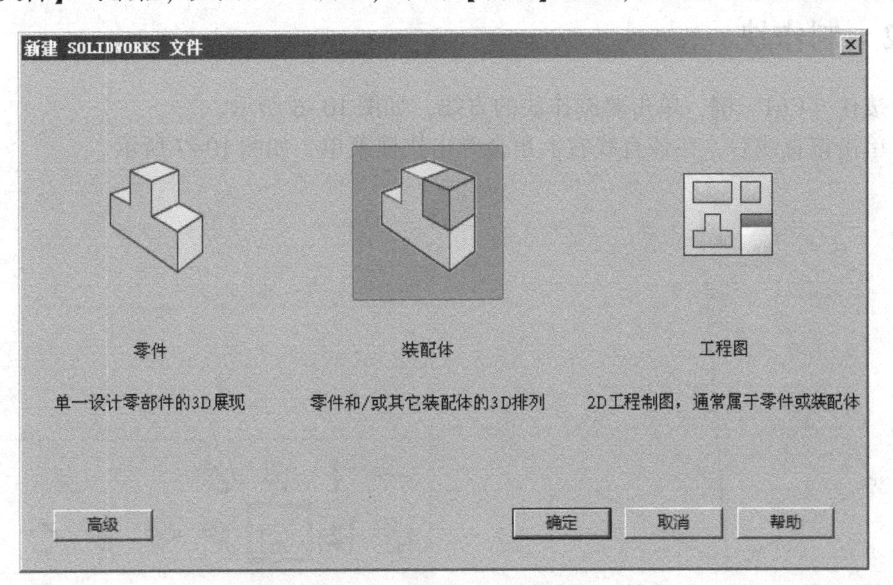

图 10-2　【新建 SOLIDWORKS 文件】对话框

（2）绘制草图

1）新建一个装配体文件之后，弹出【开始装配体】属性管理器，如图 10-3 所示。

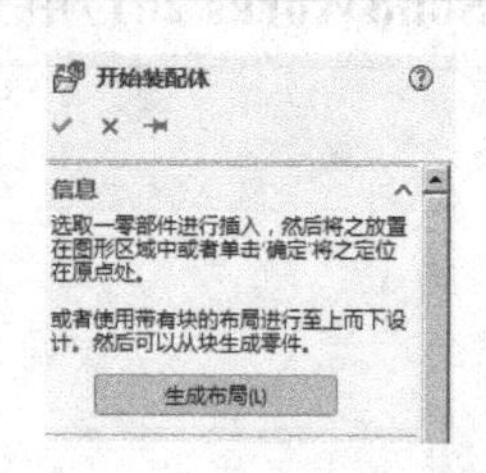

图 10-3 【开始装配体】属性管理器

2）在【开始装配体】属性管理器的【信息】选项中单击【生成布局】按钮，进入【布局】页面，如图 10-4 所示。

3）单击【布局】页面中的↘【直线】按钮，绘制图中所有直线的大概位置和尺寸。然后再根据所给定的尺寸对草图进行编辑修改，修改完成之后的草图如图 10-5 所示。

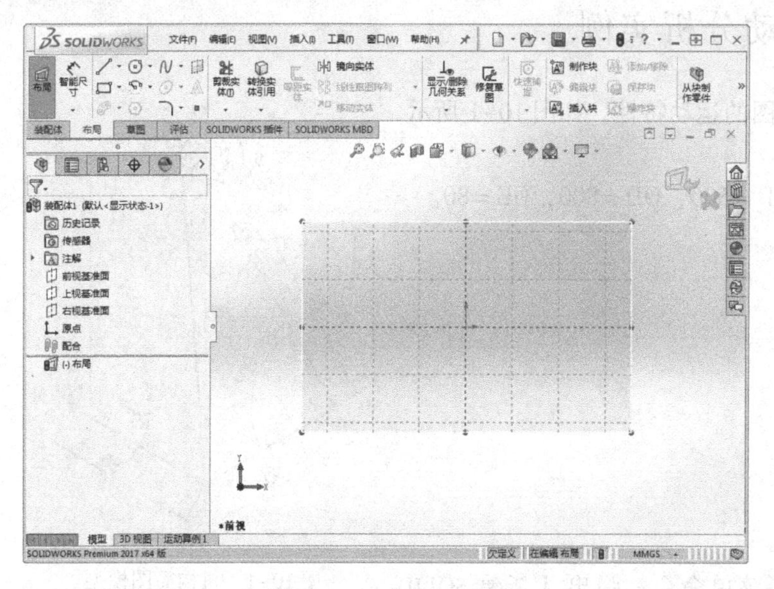

图 10-4 【布局】页面

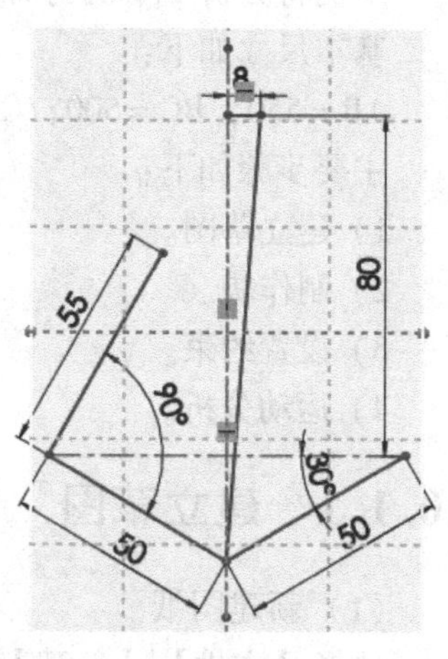

图 10-5 草图

10.1.2 制作块

1）按住〈Ctrl〉键，单击要制作块的直线，如图 10-6 所示。

2）单击该直线后，在该直线右上角会弹出快捷菜单，如图 10-7 所示。

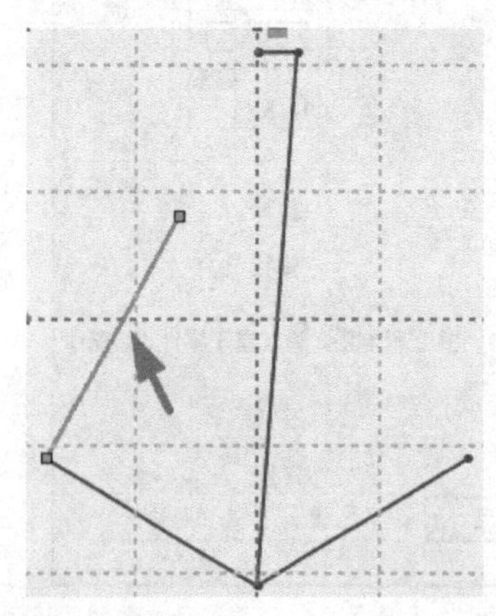

图 10-6 选择要制作块的直线

图 10-7 右上方的快捷菜单

3）在该快捷菜单中单击【制作块】按钮，弹出【制作块】属性管理器，如图10-8所示。

4）在【制作块】属性管理器左上方单击【确认】按钮后将该选中的直线制作成块，制作完成后该直线会变成灰色，如图10-9所示。

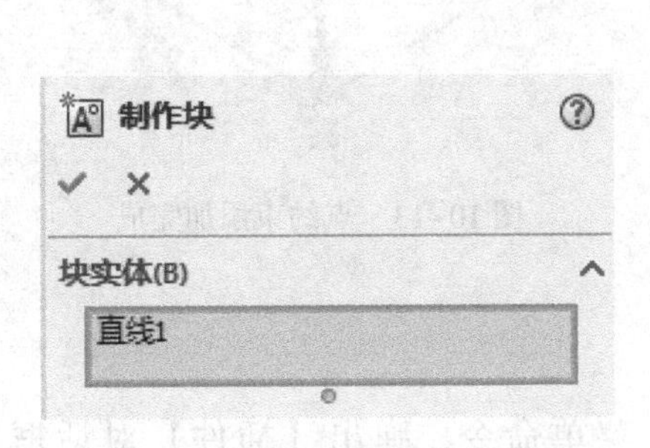

图10-8 【制作块】属性管理器

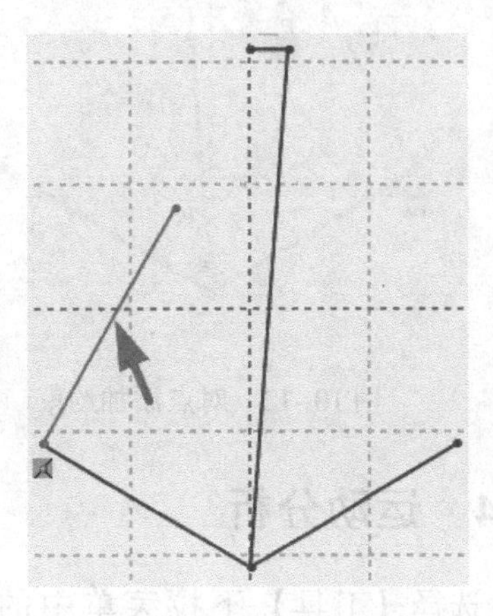

图10-9 将直线制作块

5）以同样的方法将其他直线制作成块，共制作5个块。

10.1.3 设置约束

1）将需要固定的点添加固定约束，单击要添加约束的点，如图10-10所示。

2）单击要添加约束的点后，弹出【块】属性管理器，单击【添加几何关系】选项中的【固定】按钮，添加固定铰链，如图10-11所示。

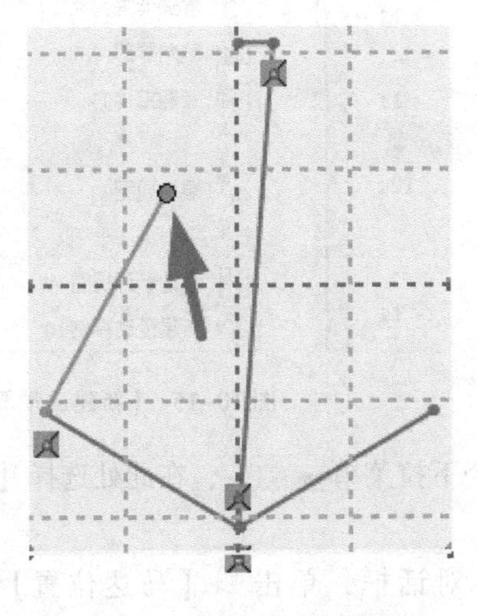

图10-10 选择要添加约束的点

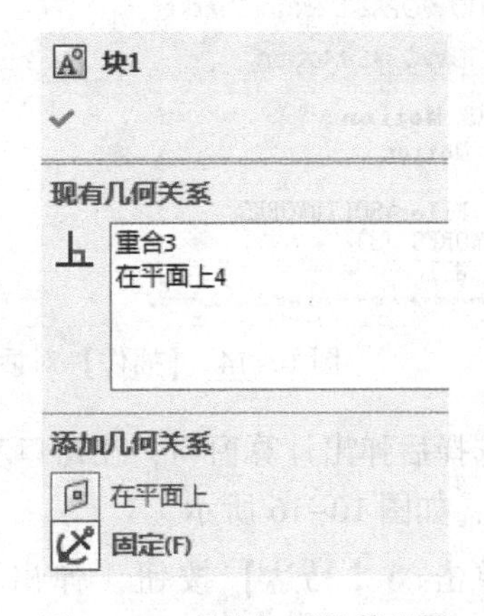

图10-11 【块】属性管理器

3）单击【确认】按钮后完成添加，添加完成后如图10-12所示。

4）用同样的方法对其他点添加固定约束，添加完成后如图10-13所示。

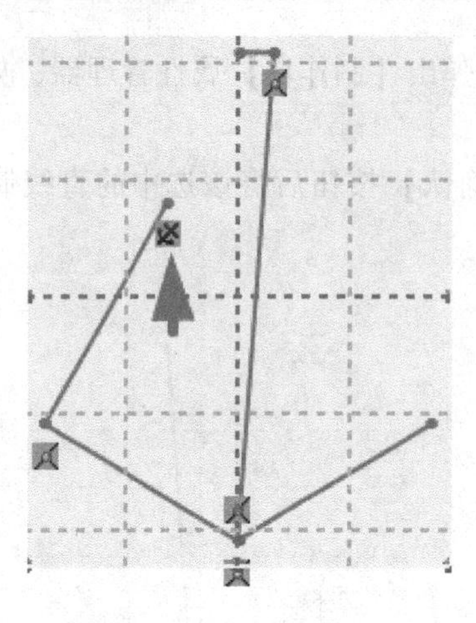

图 10-12　对点添加约束

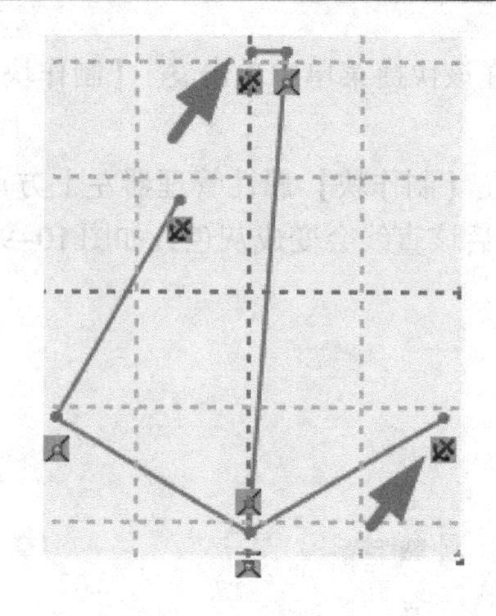

图 10-13　点约束添加完成

10.1.4　运动分析

1）选择【工具】下拉菜单中的【插件】菜单命令，弹出【插件】对话框，勾选【SOLIDWORKS Motion】选项，如图 10-14 所示。

2）选择【插入】下拉菜单中的【新建运动算例】选项，如图 10-15 所示。

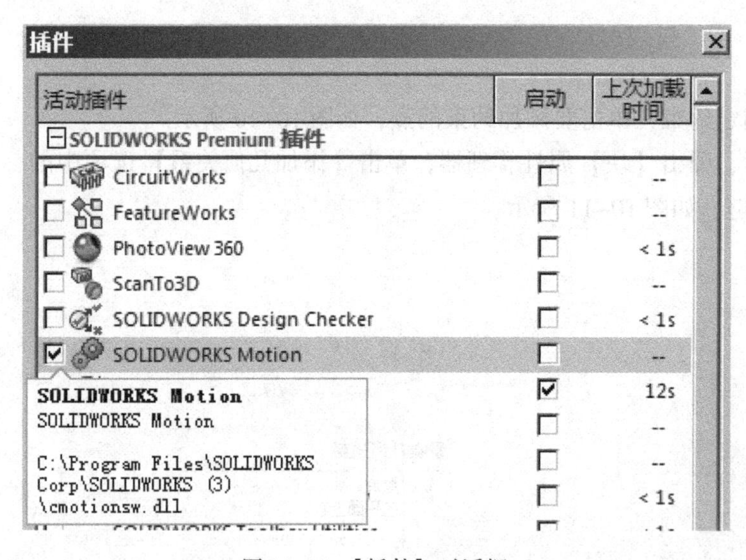

图 10-14　【插件】对话框

图 10-15　【新建运动算例】选项

3）选择后弹出计算窗口，在窗口左端有一个下拉菜单，在此处选择【Motion 分析】选项，如图 10-16 所示。

4）单击【马达】按钮，弹出【马达】对话框，单击【马达位置】选项后，选择 OE 直线，单击 O 点确定旋转方向。在【速度】后的编辑框中输入【12 RPM】，如图 10-17 所示。

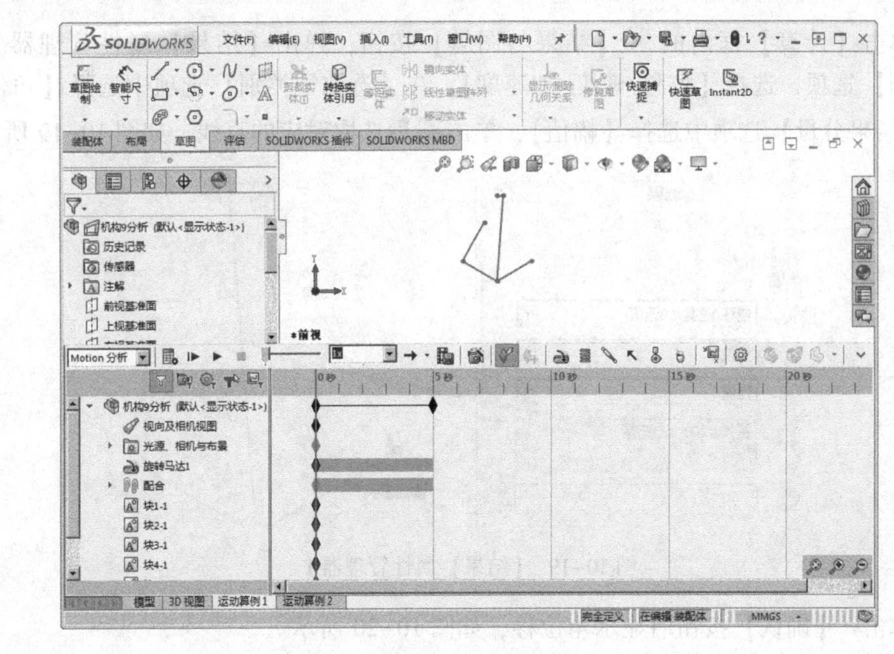

图 10-16　计算窗口

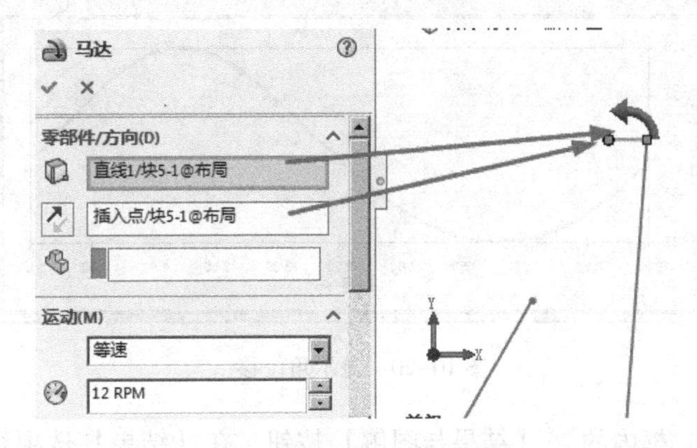

图 10-17　【马达】对话框

5）在【马达】属性管理器中单击【确认】按钮。

6）单击【计算】按钮进行计算，计算后【计算】框内会发生变化，如图 10-18 所示。

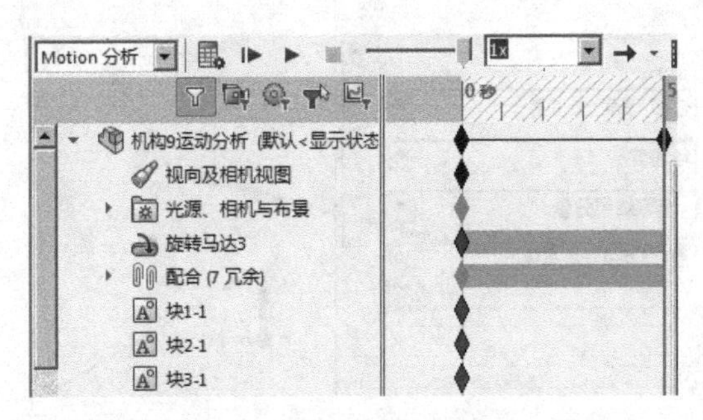

图 10-18　【计算】框内变化

7）单击【计算】框内的【结果与图解】按钮，弹出【结果】属性管理器。单击【选取类别】选项，选择【位移/速度/加速度】，在【选取子类别】选项中选择【角位移】，在【选取结果分量】选项中选择【幅值】，单击后选取对应的直线，如图10-19所示。

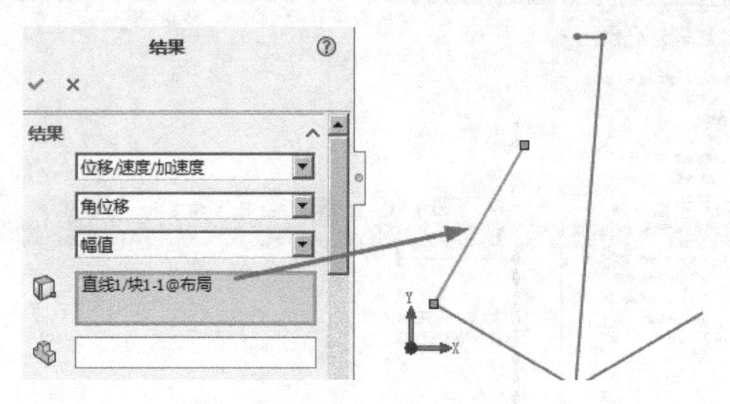

图10-19　【结果】属性管理器1

8）单击【确认】按钮后显示角位移，如图10-20所示。

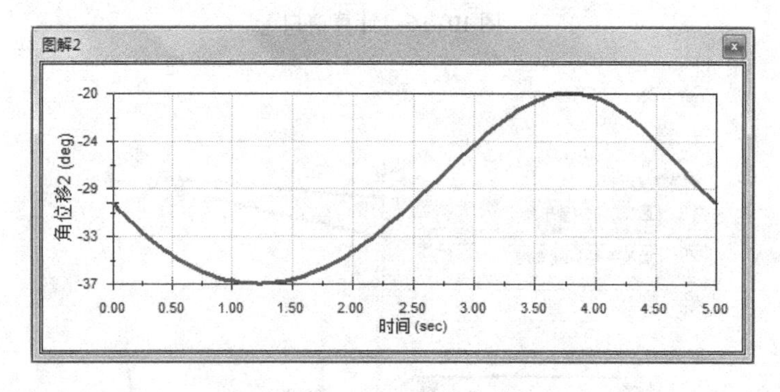

图10-20　显示角位移

9）单击【计算】框内的【结果与图解】按钮，在【结果】选项组中，单击【选取类别】选项，选择【位移/速度/加速度】，在【选取子类别】选项中选择【角速度】，在【选取结果分量】选项中选择【幅值】，单击角速度分析中的直线，如图10-21所示。

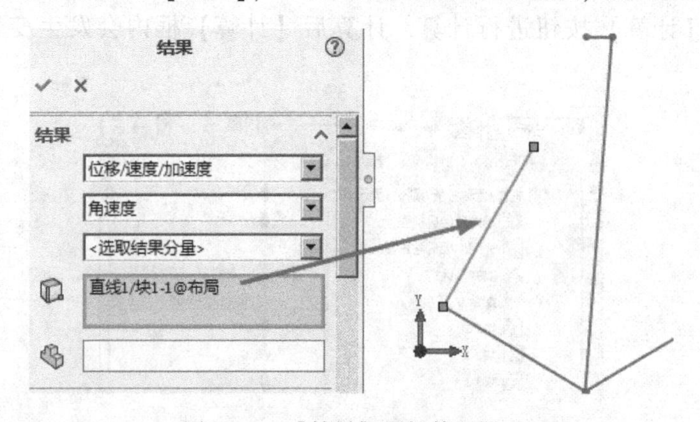

图10-21　【结果】属性管理器2

10）单击【确认】按钮后显示角速度，如图 10-22 所示。

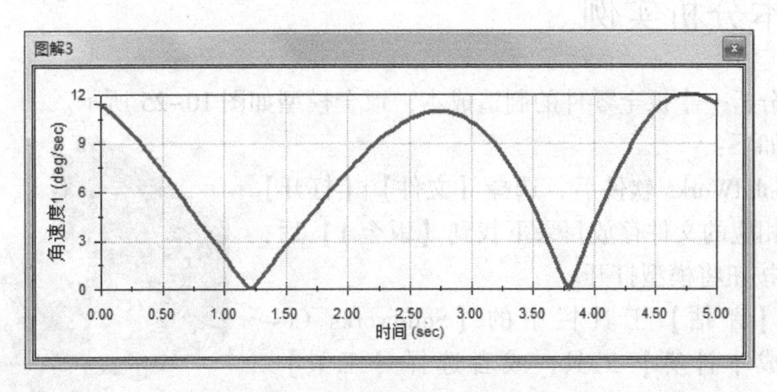

图 10-22　显示角速度

11）单击【计算】框内的【结果与图解】按钮，在【结果】选项组中，单击【选取类别】选项，选择【位移/速度/加速度】，在【选取子类别】选项中选择【角加速度】，在【选取结果分量】选项中选择【幅值】，单击角加速度分析中的直线，如图 10-23 所示。

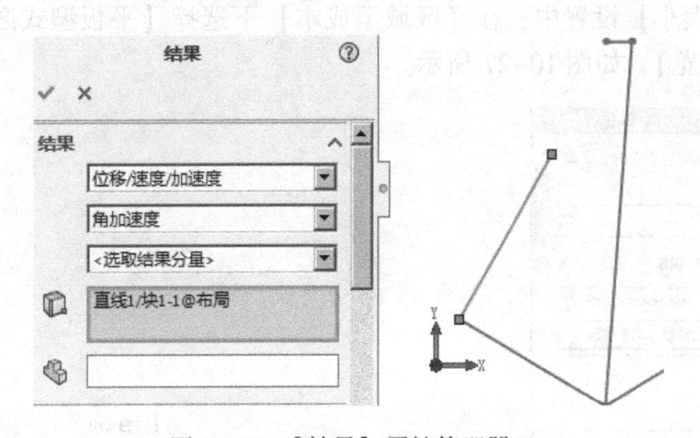

图 10-23　【结果】属性管理器 3

12）单击【确认】按钮后显示角加速度，如图 10-24 所示。

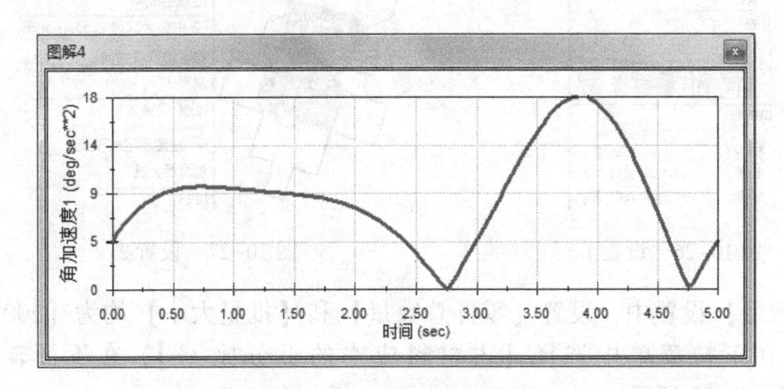

图 10-24　显示角加速度

10.2　成本分析实例

本实例将分析一个钣金零件的制造成本，钣金模型如图 10-25 所示。

具体步骤如下：

1）运行 SolidWorks 软件后，选择【文件】|【打开】菜单命令，在相应的文件存放目录下找到【钣金 1】后，单击【打开】按钮将模型打开。

2）单击【评估】工具栏中的【Solidworks Costing】|【钣金成本计算】工具，或者选择【工具】|【Solidworks 应用程序】|【Costing】菜单命令，在窗口右侧弹出【钣金成本计算】的任务窗口。

图 10-25　钣金模型

3）在【成本计算模板】设置中，采用默认设置；在【材料】设置中设置【类】为【钢】，【名称】为【普通碳钢】，【模板的厚度】为【1.5 mm】与模型厚度相同，【材料成本】采用默认设置，如图 10-26 所示。

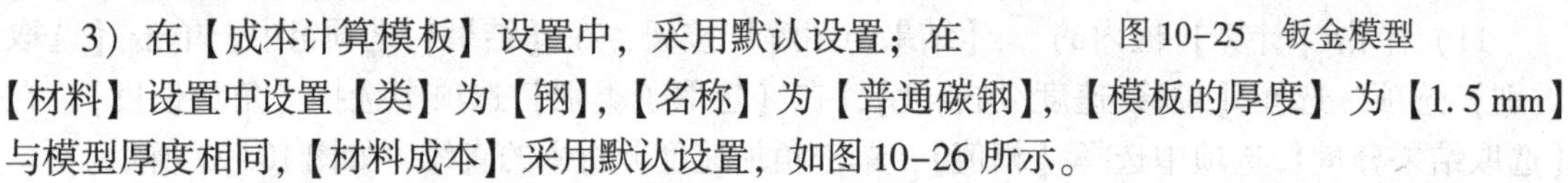

4）在【空白大小】设置中，在【区域至成本】下选择【平板型式区域】，并勾选下面的【在图形区域预览】，如图 10-27 所示。

图 10-26　设置 1

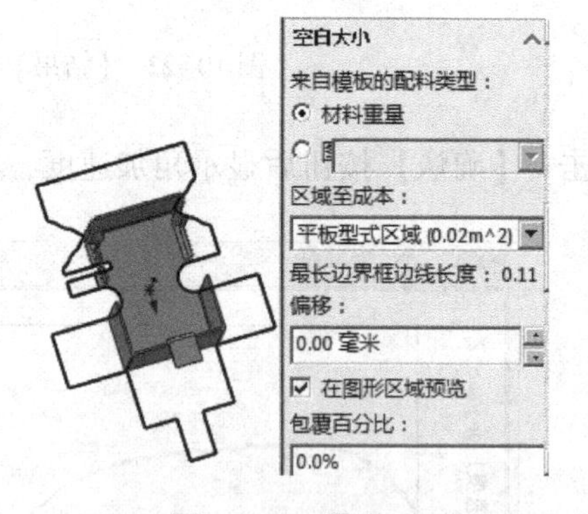

图 10-27　设置 2

5）在【数量】设置中，设置【零件总数量】和【批量大小】均为【200】；勾选【标注/折扣】，并在下拉菜单中选择【占材料成本的百分比 %】，在下面输入百分数为【5.0%】，如图 10-28 所示。

6）设置完最终成本计算结果如图 10-29 所示。

7）单击✖按钮，退出估算钣金零件成本。

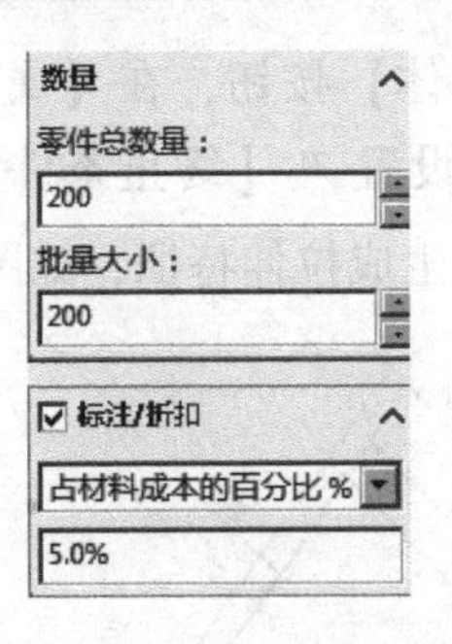

图 10-28 设置 3

图 10-29 计算结果

10.3 三维建模实例

本例将讲解叶片三维模型的建立过程，模型如图 10-30 所示。

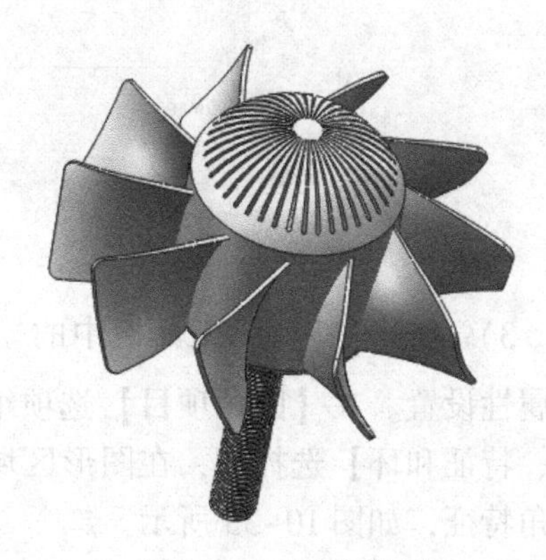

图 10-30 叶片模型

主要步骤如下：

1）生成叶片部分。

2）生成轮毂部分。

3）生成螺纹部分。

4）生成顶端部分。

10.3.1 生成叶片部分

1）单击【特征管理器设计树】中的【上视基准面】图标，使其成为草图绘制平面。单击【标准视图】工具栏中的【正视于】按钮，并单击【草图】工具栏中的【草图绘制】按钮，进入草图绘制状态。使用【草图】工具栏中的【直线】、【圆弧】和【智能尺寸】工具，绘制图 10-31 所示的草图。单击【退出草图】按钮，退出草图绘制状态。

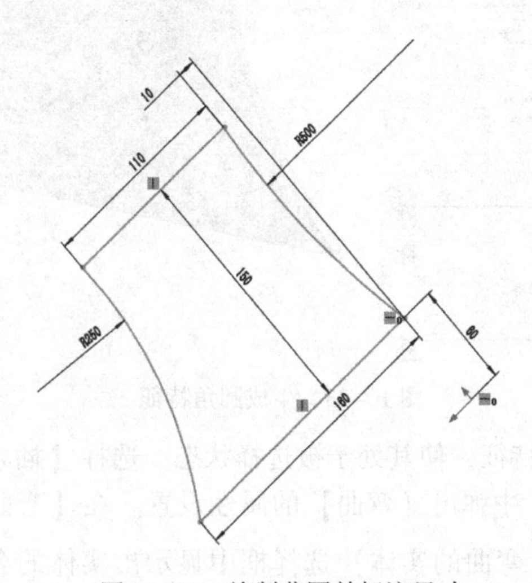

图 10-31 绘制草图并标注尺寸

2）单击【特征】工具栏中的【拉伸凸台/基体】按钮，在【属性管理器】中弹出【凸台-拉伸】属性设置。在【方向 1】选项组中，设置【终止条件】为【两侧对称】，【深度】为【5.00 mm】，单击【确定】按钮，生成拉伸特征，如图 10-32 所示。

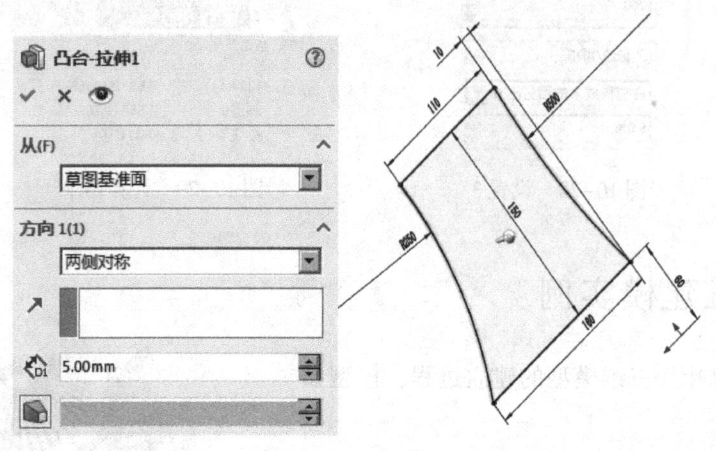

图 10-32 拉伸特征

3）单击【特征】工具栏中的【圆角】按钮，在【属性管理器】中弹出【圆角 1】的属性设置。在【圆角项目】选项组中，设置【半径】为【10.00 mm】，单击【边线、面、特征和环】选择框，在图形区域中选择模型的 2 条边线，单击【确定】按钮，生成圆角特征，如图 10-33 所示。

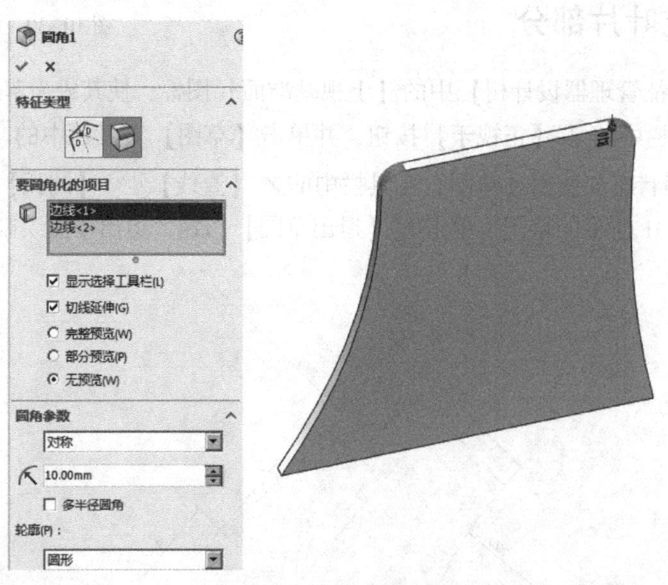

图 10-33 生成圆角特征

4）单击模型中的拉伸特征，使其处于被选择状态。选择【插入】|【特征】|【弯曲】菜单命令，在【属性管理器】中弹出【弯曲】的属性设置。在【弯曲输入】选项组中，单击【扭曲】单选按钮，在【弯曲的实体】选择框中显示出实体的名称，设置剪裁基准面和三重轴，单击【确定】按钮，生成弯曲特征，如图 10-34 所示。

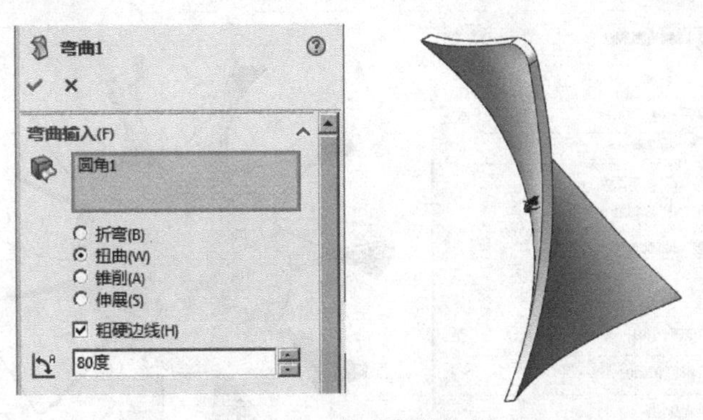

图 10-34 生成弯曲特征

10.3.2 生成轮毂部分

1）单击【特征管理器设计树】中的【前视基准面】图标，使其成为草图绘制平面。单击【标准视图】工具栏中的【正视于】按钮，并单击【草图】工具栏中的【草图绘制】按钮，进入草图绘制状态。使用【草图】工具栏中的【圆弧】、【智能尺寸】工具，绘制图 10-35 所示的草图。单击【退出草图】按钮，退出草图绘制状态。

2）单击【特征】工具栏中的【拉伸凸台/基体】按钮，在【属性管理器】中弹出【凸台-拉伸】属性设置。在【方向 1】选项组中，设置【终止条件】为【成形到一顶点】，选择图示位置的点；在【方向 2】选项组中，设置【终止条件】为【成形到一顶点】，选择图示位置的点。单击【确定】按钮，生成拉伸特征，如图 10-36 所示。

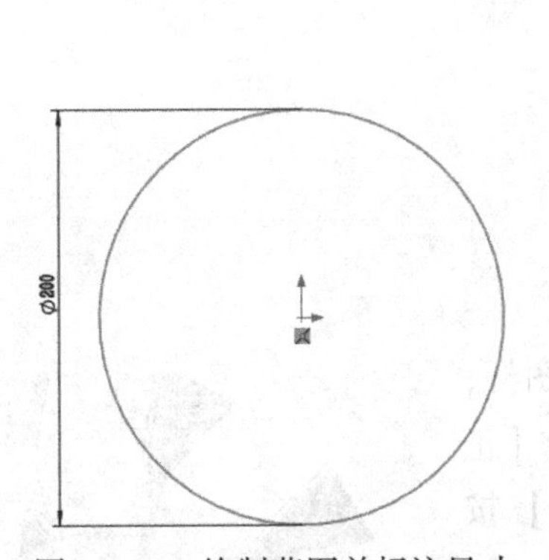

图 10-35 绘制草图并标注尺寸

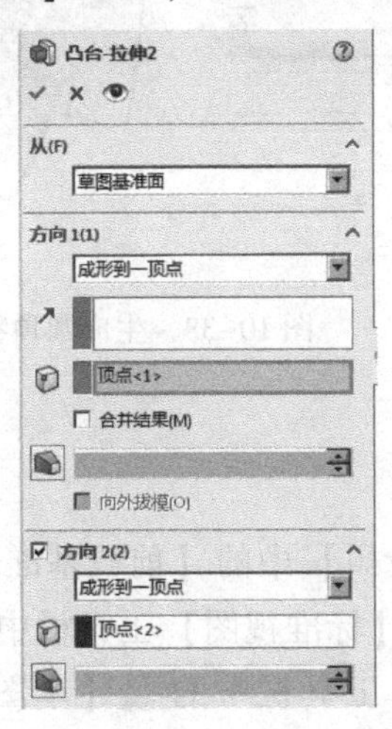

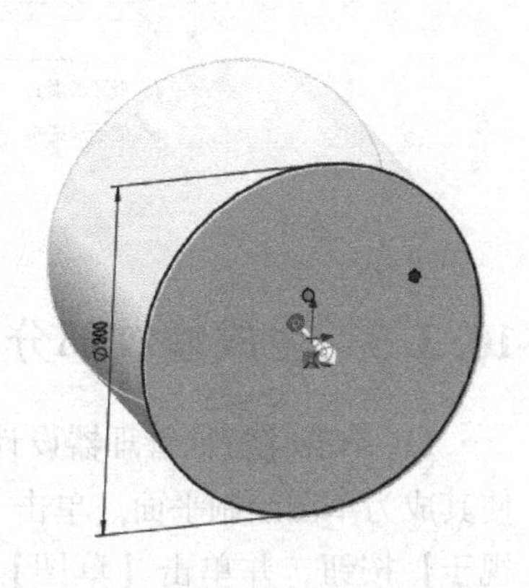

图 10-36 拉伸特征

3）单击【特征】工具栏中的【圆周阵列】按钮，在【属性管理器】中弹出【圆周阵列】的属性设置。在【参数】选项组中，单击【阵列轴】选择框，在【特征管理器设计树】中单击【基准轴 1】图标，设置【实例数】为【10】，选择【等间距】选项；在【要阵列的实体】选项组中，单击【要阵列的实体】选择框，在图形区域中选择模型的弯曲特征，单击【确定】按钮，生成特征圆周阵列，如图 10-37 所示。

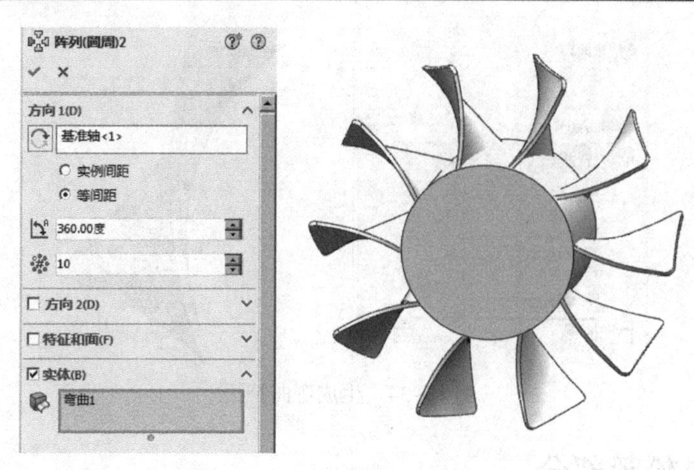

图 10-37 生成特征圆周阵列

4）单击模型的上表面，使其处于被选择状态。选择【插入】|【特征】|【圆顶】菜单命令，在【属性管理器】中弹出【圆顶】的属性设置。在【参数】选项组中的【到圆顶的面】选择框中显示出模型上表面，设置【距离】为【60.00 mm】，单击【确定】按钮，生成圆顶特征，如图 10-38 所示。

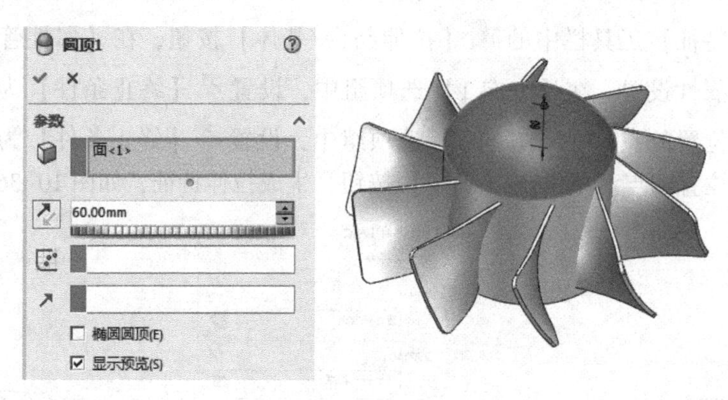

图 10-38 生成圆顶特征

10.3.3 生成螺纹部分

1）单击【特征管理器设计树】中的【前视基准面】图标，使其成为草图绘制平面。单击【标准视图】工具栏中的【正视于】按钮，并单击【草图】工具栏中的【草图绘制】按钮，进入草图绘制状态。使用【草图】工具栏中的【圆弧】、【智能尺寸】工具，绘制图 10-39 所示的草图。单击【退出草图】按钮，退出草图绘制状态。

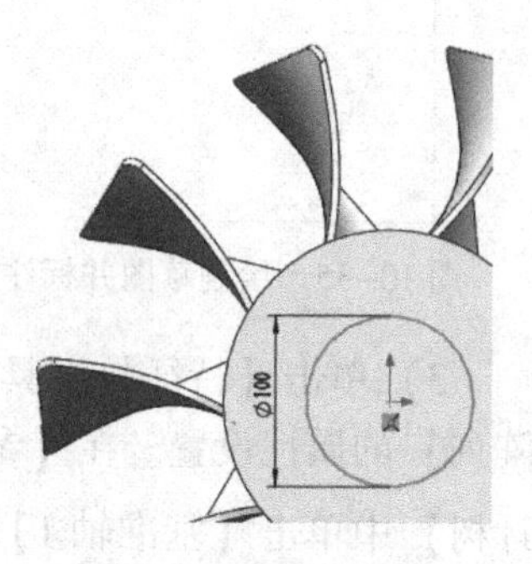

图 10-39 绘制草图并标注尺寸 1

2）单击【特征】工具栏中的【拉伸凸台/基体】按钮，在【属性管理器】中弹出【凸台-拉伸】属性设置。在【方向 1】选项组中，设置【终止条件】为【给定深度】，【深度】为

【50.00 mm】，勾选【合并结果】，单击✓【确定】按钮，生成拉伸特征，如图 10-40 所示。

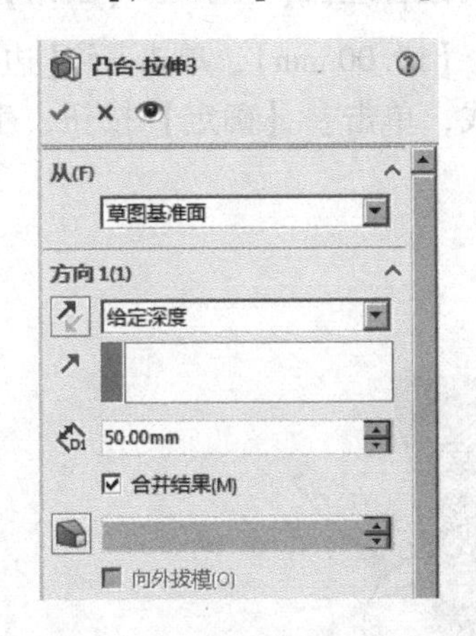

图 10-40　拉伸特征 1

3）单击拉伸特征 3 的一侧表面，使其成为草图绘制平面。单击【标准视图】工具栏中的【正视于】按钮，并单击【草图】工具栏中的【草图绘制】按钮，进入草图绘制状态。使用【草图】工具栏中的【圆弧】、【智能尺寸】工具，绘制图 10-41 所示的草图。单击【退出草图】按钮，退出草图绘制状态。

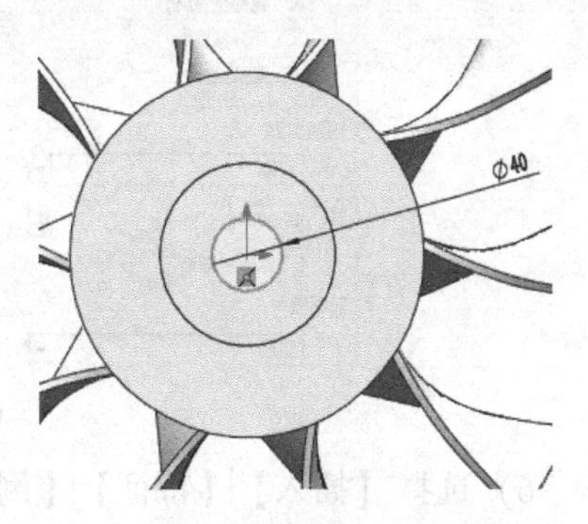

图 10-41　绘制草图并标注尺寸 2

4）单击【特征】工具栏中的【拉伸凸台/基体】按钮，在【属性管理器】中弹出【凸台 - 拉伸】属性设置。在【方向 1】选项组中，设置【终止条件】为【给定深度】，【深度】为【200.00 mm】，勾选【合并结果】，单击✓【确定】按钮，生成拉伸特征，如图 10-42 所示。

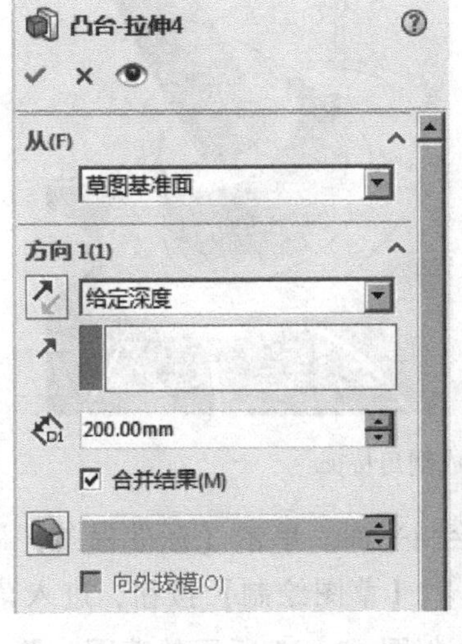

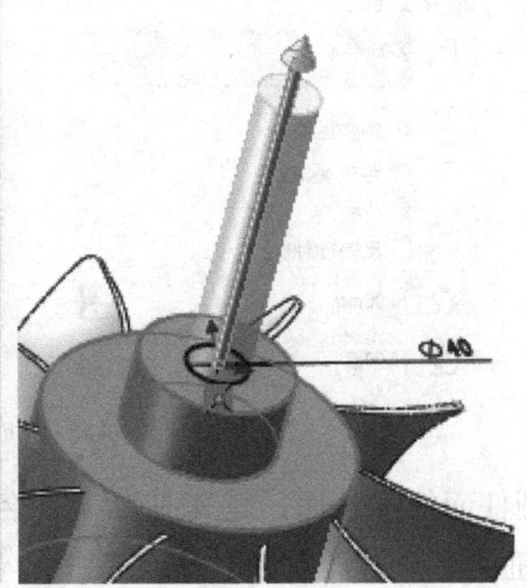

图 10-42　拉伸特征 2

5）单击【特征】工具栏中的【圆角】按钮，在【属性管理器】中弹出【圆角】的属性设置。在【圆角项目】选项组中，设置【半径】为【10.00 mm】，单击【边线、面、特征和环】选择框，在图形区域中选择模型的2条边线，单击【确定】按钮，生成圆角特征，如图10-43所示。

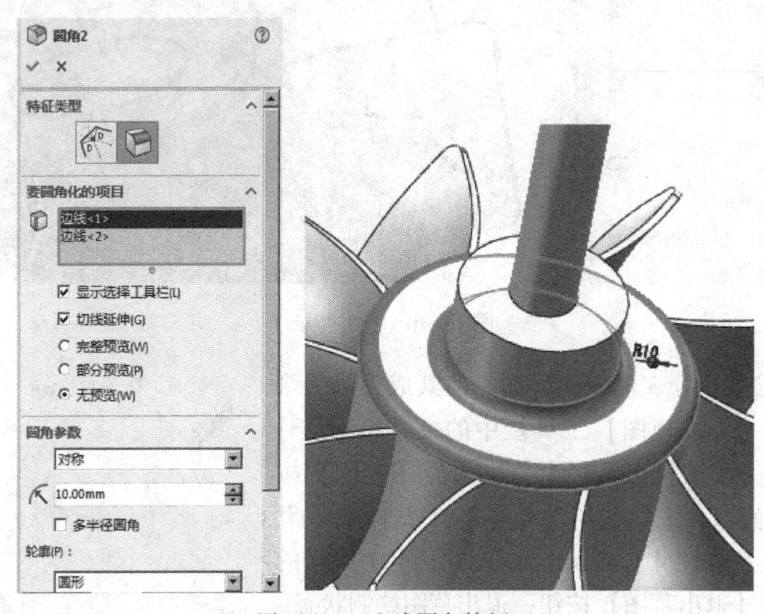

图10-43　生成圆角特征

6）选择【插入】|【特征】|【倒角】菜单命令，在【属性管理器】中弹出【倒角】的属性设置。在【倒角参数】选项组中，单击【边线和面或顶点】选择框，在绘图区域中选择模型中拉伸切除特征的1条边线，设置【距离】为【10.00 mm】，【角度】为【45.00度】，单击【确定】按钮，生成倒角特征，如图10-44所示。

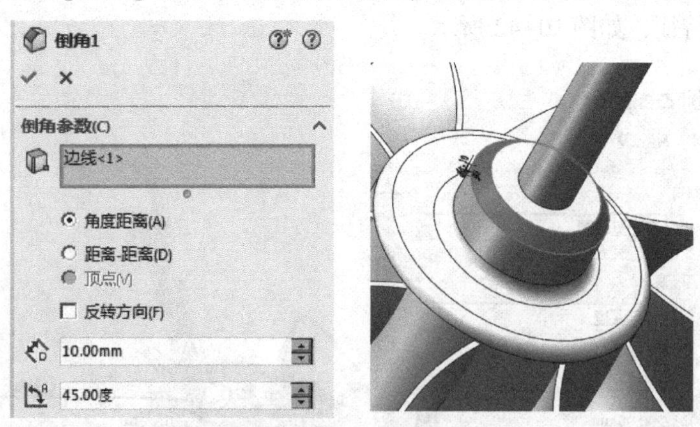

图10-44　生成倒角特征

7）单击圆柱面的下表面，使其成为草图绘制平面。单击【标准视图】工具栏中的【正视于】按钮，并单击【草图】工具栏中的【草图绘制】按钮，进入草图绘制状态。使用【草图】工具栏中的【圆弧】工具，绘制图10-45所示的草图。单击【退出草图】按钮，退出草图绘制状态。

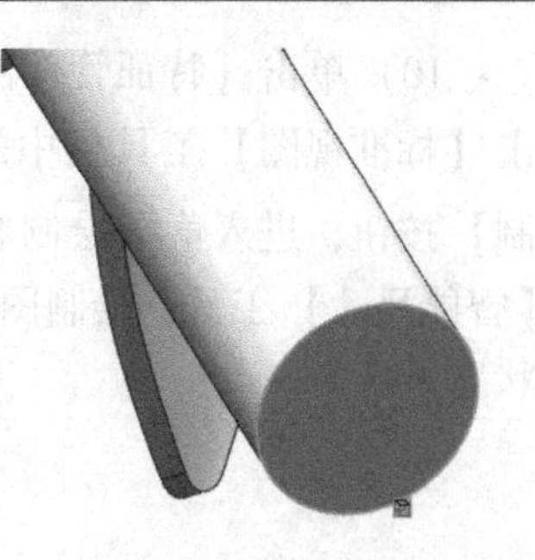

图 10-45　绘制草图并标注尺寸 3

8）单击【插入】|【曲线】|【螺旋线/涡状线】按钮，在【属性管理器】中弹出【螺旋线】属性设置。在【定义方式】选项组中，选择【高度和圈数】；在【参数】选项组中，勾选【恒定螺距】，并输入数据；勾选【反向】；设置【圈数】为【40】；设置【起始角度】为【0.00 度】；勾选【顺时针】，如图 10-46 所示。

9）单击【参考几何体】工具栏中的【基准面】按钮，在【属性管理器】中弹出【基准面】的属性设置。在【第一参考】中，在图形区域中选择螺旋线的端点，单击【重合】按钮；在【第二参考】中，在图形区域中选择拉伸特征的一条边线，单击【垂直】按钮，如图 10-47 所示，在图形区域中显示出新建基准面的预览，单击【确定】按钮，生成基准面。

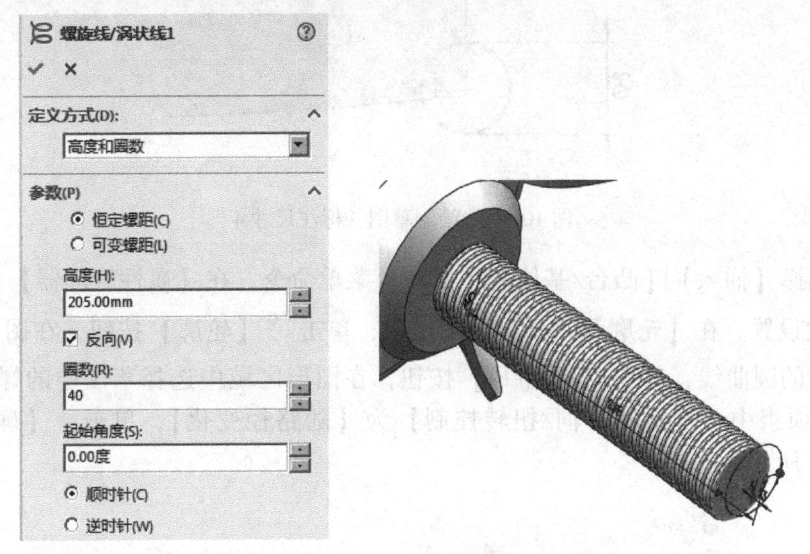

图 10-46　建立螺旋线

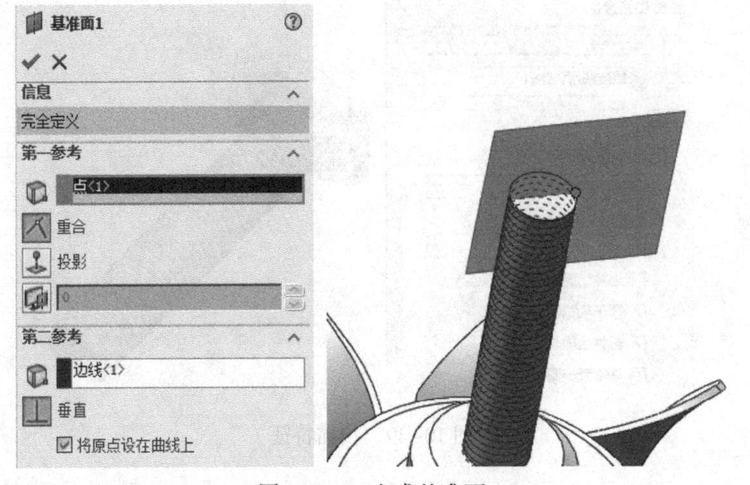

图 10-47　生成基准面

10）单击【特征管理器设计树】中的【基准面1】图标，使其成为草图绘制平面。单击【标准视图】工具栏中的【正视于】按钮，并单击【草图】工具栏中的【草图绘制】按钮，进入草图绘制状态。使用【草图】工具栏中的【直线】、【圆弧】和【智能尺寸】工具，绘制图10-48所示的草图。单击【退出草图】按钮，退出草图绘制状态。

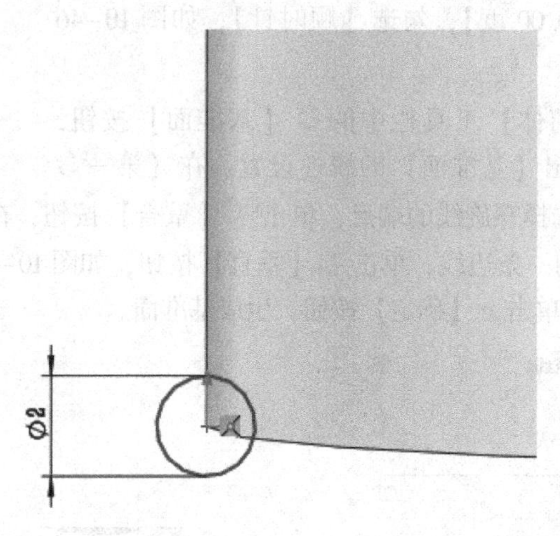

图10-48　绘制草图并标注尺寸4

11）选择【插入】|【凸台/基体】|【扫描】菜单命令，在【属性管理器】中弹出【扫描】的属性设置。在【轮廓和路径】选项组中，单击【轮廓】按钮，在图形区域中选择草图7中的圆曲线，单击【路径】按钮，在图形区域中选择草图中的螺旋线1；在【选项】选项组中，设置【方向/扭转控制】为【随路径变化】，单击【确定】按钮，如图10-49所示。

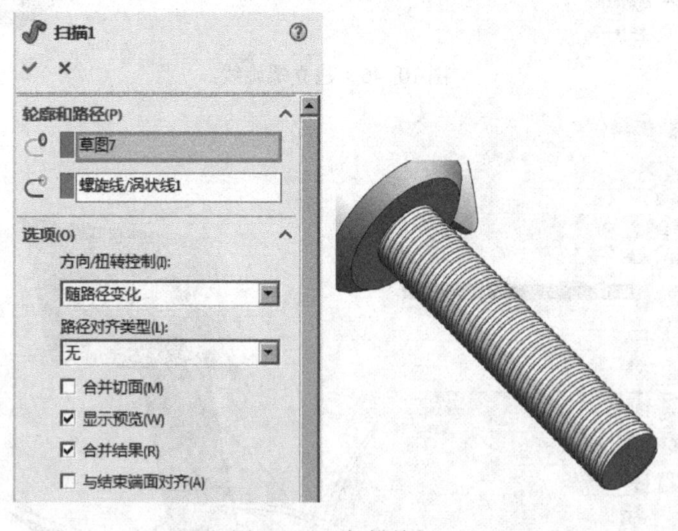

图10-49　扫描特征

12）单击【特征管理器设计树】中的【右视基准面】图标，使其成为草图绘制平面。单击【标准视图】工具栏中的【正视于】按钮，并单击【草图】工具栏中的【草图绘制】按钮，进入草图绘制状态。使用【草图】工具栏中的【直线】工具，绘制图 10-50 所示的草图。单击【退出草图】按钮，退出草图绘制状态。

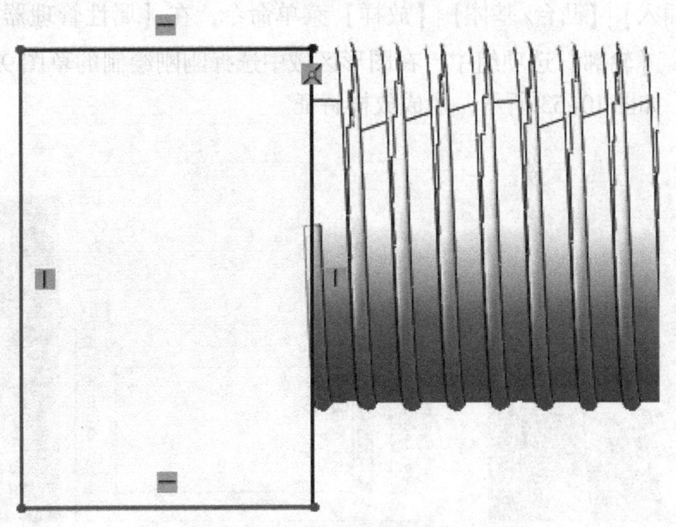

图 10-50　绘制草图并标注尺寸 5

13）单击【特征】工具栏中的【切除 - 拉伸】按钮，在【属性管理器】中弹出【切除 - 拉伸】的属性设置。在【方向 1】选项组中，设置【终止条件】为【给定深度】，【深度】为【200. 00 mm】；在【方向 2】选项组中，设置【终止条件】为【给定深度】，【深度】为【200. 00 mm】，单击【确定】按钮，生成拉伸切除特征，如图 10-51 所示。

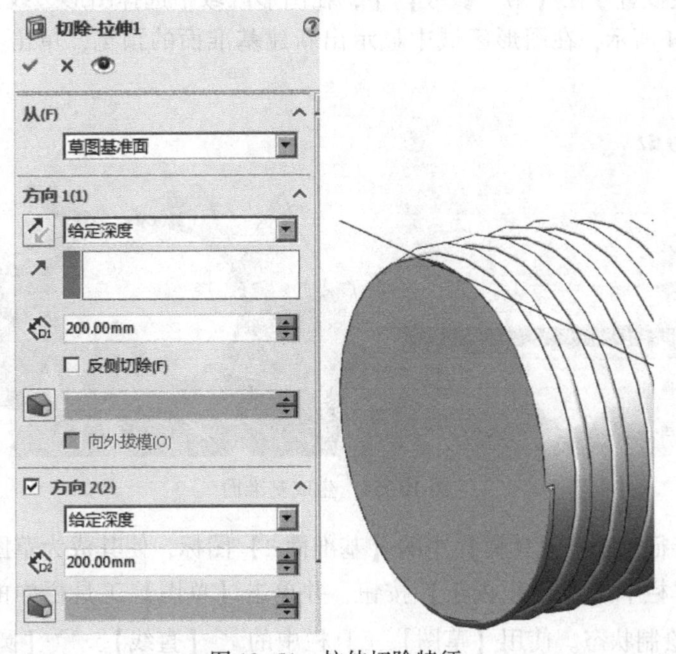

图 10-51　拉伸切除特征

14）单击模型的侧面，使其成为草图绘制平面。单击【标准视图】工具栏中的【正视于】按钮，并单击【草图】工具栏中的【草图绘制】按钮，进入草图绘制状态。使用【草图】工具栏中的【点】工具，绘制图10-52所示的草图。单击【退出草图】按钮，退出草图绘制状态。

15）选择【插入】|【凸台/基体】|【放样】菜单命令，在【属性管理器】中弹出【放样】的属性设置。在【轮廓】选项组中，在图形区域中选择刚刚绘制的草图9和面 <1 >，单击【确定】按钮，如图10-53所示，生成放样特征。

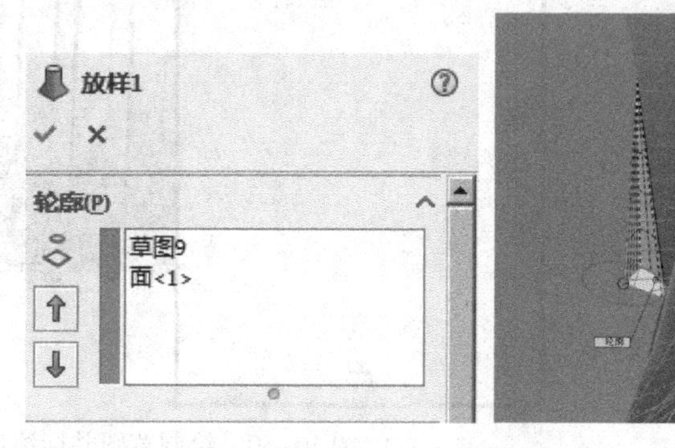

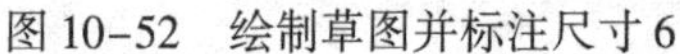

图10-52　绘制草图并标注尺寸6

图10-53　生成放样特征

10.3.4　生成顶端部分

1）单击【参考几何体】工具栏中的【基准面】按钮，在【属性管理器】中弹出【基准面】的属性设置。在【第一参考】中，在图形区域中选择图形边线，单击【重合】按钮，如图10-54所示，在图形区域中显示出新建基准面的预览，单击【确定】按钮，生成基准面。

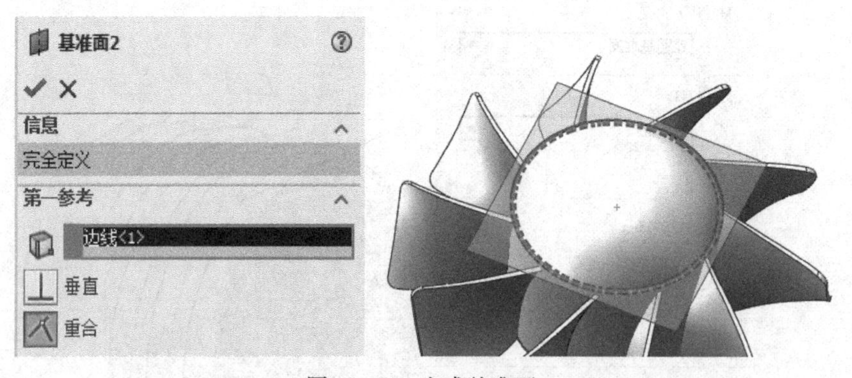

图10-54　生成基准面

2）单击【特征管理器设计树】中的【基准面2】图标，使其成为草图绘制平面。单击【标准视图】工具栏中的【正视于】按钮，并单击【草图】工具栏中的【草图绘制】按钮，进入草图绘制状态。使用【草图】工具栏中的【直线】、【圆弧】和【智能尺寸】工具，绘制图10-55所示的草图。单击【退出草图】按钮，退出草图绘制状态。

3）单击【特征】工具栏中的【切除-拉伸】按钮，在【属性管理器】中弹出【切除-拉伸】的属性设置。在【方向1】选项组中，设置【终止条件】为【完全贯穿】，单击【确定】按钮，生成拉伸切除特征，如图10-56所示。

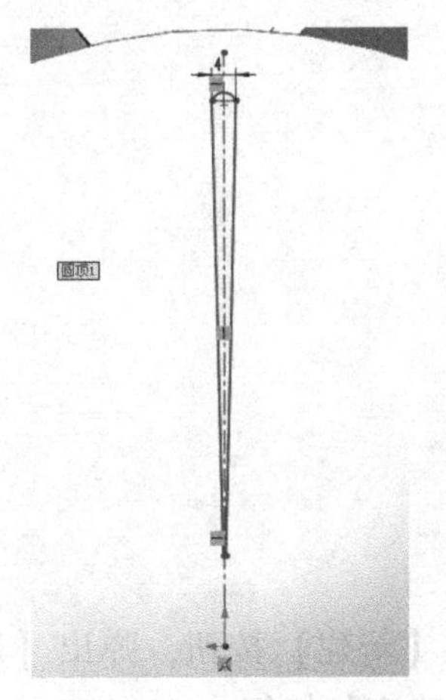

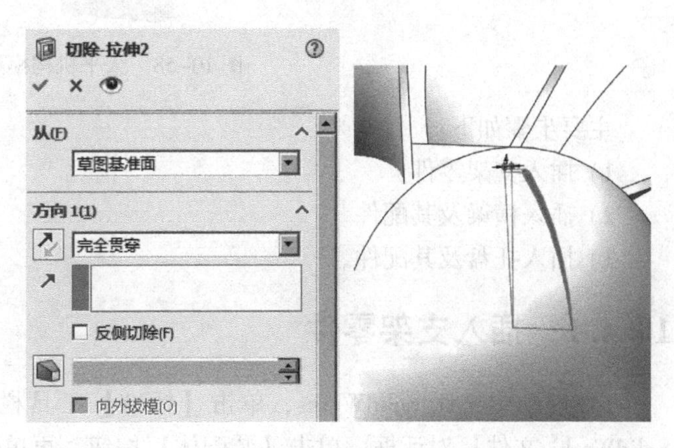

图10-55　绘制草图并标注尺寸　　图10-56　拉伸切除特征

4）单击【特征】工具栏中的【圆周阵列】按钮，在【属性管理器】中弹出【圆周阵列】的属性设置。在【参数】选项组中，单击【阵列轴】选择框，在【特征管理器设计树】中单击【基准轴1】图标，设置【实例数】为【40】，选择【等间距】选项；在【要阵列的特征】选项组中，单击【要阵列的特征】选择框，在图形区域中选择模型的旋转特征，单击【确定】按钮，生成特征圆周阵列，如图10-57所示。

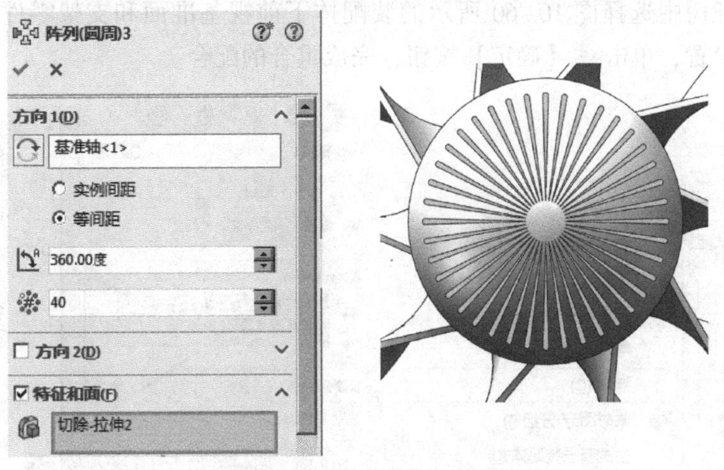

图10-57　生成特征圆周阵列

10.4　天平模型装配实例

本例将讲解天平模型的装配过程，天平机构模型如图10-58所示。

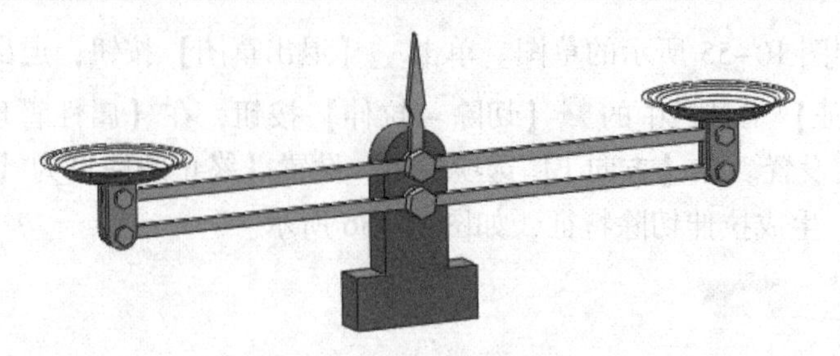

图 10-58 天平机构模型

主要步骤如下：

1）插入支架零件。

2）插入横梁及其配件。

3）插入托盘及其配件。

10.4.1 插入支架零件

1）启动中文版 SolidWorks，单击【标准】工具栏中的【新建】按钮，弹出【新建 SolidWorks 文件】对话框，单击【装配体】按钮，再单击【确定】按钮。

2）弹出【开始装配体】对话框，单击【浏览】按钮，在弹出的【打开】对话框中选择相应的文件存放目录下【支架】零件，单击【打开】按钮，再单击【确定】按钮。

3）在特征树中右键单击刚刚插入的支架零件，在快捷菜单中选择【浮动】选项，如图 10-59 所示。

4）单击【装配体】工具栏中的【配合】按钮，弹出【配合】的属性窗口。选择【标准配合】选项组下的【重合】选项。单击【配合选择】选项组下的文本框，然后在图形区域的特征树中选择图 10-60 所示的装配体下前视基准面和支架零件下前视基准面，其他保持默认设置，单击【确定】按钮，完成重合的配合。

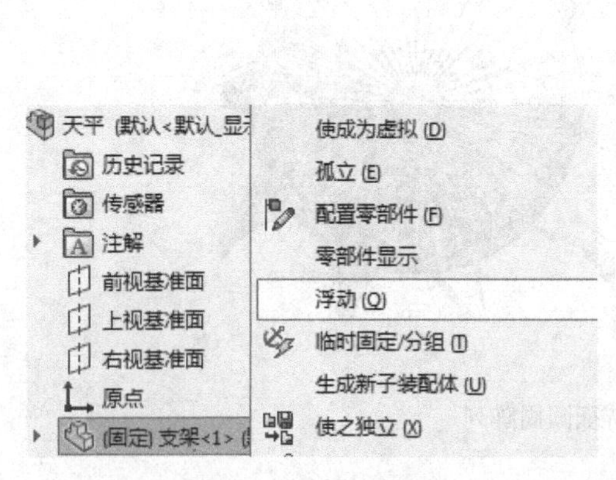

图 10-59 零件浮动

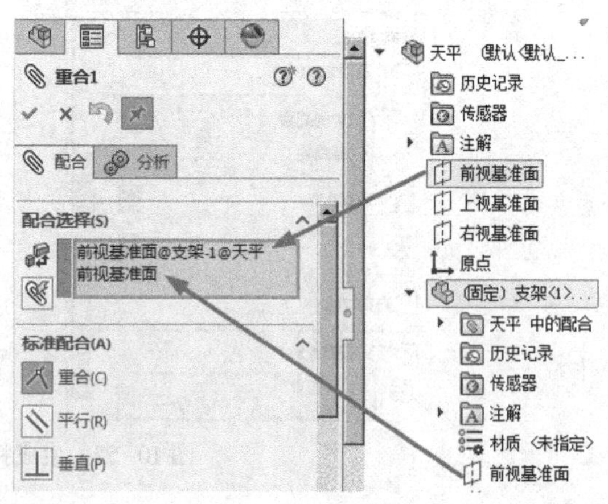

图 10-60 重合配合 1

5）在【标准配合】选项组下选择【重合】选项。在【配合选择】文本框中选择图 10-61 所示的装配体的前视基准面和支架零件的前视基准面，单击【确定】按钮，完成重合的配合。

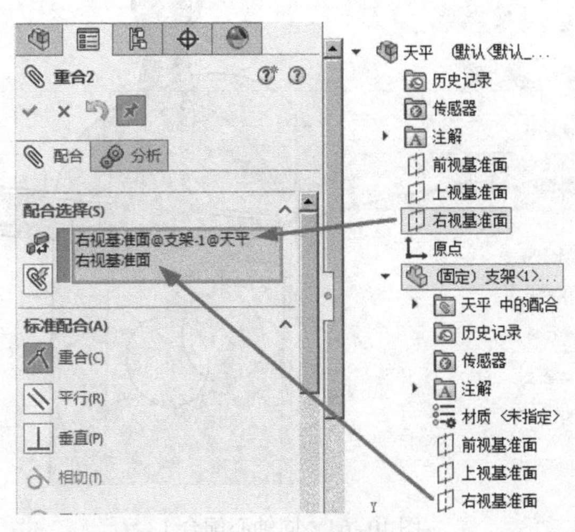

图 10-61　重合配合 2

10.4.2　插入横梁及其配件

1）单击【装配体】工具栏中的【插入零部件】按钮，弹出【插入零部件】的属性窗口。单击【浏览】按钮，选择零件【横梁1】，单击【打开】按钮，在图形区域合适位置单击，插入一个横梁零件，如图 10-62 所示。

2）为了便于进行配合约束，先移动横梁到接近理想的位置，单击【装配体】工具栏中的【移动零部件】下拉按钮，选择【移动零部件】命令，弹出【移动零部件】的属性窗口，此时鼠标变为图标，移动横梁到图 10-63 所示位置，单击【确定】按钮。

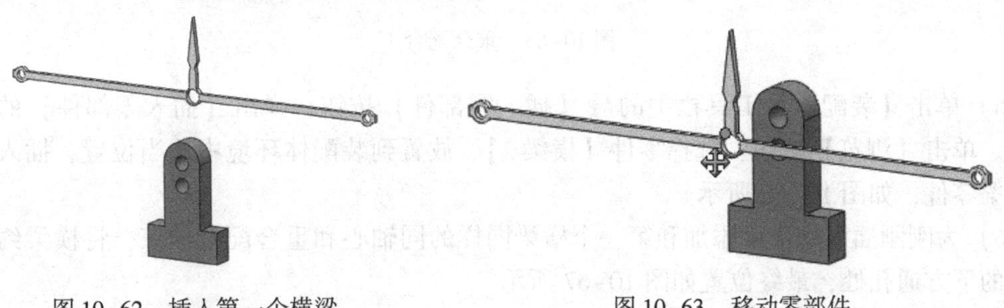
图 10-62　插入第一个横梁　　图 10-63　移动零部件

3）单击【装配体】工具栏中的【配合】按钮，弹出【配合】的属性窗口。在【标准配合】选项组下选择【同轴心】配合类型。单击【配合选择】选项组下的文本框，然后在图形区域中选择支架上方通孔和横梁中部的通孔，其他保持默认设置，如图 10-64 所示，单击【确定】按钮，完成同轴心的配合。

4）在【标准配合】选项组下选择【重合】选项。在【配合选择】选项组下的文本框中选择支架和横梁上的两个平面，如图 10-65 所示，其他保持默认设置，单击【确定】按钮，完成重合的配合。

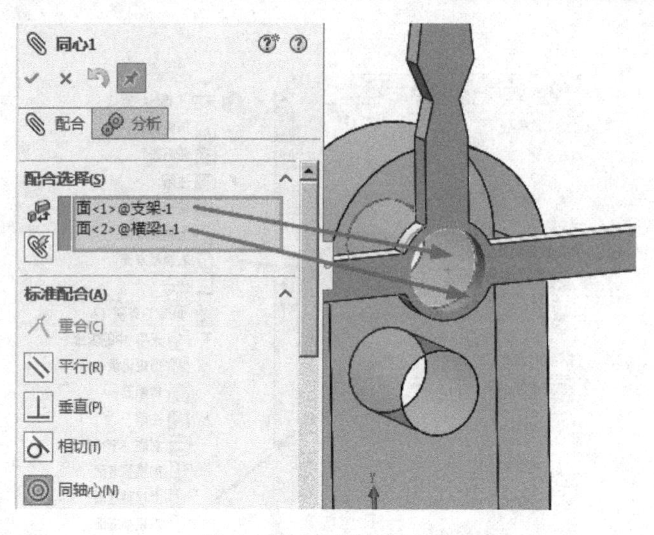

图 10-64　同轴心配合 1

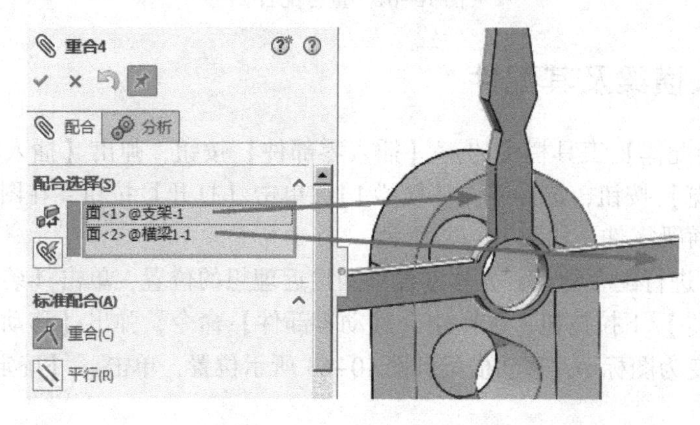

图 10-65　重合配合 1

5）单击【装配体】工具栏中的【插入零部件】按钮，弹出【插入零部件】的属性窗口。单击【浏览】按钮，选择零件【横梁 2】，放置到装配体环境中适当位置，插入第二个横梁零件，如图 10-66 所示。

6）为刚刚插入的横梁添加和第一个横梁同样的同轴心和重合配合约束，将横梁约束到支架的下方通孔处，最终位置如图 10-67 所示。

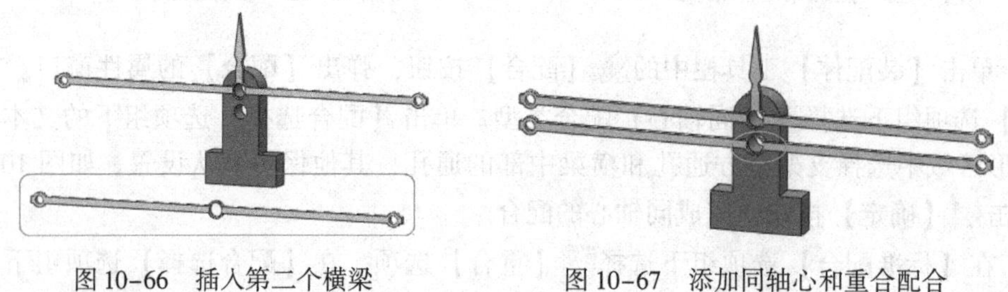

图 10-66　插入第二个横梁　　　图 10-67　添加同轴心和重合配合

7）继续添加零件，插入零件【螺栓 1】，放置到装配体环境中空白位置，如图 10-68 所示。

8）单击【装配体】工具栏中的【配合】按钮，弹出【配合】的属性窗口。在【标准配合】选项组下选择【同轴心】配合类型。在【配合选择】选项组下的文本框中选择支架通孔和螺栓圆柱面，如图 10-69 所示，单击【确定】按钮，完成同轴心的配合。

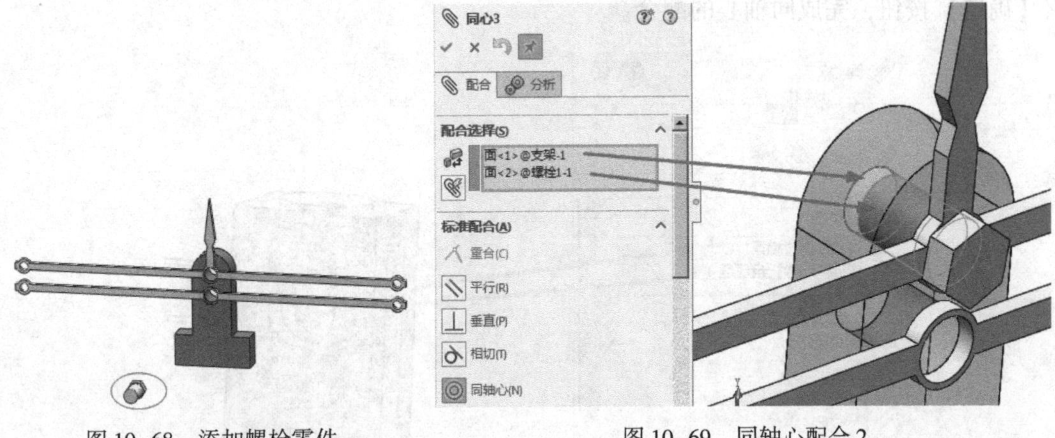

图 10-68　添加螺栓零件

图 10-69　同轴心配合 2

9）在【标准配合】选项组下选择【重合】选项。在【配合选择】选项组下的文本框中选择支架和螺栓上的两个平面，如图 10-70 所示，单击【确定】按钮，完成重合的配合。

10）继续插入零件【螺栓 1】，添加和上面同样的配合约束，使得螺栓和支架下方通孔约束在一起，最终位置如图 10-71 所示。

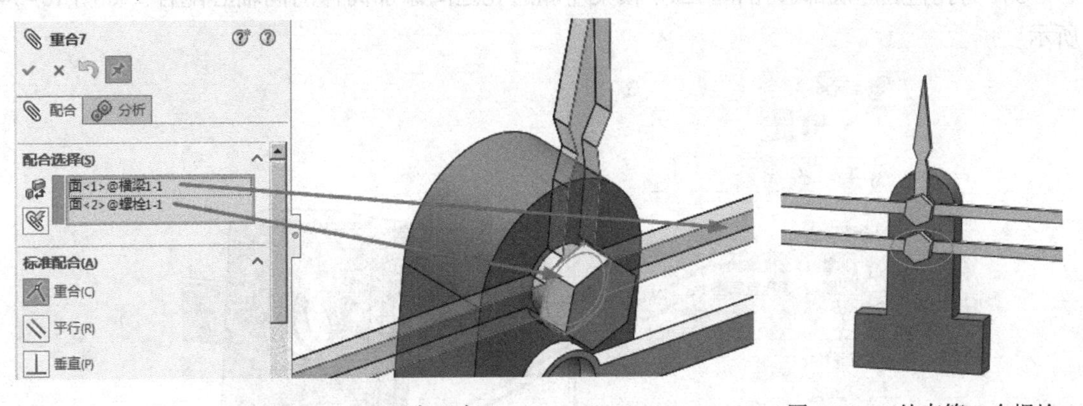

图 10-70　重合配合 2

图 10-71　约束第二个螺栓

10.4.3　插入托盘及其配件

1）单击【装配体】工具栏中的【插入零部件】按钮，弹出【插入零部件】的属性窗口。单击【浏览】按钮，选择零件【托盘底座】，单击【打开】按钮，在图形区域中合适位置单击插入，如图 10-72 所示。

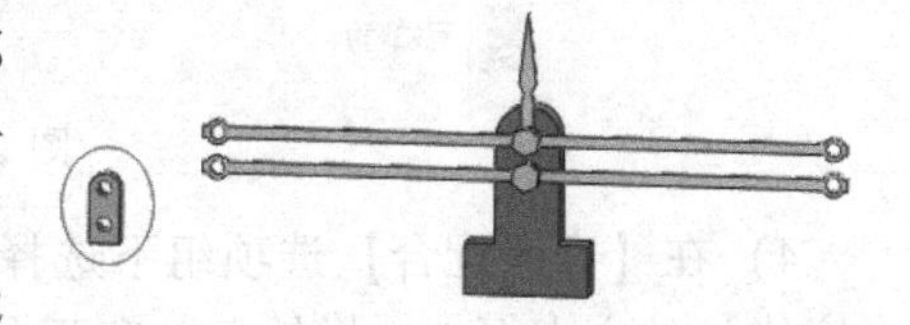

图 10-72　添加零件 1

2）单击【装配体】工具栏中的【配合】按钮，弹出【配合】的属性窗口。在【标准配合】选项组下选择【同轴心】配合类型。单击【配合选择】选项组下的文本框，然后在图形区域中选择托盘底座顶部通孔和第一个横梁左侧的通孔，如图10-73所示，单击【确定】按钮，完成同轴心的配合。

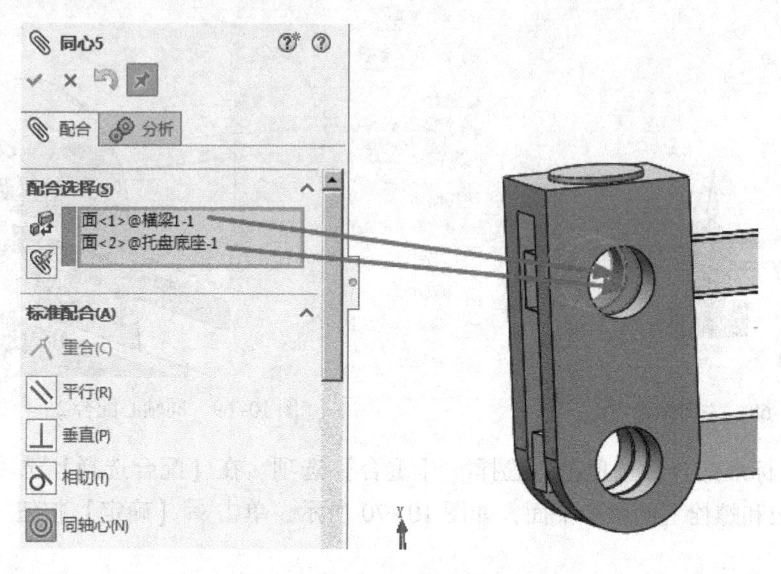

图10-73　同轴心配合1

3）为托盘底座底部通孔和第二个横梁左侧通孔之间添加同样的同轴心配合，如图10-74所示。

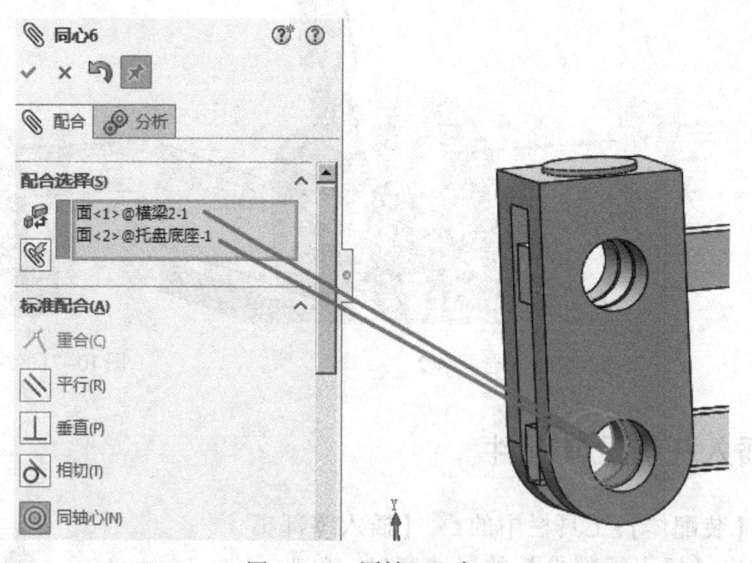

图10-74　同轴心配合2

4）在【高级配合】选项组下选择【对称】选项。在【配合选择】选项组下【要配合实体】的文本框中选择托盘底座两个侧面，【对称基准面】文本框中选择横梁的前视基准面，如图10-75所示，其他保持默认设置，单击【确定】按钮，完成对称的配合。

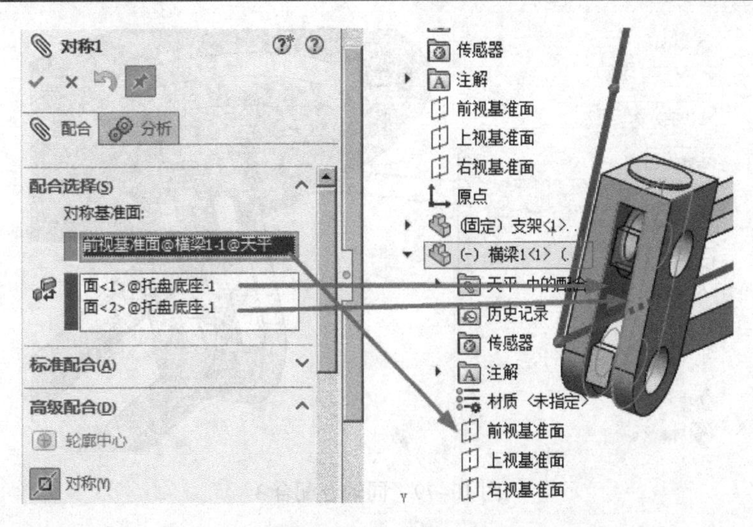

图 10-75　对称配合

5）继续插入两个零件【螺栓 2】，放置到装配体环境中空白位置，如图 10-76 所示。

6）添加和前面【螺栓 1】同样的同轴心和重合配合，使得螺栓和两个横梁左侧通孔配合，最终位置如图 10-77 所示。

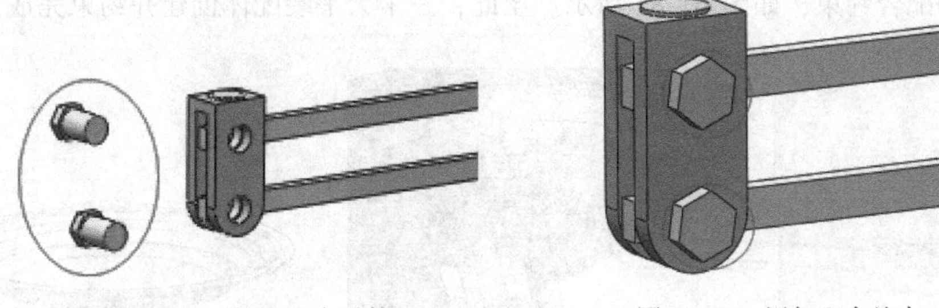

图 10-76　插入两个零件　　　　图 10-77　添加配合约束

7）继续插入零件，选择零件【托盘】，放置到装配体空白区域，如图 10-78 所示。

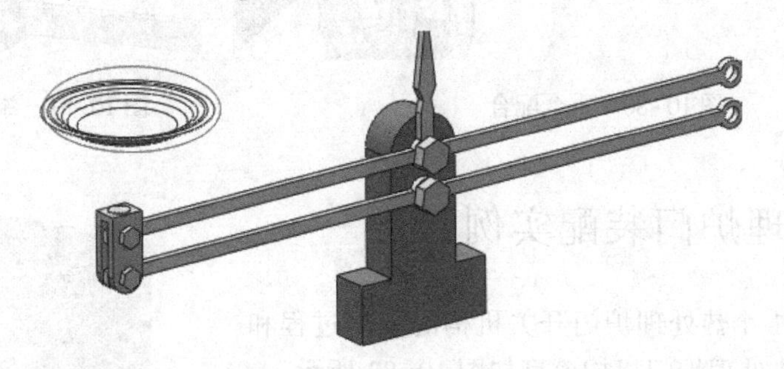

图 10-78　添加零件 2

8）单击【装配体】工具栏中的【配合】按钮，弹出【配合】的属性窗口。在【标准配合】选项组下选择【同轴心】配合类型。在【配合选择】选项组下的文本框中选择托盘底部凹槽圆形轮廓和托盘底座上方的凸台圆形轮廓，如图 10-79 所示，单击【确定】按钮，完成同轴心的配合。

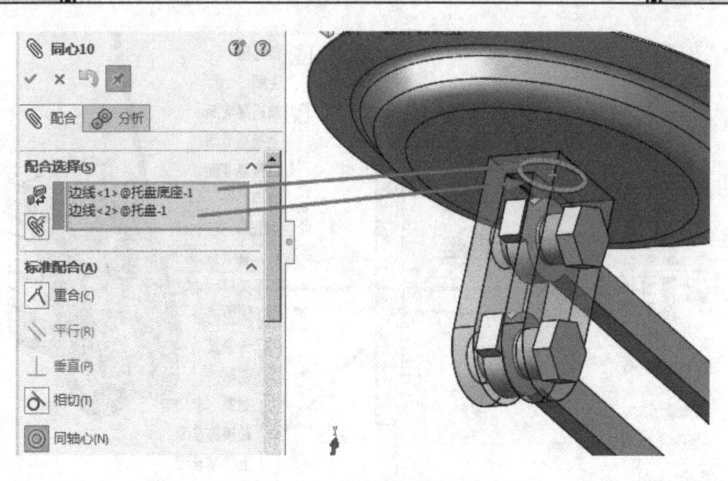

图 10-79　同轴心配合 3

9）在【标准配合】选项组下选择【重合】选项。在【配合选择】选项组下的文本框中选择支托盘底面和托盘底座的凸台上表面，如图 10-80 所示，单击【确定】按钮，完成重合的配合。

10）重复以上 1）~9）步骤，为横梁右侧的通孔添加托盘底座、两个螺栓和一个托盘，并添加同样的配合约束，如图 10-81 所示。至此，一个天平装配体创建并约束完成。

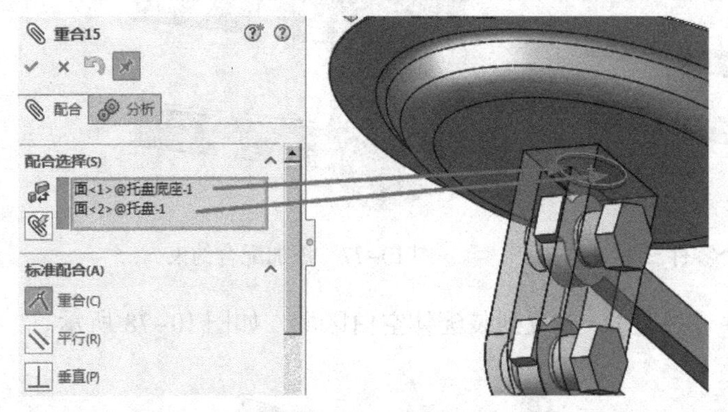

图 10-80　重合配合

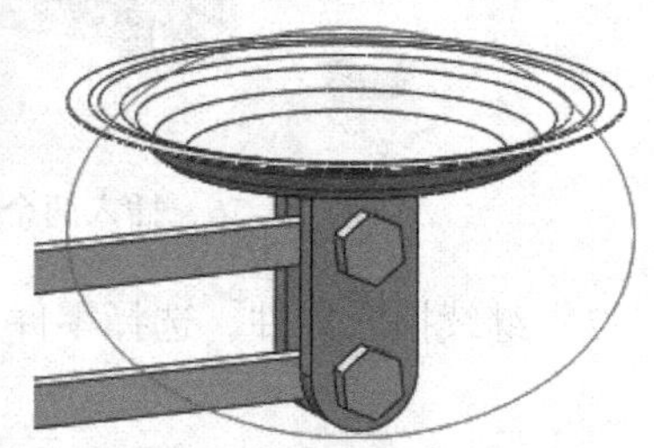

图 10-81　添加剩余零件

10.5　热处理炉门装配实例

本例将讲解 1 个热处理炉门开关机构的装配过程和动画制作过程，热处理炉门机构模型如图 10-82 所示。

主要步骤如下：

1）插入零件。

2）设置配合。

3）模拟运动。

图 10-82　热处理炉门机构模型

10.5.1 插入零件

1）启动中文版 SolidWorks 软件，单击【标准】工具栏中的【新建】按钮，弹出【新建 SolidWorks 文件】对话框，单击【装配体】按钮，再单击【确定】按钮。

2）弹出【开始装配体】对话框，单击【浏览】按钮，在相应的文件存放目录下选择【炉体】，单击【打开】按钮，在图形区域中单击以放置零件。

3）单击【装配体】工具栏中的【插入零部件】命令按钮，系统弹出【开始装配体】对话框，重复步骤 1) 和步骤 2)，将装配体所需所有零件放置在图形区域中，如图 10-83 所示。

10.5.2 设置配合

1）为了便于进行配合约束，将零部件进行旋转，单击【装配体】工具栏中的【移动零部件】下拉按钮，选择【旋转零部件】命令，弹出【旋转零部件】的属性设置，此时鼠标变为图标，旋转至合适位置，单击按钮，如图 10-84 所示。

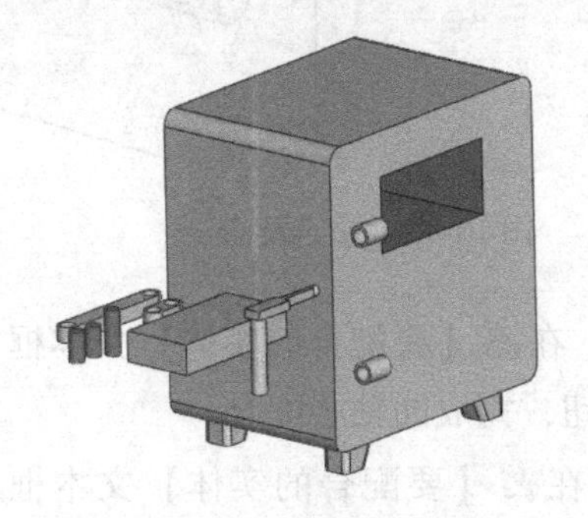

图 10-83 完成插入零件

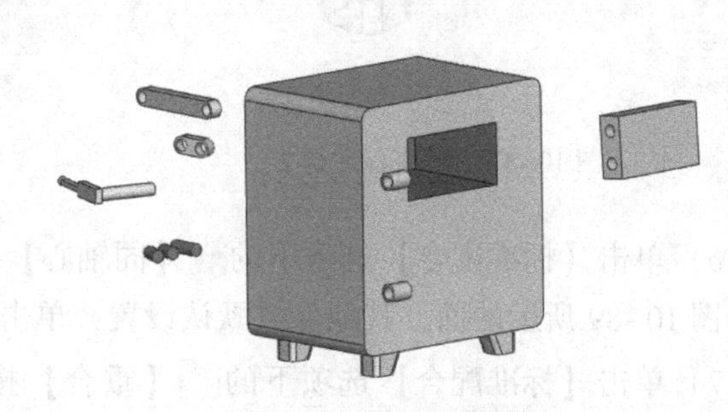

图 10-84 旋转零部件

2）单击【装配体】工具栏中的【配合】按钮，弹出【配合】的属性设置。单击【标准配合】选项下的【同轴心】按钮，在【要配合的实体】文本框中，选择图 10-85 所示的面，其他保持默认设置，单击按钮，完成同轴心配合。

3）单击【标准配合】选项下的【重合】按钮，在【要配合的实体】文本框中，选择图 10-86 所示的面，其他保持默认设置，单击按钮，完成重合配合。

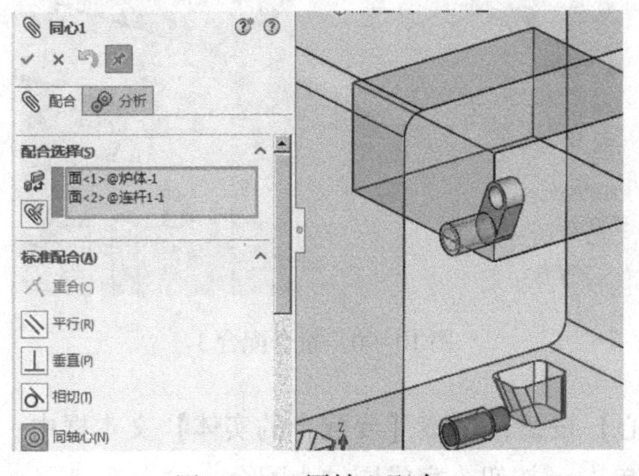

图 10-85 同轴心配合 1

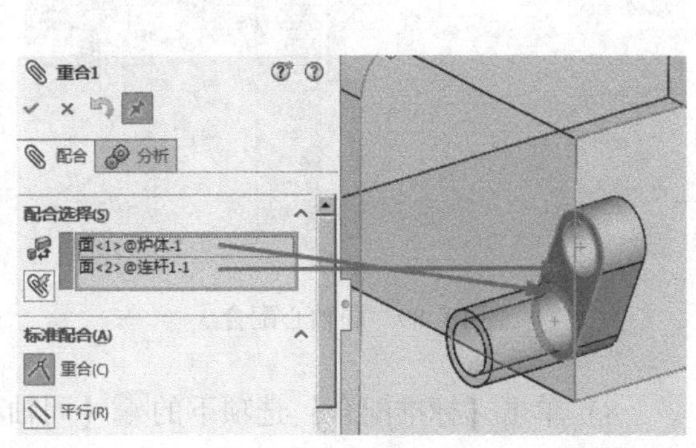

图 10-86 重合配合 1

4）单击【装配体】工具栏中的【配合】按钮，弹出【配合】的属性设置。单击【标准配合】选项下的【同轴心】按钮，在【要配合的实体】文本框中，选择图 10-87 所示的面，其他保持默认设置，单击按钮，完成同轴心配合。

5）单击【标准配合】选项下的【重合】按钮，在【要配合的实体】文本框中，选择图 10-88 所示的面，其他保持默认设置，单击按钮，完成重合配合。

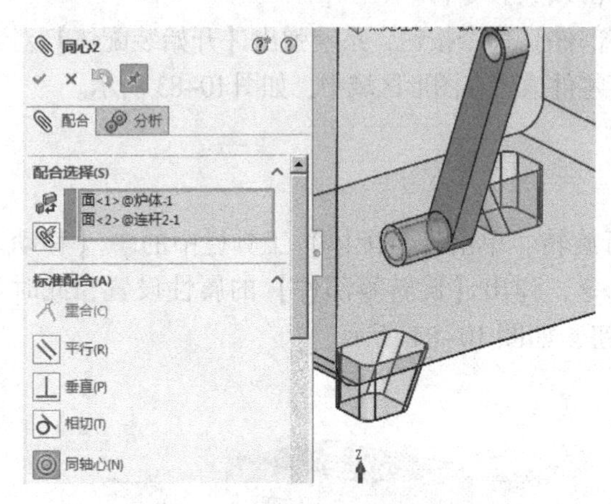

图 10-87　同轴心配合 2

图 10-88　重合配合 2

6）单击【标准配合】选项下的【同轴心】按钮，在【要配合的实体】文本框中，选择图 10-89 所示的面，其他保持默认设置，单击按钮，完成同轴心配合。

7）单击【标准配合】选项下的【重合】按钮，在【要配合的实体】文本框中，选择图 10-90 所示的面，其他保持默认设置，单击按钮，完成重合配合。

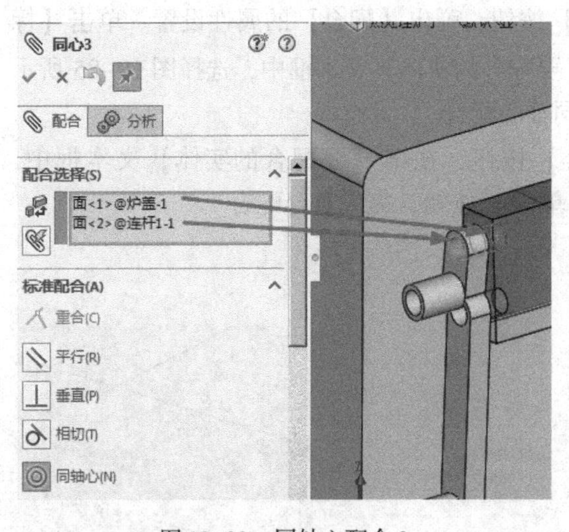

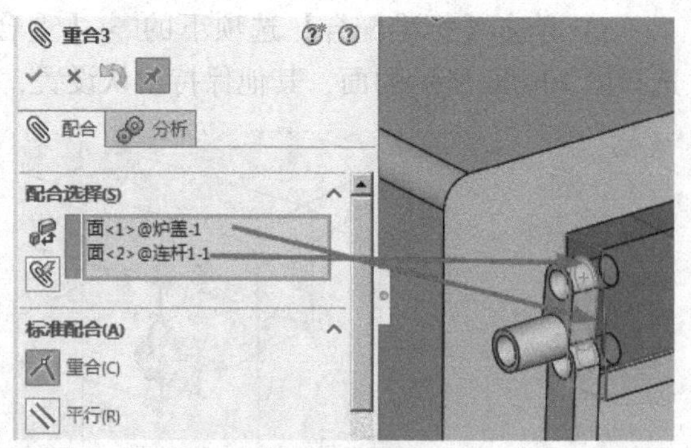

图 10-89　同轴心配合 3

图 10-90　重合配合 3

8）单击【标准配合】选项下的【同轴心】按钮，在【要配合的实体】文本框中，选择图 10-91 所示的面，其他保持默认设置，单击按钮，完成同轴心配合。

9）单击【标准配合】选项下的【重合】按钮，在【要配合的实体】文本框中，选择图 10-92 所示的面，其他保持默认设置，单击按钮，完成重合配合。

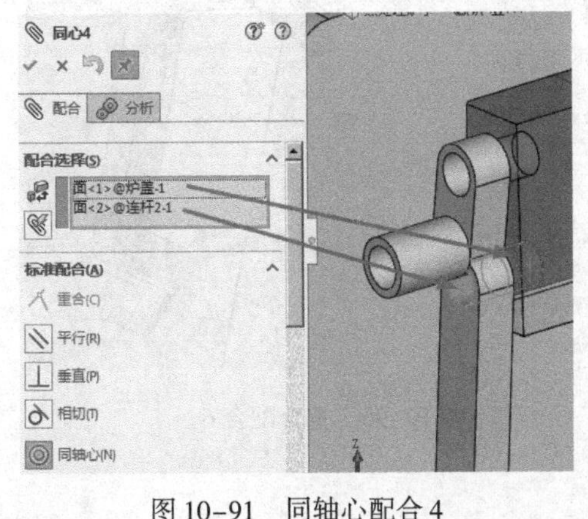

图 10-91　同轴心配合 4

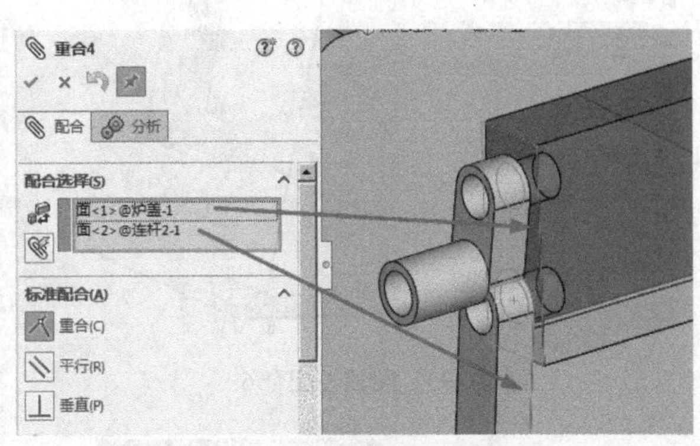

图 10-92　重合配合 4

10）单击【标准配合】选项下的【同轴心】按钮，在【要配合的实体】文本框中，选择图 10-93 所示的面，其他保持默认设置，单击按钮，完成同轴心配合。

11）单击【标准配合】选项下的【重合】按钮，在【要配合的实体】文本框中，选择图 10-94 所示的面，其他保持默认设置，单击按钮，完成重合配合。

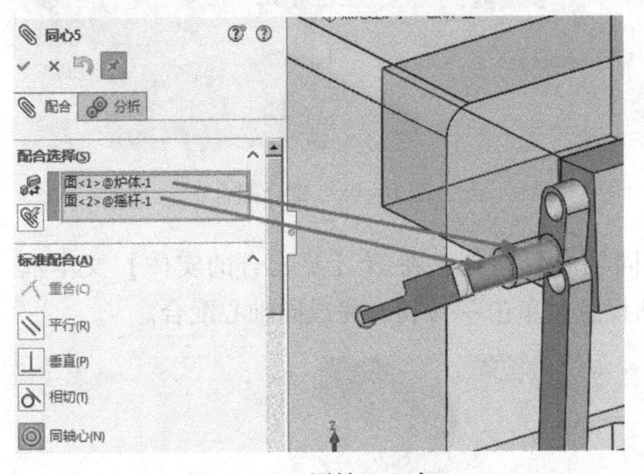

图 10-93　同轴心配合 5

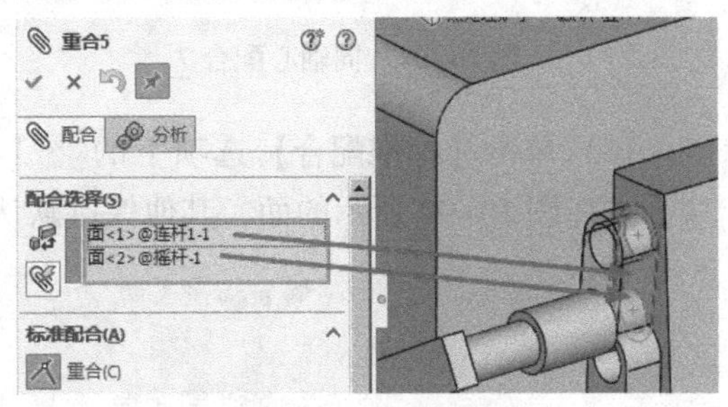

图 10-94　重合配合 5

12）单击【标准配合】选项下的【同轴心】按钮，在【要配合的实体】文本框中，选择图 10-95 所示的面，其他保持默认设置，单击按钮，完成同轴心配合。

13）单击【标准配合】选项下的【重合】按钮，在【要配合的实体】文本框中，选择图 10-96 所示的面，其他保持默认设置，单击按钮，完成重合配合。

14）单击【标准配合】选项下的【同轴心】按钮，在【要配合的实体】文本框中，选择图 10-97 所示的面，其他保持默认设置，单击按钮，完成同轴心配合。

15）单击【标准配合】选项下的【重合】按钮，在【要配合的实体】文本框中，选择图 10-98 所示的面，其他保持默认设置，单击按钮，完成重合配合。

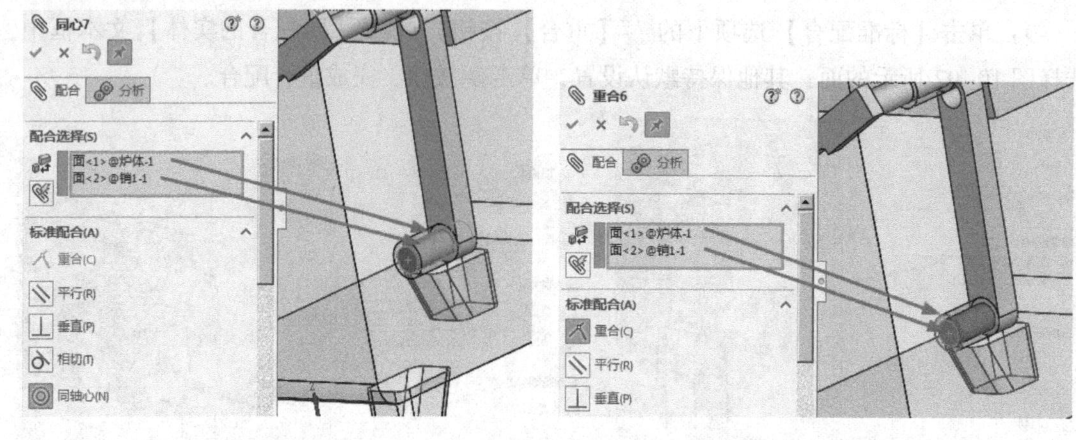

图 10-95　同轴心配合 6　　图 10-96　重合配合 6

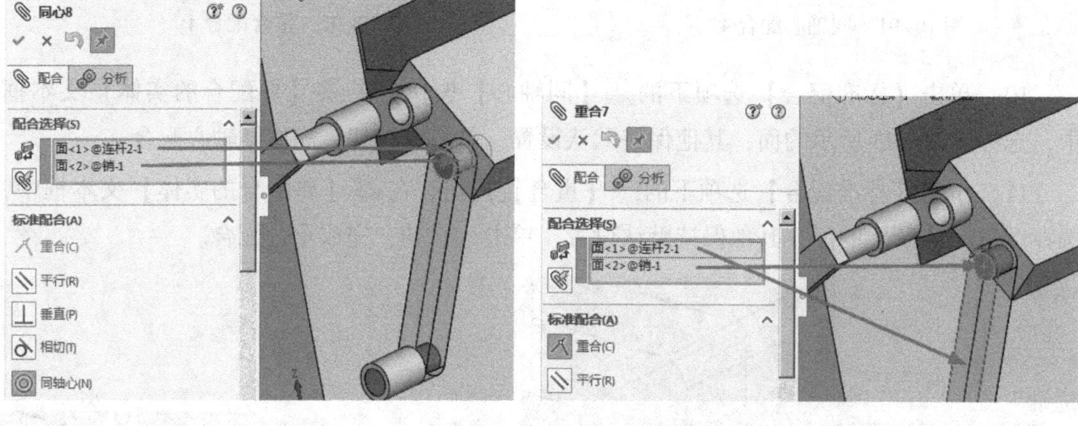

图 10-97　同轴心配合 7　　图 10-98　重合配合 7

16）单击【标准配合】选项下的◎【同轴心】按钮，在【要配合的实体】文本框中，选择图 10-99 所示的面，其他保持默认设置，单击✓按钮，完成同轴心配合。

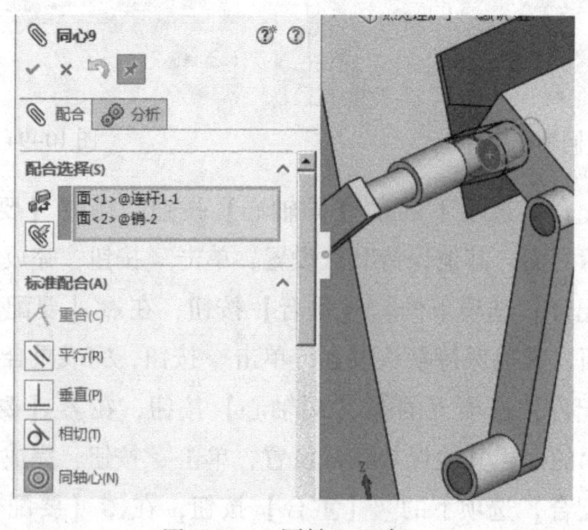

图 10-99　同轴心配合 8

17）继续配合约束，单击【标准配合】选项下的【重合】按钮，在【要配合的实体】文本框中，选择图 10-100 所示的面，其他保持默认设置，单击按钮，完成重合配合。

18）完成的【热处理炉子】装配体如图 10-101 所示。

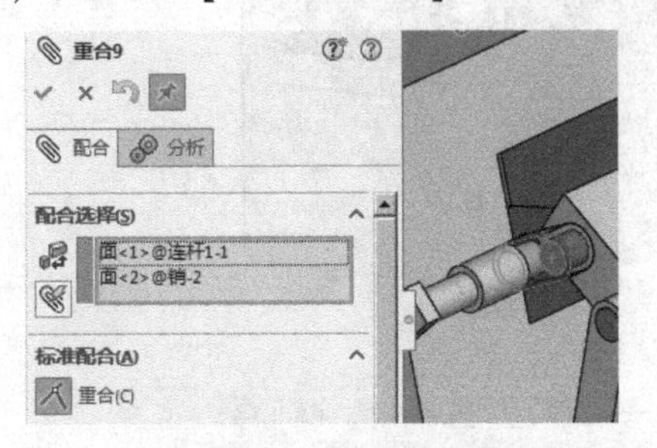

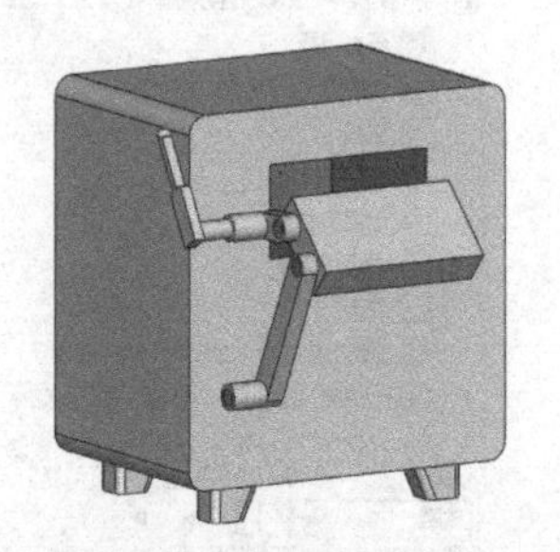

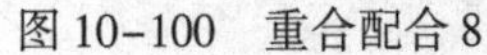
图 10-100　重合配合 8　　图 10-101　完成装配体配合约束

10.5.3　模拟运动

1）单击【运动算例】选项卡（位于图形区域下部模型选项卡右边），为装配体生成第一个运动算例，如图 10-102 所示。

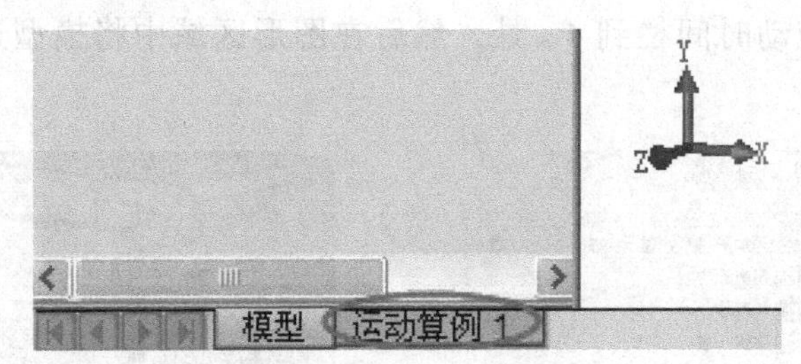

图 10-102　生成运动算例

2）当时间线处在 0 s 处，在图形区域中将装配体拖到运动开始的位置，如图 10-103 所示。

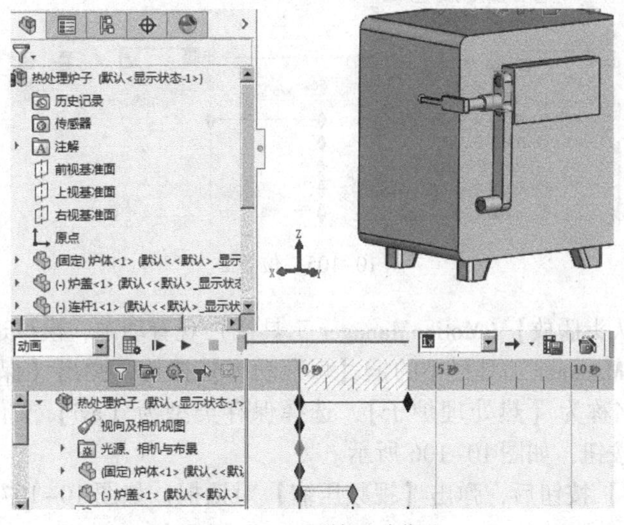

图 10-103　开始运动位置

3）在时间线中拖动时间栏到 2 s 处，然后在图形区域中将模型运动到新的位置，如图 10-104 所示。

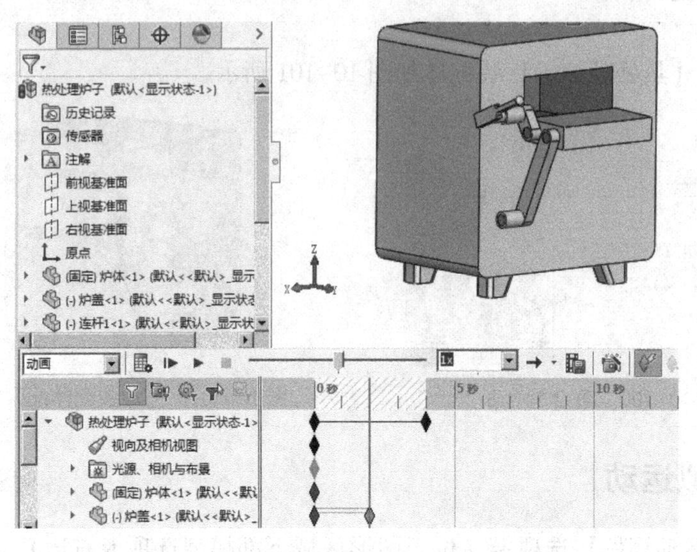

图 10-104　位置 1

4）在时间线中拖动时间栏到 4 s 处，然后在图形区域中将模型运动到新的位置，如图 10-105 所示。

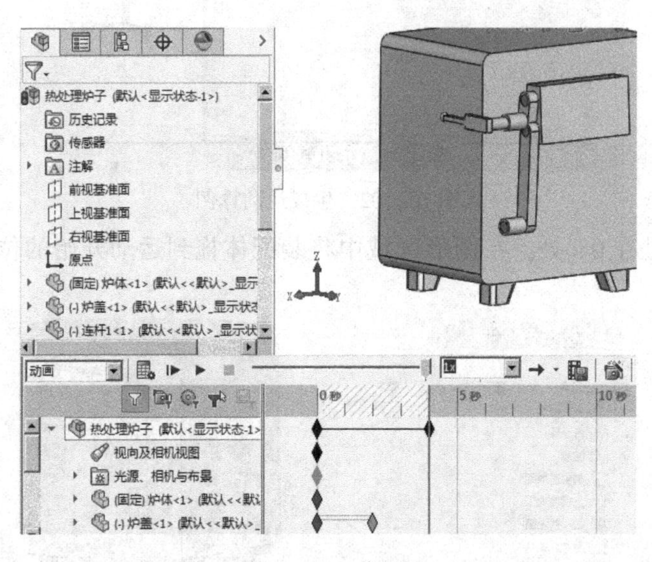

图 10-105　位置 2

5）单击【从头播放】（MotionManager 工具栏）观看动画，模拟运动完成。

6）单击 MotionManager 工具栏中的【保存动画】按钮，弹出【保存动画到文件】对话框。为文件输入名称为【热处理炉子】，选择保存类型为【avi】文件，选择保存路径，然后单击【保存】按钮，如图 10-106 所示。

7）单击【保存】按钮后，弹出【视频压缩】对话框，如图 10-107 所示，适当调整后单击【确定】按钮。

图 10-106　保存动画

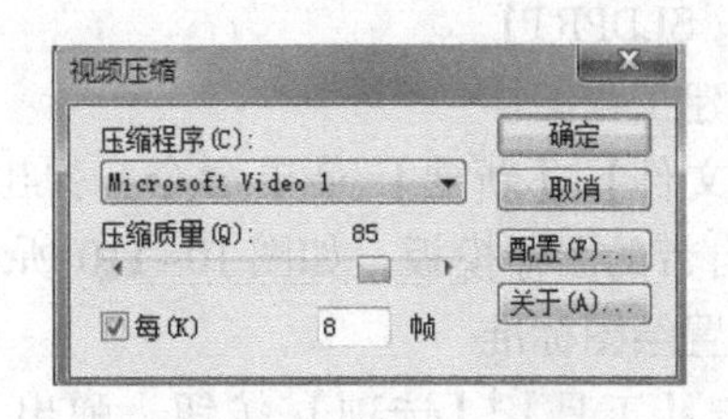

图 10-107　视频压缩

10.6　阀体零件图实例

本例将讲解阀体零件图的绘制，阀体模型如图 10-108 所示，绘制的工程图如图 10-109 所示。

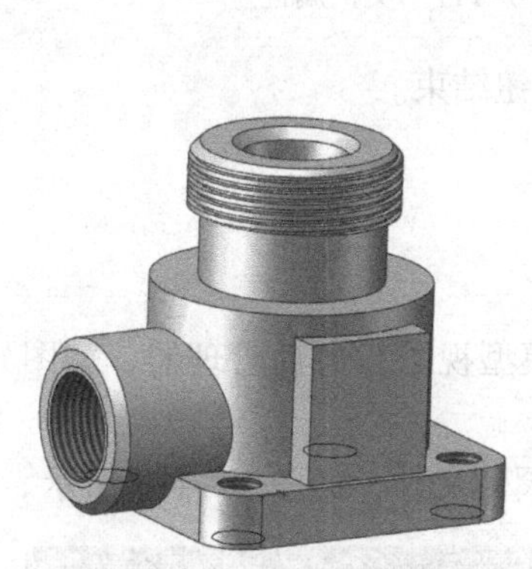

图 10-108　阀体零件模型

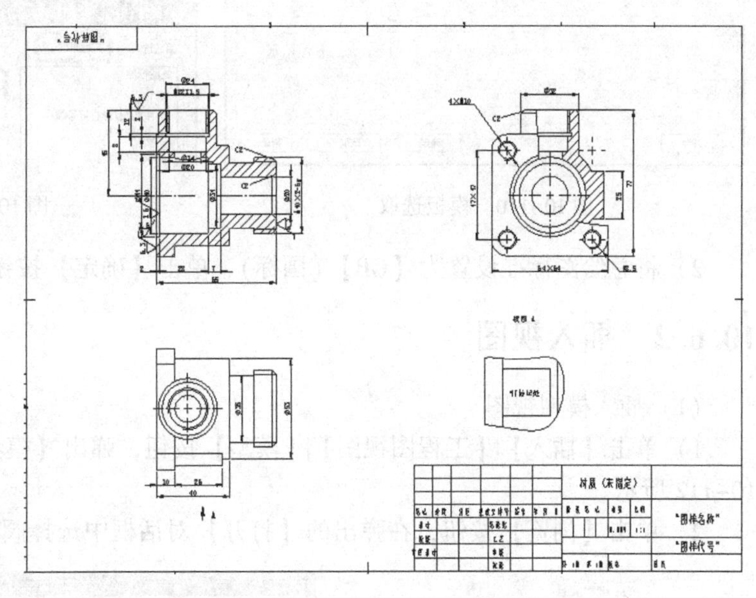

图 10-109　阀体零件工程图

主要步骤如下：

1）建立工程图前准备工作。

2）插入视图。

3）绘制剖视图。

4）标注尺寸。

5）保存文件。

10.6.1　建立工程图前准备工作

（1）打开零件

启动中文版SolidWorks，选择【文件】|【打开】菜单命令，在弹出的【打开】对话框中选择【阀体.SLDPRT】。

（2）新建工程图样

选择【文件】|【新建】菜单命令，弹出【新建】对话框，单击【高级】按钮，可选SolidWorks自带的图样模板，如图10-110所示，本例选取国标A3图样格式。

（3）设置绘图标准

1）单击【工具】|【选项】按钮，弹出【文档属性】窗体，如图10-111所示，单击【文档属性】选项卡。

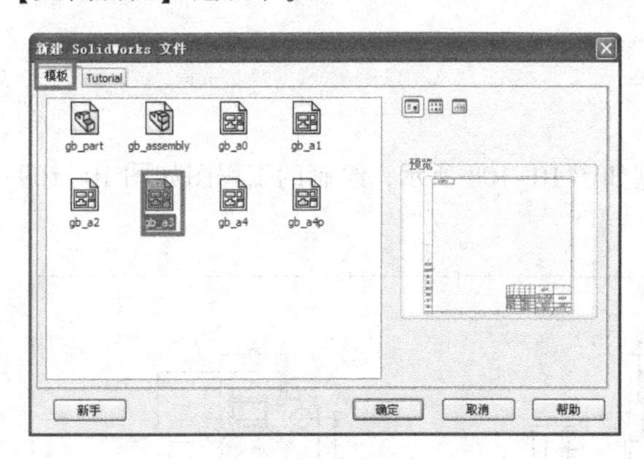

图10-110　模板选取

图10-111　文档属性

2）将总绘图标准设置为【GB】（国标），单击【确定】按钮结束。

10.6.2　插入视图

（1）插入模型视图

1）单击【插入】|【工程图视图】|【模型】按钮，弹出【模型视图】属性管理器，如图10-112所示。

2）单击【浏览】按钮，在弹出的【打开】对话框中选择阀体文件，如图10-113所示。

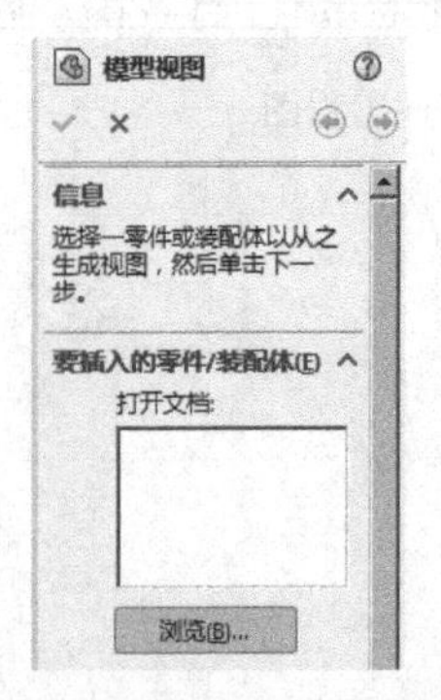

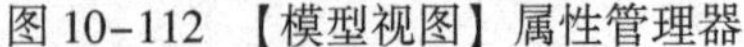
图10-112　【模型视图】属性管理器

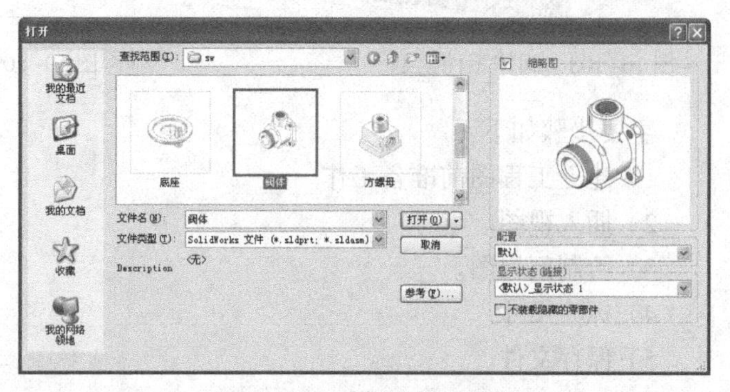

图10-113　【打开】对话框

3）单击✔按钮，弹出【模型视图】属性管理器，在【方向】选项卡单击【左视】按钮，如图 10-114 所示，在图样上选择适当的位置单击，放置视图。

4）放置完前视图后，分别向左、向下移动鼠标，将自动产生模型的投影视图的左视图和俯视图，单击鼠标放置，最后按〈Esc〉键退出。

（2）显示工程视图

1）插入完模型后，如图 10-115 所示。

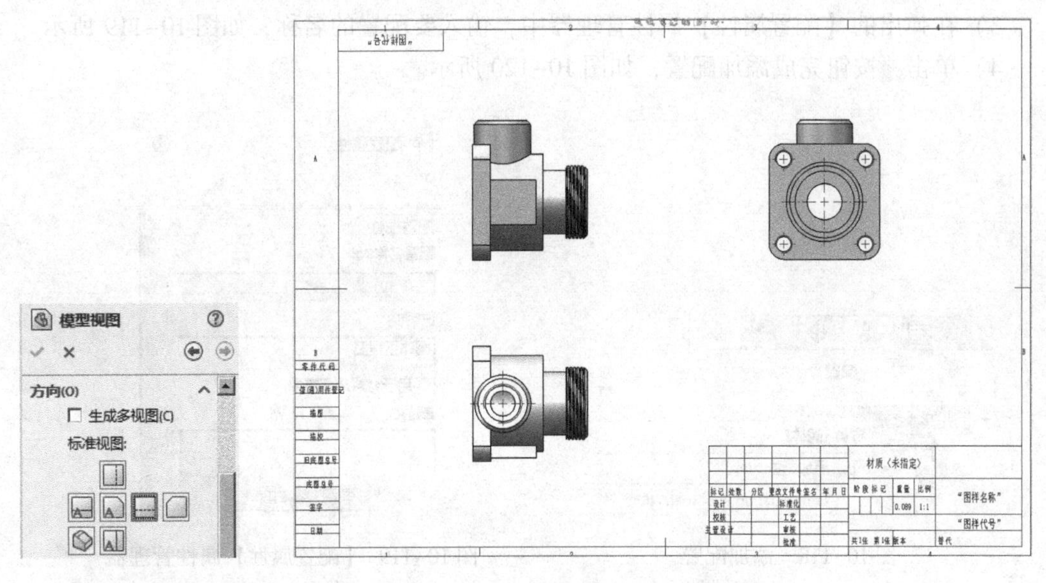

图 10-114　确定视图方向　　　　图 10-115　模型视图

2）将实体视图改为工程视图，单击图中的主视图，将弹出【工程图视图 1】属性管理器，如图 10-116 所示。

3）在【显示样式】一栏中单击【隐藏线可见】按钮，单击✔按钮，隐藏线可见后的视图如图 10-117 所示。

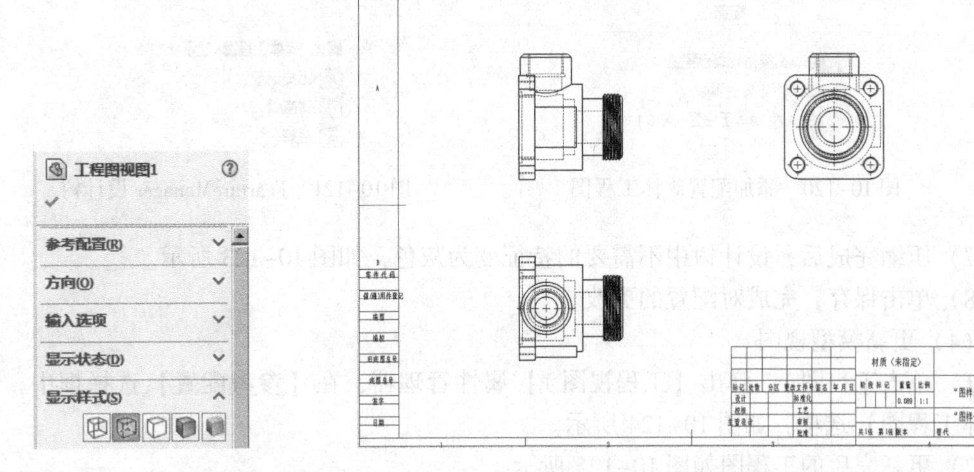

图10-116　【工程图视图】属性管理器　　　　图 10-117　模型视图工程图

(3) 修改模型参考配置

由于螺纹的工程图绘制与一般零件有较大区别，在利用 SolidWorks 设计出三维图形后并不能马上得到准确的二维图形，还需对其进行适当的技术处理，才能得到准确的工程图形。

1) 选择【文件】|【打开】菜单命令，打开阀体文件。

2) 单击配置管理器，单击右键，选择【添加配置】快捷命令，如图 10-118 所示。

3) 在弹出的【配置属性】属性管理器中，输入要配置的名称，如图 10-119 所示。

4) 单击✓按钮完成添加配置，如图 10-120 所示。

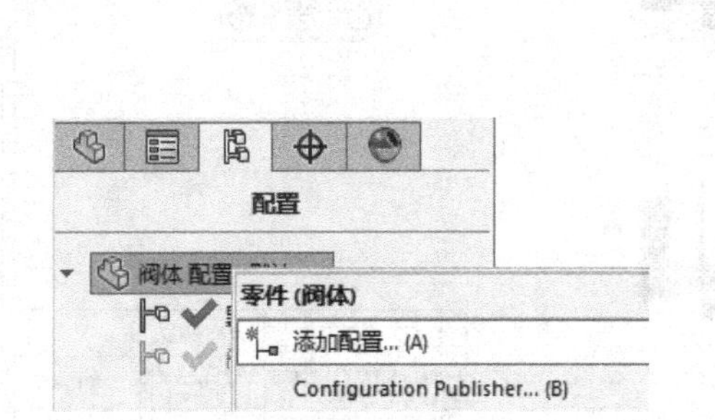

图 10-118 添加配置

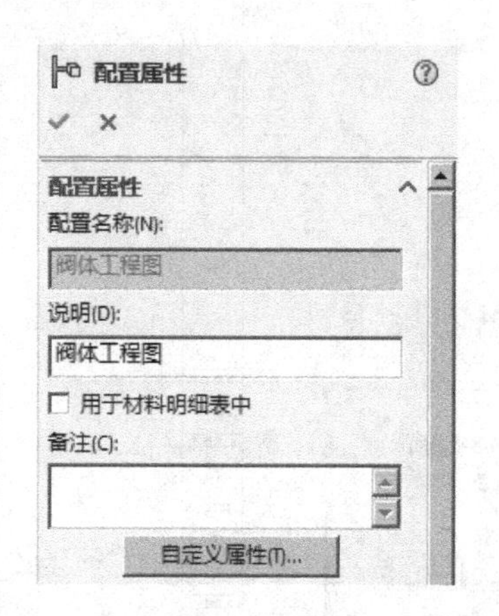

图 10-119 【配置属性】属性管理器

5) 双击新添加的配置，查看此时设计树中零件名称后的括号内是否显示“阀体工程图”，如图 10-121 所示。

6) 在设计树中单击工程图中不需要的特征，并在快捷菜单中单击【压缩】按钮，以达到隐藏此特征的目的，如图 10-122 所示。

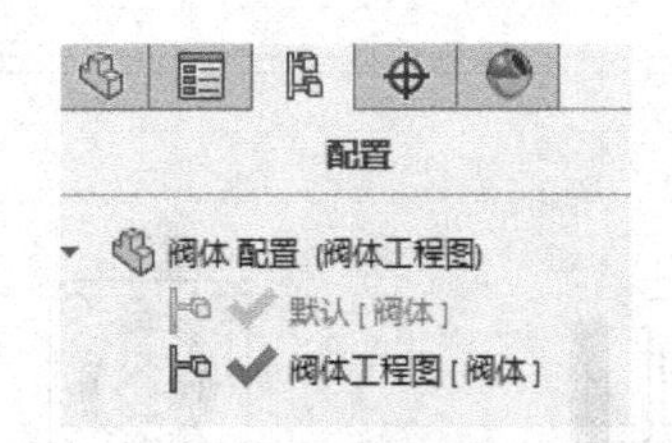

图 10-120 添加配置阀体工程图

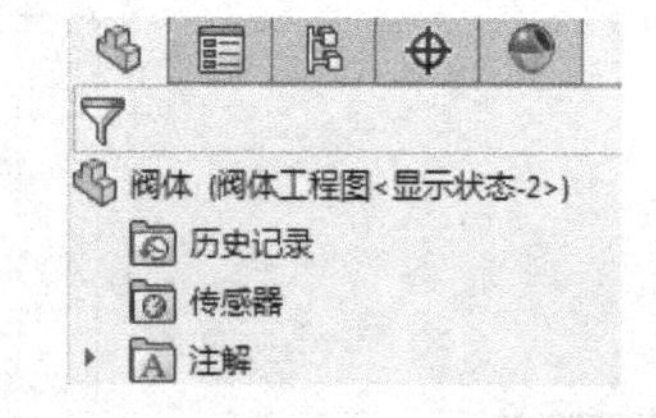

图 10-121 FeartureManager 设计树

7) 压缩完成后，设计树中不需要的特征变为灰色，如图 10-123 所示。

8) 单击保存，完成对配置的更改。

(4) 更新模型视图

1) 单击工程图 1，弹出【工程视图 1】属性管理器，在【参考配置】选择框中，选择【阀体工程图】选项，如图 10-124 所示。

2) 更新完后的工程图如图 10-125 所示。

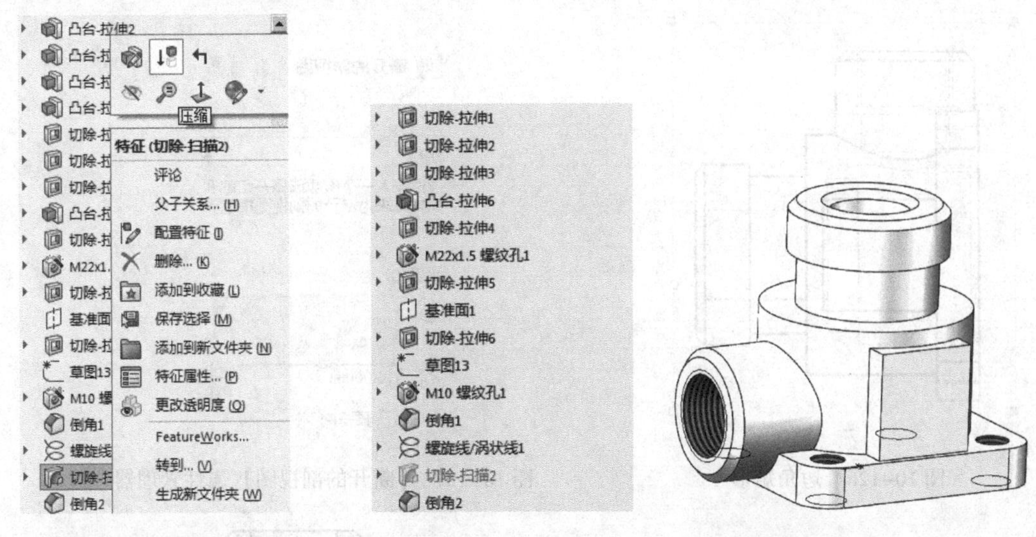

图 10-122　压缩特征　　　　图 10-123　压缩后的模型

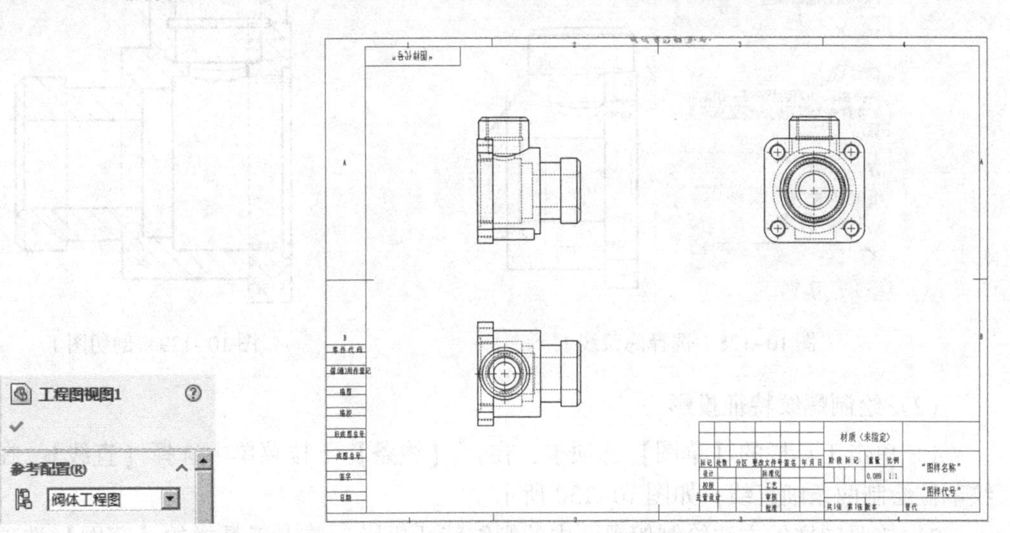

图 10-124　更改工程图中的参考配置　　　　图 10-125　隐藏特征后的工程图

10.6.3　绘制剖面图

（1）绘制主视图全剖图

1）单击工具栏中的【草图】选项卡，在【矩形】下拉菜单中选择【边角矩形】，然后用矩形框住主视图，如图 10-126 所示。

2）按住〈Ctrl〉键，选择刚刚绘制的四条矩形的边，单击工具栏的【视图布局】选项卡，单击【断开的剖视图】按钮，弹出【断开的剖视图】属性管理器，如图 10-127 所示。

3）从主视图中选择一条隐藏线，如图 10-128 所示。

4）单击按钮，生成的剖切图如图 10-129 所示。

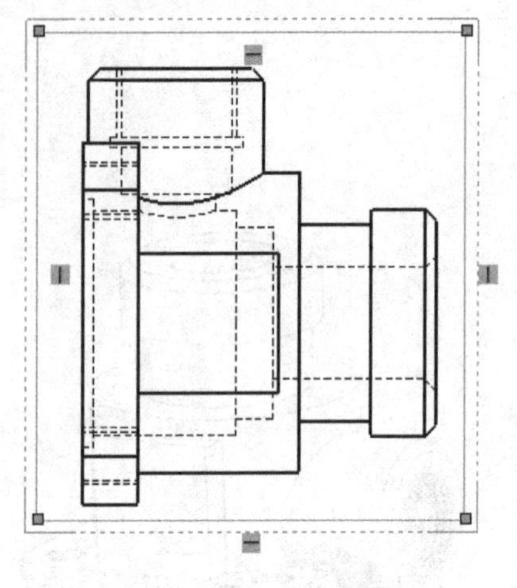
图 10-126　边角矩形

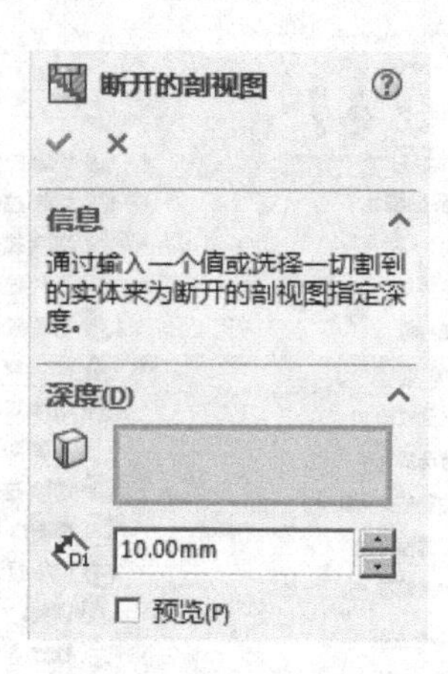

图 10-127　【断开的剖视图】属性管理器

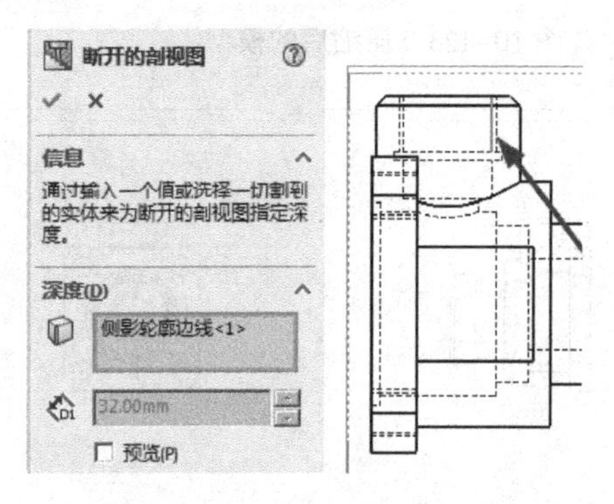

图 10-128　选择隐藏线 1

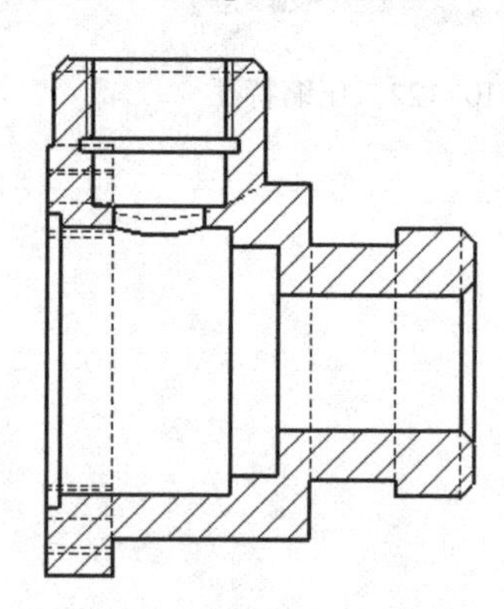
图 10-129　剖切图 1

（2）绘制螺纹特征投影

1）单击工具栏的【草图】选项卡，在【线条】下拉菜单中选择【直线】，在图中螺纹部位绘制两条细直线，如图 10-130 所示。

2）按照同样的方法绘制俯视图中的螺纹特征投影，单击工具栏的【草图】选项卡，在【线条】下拉菜单中选择【直线】，在俯视图中螺纹部位绘制两条细直线，如图 10-131 所示。

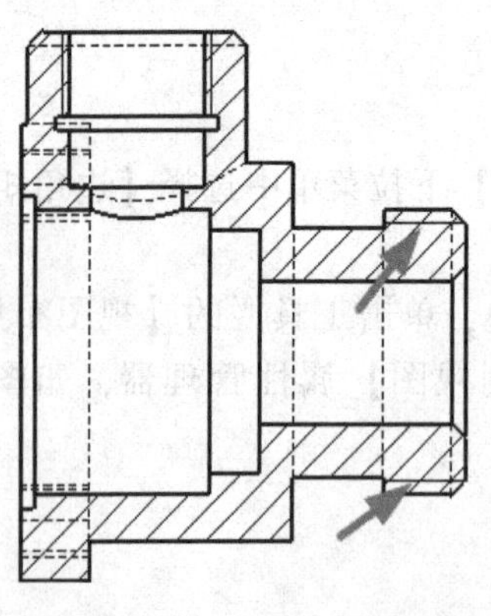
图 10-130　绘制螺纹特征投影

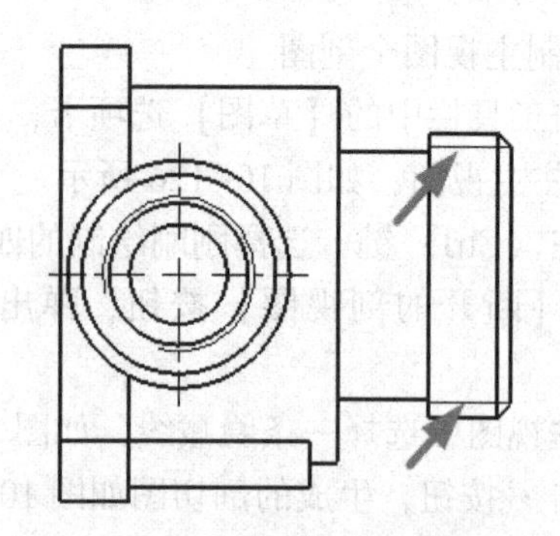
图 10-131　绘制俯视图中的螺纹特征投影

(3) 绘制左视图的断开剖视图

1) 单击工具栏的【草图】选项卡，在【曲线】下拉菜单中选择【样条曲线】选项，然后绘制一条闭环曲线，如图 10-132 所示。

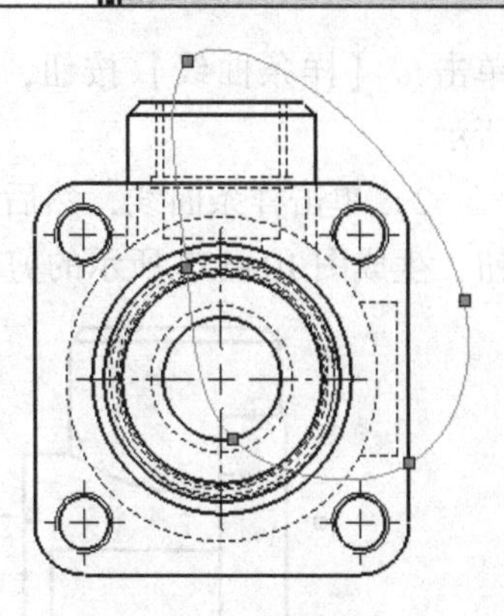
图 10-132　样条曲线 1

2) 选择刚刚绘制的闭环曲线，单击工具栏的【视图布局】选项卡，单击【断开的剖视图】按钮，从主视图中选择一条隐藏线，如图 10-133 所示。

3) 单击按钮，生成的剖切图如图 10-134 所示。

(4) 绘制俯视图的辅助视图

1) 单击工具栏的【视图布局】选项卡，单击【辅助视图】按钮，系统提示选择一条边线来继续视图的生成。

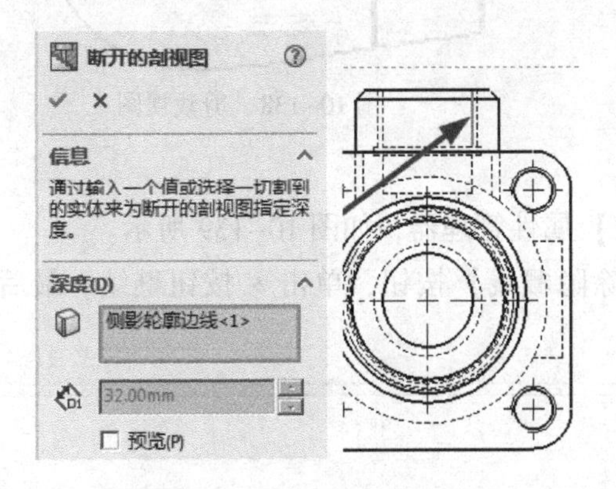

图 10-133　选择隐藏线 2

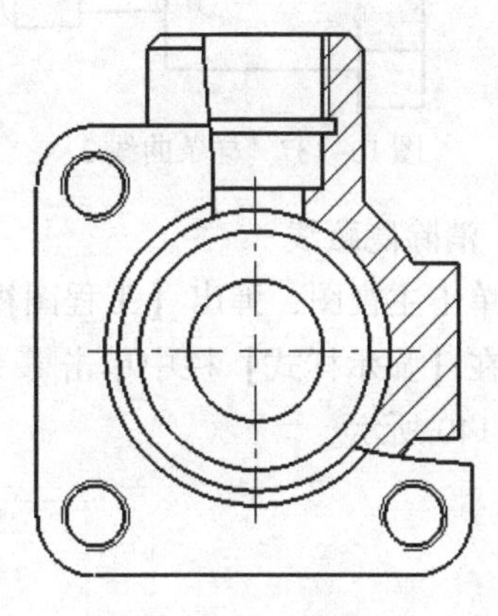
图 10-134　剖切图 2

2) 单击图中箭头指示边线，如图 10-135 所示。

3) 在工程图样上选择合适的位置单击，放置视图，单击按钮继续，如图 10-136 所示。

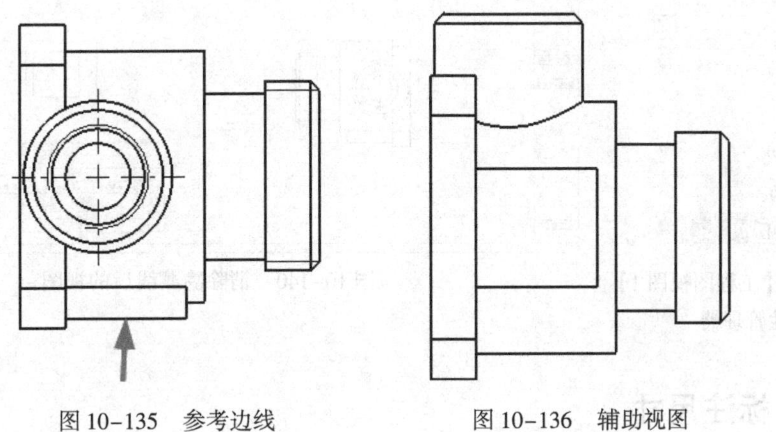
图 10-135　参考边线　　图 10-136　辅助视图

(5) 剪裁辅助视图

1) 为了精简工程图，对不需要的视图部位进行剪裁，单击工具栏的【草图】选项卡，单击【样条曲线】按钮，在图中要保留的部分绘制一条闭环样条曲线，如图 10－137 所示。

2）单击样条曲线，然后单击工具栏的【视图布局】选项卡，单击【剪裁视图】按钮，生成图 10-138 所示的剪裁视图。

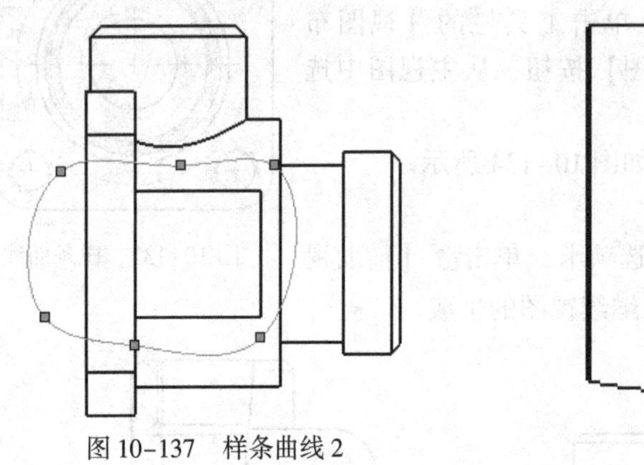

图 10-137　样条曲线 2

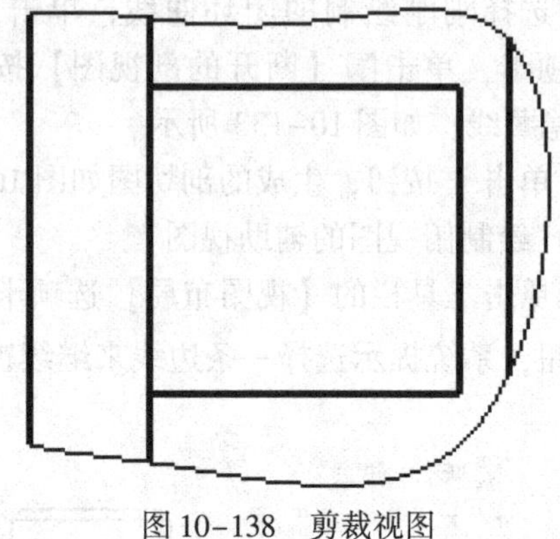

图 10-138　剪裁视图

（6）消除隐藏线

1）单击主视图，弹出【工程图视图 1】属性管理器，如图 10-139 所示。

2）在【显示样式】栏中单击【消除隐藏线】按钮，单击按钮继续。最后的视图如图 10-140 所示。

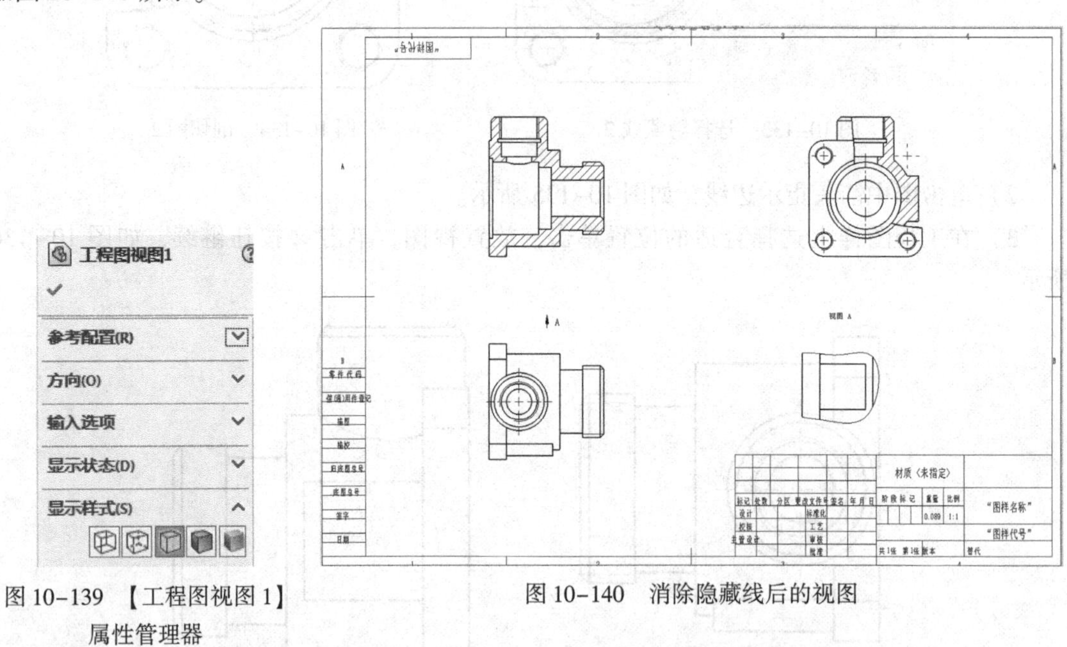

图 10-139　【工程图视图 1】属性管理器

图 10-140　消除隐藏线后的视图

10.6.4　标注尺寸

（1）使用自动标注为工程图标注

1）单击工具栏的【注解】选项卡，单击按钮，弹出【模型项目】属性管理器，如

图 10-141 所示。

2）在【来源】中选择【整个模型】，取消勾选【将项目输入到所有视图】选项，【尺寸】栏中选中【为工程图标注】、【没为工程图标注】、【实例/圈数计数】、【异型孔向导轮廓】。单击按钮，标注后的工程图如图 10-142 所示。

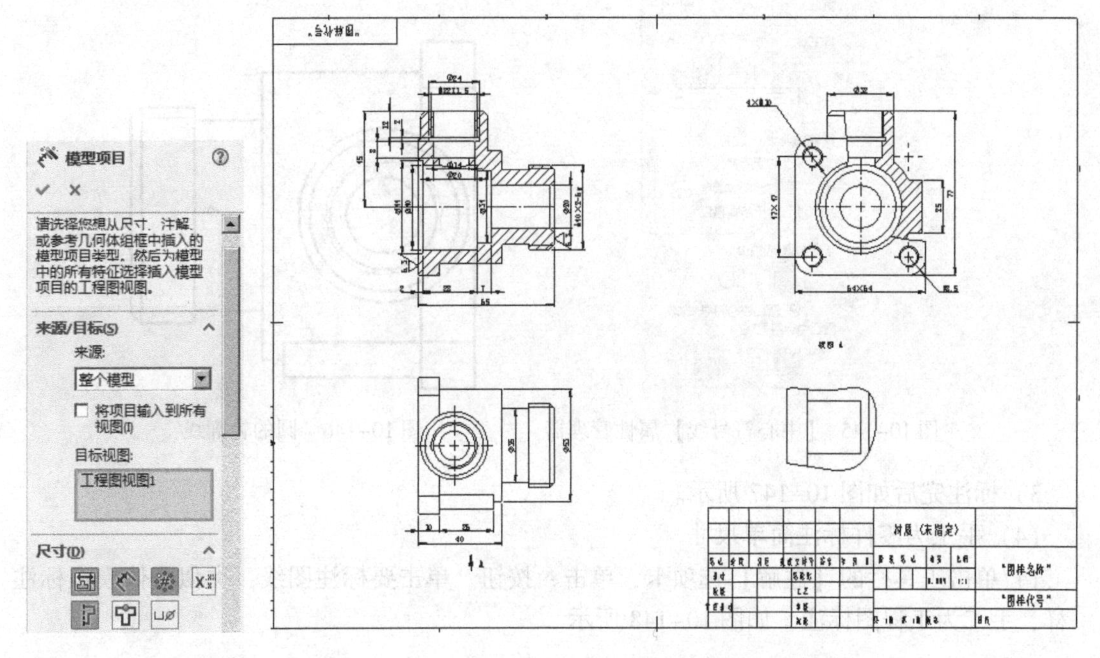

图 10-141　模型项目　　　　图 10-142　自动标注完尺寸的视图

（2）标注中心线

1）单击工具栏的【中心线】按钮，弹出【中心线】对话框。

2）单击两条水平轮廓线，如图 10-143 所示。

3）标注后的中心线如图 10-144 所示。

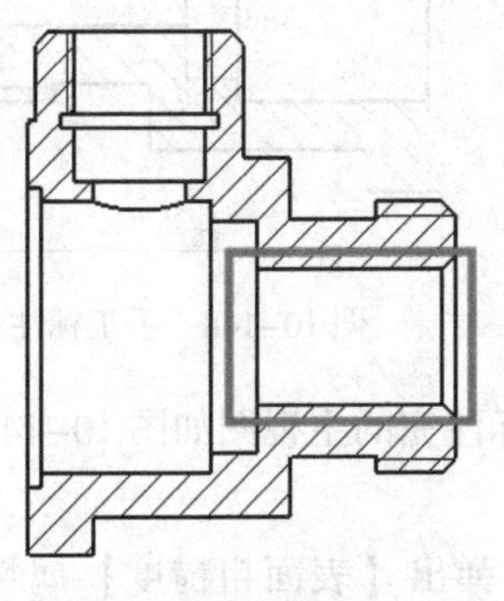

图 10-143　标注的中心线

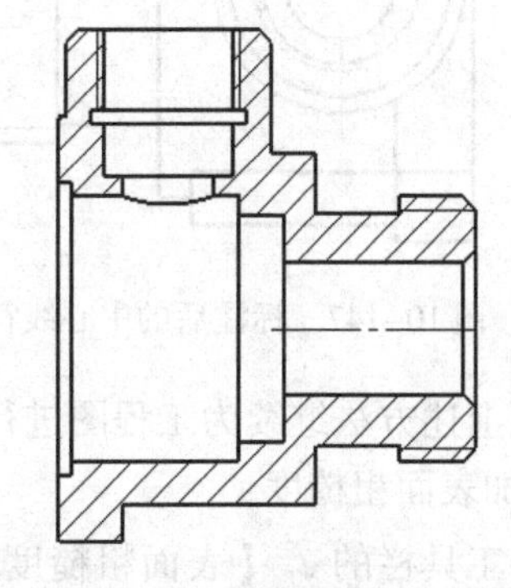

图 10-144　标注后的中心线

4）以此类推，将整个工程图的孔/轴类部件全部标上中心线。

（3）标注中心符号线

1）单击工具栏的【中心符号线】按钮，弹出【中心符号线】属性管理器，如图 10-145

所示，选中【选项】一栏中【单一中心符号线】。

2）单击圆的轮廓线，如图 10-146 所示。

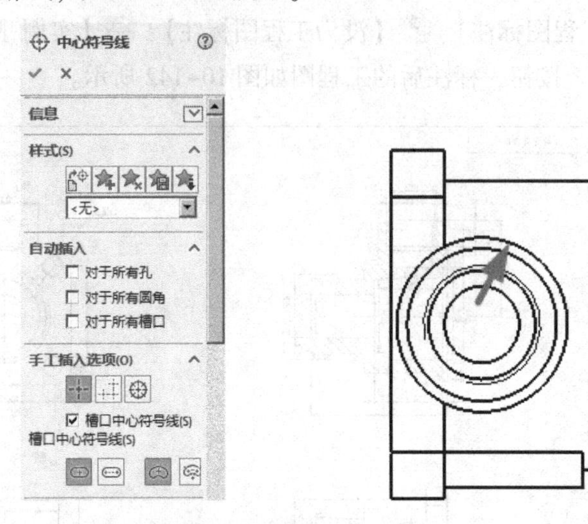

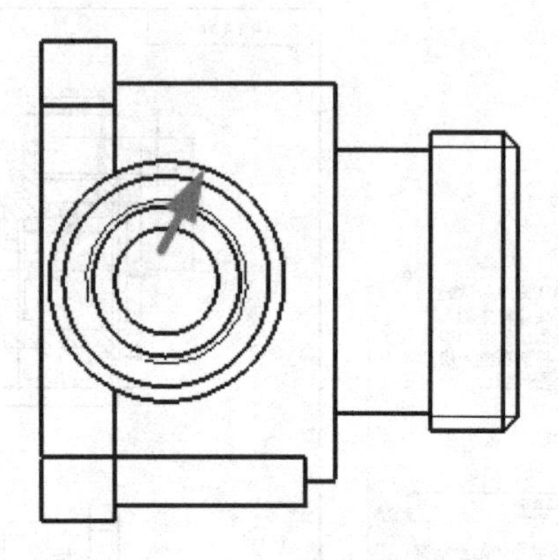

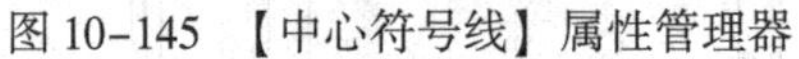

图 10-145 【中心符号线】属性管理器　　图 10-146　圆的轮廓线

3）标注完后如图 10-147 所示。

（4）手工为零件标注简单尺寸

1）单击工具栏的【注解】选项卡，单击按钮。单击要标注图线，类似实体模型标注一样，手工为工程图标注，如图 10-148 所示。

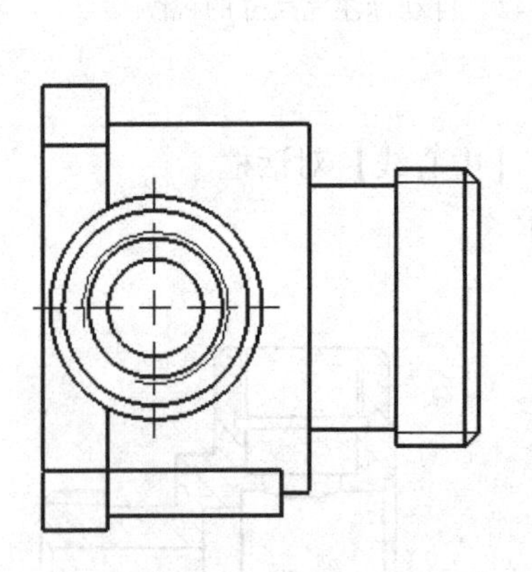

图 10-147　标注后的中心线符号

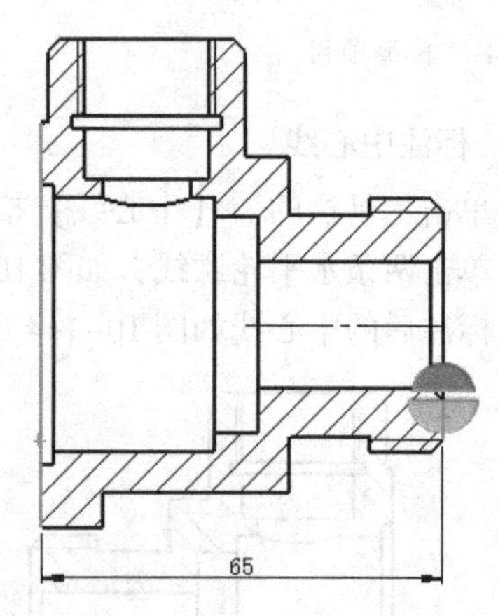

图 10-148　手工标注

2）按照上述方法继续为工程图进行简单标注，标注完的主视图如图 10-149 所示。

（5）添加表面粗糙度

1）单击工具栏的【表面粗糙度符号】按钮，弹出【表面粗糙度】属性管理器，如图 10-150 所示。

2）在【符号】选择框内选择所需要的符号，并在符号布局内填写表面粗糙度，根据标注位置调整角度大小，在图样上需要标注的位置单击放置粗糙度符号，单击完成，如图 10-151 所示。

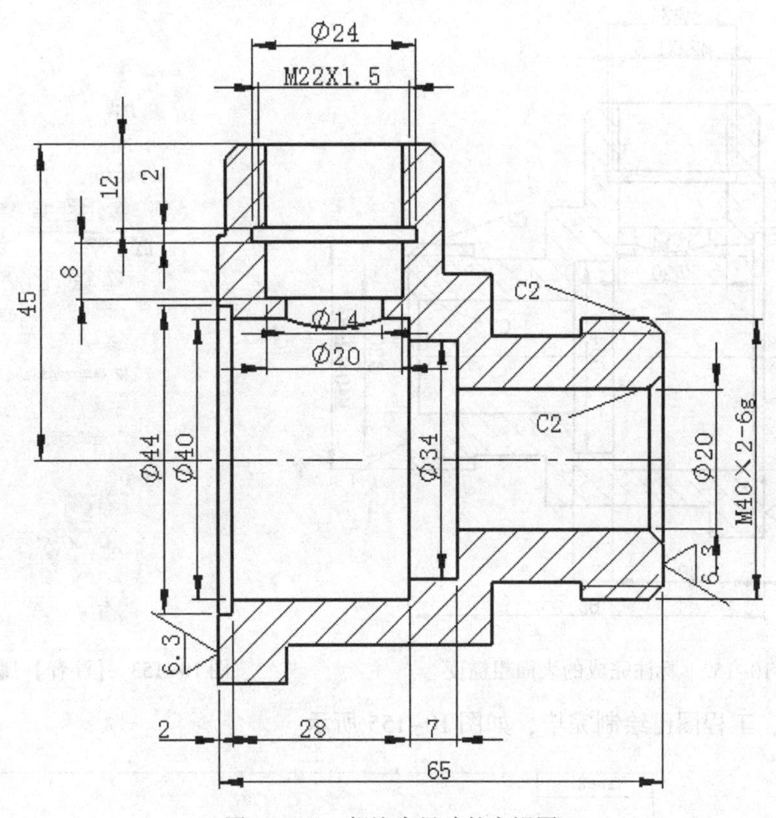

图 10-149　标注完尺寸的主视图

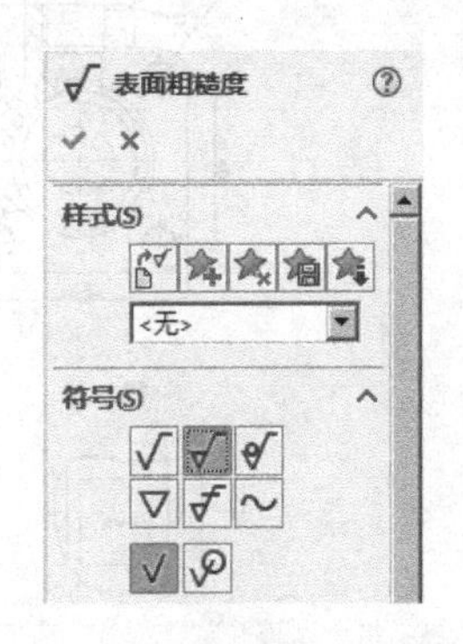

图 10-150　【表面粗糙度】属性管理器

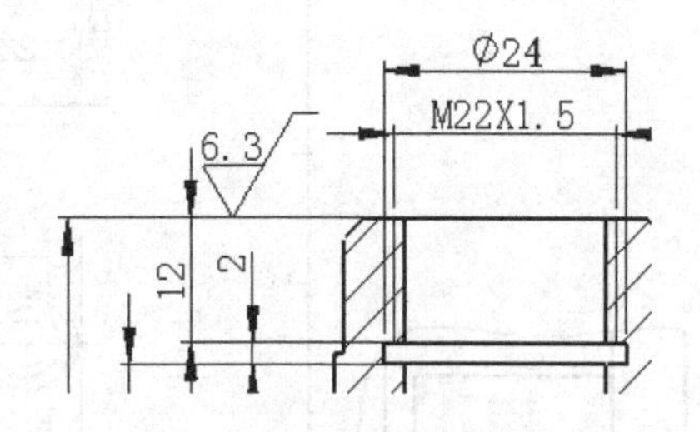

图 10-151　表面粗糙度符号

3）修改表面粗糙度对话框内填写的数字，继续在工程图中放置粗糙度标注，如图 10-152 所示。

（6）添加注释

1）单击工具栏的 A【注释】按钮，弹出【注释】属性管理器，如图 10-153 所示。

2）在局部视图上单击，输入注释，如图 10-154 所示，单击✓按钮结束。

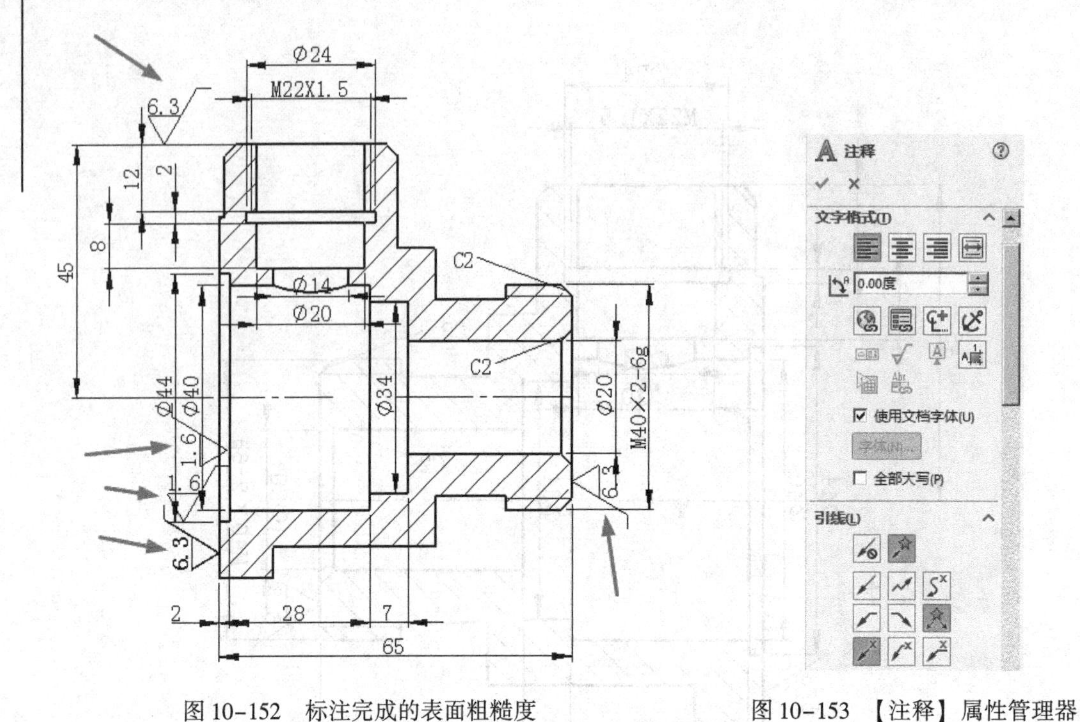

图 10-152　标注完成的表面粗糙度　　　　图 10-153　【注释】属性管理器

3）至此，工程图已绘制完毕，如图 10-155 所示。

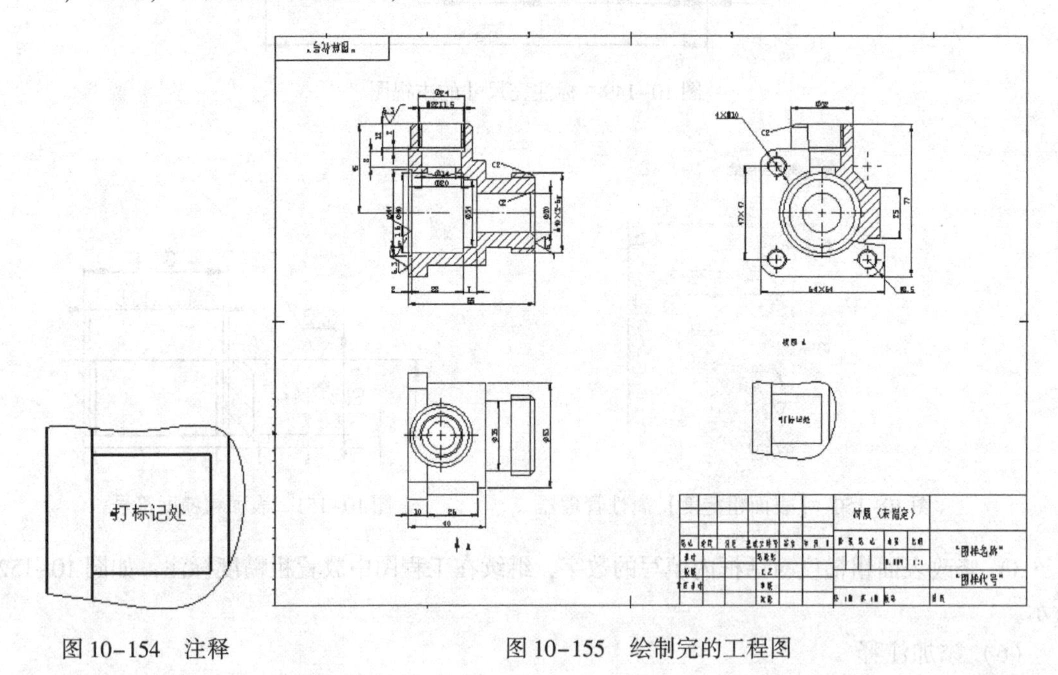

图 10-154　注释　　　　图 10-155　绘制完的工程图

10.6.5　保存文件

（1）常规保存

如同编辑其他的文档一样，单击工具栏的【保存】按钮即可保存文件。

（2）保存分离的工程图

1）选择【文件】|【另存为】菜单命令，弹出【另存为】对话框，如图10-156所示。

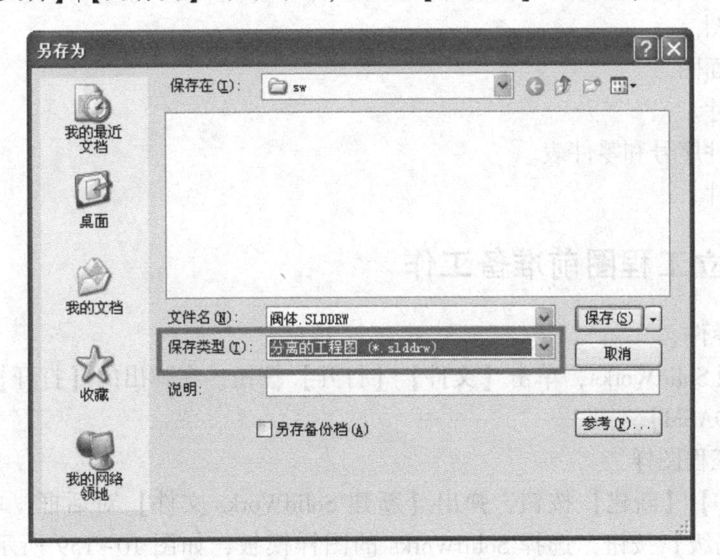

图10-156 【另存为】对话框

2）在保存类型中选择【分离的工程图.slddrw】，可保存为与三维模型无关的工程图。

10.7 工程图实例

本例将讲解钻床夹具（装配体模型见图10-157）装配图的制作过程，装配图如图10-158所示。

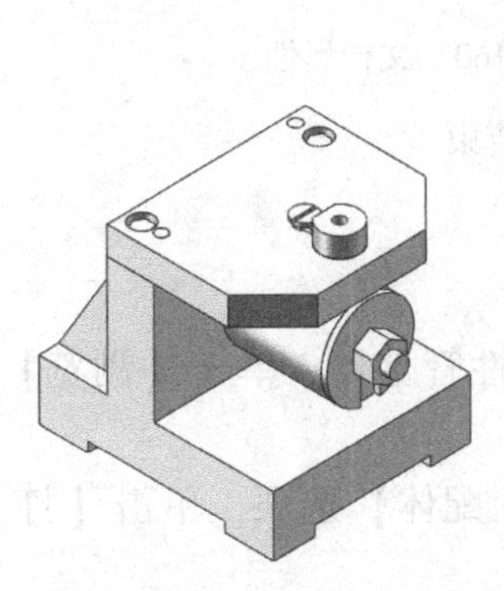

图10-157 钻床夹具装配体

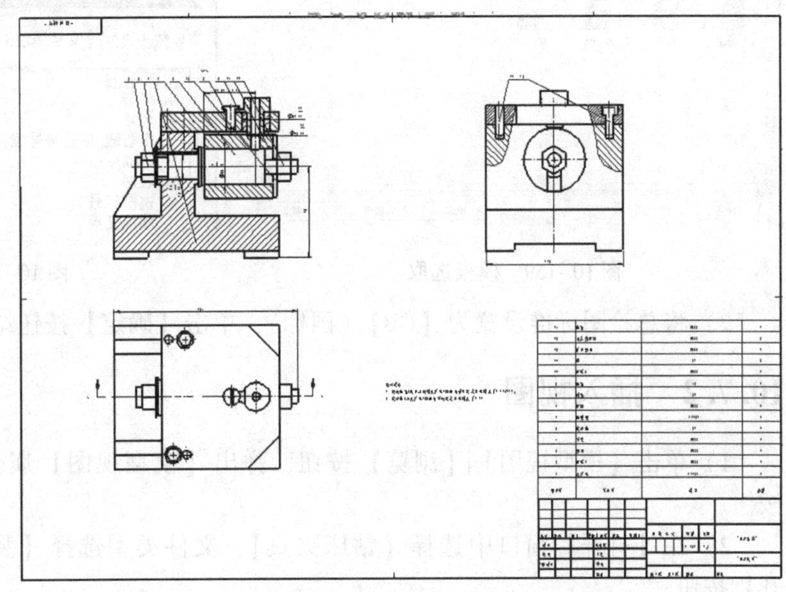

图10-158 钻床夹具装配图

主要步骤如下：

1）建立工程图前准备工作。

2）插入视图。

3）绘制剖面图。

4）标注尺寸。

5）生成零件序号和零件表。

6）保存文件。

10.7.1　建立工程图前准备工作

（1）打开零件

启动中文版SolidWorks，单击【文件】|【打开】按钮，在弹出的【打开】对话框中选择【钻床夹具.SLDASM】。

（2）新建工程图样

单击【文件】|【新建】按钮，弹出【新建SolidWorks文件】对话框，单击【工程图】按钮，单击【高级】按钮，选择SolidWorks的图样模板，如图10-159所示，本例中选取【gb_a2】图样格式，单击【确定】按钮。

（3）设置绘图标准

1）单击【工具】|【选项】按钮，弹出【文档属性-绘图标准】对话框，如图10-160所示，单击【文档属性】选项卡。

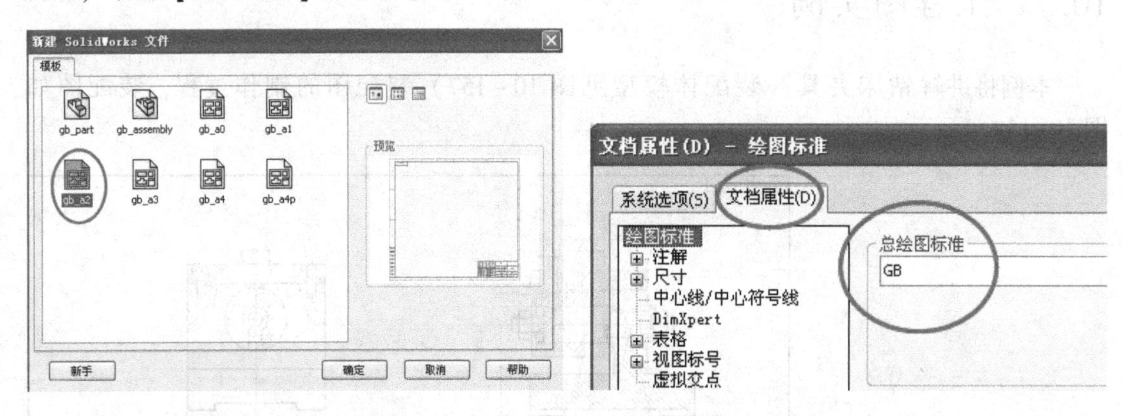

图10-159　模板选取　　　　图10-160　文档属性

2）将总绘图标准设置为【GB】（国标），单击【确定】按钮结束。

10.7.2　插入视图

1）单击【模型视图】|【浏览】按钮，弹出【模型视图】属性管理器，单击【浏览】按钮。

2）在【打开】窗口中选择【钻床夹具】，文件类型选择【装配体】选项，单击【打开】按钮。

3）在绘图区选择合适的位置单击鼠标左键，放置主视图如图10-161所示。

4）鼠标向下移动，图样上会显示俯视图预览效果图，单击鼠标左键即可将俯视图放置在图样的左下方，放置俯视图如图10-162所示。

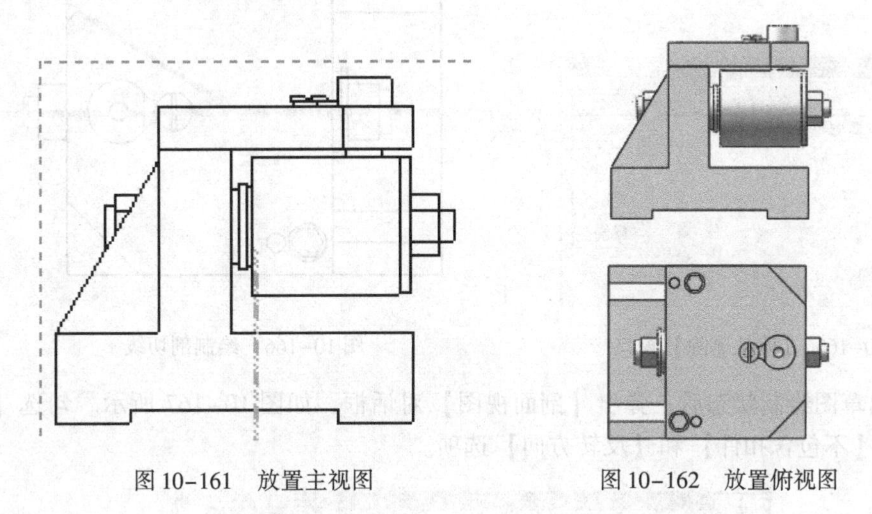

图10-161　放置主视图　　图10-162　放置俯视图

5）鼠标往右移动，会显示与主视图所对应的右视图，单击鼠标左键，放置好的右视图如图10-163所示。

6）单击【确认】按钮后即可完成视图的插入，完成后的效果如图10-164所示。

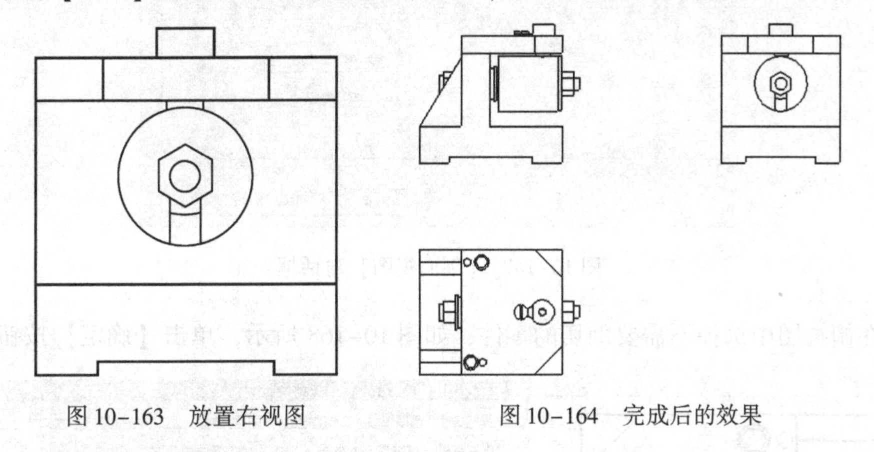

图10-163　放置右视图　　图10-164　完成后的效果

10.7.3　绘制剖面图

（1）绘制主视图的剖视图

1）因为主视图是个剖视图，所以需要删除之前放置的主视图。右键单击主视图，在弹出的快捷菜单中选择【删除】命令，在弹出的【确认删除】窗口中单击【是(Y)】按钮，如图10-165所示。

2）单击CommandManage工具栏的【视图布局】选项卡，单击按钮，弹出【剖面视图】属性管理器。

3）此时光标变成了，在俯视图中绘制一条直线，视图将由此线剖开，如图10-166所示。

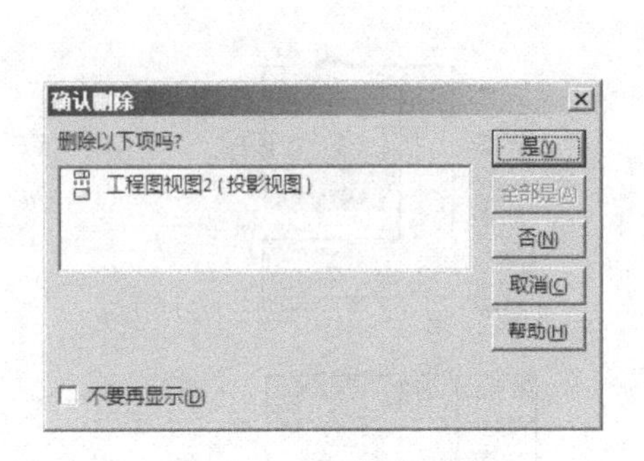

图 10-165　【确认删除】窗口

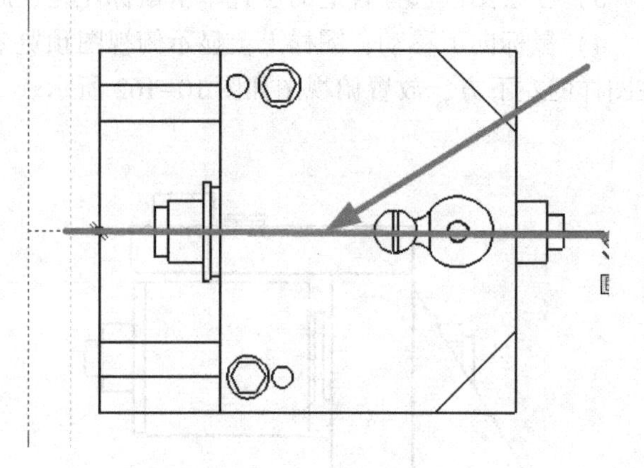

图 10-166　绘制剖切线

4）退出草图绘制状态后，弹出【剖面视图】对话框，如图 10-167 所示。勾选【自动打剖面线】、【不包含扣件】和【反转方向】选项。

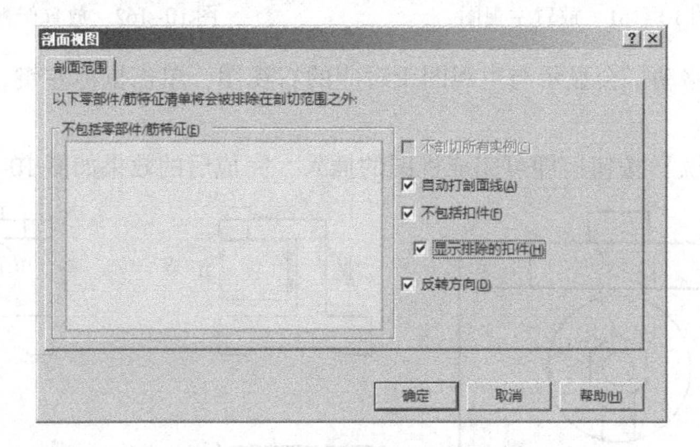

图 10-167　【剖面视图】对话框

5）在俯视图中选择不需要剖切的零件，如图 10-168 所示，单击【确定】按钮。

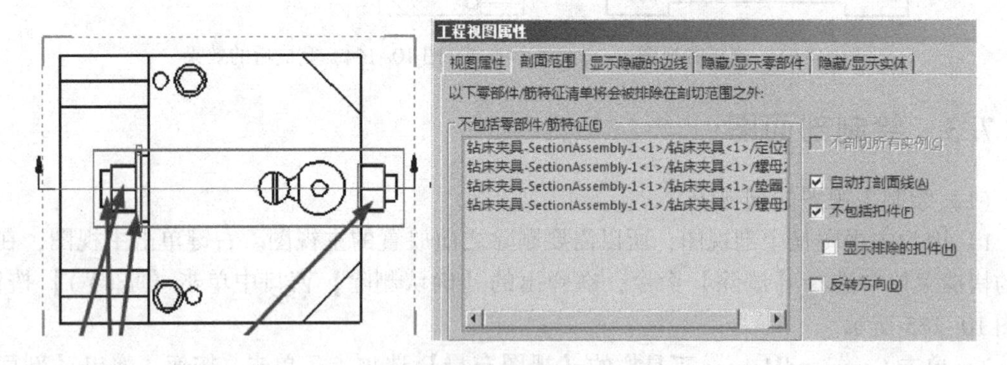

图 10-168　不包含的扣件

6）选择合适的位置放置视图，完成的主剖视图如图 10-169 所示，单击 ✔【确定】按钮。

7）因图中螺钉和开口垫面不需要剖，故此处需稍做处理。单击螺钉的剖面线区域，如图 10-170 所示。在【断开剖视图】属性管理器中不勾选【材质剖面线】选项，选择【无】选项，如图 10-171 所示。

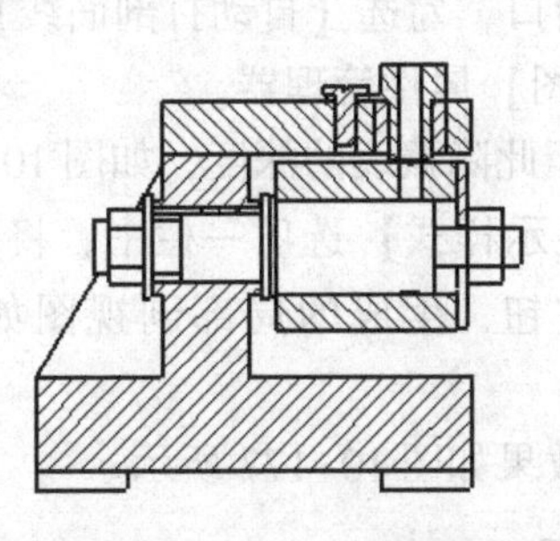

图 10-169　主剖视图

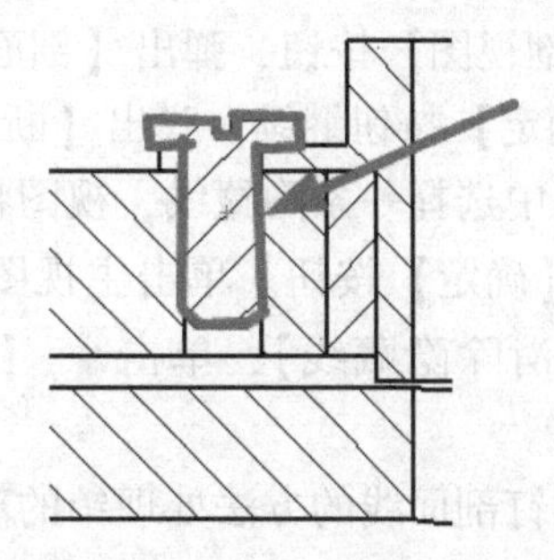

图 10-170　选中螺钉剖面线

8）单击【确定】按钮，如图 10-172 所示。

9）对开口垫片用同样的方法处理，最后效果如图 10-173 所示。

（2）绘制局部剖视图

1）单击 CommandManage 工具栏的【草图】选项卡，单击【样条曲线】按钮，绘制剖面视图的边线，如图 10-174 所示。

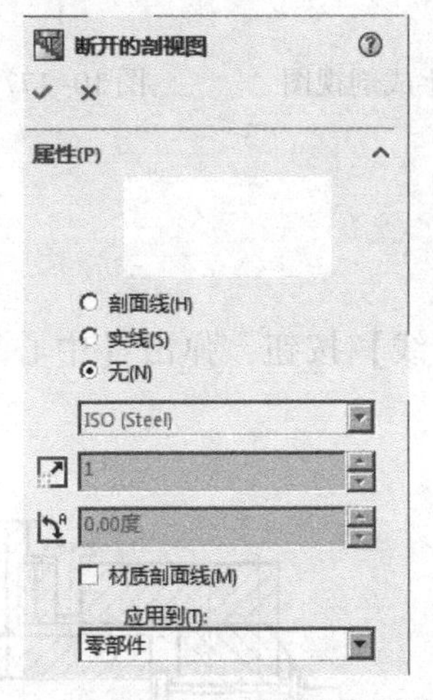

图 10-171　【断开的剖视图】属性管理器

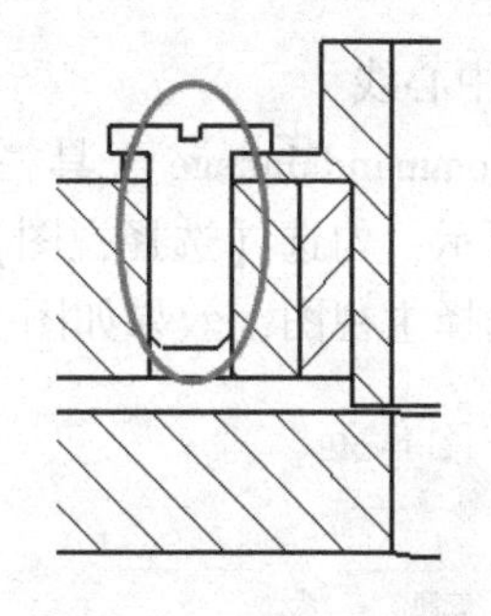

图 10-172　处理后的效果

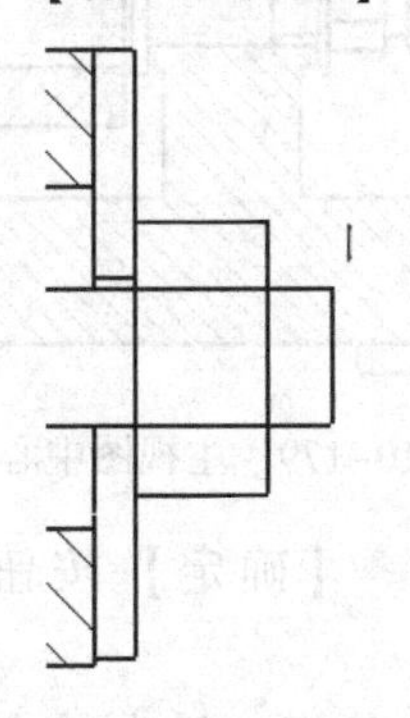

图 10-173　处理后的最终效果

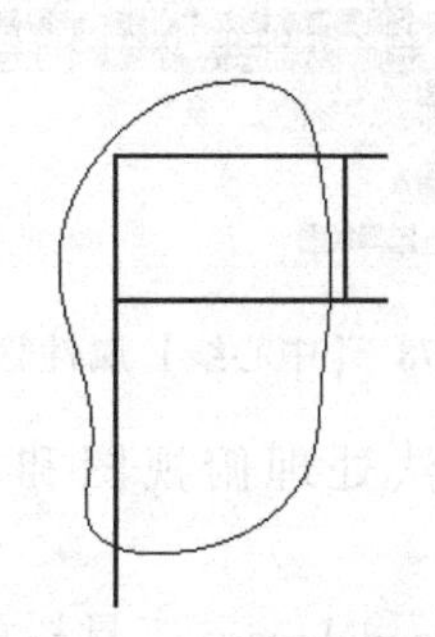

图 10-174　绘制样条曲线

2）单击俯视图，弹出【工程图视图】属性管理器，在【显示样式】选项组中，将【消除隐藏线】改为【隐藏线可见】，单击【完成】按钮继续。

3）选中刚刚绘制的样条曲线，单击 CommandManage 工具栏的【视图布局】选项卡，单击【断开的剖视图】按钮，弹出【剖面视图】窗口，勾选【自动打剖面线】选项。

4）单击【确定】按钮继续。弹出【断开的剖视图】属性管理器。

5）从主视图中选择一条隐藏线，视图将会剖切至此隐藏线的深度，如图 10-175 所示。

6）单击【确定】按钮。单击主视图，在【显示样式】选项一栏中，将【隐藏线可见】改为【消除隐藏线】，单击【确定】按钮，生成的局部剖视图如图 10-176 所示。

7）用处理螺钉剖面线的方法处理销的剖面线，效果如图 10-177 所示。

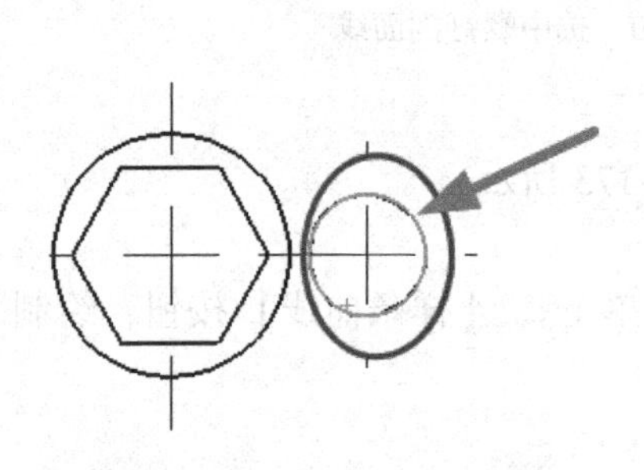

图 10-175　设置剖面线深度

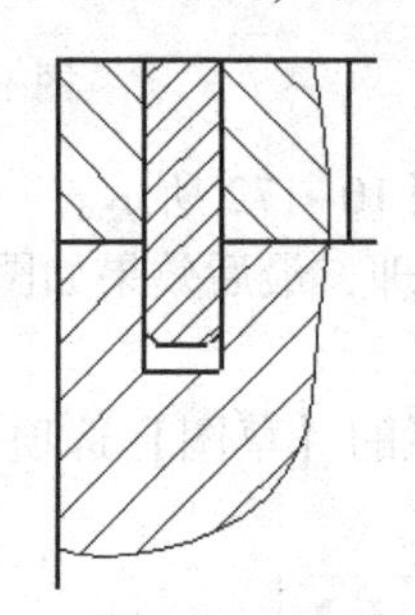

图 10-176　生成剖视图

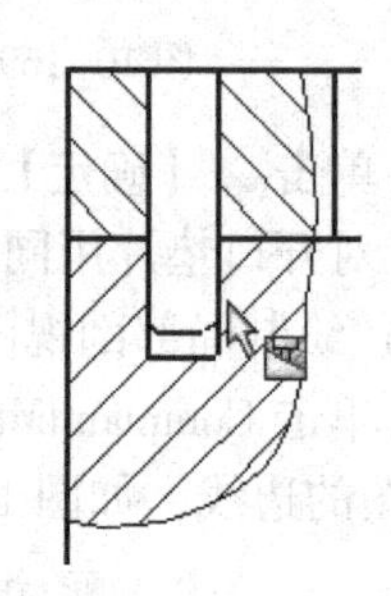

图 10-177　处理后的效果

10.7.4　标注尺寸

（1）标注中心线

1）单击 CommandManage 工具栏的【中心线】按钮，弹出【中心线】属性管理器，如图 10-178 所示，勾选【选择视图】选项。

2）单击选择主视图，效果如图 10-179 所示。

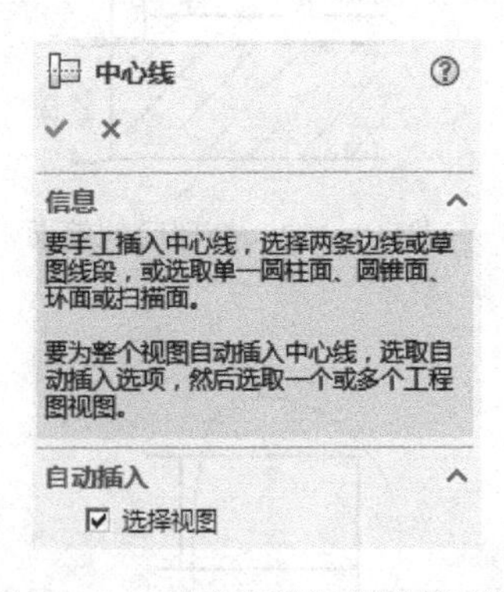

图 10-178　【中心线】属性管理器

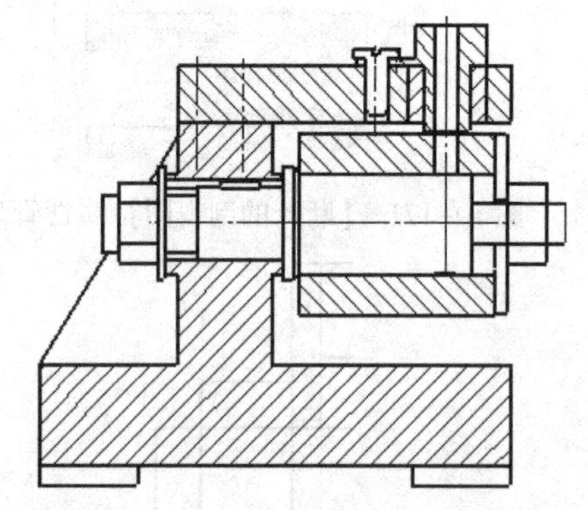

图 10-179　主视图中心线标注效果

3）用同样方法处理俯视图和右视图，单击【确定】按钮完成，最后效果如图 10-180所示。

4）单击 CommandManage 工具栏的【中心线】按钮，弹出【中心线】属性管理器，不勾选【选择视图】选项，单击两条直线，如图 10-181 所示，即可手动生成中心线。

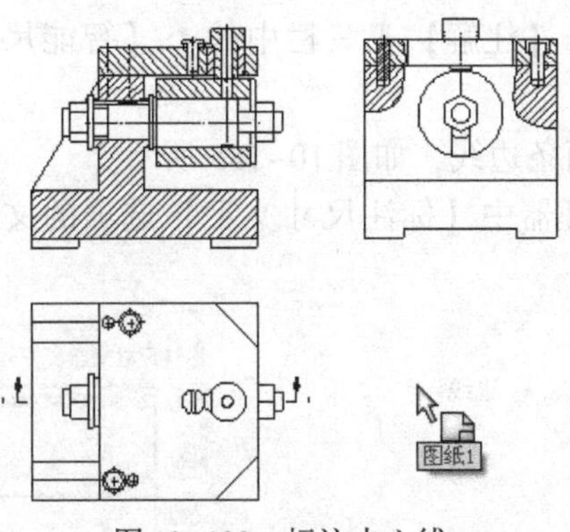

图 10-180　标注中心线

（2）标注中心符号线

1）单击 CommandManage 工具栏的⊕【中心符号线】按钮，弹出【中心符号线】属性管理器，选中【选项】一栏中▦【单一中心符号线】按钮。

2）单击所有圆形的轮廓线，如图 10-182 所示。

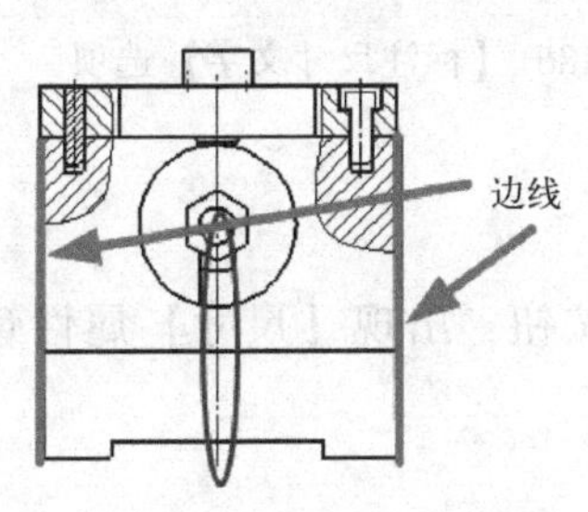

图 10-181　手工添加中心线

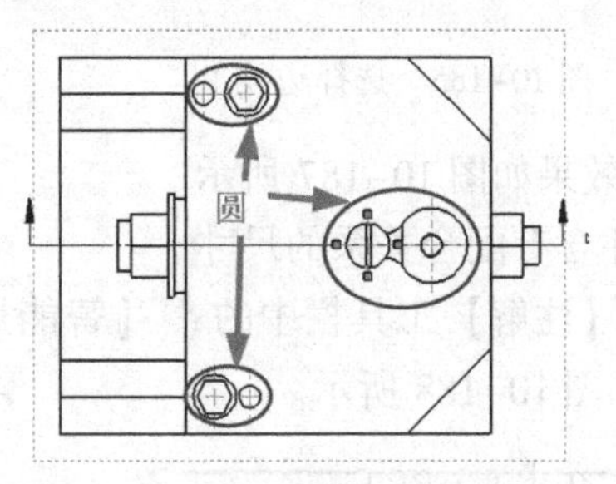

图 10-182　选择圆的轮廓线

3）标注完效果如图 10-183 所示。

（3）标注简单尺寸

1）单击 CommandManage 工具栏的【注解】选项卡，单击【智能尺寸】按钮。单击要标注图线，类似实体模型标注一样手工为工程图标注，如图 10-184 所示。

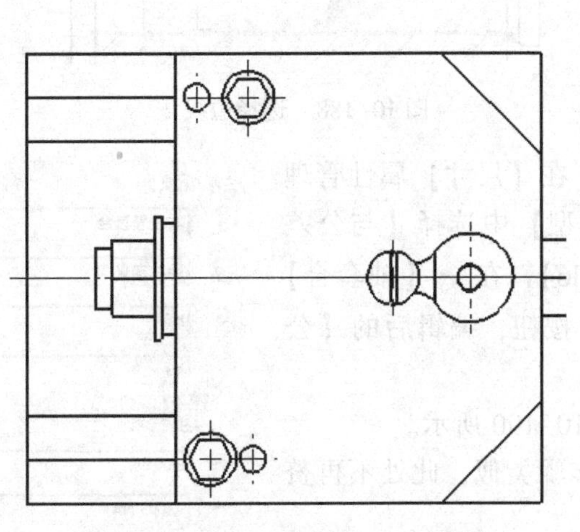

图 10-183　标注后的中心符号线

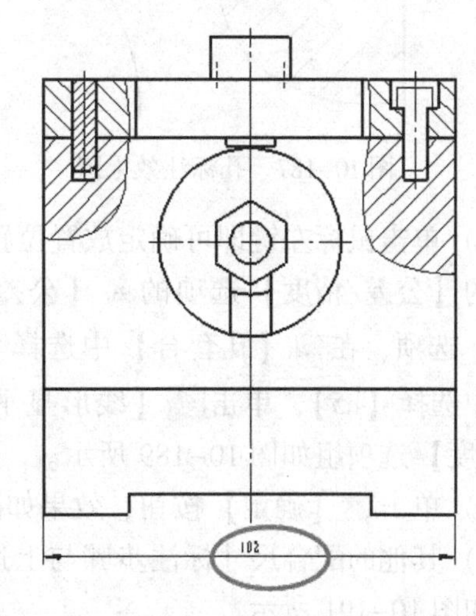

图 10-184　简单尺寸标注

2）标注孔的尺寸。单击【注解】工具栏中的【智能尺寸】按钮，弹出【尺寸】属性管理器。

3）选择要标注的孔的两条边线，如图 10-185 所示。

4）在【尺寸】属性管理器中【标注尺寸文字】选项的文字部分前面添加【2×】，如图 10-186 所示。

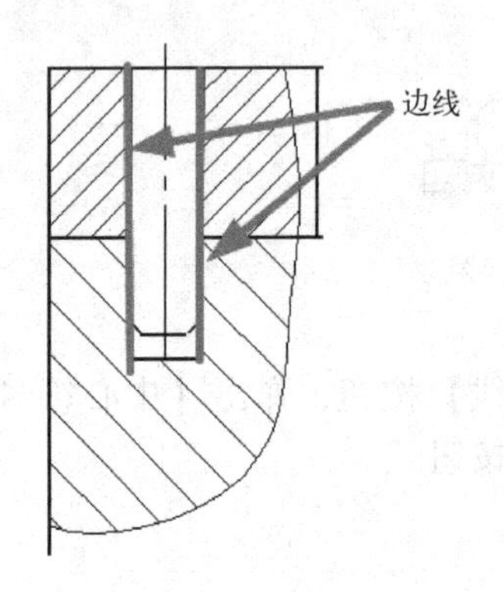

图 10-185　选择边线 1

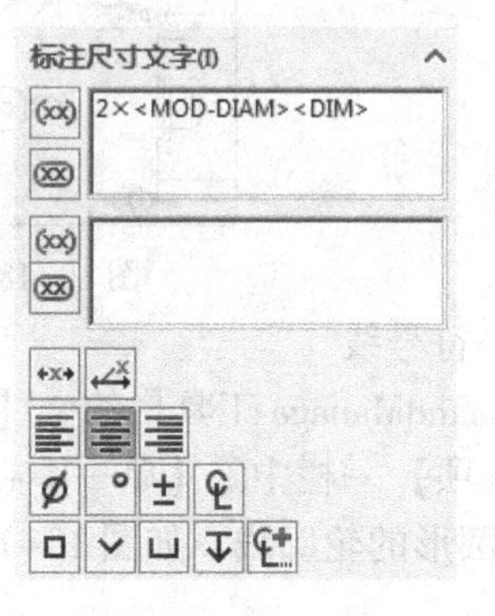

图 10-186　【标注尺寸文字】选项

5）标注效果如图 10-187 所示。

（4）标注含有配合关系的尺寸

1）单击【注解】工具栏中的【智能尺寸】按钮，出现【尺寸】属性管理器，选择两条边线，如图 10-188 所示。

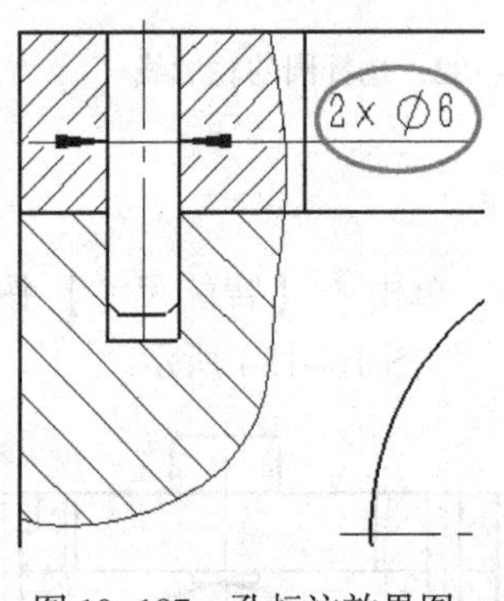

图 10-187　孔标注效果图

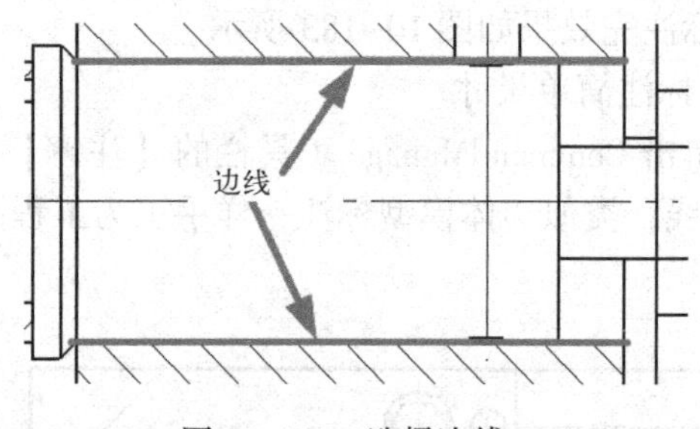

图 10-188　选择边线 2

2）单击鼠标左键即可确定放置位置，在【尺寸】属性管理器中的【公差/精度】选项的【公差类型】中选择【与公差套合】选项，在【孔套合】中选择【H6】，在【轴套合】选项中选择【h5】，单击【线形显示】按钮，编辑后的【公差/精度】选项组如图 10-189 所示。

3）单击【确定】按钮，效果如图 10-190 所示。

4）其他的配合尺寸标注步骤与上述步骤类似，此处不再赘述，如图 10-191 所示。

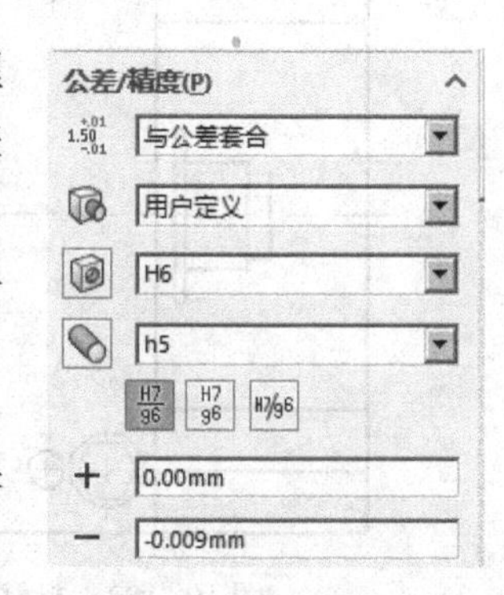

图 10-189　编辑公差

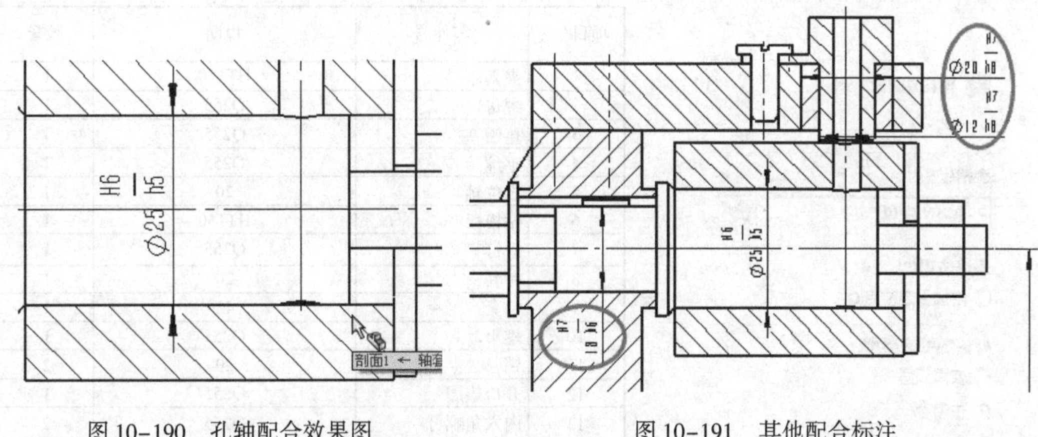

图 10-190　孔轴配合效果图　　　　图 10-191　其他配合标注

10.7.5　生成零件序号和零件表

（1）生成零件序号

1）单击 CommandManage 工具栏的【自动零件序号】按钮后，弹出【自动零件序号】属性管理器，如图 10-192 所示。

2）根据工程图的布局，单击【布置零件序号到上】按钮，在【引线附加点】选项中选择【面】，【样式】选项中选择【圆形】选项，【大小】选项中选择【4 个字符】，【零件序号文字】选项中选择【项目数】，单击主视图和右视图图样。

3）单击【确定】按钮，生成零件序号效果如图 10-193 所示。

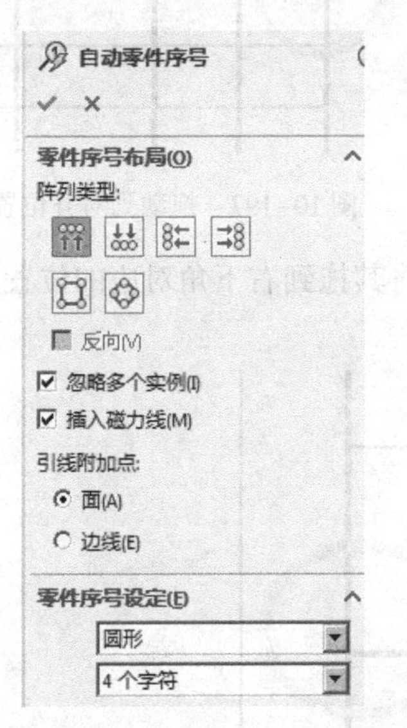

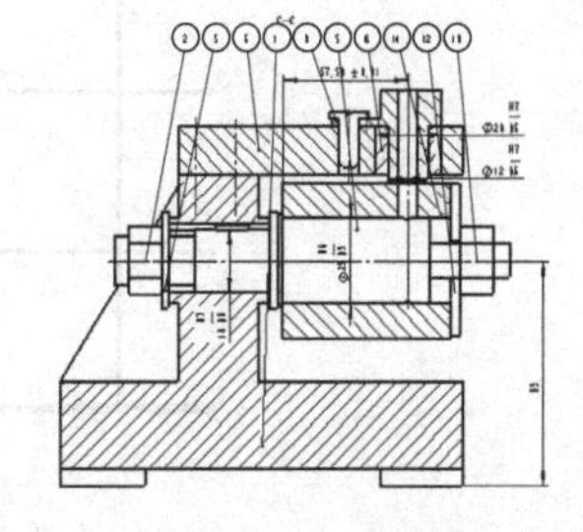

图 10-192　【自动零件序号】属性管理器　　　　图 10-193　自动零件序号生成

（2）生成零件表

1）单击 CommandManage 工具栏的【表格】按钮，弹出下拉菜单，选择【材料明细表】菜单命令。弹出【材料明细表】属性管理器，单击主视图，如图 10-194 所示。

2）单击【确定】按钮继续。生成表如图 10-195 所示。

材料明细表

表格模板(E)

bom-standard

表格位置(P)

☐ 附加到定位点(O)

材料明细表类型(Y)

○ 仅限顶层

◉ 仅限零件

○ 缩进

图 10-194　【材料明细表】属性管理器

项目号	零件号	说明	数量
1	夹具体	HT150	1
2	螺母1	Q255	1
3	垫圈	Q255	1
4	平绽	Q255	1
5	定位轴	20	1
6	钻模板	HT150	1
7	螺钉	Q255	1
8	衬套	20	1
9	钻套	45	1
10	螺母2	Q255	1
11	销	20	2
12	开口垫圈	Q255	1
13	内六角螺钉	Q255	2
14	轴套	Q255	1

图 10-195　生成零件表

3）生成的表未在正确的位置，需要稍加改动，将鼠标放到材料明细表的左下角，出现图 10-196所示的控标，然后将其拖到与标题栏对应的位置，如图 10-197 所示。

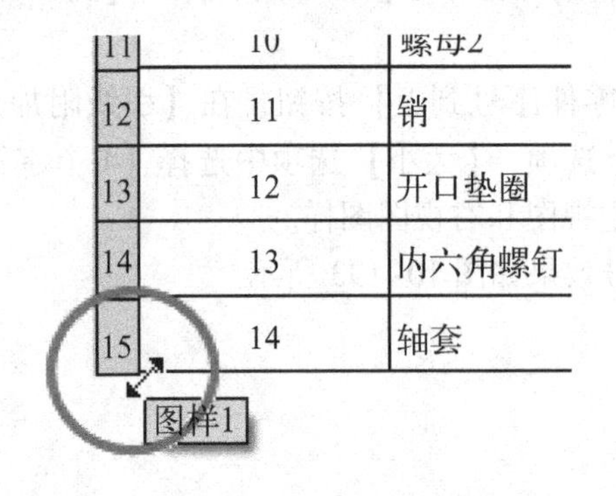

图 10-196　拖动表格

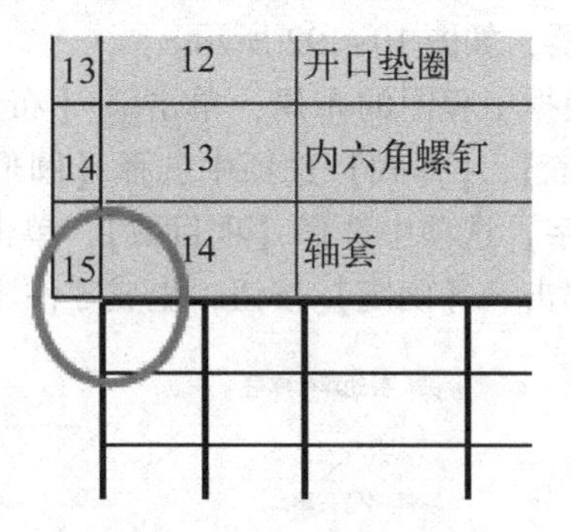

图 10-197　拖动到对齐位置

4）再将鼠标放到材料明细表的右下角，同样将其拖到右下角对应的位置，如图 10-198 所示。

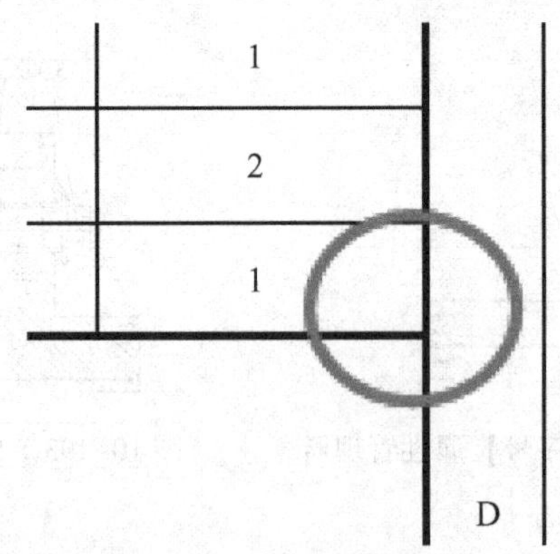

图 10-198　右下角对应位置

5）将鼠标移动到此表格任意位置单击，弹出【表格工具】，如图 10-199 所示。

图 10-199 表格工具

6）单击【表格标题在上】按钮，便出现图 10-200 所示符合国标的排序。

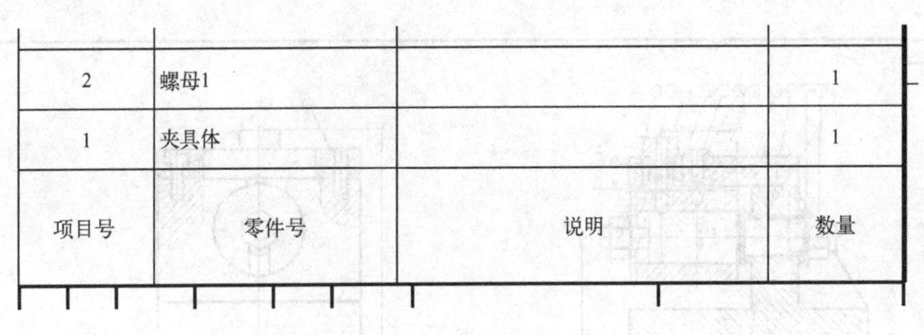

2	螺母1		1
1	夹具体		1
项目号	零件号	说明	数量

图 10-200 排序后的表格

7）添加零件材料说明。单击说明的空白处，如图 10-201 所示。

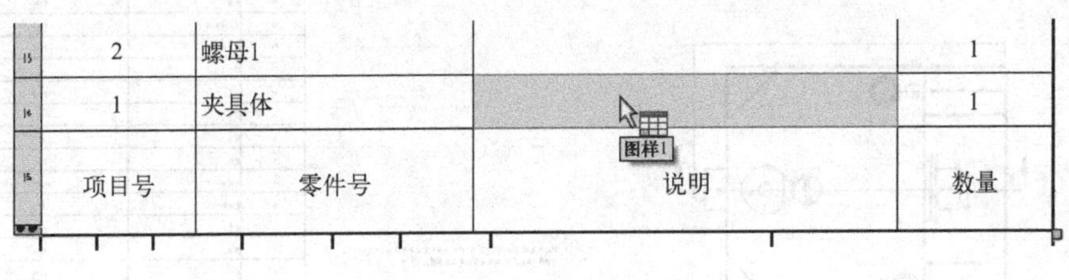

2	螺母1		1
1	夹具体		1
项目号	零件号	说明	数量

图 10-201 单击空白处

8）输入零件所对应的材料，效果如图 10-202 所示。

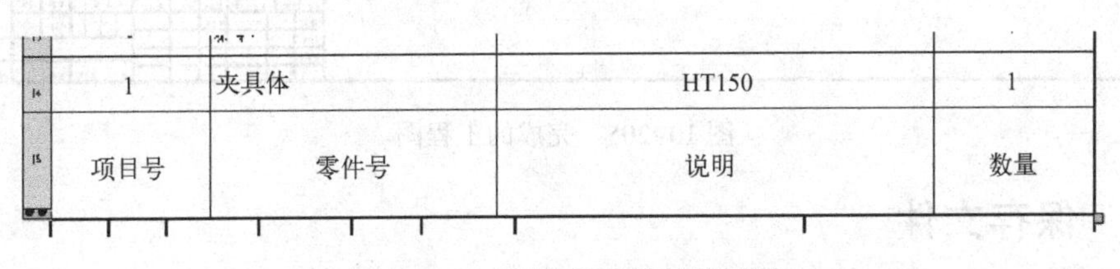

1	夹具体	HT150	1
项目号	零件号	说明	数量

图 10-202 添加零件材料效果图

（3）添加技术要求文字

1）单击 CommandManage 工具栏的【注释】按钮，选择合适的位置单击鼠标左键放置文字，出现图 10-203 所示窗口，红色文本框内即可输入文字。

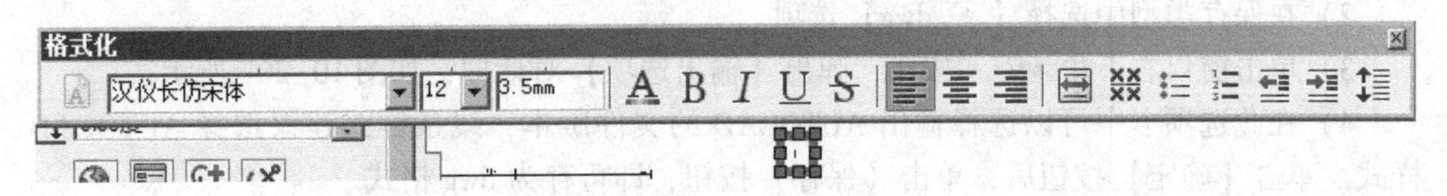

图 10-203 注释窗口

2）在框内输入文字，调整字体大小，最后效果如图10-204所示。

技术要求
1、快换钻套9孔中心线对夹具体1底面的垂直度误差不得大于0.01/100；
2、定位轴5与夹具体1底面的平行度误差不得大于0.01.

图10-204　技术要求效果图

3）至此，工程图绘制完毕，如图10-205所示。

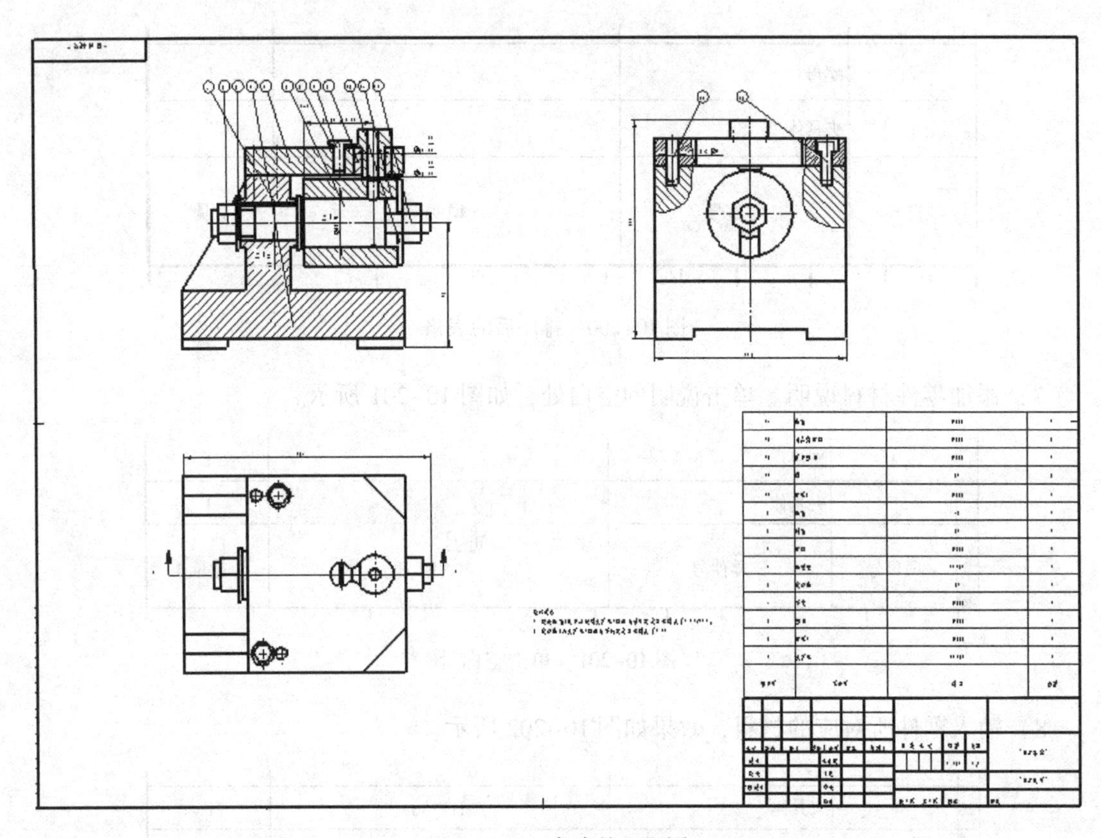

图10-205　完成的工程图

10.7.6　保存文件

（1）常规保存

单击工具栏的按钮保存文件。

（2）保存CAD格式工程图

1）单击【文件】|【另存为】按钮，弹出【另存为】对话框，如图10-206所示。

2）在保存类型中选择【*.dwg】选项。

3）单击窗口右下角选项(P)...按钮，弹出【输出选项】对话框，如图10-207所示。

4）在此选项卡中可以选择输出AUTOCAD的文件版本，线条样式建议选择AUTOCAD样式。单击【确定】按钮后，单击【保存】按钮，即可存为dwg格式。

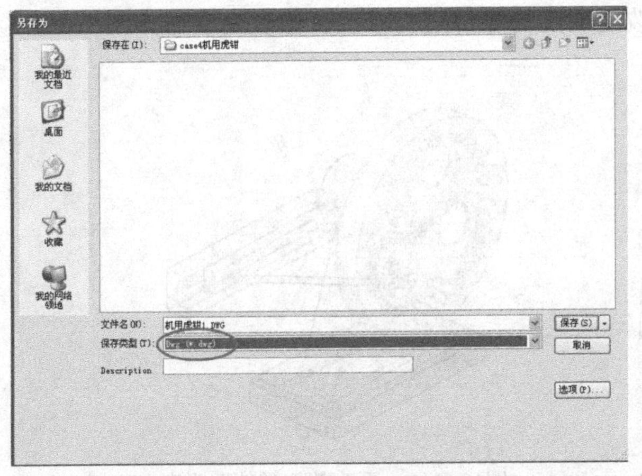

图 10-206 【另存为】对话框

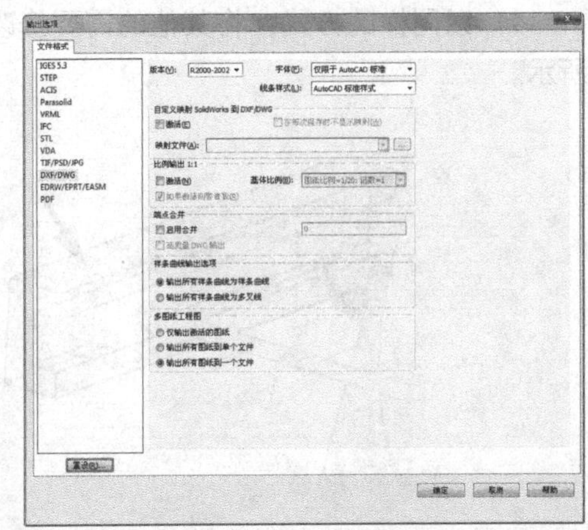

图 10-207 设置选项

10.8 动画制作实例

本实例将生成一个装配体的动画，模型如图 10-208 所示。

主要步骤如下：

1）设置装配体中零件的外观。

2）制作动画。

10.8.1 设置装配体中零件的外观

1）启动中文版 SolidWorks 软件，选择【文件】|【打开】菜单命令，在相应的文件存放目录下打开【10.8.sldasm】文件，单击【打开】按钮，然后选择【插入】|【新建运动算例】菜单命令。

2）修改装配体中零件的透明度。右键单击需要修改透明度的零件，在菜单选项中选择【更改透明度】菜单命令，如图 10-209 所示。

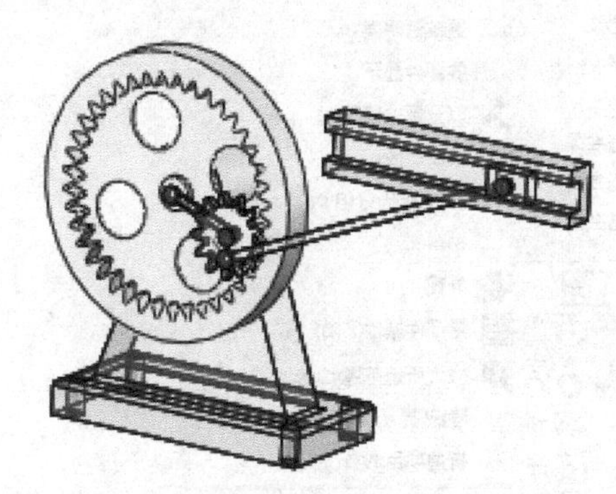

图 10-208 装配体模型

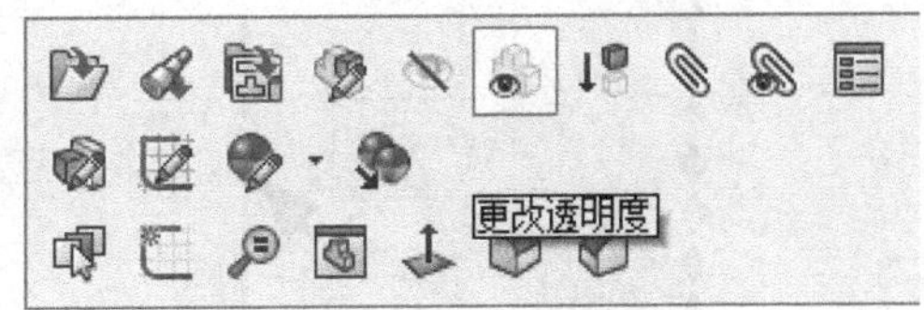

图 10-209 更改零件透明度

3）更改完成后如图 10-210 所示。

4）以同样的方式，将其他的需要修改透明度的零件进行修改，修改完成后如图 10-211 所示。

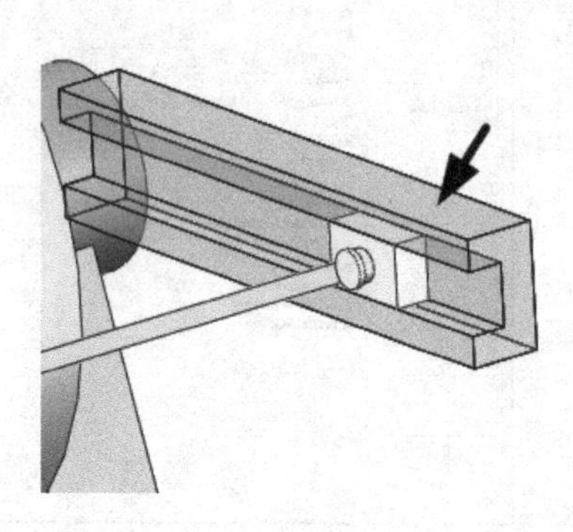

图 10-210　更改零件透明度完成

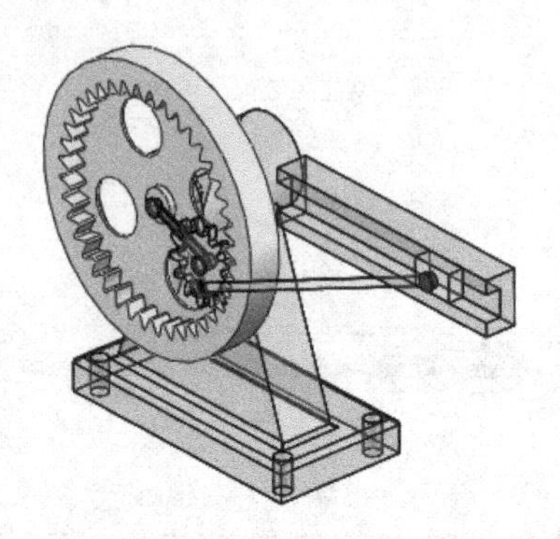

图10-211　更改其他零件透明度

10.8.2　制作动画

1）观阅齿圈的透明度变化。将光标放在5 s 左右处，右键单击，在弹出的快捷菜单中选择【Move Time Bar】菜单命令，如图 10-212 所示。

2）弹出【编辑时间】对话框，将时间修改为［5.00 秒］，如图 10-213 所示。

图10-212　【Move Time Bar】

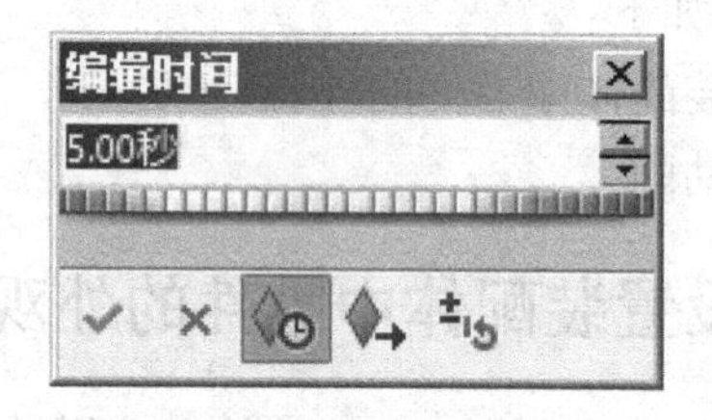

图 10-213　修改时间

3）单击✔【确定】按钮，在 5 s 时间线处自动出现一个时间线，如图 10-214 所示。

4）右键单击齿圈，在弹出的快捷菜单中选择【更改透明度】菜单命令，如图 10-215 所示。

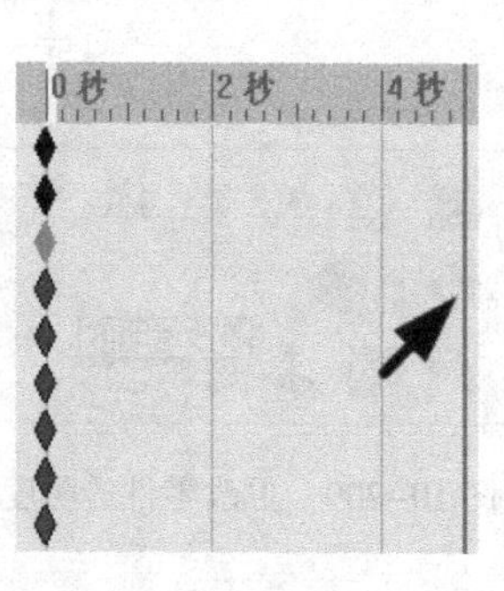

图 10-214　时间线

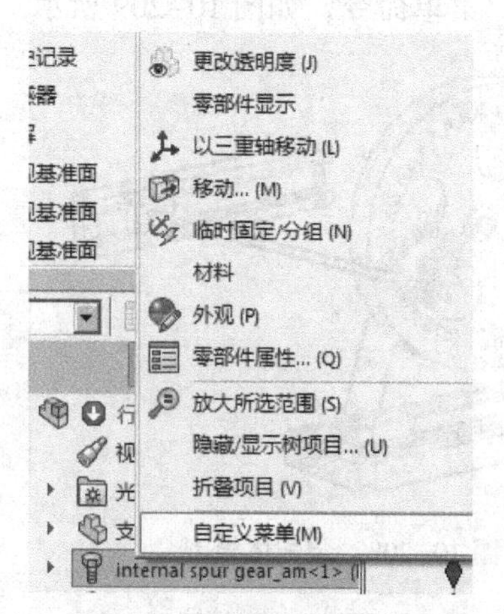

图 10-215　选择更改透明度

5）修改完成后在 0 ~ 5 s 之间出现一条线，并且在 5 s 处自动出现一个键码，如图 10-216所示。

6）将光标放在 7 s 左右处，右键单击，在弹出的快捷菜单中选择【Move Time Bar】菜单命令。

7）弹出【编辑时间】对话框，将时间修改为［7.00 秒］。

8）单击✓【确定】按钮，在 7 s 时间线处自动出现一个时间线。

9）在 7 s 处齿圈对应的位置，右键单击，在弹出的快捷菜单中选择【放置键码】菜单命令，如图 10-217 所示。

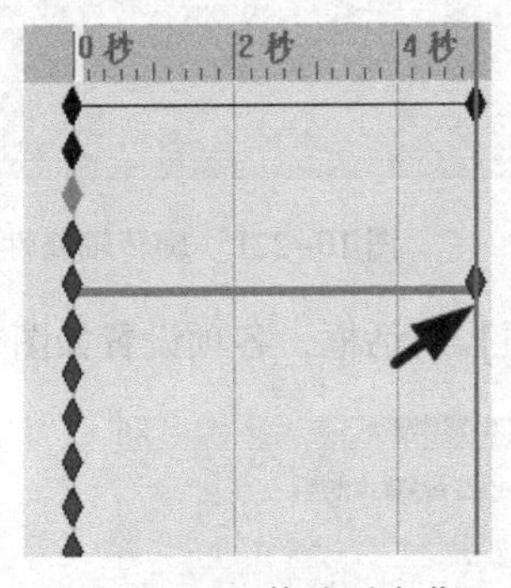

图 10-216　修改后变化

图 10-217　放置键码

10）键码放置完成后如图 10-218 所示。

11）将光标放在 12 s 左右处，右键单击，在弹出的快捷菜单中选择【Move Time Bar】菜单命令菜单命令。

12）弹出【编辑时间】对话框，将时间修改为［12.00 秒］。

13）单击✓【确定】按钮，在 12 s 时间线处自动出现一个时间线。

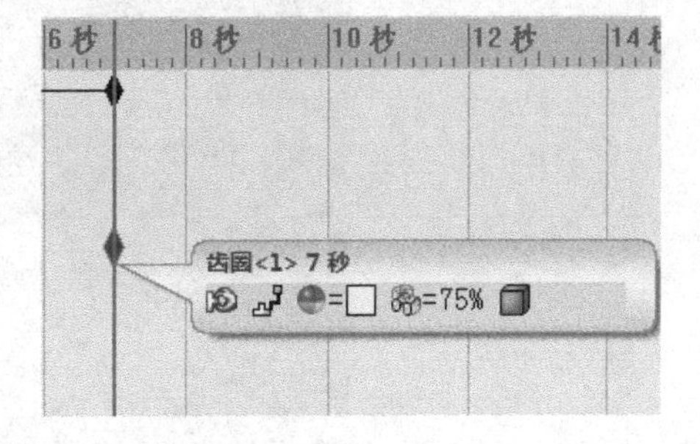

图 10-218　7 s 处键码

14）右键单击齿圈，在弹出的快捷菜单中选择【更改透明度】菜单命令。

15）修改完成后在 7 ~ 12 s 之间出现一条线，并且在 12 s 处自动出现一个键码。

16）在运动算例中单击［动画向导］按钮，如图 10-219 所示。

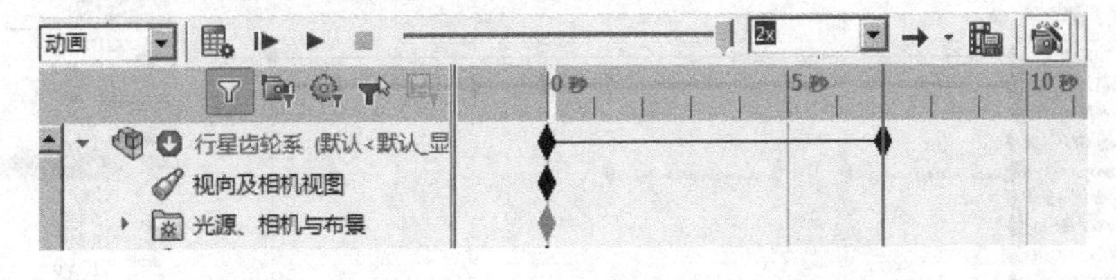

图 10-219　选择动画向导

17）弹出【选择动画类型】对话框，勾选【旋转模型】单选按钮，如图 10-220 所示。

18）单击【下一步】按钮，弹出【选择一旋转轴】对话框，各项设置如图 10-221 所示。

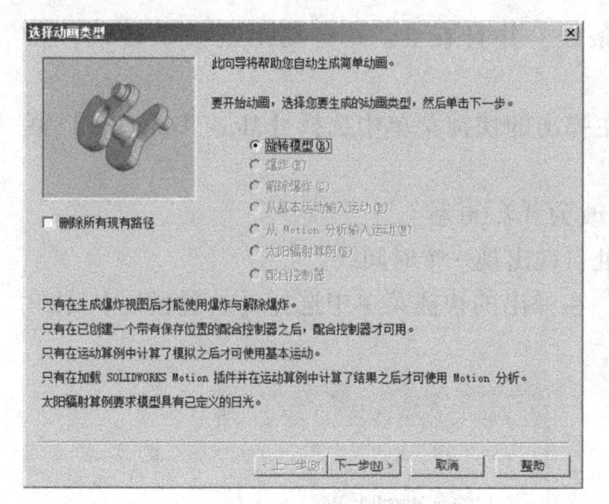

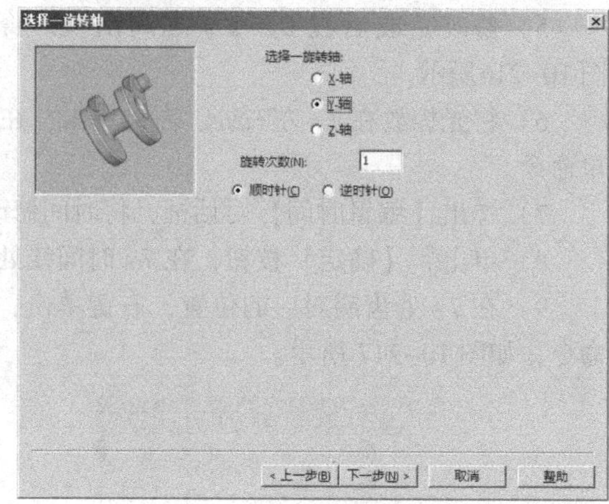

图 10-220　选择旋转模型　　　　图 10-221　旋转轴属性设置

19）单击【下一步】按钮，弹出【动画控制选项】对话框，各项设置如图 10-222 所示。

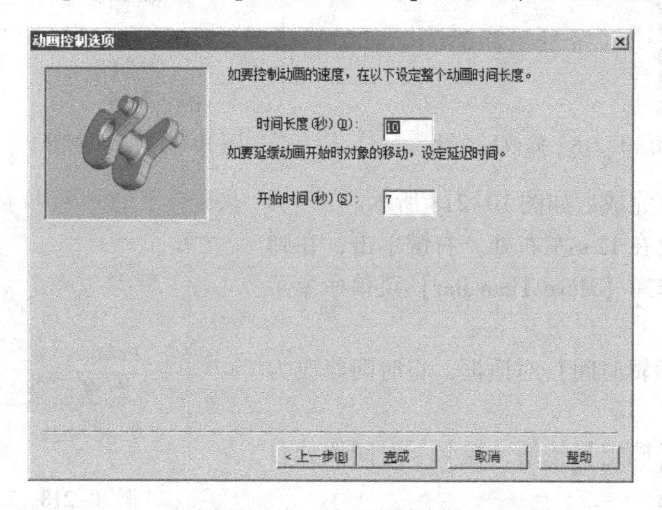

图 10-222　动画控制选项

20）单击【完成】按钮，完成旋转动画的制作，运动算例中的变化如图 10-223 所示。

21）在播放速度选项中选择［2×］，如图 10-224 所示。

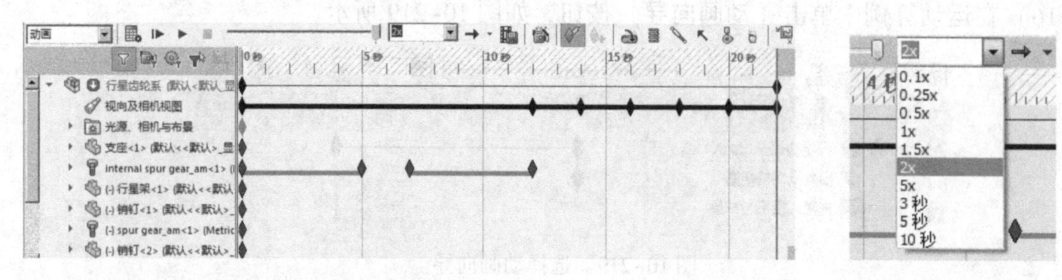

图 10-223　运动算例中的变化　　　　图 10-224　选择播放速度

22）单击▶按钮，即可播放所生成的动画。

10.9　产品介绍动画制作实例

本实例通过改变视角和外观来生成一个装配体的动画，模型如图 10-225 所示。

图 10-225　装配体模型

主要步骤如下：

1）设置相机和布景。

2）制作动画。

3）设置零部件外观。

4）更改零部件透明度。

5）播放动画。

10.9.1　设置相机和布景

1）启动中文版 SolidWorks 软件，选择【文件】|【打开】菜单命令，在相应的文件存放目录下打开【10.9.sldasm】文件，单击【打开】按钮，然后选择【插入】|【新建运动算例】菜单命令。

2）在运动算例的左下方，打开【光源、相机和布景】文件夹，右键单击【光源、相机和布景】文件夹，在菜单选项中选择【添加相机】，如图 10-226 所示。

3）弹出【相机】属性管理器，图形区域分割成两个视图，相机视图位于右侧，如图 10-227所示。

4）在【相机】属性管理器中，【相机类型】选项中勾选【对准目标】和【锁定除编辑外的相机位置】选项，防止除相机以外的其他位移，在【相机位置】选项中勾选【球形】选项，设置【离目标的距离】为【2173 mm】，在【相机旋转】中设置【视图角度】为【17.96 度】，在【视图】选项中设置【视图矩形的距离】为【1354 mm】，【视图矩形的高度】为【428 mm】，【高宽比例】为【11:8.5】，如图 10-228 所示。

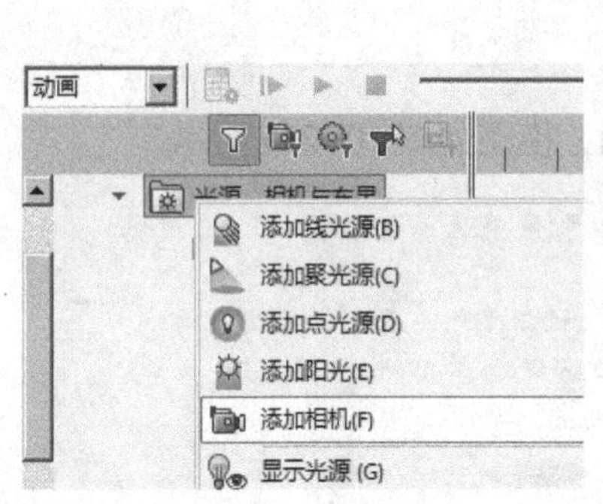

图 10-226　添加相机

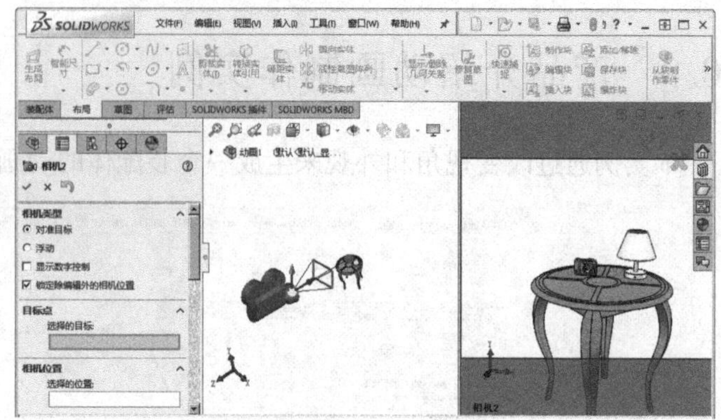

图 10-227　界面视图

5）设置完成后，单击✔【确认】按钮，完成相机的设置，如图 10-229 所示。

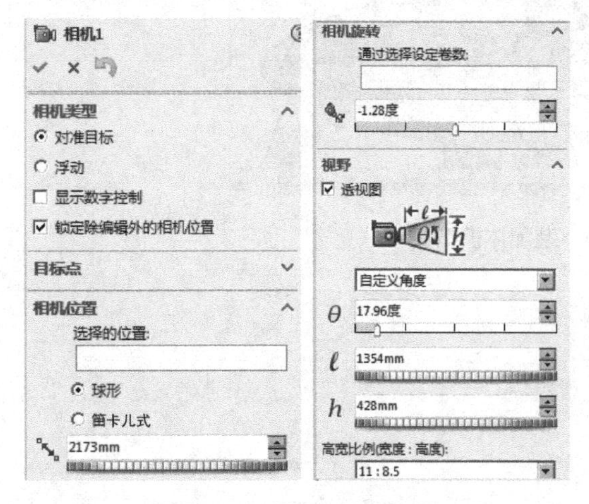

图 10-228　【相机】属性设置

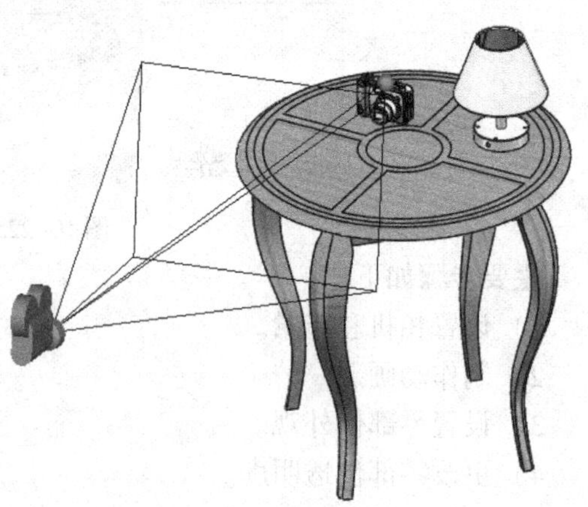

图 10-229　相机位置

6）在界面空白处单击右键，在弹出快捷菜单中选择【编辑布景】菜单命令，如图 10-230 所示。

7）弹出【编辑布景】属性管理器，在【背景】选项中选择【颜色】选项，如图 10-231 所示。

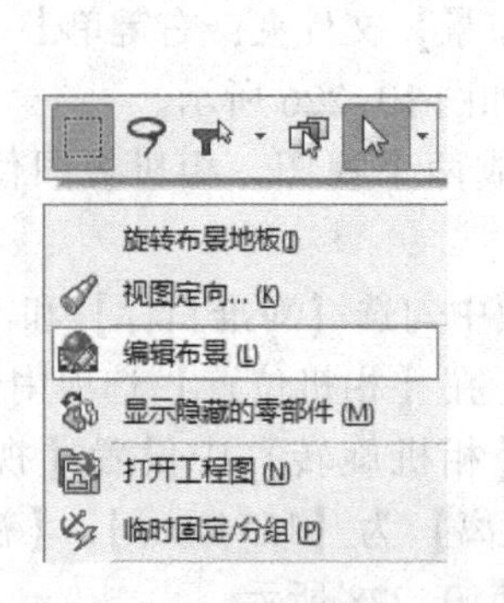

图 10-230　选择编辑布景

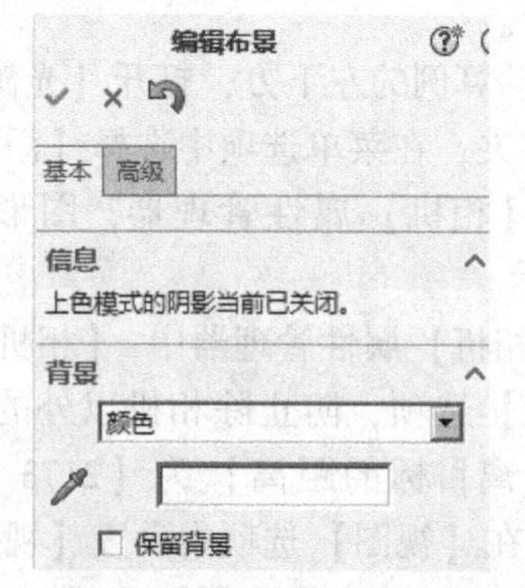

图 10-231　【编辑布景】属性设置

10.9.2 制作动画

1）启用观阅键码生成。右键单击运动算例左下端的【视向及相机视图】图标，在弹出的菜单命令中选择【禁用观阅键码生成】菜单命令，如图 10-232 所示。

2）右键单击【相机 2】图标，在弹出的快捷菜单中选择【相机视图】菜单命令，如图 10-233所示。

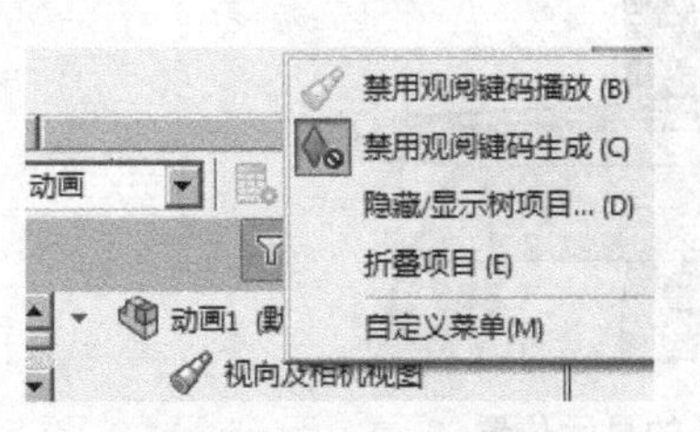

图 10-232 启用观阅键码

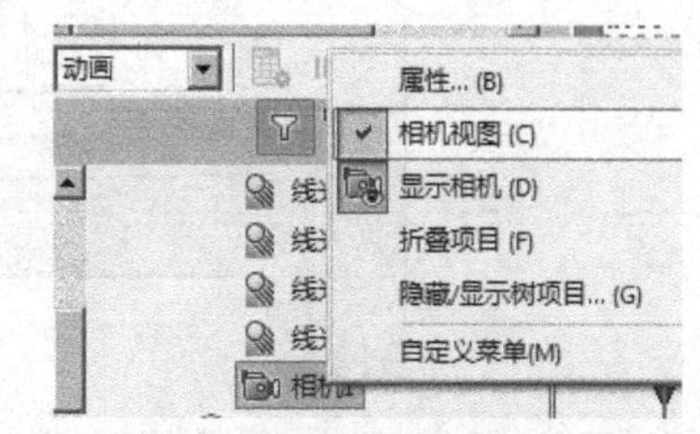

图 10-233 打开相机视图

3）观阅装配体前侧。将光标放在 20 s 左右处，右键单击，在弹出的快捷菜单中选择【Move Time Bar】菜单命令，如图 10-234 所示。

4）弹出【编辑时间】属性管理器，将时间修改为［20.00 秒］，如图 10-235 所示。

图 10-234 【Move Time Bar】命令

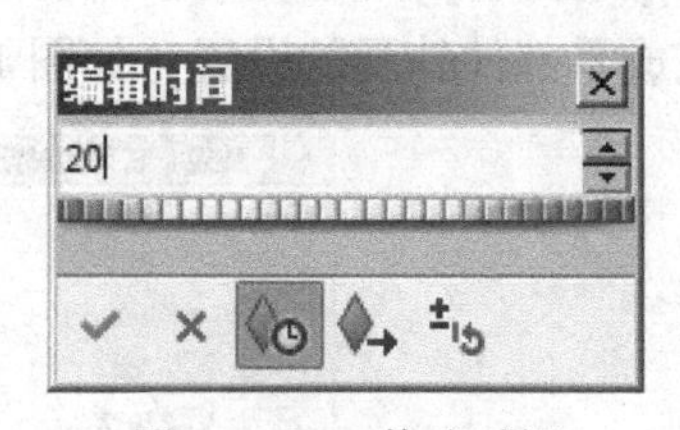

图 10-235 修改时间

5）双击【相机 2】，在左边视图中移动相机位置至【离目标的距离】为【3147.41 mm】，【视图角度】为【12.48 度】，【视图矩形的距离】为【1564 mm】，【视图矩形的高度】为【342 mm】，单击✔【确认】按钮，相机 2 关键帧中的更改栏变成米色。表示时间 0～20 s 时视角停在装配体前侧位置，如图 10-236 所示。

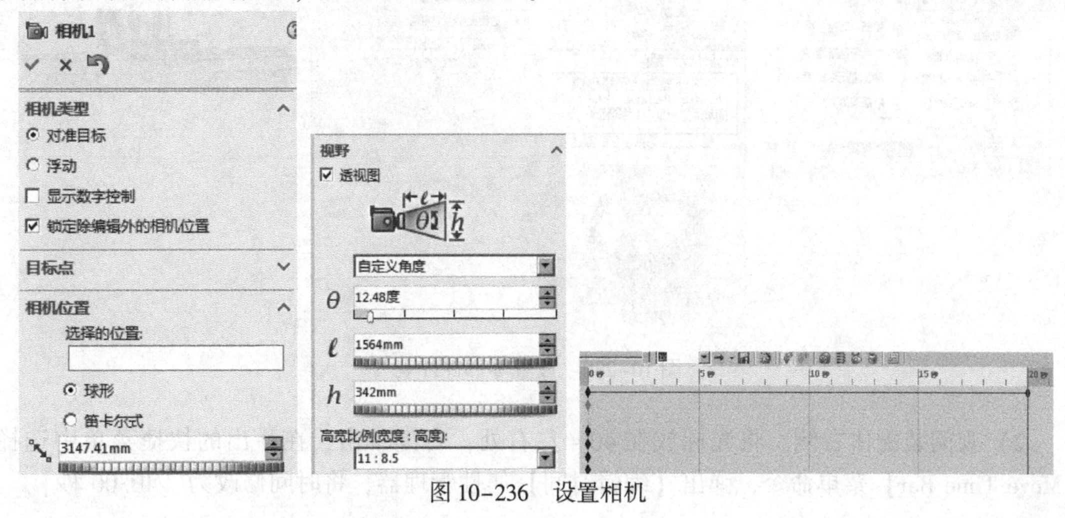

图 10-236 设置相机

6）此时在相机视图中，装配体已显示至图10-237所示的位置。

图10-237　20 s处的显示位置

10.9.3　设置零部件外观

1）右键单击零部件，在快捷菜单中选择【外观】菜单命令，在弹出窗口中选取【玻璃】|【光泽】|【绿玻璃】，在【所选几何体】中选取【应用到零部件层】选项，单击✓【确认】按钮，完成零部件外观的设置，如图10-238所示。

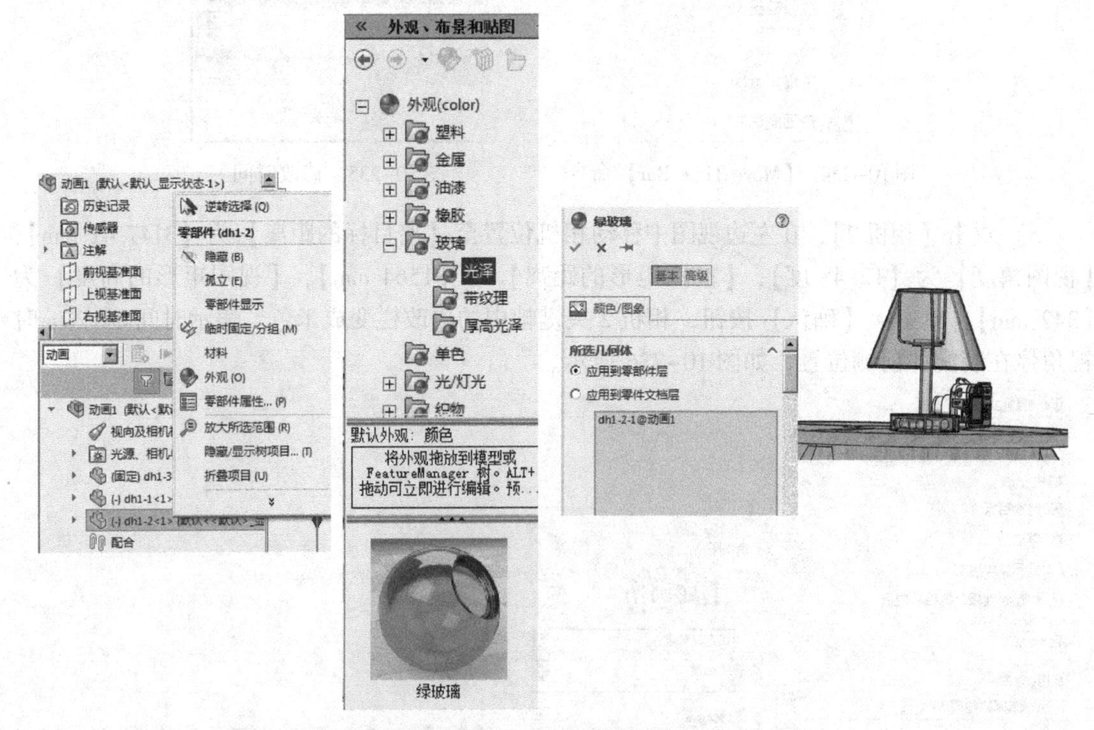

图10-238　设置零部件外观

2）观阅装配体右侧。将光标放在40 s左右处，右键单击，在弹出的快捷菜单中选择【Move Time Bar】菜单命令，弹出【编辑时间】属性管理器，将时间修改为［40.00秒］。

3）双击【相机 2】，在左边视图中移动相机位置至【离目标的距离】为【2183.58 mm】，【视图角度】为【12.48 度】，【视图矩形的距离】为【1564 mm】，【视图矩形的高度】为【342 mm】，单击✓【确认】按钮，相机 2 关键帧中的更改栏变成米色。表示时间 20～40 s 时视角停在装配体右侧位置，如图 10-239 所示。

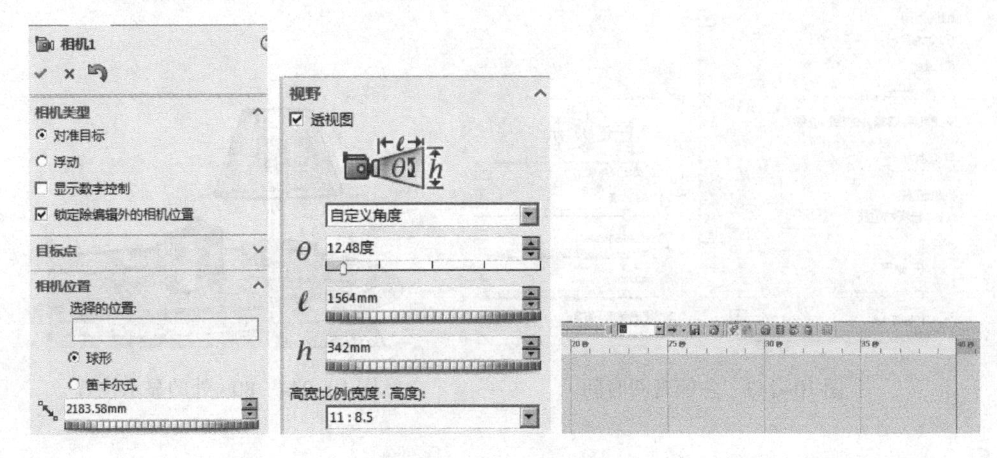

图 10-239　右侧观阅时间

4）此时在相机视图中，装配体已显示至图 10-240 所示的位置。

5）观阅装配体后侧。将光标放在 60 s 左右处，右键单击，在弹出的快捷菜单中选择【Move Time Bar】菜单命令，弹出【编辑时间】属性管理器。将时间修改为［60.00 秒］，双击【相机 2】，在左边视图中移动相机位置至【离目标的距离】为【1983.57 mm】，其余参数保持默认值不变，观测装配体的后侧，单击✓【确认】按钮，相机 2 关键帧中的更改栏变成米色。表示时间 40～60 s 时视角停在装配体后侧位置，如图 10-241 所示。

6）此时在相机视图中，装配体已显示至图 10-242 所示的位置。

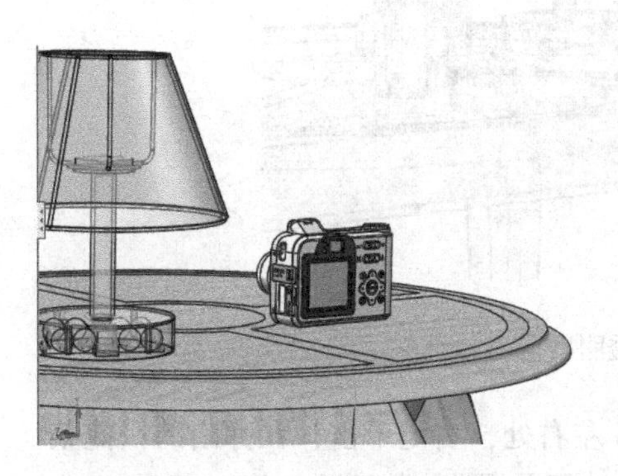

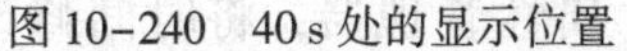
图 10-240　40 s 处的显示位置

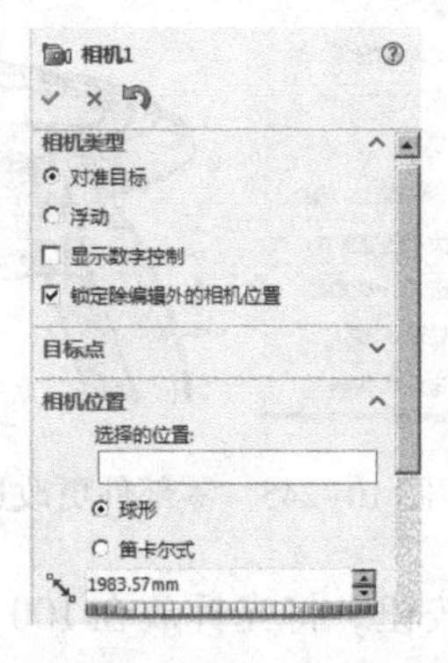

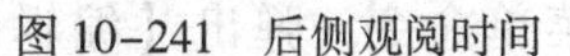
图 10-241　后侧观阅时间

图 10-242　60 s 处的显示位置

7）观阅装配体左侧。将光标放在 80 s 左右处，右键单击，在弹出的快捷菜单中选择【Move Time Bar】菜单命令，弹出【编辑时间】属性管理器。将时间修改为［80.00 秒］，双击【相机 1】，在左边视图中移动相机的位置至【离目标的距离】为【1556.5 mm】，【视图角度】为【19.99 度】，【视图矩形的距离】为【1140.68 mm】，【视图矩形的高度】为【402 mm】，观测装配体的左侧，单击✓【确认】按钮，相机 2 关键帧中的更改栏变成米色。

表示时间 60～80 s 时视角停在装配体左侧位置，如图 10-243 所示。

8）此时在相机视图中，装配体已显示至图 10-244 所示的位置。

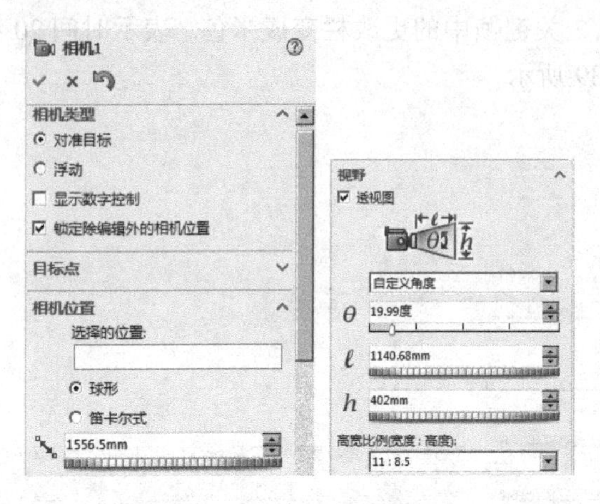

图 10-243　左侧观阅时间　　　　图 10-244　80 s 处的显示位置

10.9.4　更改零部件透明度

1）右键单击零部件，在弹出的快捷菜单中选取【更改透明度】菜单命令，在视图空白处单击以完成透明度的设置，如图 10-245 所示。

图 10-245　零部件更改透明度

2）观阅装配体上侧及各个按钮。将光标放在 100 s 左右处，右键单击，在弹出的快捷菜单中选择【Move Time Bar】菜单命令，弹出【编辑时间】属性管理器，将时间修改为[100.00 秒]，双击【相机 1】，在左边视图中移动相机位置至【离目标的距离】为【1211.81 mm】，【视图角度】为【19.23 度】，【视图矩形的距离】为【1570.2 mm】，【视图矩形的高度】为【532 mm】，观测装配体的上侧及按钮，单击✓【确认】按钮，相机 2 关键帧中的更改栏变成米色。表示时间 80～100 s 时视角停在装配体上侧位置，如图 10-246 所示。

3）此时在相机视图中，装配体已显示至图 10-247 所示的位置。

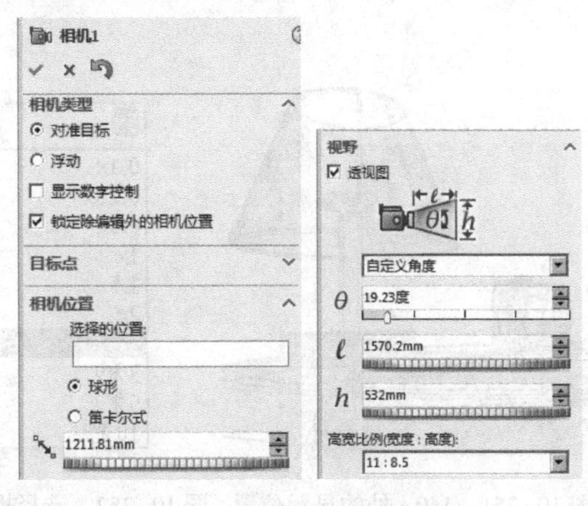

图 10-246　上侧观阅时间

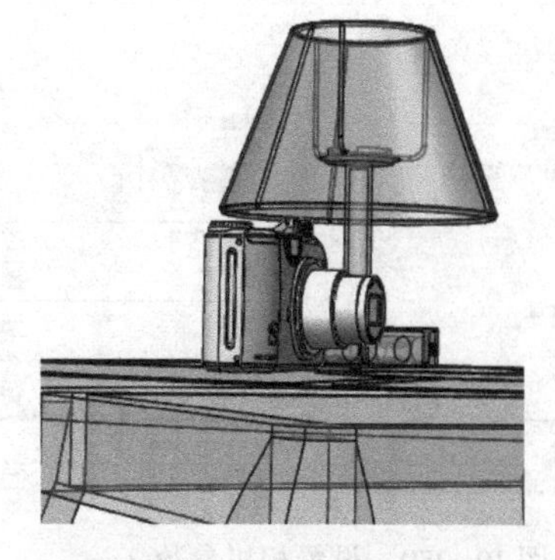

图 10-247　100 s 处的显示位置

4）观阅装配体内部结构。将光标放在 120 s 左右处，右键单击，在弹出的快捷菜单中选择【Move Time Bar】菜单命令，弹出【编辑时间】属性管理器，将时间修改为［120.00 秒］，双击【相机 1】，在左边视图中移动相机的位置至【离目标的距离】为【897.62 mm】，【视图角度】为【37.59 度】，【视图矩形的距离】为【546.52 mm】，【视图矩形的高度】为【372 mm】，观测内部结构，单击✓【确认】按钮，相机 2 关键帧中的更改栏变成米色。表示时间 100～120 s 时视角停在装配体内部，如图 10-248 所示。

5）此时在相机视图中，装配体已显示至图 10-249 所示的位置。

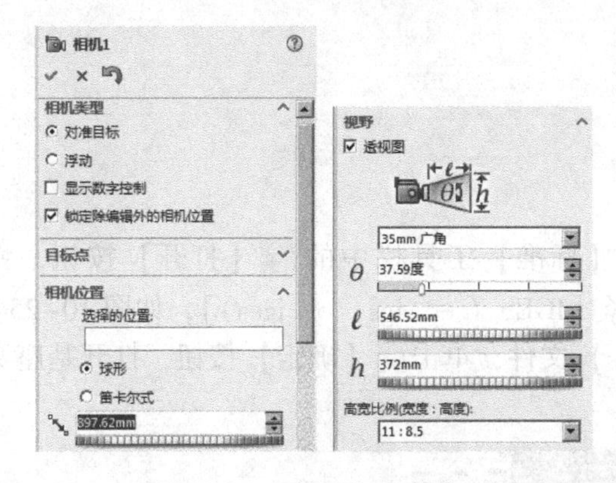

图 10-248　设置相机参数 1

图 10-249　120 s 处的显示位置

6）观阅装配体整体结构。将光标放在 140 s 左右处，右键单击，在弹出的快捷菜单中选择【Move Time Bar】菜单命令，弹出【编辑时间】属性管理器。将时间修改为［140.00 秒］，双击【相机 1】，在左边视图中移动相机的位置至【离目标的距离】为【741.04 mm】，【视图角度】为【47.94 度】，【视图矩形的距离】为【328.38 mm】，【视图矩形的高度】为【292 mm】，观测装配体的整体结构，单击✓【确认】按钮，相机 1 关键帧中的更改栏变成米色。表示时间 120～140 s 时视角停在装配体外部位置，如图 10-250 所示。

7）此时在相机视图中，装配体已显示至图 10-251 所示的位置。

8）在播放速度选项中选择［5 ×］，如图 10-252 所示。

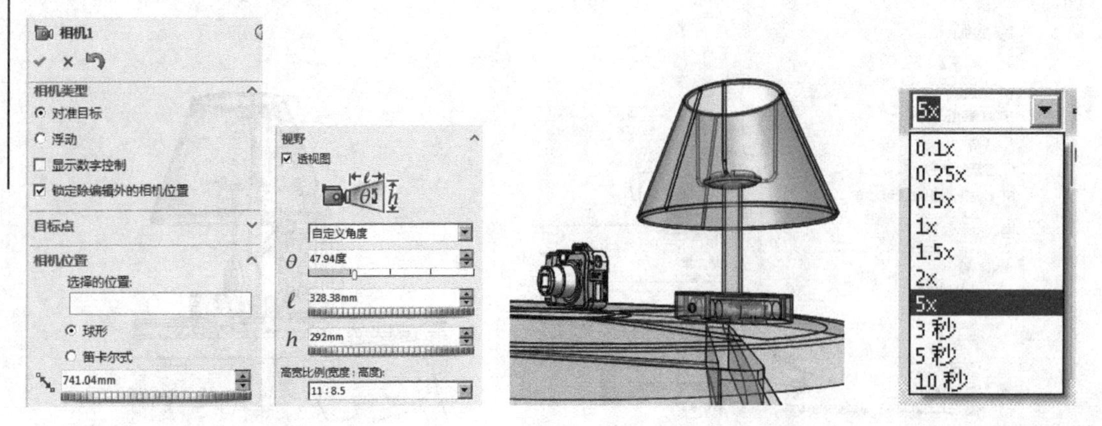

图 10-250 设置相机参数 2　　图 10-251 140 s 处的显示位置　图 10-252 选择播放速度

10.9.5 播放动画

单击▶按钮，即可播放所生成的动画。

10.10 特征识别设计实例

本实例介绍特征识别的工作过程，模型如图 10-253 所示。

主要步骤如下：

1）识别特征。

2）保存模型。

10.10.1 识别特征

1）启动中文版 SolidWorks 软件，单击【标准】工具栏中的【打开】按钮，弹出【打开】对话框，在文件类型下拉菜单中选择［IGES（＊.igs；＊.iges)］，如图 10-254 所示。在相应的文件存放目录下打开【基座.igs】文件，单击✔【确定】按钮，打开基座文件如图 10-255 所示。

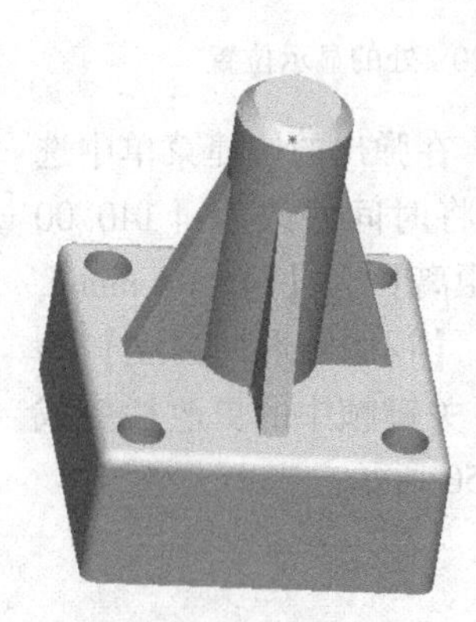

图 10-253 三维模型

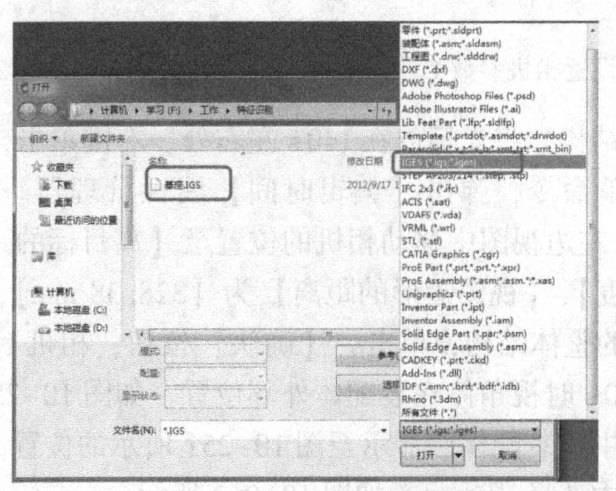

图 10-254 【打开】对话框

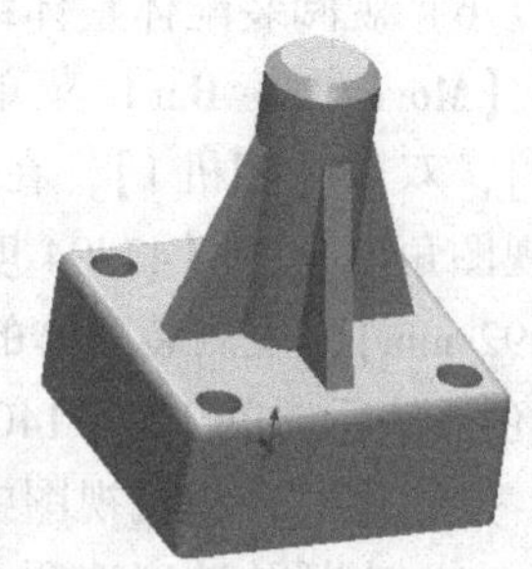

图 10-255 打开基座文件

2）打开【特征识别】属性管理器。选择【插入】|【FeatureWorks】|【特征识别】菜单命令，打开【FeatureWorks】属性管理器，在【识别模式】选项下选择【交互】；在【特征类型】选项下选择【标准特征】，如图10-256所示。

3）识别【抽壳】特征。在【FeatureWorks】属性管理器的【交互特征】|【特征类型】的下拉菜单中选择【抽壳】；在【所选实体】下选择图中箭头所指模型的下端面，如图10-257所示。单击【识别】按钮，模型中的空壳消失并被实体填充，完成【抽壳】特征的识别如图10-258所示。

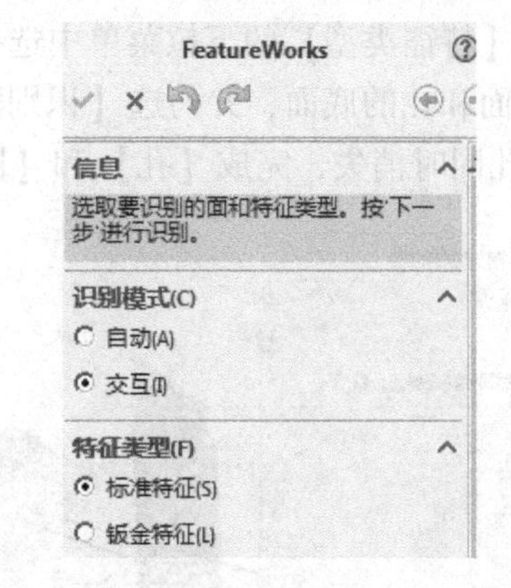

图10-256 【FeatureWorks】属性管理器

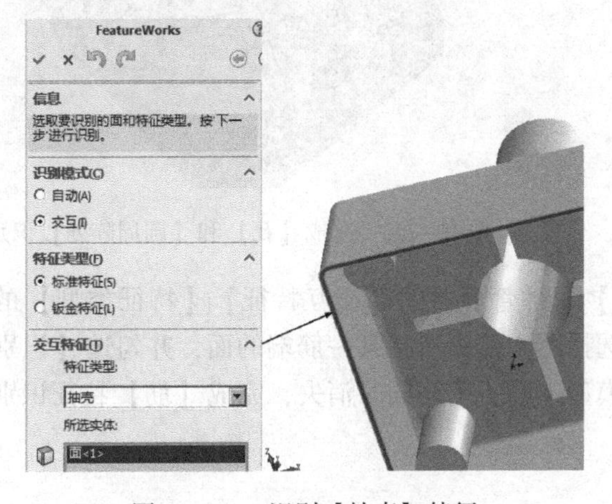

图10-257 识别【抽壳】特征

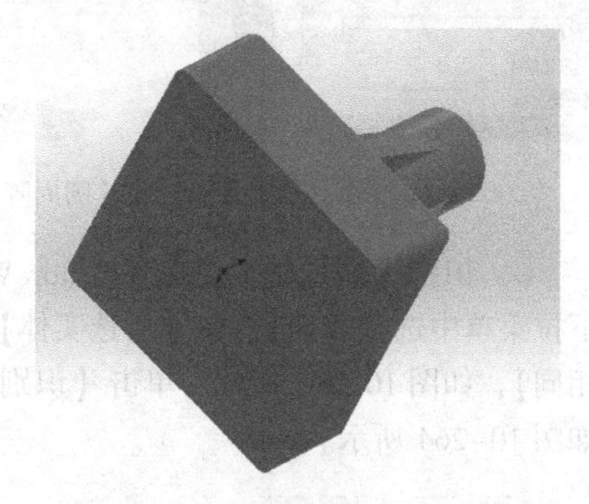

图10-258 完成【抽壳】特征识别

4）识别【圆角】特征。在【FeatureWorks】属性管理器的【交互特征】|【特征类型】的下拉菜单中选择【圆角】；在【所选实体】下选择图中箭头所指的所有圆角面，单击【识别】按钮，如图10-259所示。这时所有圆角消失，完成【圆角】特征的识别如图10-260所示。

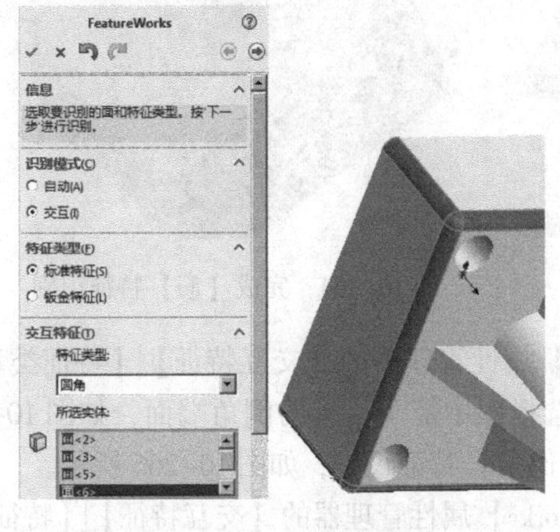

图10-259 识别【圆角】

图10-260 完成【圆角】特征识别

5）识别【孔】和【圆周阵列】特征。在【FeatureWorks】属性管理器的【交互特

征】|【特征类型】的下拉菜单中选择【孔】；在【所选实体】下选择图中箭头所指某一孔的圆柱面和孔的底面，并勾选【识别阵列】|【圆形】，如图 10-261 所示。单击【识别】，这时 4 个孔同时消失，完成【孔】和【圆周阵列】的识别，如图 10-262 所示。

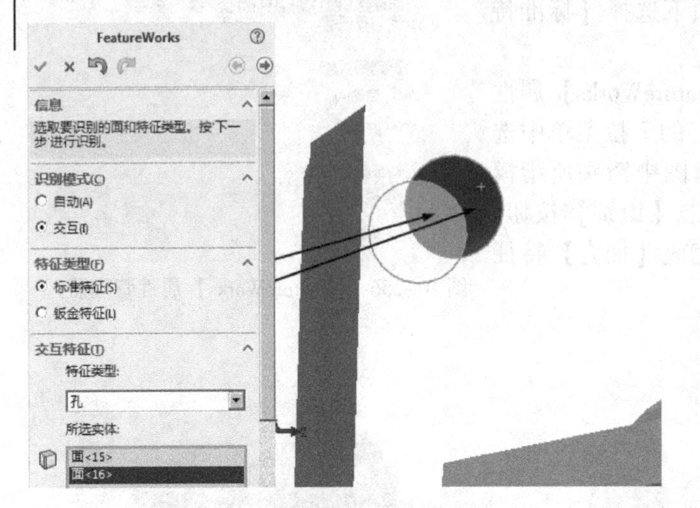

图 10-261　识别【孔】和【圆周阵列】

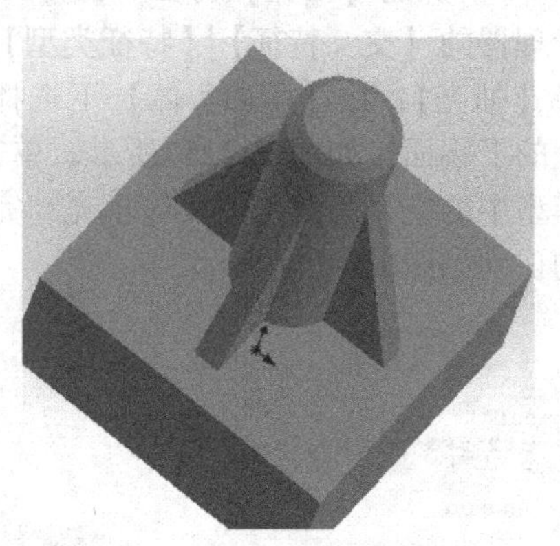

图 10-262　完成【孔】和【圆周阵列】识别

6）识别【筋】特征。在【FeatureWorks】属性管理器的【交互特征】|【特征类型】的下拉菜单中选择【筋】；在【所选实体】下选择图中箭头所指某一筋端的面，并勾选【识别相同】，如图 10-263 所示。单击【识别】，模型中的 4 个筋同时消失，完成【筋】特征识别如图 10-264 所示。

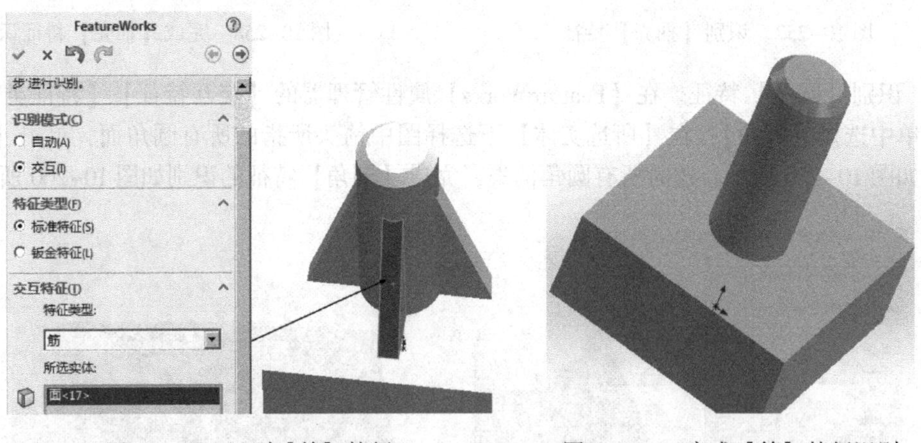

图 10-263　识别【筋】特征　　　　图 10-264　完成【筋】特征识别

7）识别【倒角】特征。在【FeatureWorks】属性管理器的【交互特征】|【特征类型】的下拉菜单中选择【倒角】；在【所选实体】下选择图中箭头所指的倒角端面，如图 10-265 所示。单击【识别】，模型中的倒角消失，完成【倒角】特征识别，如图 10-266 所示。

8）识别【凸台旋转】特征。在【FeatureWorks】属性管理器的【交互特征】|【特征类型】的下拉菜单中选择【凸台旋转】；在【所选实体】下选择图中箭头所指的圆柱面，如图 10-267 所示。单击【识别】，模型中的圆柱消失，完成【凸台旋转】特征识别，如图 10-268 所示。

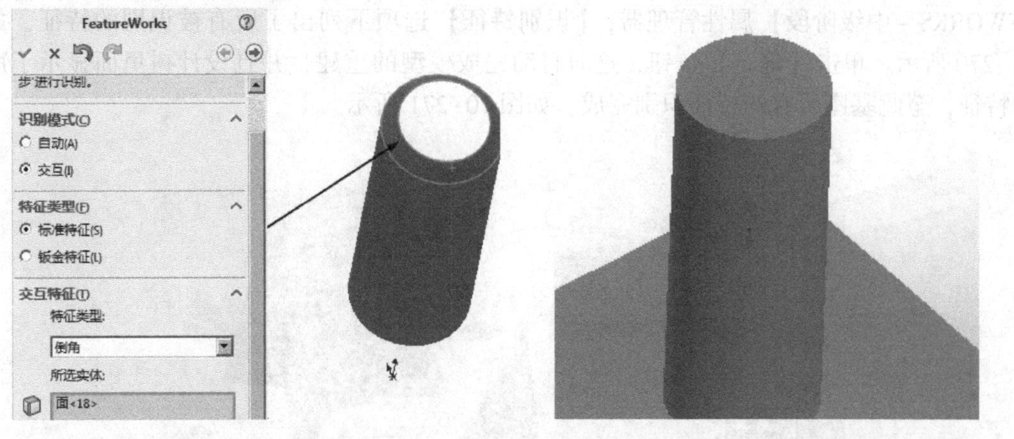

图 10-265　识别【倒角】特征　　　　图 10-266　完成【倒角】特征识别

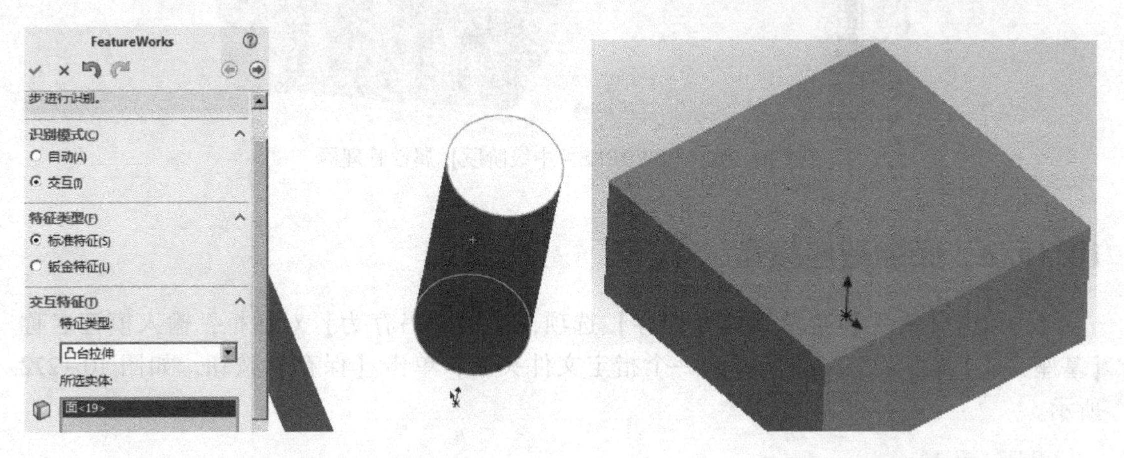

图 10-267　识别【凸台旋转】特征　　　　图 10-268　完成【凸台旋转】特征识别

9）识别【凸台拉伸】特征。在【FeatureWorks】属性管理器的【交互特征】|【特征类型】的下拉菜单中选择【凸台拉伸】；在【所选实体】下选择图中箭头所指的平面，如图 10-269所示。单击【识别】，模型中的立方体消失，完成【凸台拉伸】特征识别，弹出

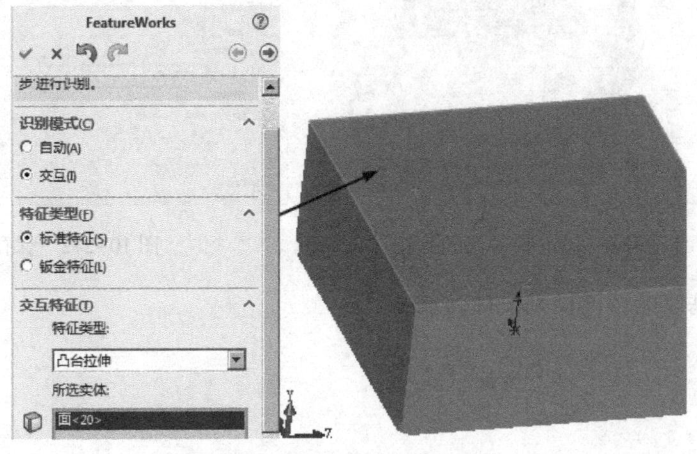

图 10-269　识别【拉伸】特征

【FWORKS－中级阶段】属性管理器，【识别特征】选项下列出了所有被识别的特征，如图10-270所示。单击【确定】按钮，这时自动完成模型的重建，并且设计树里面显示了所有的特征，至此基座所有的特征识别完成，如图10-271所示。

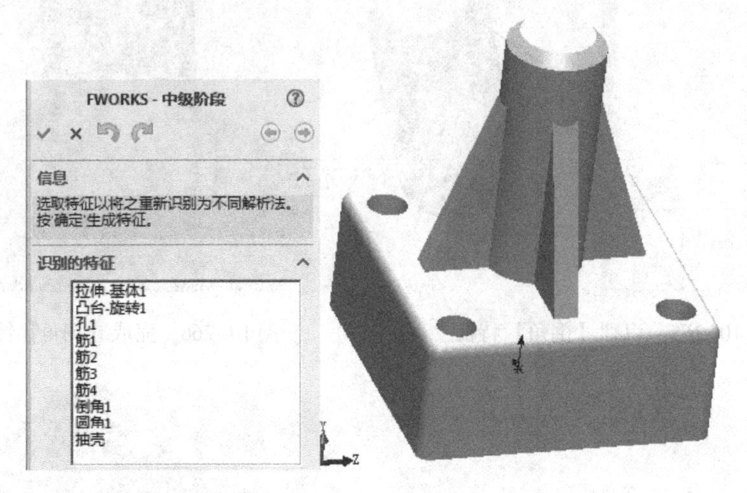

图10-270　【FWORKS－中级阶段】属性管理器

10.10.2　保存基座模型

1）单击【文件】菜单下的【保存】选项，弹出【另存为】对话框，输入模型名称【基座完成】，将以上文件保存到一个指定文件夹中，单击【保存】按钮，如图10-272所示。

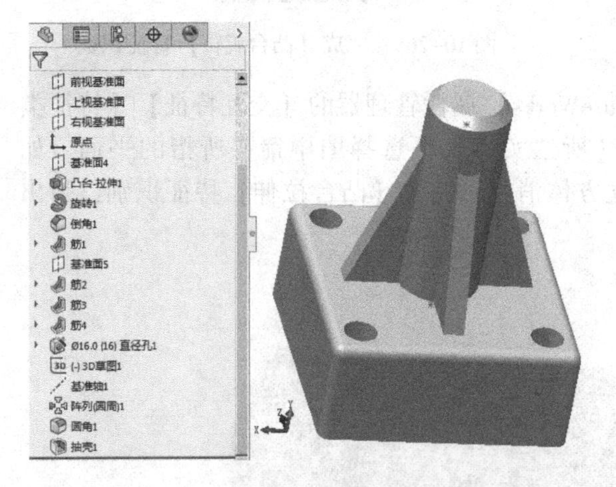

图10-271　完成【基座】所有特征的识别

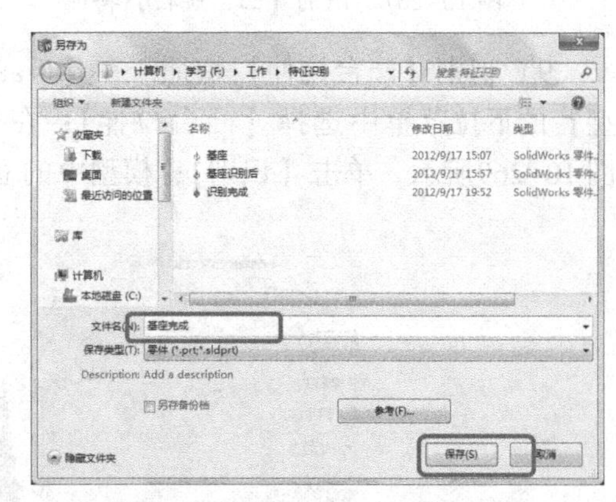

图10-272　保存模型

2）至此，基座的特征识别设计完成。